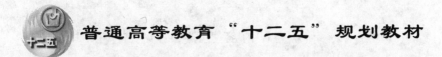

普通高等教育"十二五"规划教材

现代建筑设备工程

（第 2 版）

主 编 郑庆红 高 湘 严 洁

U0323162

北 京

冶 金 工 业 出 版 社

2010

内 容 提 要

本书主要介绍适应现代社会发展要求的建筑工程中相关的给排水工程、雨水与中水工程、消防工程、供暖工程、通风工程、冷热源工程、空调工程、燃气供应、供配电、智能建筑等配套的设备工程的相关知识。在介绍相关工程基本原理的基础上，主要针对各工程的系统组成形式和特点，设备种类及功能、安装敷设等工程方面的问题进行详细阐述。本书专业理论与工程实际相结合，可作为各类院校相关专业的教学用书，也可供相关领域的工程技术人员参考。

图书在版编目（CIP）数据

现代建筑设备工程/郑庆红等主编. —2 版. —北京：冶金工业出版社，2010.10
普通高等教育"十二五"规划教材
ISBN 978-7-5024-4978-0

Ⅰ．①现…　Ⅱ．①郑…　Ⅲ．①房屋建筑设备—高等学校—教材　Ⅳ．①TU8

中国版本图书馆 CIP 数据核字（2010）第 196082 号

出 版 人　曹胜利
地　　　址　北京北河沿大街嵩祝院北巷 39 号，邮编 100009
电　　　话　(010) 64027926　电子信箱　yjcbs@cnmip.com.cn
责任编辑　俞跃春　美术编辑　李 新　版式设计　孙跃红
责任校对　刘 倩　责任印制　张祺鑫
ISBN 978-7-5024-4978-0
北京兴华印刷厂印刷；冶金工业出版社发行；各地新华书店经销
2004 年 9 月第 1 版，2010 年 10 月第 2 版，2010 年 10 月第 1 次印刷
787mm×1092mm　1/16；34 印张；823 千字；527 页
59.00 元
冶金工业出版社发行部　电话：(010)64044283　传真：(010)64027893
冶金书店　地址：北京东四西大街 46 号(100010)　电话：(010)65289081(兼传真)
（本书如有印装质量问题，本社发行部负责退换）

第 2 版前言

《现代建筑设备工程》（第 1 版）自 2004 年 9 月出版以来，深受广大读者的欢迎。近年来，随着新的国家法律法规和标准的发布，以及新技术的不断涌现，书中的原有内容已难以满足当前的教学要求和工程需求。有鉴于此，我们在总结近年来的教学经验和科研成果的基础上，对该书进行了修订。

在编写过程中，增加了新的管材、新型设备和工程新技术等内容，使本书内容贴近工程实际和技术的发展。突出对各工程系统、相关设备的基本内容和内部构造的讲解，加强各部分内容的衔接，配合工程系统图及大量图表，注重基础理论在工程实际整体中的应用，以利于没有工程实践经验的学生对相关系统、设备的特点和作用的理解掌握。此外，还在每章的后面给出了该章的复习思考习题，便于学生加深对本章内容理解和认识。

本书可作为大专院校建筑工程、建筑管理、造价、监理及建筑学等相关专业的教材，及工程技术人员的参考书。

本书由西安建筑科技大学郑庆红、高湘、严洁担任主编。参加本书编写工作的有：新疆维吾尔自治区建筑设计研究院张洪洲编写第 4、7 章；西安建筑科技大学陈荣编写第 1 章，高湘编写第 2、3、5、6、8 章，郑庆红编写第 9、10.1 ~ 10.5、13、14 章，张莉编写第 10.6 ~ 10.7、11、12 章，严洁编写第 15、18 章，严洁和闫秀英编写第 16 章，严洁和冯增喜编写第 17 章。

由于编者水平所限，书中不妥之处，诚请读者批评指正。

编　者

2010 年 8 月

第 1 版前言

随着我国社会主义市场经济体制的建立和完善，科学技术及设备的不断发展和更新，人民物质文化生活水平的不断提高，人们对建筑物的功能要求也越来越高。现代建筑，特别是高层建筑的迅猛发展，对建筑物的使用功能和质量提出了越来越高的要求。现代建筑中水、电、空调和消防等系统的设备日趋复杂，建筑设备投资在建筑总投资中的比重越来越大，建筑设备工程在建筑工程中的地位也越来越重要。因此，从事建筑类各专业工作的工程技术人员，需要对现代建筑物中的给排水、供暖、通风、空调、燃气供应、供配电、消防、智能建筑等系统和设备的工作原理和功能，以及在建筑中的应用情况有所了解，以便在建筑和结构设计、建筑施工、室内装修、房地产开发和建筑管理等工作中合理的配置及使用能源和资源，以便做到既能完美地体现建筑物的设计和使用功能，又能尽量地减少能量的损耗和资源的浪费。同时新的建筑设备的相关规范也陆续出台，为适应这种变化，我们编写了本教材。

本书在编写体系上注重了基础理论与工程应用的有机结合，以符合对事物循序渐进的认识规律，并加入了大量形象化的图例，便于读者更好地理解和掌握有关的学习内容。本书内容较全面，各单位可根据自己的教学计划要求，有所侧重，以满足教学要求。

本书由郑庆红、高湘、王慧琴担任主编。参加编写的有：郭明（第 1 章），高湘（第 2、3、4、6、7、8 章），冯丽（第 5 章），张莉（第 11、12 章及第 10 章部分内容），何东（第 10 章），郑庆红（第 9、13、14 章），王慧琴（第 15、16、17、18、19 章）。

本书在编写过程中参阅了许多文献和国家发布的最新规范，并列于书末，以便读者进一步查阅有关的资料，书中采用了东方仿真的部分图片，在此表示感谢，同时对各参考文献的作者表示衷心的感谢。感谢西安建筑科技大学李慧民、赵建荣两位老师的大力支持。由于编者水平所限，书中不妥之处，敬请读者批评指正。

编　者
2004 年 3 月

目　录

1 流体力学基础

流体包括液体和气体。流体力学是研究流体处于平衡、运动状态时的力学规律及其工程应用的一门学科。

流体力学按介质可分为水力学和气体力学。水力学的主要研究对象是液体。当气体的流速和压力不大、密度变化不多、气体的压缩性影响可以忽略不计时，液体的各种运动规律对于气体同样适用。流体力学在建筑工程中应用广泛，是给水、排水、供热、供燃气、通风和空调等工程设计、计算和分析的理论基础。

1.1 流体的主要物理性质

流体的特性是易于流动，任何微小的剪切力都能使静止流体发生变形，因此流体没有一定的形状，只能被限定为其所在容器的形状。在分析流体静止和运动时，通常认为流体是无空隙、充满一定空间的连续介质，所有参数都是空间坐标的连续函数。

1.1.1 流体的密度和重度

均质流体各点的密度相同，单位体积流体所具有的质量称为密度，用 ρ 表示，单位 kg/m^3

$$\rho = \frac{M}{V} \tag{1-1}$$

式中 M——流体的质量，kg；

V——流体的体积，m^3。

单位体积流体所受的重力称为重度；用 γ 表示，单位 N/m^3

$$\gamma = \frac{G}{V} \tag{1-2}$$

式中 G——流体的重力，N。

流体的容重和密度的关系是：

$$\gamma = \rho g \tag{1-3}$$

式中 g——重力加速度，其值为 $9.807 m/s^2$。

对于同一种流体，其密度和容重受外界压力和温度的影响而稍有变化。但在一般情况下，液体的密度和容重随外界压力和温度的变化很小，在工程计算中可以忽略不计，如水的密度常采用 $1000 kg/m^3$，容重值采用 $9800 N/m^3$。对于气体应当考虑外界压力和温度对其密度的影响，其变化规律可按气体状态方程计算。

1.1.2 流体的压缩性、热膨胀性和黏滞性

当流体所受的压力增大时，其体积缩小，密度增大，这种性质称为流体的压缩性。流

体压缩性的大小，一般用压缩系数 β（Pa^{-1}）来表示。压缩系数是指在体系温度不变时单位压强所引起的体积相对变化量：

$$\beta = -\frac{1}{V_0}\frac{\mathrm{d}V}{\mathrm{d}P} \tag{1-4}$$

式中　V_0——受压缩前的流体体积，m^3；

　　　　V——流体体积，m^3；

　　　　P——流体的压强，Pa。

假定压强由 p_0 变化到 p，体积由 V_0 变化到 V，由式（1-4）可以得到流体密度随压强变化的规律：

$$\rho = \frac{\rho_0}{1 - \beta(p - p_0)} \tag{1-5}$$

流体的压缩性还可以用体积弹性系数 E 来表示，E 表示体积压缩系数的倒数，如下：

$$E = \frac{1}{\beta} \tag{1-6}$$

可见 E 值越大，流体越不易压缩。

流体因温度升高会使原有的体积增大、密度减小的性质称为流体的热膨胀性。热膨胀性的大小用热膨胀系数 α（$1/\mathrm{K}$ 或 $1/℃$）来表示，热膨胀系数是指在体系压力不变时，单位温度引起的体积相对变化量，可表示为：

$$\alpha = \frac{1}{V_0}\frac{\mathrm{d}V}{\mathrm{d}T} \tag{1-7}$$

式中　V_0——初温度 T_0（K）时的流体体积，m^3；

　　　　T——温度，K 或℃。

假定温度由 t_0 升高到 t，体积由 V_0 膨胀到 V，由式（1-7）可以得到流体密度随温度变化的关系：

$$\rho = \frac{\rho_0}{1 + \alpha(t - t_0)} \tag{1-8}$$

液体分子之间的间隙小，在很大的外力作用下，其体积只有极微小的变化，例如水从一个大气压增加到一百个大气压时，每增加一个大气压，水的密度增加 1/2000。当水温为 10℃时，水的体积弹性系数约为二十万分之一；当水温为 10~20℃时，温度每增加 1℃，水的密度减小 1.5/10000；当水温为 90~100℃时，温度每增加 1℃，水的密度减小 7/10000。可见水的压缩性和热膨胀性是很小的，计算时一般可看成是不可压缩流体。在建筑设备工程中，除水击和热水循环系统外，一般计算均不考虑液体的压缩性和热膨胀性。

从流体的分子结构来看，气体分子之间的间隙大，分子之间的引力很小，气体的体积随压强和温度的变化是非常明显的，称为可压缩流体，若在一定容器内气体的质量不变，则两个稳定状态之间的参数关系，可由理想气体状态方程确定：

$$\frac{p_1 V_1}{T_1} = \frac{p_2 V_2}{T_2} \tag{1-9}$$

式中 p_1，V_1 和 T_1——气体状态变化前的压强、体积和绝对温度；

　　　p_2，V_2 和 T_2——气体状态变化后的相应值。

但气体在流动过程中，若流速不大（不超过 70～100m/s，小于音速），相对压强不超过 $2.86×10^3$Pa，可视为不可压缩流体。例如空气在同一温差较小的空间内的流动、在通风管道内的流动，因其密度变化很小，可视为不可压缩流体。但在不同空间流动的空气，例如室内外，由于存在温差，空气的密度有所不同，会因密度不同产生空气的自然流动，形成自然通风。干空气的密度 ρ 按下式计算：

$$\rho = 0.003484 \frac{p}{273.15 + t} \tag{1-10}$$

式中　p——空气压强，Pa；

　　　t——空气温度，℃。

实际流体具有黏滞性，黏性在流动中才表现出来。流体由静止到开始流动，是一个流体内部产生剪切力，形成剪切变形，静止状态受到破坏的过程。

黏性是流体抵抗其发生剪切变形的一种特性。当相邻的流体层有相对运动时，各层之间因流体的黏性而产生内摩擦力。摩擦力使流体摩擦生热，流体的机械能部分地转化为热能。所以，运动流体的机械能总是沿程减少的。

流体黏性的典型实验观察：

管道中流体流动。当流体在管中缓慢流动时，紧贴管壁的流体质点黏附在管壁上，流速为零，位于管轴心线上的流体质点流速最大，在这两者之间的流体质点（或流体层）各具有不同的流速，可以连线形成如图 1-1 所示的流速分布曲线。

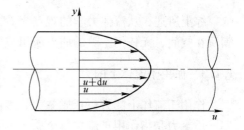

图 1-1　流体的黏性作用

牛顿在实验的基础上，提出了流体内摩擦力大小的经典理论——牛顿内摩擦定律。

τ（Pa）表示单位面积上的内摩擦力，牛顿公式可表示如下：

$$\tau = \frac{F}{S} = \mu \frac{du}{dy} \tag{1-11}$$

式中　F——内摩擦力，N；

　　　S——摩擦流层的接触面积，m^2；

　　　μ——流体动力黏性系数，Pa·s；

　　　$\frac{du}{dy}$——流速梯度，速度沿垂直于流速方向的变化率，s^{-1}。

动力黏性系数 μ 表示流体黏性的大小，它决定于流体的种类和温度，也称黏度或动力黏度。流体黏性还可用运动黏性系数（或称运动黏度）表示，运动黏性系数 ν（m^2/s）与动力黏度的关系是：

$$\mu = \rho\nu \tag{1-12}$$

运动黏性系数更能说明流体流动的难易程度。运动黏度愈大，反映流体质点相互牵制的作用明显，流动性能愈差。

压强对流体黏度基本无影响，仅在高压系统中流体的黏度才稍有增加，因此一般不考虑压强对流体黏性的影响。但温度对流体黏性的影响较大，且温度对气体和液体的黏性影响情况不相同。表 1-1 表示在不同温度下水和空气的黏性系数值。

表 1-1   水和空气的黏度系数

水			空 气		
$t/℃$	$\mu/Pa \cdot s$	$\nu/m^2 \cdot s^{-1}$	$t/℃$	$\mu/Pa \cdot s$	$\nu/m^2 \cdot s^{-1}$
0	1.792×10^{-3}	1.792×10^{-6}	0	0.0172×10^{-3}	13.7×10^{-6}
5	1.519×10^{-3}	1.519×10^{-6}	10	0.0178×10^{-3}	14.7×10^{-6}
10	1.308×10^{-3}	1.308×10^{-6}	20	0.0183×10^{-3}	15.7×10^{-6}
15	1.140×10^{-3}	1.140×10^{-6}	30	0.0187×10^{-3}	16.6×10^{-6}
20	1.005×10^{-3}	1.007×10^{-6}	40	0.0192×10^{-3}	17.6×10^{-6}
30	0.801×10^{-3}	0.804×10^{-6}	60	0.0201×10^{-3}	19.6×10^{-6}
50	0.549×10^{-3}	0.556×10^{-6}	80	0.0210×10^{-3}	21.7×10^{-6}
70	0.406×10^{-3}	0.415×10^{-6}	100	0.0218×10^{-3}	23.6×10^{-6}
90	0.317×10^{-3}	0.328×10^{-6}	140	0.0236×10^{-3}	28.5×10^{-6}
100	0.284×10^{-3}	0.296×10^{-6}	180	0.0251×10^{-3}	33.2×10^{-6}

综上所述，从流体力学的观点来看，流体是一种易流动、具有黏滞性、不易压缩且充满所在空间、无任何空隙的质点所组成的理想连续介质。

1.1.3 作用于流体上的力

作用于流体上的力包括质量力、表面力两类。

质量力是指作用于流体每个质点上的力，其大小与流体的质量成正比。常见的质量力有重力和各种惯性力（如直线加速运动时的直线惯性力、圆周运动时的离心力等）。

表面力是指作用在流体表面上的力，其大小与受力表面面积成正比，包括表面切向力（摩擦力）、表面法向力（压力），它可能是周围液体对被研究液体所施加的摩擦力和压力，也可能是固体边壁对被研究流体作用所产生的摩擦力和压力。理想液体只有法向压力；对于静止流体不存在因黏滞力引起的内摩擦力，只有法向的压力。

1.2   流体静压强及分布

流体静止时，流体的黏性表现不出来，流体只表现其重力和压力，研究流体在静止状态下的力学规律，就是研究压力在空间的分布规律以及这些规律在工程上的应用。

1.2.1 流体的静压强及特性

由于流体具有重量，静止的流体对盛它的容器及对流体中的物体都会产生压力。所谓静压强是指在静止或相对静止的流体中，单位面积上的压力值。以 p 表示，单位 Pa 或 N/m^2。

如图 1-2 所示，在静水中取一表面积为 A 的水体，设周围水体对 A 表面上某一微小面积 ΔS 产生的作用力为 Δp，则该微小面积上的平均压强为：

$$\bar{p} = \frac{\Delta p}{\Delta S} \qquad (1\text{-}13)$$

由此当 ΔS 缩小至点时，可得到静压强的定义式：

$$p = \lim_{\Delta S \to a} \frac{\Delta p}{\Delta S} \qquad (1\text{-}14)$$

流体静压强具有两个重要特性：

（1）流体静压强的方向与作用面垂直，并指向作用面；

（2）静止流体中任意一点各方向的静压强均相等，与作用面的方向无关。

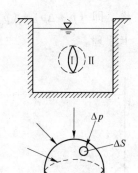

图 1-2　流体的静压强

1.2.2　流体静压强的分布规律

习惯上，将液面和气体的交界面称为自由表面，将流体中由压强相等的各质点组成的面称作等压面。如敞口容器内静止液体的自由表面就是一个等压面，其上所受的压强均等于一个大气压强；该液体中任一个水平面均为等压面。

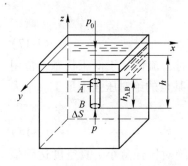

图 1-3　静止液体中的压强分布

流体静压强的分布规律可用静压强基本方程式来描述。在静止的流体中取出一个垂直小圆柱隔离体，它的水平截面积为 dw，高为 h，如图 1-3 所示。

圆柱的受力分析，其垂直方向的力有三个：

（1）作用于小圆柱体顶面上的压力 $p_0 dw$，方向垂直向下；

（2）小圆柱体本身的重力 $G = \gamma h dw$，方向垂直向下；

（3）作用于小圆柱体底面上的压力 $p dw$，方向垂直向上。另外，液体对圆柱体的侧压力，因是对称的，所以互相平衡抵消。

按照静力学平衡条件，保持静止状态的小圆体应有以下的作用力平衡关系：

$$p_0 dw + \gamma h dw - p dw = 0 \qquad (1\text{-}15)$$

简化可得流体静压力的基本方程式：

$$p = p_0 + \gamma h \qquad (1\text{-}16)$$

式中　p——流体内任意一点的静压力，N/m^2；

　　　p_0——作用于流体表面的静压力，N/m^2；

　　　γ——流体的容重，N/m^3；

　　　h——流体中任意一点与液面的垂直高度，m。

式（1-16）是静水压强分布的基本方程式，说明流体的静压强与深度成直线分布，且流体中某点静压由两部分组成，即由液面上的压强 p_0 和由单位断面液柱自重引起的压强 γh 组成。同时式（1-16）还说明流体内任一点的静压强都含有液面上的压强 p_0，因此，液面上压强若有任何增加或减少，都会使得该流体内部各处的压强有同样的增减量，即 $(p + \Delta p) = (p_0 + \Delta p) + \gamma h$，这种液面压强等值地在液体内传递的原理，即帕斯卡原理。

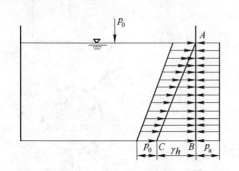

图 1-4 水池壁压强分布

方程也适用于静止气体，只是气体的重度很小，在高差不大的情况下可忽略 γh 项，此时公式可写作 $p = p_0$ 的形式。图 1-4 为水池壁压强分布图例。

1.2.3 流体压强的度量和单位的表示

流体静压强有两种表示方法：

（1）绝对压强。以绝对真空为零算起的压强，用 p 表示。绝对压强永远是正值，某一点的绝对压强可能大于也可能小于当地大气压强。

（2）相对压强。以当地大气压强 p_0 为零算起的压强，一般结构的压力表测量出的压强为相对压强，所以相对压强又称表压，用 p' 表示。相对压强可以是正值，也可以是负值。当流体某点的绝对压强高于大气压强时，相对压强值为正，相对压强的正值也称正压（即压力表读数）；某点的绝对压强低于大气压强时，相对压强值为负，相对压强的负值称为负压。

相对压强与绝对压强之间的关系如下：

$$p' = p - p_a \tag{1-17}$$

一般用真空度表示流体的低压状态。当相对压强为负值时，流体处于低压状态，常用真空度（或真空压强）来度量流体的真空程度。真空度是指某点的绝对压强不足于一个大气压强的部分，用 p_v 表示，即：

$$p_v = p_a - p \tag{1-18}$$

真空度即等于相对压强负值，某点的真空度愈大，它的绝对压强愈小。真空度达到最大值时，绝对压强为零，处于完全真空状态；真空度的最小值为零，这时绝对压强等于当地大气压强。

在国际单位制中，压强单位为 Pa（帕），即用单位面积上的压力来表示，$1\,\text{Pa} = 1\,\text{N/m}^2$。流体压强还有 bar（巴）、工程大气压、液柱高度等单位，它们的换算关系是：$1\,\text{bar} = 10^5\,\text{Pa}$，1 个工程大气压 = 98066.5 Pa，1 标准大气压（atm）= 760 mmHg = 10.33 mH$_2$O = 101325 Pa。

在流体力学中，单位重量流体所具有的能量称为水头 E，通常把静止流体中某一点标高 Z 称为单位重量流体的位能，又称位置水头；把该点的 $\dfrac{p}{\gamma}$ 值称为单位重量流体的压力能，又称作压力水头；把该点的 $\dfrac{v^2}{2g}$ 值称为单位重量流体的动能，又称为速度水头；把 $Z + \dfrac{p}{\gamma} + \dfrac{v^2}{2g}$ 即等于 E 值。

$\dfrac{p}{\gamma}$ 称作单位重量流体的势能；$Z + \dfrac{p}{\gamma} + \dfrac{v^2}{2g}$ 即等于 E 值。

在工程应用中，压强具有能量的含义，例如在通风、空调工程中，当压强以 Pa 为单位时，其能量的含义是单位体积流体所具有的压能（$1Pa = 1N/m^2 = 1J/m^3$）。在给水排水工程中，过去常用 mH_2O 表示压强单位，其能量含义是单位质量流体所具有的压力势能。

1.2.4 流体压强的测量

建筑设备工程中常有流体压强测量的问题，如水泵进水真空度和出水压强，风机出风压力以及锅炉、制冷压缩机等设备的压强测定。常用的测压仪表有液柱测压计、金属压力表和真空表等。

测压管是最简单的液柱测压计，装置有水柱式和水银柱式，如图 1-5 所示。A 点和 B 点的相对静压强有以下的关系：

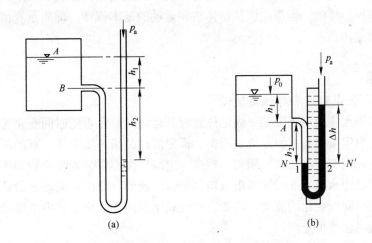

图 1-5 液柱测压计

（a）水柱式测压管；（b）水银柱式测压计

$$p'_B = p_B - p_a = -\gamma h_2 \tag{1-19}$$

$$p'_A = p_A - p_a = -\gamma(h_1 + h_2) \tag{1-20}$$

当被测点的压强与大气压强的差值较大时，可用水银测压计，以便压力观测。

液柱测压计的特点是：准确度高，但测量值小、体积大。在测量微小压强时，常采用倾斜微压计，以提高测量精度。

工程应用中常采用压力表和真空表测量介质压力。

常用压力表测量流体的压力值。图 1-6 为常见的弹簧压力表，其构造是表内有一根下端开口上端封闭的镰刀形青铜管，开口端与测点相接，封闭端外有细链条与齿轮连接。测压时青铜管在流体压力的作用下发生伸张

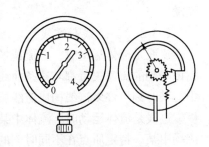

图 1-6 弹簧压力表

形变，牵动齿轮旋转，齿轮上的指针便把压强的大小在表盘上指示出来。

真空表是用来测量流体真空度的仪表，其构造及作用原理与压力表基本相同，常装在离心泵吸水管上以测量水泵进口的真空度。

大气压强可用水银气压计等仪器测量。

例 1-1 有一密闭钢制水箱，液体表面压力 $p_0 = 196\text{kPa}$，水箱内水深 2.5m，试求箱底水的静压力。

解：已知条件 $p_0 = 196\text{kPa}$，$h = 2.5\text{m}$，$\gamma = 9.8$（kN/m^3）

箱底绝对静压力 $p = p_0 + \gamma h = 196 + 9.8 \times 2.5 = 220.5$（kPa）

箱底相对静压力 $p' = p - p_a = 220.5 - 98.1 = 122.4$（kPa）

1.3 流体运动的基本规律

流体动力学研究流体在运动状态下的力学规律及其这些规律在工程中的应用。流体的运动形式是多种多样的，但都应服从物体机械运动的基本规律，即质量守恒定律、能量守恒定律和动能定律。

1.3.1 基本概念

1.3.1.1 恒定流动和非恒定流动

根据流体质点流经流场中某一固定位置时其运动参数是否随时间变化这一条件，流体运动形式分为恒定流动和非恒定流动两类。恒定流动是指流场中任一点的压强和流速等运动参数不随时间而变化的流动。例如，转速一定时，离心泵装置吸水管和压水管中的液体流动；盛水容器当水位不变时管嘴出流均属于恒定流动。非恒定流动是指任一点的压强和流速等参数随时间而变化的流动。例如，往复式水泵的吸、出水管中的流动和变水位容器的管嘴出流就属于非恒定流动。

1.3.1.2 压力流和无压流

压力流（或称有压流）是流体在压差作用下的流动，流体整个周边都和固体壁接触，没有自由表面。如建筑给水系统中水的加压输送；供热工程中管道输送气、水等带热体，风道中气体的输送。

无压流是液体在重力作用下的流动，液体的部分周界与固体壁接触、部分周界与气体接触，形成自由表面。例如河流、明渠流和建筑排水横管中的水流等一般都属于无压流动。

1.3.1.3 流线和迹线

流线是流体运动时，在流速场中画出的某时刻的一条空间曲线，它上面所有流体质点在该时刻的流速矢量都与这条曲线相切，这条曲线就称为该时刻的一条流线。在流体流场中，某时刻由许多流线构成流线族，流线族可表现流场的流动状况。

迹线是流体运动时，流体中某一个质点在连续时间内的运动轨迹称为迹线，它反映了流场中某一特定质点在不同时刻的运动轨迹。

流线与迹线是两个完全不同的概念。非恒定流的流线与迹线不相重合，恒定流的流线与迹线相重合。

1.3.1.4 均匀流和非均匀流

均匀流是指流体运动时流线为平行直线的流动，例如：等截面长直管中的流动。非均匀流是指流体运动时流线不是平行直线的流动，例如：流体在收缩管、扩大管或弯管中流动等。非均匀流又可分为渐变流和急变流。渐变流是指流体运动中流线接近于平行线的流动，如图 1-7 中的 A 区；急变流是流体运动中流线不能视为平行直线的流动，如图 1-7 中的 B、C 和 D 区。

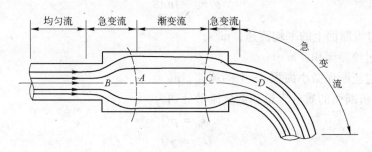

图 1-7　均匀流和非均匀流

1.3.1.5　元流和总流

在流体运动的空间内，取一微元面积 dS，通过 dS 上各点作流线所形成的微小流束称为元流。在元流内的流体不会流到元流外面，在元流外面的流体也不会流进元流内；同时可以认为 dS 上各点的压强、流速等运动要素相等。总流是流体运动时无数元流的总和，如图 1-8 所示。

1.3.1.6　过流断面、流量和断面平均流速

过流断面是指流体运动时，与元流或总流全部流线正交的横断面，用 dS 或 S 表示，单位 m^2 或 cm^2。均匀流的过流断面为平面，渐变流的过流断面也可视为平面，非均匀流的过流断面为曲面，见图 1-9。研究表明，在均匀流和渐变流的过流断面上压强符合静压强分布。

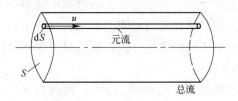

图 1-8　元流与总流

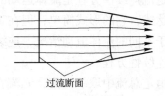

图 1-9　流线与过流断面

流体中质点的运动速度称流速，用 u 表示。流体流动时，断面各点流速一般不同，在工程中经常使用断面平均流速，即断面上各点流速的平均值，用 v 表示。速度单位为 m/s。

流量是流体运动时单位时间内通过过流断面的流体的多少。常用体积流量或质量流量来表示。体积流量是指单位时间内通过过流断面流体的体积，一般流量指的是体积流量，用 Q 表示，单位 m^3/h 或 L/s。质量流量（或重量流量）是指单位时间内通过过流断面的流体质量（或重量）。

如果过流断面的面积为 S，流体的平均流速为 v，则有

$$Q = vS \ \text{或} \ v = \frac{Q}{S} \tag{1-21}$$

平均流速 v 与质点流速 u 的关系是

$$v = \frac{1}{S}\int_s u\mathrm{d}S \tag{1-22}$$

式中　v——过流断面上的平均流速，m/s；

　　　S——过流断面积，m^2；

　　　u——过流断面微小面积 $\mathrm{d}S$ 上的流速，m/s。

那么，通过过流断面的质量流量和重量流量分别为：

$$Q_\rho = \rho Q \tag{1-23}$$

$$Q_\gamma = \gamma Q \tag{1-24}$$

式中　Q_ρ——过流断面上的质量流量，kg/s；

　　　Q_γ——过流断面上的重量流量，N/s。

1.3.1.7　湿周与水力半径

湿周是指流体的过流断面与边界接触的固体周界长度，以 x 表示，单位是 m。

水力半径是过流断面面积与湿周的比值，用 R 表示，单位 m，即：

$$R = \frac{w}{x} \tag{1-25}$$

水力半径 R 反映断面的过水能力，与几何半径是不同的概念。对满流圆管，几何半径为 r，则有：

$$R = \frac{w}{x} = \frac{\pi r^2}{2\pi r} = \frac{r}{2} \tag{1-26}$$

1.3.2　恒定流的连续性方程式

恒定流连续性方程是流体运动的基本方程之一，它是流体流动过程中质量守恒定律的数学表达式，它的形式简单，但在工程中，尤其是在管道和明渠的水力计算中应用十分广泛。对于不同的流体流动情况，连续性方程有不同的表达方式，这里只讨论不可压缩流体的稳定连续性方程。

在恒定总流中取一元流，元流在 1-1 过流断面上的面积为 $\mathrm{d}S_1$，流速为 u_1；在 2-2 过流断面上的面积为 $\mathrm{d}S_2$，流速为 u_2。由于流动是恒定流，元流的形状及空间各点的流速不随时间变化；流体为连续介质且不可压缩，则 $\rho_1 = \rho_2$（令流体流进 $\mathrm{d}S_1$ 的密度为 ρ_1，流出 $\mathrm{d}S_2$ 的密度为 ρ_2）；不存在从元流侧壁流入或流出的"奇点"。按照质量守恒原理，流体流进断面 $\mathrm{d}S_1$ 质量必然等于流出 $\mathrm{d}S_2$ 断面的质量，那么在 $\mathrm{d}t$ 时段内流进与流出元流的质量相等，即：

$$\rho_1 u_1 \mathrm{d}S_1 \mathrm{d}t = p_2 u_2 \mathrm{d}S_2 \mathrm{d}t \tag{1-27}$$

或

$$\rho_1 u_1 \mathrm{d}S_1 = \rho_2 u_2 \mathrm{d}S_2 \tag{1-28}$$

推广到总流，得：

$$\int_{S_1} \rho_1 u_1 dS_1 = \int_{S_2} \rho_2 u_2 dS_2 \tag{1-29}$$

由于在同一过流断面上，密度 ρ 为常数，则上式可写作：

$$\rho_1 Q_1 = \rho_2 Q_2 \tag{1-30}$$

或

$$\rho_1 v_1 S_1 = \rho_2 v_2 S_2 \tag{1-31}$$

式（1-30）与式（1-31）为总流连续性方程式的普遍形式——质量流量的连续性方程式。

当流体不可压缩时，流体的密度 ρ 为常数，由上式可得：

$$Q_1 = Q_2 \tag{1-32}$$

或

$$v_1 S_1 = v_2 S_2 \tag{1-33}$$

式（1-32）与式（1-33）为不可压缩流体的总流连续性方程——体积流量的连续性方程式。它表示流速与断面积成反比的关系，该关系式在实际工程中应用广泛。

根据容重（重度）$\gamma = \rho g$ 的关系，过流断面 1-1、2-2 总流的重量流量有下面的关系

$$\rho_1 Q_1 g_1 = \rho_2 Q_2 g_2 \tag{1-34}$$

式（1-34）为总流重量流量的连续性方程式。

当在工程上遇到可压缩流体时，可用下面的总流重量流量连续性方程进行计算。

$$\gamma_1 Q_1 = \gamma_2 Q_2 \tag{1-35}$$

或

$$\gamma_1 v_1 S_1 = \gamma_2 v_2 S_2 \tag{1-36}$$

例 1-2　有一直径沿程变化的圆管，流体流动为压力流。已知断面 1 的直径 $d_1 = 200\,\mathrm{mm}$，断面 2 的直径 $d_2 = 100\,\mathrm{mm}$，平均流速 $v_2 = 1\,\mathrm{m/s}$。求稳定流条件下，断面 1 的平均流速。

解：圆管断面 1、2 的面积分别为

$$w_1 = \frac{1}{4}\pi d_1^2$$

$$w_2 = \frac{1}{4}\pi d_2^2$$

由于

$$w_1 v_1 = w_2 v_2$$

可以推出

$$\frac{v_1}{v_2} = \frac{d_2^2}{d_1^2}$$

则断面 1 的平均流速为

$$v_1 = v_2 \cdot \frac{d_2^2}{d_1^2}$$

代入有关数据得

$$v_1 = 1 \times \frac{0.1^2}{0.2^2} = 0.25\,(\mathrm{m/s})$$

1.3.3　恒定总流能量方程式

1.3.3.1　实际液体恒定总流能量方程式

应用能量守恒及其转化规律来分析液体运动，可揭示液体在运动中压强、流速等运动要素随空间位置的变化关系——能量方程式，它是流体动力学的核心，是解决许多工程技术问题的理论基础。能量方程式又称伯努利方程式（由丹尼尔·伯努利导出）。

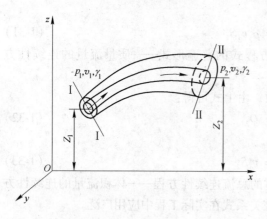

图 1-10　恒定总流段

如图 1-10 所示，液体流过断面 I-I 和 II-II，同一过流断面上单位重量液体包含位能、压能和动能，三项能量之和为该断面上单位重量液体的机械能量，在黏性不可压缩液体恒定流的前提下，实际液体总流的能量方程为单位重量液体通过流段 I-II 的平均能量损失等于这两个断面的机械能之差。

$$h_{l,1\text{-}2} = H_1 - H_2 = \left(Z_1 + \frac{p_1}{\gamma} + \frac{\alpha_1 v_1^2}{2g}\right) - \left(Z_2 + \frac{p_2}{\gamma} + \frac{\alpha_2 v_2^2}{2g}\right) \tag{1-37}$$

式中　$h_{l,1\text{-}2}$——单位重量液体通过流段 I-II 的平均能量损失，也称水头损失，m；

H_1，H_2——过流断面 I-I 和 II-II 上单位重量液体的总机械能，也称总水头，m；

Z_1，Z_2——过流断面 I-I 和 II-II 上单位重量液体位能，也称位置水头，m；

$\dfrac{P_1}{\gamma}$，$\dfrac{P_2}{\gamma}$——过流断面 I-I 和 II-II 上单位重量液体压能，也称压强水头，m；

$\dfrac{\alpha_1 v_1^2}{2g}$，$\dfrac{\alpha_2 v_2^2}{2g}$——过流断面 I-I 和 II-II 上单位重量液体动能，也称流速水头，m。

式（1-37）中 α 为动能修正系数。是用断面平均流速 v 代替质点流速 u 计算动能所造成误差的修正。一般 $\alpha = 1.05 \sim 1.10$，一般常取 $\alpha = 1.0$。

式（1-37）中，同一过流断面上单位重量液体位能、压能和动能之和为该断面上的机械能量，或称总水头，式（1-37）表明单位重量液体通过流段 I-II 的平均能量损失等于两个断面的机械能之差。

在应用能量方程时，要注意该方程是在一定条件下推导出来的，这些条件为：流体流动是稳定流；流体不可压缩；所取的两个过流断面应是均匀流或渐变流，但在两个过流断面间的水流可以不是均匀流或渐变流；作用在流体上的质量力只有重力，不受惯性力的作用；流量沿线不变。当研究的流体对象满足这些条件时才能应用上述的能量方程。

在应用能量方程进行实际问题计算时，还要注意：计算基准面的位置可以任意选定；过流断面上的压力采用同一种表示方法，即均为绝对值或均为相对值。

能量方程式中每一项的单位都是长度，而压强和流速可用测压管和测速管测出。

（1）总水头线。即各断面上的总水头顶点连成的一条线（见图 1-11 中的虚线）。在实际水流中由于水头损失的存在，总水头线总是沿流程下降的倾斜线。通常把总水头线沿流程的降低值 $h_{l,1\text{-}2}$ 与沿程长度 l 的比值，称总水头坡度或水力坡度，用 i（Pa/m）表示，它表示沿流程单位长度上的水头损失，即：

$$i = \frac{h_{l,1\text{-}2}}{l} \tag{1-38}$$

（2）测压管水头线。各过流断面的测压管水头 $\left(Z + \dfrac{p}{\gamma}\right)$ 连成的一条线（见图 1-11 中的实线）。测压管水头线可能上升，可能下降，也可能水平，可能是直线也可能是曲线。

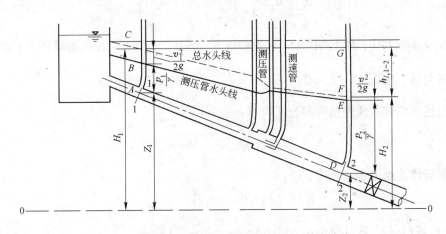

图 1-11　圆管有压流动的总水头线与测压管水头线

1.3.3.2　实际气体恒定总流能量方程

对于不可压缩气体，液体能量方程同样可以适用。在一般通风管道中，过流断面上的流速分布比较均匀，动能修正系数可取 $\alpha = 1.0$。这样，实际气体总流的能量方程式可写作：

$$p_{l,1\text{-}2} = \left(\rho g Z_1 + p_1 + \frac{\rho v_1^2}{2}\right) - \left(\rho g Z_2 + p_2 + \frac{\rho v_2^2}{2}\right) \tag{1-39}$$

由于气体密度很小，式中重力位能可以忽略不计，方程简化为：

$$p_{l,1\text{-}2} = \left(p_1 + \frac{\rho v_1^2}{2}\right) - \left(p_2 + \frac{\rho v_2^2}{2}\right) \tag{1-40}$$

在实际气体总流能量方程中，以压强为单位来表示过流断面单位体积气体的平均能量，即：$p_{l,1\text{-}2}$ 为单位体积气体通过流段 Ⅰ-Ⅱ 的平均能量损失，称流动阻力，Pa；p_1，p_2 为过流断面 Ⅰ-Ⅰ 和 Ⅱ-Ⅱ 上单位体积气体的压能，称静压，Pa；$\dfrac{\rho v_1^2}{2}$，$\dfrac{\rho v_2^2}{2}$ 为过流断面 Ⅰ-Ⅰ 和 Ⅱ-Ⅱ 上单位体积气体的动能，称动压，Pa。

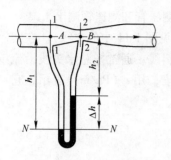

图 1-12　文丘里流量计

例 1-3　如图 1-12 所示文丘里流量计，将流量计收缩前的 A 点和收缩喉部的 B 点分别与水银压差计的两端连通。当管中水流从 A 向 B 流过时，因 A、B 两点的压强不等，在水银压差计上将形成水银柱高差 Δh。求通过的流量 Q。

解：以 $N\text{-}N$ 为等压面，则：

$$p_A + \gamma h_1 = p_B + \gamma h_2 + \gamma_{Hg}\Delta h$$

$$\frac{1}{\gamma}(p_A - p_B) = \left(\frac{\gamma_{Hg}}{\gamma} - 1\right)\Delta h = 12.6\Delta h$$

过流断面选在安置水银压差计的 1-1 和 2-2 断面上，计算位置水头的基准面选为文丘里管的轴线，列断面 1-1，2-2 的伯努利能量方程式

$$\left(Z_1 + \frac{p_1}{\gamma} + \frac{\alpha_1 v_1^2}{2g}\right) - \left(Z_2 + \frac{p_2}{\gamma} + \frac{\alpha_2 v_2^2}{2g}\right) = h_{l,1\text{-}2}$$

取 $\alpha_1 = \alpha_2 = 1.0$。因管路很短，可近似地 $h_{l,1\text{-}2} \approx 0$。又由于文丘里流量计水平设置，采用水银压差计，所以 $Z_1 = Z_2 = 0$，$\dfrac{p_1}{\gamma} - \dfrac{p_2}{\gamma} = \dfrac{1}{\gamma}(p_A - p_B) = 12.6\Delta h$

将上述诸值代入所列伯努利公式可得：

$$1.26\Delta h = \frac{v_2^2}{2g} - \frac{v_1^2}{2g} \tag{1-41}$$

根据流体连续方程式可得：

$$v_2 d_2^2 = v_1 d_1^2 \tag{1-42}$$

式(1-41)、式(1-42)联立得：

$$12.6\Delta h = \frac{v_1^2}{2g}\left(\frac{d_1^4}{d_2^4} - 1\right)$$

即

$$v_1 = \sqrt{\frac{2g(12.6\Delta h)}{\dfrac{d_1^4}{d_2^4} - 1}}$$

则

$$Q = S_1 v_1 = \frac{\pi d_1^2}{4}\sqrt{\frac{2g(12.6\Delta h)}{\dfrac{d_1^4}{d_2^4} - 1}}$$

令

$$A = \frac{\pi d_1^2}{4}\sqrt{\frac{2g}{\dfrac{d_1^4}{d_2^4} - 1}}$$

则文丘里流量公式可简化为：

$$Q = A\sqrt{12.6\Delta h}$$

上式未计入水头损失，算出的流量比管中实际流量略大。如果考虑流经文丘里流量计过流断面 1-1、2-2 间的水头损失，应乘以系数 μ（称文丘里流量系数，其值小于 1），μ 值一般为 0.97～0.99 之间。

文丘里流量计的实用计算公式为　$Q = \mu A \sqrt{12.6\Delta h}$

例 1-4　如图 1-13 所示一轴流风机。直径 $d =$ 200mm，吸入管的测压管水柱高 $h = 20$mm，空气重度 $\gamma_a = 11.80$N/m³，求轴流风机的风量（忽略风机进口损失）。

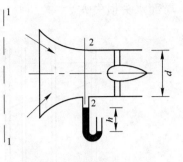

图 1-13　轴流风机

解：在风机吸入管段中，流量为 $Q = Sv$，其中风机的几何尺寸面积 S 为已知，故需利用气体总量能量方程式求出流速。过流断面 1-1 选在距进口较远的大气中，流速很小，即 $v_1 \approx 0$，1-1 断面上大气压强为已知，即可取相对压强 $p_1 \approx 0$。2-2 过流断面取在水银测压计的渐变流断面上，则此断面上压强已知，相对压强为：

$$p_2 = -\gamma h = -9800 \times 0.02 = -196\ (\text{N/m}^2)$$

这时，基准面取轴流风机的水平中心轴线，用气体能量方程式

$$p_1 + \gamma \frac{v_1^2}{2g} = p_2 + \gamma \frac{v_2^2}{2g} + \gamma h_{l,1\text{-}2}$$

将上列各项数值代入上式，并且忽略过流断面 1-1、2-2 之间能量损失，且在 1-1 至 2-2 断面之间为连续流条件下，可得：

$$0 + 0 = -196 + 11.8 \times \frac{v_2^2}{2 \times 9.8} + 0$$

所以

$$v_2 = 18\ (\text{m/s})$$

$$Q = v_2 S_2 = \frac{1}{4}\pi \times 0.2^2 \times 18 = 0.565\ (\text{m}^3/\text{s})$$

1.4　流体运动阻力及水头损失

1.4.1　流动阻力和水头损失的两种形式

本节任务是研究流体恒定流动时各种流态下的水头损失的计算问题。流动阻力和水头损失可分为两种形式：

（1）沿程阻力和沿程水头损失。流体在长直管（或明渠）中流动，所受的摩擦阻力称为沿程阻力。为了克服沿程阻力而消耗的单位重量流体的机械能量，称为沿程水头损失 h_f。

（2）局部阻力和局部水头损失。流体的边界在局部地区发生急剧变化时，迫使主流脱离边壁而形成旋涡，流体质点间产生剧烈的碰撞，所形成的阻力称局部阻力。为了克服局部阻力而消耗的单位重量流体的机械能量称为局部水头损失 h_j。

图 1-14 所示一段给水管道，管道由弯头、突然扩大、突然缩小、闸门和直管段组成。在管径不变的直管段上，只有沿程水头损失 h_f。测压管水头线和总水头线都是互相平行的直线。在弯头、突然扩大、突然缩小、闸门等水流边界面急剧改变处产生

局部水头损失 h_j。

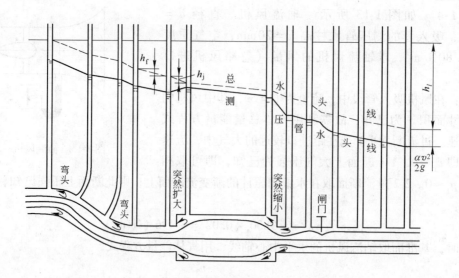

图 1-14 给水管道沿程和局部水头损失

整个管道的总水头损失 $h_{l,1\text{-}2}$ 等于各沿程水头损失 h_f 与各局部水头损失 h_j 分别叠加之和，即：

$$h_{l,1\text{-}2} = \sum h_f + \sum h_j \qquad (1\text{-}43)$$

1.4.2 流动的两种形态

实际流体的运动存在有两种不同的状态，即层流和紊流，由雷诺实验所证实。

层流是指液体流动时，液体质点没有横向运动，质点间互不混杂或交换，呈线状或层状流动。紊流是指液体流动时，液体质点有横向运动（或产生小旋涡），质点间互相混杂和碰撞，并产生动量交换，流动呈不规则的混杂紊乱状态。

用无量纲量参数——雷诺数 Re 来判别流动状态，对于圆形管道：

$$Re = \frac{vd}{\nu} \qquad (1\text{-}44)$$

式中 Re——雷诺数；

   v——圆管中流体的平均流速，m/s；

   d——圆管的管径，m；

   ν——流体的运动黏滞系数，m/s。

对于圆管的有压管流：若 $Re < 2300$ 时，流体为层流状态。若 $2300 < Re < 4000$ 时，流体为过渡状态。若 $Re > 4000$ 时，流体为紊流状态。

对于非圆管断面的管道或具有自由液面的无压流，计算雷诺数的式中的 d 用水力半径 R 代替，R 值可以综合反映断面大小和几何形状对流动的影响，这时：

$$Re = \frac{\nu R}{\nu} \qquad (1\text{-}45)$$

其中

$$R = \frac{w}{x} \qquad (1-46)$$

式中　w——过流断面积，m；

　　　x——湿周，表示流体同固体边壁在过流断面上接触的周边长度，m。

对于圆断面管流，$R = \frac{d}{4}$

对于矩形断面渠道，$R = \frac{ab}{2(a+b)}$

由于流体运动状态的不同，其流动阻力及能量损失的规律也不相同。

在建筑设备工程中，绝大多数的流体运动都是紊流。只有当流速很小，管径很小或黏滞性很大的流体运动时（如地下水渗流、油管等）才可能发生层流运动。

1.4.3　沿程水头损失

流体运动时，不同流态的水头损失规律是不一样的。迄今，用理论的方法只能推导层流的沿程水头损失公式。工程中的大多数流动都是紊流，因此下面介绍紊流状态下的水头损失。

对于紊流，目前采用理论和实验相结合的方法，建立半经验公式来计算沿程水头损失，这类公式普遍表达为：

$$h_{\mathrm{f}} = \lambda \frac{l}{d} \frac{v^2}{2g} \qquad (1-47)$$

式中　h_{f}——沿程水头损失，m；

　　　λ——沿程阻力系数；

　　　d——管径，m；

　　　l——管长，m；

　　　v——管中平均流速，m/s。

对于气体管道，可将式（1-45）写成压头损失的形式，即

$$p_{\mathrm{f}} = \lambda \frac{l}{d} \frac{v^2}{2g} \qquad (1-48)$$

式中　p_{f}——压头损失，Pa。

对于非圆断面流动，把与水力半径 R 相对应的圆管的直径定义为非圆管的当量直径 d_{e}，即 $d_{\mathrm{e}} = 4R$，式（1-45）可改写为：

$$h_{\mathrm{f}} = \lambda \frac{l}{d_{\mathrm{e}}} \frac{v^2}{2g}$$

即

$$h_{\mathrm{f}} = \lambda \frac{l}{4R} \frac{v^2}{2g} \qquad (1-49)$$

在实际工程中，有时是已知沿程水头损失 h_{f} 和水力坡度 i，要求流速的大小，因此，将式（1-47）整理得到：

$$v = \sqrt{\frac{8g}{\lambda}} \sqrt{Ri} = C\sqrt{Ri} \qquad (1\text{-}50)$$

式（1-50）称为均匀流速公式，该公式主要用于明渠流。

式中 $C = \sqrt{\dfrac{8g}{\lambda}}$，称流速系数或谢才系数。给排水工程中，谢才系数 C 的经验公式较多，常用曼宁公式表示：

$$C = \frac{1}{n} R^{1/6} \qquad (1\text{-}51)$$

式中　n——管渠粗糙系数，根据管渠表面粗糙度确定。

1.4.4　沿程阻力系数 λ 和流速系数 C 的确定

1.4.4.1　尼古拉兹实验

沿程阻力系数是反映边界粗糙情况和流态对水头损失影响的一个系数。层流中沿程阻力系数只与雷诺数 Re 有关，紊流中该系数与雷诺数及粗糙度相关。为了确定沿程阻力系数的变化规律，尼古拉兹在圆管内壁用胶粘上经过筛分具有同一粒径的砂粒，制成人工均匀颗粒粗糙，然后对不同粗糙度的管道进行实验。实验得到以下结论：

（1）层流区。当 $Re < 2000$ 时，λ 与相对粗糙度 $\left(\dfrac{\Delta}{d}$ 或 $\dfrac{r}{\Delta}\right)$ 无关，λ 与 Re 的关系为 $\lambda = Re/64$。

（2）过渡区（层流转变为紊流的流态过渡区）。当 $2000 < Re < 4000$ 时，λ 与相对粗糙度 $\left(\dfrac{\Delta}{d}$ 或 $\dfrac{r}{\Delta}\right)$ 和 Re 有关。

（3）紊流区。$Re > 4000$ 后形成，根据 λ 的变化规律，该区流动又可分为以下三个流区。

水力光滑区。当 $Re > 4000$ 时，沿程阻力系数 λ 与 Re 有关，而与相对粗糙度无关，$\lambda = \dfrac{0.3164}{Re^{1/4}}$。

水力过渡区。此区沿程阻力系数 λ 与雷诺数 Re 和相对粗糙度都有关。

阻力平方区。当 Re 增加到相当大时，沿程阻力系数 λ 只与相对粗糙度有关，与雷诺数 Re 无关，该区流动阻力系数与流速平方成正比，故称阻力平方区，$\lambda = 0.11\left(\dfrac{\Delta}{d}\right)^{0.25}$。

1.4.4.2　沿程阻力系数 λ 的经验公式

A　水力过渡区

供热管道近似公式

$$D < 200\text{mm 时}, \lambda = \frac{0.343}{\left(\dfrac{d}{\Delta}\right)^{0.125} Re^{0.17}} \qquad (1\text{-}52)$$

$$D > 200\text{mm 时}, \lambda = \frac{0.183}{\left(\dfrac{d}{\Delta}\right)^{0.087} Re^{0.134}} \qquad (1\text{-}53)$$

B 阻力平方区

通风管道的综合经验公式

$$\lambda = -2\lg\left(\frac{\Delta}{3.7d} + \frac{2.51}{Re\sqrt{\lambda}}\right) \tag{1-54}$$

供热工程的综合经验公式

$$\lambda = 0.11\left(\frac{\Delta}{d} + \frac{68}{Re}\right)^{0.25} \tag{1-55}$$

在给排水工程中，对于旧钢管与铸铁管，λ 可用舍维列夫（水温10℃）经验公式表示

当 $v \geq 1.2\text{m/s}$ 时

$$\lambda = \frac{0.021}{d^{0.3}} \tag{1-56}$$

当 $v < 1.2\text{m/s}$ 时

$$\lambda = \frac{0.0179}{d^{0.3}}\left(1 + \frac{0.867}{v}\right)^{0.3} \tag{1-57}$$

使用上式时，可以查用现成的水力计算表。

1.4.4.3 流速系数 C 的经验公式

在均匀流的流速公式中流速系数 C 的经验公式常用曼宁公式表示，曼宁公式中粗糙系数 n 是一个与管壁、渠壁材料粗糙有关的参数，见表1-2。

表1-2 给排水工程中常用管渠材料的 n 值

管渠材料	n	管渠材料	n
钢管、新的接缝光滑铸铁管	0.011	粗糙的砖砌面	0.015
普通的铸铁管	0.012	浆砌块石	0.020
陶土管	0.013	一般土渠	0.025
混凝土管	0.013 ~ 0.014	混凝土渠	0.014 ~ 0.017

对于常温下、管径大于 0.05m、流速小于 3m/s 的管中水流，美、英给水工程上常用海澄-威廉（Hazen-Williams）公式

$$v = 0.85CR^{0.63}i^{0.54} \tag{1-58}$$

式中 v——管中平均流速，m/s；

C——流速系数，可按表1-3中数据选取；

R——水力半径，m；

i——水力坡度，Pa/m。

表1-3 给排水工程中一些管渠材料的 C 值

管壁材料	C	管壁材料	C
非常光滑的直管，石棉水泥	140	铸铁（用旧），细砌砖工	100
很光滑管，混凝土、粉平、铸铁	130	铆接钢管（用旧）	95
刨光木板、焊接钢管	120	用旧水管，积垢情况很差	60 ~ 80
缸瓦管（带釉），铆接钢管	110	鞍钢焊接黑铁管 $D_0 15$	93
		$D_0 20 ~ 100$	127

1.4.5　局部水头损失

水力计算中，局部水头损失可以用流速水头乘以局部阻力系数后得到，即：

$$h_j = \xi \frac{v^2}{2g} \tag{1-59}$$

式中　ξ——局部阻力系数。ξ 值根据管配件、附件的不同，由实验测出。各种局部阻力系数值可查阅有关手册得到；

　　　　v——过流断面的平均流速，它要与 ξ 值相对应。除注明外，一般用阻力后的流速对应相对的 ξ 值，m/s；

　　　　g——重力加速度。

以上分别讨论了沿程和局部水头损失的计算，解决了流体运动中任意两过流断面间的水头损失计算问题，即：

$$h_l = \sum h_f + \sum h_j \tag{1-60}$$

例 1-5　如图 1-15 所示，有一管段直径不同的管路，流量 15L/s，$d_1 = 100mm$，$d_2 = 75mm$，$d_3 = 50mm$，$L_1 = 25m$，$L_2 = 10m$，进口 $\xi_1 = 0.5$，渐缩管 $\xi_2 = 0.15$，阀门 $\xi_3 = 2.0$，管嘴 $\xi_4 = 0.1$。

求管路的总水头损失。

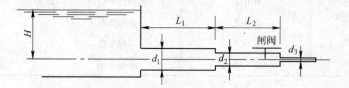

图 1-15　例题 1-5 图

解：（1）求沿线水头损失。计算管段 1、管段 2 和管嘴的流速

$$v_1 = \frac{Q}{w_1} = \frac{4Q}{\pi d_1^2} = 1.91 \quad (m/s)$$

$$v_2 = \frac{Q}{w_2} = \frac{4Q}{\pi d_2^2} = 3.40 \quad (m/s)$$

$$v_3 = \frac{Q}{w_3} = \frac{4Q}{\pi d_3^2} = 7.64 \quad (m/s)$$

求各管段的 λ 值，由于各管段流速均大于 1.2m/s，所以 λ 值计算为

$$\lambda_1 = \frac{0.021}{d_1^{0.3}} = \frac{0.021}{0.1^{0.3}} = 0.042$$

$$\lambda_2 = \frac{0.021}{d_2^{0.3}} = \frac{0.021}{0.075^{0.3}} = 0.046$$

计算各管段的沿程损失

$$h_{f1} = \lambda_1 \frac{L_1}{d_1} \frac{v_1^2}{2g} = 1.97 \quad mH_2O(19.961kPa)$$

$$h_{f2} = \lambda_2 \frac{L_2}{d_2} \frac{v_2^2}{2g} = 3.61 \quad mH_2O(36.578kPa)$$

$$h_f = h_{f1} + h_{f2} = 5.58 \quad mH_2O(56.539kPa)$$

（2）求局部水头损失

$$h_{j1} = \xi_1 \frac{v_1^2}{2g} = 0.5 \frac{1.91^2}{2 \times 9.81} = 0.09 \quad mH_2O(912Pa)$$

$$h_{j2} = \xi_2 \frac{v_2^2}{2g} = 0.15 \frac{3.40^2}{2 \times 9.81} = 0.09 \quad mH_2O(912Pa)$$

$$h_{j3} = \xi_3 \frac{v_3^2}{2g} = 2.0 \frac{3.40^2}{2 \times 9.81} = 1.18 \quad mH_2O(11.956kPa)$$

$$h_{j4} = \xi_4 \frac{v_4^2}{2g} = 0.1 \frac{7.64^2}{2 \times 9.81} = 0.30 \quad mH_2O(3.040kPa)$$

$$h_j = \sum_{i=1}^{4} h_{ji} = 1.66 \quad mH_2O(16.820kPa)$$

（3）求总水头损失

$$h = h_f + h_j = 7.24 \quad mH_2O(73.359kPa)$$

例1-6 水泵的吸水管装置如图1-16所示。设经过对水温、当地大气压力以及水泵转速的修正后，水泵最大允许吸上真空高度 $h'_s = 7mH_2O$，工作流量 $Q = 8.3L/s$，吸水管直径（假定等于水泵进口直径 d_1）$d = d_1 = 80mm$，长度 $l = 10m$，$\lambda = 0.04$，弯头局部阻力系数 $\xi_{弯头} = 0.7$，底阀 $\xi_{底阀} = 8$。求水泵最大允许安装高度 H_{ss}。

解：以吸水井水面为基准面，列吸水井断面0-0与水泵进口断面1-1的能量方程式为：

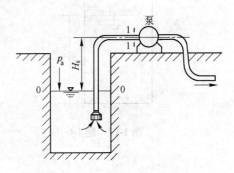

图1-16 水泵吸水管装置简图

$$0 + \frac{p_a}{\gamma} + 0 = H_{ss} + \frac{p_1}{\gamma} + \frac{\alpha_1 v_1^2}{2g} + h_l$$

得

$$H_{ss} = \frac{p_a - p_1}{\gamma} - \frac{\alpha_1 v_1^2}{2g} - h_l$$

式中，$\frac{p_a - p_1}{\gamma}$ 为水泵进口断面1-1处的真空度 h_k，其值最大等于修正后水泵最大允许吸上真空高度 $h'_s = 7mH_2O$（70928Pa）。

水泵进口水流速度

$$v_1 = \frac{Q}{S_1} = \frac{4Q}{\pi d_1^2} = 1.65 \quad (m/s)$$

吸水管水头损失 $h_l = \left(\lambda\, \dfrac{l}{d} + \xi_{弯头} + \xi_{底阀} \right) \dfrac{v^2}{2g} = \left(\lambda\, \dfrac{l}{d} + \xi_{弯头} + \xi_{底阀} \right) \dfrac{v_1^2}{2g} = 1.\,91\,\text{mH}_2\text{O}\ (19353\,\text{Pa})$

将以上各值代入前式，得

$$H_{ss} = 7 - \frac{1.\,65^2}{2 \times 9.\,81} - 1.\,91 = 4.\,95\,\text{mH}_2\text{O}(50156\,\text{Pa})$$

复习思考题

1-1　流体的重度和密度有何区别和联系？

1-2　什么是流体的黏滞性，它对流体流动有什么作用，动力黏性系数和运动黏性系数有何联系和区别？

1-3　什么是流体的压缩性和膨胀性，它们对液体和气体的重度和密度有何影响？

1-4　什么是绝对压强、相对压强、真空度，它们之间的关系怎样？

1-5　什么是雷诺数和水力半径，怎样用雷诺数判别流体形态？

1-6　封闭水箱如图 1-17 所示，已知自由面压强 $p_0 = 130000\,\text{Pa}$，箱外当地大气压强 $p_a = 101325\,\text{Pa}$，求 A 点的绝对压强和相对压强。

1-7　封闭水箱中的水深 h 处 A 点安装上压力表，压力表的读数为 $4.5\,\text{kPa}$，已知 $h = 2.3\,\text{m}$，$Z = 0.3\,\text{m}$，求水面的相对压强、绝对压强和真空度（见图 1-18）。

1-8　有一管径 $d = 25\,\text{mm}$ 室内水管，管中流速 $v = 1.5\,\text{m/s}$，水温 40℃，判别管中水的流态。

1-9　在管径 $d = 50\,\text{mm}$ 给水镀锌钢管管道中，水的流量 $Q = 5\,\text{L/s}$，水温 14℃，求管长 $l = 500\,\text{m}$ 时的沿程水头损失。

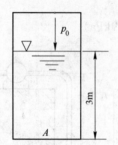

图 1-17　题 1-6

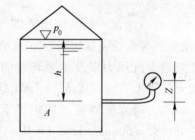

图 1-18　题 1-7

2 管材、器材及卫生器具

2.1 管材及连接

2.1.1 建筑给水管材及连接

建筑给水系统的作用是输送用水，由管道和配件连接组合而成。建筑给水所用管材应根据输送介质要求的水压、水质等因素确定。给水管道的管材、管件和附件种类多、规格多，有固定的标准尺寸。管材、管件和附件的大小、材料类型一方面影响到工程的质量、造价，另一方面也直接影响到水的品质。

建筑给水管材应从经济的合理性和技术的可靠性两方面考虑选择。通常它应具有足够的物理强度、稳定的理化性能、安全可靠、坚固耐用，并能保证施工条件。常用的给水管材有金属管、非金属管及复合管（钢塑、铝塑、铜塑复合管等）。

金属管包括镀锌钢管、不锈钢管、铜管等；塑料管包括硬聚氯乙烯管（UPVC）、聚乙烯管（PE）、交联聚乙烯（PEX）、聚丙烯管（PP）、聚丁烯管（PB）、丙烯腈－丁二烯－苯乙烯管（ABS）等；复合管包括铝塑复合管、涂塑钢管、钢塑复合管等。其中聚乙烯管、聚丙烯管、铝塑复合管在建筑给水中较为常用。

给水系统采用的管材和管件，应符合国家现行有关产品标准的要求。管材和管件的工作压力不得大于产品标准公称压力或标称的允许工作压力。

小区室外埋地给水管道采用的管材，应具有耐腐蚀和能承受相应的面荷载的能力。可采用塑料给水管、有衬里的铸铁给水管、经可靠防腐处理的钢管。管内壁的防腐材料，应符合现行的国家有关卫生标准的要求。

室内给水管道，应选用耐腐蚀和安装连接方便可靠的管材，可采用塑料给水管、塑料和金属复合管、铜管、不锈钢管及经可靠防腐处理的钢管。高层建筑给水立管不宜采用塑料管。

热水系统采用的管材和管件，应符合现行有关产品的国家标准和行业标准的要求。管道的工作压力和工作温度不得大于产品标准标定的允许工作压力和工作温度。

热水管道应选用耐腐蚀和安装连接方便可靠的管材，可采用薄壁铜管、薄壁不锈钢管、塑料和金属复合热水管等。当采用塑料热水管或金属复合热水管材料时应符合下列要求：

(1) 管道的工作压力应按相应温度下的许用工作压力选择；

(2) 设备机房内的管道不应采用塑料热水管。

2.1.1.1 钢管

A 钢管的特点及分类

钢管具有下列特点：管壁光滑、易成型；韧性强、可弯曲、抗震性能好；强度高（普通钢管工作压力约为 1.0～1.6MPa，无缝钢管可达 2.5MPa）；单根长度大、重量比铸铁管轻、接头少、加工安装方便，但造价较高，抗腐蚀性差。

常用的钢管分为焊接钢管和无缝钢管两种。焊接钢管有普通钢管和加厚钢管两种，又分为镀锌钢管（白铁管）和不镀锌钢管（黑铁管）两种。无缝钢管主要用于内外压力比较大的工程中，如输送煤气、蒸汽等，故又称为高压管；无缝钢管采用较少，只有当焊接钢管不能满足压力要求或在特殊情况下才采用。

镀锌钢管的优点是强度高、抗震性能好；管道可采用焊接、螺纹连接、法兰连接或卡箍连接。目前镀锌钢管主要用于水消防系统。

B　钢管管道连接方法

钢管连接方法有螺纹连接（又称丝扣连接）、焊接和法兰连接三种。镀锌管常采用螺纹连接，无缝钢管、黑铁管等多采用螺纹或焊接连接。

a　螺纹连接

利用配件连接，连接配件的形式及其应用如图 2-1 所示。配件用可锻铸铁制成，也分镀锌、不镀锌两种；钢制配件较少。

b　焊接

焊接的优点是接头紧密，不漏水，施工迅速，不需配件，缺点是不能拆卸。焊接只能用于非镀锌钢管，多用于暗装管道。

c　法兰连接

在较大管径的管道上（50mm 以上），常将法兰盘焊接或用螺纹连接在管端，再以螺栓连接。法兰连接一般用在连接闸门、止回阀、水泵、水表等处，以及需要经常拆卸、检修的管段上。

C　钢管管件

当钢管采用丝扣连接时，管段的延长、分叉、转弯、变径等处均需用各种管件。常用管件如图 2-1 所示。

常用管件的用途如下：

（1）管箍。连接两根等径的直管，又称"内丝"。

（2）异径管箍。又称"大小头"，它连接两根异径的直管。

（3）活接头。又称"有任"，它安装在阀门附近或需经常拆卸的管道上。

（4）对丝。又称"内管箍，"用来连接两个距离很近的配件。

（5）补心。又称"内外丝"，用于管径变化的连接处。

（6）丝堵。又称"管塞"，用来堵塞管件的一端，或堵塞管道的预留口。

（7）弯头。包括 45°和 90°弯头，用来改变管道的方向。

（8）三通。包括等径三通和异径三通，用于管道的分支和汇合处。

（9）四通。包括等径四通和异径四通，用于管道的十字形分支处。

上述管件也分镀锌与非镀锌两种，要与相应的管材配合使用。其表示法为：对于等径的管件用公称直径，如 DN15，常用的规格为 15～50mm。对于异径管件用 $D \times d$（mm）（$D > d$）表示，如 DN32×15mm，常用的规格一般为 $D = 20～50$mm，$d = 15～40$mm。

2.1.1.2　不锈钢管

具有机械强度高、坚固、韧性好、耐腐蚀性好、线膨胀系数低、卫生性能好、安装维

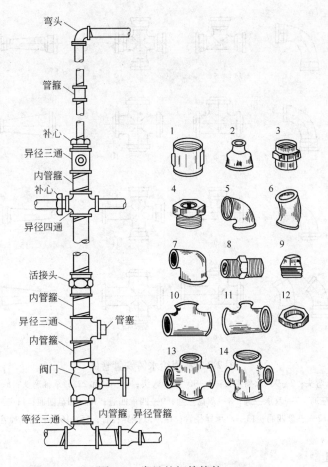

图 2-1　常见的钢管管件

1—管箍；2—异径管箍；3—活接头；4—补心；5—90°弯头；6—45°弯头；7—异径弯头；8—对丝；

9—丝堵；10—等径三通；11—异径三通；12—锁紧螺母；13—等径四通；14—异径四通

护方便、经久耐用、外观靓丽等优点，适用于建筑给水特别是管道直饮水及热水系统。

不锈钢管道可采用焊接、螺纹连接、卡压式、卡套式等连接方式。

2.1.1.3　铸铁管

我国生产的给水铸铁管是用灰口铁浇铸而成，有低压、中压、高压三种，使用时必须注意它们的工作压力分别不大于 0.45MPa、0.75MPa 及 1.0MPa，以防止超过工作压力。室内给水管道一般采用中压（普压）给水铸铁管，采用承插式或法兰盘式接口形式，规格以公称直径表示，以 DN50～DN300 为多。

铸铁管具有耐腐蚀性强、使用期长、价格低廉等优点，适宜做埋地管道。缺点是韧性差、性脆、重量大、长度小、施工较困难。

（1）铸铁管连接。给水铸铁管常用承插和法兰连接，配件也相应带承插口或法兰盘。承插连接方法与室外大口径管道相同，主要接口有以下几种：铅接口、石棉水泥接口、沥青水泥砂浆接口、膨胀性填料接口、水泥砂浆接口等。

（2）铸铁管管件。无论采用任何连接方式，均需利用各种管件，铸铁管件的用途与钢管相同，其中弯头有 90°，45°，22.5°三种。常用的给水铸铁管管件如图 2-2 所示。

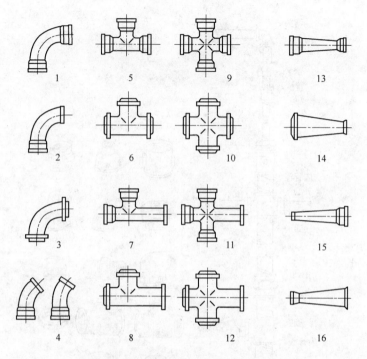

图 2-2　常用给水铸铁管管件

1—90°双承弯头；2—90°承插弯头；3—90°双盘弯头；4—45°和22.5°承插弯头；5—三承三通；
6—三盘三通；7—双承三通；8—双盘三通；9—四承四通；10—四盘四通；11—三承四通；
12—三盘四通；13—双承异径管；14—双盘异径管；15，16—承插异径管

2.1.1.4　铜管

铜管可分为拉制铜管和挤制铜管，或者分为拉制黄铜管和挤制黄铜管。铜管具有极强的耐腐蚀性、传热性、韧性好、经久耐用、管壁光滑、水力条件好、水质卫生、质量轻的优点。一般用于输送酸类、盐类等具有腐蚀性的流体，也可用于建筑物中的冷、热水配水管，一次性投入较高。在现代建筑中，特别是中高档建筑中，给水系统中冷、热水管常使用薄壁紫铜管。

铜管采用螺纹连接、焊接及法兰连接。

2.1.1.5　塑料管

塑料管有很多种类，包括聚氯乙烯管（PVC）、聚乙烯管（PE）、聚丙烯管（PP）、ABS（工程塑料）管等。

塑料管可采用螺纹连接（配件为注塑制品）、焊接（热空气焊）、法兰连接、粘接等方法。

（1）聚丁烯管（PB）是用高分子树脂制成的高密度塑料管，管材质软、耐磨、能耐90℃以上的高温、抗冻、无毒无害、耐久性好、重量轻、施工安装简单，工程压力可达1.6MPa，能在 -20 ~ 95℃ 条件下安全使用，可用于热水、冷水管道系统。

可采用铜接头夹紧式连接、热熔式插接、电熔合连接。

（2）硬聚氯乙烯塑料管也称 UPVC 管（一般简称塑料管），UPVC 给水管材材质为聚氯乙烯，适用于输送温度在45℃以下的建筑物内外的给水，不适用于热水输送，常见规格

DN15～DN400，公称压力0.6～1.0MPa。优点是耐腐蚀性能好、抗衰老性强、黏结方便、价格低、规格全、质地坚硬，符合输送纯净饮用水标准；缺点是维修麻烦、无韧性，环境温度低于5℃时脆化，高于45℃时软化，长期使用有UPVC单体和添加剂的渗出。该管材为过去替代镀锌钢管的管材，现已不推广使用。

UPVC管通常采用承插黏结，也可采用橡胶密封圈柔性连接、螺纹或法兰连接。

（3）聚乙烯管（PE）包括高密度聚乙烯管（HDPE）和低密度聚乙烯管（LDPE）。聚乙烯管的特点是重量轻、韧性好、耐腐蚀、可盘绕、耐低温性能好、运输及施工方便、具有良好的柔性和抗蠕变性能，在建筑给水中应用广泛。目前国内产品规格在DN16～DN160之间，最大可达DN400。

可采用电熔、热熔、橡胶圈柔性连接，工程上主要采用熔接。

（4）交联聚乙烯管（PEX）具有强度高、韧性好、抗老化（使用寿命达50年以上）、温度适应范围广（-70～110℃）、无毒、不滋生细菌、安装维修方便、价格适中等优点。常用规格在DN10～DN32之间，少量达DN63，主要用于建筑室内热水给水系统。

管径小于等于25mm的管道与管件采用卡套式，管径大于等于32mm的管道与管件采用卡箍式连接。

（5）聚丙烯管（PP）。普通聚丙烯材质的显著缺点是耐低温性差，在5℃以下因脆性太大而难以正常使用。通过共聚合的方式可使聚丙烯性能得到改善。改性聚丙烯管有三种：均聚聚丙烯（PP-H，一型）管、嵌段共聚聚丙烯（PP-B，二型）管、无规共聚聚丙烯（PP-R，三型）管。由于PP-B、PP-R的适用范围涵盖了PP-H，故PP-H逐步退出了管材市场。PP-B、PP-R的物理特性和应用范围基本相同。

PP-R管的优点是强度高、韧性好、无毒、温度适应范围广（5～95℃）、耐腐蚀、抗老化、保温效果好、不结垢、沿程阻力小、施工安装方便。产品规格在DN20～DN110之间，可用于冷、热水系统和纯净饮用水系统。

管道之间用热熔连接，管道与金属管件之间通过带金属嵌件的聚丙烯管件用丝扣或法兰连接。

（6）丙烯腈-丁二烯-苯乙烯管（ABS）。ABS管材是丙烯腈、丁二烯、苯乙烯的三元共聚物，丙烯腈提供了良好的耐蚀性、表面硬度；丁二烯作为一种橡胶体提供了韧性；苯乙烯提供了优良的加工性能。三种组合的联合作用使ABS管强度大，韧性高，能承受冲击。ABS管材的工作压力1.0MPa，冷水管常用规格为DN15～DN50，使用温度为-40～60℃；热水管规格不全，使用温度-40～95℃。

管材连接方式为粘接。

（7）铝塑复合管（PE-AL-PE或PEX-AL-PEX）。铝塑复合管是通过挤出成型工艺制造出的新型复合管材，它由聚乙烯（或交联聚乙烯）层-胶黏剂层-铝层-胶黏剂层-聚乙烯层（或交联聚乙烯）五层结构构成。它保持了聚乙烯管和铝管的优点，避免了各自的缺点。可以弯曲，弯曲半径等于5倍直径；耐温差性能强，使用温度范围-100～110℃；耐高压，工作压力可以达到1.0MPa以上。可用于室内冷、热水系统，规格在DN14～DN32之间。

管件连接主要是夹紧式铜接头。

（8）钢塑复合管。钢塑复合管是在钢管内壁衬（涂）一定厚度的塑料层复合而成，依据复合管基材的不同，可分为衬塑复合管和涂塑复合管两种。衬塑钢管是在传统的输水钢管内插入一根薄壁 PVC 管，使两者紧密结合，就成了 PVC 衬塑钢管；涂塑钢管是以普通碳素钢管为基材，将高分子 PE 粉末熔融后均匀涂敷在钢管内壁，经塑化后形成光滑、致密的塑料涂层。

钢塑复合管兼备了金属管材强度高、耐高压、能承受较强的外来冲击力和塑料管材的耐腐蚀性、不结垢、导热系数低、流体阻力小等优点。

钢塑复合管可采用沟槽、法兰或螺纹连接，同原有的镀锌管系统完全相容，使用方便，但需要在工厂预制，不宜在施工现场切割。

（9）铜塑复合管材和管件。铜塑复合管是近年来新出现的一种给水管材，其外层为硬质塑料，内层为铜管；它兼有铜材和塑料管的优点，具有良好的耐腐性和保温性，接口采用铜质管件，连接方便、快速，但价格较高。目前多用于室内热水供应管道。图 2-3 是常用的连接管件，表 2-1 和表 2-2 分别是铜塑复合管的规格和技术性能。

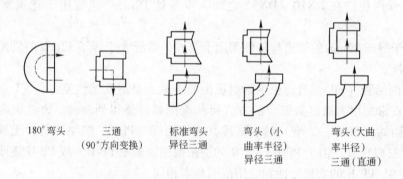

| 180°弯头 | 三通
（90°方向变换） | 标准弯头
异径三通 | 弯头（小
曲率半径）
异径三通 | 弯头（大曲
率半径）
三通（直通） |

图 2-3　铜塑复合管常用管件示意图

表 2-1　铜塑复合管的规格和尺寸公差　　　　　　　　　（mm）

铜管外径 基本尺寸	极限偏差	铜管壁厚 基本尺寸	极限偏差	外覆塑层外径		极限偏差	管长/m	极限偏差
				齿形环	平形环			
15	0，−0.11	0.7	±0.07	18.6	18.0	±0.4	2.9	0，+15
22	0，−0.15	0.9	±0.09	26.0	25.5	±0.6		
28	0，−0.15	0.9	±0.09	32.5	31.6	±0.6		
35	0，−0.19	1.2	±0.12	40.0	39.0	±0.8	5.8	
42	0，−0.19	1.2	±0.12	47.5	47.0	±1.0		
54	0，−0.30	1.2	±0.12	60.0	59.0	±1.0		

表 2-2　铜塑复合管的技术性能

铜管材料性能		塑料覆层材料性能	
化学成分	Cu≥99.90%	密　度	0.92～0.96g/cm³
抗拉强度	274～343MPa	脆化温度	≤−70℃
扩口45°（原始外径）	>30%	维卡软化点	≥90℃
工作压力	φ15×0.7，>4MPa	阻燃性氧指数（OI）	≥27
导热系数	≤0.2W/(m·℃)	纵向回缩率	≤3%
工作温度	−70～100℃	耐腐蚀性	抗酸碱腐蚀

（10）钢丝网骨架聚氯乙烯塑料复合管。钢丝网骨架聚氯乙烯塑料复合管是以高强度钢丝左右螺旋缠绕成型的网状骨架为增强体，以高密度聚乙烯（HDPE）为基体，并用高性能的黏结树脂层将钢丝骨架内外层高密度聚乙烯紧密地连接在一起，同时其极性键与钢有极强的黏结性能。

钢丝网骨架聚氯乙烯塑料复合管具有强度高、刚性好、环刚度大、抗蠕变、线性膨胀系数小等优点。其内壁光滑，具有压力损失小、双面防腐、无二次污染、保温性能好、施工维修方便、工程造价低、使用寿命长等优点，克服了钢管耐压不耐腐、塑料管耐腐不耐压的不足。适用温度小于60℃，压力为1.0MPa和1.6MPa。主要用于埋地管材，连接方式为电热熔连接。

2.1.2 建筑排水管材及连接

小区室外排水管道，应优先采用埋地排水塑料管。

建筑内部排水管道应采用建筑排水塑料管及管件或柔性机制排水铸铁管及相应管件。当连续排水温度大于40℃时，应采用金属排水管或耐热塑料排水管。

压力排水管可采用耐压塑料管、金属管或钢塑复合管。

室内明装的排水管，管径小于50mm的也可采用钢管，主要用于洗脸盆、小便器、浴盆等卫生器具与横支管间的连接段管，管径一般为32mm、40mm、50mm，工厂车间内振动较大的地方也可以用钢管代替铸铁管，但需进行防腐处理。

2.1.2.1 铸铁排水管

排水铸铁管有刚性接口和柔性接口两种。为使管道具有良好的曲挠性和伸缩性，以适应因建筑楼层间变位而导致的轴向位移和横向挠曲变形，防止管道的破裂、折断，建筑内部排水管道应采用柔性接口机制排水铸铁管及相应管件。而一般以石棉水泥或青铅为填料的刚性接口铸铁管，已不能适应高层建筑中各种因素所引起的变形。

柔性接口机制排水铸铁管有两种：一种是连续铸造工艺制造，承口带法兰，管壁较厚，采用法兰压盖、橡胶密封圈、螺栓连接；另一种是水平旋转离心铸造工艺制造，无承口，管壁薄而均匀，重量轻，采用不锈钢带、橡胶密封圈、卡紧螺栓连接，安装、更换管道方便。

柔性接口机制排水铸铁管具有强度高、抗震性能好、噪声低、防火性能好、寿命长、膨胀系数小、安装施工方便、美观（不带承口时）、耐磨和耐高温性能好等优点，缺点是造价较高。柔性接口机制排水铸铁管一般用于建筑高度超过100m的高层建筑、对防火等级要求高的建筑物、要求环境安静的场所、环境温度可能出现0℃以下的场所，以及连续排水温度大于40℃或瞬间排水温度大于80℃的排水管。

柔性接口机制排水铸铁管接头的主要构造如图2-4所示，它由承口、插口、法兰压盖、密封橡胶圈、紧固螺栓、定位螺栓等组成。胶圈在螺栓和压盖法兰的作用下，呈压缩状态与管壁紧贴，起到密封作用。承口端有内八字，使胶圈嵌入，增强了阻水效果，同时由于胶圈具有弹性，插口可在承口内伸缩和弯折，接头仍可保持不渗不漏。定位螺栓在安装时起定位作用。

密封橡胶圈材质为氯丁橡胶，具有耐酸碱、耐老化、耐热、耐油、耐化学腐蚀的良好性能，便于施工、维修方便。

柔性接口机制排水铸铁管常用规格有DN50、DN75、DN100、DN125、DN150、DN200、DN250、DN300，并有两向套袖、直管、三通、弯头、门管、大小头等管件。

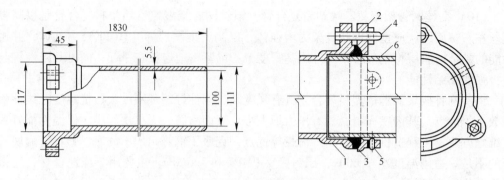

图2-4　柔性接口机制排水铸铁管接头

1，6—承插口部；2—法兰压盖；3—橡胶圈；4—螺栓；5—定位螺栓

2.1.2.2　塑料排水管

目前在建筑内使用的排水塑料管主要有硬聚氯乙烯塑料管（UPVC管）和高密度聚乙烯管（HDPE管）。与铸铁等金属管相比，UPVC管具有重量轻、不结垢、不腐蚀、容易切割、便于安装、可制成各种颜色、节省金属、投资省、阻力小的优点，可用于生活污水、雨水的排水管，也可用于酸、碱废水、化验室废水的排水管。但UPVC管也有强度低、耐热性能差（使用温度为－50～＋50℃）、立管产生噪声、暴露于阳光下管道易老化、防火性能差的缺点，因此，它适用于建筑内连续排放温度不大于40℃，瞬时排放温度不大于80℃的污水管道。

表2-3为排水塑料管的常用规格，表2-4为聚氯乙烯管（UPVC）与聚乙烯管（PE）、聚丙烯管（PP）的性能比较。

ABS塑料管是以热塑性工程塑料ABS（丙烯酯-丁二烯-苯乙烯三元共聚体）颗粒经注射、挤压加工而成，具有突出的抗冲击性能，适合输送腐蚀性强的工业废水。因其造价较高，一般不用作建筑排水管道。

表2-3　排水硬聚氯乙烯塑料管规格　　　　　　　　　　　　　　　（mm）

公称直径	40	50	75	100	150
外　径	40	50	75	110	160
壁　厚	2.0	2.0	2.3	3.2	4.0
参考重量/g·m^{-1}	341	431	751	1535	2803

表2-4　UPVC，PE，PP管材主要性能比较

性　能	UPVC	PE	PP
比　重	1.43	0.93～0.97	0.92
硬度（洛氏）	120	—	90
拉伸强度/MPa	50～55	10～25	33～38
弯曲强度/MPa	90～96	7.0（硬）	56
压缩强度/MPa	70～75	23（硬）	38～40
剪切强度/MPa	40	—	36

性　能	UPVC	PE	PP
线膨胀系数/℃$^{-1}$	7×10^{-5}	$(10 \sim 18) \times 10^{-5}$	11×10^{-5}
维卡软化温度/℃	86	—	124
燃烧性	自熄	缓燃	缓燃
瞬时耐水压/MPa	5.0	$1.5 \sim 2.0$	3.0
50年耐水压/MPa	2.55	0.5	1.0
最高工作温度/℃	60	80	100
耐寒性	较差	好	较差

UPVC管件共有20个品种、76个规格，常用UPVC管件见图2-5。连接形式有粘接、橡胶圈连接和螺纹连接等三种形式。

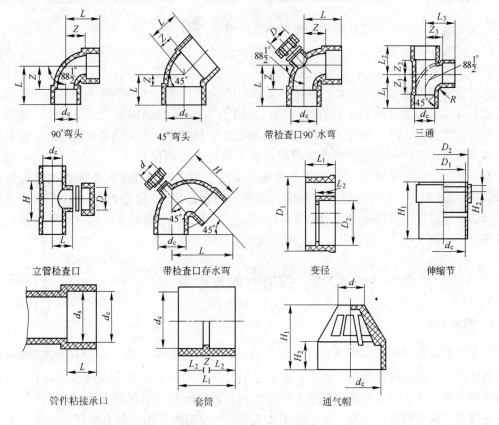

图2-5　常用UPVC管件

使用UPVC排水管的几个问题：

（1）作为排水管，产生满流运动状态时，与铸铁管相比，流速比为1.3，流量比也为1.3；

（2）内壁光滑、无较多的沉积物，阻力小，粗糙系数$n = 0.009$；

（3）耐酸碱腐蚀，埋地也不被腐蚀，耐久性好、使用寿命长；

（4）受环境和水温度变化会引起伸缩，其伸缩量按下式计算

$$\Delta L = \alpha \Delta T L \qquad (2\text{-}1)$$

式中　L——管道长度，m；

　　　α——线膨胀系数，一般采用（6~8）×10^{-5}/℃；

　　　ΔT——温度变化量，℃；

　　　ΔL——管道伸缩量，m。

为消除 UPVC 管道受温度变化影响而产生的伸缩，通常采用设置伸缩节的方法。一般立管应每层设一伸缩节，横干管按表 2-5 中的最大允许伸缩量设置伸缩节。

表 2-5　伸缩节最大允许伸缩量　　　　　　　　　（mm）

管道外径	50	75	110	160
最大允许伸缩量	10	12	15	20

采用螺纹和橡胶圈连接的管道系统可不设伸缩节。

（5）伸缩节的设置位置，应靠近水流汇合管件处，并根据排水支管接入部位和管道固定支撑情况确定。

当立管穿越楼板处为固定处，且排水支管在楼板之下接入时，伸缩节可设置于楼板之中或之上或水流汇合管件下［见图 2-6（a）、（c）］；当立管穿越楼板处为固定处，且排水支管在楼板之上接入时，伸缩节可设置于水流汇合管件之上［见图 2-6（b）］；立管上如无排水支管接入时，伸缩节可按设计间距设置于楼层的任何位置［见图 2-6（d）］。横管上设置伸缩节，应设于水流汇合管件上游端，横支管上汇流管件至立管的直线管段超过 2m 时，应设伸缩节，但伸缩节之间的最大间距不得超过 4m［见图 2-6（h）］。需注意的是，当立管穿越楼层处固定时，伸缩节不得固定；反之，伸缩节固定时，立管穿越楼层处不得固定［见图 2-6（e）、（f）、（g）］。伸缩节承口应逆水流方向。

2.2　管道附件及水表

2.2.1　给水附件

给水管道附件是安装在管道及设备上的启闭和调节装置的总称。一般分为配水附件、控制附件两类。配水附件是指诸如装在卫生器具及用水点的各式水龙头（配水配件），用以调节和分配水流，以及安装在管路上的截止阀和进水阀等直通配件（直通阀），用于卫生设备或配水阀维修时的切断水流，如图 2-7 所示。控制附件用来调节水量、水压、关断水流、改变水流方向，如球形阀、闸阀、止回阀、浮球阀及安全阀等。

2.2.1.1　配水附件

A　配水龙头

配水龙头按照使用场合可分为普通喷放龙头、化验盆配水龙头、盥洗龙头等。

a　普通喷放龙头

可以分为球形阀式和旋塞式配水龙头。

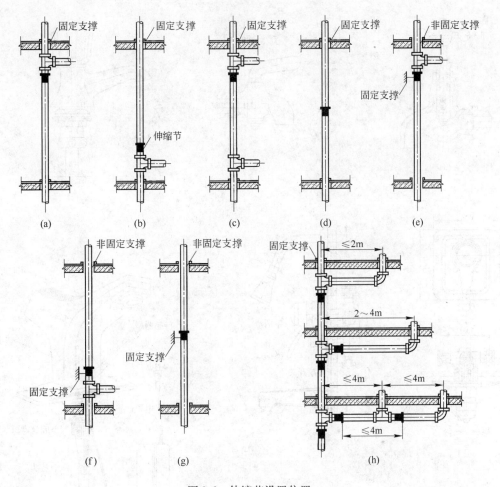

图 2-6 伸缩节设置位置

（1）球形阀式配水龙头。装在洗涤盆、污水盆、盥洗槽上的均属此类。水流经过此种龙头因改变流向，故阻力较大。如图 2-7（a）所示。

（2）旋塞式配水龙头。设在压力不大（101325Pa 左右）的给水系统上。这种龙头旋转 90° 即完全开启，可短时获得较大流量，又因水流呈直线经过龙头，阻力较小。缺点是启闭迅速，容易产生水击，适于用在浴池、洗衣房、开水间等处。如图 2-7（b）所示。

b 化验盆配水龙头

化验盆的给水配水龙头有单联、双联、三联之分。图 2-8 为三联化验水嘴。化验水嘴的公称直径均为 DN15mm，公称压力为 0.6MPa，使用温度低于 100℃，化验水嘴多为铜质、表面镀铜、镍或铬。

c 盥洗龙头

设在洗脸盆上专供冷水或热水用。有莲蓬头式、鸭嘴式、角式、长颈式等多种形式。洗脸盆的配水阀大多为立式，装在盆沿上，图 2-9 为单独供冷水、热水，在手轮上装有红、蓝标记，说明热水、冷水用的面盆水嘴。材质多为铜质，表面多镀铬或进行抛光处理。

d 混合龙头

用以调节冷、热水的龙头，供盥洗、洗涤、沐浴等，式样很多。

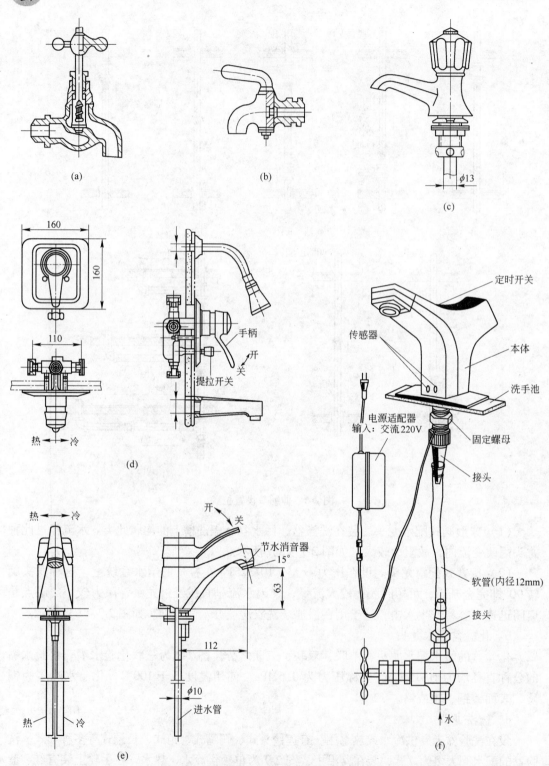

图 2-7　常用配水附件

（a）球形阀式配水龙头；（b）旋塞式配水龙头；（c）普通洗脸盆配水龙头；
（d）单手柄浴盆水龙头；（e）单手柄洗脸盆配水龙头；（f）感应自助水龙头

图 2-10 为面盆用混合水嘴，在出水口处装有防散花的充气器，水流柔和、不飞溅。传统的配水龙头多采用橡胶密封件，易老化，使用寿命短，常发生关闭不严、易漏水等现象；现采用经过精密研磨的硬质陶瓷作为密封件，成功地解决了这一问题。

目前洗涤盆的给水阀有墙式、台式两种（见图 2-11、图 2-12），前者安装时与嵌入墙中的管道连接，后者直接装在洗涤盆的边缘（立装）。洗涤盆的给水阀多为冷水、热水混合水嘴，铸铜制造，表面镀铜、铬或镀镍，水嘴可在一定范围内自由转动（墙式为 180°、立式为 360°）。使用温度通常小于 100℃，压力为 0.6MPa，接管直径 DN15mm。

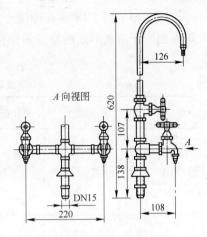

图 2-8 三联化验水嘴

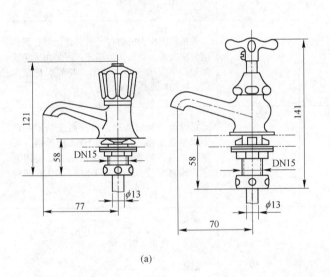

(a)

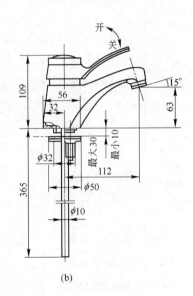

(b)

图 2-9 面盆配水阀

（a）面盆水嘴；（b）面盆单把水嘴

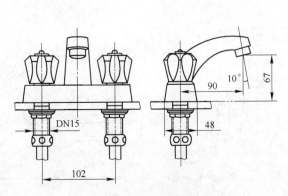

图 2-10 面盆混合水嘴

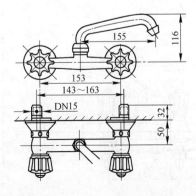

图 2-11 XG1 型混合水嘴

图 2-13～图 2-18 是几种国产浴盆用给水阀的安装示意图，其规格、性能见表 2-6。近年来相应于浴盆形式的日益多样化，给水阀的造型、结构也逐渐丰富。

表 2-6　浴盆给水阀的规格、性能

型 号	名 称	公称直径/mm	公称压力/MPa	说 明
YG3	浴盆混合门	20	0.59	通过冷热水调节阀的调节，可获得所需水温和水量；中间的手把控制分路阀，顺时针旋转接通水嘴，逆时针旋转接通喷头
YG6	浴盆单把暗装门	20	0.59	采用陶瓷作为密封件，密封性能好；阀体暗装于墙内，喷头为固定式，角度可调节±20°；单手柄开启、关闭、调节水量及水温，使用、维修方便
YG8	浴盆单把明装门	20	0.59	采用陶瓷作为密封件，密封性能好；阀体暗装于墙内，喷头为活动式，可采用固定式排架；单手柄开启、关闭、调节水量及水温，使用、维修方便
YG7 YG10	浴盆Ⅱ型混合门	15 20	0.59	通过两手轮的转动，可开启或关闭并调节水量及水温；拨动中间分水阀手柄，可接通水嘴或喷头，喷头为活动式，使用灵活，维修方便；铜质有 DN15、DN20 两种规格
YG1	浴盆抛光扁嘴门	20	0.59	铜质
YG2	浴盆镀铬扁嘴门	20	0.59	铜质、镀铜、镍、铬
YG4	浴盆抛光葫芦门	20	0.59	铜质
YG5	浴盆镀铬葫芦门	20	0.59	铜质、镀铜、镍、铬

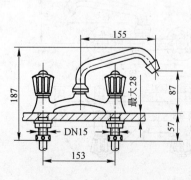

图 2-12　XG2 型混合水嘴

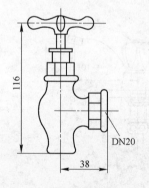

图 2-13　YG4、YG5 葫芦门

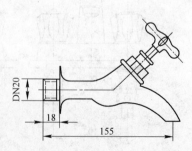

图 2-14　YG1、YG2 扁嘴门

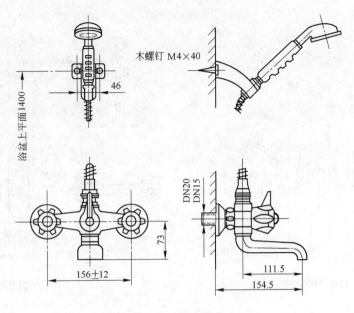

图 2-15 YG3 型浴盆混合门

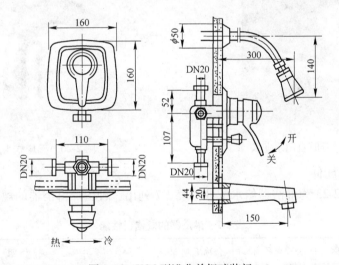

图 2-16 YG6 型浴盆单把暗装门

e 延时自闭水龙头

延时自闭水龙头见图 2-19，主要用于酒店及商场等公共场所的洗手间，使用时将按钮下压，每次开启持续一定时间后，靠水压力及弹簧的增压自动关闭水流，可有效避免"常水流"的现象。

f 感应式水龙头

感应式水龙头见图 2-20，根据光电效应、电容效应、电磁感应等原理，感应控制电磁阀的启闭。常用于建筑装饰标准较高的盥洗、淋浴、饮水等的水流控制，具有防止交叉感染、提高卫生水平及舒适程度的功能。

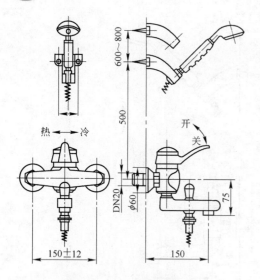

图 2-17　YG8 型单把暗装门

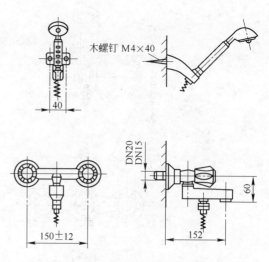

图 2-18　YG10、YG7Ⅱ型混合门

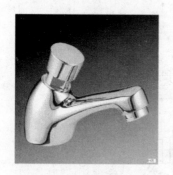

图 2-19　延时自闭水龙头

图 2-20　感应式水龙头

g　淋浴给水配件

图 2-21 ~ 图 2-23 为淋浴器给水配件，表 2-7 列出三种国产淋浴器的规格及性能。

表 2-7　淋浴器的规格、性能

型　号	名　称	公称直径/mm	公称压力/MPa	说　明
0109-15	单把淋浴器	15	0.59	铜质、镀锌、镍、铬，采用陶瓷作密封件，密封性能好，单手柄开启、关闭、调节水量及水温
0102-15	双门淋浴器	15	0.59	铜质、镀锌、镍、铬，由冷、热水调节阀调节水量及水温
0108-15	升降淋浴器	15	0.59	铜质、镀锌、镍、铬，喷头可沿架上下移动，使不同身高者可自行调节使用

h　恒温阀

恒温阀可以自动调节冷热水温度。使用者可根据要求调节出水温度操作柄，借助限制按钮将水温控制在 40℃ 以内，一旦超过 40℃，限制按钮立即打开；给水管网中的水压和温度变化对已调节好的出水温度无影响，热敏控制元件根据控制柄所设定的温度来调节冷热水配水阀的开启度。

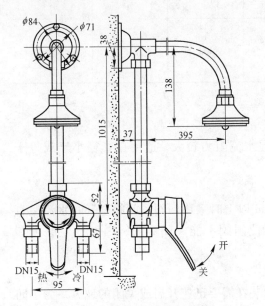

图 2-21　0109-15 单把淋浴器

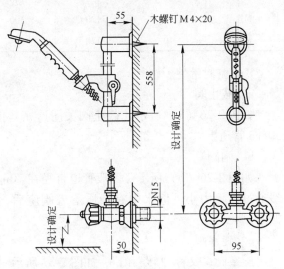

图 2-22　0108-15 升降淋浴器

常用的热敏控制元件有气动元件、蜡膨胀元件、充液体的弹性伸缩箱和双金属元件。图 2-24 为一气动元件控制的恒温阀剖面图。

ⅰ　进水阀

卫生设备的进水阀可以是直座式、斜座式或角形，用于卫生设备或配水阀维修时切断水流。此外，还可以用作水量调节器，例如用在压力冲洗装置、盥洗盆的立式阀等。图 2-25 是国产 MJ 型进水阀，其规格、性能见表 2-8。

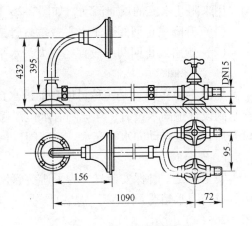

图 2-23　0102-15 双门淋浴器

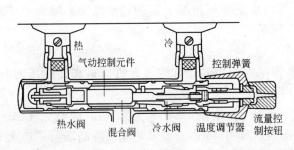

图 2-24　恒温阀

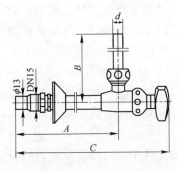

图 2-25　MJ1 ~ MJ3 型进水阀

表 2-8　MJ 型进水阀的规格、性能　　　　　　　（mm）

型　号	立管直径	横管直径	立管长度	A	B	C
MJ1	13	120	240	133	255	190
MJ2	13	120	300	133	315	190
MJ3	10	120	—	133		190

B　控制附件

a　截止阀

如图 2-26（a）所示，截止阀关闭严密，但水流阻力较大，适用在管径小于或等于 50mm 管道上。

b　闸阀

·如图 2-26（b）所示，一般管道直径在 70mm 以上时采用闸阀；此阀全开时水流呈直线通过，阻力小；但水中有杂质落入阀座后，使闸阀不能关闭到底，因而产生磨损和漏水。

c　旋塞阀

旋塞阀，又称"转心门"，如图 2-27 所示。装在需要迅速开启或关闭的地方，为了防止因迅速关断水流而引起水击，适用于压力较低和管径较小的管道。

d　止回阀

用来阻止水流的反向流动，如图 2-26（d）～图 2-26（f）所示。止回阀类型有两种：

（1）升降式止回阀装于水平或垂直管道上，水头损失较大，适用于小管径。

（2）旋启式止回阀一般直径较大，水平、垂直管道上均可装设。

e　浮球阀

见图 2-26（h），是一种可以自动进水自动关闭的阀门，多装在水箱或水池内。当水箱充水到设计最高水位时，浮球随着水位浮起，关闭进水口；当水位下降时，浮球下落进水口开启，于是自动向水箱充水。浮球阀口径为 15～100mm，与各种管径规格相同。

f　安全阀

安全阀是一种保安器材，为了避免管网和其他设备中压力超过规定的范围而使管网、用具或密闭水箱受到破坏，需装此阀。一般有弹簧式、杠杆式两种，如图 2-26（j）～图 2-26（k）所示。

g　蝶阀

蝶阀是指启闭件（蝶板）绕固定轴旋转的阀门，它具有操作力矩小、开闭时间短、安装空间小、重量轻、开闭迅速等优点，其缺点是蝶板占据一定的过水断面，增大水头损失，易挂积杂物和纤维，如图 2-26（c）所示。

h　比例式减压阀

比例式减压阀如图 2-28 所示。给水管网的压力高于配水点允许的最高使用压力时，应设置减压阀，减压阀的配置应符合下列要求：

（1）比例式减压阀的减压比不宜大于 3∶1；当采用减压比大于 3∶1 时，应避免气蚀区。可调式减压阀的阀前与阀后的最大压差不宜大于 0.4MPa，要求环境安静的场所不应大于 0.3MPa；当最大压差超过规定值时，宜串联设置。

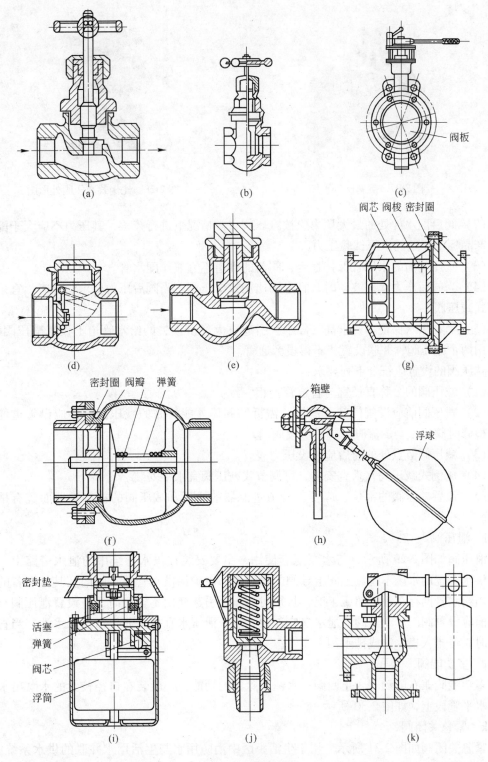

图 2-26　控制附件

（a）截止阀；（b）闸阀；（c）蝶阀；（d）旋启式止回阀；（e）升降式止回阀；（f）消声止回阀；
（g）梭式止回阀；（h）浮球阀；（i）液式水位控制阀；（j）弹簧式安全阀；（k）杠杆式安全阀

图 2-27　旋塞阀外形图　　　　　　　图 2-28　比例式减压阀外形图

（2）阀后配水件处的最大压力应按减压阀失效情况下进行校核，其压力不应大于配水件的产品标准规定的水压试验压力。

（3）减压阀前的水压宜保持稳定，阀前的管道不宜兼作配水管。

（4）当阀后压力允许波动时，宜采用比例式减压阀；当阀后压力要求稳定时。宜采用可调式减压阀。

（5）当在供水保证率要求高、停水会引起重大经济损失的给水管道上设置减压阀时，宜采用两个减压阀，并联设置，不得设旁通管。

减压阀的设置应符合下列要求：

（1）减压阀的公称直径宜与管道管径相一致。

（2）减压阀前应设阀门和过滤器；需拆卸阀体才能检修的减压阀后，应设管道伸缩器；检修时阀后水会倒流时，阀后应设阀门。

（3）减压阀节点处的前后应装设压力表。

（4）比例式减压阀宜垂直安装，可调节式减压阀宜水平安装。

（5）设置减压阀的部位，应便于管道过滤器的排污和减压阀的检修，地面宜有排水设施。

　i　泄压阀

泄压阀如图 2-29 所示，与水泵配套使用，主要安装在供水系统中的泄水旁路上，可保证供水系统的水压不超过主阀上导阀的设定值，以确保供水管路、阀门及其他设备的安全。当给水管网存在短时超压工况，且短时超压会引起使用不安全时，应设置泄压阀。泄压阀前应设置阀门；泄压阀的泄水口应连接管道，泄压水宜排入非生活用水水池，当直接排放时，可排入集水井或排水沟。

　j　多功能阀

多功能阀兼有电动阀、止回阀、水锤消除器的功能，一般装在口径较大的水泵出水管道的水平管段上，如图 2-30 所示。

　k　紧急关闭阀

紧急关闭阀如图 2-31 所示。用于生活小区中消防用水与生活用水并联的供水系统中，当消防用水时，阀门自动紧急关闭，切断生活用水，保证消防用水；当消防结束时。阀门自动打开，恢复生活供水。

给水管道上使用的阀门，应根据使用要求按下列原则选型：

图 2-29　泄压阀外形图　　　图 2-30　多功能阀外形图　　　图 2-31　紧急关闭阀外形图

（1）需调节流量、水压时，宜采用调节阀、截止阀；

（2）要求水流阻力小的部位宜采用闸板阀、球阀、半球阀；

（3）安装空间小的场所，宜采用蝶阀、球阀；

（4）水流需双向流动的管段上，不得使用截止阀；

（5）口径较大的水泵，出水管上宜采用多功能阀。

C　其他附件

在给水系统的适当位置，经常需要安装一些保障系统正常运行、延长设备使用寿命、改善系统工作性能的附件，如排气阀、橡胶接头、伸缩器、管道过滤器、倒流防止器、水锤消除器和真空破坏器等。见图 2-32 ~ 图 2-38。

图 2-32　排气阀　　　　　图 2-33　橡胶接头　　　　　图 2-34　管道伸缩器

图 2-35　管道过滤器　　　　　　　图 2-36　倒流防止器

图 2-37　活塞气囊式水锤消除器　　　　图 2-38　TSX 型水锤消除器

2.2.2　排水附件

排水管道上的检查口与清扫口，存水弯和地漏等可视为排水附件。

2.2.2.1　检查口与清扫口

为疏通建筑内部排水管道，保证排水畅通，需设清通设备。清通设备包括清扫口、检查口和检查井口。当排水管道需要清理时，用检查口、清扫口打开管道，进行管道的检查与清扫。检查口设置在排水立管上，一般设置高度为 1.0m，疏通管道时用它打开管道；清扫口一般设置在水平管上，清理地面集水时用之。检查口如图 2-39 所示。

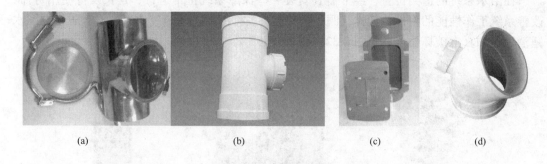

(a)　　　　　　　　(b)　　　　　　　　(c)　　　　　　　　(d)

图 2-39　检查口

（a）不锈钢检查口；（b）塑料管检查口；（c）方口检查口；（d）45°弯头检查口

2.2.2.2　存水弯

存水弯使用范围很广，因需与多种卫生器具连接，故种类较多，如图 2-40 所示。一般有下列几种形式：

（1）S 形存水弯（及带丝扣 S 形存水弯）。用于和排水横管垂直连接的场所。

（2）P 形存水弯（及带丝扣 P 形存水弯）。用于和排水横管或排水立管水平直角连接的场所。

（3）瓶式存水弯及带通气装置的存水弯。一般明设在洗脸盆或洗涤盆等卫生器具的排出管上，形式较美观。

一般两个卫生器具可合用一个存水弯，或多个卫生器具公用一个。当构造内无存水弯的卫生器具与生活污水管道或其他可能产生有害气体的排水管道连接时，必须在排水口以下设存水弯。存水弯的水封深度不得小于 50mm。严禁采用活动机械密封替代水封。医疗卫生机

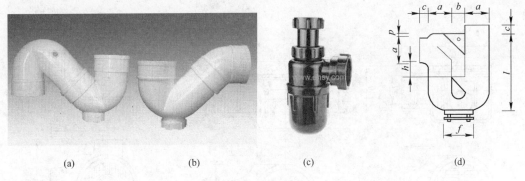

(a)   (b)   (c)   (d)

图2-40 存水弯

(a) S形存水弯；(b) P形存水弯；(c) 瓶式存水弯；(d) 防虹吸存水弯

构内门诊、病房、化验室、试验室等处不在同一房间内的卫生器具不得共用存水弯。

2.2.2.3 地漏

地漏，又称"地面排泄器"，常装在地面需经常清洗或地面有水需排出处，如淋浴间、水泵房、厕所、盥洗室、卫生间等装有卫生器具处。地漏的用途很广，是排水管道上可供独立使用的附件；不但具有排泄污水的功能，而且当装在排水管道端头或管道接点较多的管段上时，还可起到地面清掏口的作用。地漏的水封形式和高度是决定地漏结构质量的指标。地漏一般有直通式、普通式、多通道式、网框式、防回流式、密闭式、侧墙式等形式。

A 高水封地漏

高水封地漏或称存水盒地漏，其水封高度不小于50mm，并设防水翼环；地漏盖为盒状，可随地面的不同作法、根据所需要的安装高度进行调节。施工时，将翼环放在结构板面，板面以上的厚度，可随建筑所要求的面层作法调整盖面标高。这种地漏还附有单侧和双侧通道，可按实际情况选用，如图2-41所示。

B 多用地漏

多用地漏一般埋设在楼板的面层内，高度为110mm，有单通道、双通道、三通道等多种形式，水封高度为50mm，一般内装塑料球以防回流。三通道地漏提供多种用途，除能排泄地面水外，还可连接洗脸盆或洗衣机的排出水，其侧向通道还可连接浴盆的排水。其缺点是所连接的排水横支管均为暗设，维修较麻烦，如图2-42所示。

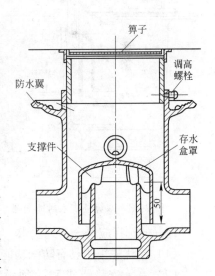

图2-41 存水盒地漏结构

C 双箅杯式水封地漏

双箅杯式水封地漏，这种地漏的内部水封盒采用塑料制造，形如杯子，水封高度50mm，易清洗、较卫生。地漏内的排水孔分布合理、排泄量大、排水快，采用双箅有利于阻留污物。这种地漏另附有塑料密封盖，可防止施工时水泥、砂石等从箅子进入排水管

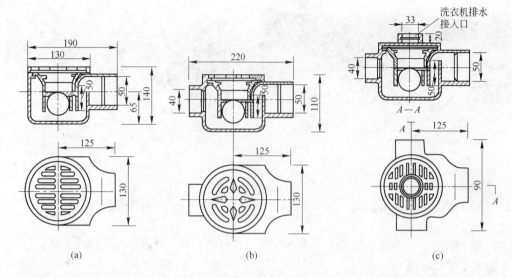

图 2-42　多用地漏

（a）DL 型单通道地漏；（b）DL 型双通道地漏；（c）DL 型三通道地漏（附洗衣机排水入口）

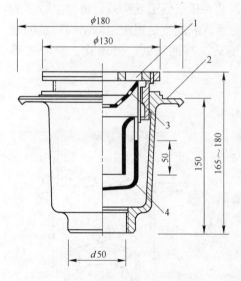

图 2-43　双算杯式水封地漏图

道。平时用户不需使用地漏时，也可利用塑料盖将地漏盖严密，如图 2-43 所示。

D　防回流地漏

防回流地漏适用于地下室或深层地面（如电梯井、地下通道）的排水，地漏内设防回流装置，可防止排水干管排水不畅水面升高所导致的污水回流。一般有以下几种形式——附浮球的钟罩形地漏或塑料球的单通道地漏，或采用一般的地漏附回流止回阀，如图 2-44 所示。

厕所、盥洗室等需经常从地面排水的房间，应设地漏。地漏应设置在易溅水的器具附近的地面最低处。住宅套内应按洗衣机位置设置洗衣机排水专用地漏或洗衣机排水存水弯，排水管道不得接入室内雨水管道。

地漏的选择应符合下列要求：

（1）应优先采用具有防涸功能的地漏。

（2）在无安静要求和无须设置环形通气管、器具通气管的场所，可采用多通道地漏。

（3）食堂、厨房和公共浴室等排水宜设置网框式地漏。

（4）严禁采用老式扣碗式（或称钟罩式）地漏。

（5）带水封的地漏水封深度不得小于 50mm。

（6）当废水中可能夹带纤维或有大块物体时，应在排水管道连接处设置格栅或带网框式地漏。

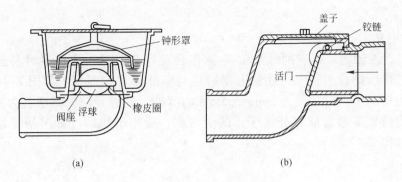

图 2-44　防回流地漏及阻止阀
(a) 防回流地漏；(b) 防回流阻止阀

（7）地漏不宜设在排水支管顶端，以防止卫生器具排放的固体杂物在卫生器具和地漏之间横支管内沉淀。

通常，男女卫生间均应设置直径为 50mm 的地漏。淋浴室内地漏的排水负荷按表 2-9 确定。当用排水沟排水时，8 个淋浴器可设置一个直径为 100mm 的地漏。

表 2-9　公共浴室内地漏所服务的淋浴器数量

地漏直径/mm	淋浴器数量（个）
50	1~2
75	3
100	4~5

2.2.2.4　其他附件

A　隔油器

厨房或配餐间的洗肉、鱼、碗等的含油脂污水，从洗涤池排入下水道前，需先进行初步的隔油处理。这种隔油装置简称隔油器，它装在室内靠近水池的台板下面，经过一定时间可打开隔油器将浮积在上面的油脂清除掉。也可几个水池连接在横管上设一公用的隔油器，但应注意隔油器前段管道不要太长；即使在室外设有公用隔油池时，也不可忽视室内隔油器的作用。如图 2-45 所示。

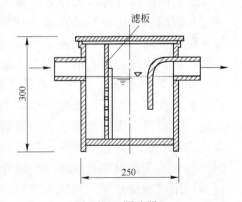

图 2-45　隔油器

隔油器设计应符合下列规定：隔油器内应有拦截固体残渣装置，并便于清理；容器内宜设置气浮、加热、过滤等油水分离装置；隔油器应设置超越管，超越管管径与进水管管径应相同；密闭式隔油器应设置通气管，通气管应单独接至室外；隔油器设置在设备间时，设备间应有通风排气装置，且换气次数不宜小于

15 次/h。

    B   滤毛器

理发室、游泳池、浴室的排水常夹杂有毛发等絮状物，堆积多时易造成管道阻塞。故上述场所的排水管应先经滤毛器后再与室外排水管连接。如图 2-46 所示，一般滤毛器为钢制，内设孔径为 3mm 或 5mm 的滤网，并进行防腐处理。为方便定期清除，其设置位置需考虑能打开盖子、便于清掏，适用于地面（如淋浴室地面）排水的集污器如图 2-47 所示。

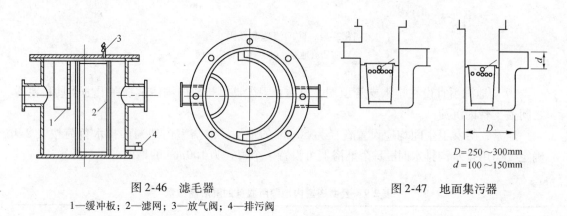

图 2-46   滤毛器
1—缓冲板；2—滤网；3—放气阀；4—排污阀

$D=250\sim300\text{mm}$
$d=100\sim150\text{mm}$

图 2-47   地面集污器

2.2.3　水表

测量水量可采用水表、孔板、文氏表、电磁流量计等；孔板、文氏表、电磁流量计一般用于测量较大的水量，水表用于测量较小的水量。测量压力可采用压力表和真空表；建筑设备中还涉及水温及水位的测定，可采用温度计和水位计。

水表是一种计量建筑物用水量的仪表，建筑物的引入管、住宅的入户管及公用建筑物内需计量水量的水管上均应设置水表。具有累计功能的流量计可以替代水表。

按工作原理可将水表分为流速式和容积式两类。流速式水表是根据管径一定时，通过水表的水流速度与流量成正比的原理来测量的。水流通过水表时推动翼轮旋转，翼片轮轴传动一系列联动齿轮（减速装置），再传递到记录装置，在标度盘指针指示下便可读到流量的累积值。流速式水表按翼轮构造不同分为旋翼式、螺翼式和复式三种，如图 2-48 所示。旋翼式的翼轮转轴与水流方向垂直，水流阻力较大，多为小口径水表，宜用于测量小流量；螺翼式的翼轮转轴与水流方向平行，阻力较小，适于大流量、大口径水表；复式水表是旋翼式和螺翼式的组合形式，在流量变化大时采用。流速式水表按其计数机件所处状态又分干式和湿式两种。干式水表的计数机件用金属圆盘与水隔开；湿式水表的计数机件浸在水中，在计数度盘上装一块厚玻璃（或钢化玻璃）用以承受水压。湿式水表机件简单、计量准确、密封性能好，但只能用在水中不含杂质的管道上。

按适用介质温度的不同又可分为冷水表、热水表两种；按水流方向的不同又有立式、水平式水表两种。结合现代数据传递和管理技术的发展，又有远传式水表和 IC 卡智能水表，如图 2-49 和图 2-50 所示。

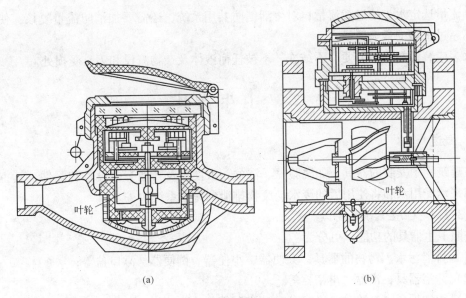

图 2-48 流速式水表
（a）旋翼式水表；（b）螺翼式水表

图 2-49 IC 卡智能水表

图 2-50 远传式水表

水表的性能参数包括过载流量、常用流量、分界流量、最小流量和始动流量。

（1）过载流量，也称最大流量，指允许水表在短时间内（每昼夜不超过 1h）超负荷运转的流量上限值；旋翼式水表通过最大流量时的水头损失为 100kPa，螺翼式水表通过最大流量时的水头损失为 10kPa。

（2）常用流量，也称公称流量或额定流量，是指水表允许长期使用的工作流量。

（3）分界流量，水表误差限度改变时的流量。

（4）最小流量，指水表开始准确计数的流量下限值。

（5）始动流量，也称启动流量，指水流通过水表时水表指针由静止开始转动的流量值。

水表口径的确定应符合以下规定：用水量均匀的生活给水系统的水表应以给水设计流量（不包括消防流量）选定水表的常用流量；用水量不均匀的生活给水系统的水表应以给

水设计流量选定水表的过载流量；对生活消防共用系统，还需要加消防流量复核，使总水流量不超过水表的最大流量。

水表应装设在观察方便、不结冻、不被任何液体及杂物淹没和不易受损处。

2.3 卫 生 器 具

2.3.1 概述

在建筑物中安装的器具，如洗脸盆、浴盆、大便器及其他有关设备和配件，其主要功能是用来承受用水和将使用后的废水、废物排泄到排水系统中去。

2.3.1.1 卫生器具的分类

按照卫生器具的功能，可分为：

（1）排泄污水、污物的器具，大便器、小便器、倒便器、漱口盆等；

（2）沐浴器具，浴盆、淋浴器等；

（3）盥洗器具，洗脸盆、净身盆、洗脚盆等；

（4）洗涤器具，洗涤盆、污水盆；

（5）备膳器具，洗菜盆、洗米池、洗碗池（机）；

（6）饮水器具，饮水器；

（7）其他特殊器具，化验盆、水疗设备等。

各种卫生器具的结构、形式及材料各不相同，根据其用途、装设地点、维护条件、安装等要求而定。

2.3.1.2 卫生器具的材质及要求

卫生器具常采用陶瓷、搪瓷铸铁、塑料、水磨石、不锈钢等不透水、无气孔的材料制造。

对卫生器具的材质有下列要求：

（1）材质应耐腐蚀、耐老化、耐冷热，具有一定的强度，不含对人体有害的成分；

（2）表面光滑、易于清洗，不易积污纳垢。

2.3.1.3 对卫生器具功能的要求

卫生器具的主要功能是收集和排除生活及生产中产生的污、废水，在保证这一功能的前提下，还应节水、减噪，便于维修；除大便器外的所有卫生器具均应在放水处设十字栏栅，以防粗大污物进入排水管道，引起堵塞。

另外，为防止有害虫类通过排水管道进入室内，每一卫生器具下面必须设存水弯，且存水弯内要保持规定的水封。

随着人们生活水平的提高，近几年卫生器具的色彩也逐渐变得重要了。在选择器具的颜色时，应注意颜色对于人的心理作用：红色到棕色，会使人觉得温暖、舒适，但过度会使人烦躁；绿色到蓝色，会使人觉得素雅、清新，但过度会使人感觉冷清。据国外的研究，采用同一色调的灰色表示柔和，在相近的色调范围内多种颜色的组合表示和谐，亮度均匀的单一色调表示匀称。在考虑卫生设备和卫生间的瓷砖、地板的颜色时，应注意以下两种可能性：

（1）和谐的色调，使人宁静，有时会使人欲睡。

（2）鲜明的反衬色调，活泼、有生气，使人振奋、轻松愉快。

2.3.2 卫生器具的选用

卫生器具的选用应根据工程标准的高低、气候特点和人们的生活习惯等合理选用，一般可参考表 2-10 选用。

表 2-10 卫生器具的选用

卫生器具名称		规 格 型 号	适 用 场 合
大便器	坐式	挂箱虹吸式 S 形	一般住宅、公共建筑卫生间和厕所内；
		挂箱冲落式 S 形	一般住宅、公共建筑卫生间和厕所内；
		挂箱虹吸式 P 形	污水立管布置于管道井内、且器具排水管不得穿越；
		挂箱冲落式 P 形	楼板的中上等高层住宅、旅馆；
		挂箱冲落式 P 形（软管连接）	中上等旅馆；
		坐式虹吸式 P 形	污水立管布置于管道井内，中上等高层旅馆；
		坐式虹吸式 S 形	中上等旅馆；
		坐（挂）箱节水型	缺水地区的中等旅馆；
		自闭式冲洗阀	供水压力 0.04 ~ 0.4MPa 的公共建筑，住宅水表口径和支管口径不小于 25mm；
		高水箱型	旧式维修更换用，用水量小、冲洗效果好；
		超豪华旋涡虹吸连体式	高级宾馆、使领事管等对噪声有特殊要求的卫生间；
		儿童型	幼儿园
	蹲式	高水箱	中低档旅馆、集体宿舍等公共建筑；
		低水箱	由于建筑层高限制不能安装高水箱的卫生间；
		高水箱平蹲式	粪便污水与废水合流，既可大便冲洗，又可淋浴排水；
		液压自闭冲洗阀	供水压力 0.04 ~ 0.4MPa 的公共建筑，住宅水表口径和支管口径不小于 25mm；
		脚踏板自闭冲洗阀	医院、医疗卫生机构的卫生间；
		儿童型	幼儿园
小便器		手动阀冲洗立式	24h 服务的公共卫生间；
		自动冲洗水箱冲洗立式	涉外机构、机场、高级宾馆的公共厕所；
		自动冲洗水箱冲洗挂式	中上等旅馆、办公楼等；
		手动阀冲洗挂式	较高档的公共建筑；
		自闭式手揿阀立式	供水压力 0.04 ~ 0.4MPa 的旅馆、公共建筑；
		光电控制半挂式	缺水地区，高级公共建筑

卫生器具名称	规格型号	适用场合
小便槽	手动冲洗阀	车站、码头等许多人使用、24h 服务的大型公共建筑;
	水箱冲洗	一般公共建筑、学校、机关、旅馆
大便槽		蹲位多于两个时，低档的公共建筑、客运站、长途汽车站、工业企业卫生间学校的公共厕所
化验盆	双联化验龙头	医院、医疗科研单位的实验室;
	三联化验龙头	需要同时供两人使用时，且有防止重金属掉落到排水管道时，化学实验室
洗涤盆	双联化验龙头	医疗卫生机构的化验室、科研机构的实验室;
	三联化验龙头	医疗卫生机构的化验室、科研机构的实验室;
	脚踏开关	医疗门诊、病房医疗间、无菌室和传染病房化验室;
	单把肘式开关	医院手术室，供冷水或温水;
	双把肘式开关	医院手术室，同时供冷水和热水;
	回转水嘴	厨房内需洗涤大容器
	光电控自动水嘴	公共场所的洗手盆（池）;
	普通龙头	高级公寓厨房
洗涤池	普通龙头	住宅、中低档公共食堂的厨房
洗菜池	普通龙头	中低档公共食堂的厨房

2.3.2.1　大便器

大便器是排除粪便的卫生器具，其作用是把大便时的粪便和便纸快速地排入下水道，同时又要防臭。因此，大便器由便器本体、冲洗水箱或冲洗装置、存水弯等构成。冲洗水箱有足够的水量和水压，冲洗时可使便器内表面全部得到清洗；为此，便器本体通常由较坚硬、具有一定强度、表面光滑、不吸水的材料制成，如陶瓷、铸铁搪瓷、塑料、玻璃钢等。

大便器按其排泄原理，一般可分为冲洗式、虹吸冲洗式、虹吸喷射式、虹吸旋涡式等；按功能可分为坐式、蹲式；按其结构形式可分为盘形、漏斗形；按其冲洗方式又可分为高水箱、低水箱、液压自闭冲洗阀、脚踏板自闭冲洗阀等多种冲洗形式。

此外，还有多功能大便器、节水型大便器等。

下面介绍各种不同结构的大便器的排泄原理：

（1）冲洗式坐便器。环绕便器上口是一圈开有许多小口的冲水槽，开始冲洗时，水进入冲洗槽，由下孔沿便器内表面冲下，便器内水位涌高，将粪便冲出存水弯边缘。这种大便器的缺点是受污面积大，过水面积小，每次冲洗不一定能保证冲洗干净，如图 2-51 所示。

（2）虹吸式坐便器。这种坐便器是利用虹吸作用，把粪便全部吸出。其构造是：在冲洗槽进水口处有一个冲水缺口，部分水从这里冲射下来，加快虹吸作用的开始。有的虹吸式坐便器，使存水弯的水直接由坐便器后面排出，使水封深度增加，优于一般虹吸式大便器；因为虹吸式大便器为了要使冲洗水冲下时，越有力越好，就会发出较大的噪声；由于存水弯内水被全部抽出，因此用水量较大，其结构如图 2-52 所示。

（3）虹吸喷射式坐便器。如图 2-53 所示，冲洗水的一部分充满空心边沿，自孔中流下，另一部分水从大便器边部的通道 g 冲下来，由 a 孔中向上喷射，这样很快造成强有力的虹吸作用，将大便器中的粪便全部吸出，等水面下降到水封面下限，空气进入虹吸作用停止。因此，虹吸喷射式坐便器的冲洗作用很快，噪声很小。

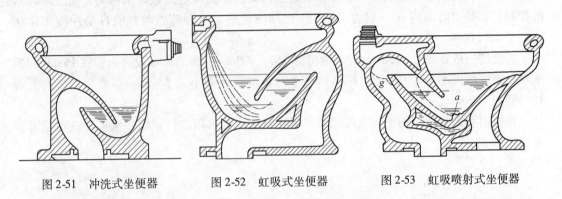

图 2-51　冲洗式坐便器　　　图 2-52　虹吸式坐便器　　　图 2-53　虹吸喷射式坐便器

（4）虹吸旋涡式坐便器。如图 2-54 所示，由于其结构特点，上圈下来的水量很小，已不足以产生旋转作用。因此，在水道冲水出口 Q 处，做成弧形水流成切线冲出，形成强大的旋涡，使水封表面漂浮的粪便与水一起，借助于旋涡向下的旋转作用，迅速下到水管入口处，紧接着在入口段反作用力的影响下，很快进入排水管道的前段，从而加强虹吸能力，且噪声极低。

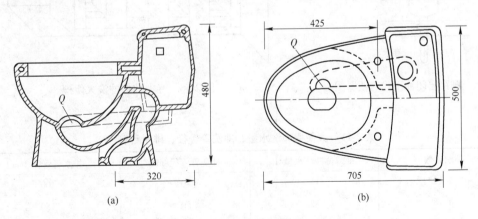

(a)　　　　　　　　　(b)

图 2-54　旋涡虹吸式联体坐便器
(a) 剖面；(b) 平面

（5）蹲式大便器。蹲式大便器属于盘形，一般用于集体宿舍、公共建筑物的公共场所或防止接触传染的医院厕所，采用高位水箱或延时自闭冲洗阀冲洗。医院内厕所设置的蹲式大便器采用脚踏式自闭冲洗阀者较多，见图 2-55。蹲式大便器的压力冲洗水流经大便器周边的配水孔，将便器充分洗刷干净。蹲式大便器本身一般不带存水弯，接管时需另外配置存水弯。为了装设存水弯，大便器一般安装在高出地面的平台上。

一般在公共建筑如学校、火车站、游乐场及其他公共厕所中，常以大便槽代替成排的蹲式大便器。从卫生的角度看，大便槽的受污面积大，有恶臭，耗水量大，不够经济。但大便槽造价低，又便于采用集中自动冲洗水箱或红外线数控冲洗装置，如图2-56所示，这种装置既节水又卫生。其工作原理为：在大便槽的两端设置一道红外线装置。当人们使用大便器时，进出便槽遮挡光线两次，控制器记录人数一次。当进出便槽的人数达到预定人数时，水箱便放水冲洗便槽。若在较长时间内都达不到预定人数，水箱也会通过延时器的控制，在指定时间内（一般为1～1.5h）冲洗便槽。这种装置与虹吸自动冲洗水箱相比，节水约60%。

大便槽一般宽200～250mm，起端槽深350～400mm，槽的末端设高出槽底15mm的挡水坎，槽底坡度不小于0.015，排出口设水封，水封高不小于50mm，存水弯及排出管管径一般为150mm。

在使用频繁的建筑物中，大便槽最宜采用自动冲洗水箱进行定时冲洗，冲洗水量可参考表2-11选定。

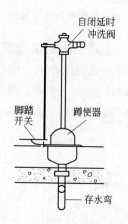

图 2-55 脚踏自闭冲洗式蹲便器图

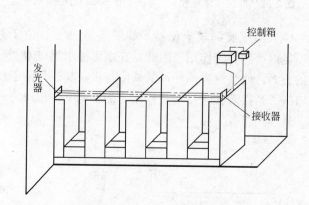

图 2-56 光电数控冲洗大便槽

表 2-11 大便槽冲洗水量、冲洗管管径、排水管管径

蹲位数	每蹲位冲洗水量/L	冲洗管管径/mm	排水管管径/mm
1～3	15	40	100
4～8	12	50	150
9～12	11	70	200

2.3.2.2 小便器

小便器一般用于机关、学校、工厂、剧院、旅馆等公共建筑。住宅不需设小便器。可根据建筑物性质、要求和标准，分别选用立式、挂式小便器或小便槽，如图2-57所示。

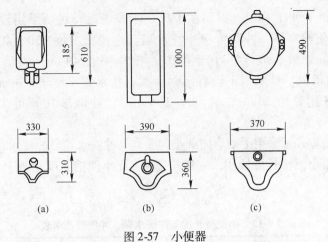

图 2-57　小便器

（a）新型挂式小便器；（b）立式小便器；（c）挂式小便器

　　挂式小便器悬挂在墙上，斗口边缘距地面 0.6m，成组设置时，斗间中心距为 0.7m。立式小便器设置在卫生标准较高的公共建筑物男厕所中，多为成组设置。安装小便器的地板应设地漏或排水沟，以便清洗地板。

　　小便器的冲洗水量和使用管理、调节或控制方式有关。每个小便器采用手动启闭截止阀时，耗水量为 3～4L；如采用延时自闭式冲洗阀，则可既满足冲洗要求又节约水量。如采用自动冲洗水箱，7.6L 的水箱可连接 2～3 个小便器，每冲一次耗水 7.6L。为了节水和卫生，常在传染病医院的小便器上使用光电控制或自动控制的冲水装置，如图 2-58 所示。其工作原理为：在小便器侧面的墙上装有光发射器和光电接收器，使用小便器时光束中断，电磁自闭阀打开，开始冲水，延时后自动停止。

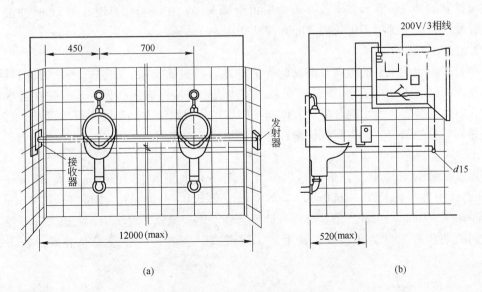

图 2-58　光电控制小便槽

（a）立面；（b）侧面

小便槽造价低、便于管理，因而在工厂、学校、运动场所采用较多。小便槽通常包括三部分：小便槽本体、冲洗管和冲洗水箱。小便槽宽度 300～400mm，槽的起点深度 100～150mm，槽底坡度不小于 0.01；槽外侧有 400mm 的踏步平台，平台以 0.01 的坡度坡向槽内。排水口下设有水封装置，排水管不小于 75mm；当小便槽长度大于 5m，冲洗多孔管为 20mm；长度小于 5m 时，冲洗多孔管可采用 15mm，孔径 2mm 与墙面成 45°角。

小便槽的冲洗方式可采用手动启闭截止阀或自动冲洗水箱。冲洗水箱的冲洗水量和冲洗阀的规格应根据小便槽长度选用，一般按每 0.5m 小便槽长度相当于一个小便器计算，可按表 2-12 选用。

表 2-12　小便槽长度与冲洗水箱、冲洗阀选用表

小便槽长度/m	水箱有效容积/L	冲洗阀规格/mm
1	3.8	20
1.1～2.0	7.6	20
2.1～3.5	11.4	20
3.6～5.0	15.2	25
5.1～6.0	19.0	25

为了维护卫生又节约用水，公共场所、公共厕所的小便槽可采用红外线数控冲洗装置，其原理与大便槽红外线数控冲洗装置相同。在学校、工厂、办公楼等公共建筑也可采用定时控制的冲洗装置，如学校在放学后可全部关闭，在课间休息时，每 2min 冲洗一次或连续冲洗；在上课时，可每隔 20min 冲洗一次。

2.3.2.3　浴盆

随着人们生活水平的提高，浴盆的保健功能日益显露出来。如进行水疗的旋涡浴盆，在浴盆下面装有 373W 或 560W 的旋涡泵，使水流通过洗浴者进行循环，有的在进水口附有带入空气的装置，气水混合流对人体起按摩作用，且水流方向和冲力可以调节，有加强血液循环、松弛肌肉、促进新陈代谢、迅速消除疲劳的作用。

A　浴盆的形式和类型

浴盆一般为长方形、方形、斜边形。其规格有大型（长 1830mm×宽 810mm×深 440mm）、中型（长 1520～1680mm×宽 810mm×深 350～410mm）、小型（长 1200mm×宽 650mm×深 360mm）三种。浴盆材质有铸铁搪瓷、钢板搪瓷、玻璃钢、人造大理石等。根据不同的功能要求分为裙板式、扶手式、防滑式、坐浴式和普通式等类型，如图 2-59 所示。

B　浴盆的配件

浴盆的进水阀有 15mm 和 20mm 两种。不同形式的浴盆可配用不同的进水阀，通常采用 15mm 扁嘴水嘴或三联开关附软管淋浴器（常附滑动支架，可根据需要调节淋

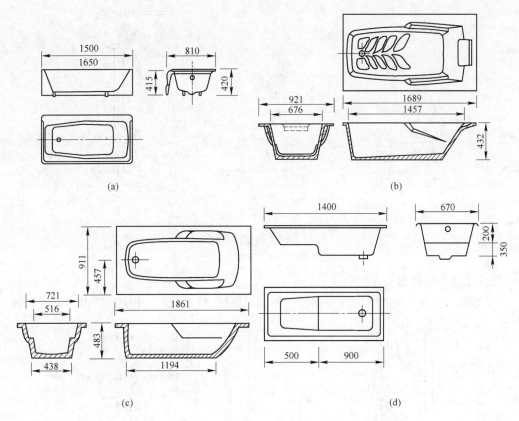

图 2-59 浴盆
（a）裙板式；（b）防滑式；（c）扶手式；（d）坐浴式

浴器的高度）。标准较高的浴室、浴盆可采用嵌入式单把混合阀或装有自控元件的恒温阀。为防止出水温度过高或过低，有时也可采用安全自控混合阀，当冷水或热水突然停止供应时，通过热敏元件可自动关闭冷水或热水，防止其未通过混合而单独流出。

浴盆的排水阀有 40mm 和 50mm 两种，普通浴盆采用排水栓附皮塞；标准较高的浴盆，其排水和溢水均由单把控制，溢水管和排水管连接后设存水弯以防臭气入内。浴盆排水阀构造，如图 2-60 所示，其规格和性能见表 2-13。

表 2-13 排水阀规格、性能

型 号	名 称	公称直径/mm	说 明
TP2	浴盆塑料排水阀	35	工程塑料制造，溢水孔径 $\phi40$
YP3	浴盆扳把排水阀	38	铜质镀铜、镍、铬，上下扳动手把，便可起到开启或关闭排水口的作用；溢水口孔径 $\phi65$
YP4	浴盆Ⅱ排水阀	34	普通浴盆排水阀，铜制镀铜、镍、铬，溢水口孔径 $\phi65$

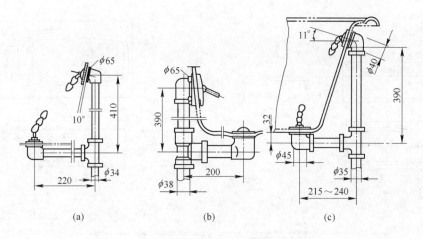

图 2-60　浴盆排水阀

(a) YP4 型；(b) YP3 型；(c) YP2 型

2.3.2.4　倒便器

倒便器一般为医院的病房处理粪便使用，可同时进行倒便、冲洗和消毒，见图 2-61。

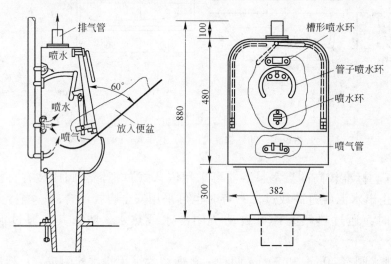

图 2-61　倒便器及其工作原理

A　倒便

将倒便器的密封盖旋开，把存有粪便的便盆插入密封盖内侧的卡子上，关闭密封盖，粪便即可自动排入下水道。

B　冲洗

将密封盖把手锁紧，开启自来水阀门，水从喷水管、圆形喷水环、管子上的喷水环、槽形喷水环喷出，对便盆内部进行冲洗，约 2min 即可完成。

C　消毒

冲洗完毕后，将自来水阀门关闭，开启蒸汽阀门，蒸汽经喷汽管对已冲洗干净的便盆进行消毒，废汽由废汽管排出室外。

倒便器可减少医护人员的体力劳动、避免接触感染并减少对环境的污染。为保护喷水部件不被污染，在连接自来水管阀门处，装置空气隔断器。消毒用的蒸汽压力不宜过高，一般为 0.15~0.2MPa。

2.3.2.5 净身盆

净身盆，又称下身盆，供便溺后洗下身用，更适合妇女或痔疮患者使用，一般与大便器配套安装，属大便器的附属设备。标准较高的旅馆卫生间、疗养院或医院放射科的肠胃诊疗室均应设置净身盆。

A 净身盆的形式

净身盆按照外形分为立式和挂式两种。按出水方式，又可分为放水式和喷水式，前者的水从边沿后部直冲前部放入盆内，耗水量较大，目前已很少采用。喷水式净身盆则由装在盆底的喷水器向上喷水，这种方式利用流动水进行冲洗，符合卫生要求。但由于出水喷头安装在底部，必须采取一定的措施防止冲洗后的脏水和沉在底部的脏物进入配水口。

B 净身盆的进水阀

净身盆的进水阀是净身盆的主要配水部件，一般有冷热水混合阀、热水调温混合阀、单把调温阀等。冷热水通过进水阀调温混合成适宜的水温，从喷射口喷出。为了防止污水倒流，喷水口装在净身盆前内壁上，水流呈抛物线状喷向盆的前方，故称"上喷式"。可根据需要调节出水口的喷水角度，使进水口在排出口的上方，避免交叉感染。喷水口设在净身盆的底部，则称为"下喷式"，其进水阀的进水管装有空气隔断器或设有单独的通气管，保证进水管内不产生负压，不会发生污水倒吸现象，如图 2-62、图 2-63 所示。

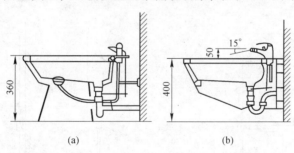

图 2-62 净身盆

(a) 立式；(b) 挂式

C 净身盆的排水配件

净身盆底排出口一般均设有提拉式排水栓，提手杠设在冷热水混合阀处，使用时操作方便。也有只设排水口不设栓塞、栓阀的净身盆。排水口设在盆底最低处与溢流口相连接，通过存水弯排入下水道。存水弯直径一般为 50mm，也有 32mm 和 40mm 的。

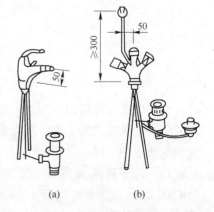

图 2-63 净身盆混合阀

(a) 上喷式；(b) 下喷式

2.3.2.6 淋浴器

淋浴器适用于工厂、机关、学校、部队等单位的公共浴室。有时也可安装在卫生间的浴盆上，作为浴盆的附属洗浴设备。淋浴比盆浴有以下优点：

(1) 淋浴是利用水流冲洗，一次流过使用较卫生，可避免皮肤疾病的传播。

（2）淋浴占地比盆浴小，同样面积淋浴比盆浴人次多。因淋浴器装得多、洗得快，一般淋浴时间为15～25min。

（3）淋浴比盆浴节水，淋浴时间短，人均耗水量为135～180L，而盆浴耗水量为250～300L。

（4）淋浴设备费用低，其产品单价和装置的建造费用均比盆浴低。

淋浴器形式很多，因其配水阀件和装置的不同，分冷热水手调式淋浴器，如一般的常用淋浴器，它容易产生出水忽冷忽热的现象，有不易调节的缺点。另有单把开关调温式淋浴器，用于较高档的浴室或卫生间的浴盆上，它采用高级陶瓷材料作密封零件，通过陶瓷片的相对位置来调节开、关、冷热水混合温度及流量——这些动作全靠一个手把来控制，这种单把开关一般与镀铬软管淋浴器连接，若配以向浴盆放水的混合水嘴，也称为三联式单把开关。

另外，还有恒温脚踏式淋浴器和光电式淋浴器，如图2-64所示，均为节水型淋浴器，这种淋浴器可做到人离水停，较一般淋浴器节水30%～40%，适合安装在公共淋浴室。脚踏式淋浴器由脚踏板、拉杆、淋浴喷头组成，适用于单管淋浴系统，应附有自控恒温装置（依季节、气候变化，人工定温，一般为37～40℃），这样就不会因水温不适宜而浪费水量。光电式淋浴器，利用光电管打出的光束，在使用时人体遮挡光束，淋浴器立刻出水，人体离开马上停水，反应灵敏。这种淋浴器系统不需经常管理，只须定期检查电气线路控制是否正常。

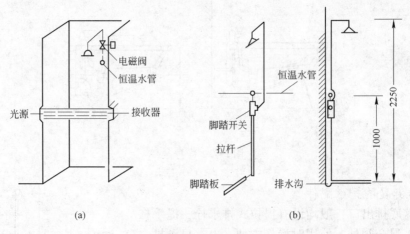

图2-64　淋浴器
（a）光电式淋浴器；（b）脚踏式淋浴器

在医院水疗使用的淋浴器，淋浴器的表面形状有针状喷头、射流喷头、雨淋喷头、蜂窝式喷头、乳头式喷头等，通过水疗操作台，针对不同的皮肤病，调节水压，产生不同强度的射流水柱，进行水疗。

由头部下淋的淋浴器，安装高度一般离地面2.2～2.3m；在成排安装时，间距为0.9～1.0m，进水阀距地面1.15m，地面应有0.005～0.01的坡度坡向排水口。近年来，有些淋浴器除全身淋浴外，可按人体各部位（如肩、胸、腿、脚等）的不同位置和高度设置定位喷头，使用方便，冲洗效果好。

2.3.2.7 洗涤盆

洗涤盆又称家具盆，用于家庭厨房、医院诊疗室、旅馆或公寓的配餐烹调间、公共服务间等场所。洗涤盆具有清洁卫生、使用灵活等特点，可单个或成排安装，也可嵌入工作台板（如水磨石台板、瓷砖台板、塑料贴面台板等），台板下部通常作为柜子。

A　洗涤盆的形式

洗涤盆通常为白色陶瓷制品，分直沿和卷沿两种形式。按安装方式有墙架式、立柱式，又有单格、双格，有搁板、无搁板或有无靠背之分。双格洗涤盆，为一格洗涤，一格泄水；搁板为放置碗碟、餐具、食物之用；靠背是为防止使用过程中水溅到墙上。

洗涤盆的平面尺寸有 610mm×410~460mm，510mm×350~410mm，410mm×300~350mm等几种。盆深均为 200mm。在公共大厨房内，常使用大规格的不锈钢洗涤盆或钢板搪瓷洗涤盆，用于洗刷餐具。洗涤盆的安装高度，为便于使用，不宜太高，一般距地面 800mm。

B　洗涤盆给排水配件

洗涤盆的进水阀种类较多，一般住宅厨房内洗涤盆可用长脖水嘴；有热水供应系统的医院、病房配餐间的洗涤盆常采用墙式混合进水阀或台式混合进水阀，这类混合阀的水嘴可在 180°或 360°范围内任意旋转，使用灵活、操作方便。

在医院诊疗室内的洗涤盆经常采用脚踏开关，并装有冷热水调节阀，可按不同温度要求自行调节。洗涤盆的一侧设有皂液罐（墙式或台式）。在洗涤盆的右侧装有鹅颈龙头，由脚踏开关控制，鹅颈龙头的端部装有减压滤网，使水流柔和、噪声小且不会发生溅水现象。如图 2-65 所示。另外，医用洗涤盆也有装卫生龙头和电动龙头的，如图 2-66 所示。电动龙头配用的按钮开关有脚踏式或感应式。如洗涤盆代替化验盆使用时，可安装三联化验龙头。

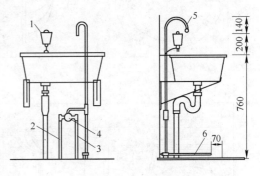

图 2-65　医用洗涤盆

1—皂液盒；2—热水管；3—冷水管；

4—调温器；5—鹅颈水嘴；6—脚踏板

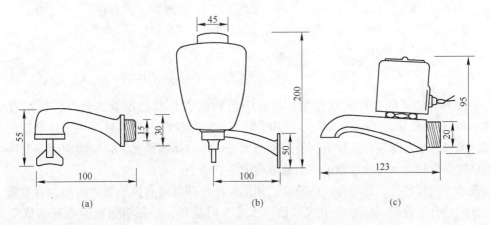

图 2-66　医用洗涤盆龙头

（a）卫生洗手水龙头；（b）皂液龙头；（c）电动龙头

2.3.2.8 洗脸盆

洗脸盆是卫生器具中较常用的一种，一般用于洗脸、洗手、洗头，广泛用于旅馆、公寓卫生间与浴盆配套设置，也用于公共洗手间或厕所内洗手、理发室内洗头、医院医疗间洗器皿和医生洗手等。洗脸盆的安装高度及深度适宜，盥洗不用弯腰、较省力；脸盆前沿设有防溅沿，使用时不溅水，可用流动水盥洗、比较卫生，也可作为不流动水盥洗。

A 洗脸盆的形式

按洗脸盆的构造、外形和安装方式可分为普通式洗脸盆、台式洗脸盆和立式洗脸盆等，如图 2-67 所示。台式洗脸盆一般为圆形或椭圆形，嵌装在大理石或瓷砖贴面上，在大型卫生间设置较多，兼作化妆台用。

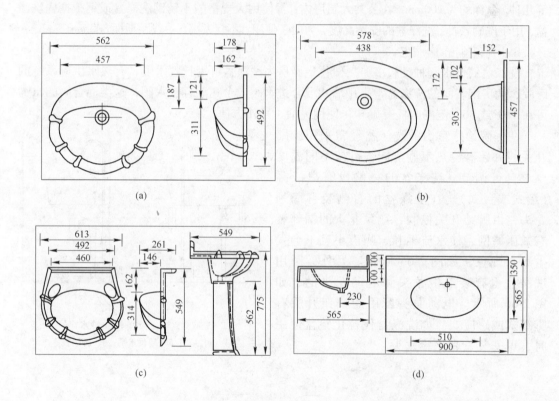

图 2-67 洗脸盆
(a) 带花边台式；(b) 台式；(c) 立式；(d) 台板台式

立式洗脸盆又称立柱式洗脸盆，附有颜色和款式与盆相配套的台柱，规格有大号 (710mm ×560mm 或 680mm ×530mm) 和中号（同一般洗脸盆）两种，用于标准较高的卫生间，排水存水弯暗装在立柱内，外形整洁大方；该盆体积虽大，但安装牢固，盆体可稳妥地放置在立柱上，在盆靠墙的侧面有螺栓固定在墙上。

普通式洗脸盆，又称墙挂式洗脸盆，使用较广，其外形有圆角形、矩形，有双眼、单眼之分，适合于设冷、热水龙头或只设冷水龙头时选用，一般需另配脸盆托架固定在墙上。另一种规格尺寸较小的洗脸盆也称作洗手盆，只用于洗手，有平面形和角形两种，角形尺寸为 235mm ×290mm，适用于小面积单坑位的厕所或其他面积受限制的场所。

B 洗脸盆的配件

普通洗脸盆一般采用铜镀铬的洗脸盆水嘴，台式或立式洗脸盆，配合脸盆的颜色和造型，可选用冷热水混合水嘴或单把调温式混合水嘴，理发室内洗头用的洗脸盆采用冷热水混合的软管小喷头，医院用的脸盆采用脚踏式冷热水混合鹅颈水嘴和调温脚踏式冷热水混合水嘴，或肘式混合水嘴。

洗脸盆的排水阀（排水配件）由排水栓和存水弯组成，通常按存水弯的形式分为S形、P形，洗涤后污水通过排污阀直接排入排水管道。一般喷头洗脸盆采用附有橡皮塞的开口式排水栓，如图2-68所示；但橡皮塞易丢失且不卫生，故在公共场所洗手用的洗脸盆通常不设橡皮塞，以流动水洗手。档次高的洗脸盆有手提拉杆式带顶罩的排水栓和手柄式带顶罩的排水栓，如图2-69所示，这种排水配件操作简单、比较卫生。排水栓由排水管直接与存水弯连接。存水弯一般有管式、瓶式和带通气帽的瓶式（见图2-70）存水弯。高档排水阀通常为铜镀铬、铜镀铬或工程塑料制造。

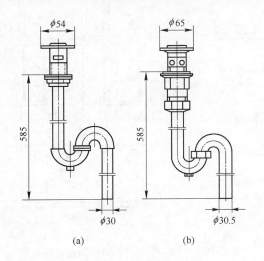

图2-68 面盆排水阀
（a）MP5 面盆S形排水阀；
（b）MP8 面盆塑料S形排水阀

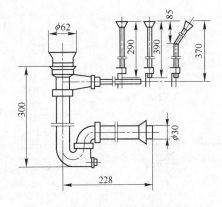

图2-69 MP1/MP2/MP3/MP7/MP11
面盆提拉式排水阀

C 洗脸盆的附属设备

洗脸盆的附属设备较多，如洗脸盆靠墙上方应装镜子和镜箱。镜子的样式和卫生间设备格调应一致，通常有圆形、椭圆形、矩形、三面镜等。洗脸盆的左上部应装肥皂液流出器或固体肥皂研碎器。台式洗脸盆的皂液流出管可装在台面上。洗脸盆的左方装有毛巾架（条形或环形），其安装高度与洗脸盆的上沿平齐。标准较高的宾馆、剧院等公共建筑内的公共厕所，每2～3个洗脸盆配置一台烘手干燥器。洗脸盆的镜箱附近有的还装有电插座，供刮胡子或卷发用。

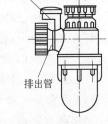

图2-70 防虹吸
存水弯

2.3.2.9 化验盆

化验盆通常都是陶瓷制品，设在工厂、科研机关、学校化验室或实验室中，如图2-71所示；盆内已有水封，排水管上不需装存水弯，也不需盆架，用木螺丝直接固定在实验台上。盆的出水口配有橡皮塞。可根据使用要求设单联、双联或三联鹅颈龙头。

2.3.2.10　污水盆

污水盆设置在公共建筑的厕所、盥洗室内，供打扫厕所、洗涤拖把或倾倒污水之用。污水盆的深度为 400～500mm，多为水磨石或水泥砂浆抹面的钢筋混凝土制品，如图 2-72 所示。

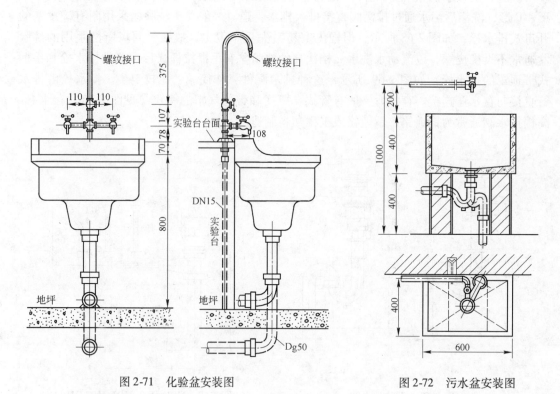

图 2-71　化验盆安装图　　　　　　　　图 2-72　污水盆安装图

2.3.3　便器类配件

冲洗设备是便器类卫生设备的主要配套设备，一般有冲洗水箱和冲洗阀两种。

要求冲洗设备应能做到冲洗干净，水耗量少，有足够的冲洗水头，构造上可防止臭气侵入室内并防止回流污染给水管道。

冲洗水箱按冲洗的原理可分为冲洗式、虹吸式两种；按启动方式分为手动、自动；按安装方式可分为高水箱和低水箱。目前的新型水箱多为虹吸式，虹吸式冲洗水箱的冲洗能力强、构造简单、工作可靠且其自动作用可以控制。

2.3.3.1　冲洗水箱

A　自动虹吸冲洗水箱

这种水箱均为高水箱，适用于集体使用的卫生间或公共厕所内的大小便槽、小便器上；它不需人控制，出水依靠流入水量自动作用，利用虹吸原理进行定时冲洗，其冲洗间隔（即冲水时间）由水箱进水管上调节阀门控制进水量而定。图 2-73 为皮膜式自动冲洗水箱，其工作过程为：箱中水位上升时，水由胆上小孔慢慢流入虹吸管，当水位升到虹吸管顶时，胆内产生虹吸，皮膜上方压力降低，于是水顶开皮膜，由皮膜下面进入冲洗管，冲洗卫生器具，直至箱中水接近放空时，皮膜被吸回到原来的位置，紧压冲洗管上口，冲洗即停止，水箱重新进水。

B 手动虹吸冲洗水箱

如图2-74所示，这种水箱常设于住宅、宾馆、旅馆等的卫生间内，冲洗大便器；其虹吸现象由人工控制形成；水箱出水口无塞，不会产生漏水现象。国产常用的有下述两种：

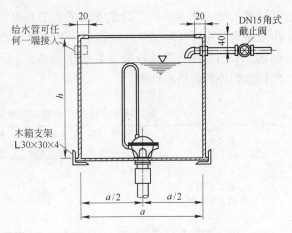

图2-73 皮膜式自动冲洗水箱

（1）套筒式高水箱，如图2-74（a）所示。当水箱充水到设计水位时，套筒内外及水箱水面的压力形成平衡状态。使用时将套筒向上提拉高出水箱内水面，因套筒内的空气容积突然增大、压力降低，水箱内的水便在大气压力作用下大量进入套筒，并充满弯管形成水柱下流，从而带走套筒内空气形成虹吸，套筒落下后虹吸继续进行。直到箱内水位下降到套筒以下后，空气进入套筒，虹吸即被破坏，各点水面压力恢复至大气压。随着浮球下落，浮球阀重新开启进水。

（2）提拉盘式水箱，如图2-74（b）所示，它由提拉筒、弯管和筒内带橡皮片的提拉盘组成。使用时将提拉盘提起，提拉筒内的水面升到一定高度时进入虹吸弯管，形成水柱下落，带走弯管内的空气，造成虹吸。提拉盘上盖着的橡皮片，在水流作用下向上翻起，水箱中的水便通过提拉盘吸入虹吸弯管冲洗便器。当水箱内的水位下降至提拉筒下部孔眼时，空气进入虹吸管，虹吸即被破坏，停止冲洗。此时提拉盘落回至原来位置，橡皮片冲洗盖住提拉盘上的孔眼，同时浮球阀打开进水，通过提拉筒下部孔隙进入筒内，作下一次冲洗的准备。

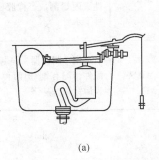
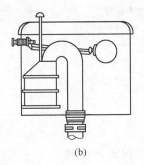

(a)   (b)

图2-74 手动虹吸冲洗水箱
(a) 套筒式高水箱；(b) 提拉式低水箱

冲洗水箱的优点：首先，可贮存足够一次冲洗所需的水量，可调节室内给水管网的同时给水负荷，使水箱进水管管径大为减小；其次，水箱浮球阀要求的流出水头较小，仅$2 \sim 3mH_2O$，一般室内给水压力均可满足；第三，冲洗水箱起到了隔断空气作用，不致引起回流污染，从而保护了给水管内的水质良好。因此，在一般建筑物中，厕所内大便器、小便器均采用冲洗水箱作冲洗设备。冲洗水箱的缺点是工作时噪声较大，进水浮球阀容易漏水，水箱及冲洗管的外壁容易产生凝结水。表 2-14 给出几种常用的国产便器冲洗水箱的给水配件的规格和性能。

表 2-14　几种国产便器冲洗水箱给水配件的规格和性能

型号及名称	公称直径 DN/mm	公称压力 /MPa	冲洗流量 /L·s⁻¹	说　　明
ZJ1G4P7F2 7301 低水箱Ⅱ型配件	15	0.59	≥1.5	ZJ1 为通用件，横管 120mm，立管 300mm；7301 低水箱配件只与坐箱式陶瓷件配套，铜质，镀铜/镍/铬，橡胶件密封，噪声 50dB，能防止倒虹吸
ZJG4P8 低水箱锁口式Ⅱ型配件	15	0.59	≥1.5	锁口式低水箱配件只与挂箱式陶瓷件配套，铜质，镀铜/镍/铬，橡胶件密封，噪声 50dB，能防止倒虹吸
ZJG4P9 低水箱皮碗式Ⅱ型配件	15	0.59	≥1.5	皮碗式低水箱配件只与挂箱式陶瓷件配套，铜质，镀铜/镍/铬，橡胶件密封，噪声 50dB，能防止倒虹吸
ZJG4P10 低水箱节水型配件	15	0.59	≥1.5	与挂箱/坐箱均能配套；冲洗小便时，顺时针扳动手柄，冲水量 4L/s，瞬时流量大，冲洗效果好；冲洗大便时，逆时针扳动手柄，冲水量 9L/s，手柄一经扳动即可离开。铜质，镀铜/镍/铬，橡胶件密封，噪声 50dB，能防止倒虹吸
DG2P2F2 提拉虹吸式高水箱塑料配件	15	0.59	≥1.5	适用于蹲便器，采用提水虹吸原理，无渗漏水现象。体轻不锈蚀；工程塑料为改性聚丙烯制成，橡胶密封；配有铜/塑两种下水管
DGlPl 铜高水箱配件	15	0.59	≥0.7	适用于蹲便器，铜制式塞式虹吸高水箱配件，配有铜/塑两种下水管，铜下水管表面镀铜/镍/铬

2.3.3.2　自闭式冲洗阀

冲洗阀为直接安装在大便器冲洗管上的另一种冲洗设备，体积小，外表洁净美观，无需水箱，使用方便。但一般冲洗阀均需要较大的出流水头［至少 10mH₂O（101325Pa）］，进水管的管径也较大（DN20～25mm），多使用在公共建筑、工厂及火车车厢厕所中。冲洗阀的缺点是构造复杂，易堵塞损坏，需经常检修。

图 2-75 是延时自闭式冲洗阀，性能较好。该阀的冲洗时间、冲洗水量均可调整，节约用水，在 5mH₂O（49033.25Pa）流出水头时仍可工作，并且在密封、堵塞、噪声方面均有较

大改进。

图 2-76、图 2-77 分别是延时自闭式冲洗阀在大便器、小便器中的使用示例。

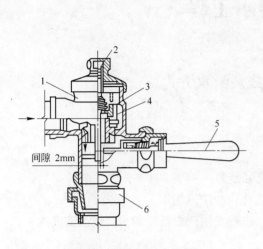

图 2-75　延时自闭式冲洗阀

1—冲洗阀；2—调时螺栓；3—小孔；
4—滤网；5—手柄；6—防污器

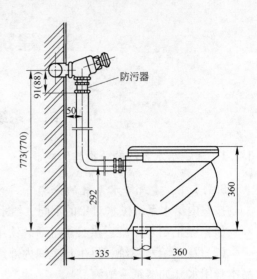

图 2-76　大便器中的延时自闭式冲洗阀

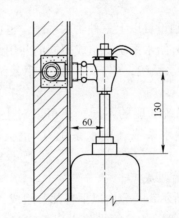

图 2-77　小便器中的延时自闭式冲洗阀

复习思考题

2-1　常用的给水管材有哪些，其连接方式是怎样的？

2-2　常用的排水管材有哪些，其连接方式是怎样的？

2-3　给水附件是指什么，包括哪些类型？

2-4　水表的类型及特点。

2-5　卫生器具有哪些要求？

2-6　存水弯的作用、种类及特点。

2-7　控制附件的作用、种类及特点。

3 建筑给水工程

3.1 给水系统组成及给水方式

3.1.1 建筑给水系统的分类与组成

3.1.1.1 建筑给水系统的分类

按室内给水系统供水对象的不同，给水系统可分为：

（1）生活给水系统：供日常生活的饮用、盥洗、冲洗等用水。

（2）生产给水系统：供生产车间内部用水，主要是生产设备冷却水、产品洗涤水、产品本身用水（如造纸、酿酒等）。

（3）消防给水系统：根据国家对可用水进行灭火的建筑物（如某些仓库、民用建筑、易引起火灾的厂房等）的防火规定，专供这些建筑物内部的消火栓和其他消防装置的用水。

在一座建筑物内，可以单独设置以上三种给水系统，也可根据水质、水压、水量和安全要求等方面的需要，结合室外给水系统，组成不同的共用给水系统，如生活、消防共用给水系统；生活、生产共用给水系统；生产、消防共用系统；生活、消防、生产公用系统等。

另外，根据供水用途和系统功能的不同，还可以对上述系统进一步的分类：如优质饮用水给水系统、杂用水给水系统（中水系统）、消火栓给水系统、自动喷洒灭火系统等。

3.1.1.2 建筑给水系统的组成

建筑给水系统，如图 3-1 所示，一般由以下各部分组成：

（1）引入管是自室外给水管网的接管点将水引入建筑内部给水管网的管段，也称进户管。

（2）建筑给水管网也称室内给水管网，由干管、立管、支管、分支管等组成，用于水的输送和分配。

（3）给水附件是指给水管道系统中的各种阀门、水锤消除器、过滤器、减压装置等管路附件，用于控制和调节水流。

（4）给水设备是指室外给水管网的水量、水压不能满足建筑用水要求或建筑用水要求供水压力稳定、确保供水安全时，根据需要在系统中设置的水泵、水箱、水池、气压给水设备等升压或贮水设备。

（5）配水设施是指生活、生产和消防给水系统的终端用水设施。生活给水系统主要指卫生器具的给水配件，如水龙头；生产给水系统主要指用水设备，电炉的冷却水；消防给

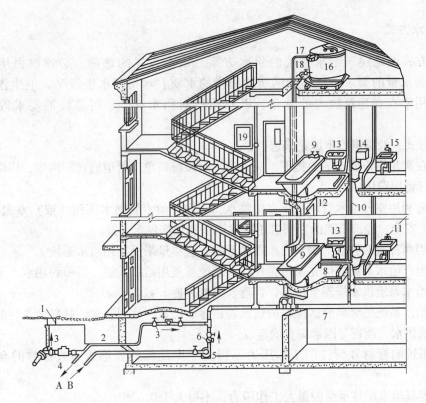

图 3-1　建筑内部给水系统

1—阀门井；2—引入管；3—闸阀；4—水表；5—水泵；6—逆止阀；7—干管；8—支管；9—浴盆；
10—立管；11—水龙头；12—淋浴器；13—洗脸盆；14—大便器；15—洗涤盆；16—水箱；
17—进水管；18—出水管；19—消火栓；A—入贮水池；B—来自贮水池

水系统主要指室内消火栓、喷头等。

（6）计量仪表，指测量水量、温度、水压的仪表。如水表、流量计、压力表、真空表、温度计、水位计等。

在建筑给水系统中，除了在引入管上安装水表外，在需要计量水量的一些部位（如用水设备的配水管）也需安装水表；住宅建筑每户均应安装分户水表，以利节约用水。在引入管上装设水表，水表前后应设置阀门，可参见水表节点如图 3-2 所示。

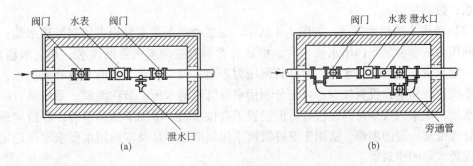

图 3-2　水表节点

（a）水表节点；（b）带有旁通管的水表节点

3.1.2 给水方式

给水方式就是建筑给水系统的供水方案。给水方式的选择，必须根据用户对水质、水压和水量的要求，室外管网所能提供的水质、水量和水压情况，卫生器具及消防设备等用水点在建筑物内的分布，以及用户对供水安全、可靠性的要求等条件来确定。

给水方式一般根据以下原则来选择：

（1）在满足用户要求的前提下，应力求给水系统简单、管道输送距离短，以降低工程费用及运行管理费用。

（2）应利用室外给水管网水压直接供水。当室外给水管网水压和（或）水量不足时，应根据卫生安全、经济节能的原则选用贮水调节和加压供水方案。

（3）当两种或两种以上用水的水质接近时，应尽量采用共用给水系统。

（4）生产给水系统应优先采用循环给水系统或复用给水系统，以节约用水。

（5）给水系统供水应安全可靠，管理、维修方便。

（6）给水系统的竖向分区应根据建筑物用途、层数、使用要求、材料设备性能、维护管理、节约供水、能耗等因素综合确定。

给水系统的管材和管件的工作压力不得大于产品标准公称压力或标称的允许工作压力。

卫生器具给水配件承受的最大工作压力，不得大于 0.6MPa。

高层建筑生活给水系统应竖向分区，竖向分区压力应符合下列要求：各分区最低卫生器具配水点处的静水压力不宜大于 0.45MPa；居住建筑入户管给水压力不应大于 0.35MPa；静水压大于 0.35MPa 的入户管（或配水横管），宜设减压或调压设施；各分区最不利配水点的水压，应满足用水水压要求。

按照增压和储水设备的设置情况，给水方式可分为以下几种：

（1）直接给水方式，如图 3-3 所示。室外给水管网的水量、水压在一天内任何时间均能满足建筑物内部用水要求时，采用此方式，即建筑物内部给水系统直接在室外管网压力的作用下工作，这是最简单的给水方式。

这种给水方式的特点是给水系统简单，投资少，安装维修方便，可充分利用室外管网的水压，节约能源；但系统内无调节、储备的水量，外部给水管停水时，建筑内部管网随即断水，影响使用。

（2）单设水箱给水方式，如图 3-4 所示。建筑物内部设有管道系统和屋顶水箱，当室外管网压力能够满足室内用水要求时，由室外管网直接向室内管网供水，并向水箱充水，储备一定水量。当高峰用水时，室外管网压力不足，则由水箱向室内系统补充供水，这种方式系统比较简单，投资较少；可充分利用室外管网的水压，节约能源；系统具有一定的储备水量，供水的安全可靠性较好。但设置了高位水箱，增加了结构荷载，并给建筑物的立面处理带来一定的困难。适用于室外管网水压周期性不足及室内用水要求水压稳定，且允许设置水箱的建筑物。

（3）叠压给水方式，如图 3-5 所示，建筑物内部设有给水管道系统和叠压供水设备，当室外管网水压不足时，利用水泵加压后向室内给水系统供水。

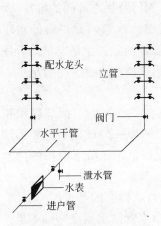

图 3-3　直接给水方式

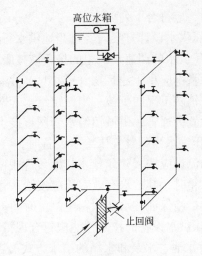

图 3-4　单设水箱的给水方式

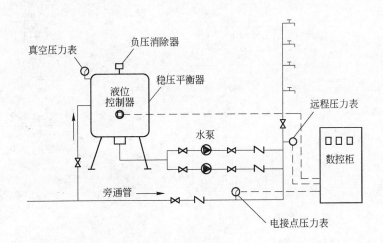

图 3-5　叠压给水方式

　　传统的二次给水方式都设有贮水池，不仅容易产生二次污染，而且没有利用市政管网剩余的水压，形成能量的浪费，因此采用叠压给水方式。叠压给水设备由变频调速水泵、稳流罐、变频数控柜组成，见图 3-6。该供水系统取消了贮水池，水泵通过稳流罐直接从市政管网抽水，市政管网至用户之间形成密闭系统，完全避免了来自外界的二次污染，并使得市政管网的剩余压力得到利用；同时通过水泵的变频调速，可实现水泵的高效运转、降低电耗和等压供水。

　　当采用直接从城镇给水管网吸水的叠

图 3-6　叠压给水设备

压式供水时，应符合下列要求：

1）叠压供水设计方案应经过当地供水行政主管部门及供水部门的批准认可。

2）叠压供水的调速泵机组的扬程应按吸水端城镇给水管网允许最低水压确定；泵机组最大出水量不应小于建筑物（或小区）生活给水设计流量，生活与消防合用给水管道系统还应考虑消防工况的校核；当城镇给水管网用水低谷时段的水压能满足最不利点水压要求时，可设置旁通管，由城镇给水管网直接供水。

3）叠压供水当配置气压给水设备时，气压水罐的工作压力、调节容积和总容积以及水泵机组的流量应按《建筑给水排水设计规范》GB50015—2003的有关要求计算确定；当配置低位水箱时，其贮水有效容积应按给水管网不允许低水压抽水时段的用水量确定，并应采取技术措施保证贮水在水箱中停留时间不得超过12h。

4）叠压供水设备的技术性能应符合现行国家及行业标准的要求。

（4）设水池、水泵和水箱的给水方式。当室外给水管网水压经常性不足，且不允许水泵直接从室外管网抽水，室内用水不均匀时，常采用这种给水方式，如图3-7所示。

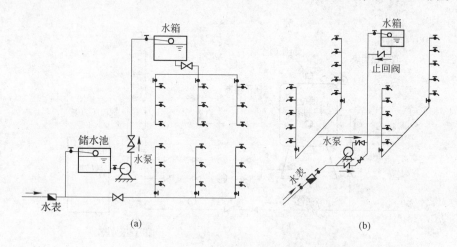

图3-7　设储水池、水泵和水箱的给水方式
（a）室外管网不允许直接抽水；（b）室外管网允许直接抽水

当室外管网不允许直接抽水时，水泵从储水池吸水，经水泵加压后送到系统供用户使用。当水泵供水量大于系统用水量时，多余的水进入高位水箱储存；当水泵供水量小于系统用水量时，则由高位水箱出水向系统补充供水，以满足室内用水的要求，如图3-6（a）所示。此外，储水池与水箱又具有储备水量的作用，提高了供水的安全性。这种给水方式由水泵和水箱联合工作，水泵及时向水箱充水，可以减少水箱容积。同时在水箱的调节下，允许水泵间歇工作，使水泵始终处于高效率下工作，节省电耗。在高位水箱上采用水位继电器控制水泵启动，易于实现管理自动化。

当允许水泵直接从室外管网抽水时，可采用水泵、水箱联合工作的给水方式，如图3-6（b）所示。

（5）气压给水方式。气压给水装置是利用密闭压力容器内空气的可压缩性，储存、调节和压送水量的给水装置，其作用相当于高位水箱和水塔，如图3-8所示。

水泵从储水池或室外给水管网抽水，加压后送至供水系统和气压罐内；停泵时，由气压罐向室内给水系统供水。由气压罐调节、储存水量并控制水泵的运行。

这种给水方式的优点是设备可设在建筑物的任何位置,便于隐藏,水质不易受污染,投资省,建设周期短,便于实现自动控制等。缺点是给水压力波动较大,管理及运行费用较高,而且可调节性较小。

这种方式适用于室外管网水压经常性不足,不宜设置高位水箱或水塔的建筑(如隐蔽的国防工程、地震区建筑、建筑艺术要求较高的建筑等)。

(6) 分区供水方式。在层数较多的建筑物中,当室外给水管网的压力只能满足建筑物下部几层的供水要求时,为了充分利用室外管网水压,可将建筑物供水系统划分为上、下两区或两个以上的供水区。如图3-9所示,下区由室外管网直接供水,上区由水泵和水箱联合供水。两区之间由一根或几根立管相连通,在分区处设置阀门,以备下区进水管发生故障或室外管网水压不足时,由高区水箱向低区供水。此时,高位水箱的容量按上区的用水要求考虑。

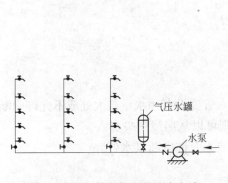

图3-8 气压供水装置的给水方式

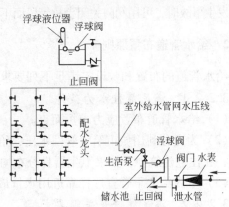

图3-9 分区给水方式

3.2 给水管道布置、敷设与水质防护

3.2.1 给水管道的布置方式

3.2.1.1 下行上给式

水平干管敷设在底层走廊或地下室的天花板下、管沟内,或直接埋地。对于居住建筑、公共建筑和工业建筑,在利用城市管网的水压直接给水时,多采用这种方式。

采用这种布置方式,管道明装时便于维修安装。但与上行下给式相比,最高层配水点的出流水压较低。在埋地敷设时,检修不方便。

3.2.1.2 上行下给式

水平干管敷设在顶层天花板下或吊顶下;在非冰冻地区,也有敷设在屋顶上的。对于高层建筑也可敷设在技术层内。设有水箱的居住、公共建筑(如公共浴室),机械设备或地下管线较多的工业厂房,多采用这种方式。

与下行上给式相比,最高层配水点的出流水压较高。安装在吊顶内的配水干管可能会因漏水或结露而损坏墙面或吊顶;另外,这种方式要求城市给水管网的水压较高(与下行上给式相比),管材的消耗也稍多些。

3.2.1.3 中分式

中分式的水平干管布置在中间技术层或中间某层的吊顶内，向上下两个方向供水。在屋顶设有露天茶座、舞厅，不便布置水平干管，或高层建筑有中间技术层可以利用时，常采用这种布置方式。

管道安装在技术层内时，便于维修、安装，且有利于管道排气，又不影响屋顶的多功能使用。但这种方式需设置技术层或增加中间某一层的层高。

3.2.1.4 环状式

在环状式的布置中，水平干管或立管互相连接成环，组成水平干管环或立管环；在有两个引入管时，也可将两个引入管通过立管和水平干管相连通，形成贯穿环状。高层建筑、大型公共建筑和工艺要求不间断供水的工业建筑常采用这种方式。另外，消防管网均采用环状管网布置。

采用这种方式，可保证水流通畅、水头损失小，水质不会因滞流而变质；在管网中的任何管段发生事故时，可用阀门关闭事故管段而不中断供水。但这种方式的管网造价较高。

3.2.2 给水管道布置原则

给水管道的布置和敷设需满足下列要求。

3.2.2.1 满足最佳水力条件

（1）给水管道布置应力求短而直。

（2）为充分利用城市给水管网水压，给水引入管要设在用水量最大处或不允许中断供水处；在住宅建筑中，如果卫生器具分布均匀，则可以从房屋中央引入。

（3）室内给水干管宜选择靠近用水量最大处或不允许中断供水处。

3.2.2.2 满足维修及美观要求

（1）管道应尽量沿墙、梁、柱直线敷设。

（2）对美观要求较高的建筑物，给水管道可在管槽、管井、管沟成吊顶内敷设。

（3）为便于检修，管井应每层设检修门。暗设在顶棚或管槽内的管道，应在阀门处留检修门。

（4）室内管道安装位置应留足够的空间以便拆换部件。

（5）给水引入管应有至少0.003的坡度坡向室外给水管网或坡向阀门井、水表井，以便检修时排放存水。泄水阀门井的作法如图3-10所示。

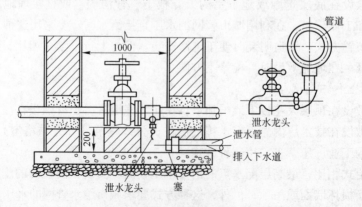

图 3-10 泄水阀门井

3.2.2.3 保证生产及使用安全

（1）给水管道的位置不得妨碍生产操作、交通运输和建筑物的使用。

（2）给水管道不得布置在遇水能引起燃烧、爆炸或损坏的原料、产品或设备的上方，并应尽量避免在生产设备的上方通过。

（3）给水管道不得穿过商店的橱窗、民用建筑的壁橱及木装修等。

（4）引入管的设置数量应根据房屋的实用性质及消防要求等因素确定。一般的室内给水管网只设一根引入管；对于用水量大，设有消防给水系统，且不允许断水的大型或多层建筑，设两根或两根以上的引入管；对不允许断水的车间及建筑物，给水引入管应设置两条，在室内连成环状或贯通枝状双向给水。

对设置两根引入管的建筑物，应从室外管网的不同侧引入，如图 3-11 所示。如不可能且又不允许中断供水时，应采取下列保证安全供水的措施之一：

1）设置贮水池或贮水箱。

2）在条件允许时，利用循环给水系统。

3）由室外环网的同侧引入，但两根引入管的间距不得小于 10m，并在接点间的室外给水管道上设置闸门，如图 3-12 所示。

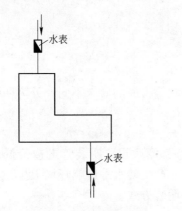

图 3-11　引入管由建筑物的不同侧引入　　　　图 3-12　引入管由建筑物的同侧引入

引入管的埋设深度主要根据城市给水管网的埋设及当地气候、水文地质条件和地面荷载确定。寒冷地区应埋设在冰冻线以下。

3.2.2.4 保护管道不受破坏

（1）埋地给水管道应尽量避免布置在可能被重物压坏处，管道不得穿越生产设备的基础。

（2）给水管道不得敷设在排水沟、烟道、风道内，不得穿越大便槽、小便槽。

（3）给水引入管与室外排水管管外壁的水平距离不宜小于 1.0m。

（4）给水管道穿越楼板时宜预留孔洞，孔洞的尺寸一般宜比通过的管道大 50～100mm，管道通过楼板宜设套管。

（5）给水管道穿越承重墙或基础时，应注意管道保护。若基础埋深较浅，则管道可以从基础底部直接穿过。若基础较深，则给水管将穿越承重墙或基础本体，这时应预留孔洞，且管顶上部的净空不得小于建筑物的沉降量（一般不小于 0.15m）。当遇有湿陷性黄土地区，给水的引入管可敷设在地沟内。

（6）给水管道不宜穿越沉降缝、伸缩缝和抗震缝。如必须穿越时，应采取下列有效的措施防止管道受损：

1）螺纹弯头法，又称丝扣弯头法，如图3-13所示；建筑物的沉降可由螺纹弯头的旋转补偿；适用于小口径的管道。

2）软性接头法，用橡胶软管或金属波纹管连接沉降缝、伸缩缝两侧的管道。

3）活动支架法，将沉降缝两侧管道的支架做成可使管道垂直移动而不能水平横向移动，以适应沉降、伸缩的应力，如图3-14所示。

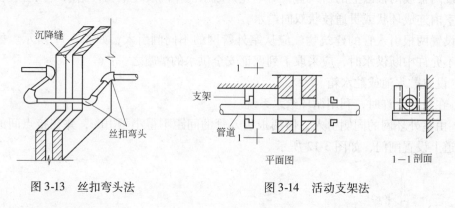

图3-13　丝扣弯头法　　　　　　图3-14　活动支架法

3.2.3　给水管道的敷设

室内给水管道的敷设，可根据建筑对卫生、美观等方面的要求不同，分为明装和暗装两类。

3.2.3.1　明装

管道在室内沿墙、梁、柱、天花板下、地板旁暴露敷设。明装管道造价低，施工安装、维护修理均较方便。缺点是由于管道表面积灰、产生凝水等影响环境卫生，且明装有碍房屋美观。一般民用建筑和大部分生产车间均为明装方式。

3.2.3.2　暗装

管道敷设在地下室天花板下或吊顶中，或在管井、管槽、管沟中隐藏敷设。管道暗装的卫生条件好、房间美观，标准较高的高层建筑、宾馆等均采用暗装；在工业企业中的某些生产工艺，如精密仪器或电子元件车间等，要求室内洁净无尘时，也需采用暗装。暗装的缺点是造价高，施工维护管理均不方便。

给水管道除单独敷设外，还应考虑排水、供暖、通风、空调和供电等其他建筑设备工程管线的布置和敷设。考虑到安全、施工、维护等要求，当平行或交叉设置时，对管道间的相互位置、距离、固定方法等应综合有关要求统一处理。

3.2.4　管道防护

为使室内给水系统能在较长时间内正常工作，除应加强维护管理外，在施工过程中还需要采取如下一系列措施。

3.2.4.1　防腐

不论是明装或暗装的管道和设备，除镀锌钢管、给水塑料管、铜管外，都必须做防腐处理。最简单的防腐方法为刷油法，即先将管道及设备表面除锈，明装管道刷防锈漆（如红丹漆）两道，再刷面漆（如银粉）两道。如管道需要装饰或标志时，可再刷调和漆或铅油。暗装管道除锈后，刷防锈漆两道。质量较高的防腐方法是做管道防腐层，层数3~9层不等，材料为底漆（冷底子油）、沥青、防水卷材、牛皮纸等。

埋地钢管除锈后刷冷底子油两道，再刷热沥青两道；埋于地下的铸铁管，外表一律要刷沥青防腐，明露部分可刷红丹漆及银粉（各两道）。

工业上用于输送酸、碱液体的管道，除采用耐酸碱、耐腐蚀的管道外，也可将钢管或铸铁管内壁涂衬防腐材料。

3.2.4.2 防冻、防露

设置在温度低于0℃地方的设备和管道，应当进行保温防冻，如寒冷地区的屋顶水箱、冬季不采暖的室内和阁楼中的管道以及敷设在受室外冷空气影响的门厅、过道等处的管道，在涂刷底漆防腐后，应采取保温措施。

在气候温暖潮湿的季节里，采暖的卫生间、工作温度较高空气湿度较大的房间（如厨房、洗衣房、某些生产车间）或管道内水温较室温为低的时候，管道及设备的外壁可能产生凝结水，从而引起管道和设备的腐蚀，影响使用和环境卫生。因此，必须采取防结露措施，即做防潮绝热层，其做法与一般保温的做法相同。

3.2.4.3 防噪声

管网或设备在使用过程中常会发生噪声污染，噪声可以沿着建筑物结构或管道传播。噪声产生的声源一般有以下几个方面：

（1）由于器材的损坏，在管网某些地方（阀门、止回阀等）产生机械的敲击声。

（2）当管道中水流速度过大时，启闭水龙头、阀门，易出现水锤现象，引起管道、附件的振动；过快的流速在管径突变以及流线急变处也会产生震动。这不但会损坏管道附件，造成漏水，同时也会产生噪声。

（3）水泵工作时发出的噪声。

防止噪声的措施，要求在建筑设计时使水泵房、卫生间不靠近卧室及其他需要安静的房间；必要时可做隔音墙壁。在布置管道时，应避免管道沿着卧室或与卧室相邻的墙壁敷设。

为防止管道的损坏和噪声的污染，在设计给水系统时应控制管道的水流速度，在系统中尽量减少使用电磁阀、速闭型阀门。在住宅建筑进户管的阀门后，装设可曲挠橡胶接头进行隔振。

防止管道附件和设备产生噪声，应选用质量良好的配件、器材及可曲挠橡胶接头等。安装管道及器材时亦可采取如图3-15所示的各种措施；隔音防噪要求严格的场所，给水管道的支架应采用隔振支架；配水管起端宜设置水锤吸纳装置；配水支管与卫生器具配水件的连接宜采用软管连接。

此外，提高水泵机组装配和安装的准确性，采用减振基础及安装隔振垫等措施，也能减弱或防止噪声的传播。

3.2.4.4 防高温

在室外明设的给水管道，应避免受阳光直接照射，塑料给水管还应有有效保护措施；塑料给水管道不得布置在灶台上边缘；明设的塑料给水立管距灶台边缘不得小于0.4m，

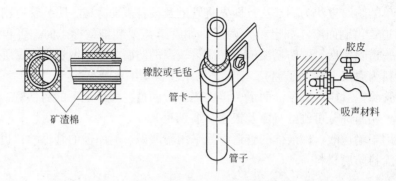

图 3-15　各种管道器材的防噪声措施

距燃气热水器边缘不宜小于 0.2m。达不到此要求时，应有保护措施。塑料给水管道不得与水加热器或热水炉直接连接，应有不小于 0.4m 的金属管段过渡。

给水管道因水温变化而引起伸缩，必须予以补偿。塑料管的线膨胀系数是钢管的 7~10 倍，应给予重视。给水管道的伸缩补偿装置，应按直线长度、管材的线胀系数、环境温度和管内水温的变化、管道节点的允许位移量等因素经计算确定。应利用管道自身的折角补偿温度变形。

3.2.5　建筑给水系统的水质及防水质污染

建筑给水按不同的系统供应不同的用户，这些用户对水质的要求也不尽相同，不同系统对水质的要求大体如下：

（1）生活给水系统。主要供应用户的生活饮用水，其水质必须满足国家规定的饮用水水质标准，即满足现行的《生活饮用水水质卫生标准》GB 5749 的要求。当生活饮用水水源不足或技术经济比较合理时，可采用生活杂用水作为大便器（槽）和小便器（槽）的冲洗用水，其水质应符合现行国家标准《城市污水再生利用　城市杂用水水质》GB/T 18920 的要求。

对用水水质要求较高的宾馆、饭店、别墅及建筑小区等，可采用经深度处理的管道优质饮用水。其水质可参考《饮用净水水质标准》CJ 94—2005。

（2）生产给水系统。专供生产用水，如生产蒸汽、冷却设备、食品加工和造纸等生产过程中的用水，水质按生产性质和工艺要求确定。

（3）消防给水系统。专供消防系统中消火栓和其他消防装置的用水，对水质无特殊要求，但要求保证水压和水量。

如果在设计、施工、维护、管理等方面存在一些不完善、不正确的问题，那么建筑给水系统就有可能出现水质被污染的情况；导致建筑给水系统水质污染的主要原因有：系统中设备、管材及配件的选材不尽合理、施工过程的不规范、系统布置与设计有缺陷。为防止水质污染的发生，可采用的技术措施如下：

（1）城镇给水管道严禁与自备水源的供水管道直接连接。

（2）中水、回用雨水等非生活饮用水管道严禁与生活饮用水管道连接。

（3）生活饮用水不得因管道内产生虹吸、背压回流而受污染。

（4）卫生器具和用水设备、构筑物等生活饮用水管配件出水口应符合下列规定：出水口不得被任何液体或杂质所淹没；出水口高出承接用水容器溢流边缘的最小空气间隙，不得小于出水口直径的 2.5 倍。

（5）生活饮用水水池（箱）的进水管口的最低点高出溢流边缘的空气间隙应等于进水管管径，但最小不应小于 25mm，最大可不大于 150mm。当进水管从最高水位以上进入水池（箱），管口为淹没出流时应采取真空破坏器等防虹吸回流措施。

不存在虹吸回流的低位生活饮用水贮水池，进水管宜从最高水面以上进入水池。

（6）从生活饮用水管网向消防、中水和雨水回用水等其他用水贮水池（箱）补水时，其进水管口最低点高出溢流边缘的空气间隙不应小于 150mm。

（7）从生活饮用水管道上直接供下列用水管道时，应在这些用水管道的下列部位设置倒流防止器：

1）从城镇给水管网的不同管段接出两路及两路以上的引入管，且与城镇给水管形成环状管网的小区或建筑物，在其引入管上；

2）从城镇生活给水管网直接抽水的水泵的吸水管上；

3）利用城镇给水管网水压且小区引入管无防回流设施时，向商用的锅炉、热水机组、水加热器、气压水罐等有压容器或密闭容器注水的进水管上。

（8）从小区或建筑物内生活饮用水管道系统上接至下列用水管道或设备时，应设置倒流防止器：

1）单独接出消防用水管道时，在消防用水管道的起端；

2）从生活饮用贮水池抽水的消防水泵出水管上。

（9）生活饮用水管道系统上接至下列含有对健康有危害物质等有害有毒场所或设备时，应设置倒流防止设施：

1）贮存池（罐）、装置、设备的连接管上；

2）化工剂罐区、化工车间、实验楼（医药、病理、生化）等除在连接管上设置外，还应在其引入管上设置空气间隙。

（10）从小区或建筑物内生活饮用水管道上直接接出下列用水管道时，应在这些用水管道上设置真空破坏器：

1）当游泳池、水上游乐池、按摩池、水景池、循环冷却水集水池等的充水或补水管道出口与溢流水位之间的空气间隙小于出口管径 2.5 倍时，在其充（补）水管上；

2）不含有化学药剂的绿地喷灌系统，当喷头为地下式或自动升降式时，在其管道起端；

3）消防（软管）卷盘；

4）出口接软管的冲洗水嘴与给水管道连接处。

（11）空气间隙、倒流防止器和真空破坏器的选择，应根据回流性质、回流污染的危害程度确定。

（12）严禁生活饮用水管道与大便器（槽）、小便斗（槽）采用非专用冲洗阀直接连接冲洗。

（13）生活饮用水管道应避开毒物污染区，当条件限制不能避开时，应采取防护措施。

（14）供单体建筑的生活饮用水池（箱）应与其他用水的水池（箱）分开设置。

（15）当小区的生活贮水量大于消防贮水量时，小区的生活用水贮水池与消防用贮水池可合并设置，合并贮水池有效容积的贮水设计更新周期不得大于 48h。

（16）埋地式生活饮用水贮水池周围 10m 以内，不得有化粪池、污水处理构筑物、渗水井、垃圾堆放点等污染源；周围 2m 以内不得有污水管和污染物。当达不到此要求时，应采取防污染的措施。

（17）建筑物内的生活饮用水水池（箱）体，应采用独立结构形式，不得利用建筑物的本体结构作为水池（箱）的壁板、底板及顶盖。

生活饮用水水池（箱）与其他用水水池（箱）并列设置时，应有各自独立的分隔墙。

（18）建筑物内的生活饮用水水池（箱）宜设在专用房间内，其上层的房间不应有厕所、浴室、盥洗室、厨房、污水处理间等。

（19）生活饮用水水池（箱）的构造和配管，应符合下列规定：

1）人孔、通气管、溢流管应有防止生物进入水池（箱）的措施；

2）进水管宜在水池（箱）的溢流水位以上接入；

3）进出水管布置不得产生水流短路，必要时应设导流装置；

4）不得接纳消防管道试压水、泄压水等回流水或溢流水；

5）泄水管和溢流管不得与污废水管道系统直接连接，应采取间接排水的方式；

6）水池（箱）材质、衬砌材料和内壁涂料，不得影响水质。

（20）当生活饮用水水池（箱）内的贮水 48h 内不能得到更新时，应设置水消毒处理装置。

在非饮用水管道上接出水嘴或取水短管时，应采取防止误饮误用的措施。

3.3　建筑内部给水设备的构成

给水设备大致可由储水箱、水泵、配水管路、各类阀门、计量设备以及优质水处理装置组成。其中关于管材、各类阀门和计量设备等参见第 2 章的相关内容。

3.3.1　离心水泵

3.3.1.1　水泵基本概念

水泵是提升和输送水和其他液体的机械，其种类很多，有叶轮泵、容积泵、射流泵和气升泵等，其中叶轮泵又可分为离心泵、轴流泵和混流泵。

目前，离心泵的种类十分繁多，有单吸泵、双吸泵；卧式泵、立式泵；单级泵、多级泵；潜水泵等等。在建筑给水系统中水泵是主要升压设备，且多采用离心式水泵，它具有结构简单、体积小、效率高等优点。在建筑给排水中常用的离心泵有单级单吸式泵、多级泵、卧式泵、立式泵以及潜水泵等。

离心泵主要由泵壳、泵轴、叶轮、吸水管、压水管等部分组成，如图 3-16 所示。

水泵启动前，要使泵壳及吸水管中充满水，以排除泵壳及吸水管内部的空气。当叶轮高速转动时，在离心力的作用下，水从叶轮中心被甩向泵壳，使水获得动能与压能。由于泵壳的流道是逐渐扩大的，所以水进入泵壳后流速逐渐减小，水的部分动能转化为压能，因而泵出口处的水便具有较高的压力，流入压水管。在水被甩出的同时，叶轮进口处形成真空，由于大气压的作用，将吸水池中的水通过吸水管压向水泵进口，流进水泵叶轮及泵体。电动机带动叶轮连续旋转，离心泵便均匀地连续供水。

表达离心泵工作性能的基本参数有：

（1）流量（Q_b），指在单位时间内通过水泵的水的体积数（体积流量），L/s 或 m^3/h。

（2）扬程（H_b），指单位重量的水通过水泵时所获得的能量，mH_2O 或 kPa。

（3）轴功率（N），水泵从电动机处所得到的全部功率，kW。

（4）水泵效率（η），单位时间内流过水泵的液体从水泵那里得到的能量称水泵的有效功率，以 N_u 表示。水泵工作时，其本身也有能量损失，因此水泵真正用于输送水的能量即有效功率 N_u 必小于水泵轴功率 N，水泵的效率就是二者的比值，即：

$$\eta = \frac{N_u}{N}$$

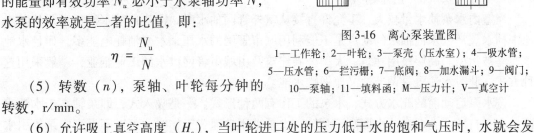

图 3-16　离心泵装置图

1—工作轮；2—叶轮；3—泵壳（压水室）；4—吸水管；5—压水管；6—拦污栅；7—底阀；8—加水漏斗；9—阀门；10—泵轴；11—填料函；M—压力计；V—真空计

（5）转数（n），泵轴、叶轮每分钟的转数，r/min。

（6）允许吸上真空高度（H_s），当叶轮进口处的压力低于水的饱和气压时，水就会发生汽化形成大量气泡，使水泵产生噪声和震动，严重时甚至产生气蚀现象，可使水泵性能下降，并损伤叶轮。为防止此类现象的发生，应对水泵进口的真空高度加以限制，而水泵允许吸上真空高度就是这个限制值，单位是 mH_2O 或 kPa。

水泵的工作参数是相互联系和影响的，工作参数之间的关系，可以用水泵的工作性能曲线来表示。水泵铭牌上所标明的各工作参数是水泵的设计参数也称额定参数，当通过水泵的流量等于泵的额定流量时，其效率最高。

3.3.1.2　水泵的选择及水泵房

选择水泵时，应根据给水系统所确定的设计流量 Q_{sys} 和对应于该设计流量系统所需要的扬程 H_{sys} 这两个参数，按水泵性能表，在高效率范围内确定所选水泵的型号。

考虑到水泵可能出现的故障或检修问题，供生活用水的水泵一般并列设置两台水泵，交换使用，一台工作、一台备用；对于小型民用建筑允许短时间断水，也可不设备用水泵机组。生产和消防所需水泵的备用数量，应按照生产工艺的要求以及消防的有关规定确定。

在水泵的出水管上需设阀门、止回阀和压力表；当水泵采用自灌式启动时，水泵吸水管上应设置检修阀门；当水泵直接从室外管网抽水时，在吸水管上应设置阀门、止回阀和压力表，并且应绕水泵设置检修旁通管路。

设置水泵的房间应当干燥、光线充足、通风良好（每小时换气 2~3 次），冬季不致结冰，并应有排水措施。水泵房的地面通常以 0.01 的坡度坡向排水沟，排水沟以 0.01 的坡度坡向排水坑。另外，考虑施工维修方便，水泵之间、水泵与墙壁之间需要留有足够的距离。

水泵在工作时产生振动发出噪声，通过管道系统传播，影响人们的工作和生活，故水泵的位置应当远离要求防振和安静的房间（如精密仪器房、病房、教室等），必要时应在水泵吸水管和压水管上设隔振装置，水泵下面设减振装置，使水泵与建筑结构部分断开。减振装置一般有两种做法，即：做弹性基础（砂垫层）或采用橡胶或弹簧减振器。

3.3.1.3 水泵的使用

在建筑给水系统中，水泵可以直接从室外管网抽水，也可以从容器（如水池）中抽水。

水泵直接从室外管网抽水可充分利用城市管网的压力，系统比较简单，并能保证水质不致受到污染，但是在很多情况下，水泵直接从管网抽水会使室外管网压力降低（甚至出现负压）而影响周围其他用户的正常供水，尤其因为城市工业的迅速发展，居住建筑不断增加，在室外供水管网供水量紧张情况下，为保证室外管网的正常工作，直接抽水方式必须加以限制；只有在室外管网管径较大、压力高、水泵抽水量相对较小时方可采用，但亦必须征得城市供水部门的同意。

当室内水泵抽水量较大，不允许直接从室外管网抽水时，需建造贮水池，水泵从贮水池中抽水。从贮水池抽水的缺点是不能利用城市管网的水压，水泵消耗电能多，而且水池水质易被污染。高层民用建筑、大型公共建筑及由城市管网供水的工业企业，一般采用这种方式，此时水池既是调节池又兼做贮水池。

按水泵启动前的充水方式，水泵的工作有两种形式。一是吸入式，即泵轴高于水池水面；二是自灌式，即水池水面高于泵轴。水泵采用自灌式工作时，可以不设真空泵等引水设备，便于水泵及时启动，并提高了水泵工作的安全性。在建筑给水工程中，水泵一般设计为自灌式启动，以便水泵的自动控制。

针对相应的给水方式，水泵有以下的控制方式：

（1）高位水箱控制方式。利用高位水箱的水位来控制水泵的运转。

（2）水泵直接送水控制方式。通过水泵出口的压力感应来控制水泵运行。

（3）增压直接给水的控制方式。通过水泵出口的压力感应来控制水泵运行。

（4）压力容器控制方式。利用压力容器（压力水箱）内的压力来控制水泵的运行。

3.3.2 水箱

在建筑给水系统中，当需要增压、稳压、减压以及需要储存一定水量时，均可设置水箱。根据用途不同可分为高位水箱、减压水箱、冲洗水箱和断流水箱等。而暖通工程中的水箱称"膨胀水箱"，其作用是排气、容纳水受热时的体积增大、防止水泵吸入口处造成负压。

3.3.2.1 水箱构成

水箱的形状通常为圆形或矩形，特殊情况下也可设计成球形等任意形状。制作材料有不锈钢板、钢筋混凝土、塑料和玻璃钢等。

水箱上应装设下列管道，如图3-17所示。

A 进水管

水箱进水管一般从侧壁接入，也可以从顶部接入。水箱的进水管上应装设浮球阀，且不少于两个，在浮球阀前设置检修阀门。进水管管顶上缘至水箱上缘应有150～200mm距

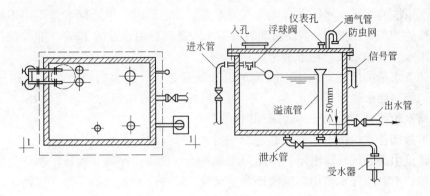

图 3-17　水箱配管、附件示意图

离。进水管管径按水泵流量或室内设计秒流量计算确定。

B　出水管

水箱出水管一般从侧壁接出。管口下缘应高出箱底 50mm 以上，一般取 100mm，以防污物流入配水管网。出水管和进水管可以分别和水箱连接，也可以合用一条管道，合用时出水管上设有止回阀。其标高应低于水箱最低水位 1.0m 以上，以保证止回阀开启所需压力。出水管管径按设计秒流量计算确定。

C　溢流管

用以控制水箱的最高水位，溢流口应高于设计最高水位 50mm，管径应比进水管大 1～2 号，但在水箱底以下可与进水管径相同。为了保护水箱中水质不被污染，溢流管不得与污水管道直接相连，必要时需经过断流水箱，并设水封装置才可接入。水箱设在平屋顶上时，溢水可直接流在屋面上。溢流管上不设阀门。

D　水位信号管

安装在水箱壁的溢流口以下 10mm 处，管径 10～20mm，信号管的另一端通到值班室的洗涤盆处，以便随时发现水箱浮球阀失灵而能及时修理。若水箱液位和水泵进行联锁控制，则可在水箱侧壁或顶盖处安装液位继电器或信号器，采用自动水位报警。

E　泄水管

泄水管从箱底接出，用以检修或清洗时泄水。管上应设阀门，管径为 40～50mm，可与溢流管相连后用同一根管排水。

F　通气管

供应生活饮用水的水箱应设密封箱盖，箱盖上设检修人孔和通气管，使水箱内空气流通，通气管管径一般不小于 50mm，管口应朝下并设网罩，管上不设阀门。

有些水箱设置有托盘（并设有排水管），以接、排箱外壁的凝结水，这时该排水管可接在溢流管上，管径一般不小于 50mm，在托盘上管口处设栅网，该排水管不设阀门。

3.3.2.2　水箱容积

水箱的有效容积应根据调节水量、消防水量和生产事故储水量确定。

调节水量应根据用水量和流入水量的变化曲线确定。当无上述资料或资料可靠性较差时，可按经验数据计算而定。给水系统单设水箱时，对日用水量不大的建筑物，生活储备水量可取日用水量的 50%～100%；对日用水量较大的建筑物，可取日用水量的 25%～

30%。给水系统的水泵、水箱联合工作，当水泵自动启动时，生活储水量不小于建筑物最高日用水量的5%；当水泵为手动启动时，不小于最高日用水量的12%。如果仅在夜间进水，可按用水人数和用水量标准确定。

消防储备水量按保证室内10min消防设计流量考虑。当室内消防水量不超过25L/s，经计算水箱消防储水量超过12m³时，仍可采用12m³；当室内消防水量超过25L/s，经计算水箱消防储水量超过18m³时，仍可采用18m³。

生产事故储备水量按工艺要求确定。

高层建筑中的分区减压水箱，由屋顶水箱补给水量和储存调节水量，本身仅起减压作用，故容积较小。减压水箱用浮球阀调节进水量，使进出水量保持一致，因此，减压水箱平面尺寸以能安装控制水位的浮球阀等设备即可。水箱高度，包括安全保护高度、有效水深和最小水深，一般有效水深可取1.0m，最小水深不小于0.5m。

3.3.2.3　水箱布置

水箱的安装高度，应满足建筑物内最不利配水点所需要的流出水头，经管道水力计算确定。减压水箱的安装高度一般需高出其供水分区3层以上。

水箱一般设置在净高不低于2.2m，采光、通风良好，室温不得低于5℃的水箱间内。水箱外壁与建筑本体结构墙面或其他池壁之间的净距，应满足施工或装配的要求，无管道的侧面，净距不宜小于0.7m；安装有管道的侧面，净距不宜小于1.0m，且管道外壁与建筑本体墙面之间的通道宽度不宜小于0.6m；设有人孔的池顶，顶板面与上面建筑本体板底的净空不应小于0.8m；水箱箱底距水箱间地面的净距，当有管道敷设时不宜小于0.8m，以便于安装管道和进行检修。如果水箱有结冻、结露可能时，应采取保温措施。

对于大型公共建筑和高层建筑，为保证水质和供水安全，易将水箱分成两格或设置两个水箱。

3.3.3　贮水池

贮水池是建筑给水用来调节和储存水量的构筑物。采用钢筋混凝土、砖石等材料制作，形状多为圆形和矩形，也可以根据现场情况设计成某一特定形状。贮水池应设进水管、出水管、溢流管、泄水管和水位信号管。贮水池宜布置在地下室或室外泵房附近。

贮水池的有效容积应根据生活调节水量、消防储备水量和生产事故备用水量确定，可按下式计算：

$$V = (Q_b - Q_1) \cdot T_b + V_x + V_s \tag{3-1}$$

同时满足
$$(Q_b - Q_1)T_b \leqslant Q_1 T_t \tag{3-2}$$

式中　V——贮水池有效容积，m³；

　　　　Q_b——水泵出水量，m³/h；

　　　　Q_1——水池进水量，m³/h；

　　　　T_b——水泵运行时间，h；

　　　　T_t——水泵运行间隔时间，h；

　　　　V_s——生产事故备用水量，m³；

　　　　V_x——消防储备用水量，m³。

小区生活用贮水池的有效容积应根据生活用水调节量和安全贮水量等确定，并符合以下规定：

（1）生活用水调节量应按流入量和供出量的变化曲线经计算确定，资料不足时可按小区最高日生活用水量的 15%～20% 确定；

（2）安全贮水量应根据城镇供水制度、供水可靠程度及小区对供水的保证要求确定；

（3）当生活用水贮水池贮存消防用水时，消防贮水量应按国家现行的有关消防规范执行。

建筑物内的生活用水低位贮水池应符合下列规定：

（1）贮水池有效容积应按进水量与用水量变化曲线经计算确定；当资料不足时，宜按建筑物最高日用水量的 20%～25% 确定；

（2）贮水池与建筑物之间的间距参见水箱间布置；

（3）贮水池不宜毗邻电器用房和居住用房或在其下方；

（4）贮水池内宜设有水泵吸水坑，吸水坑的大小、深度，应满足水泵或水泵吸水管的安装要求。

为保证水质不被污染，并考虑检修方便等，贮水池的设置应满足以下条件：

（1）远离化粪池、厕所、厨房等卫生不良之场所，以防水质污染；贮水池的溢流口标高应高出室外地坪 100mm，保持足够的空气隔断，保证在任何情况下污水都不会通过人孔、溢流管等进入池内。

（2）贮水池的进、出水管应布置在相对位置，使池内贮水经常流动，防止滞流和死角。

（3）容积大于 $500m^3$ 的贮水池一般分为两格，应能独立工作或分别排空，以便清洗、检修。

（4）当消防用水和生产或生活用水合用一个贮水池，且池内无溢流墙时，在生产和生活水泵的吸水管上、消防水位处开 5～10mm 的小孔，以确保消防贮水量不被动用。

（5）贮水池应设通气管，通气管口应用网罩盖住，其设置高度距覆盖层上不小于 0.5m，通气管直径为 200mm。

（6）贮水池应设水位计，将水位信号反映到水泵房和控制室。

3.3.4　气压给水设备

气压给水设备是给水系统中的一种调节和局部升压设备，它利用密闭压力罐内的压缩空气，将罐中的水送到管网中各配水点，作用相当于水塔或高位水箱，可以调节和贮存水量并保持所需的压力。

3.3.4.1　适用范围

（1）当城市水压不足，在建筑物的自备给水系统中或小区的给水设备上采用气压给水较为适宜。

（2）对压力要求较高的建筑，或建筑艺术要求不可能设置水箱或水塔的情况下，采用气压给水设备更为合适。

（3）在地震区、高层建筑、人防工程、国防工程中也可采用。

3.3.4.2　特点

（1）灵活性大。气压给水设备中供水压力是利用罐内压缩空气产生的，罐体的安装高度可不受限制。它还易于拆迁和隐蔽；改扩建非常方便。

（2）投资少、建设速度快。目前有许多成套产品，接上水源、电源即可使用，施工安装简单，在建设费用上也比高位水箱节省。

（3）水质不易污染。由于水在密闭系统中流动，受污染的可能性极小。

（4）运行可靠、维修管理方便。因气压水罐和水泵组合在一起，又可采用可靠的仪表实现自动化，可不设专人管理。

（5）调节水量小。气压水罐的调节水量一般为总容积的20%～30%，不可能具有水箱、水塔那样的蓄水能力来满足停电时的长时间供水能力。

（6）经常费用高。水泵频繁启动，耗电量和维修费用相应增大。

（7）钢材耗量大。气压水罐为压力容器，其用材、加工、检验均有严格规定。

（8）变压力供水。压力变化幅度较大，不适合用水量较大和要求水压稳定的用水对象，因而受到一定限制。

3.3.4.3　气压给水设备的分类

按给水压力气压给水装置可分为低压（0.6MPa以下）、中压（0.6～1.0MPa）和高压（1.0～1.6MPa）。根据有关规范，以选用低压为宜。

按压力稳定性可分为变压式和定压式两种。当用户对水压没有恒定要求时，常使用变压式气压给水设备，罐内空气压力随给水工况变化。给水系统处于变压状态下工作。

在变压式气压给水设备的供水管上装设调压阀，即成为定压式气压给水装置，阀后的水压在要求范围内，可满足用户对水压恒定的要求。

按水罐形式可分为卧式、立式和球式。卧式气压水罐中的水和空气接触面积较大，空气的损失较多，对气压水罐的补气不利；立式水罐常采用圆柱形，使空气和水接触的面积减小，对补气有利。球形水罐技术先进、经济合理、外形美观，但加工相对复杂、困难。

按气水接触方式可分为气水接触式和隔膜式两种。气水接触式又称补气式，是一般常用的形式。隔膜式气压给水设备使用隔膜将气水分开，从而减少空气的漏损，隔膜可用塑料或橡胶制成，图3-18为一隔膜式气压给水装置。隔膜式气压给水装置具有可以一次充气可长期使用，不必设置空气压缩机，使系统简化，节省投资；同时可避免水质被大气污染，减少气压水罐保护容积；降低给水系统氧化腐蚀速度等优点，因此在生活饮用水系统中宜采用隔膜式。

3.3.4.4　工作原理

气压给水设备由下面几个部分组成：

（1）密闭水罐，内部充满空气和水。

（2）水泵，将水送到罐内及管网。

（3）加压装置，如空气压缩机，用以加压水及补充空气漏损。

（4）控制器材，用以启动水泵及空气压缩机。

图3-19为单罐变压式气压给水设备。其工作过程为：罐内空气的起始压力高于给水管网所需的设计压力，水在压缩空气的作用下被送至管网。但随着水量的减少，水位下降，罐内空气压力逐渐减小，当压力降到设计最小工作压力时，水泵便在继电器作用下启动，将水压入罐内，同时供入管网。当罐内压力上升到设计最大工作压力时，水泵又在压力继电器作用下停止工作，如此往复。如果管网需要获得稳定的压力时，可采用单罐定压

式给水设备，即在配水总管上装置调压阀。

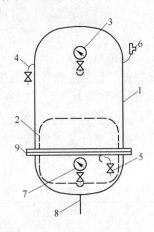

图 3-18　隔膜式气压给水设备
1—罐体；2—橡胶隔膜；3—电接点压力表；
　4—充气管；5—放气管；6—安全阀；
　7—压力表；8—进、出水管；9—法兰

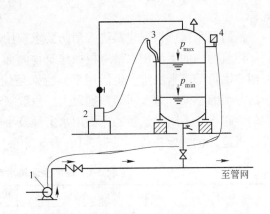

图 3-19　单罐变压式气压给水设备
1—水泵；2—空气压缩机；3—水位继电器；4—压力继电器

在水罐的进气管和出水管上，应分别设止水阀和止气阀，以防止水进入空气管道和压缩空气进入配水管网。

大型给水系统中，气压给水设备采用双罐（一个充水、一个充气）。如果需要双罐定压式设备，只要在两罐之间的空气管上装一个调压阀即可。气压给水系统中的空气与水直接接触，在经过一段时间后，罐内空气由于漏损和溶解于水而逐渐减少，因而使调节容积逐渐减小，水泵启动逐渐频繁，因此需要定期补充气体。最常用的是用空气压缩机补气，在小型系统中也可采用水射器补气和定期泄空补气等方式。

3.3.4.5　设置要求

气压水罐内的最低工作压力，应满足管网最不利处的配水点所需水压；气压水罐内的最高工作压力，不得使管网最大水压处配水点的水压大于 0.55MPa；水泵（或泵组）的流量（以气压水罐内的平均压力计，其对应的水泵扬程的流量），不应小于给水系统最大小时用水量的 1.2 倍；容积按《建筑给水排水设计规范》(GB 50015—2003) 中有关规定经计算确定。

补气式气压罐应设置在空气清洁的场所；利用空气压缩机补气时，小型气压给水设备可采用手摇式空气压缩机，大中型气压给水设备可采用电动空气压缩机；空气压缩机的工作压力应略大于气压水罐的最大工作压力；压缩空气管道一般采用焊接钢管。

3.4　建筑内部给水管网计算

3.4.1　用水量标准

3.4.1.1　用水定额

建筑内给水包括生活、生产和消防用水三部分。

建筑物内生产用水量需根据工艺过程、设备情况、产品性质、地区条件等确定。

计量方法有两种：一种是按消耗在单位产品的水量计算；一种是按单位时间内消耗在某种生产设备上的水量计算。一般而言，生产用水在整个生产期间内应比较均匀且有规律。

消防用水量应根据建筑物的消防要求按用水量标准确定，可参见第4章。

建筑物内的生活用水量应根据建筑物内部卫生设备的完善程度、气候、使用者的生活习惯、水价等因素决定。生活用水，特别是住宅，一天中用水的变化很大，而且随气候、生活习惯的不同，地区间的差别很大。一般来说，卫生器具越多，设备越完善，用水的不均匀性越小。不同建筑物的生活用水定额及小时变化系数，可按我国现行《建筑给水排水设计规范》的规定执行，见表3-1、表3-2。

表3-1　住宅生活用水定额及小时变化系数

住 宅 类 别		卫生器具设置标准	用水定额/L·(人·d)$^{-1}$	小时变化系数 K_h
普通住宅	I	有大便器、洗涤盆	85~150	3.0~2.5
	II	有大便器、洗涤盆、洗脸盆、洗衣机、热水器和沐浴设备	130~300	2.8~2.3
	III	有大便器、洗涤盆、洗脸盆、洗衣机、集中热水供应（或家用热水机组）和沐浴设备	180~320	2.5~2.0
别　墅		有大便器、洗涤盆、洗脸盆、洗衣机、洒水栓、家用热水机组和沐浴设备	200~350	2.3~1.8

注：1. 当地主管部门对住宅生活用水定额有具体规定时，应按当地规定执行。
　　2. 别墅用水定额中含庭院绿化用水、汽车洗车用水。

表3-2　宿舍、旅馆和公共建筑生活用水定额及小时变化系数

序号	建筑物名称	单　位	最高日生活用水定额/L	使用时数/h	小时变化系数 K_h
1	宿舍				
	I类、II类	每人每日	150~200	24	3.0~2.5
	III类、IV类	每人每日	100~150	24	3.5~3.0
2	招待所、培训中心、普通旅馆				
	设公用盥洗室	每人每日	50~100		
	设公用盥洗室、淋浴室	每人每日	80~130	24	3.0~2.5
	设公用盥洗室、淋浴室、洗衣室	每人每日	100~150		
	设单独卫生间、公用洗衣室	每人每日	120~200		
3	酒店式公寓	每人每日	200~300	24	2.5~2.0
4	宾馆客房				
	旅客	每一床位每日	250~400	24	2.5~2.0
	员工	每人每日	80~100		

序号	建筑物名称	单位	最高日生活用水定额/L	使用时数/h	小时变化系数 K_h
5	医院住院部				
	设公用盥洗室	每一病床每日	100~200	24	2.5~2.0
	设公用盥洗室和淋浴室	每一病床每日	150~250	24	2.5~2.0
	设单独卫生间	每一病床每日	250~400	24	2.5~2.0
	医务人员	每人每班	150~250	8	2.0~1.5
	门诊部、诊疗所	每一病人每次	10~15	8~12	1.5~1.2
	疗养院、休养所住房部	每一床位每日	200~300	24	2.0~1.5
6	养老院、托老所				
	全托	每人每日	100~150	24	2.5~2.0
	日托	每人每日	50~80	10	2.0
7	幼儿园、托儿所				
	有住宿	每一儿童每日	50~100	24	3.0~2.5
	无住宿	每一儿童每日	30~50	10	2.0
8	教学实验楼				
	中小学校	每一学生每日	20~40	8~9	1.5~1.2
	高等学校	每一学生每日	40~50		
9	办公楼	每人每班	30~50	8~10	1.5~1.2
10	图书馆	每人每次	5~10	8~10	1.5~1.2
11	书店	每平方米营业厅面积每日	3~6	8~12	1.5~1.2
12	商场 　员工及顾客	每平方米营业厅面积每日	5~8	12	1.5~1.2
13	公共浴室				
	淋浴	每一顾客每次	100	12	2.0~1.5
	淋浴、浴盆	每一顾客每次	120~150	12	
	桑拿浴（淋浴、按摩池）	每一顾客每次	150~200	12	
14	理发室、美容院	每一顾客每次	40~100	12	2.0~1.5
15	洗衣房	每千克干衣	40~80	8	1.5~1.2
16	餐饮业				
	中餐酒楼	每一顾客每次	40~60	10~12	1.5~1.2
	快餐店、职工及学生食堂	每一顾客每次	20~25	12~16	
	酒吧、咖啡厅、茶座、卡拉 OK 房	每一顾客每次	5~15	8~18	
17	电影院、剧院	每一观众每场	3~5	3	1.5~1.2
18	会展中心（博物馆、展览馆）	每平方米展厅面积每日	3~6	8~16	1.5~1.2

续表 3-2

序号	建筑物名称	单　位	最高日生活用水定额/L	使用时数/h	小时变化系数 K_h
19	会议厅	每一座位每次	6~8	4	1.5~1.2
20	体育场（馆） 运动员淋浴 观众	每人每次 每人每场	30~40 3	4	3.0~2.0 1.2
21	健身中心	每人每次	30~50	8~12	1.5~1.2
22	停车库地面冲洗水	每平方米每次	2~3	6~8	1.0
23	航站楼、客运站旅客	每人次	3~6	8~16	1.5~1.2
24	菜市场地面冲洗及保鲜用水	每平方米每日	10~20	8~10	2.5~2.0

注：1. 除养老院、托儿所、幼儿园的用水定额中含食堂用水，其他均不含食堂用水。
　　2. 除注明外，均不含员工用水，员工用水定额每人每班 40~60L。
　　3. 医疗建筑用水中含医疗用水。
　　4. 空调用水另计。

　　工业企业建筑，管理人员的生活用水定额可取 30~50L/（人·班），车间工人的生活用水定额应根据车间性质确定，宜采用 30~50L/（人·班）；用水时间宜取 8h，小时变化系数宜取 2.5~1.5。

　　工业企业建筑淋浴用水定额，应根据现行国家《工业企业设计卫生标准》GBZ1 中车间的卫生特征分级确定，可采用 40~60L/（人·次），延续供水时间宜取 1h。

　　汽车冲洗用水定额，应根据冲洗方式，以及车辆用途、道路路面等级和沾污程度等确定，可按表 3-3 确定。

表 3-3　汽车冲洗用水定额　　　　　　　　[L/（辆·次）]

冲洗方式	高压水枪冲洗	循环用水冲洗补水	抹车、微水冲洗	蒸汽冲洗
轿　车	40~60	20~30	10~15	3~5
公共汽车 载重汽车	80~120	40~60	15~30	—

3.4.1.2　卫生器具额定流量

　　根据国内外对居住建筑的观测统计及分析，对室内生活用水，只考虑小时之间的水量差别是显然不足的，而考虑每 5min 之间的水量差别是可以满足室内用水要求的，所以，通常室内建筑给水设计中的管道最大秒流量，是指高峰用水 5min 内的平均秒流量。

　　卫生器具额定流量是卫生器具配水出口在单位时间内流出的规定流量。为简化计算，以污水盆用的一般球形阀配水龙头在出流水头为 $2mH_2O$（19.6kPa）时全开的流量0.2L/s 为 1 个当量（N），其他卫生器具配水龙头的流量以此为标准换算成相应的当量数。表 3-4 为各种卫生器具的当量、流量、支管管径和出流水头值。

表3-4 卫生器具给水的额定流量、当量、连接管公称管径及最低工作压力

卫生器具名称	额定流量/L·s⁻¹	当 量	公称管径/mm	最低工作压力/MPa
污水盆（池）水龙头	0.20	1.0	15	0.020
洗涤盆、拖布盆、盥洗槽				
单阀水嘴	0.15 ~ 0.20	0.75 ~ 1.00	15	0.050
单阀水嘴	0.30 ~ 0.40	1.5 ~ 2.00	20	
混合水嘴	0.15 ~ 0.20 (0.14)	0.75 ~ 1.00 (0.70)	15	
洗脸盆				
单阀水嘴	0.15	0.75	15	0.050
混合水嘴	0.15 (0.10)	0.75 (0.5)	15	
洗手盆				
感应水嘴	0.10	0.5	15	0.050
混合水嘴	0.15 (0.10)	0.75 (0.5)	15	
浴盆				
单阀水嘴	0.20	1.0	15	0.050
混合水嘴（含带淋浴 　　转换器）	0.24 (0.20)	1.2 (1.0)	15	0.050 ~ 0.070
淋浴器				
混合阀	0.15 (0.10)	0.75 (0.5)	15	0.050 ~ 0.100
大便器				
冲洗水箱浮球阀	0.10	0.50	15	0.020
延时自闭式冲洗阀	1.20	6.00	25	0.100 ~ 0.150
小便器				
手动或自动自闭式冲洗阀	0.10	0.50	15	0.050
自动冲洗水箱进水阀	0.10	0.50	15	0.020
小便槽多孔冲洗管（每米）	0.05	0.25	15 ~ 20	0.015
净身盆冲洗水嘴	0.10 (0.07)	0.50 (0.35)	15	0.050
医院倒便器	0.20	1.00	15	0.050
实验室化验水龙头（鹅式）				
单联	0.07	0.35	15	0.020
双联	0.15	0.75	15	0.020
三联	0.20	1.0	15	0.020
饮水器喷嘴	0.05	0.25	15	0.050
洒水栓（洒水龙头）	0.40	2.0	20	0.050 ~ 0.100
	0.70	3.5	25	0.050 ~ 0.100
室内地面冲洗水嘴	0.20	1.00	15	0.050
家用洗衣机水嘴	0.20	1.00	15	0.050

注：1. 表中括号内的数值系在有热水供应时，单独计算冷水或热水时使用。

2. 当浴盆上附设淋浴器时，或混合水嘴有淋浴器转换开关时，其额定流量和当量只计水嘴，不计淋浴器，但水压应按淋浴器计。

3. 家用燃气热水器，所需压力按产品要求和热水供应系统最不利配水点所需工作压力确定。

4. 绿地的自动喷灌应按产品要求设计。

5. 当卫生器具给水配件所需额定流量和最低工作压力有特殊要求时，其值应按产品要求确定。

3.4.2　用水量计算

（1）建筑物内生活用水量的最高日用水量按下式计算：

$$Q_d = m q_d \tag{3-3}$$

式中　Q_d——最高日用水量，L/d；

m——用水单位数，人、床等；

q_d——用水量标准，L/（人·d）。

采用式（3-3）计算最高日用水量时，应注意以下几点：

1）综合性建筑，如上层为住宅、下层为商店的商住楼，或旅馆、商店和营业餐厅等组合在一起的大型宾馆等，应分别按不同建筑的用水量标准计算各自的最高日用水量，然后，将同时用水项目叠加，以用水量最大一组作为整个建筑的最高日用水量。

2）一幢建筑有多种卫生器具设置标准时，如部分住宅有热水供应，或集体宿舍设公共厕所，应分别按不同标准的用水定额和服务人数，计算各部分的最高日用水量，然后将各用水项目叠加求得整个建筑的最高日用水量。

3）一幢建筑兼有多种功能时，应按用水量最大的计算。

4）建筑物的服务人数超过应服务范围时，设计单位数按实际单位数计算；如浴室除为集体宿舍居住者服务外，还为其他人员服务，设计单位数按全部使用人数计算。

（2）最大小时用水量（最大时用水量）按下式计算：

$$Q_h = K_h \frac{Q_d}{T} \tag{3-4}$$

式中　Q_h——最大小时用水量，L/h；

T——建筑物内的用水时间，h；

K_h——小时变化系数。

小时变化系数是根据建筑物内部一昼夜用水变化曲线，并以小时用水量变化阶梯图求得；不同功能的建筑物，如旅馆、住宅、集体宿舍等的用水小时变化系数，可参考表 3-1 和表 3-2 的取值。

$$K_h = \frac{Q_h}{\overline{Q}} \tag{3-5}$$

式中　$\overline{Q}$——最大日平均小时用水量，L/h。

用最大小时用水量 Q_h 来设计给水管道，主要适用于室外给水管网或街坊、厂区、建筑小区给水管网的设计。因为室外给水管网服务的区域大，卫生设备数量及使用人数多，且参差交错使用，使用水量大致保持在某一范围内的可能性较大，用水显得较为均匀。对于单个建筑物，根据最大小时用水量来选择设备，能够满足要求。但对于计算管道，因为配水不均匀性规律不同于小时变化系数，需要建立设计秒流量计算公式。

（3）住宅建筑的生活给水管道的设计秒流量，以住宅建筑为例应按下列步骤和方法计算：

1）根据住宅配置的卫生器具给水当量、使用人数、用水定额、使用时数及小时变化系数，按式（3-6）计算出最大用水时卫生器具给水当量平均出流概率：

$$U_o = \frac{100q_L mK_h}{0.2 \cdot N_g \cdot T \cdot 3600} \tag{3-6}$$

式中　U_o——生活给水管道的最大用水时卫生器具给水当量平均出流概率,%；

q_L——最高用水日的用水定额，按表 3-1 取用；

m——每户用水人数；

K_h——小时变化系数，按表 3-1 取用；

N_g——每户设置的卫生器具给水当量数；

T——用水时数，h；

0.2——一个卫生器具给水当量的额定流量，L/s。

2）根据计算管段上的卫生器具给水当量总数，按式（3-7）计算得出该管段的卫生器具给水当量的同时出流概率：

$$U = 100 \frac{1 + \alpha_c (N_g - 1)^{0.49}}{\sqrt{N_g}} \tag{3-7}$$

式中　U——计算管段的卫生器具给水当量同时出流概率,%；

α_c——对应于不同 U_o 的系数，查表 3-5；

N_g——计算管段的卫生器具给水当量总数。

表 3-5　$U_o \sim \alpha_c$ 值对应表

U_o/%	α_c	U_o/%	α_c
1.0	0.00323	4.0	0.02816
1.5	0.00697	4.5	0.03263
2.0	0.01097	5.0	0.03715
2.5	0.01512	6.0	0.04629
3.0	0.01939	7.0	0.05555
3.5	0.02374	8.0	0.06489

3）根据计算管段上的卫生器具给水当量同时出流概率，可按式（3-8）计算该管段的设计秒流量：

$$q_g = 0.2UN_g \tag{3-8}$$

式中　q_g——计算管段的设计秒流量，L/s。

① 为了计算快速、方便，在计算出 U_o 后，即可根据计算管段的 N_g 值从给水管道设计秒流量计算表（参见建筑给水排水设计规范 GB 50015—2003）中直接查得给水设计秒流量 q_g，该表可用内插法。

② 当计算管段的卫生器具给水当量总数超过给水设计秒流量计算表中的最大值时，其设计流量应取最大用水时平均秒流量，即 $q_g = 0.2U_o N_g$。

4）给水干管有两条或两条以上具有不同最大用水时卫生器具给水当量平均出流概率的给水支管时，该管段的最大用水时卫生器具给水当量平均出流概率应按式（3-9）计算：

$$\overline{U_o} = \frac{\sum U_{oi} N_{gi}}{\sum N_{gi}} \tag{3-9}$$

式中　$\overline{U_o}$——给水干管的卫生器具给水当量平均出流概率；

　　　U_{oi}——支管的最大用水时卫生器具给水当量平均出流概率；

　　　N_{gi}——相应支管的卫生器具给水当量总数。

其他建筑如：宿舍、旅馆、宾馆、酒店式公寓、医院、疗养院、幼儿园、养老院、办公楼、商场、图书馆、书店、客运站、航站楼、会展中心、中小学教学楼、公共厕所、工业企业的生活间、公共浴室、职工食堂或营业餐馆的厨房、体育场馆、剧院、普通理化实验室等建筑的生活给水设计秒流量，应查相应规范和设计手册所对应建筑物适用的计算公式及表格进行计算。

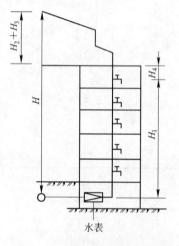

图 3-20　建筑给水系统所需压力

3.4.3　建筑给水系统所需水压

建筑给水系统应保证将所需的水量输送到建筑物的最不利配水点（通常是位于系统引入管起端的最高、最远点），并保证有足够的流出水头，如图 3-20 所示。

建筑给水系统所需水压力计算公式如下：

$$H = H_1 + H_2 + H_3 + H_4 \tag{3-10}$$

式中　H——建筑给水系统所需水压力，kPa；

　　　H_1——最不利配水点与引入管起端之间的静压差，kPa；

　　　H_2——计算管路的水头损失，kPa；

　　　H_3——水流通过水表时的压力损失，kPa；

　　　H_4——配水最不利点所需的流出水头，kPa。

配水点的流出水头是指各种卫生器具配水龙头或用水设备处，为获得规定的出水量（即额定流量值）所需的最小压力，其取值参见表 3-4。

在进行方案的初步设计时，对层高不超过 3.5m 的民用建筑，给水系统所需水压可根据建筑物层数估算（自室外地面算起）其最小水压值：一层建筑物为 100kPa；二层建筑物为 120kPa；三层及三层以上的建筑每增加一层，增加 40kPa。

3.4.4　管道水力计算

室内给水管道水力计算，是在绘出管网轴测图后进行的。其目的是在求出各管段设计流量后，确定各管段的管径、水头损失，确定室内给水所需的水压，进而将给水方式确定下来。计算要尽可能利用室外给水管网所提供的水压。

3.4.4.1　确定管径

（1）按建筑物性质和卫生器具当量数求得各管段的设计秒流量。

（2）根据流量公式 $q_g = \omega \cdot v$（对圆管 $q_g = \dfrac{\pi d^2}{4}$）及流速控制范围确定管径。

管中流速是按照节省投资、噪声小等原则，经过技术经济比较后确定的。建筑物内生活给水管道的流速，宜按表3-6采用；消火栓给水系统的管道的流速不宜大于2.5m/s；自动喷洒灭火系统的管道流速不宜大于5.0m/s，特殊情况下可控制在10m/s以下。

住宅的入户管公称直径不宜小于20mm。

表3-6　生活给水管道的水流速度

公称直径/mm	15~20	25~40	50~70	≥80
水流速度/m·s^{-1}	≤1.0	≤1.2	≤1.5	≤1.8

3.4.4.2　确定管段水头损失

（1）给水管道的沿程损失：

$$h_f = il \tag{3-11}$$

式中　h_f——管段的沿程水头损失，kPa；

l——计算管段的长度，m；

i——管道单位长度的水头损失，kPa/m。

$$i = 105C_h^{-1.85}d_j^{-4.87}q_g^{1.85} \tag{3-12}$$

式中　d_j——管段计算内径，m；

q_g——给水设计流量，m^3/s；

C_h——海澄-威廉系数：

各种塑料管、内衬（涂）塑管 $C_h = 140$；

铜管、不锈钢管 $C_h = 130$；

内衬水泥、树脂的铸铁管 $C_h = 130$；

普通钢管、铸铁管 $C_h = 100$。

（2）确定局部损失。生活给水管道的配水管的局部水头损失，宜按管道的连接方式，采用管（配）件当量长度法计算。当管（配）件当量长度资料不足时，可按下列管件的连接状态，按管网的沿程水头损失的百分数取值：

1）管（配）件内径与管道内径一致，采用三通分水时，取25%~30%；采用分水器分水时，取15%~20%；

2）管（配）件内径略大于管道内径，采用三通分水时，取50%~60%；采用分水器分水时，取30%~35%；

3）管（配）件内径略小于管道内径，管（配）件的插口插入管口内连接，采用三通分水时，取70%~80%；采用分水器分水时，取35%~40%；

水表的水头损失，应按选用产品所给定的压力损失值计算。在未确定具体产品时，可按下列情况取用：

1）住宅入户管上的水表，宜取0.01MPa；

2）建筑物或小区引入管上的水表，在生活用水工况时，宜取0.03MPa；在校核消防工况时，宜取0.05MPa。

比例式减压阀的水头损失，阀后动水压宜按阀后静水压的80%~90%采用。

管道过滤器的局部水头损失，宜取0.01MPa。

倒流防止器、真空破坏器的局部水头损失，应按相应产品测试参数确定。

（3）总水头损失：　　总损失 $h_l = h_f + h_j$。

计算给水管道沿程水头损失 h_f 时，也可以查阅不同管材的相关图表，查得不同流量的 i 值；但应注意该图表的使用条件，当工程的使用条件与制表条件不相符合时，应根据各自规定作相应修改。

在实际设计计算中，室内给水管道的局部阻力损失一般不进行详细计算，而是按沿程损失的百分数采用，参见表 3-7。

表 3-7　建筑给水管道局部损失按沿程损失估算百分数

管 材 名 称	估算百分数	管 材 名 称	估算百分数
建筑给水硬聚氯乙烯管（PVC-U）	25%~30%	建筑给水薄壁不锈钢管	25%~30%
建筑给水聚丙烯管（PP-R）	25%~30%	建筑给水铜管	25%~30%
建筑给水氯化聚氯乙烯管（PVC-C）	25%~30%	热镀锌钢管	25%~30%
建筑给水交联聚乙烯管（PEX）	25%~45%	建筑给水钢塑复合管	对螺纹连接内衬塑可锻铸铁管的给水系统：生活给水管网为30%~40%（生活、生产合用系统为25%~30%）；对法兰或沟槽连接的内衬（涂）塑钢管的给水系统为10%~20%
建筑给水铝塑复合管（PAP）	采用三通分水时，取50%~60%；采用分水器分水时，取30%		

3.4.4.3　管网水力计算的方法和步骤

根据建筑平面图和确定的给水方式，绘制给水管道平面布置图和轴测图，列水力计算表，进行水力计算。各种给水方式的管道水力计算方法和步骤略有差别，现就外网直供、高位水箱供水的管道水力计算步骤和方法介绍如下：

（1）外网直供的给水方式：

1）根据给水系统轴测图选择最不利配水点，确定计算管路。若在轴测图中难以判断最不利配水点，则应同时选择几条计算管路，分别计算各管路所需压力，选出压力需要最大的管路作为该建筑的计算管路。

2）根据流量变化的节点对计算管路进行编号，并标明各计算管段长度。

3）按建筑物性质，正确选用设计秒流量公式计算各管段的设计秒流量。

4）确定各管段直径；进行水力计算，计算沿程水头损失、局部水头损失和管路总水头损失，如选用水表，则还应确定水表水头损失。

5）确定给水系统所需压力、选择增压设备、确定水箱高度。

按计算结果，确定建筑物所需的总水头 H，与城市管网所提供的资用水头 H_0 比较，若 $H < H_0$，即满足要求；若 H_0 稍小于 H，可适当放大某几段管径，使 $H < H_0$；若 H_0 小于 H 很多，则需修正原供水方案（下行上给式供水），考虑设水箱、水泵的给水方式。

对于设水箱、水泵的给水方式，则要求计算确定水箱和贮水池容积；计算从水箱出口到最不利点间所需的压力，确定水箱底的安装高度，若水箱高度不能满足供水要求，可采用提高水箱高度、放大管径、设置管道增压泵等技术措施来解决；计算从引入管起点到水箱进口间所需的压力，选择水泵，计算确定加压送水管管径。

（2）高位水箱供水的给水方式：

1）选择最不利点：距水箱最远立管的最高一层最远一处的用水点为最不利点；当与水箱距离相差不多的立管有多根，而用水量却不相同时，应分别计算水箱至这些立管的最高层最远处的管道水头损失，比较分析水箱提供的位能与这些水头损失的数值差值，差值最小的用水点可认为是最不利用水点；若有的卫生器具配水压力要求过高时，应进行复核。

2）确定计算管路：水箱至最不利点的管路（⓪～⑩），见图 3-21（a）；或水箱至最不利点以及最不利点所属立管的全部管路（⓪～④），见图 3-21（b）。

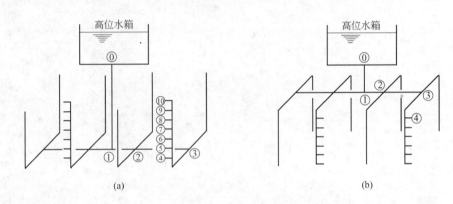

图 3-21　高位水箱供水的最不利管段

（a）下行上给式；（b）上行下给式

3）划分计算管段，计算各管段的设计秒流量，确定各管段的直径及水头损失，确定计算管路的总水头损失，确定所需的水箱底的安装高度。此值不宜过大，以免要求水箱架设太高，增加建筑物结构上的困难和影响建筑物的造型美观。

4）计算各立管：根据计算管段各节点的已知压力和其他立管的空间位置关系，按已知压力、管段设计流量和限定流速选择相应管径。

5）确定向水箱供水的加压泵扬程：

$$H \geq 0.01H_1 + 0.001H_2 + 0.01V^2/(2g) \tag{3-13}$$

式中　H——水泵扬程，MPa；

H_1——贮水池最低水位与高位水箱入口处的高程差，m；

H_2——管路（吸水管口至高位水箱入口处）的全部水头损失，kPa；

V——水箱入口流速，m/s。

复习思考题

3-1　室内给水系统的任务是什么？

3-2　室内给水系统主要由哪几部分组成，各有何作用？

3-3 室内给水系统的给水方式有几种,适用于哪些场合?

3-4 室内给水管道的布置要求有哪些?

3-5 离心水泵的工作原理是什么?

3-6 水箱上有哪些配管,其容积如何计算?

3-7 建筑给水系统需要的压力如何确定?

4 建筑消防给水系统

建筑消防系统根据使用灭火剂的种类和灭火方式可分为：消火栓给水系统、自动喷水灭火系统和其他使用非水灭火剂的固定灭火系统。相对于二氧化碳、干粉、泡沫、七氟丙烷、卤代烷等灭火剂，水是最常用的一种灭火剂，具有使用方便、灭火效果好、来源广泛、价格便宜、器材简易还可以和其他灭火剂混合使用等优点。因此，建筑消防给水用于扑灭建筑物中一般物质的火灾，是最经济有效的方法。水作为灭火剂是以四种水流形态出现的：直流水、开花水（滴状水）、喷雾水（雾状水）、水蒸气；根据水流形态的不同，应用范围亦不尽相同。

根据我国常用消防车的供水能力，九层及九层以下的住宅建筑，建筑高度不超过 24m 的其他民用建筑或建筑高度超过 24m 工业建筑的室内消防给水系统，属于低层建筑室内消防给水系统。十层及十层以上的住宅、建筑高度超过 24m 公共建筑的室内消防给水系统，则属于高层建筑消防给水系统。高层建筑灭火必须立足于自救，因此高层建筑的室内消防给水系统应具有扑灭建筑物大火的能力。为了保证防火安全，国家制定了《建筑设计防火规范》、《高层民用建筑设计防火规范》等。

根据我国《建筑设计防火规范》（GB 50016—2006）规定，下列建筑物必须设置室内消防给水系统：

（1）建筑占地面积大于 $300m^2$ 的厂房、库房。

（2）特等、甲等剧场，超过 800 个座位的其他等级的剧院、电影院、俱乐部和超过 1200 个座位的礼堂、体育馆。

（3）体积超过 $5000m^3$ 的车站、码头、机场建筑物以及展览馆、商店、病房楼、门诊楼、教学楼、图书馆等。

（4）超过七层的住宅，当设置确有困难时，可设置干式消火栓。

（5）超过五层或体积超过 $10000m^3$ 的办公楼、教学楼、非住宅类居住建筑等。

（6）国家级文物保护单位的重点砖木结构的古建筑。

以水为灭火剂的消防给水系统，按照灭火设施可分为消火栓给水系统和自动喷水灭火系统。消火栓给水灭火系统以建筑外墙为界，可分为室内消火栓给水系统和室外消火栓给水系统；自动喷水灭火系统按照喷头的所处状态可分为闭式自动喷水灭火系统和开式自动喷水灭火系统。

4.1 建筑消火栓给水系统

消火栓给水系统由于维护使用简单、人工操作、机动性强、水力集中、射程远、不受高温烟气的影响，有明确的扑救目标，水流能直接到达燃烧面，不仅可以灭火，还可以配合消防救援人员向火场进攻，保护楼板、门窗防止火灾蔓延的功能，工程造价低、节省投资,适合我国的国情。虽然在灭火效果和扑灭火灾的迅速和及时方面不及自动灭火系统,目前仍是建筑物内最普遍、最主要的灭火设施之一。但是随着我国经济的高速发展,自动灭火系统必会逐步加强,消火栓给水系统有逐渐弱化的趋势。

4.1.1　室内消火栓给水系统的组成

建筑室内消防给水系统一般由下列部分组成:
(1) 消防水源。包括室外给水管网、天然水源、消防水池和其他水源。
(2) 消防供水设备。消防水箱、增压稳压设施。
(3) 主要供水设施。消防水泵、消防水池。
(4) 临时供水设施。消防水泵接合器。
(5) 辅助供水设施。增压泵、稳压泵。
(6) 室内消防给水管网。包括引入管、干管、立管和相应的配件、附件等组成。
(7) 室内消火栓灭火设施。室内消火栓、水带、水枪、消防卷盘等。
下面仅就几个主要的供水设备、供水设施做一介绍。

4.1.1.1　消火栓设备

水枪是灭火的重要工具,一般用铜、铝合金制成,它的作用在于产生灭火需要的充实水柱。

消防水枪有直流水枪、开关直流水枪、开花直流水枪及多用水枪等四种。建筑室内一般采用直流式水枪或开关直流水枪。常用的喷嘴口径有 13mm、16mm、19mm 三种。其中喷嘴口径 13mm 的水枪配有 50mm 的接口;喷嘴口径 16mm 的水枪配有 50mm 和 65mm 的接口;喷嘴口径 19mm 的水枪配有 65mm 的接口。由于 GB 50016—2006 已经将消防流量 5L/s 取消,也就意味着喷嘴口径 13mm 的水枪配有 50mm 的接口的消火栓不再被使用。采用何种规格的水枪,要根据消防水量和充实水柱长度的要求确定。

水龙带为现场输水用的软管,分麻织和化纤两种,有衬胶和不衬胶之别。衬胶的压力损失小、耐高压、耐磨损、耐霉腐、经久耐用、不渗漏,但抗折叠性能没有不衬胶好,工程上多采用化纤衬胶水龙带。室内常用的消防水龙带有 50mm 和 65mm 两种规格,其长度为 15m、20m、25m、30m 四种,一般不宜超过 25m,消防电梯前室消火栓宜配备较短长度的水带。

室内消火栓是室内消防管网向火场供水带有阀门的消防用水接口,通常安装在消火栓箱内,与消防水龙带和水枪等器材配套使用。

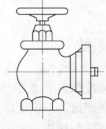

消火栓的种类按照作业区可分为普通的室内消火栓和消防卷盘;按阀口数量可分为单阀单出口消火栓和双阀双出口消火栓;按压力区分为增压消火栓、减压消火栓、稳压消火栓;按口径可分为 DN65、DN50、DN25 的室内消火栓;按所处位置可分为消防电梯前室消火栓和屋顶检验用的消火栓。按其出口形式分直角单出口式、直角双出口式两种,单出口室内消火栓如图 4-1 所示。

图 4-1　单出口室内消火栓

单出口室内消火栓进、出口直径有 DN50、DN65 两种。一端连接消防主管，一端与水龙带连接，其直径不应小于所配水龙带的直径。水枪射流量大于 5L/s 时，宜采用 DN65 出水口的消火栓。出水口直径为 DN50 的直角双出口式消火栓，具有 65mm 的进水口；出水口直径为 DN65 的直角双出口式消火栓，具有 80mm 的进水口。

室内消火栓、水龙带、水枪一般安装在消火箱内，有普通的消火栓箱和与消防卷盘共用的消火栓箱。常用的单阀消火栓箱（见图 4-2）的规格有 800mm×650mm×180（240、320）mm；双阀消火栓箱（见图 4-3）的规格有 1000mm×700mm×210（240）mm；一般用铝合金或钢板制作而成，外装玻璃门，门上有明显的标志。

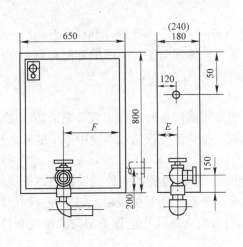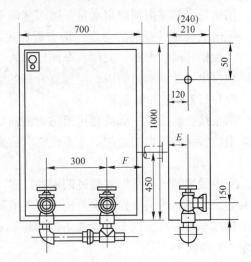

图 4-2　单出口和双出口消火栓箱

消火栓阀门中心装置高度距地面 0.7~1.1m，出水方向宜向下或与设置消火栓的墙面成 90°角。

室内消火栓的布置，应保证有两支水枪的充实水柱能同时达到室内任何部位。但建筑高度小于或等于 24m，且体积小于或等于 5000m³ 的库房可采用 1 支水枪的充实水柱达到室内任何部位。

消防卷盘又称为消防水喉，也就是小口径的自救式消火栓，是由人工操作喷射灭火剂的灭火器具，供非消防人员扑灭初期火灾时使用，如图 4-3 所示。

消防卷盘的栓口直径 DN25，水枪喷嘴直径有 6mm、7mm、8mm 三种，有效射程在 6.75~17.1m 之间，流量在 0.2~1.26L/s 之间，软管口径均为 19mm，长度分别为 20m、25m、30m 三种。

消防水喉的设置条件：

（1）高层民用建筑、设有空调系统的旅馆、办公楼，以及超过 1500 个座位的剧院、会堂，其闷顶内装有面灯部位的马道。

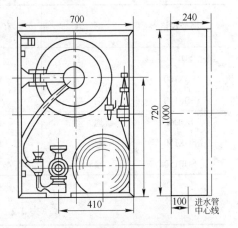

图 4-3　普通消火栓和消防卷盘
共用的消火栓箱

（2）高级旅馆、主要的办公楼，一类建筑的商业楼、展览楼、综合楼和建筑高度超过100m 的其他建筑。

设置位置：走道、楼梯附近、明显易于取用的地点、有管理人员值班的服务台等。

室内任何地面保证一股水柱到达即可，安装高度不限制，便以取用即可。可单独设置，也可与室内的普通消火栓设置在一起，可以与消防给水管网连接，也可与生活、生产给水管网连接，在与生活管网连接时，应有空气隔断阀或倒流防止器与生活管网分开。

消防卷盘的室内消防用水量一般可忽略不计。

室内消火栓（或消防卷盘）应布置在建筑物内各层明显、易于取用和经常有人出入的地方，如楼梯间、走廊、大厅、车间的出入口，消防电梯的前室、冷库的常温穿堂和楼梯间，顶层出口处或水箱间内，屋顶直升机的停机坪等处。

4.1.1.2 水泵接合器

水泵接合器是消防队员利用消防车的向室内消防管网供水的接口，是补充消防流量和提高消防管网的压力的消防给水系统临时供水设施，也是消火栓给水系统中唯一的紧急授水口。

室内设置消火栓且层数超过四层的厂房（仓库），室内设置消火栓且层数超过五层的公共建筑，其室内消火栓给水系统应设置消防水泵接合器；地下建筑和人防工程；四层以上多层汽车库和高层汽车库及地下汽车库；自动喷水灭火系统均应设置消防水泵接合器，如表4-1 和表4-2 所示。

按位置水泵接合器分为地上、地下和墙壁式三种，如图4-4 所示。一般来讲，尽量采用地上式，若采用地下式水泵接合器时，地面上应有明显的标志。

表4-1 水泵接合器型号及其基本参数

型号规格	形 式	公称直径 DN/mm	公称压力 PN/MPa	进水口	
				形 式	直径/mm × mm
SQ100	地 上	100	1.6	内扣式	65 × 65
SQX100	地 下				
SQB100	墙 壁				
SQ150	地 上	150			80 × 80
SQX150	地 下				
SQB150	墙 壁				

表4-2 水泵接合器的基本尺寸

公称直径 DN	结 构 尺 寸								法 兰					消防接口
	B_1	B_2	B_3	H_1	H_2	H_3	H_4	L	D	D_1	D_2	d	n	
100	300	350	220	700	800	210	318	130	220	180	158	17.5	8	KWS65
150	350	480	310	700	800	325	465	160	285	240	212	22	8	KWS80

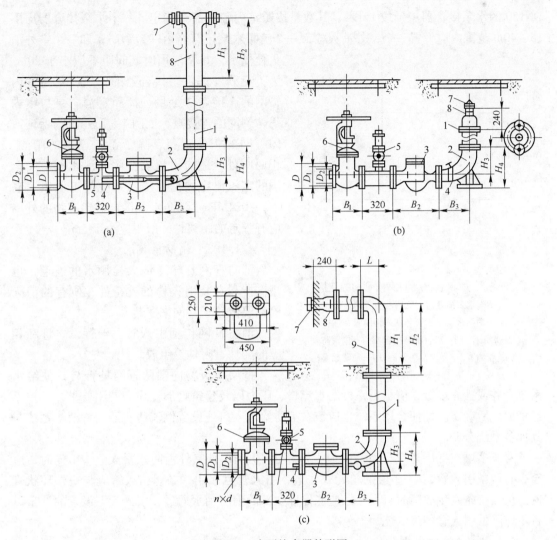

图 4-4　水泵接合器外形图

（a）SQ 型地上式；（b）SQ 型地下式；（c）SQ 型墙壁式
1—法兰接管；2—弯管；3—升降式单向阀；4—放水阀；5—安全阀；6—闸阀；
7—消防接口；8—本体；9—法兰弯管

消防水泵接合器的主要作用是：

（1）固定消防泵发生故障，消防车消防泵从室外消火栓取水，通过水泵接合器将水送至室内的消防管网；

（2）固定消防泵可以正常运行，但是消防用水量不足，通过水泵接合器将水送至室内的消防管网；

（3）固定消防泵水压不足，通过水泵接合器与消防车的消防泵串联运行，提高消防给水系统的压力；

（4）在多层建筑中可以减少消防队员登高扑救、铺设水带的时间。

每个消防水泵接合器的流量按照 10～15L/s 计算，DN100 的水泵接合器流量按10L/s，

DN150 的水泵接合器流量按 15L/s；其数量按照室内消防流量确定。每个水泵接合器周围 15～40m 范围内应设置一个室外消火栓，一个消防水泵接合器由一台消防车和一个室外消火栓供水，并联使用时其间距不应小于 20m。

为了充分发挥水泵接合器的作用，其与室内管网的连接点应尽量远离固定消防泵与室内消防管网的连接点，如图 4-5 所示。为保证室内管网的正常运行，除了正常设置的闸阀、止回阀外，还应设置安全阀和泄水阀，安全阀的定压比室内消防给水系统的工作压力高 0.2～0.4MPa。消防水泵接合器建筑物的外墙应有一定的距离，一般不应小于 5m。

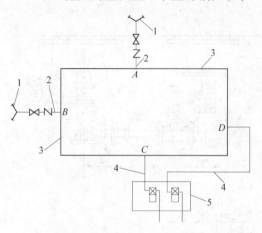

图 4-5　水泵接合器与室内管网的连接
A、B—水泵接合器与室内消防管网连接点；
C、D—消防水泵出水管与室内消防管网连接点；
1—水泵接合器；2—水泵接合器与室内消防管网连接管；3—室内消防管网；4—消防水泵出水管；5—消防水泵房

4.1.1.3　消防管网

消防管网是输送消火栓用水的通道，也是支持和安装消火栓的支持件，所有的消火栓都要依赖于管网来安装。

消防管网包括引入管、干管、立管和相应的配件、附件等组成。

低层建筑物内消防管网是否与其他给水系统合并或独立设置，应根据室外给水流量、压力以及建筑物的性质和使用要求，经技术经济比较后确定。即使合用系统也应该在消防给水入口处设置倒流防止器，将消防系统与其他各系统分开。

对于多层或低层建筑，当室内消火栓超过 10 个，且室外消防水量大于 15L/s 时，应至少有两条引入管，8～9 层的单元式住宅，引入管可采用一条。引入管应与室外环状管网连接，一条发生故障时，另一条应能保证全部的消防用水通过，引入管上设置的计量设备不应降低引入管的过水能力。

4.1.1.4　消防水源

用于建筑灭火的消防水源有室外的给水管网和天然水源，而消防给水可以由给水管网、天然水源或消防水池供给，也可由吸水井和其他水源（游泳池、水景池、建筑中水调节池等）供给。

当生产、生活用水量达到最大时，给水管网仍能满足室内外消防用水量，此时的室外给水管网可以作为消防水源，否则还需增设第二甚至第三消防水源。地下水和地表水均可作为天然的第二消防水源，在建筑消防中不常使用，在此不另作赘述。

消防水池是最常用的消防第二水源。消防水池的设置条件：

（1）当生产、生活用水量达到最大时，市政给水管道和进水管或天然水源不能满足消防用水量。

（2）市政给水管网为枝状或只有一条进水管，且低层建筑的消防用水量之和超过 25L/s（二类高层民用建筑的住宅除外）。

消防水池除了满足储水功能外，还应满足吸水功能。消防水池的有效容积应能满足火灾延续时间内的消防用水量的要求，其保护半径不得大于 150m，在保护半径内的所有建筑可以共用消防水池和消防设施。水泵的吸水高度不超过6m，取水口据高层建筑物外墙的距离不宜小于5m，据多层建筑的距离不宜小于15m。当消防水池的容积大于500m³时，应均匀的分成功能完全相同的两个。

消防水池可设于室外地下或地面上，也可设在室内地下室，寒冷地区的消防水池应有防冻措施。根据各种用水系统的供水水质要求，可将消防水池与生产储水池合用，合用时应有消防用水不被取用的措施。

4.1.2　室内消火栓给水系统

室内消火栓给水系统按照压力和流量能否满足系统的使用要求，可分为常高压给水系统、临时高压给水系统和低压给水系统。

常高压给水系统（见图4-6）是水压和流量在任何时间和地点，不需要消防泵均能满足灭火时所需要的水量和水压的消防给水系统。压力应能保证在用水量达到最大时，水枪在建筑物的最高点充实水柱仍小于10m。

临时高压给水系统（见图4-7）是平时水量和水压均不能满足灭火的需要，只有在启动消防泵后，水量和水压才能满足灭火的需要。

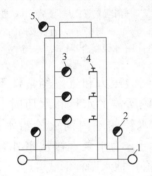

图4-6　常高压消火栓给水系统

1—室外环网；2—室外消火栓；3—室内消火栓；
4—生活给水点；5—屋顶试验用消火栓

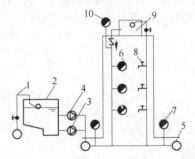

图4-7　临时高压消火栓给水系统

1—市政管网；2—水池；3—消防水泵组；4—生活水泵组；
5—室外环网；6—室内消火栓；7—室外消火栓；
8—生活用水；9—高位水箱和补水管；10—屋顶试验用消火栓

低压消防给水系统是管道的压力在用水量达到最大时，保证最不利点消火栓的水压不小于0.10MPa（从地面计算起），一般在室外消防给水系统中采用，室内系统较少采用。

根据建筑物的高度，室外给水管网的水压和流量，以及室内消防管道对水压和流量的要求，室内消火栓给水系统一般采用下述几种给水方式。

（1）当室外管网的压力和流量能满足室内最不利点消火栓的设计水压和流量时，宜采用无加压水泵和水箱的直接给水方式，如图4-8所示。该供水方式具有系统简单、供水可靠、节约能源、安装方便、工程造价低等优点。

（2）在水压变化较大的城市或居住区，当室外管网的压力和流量周期性不能满足室内最不利点的消火栓的压力和流量时，宜采用单设水箱的室内消火栓给水系统，如图4-9所示。该供水方式除了具有方式（1）的优点之外，需要增设高位水箱，增加了结构荷载和占有建筑面积。当室外供水管网压力过高,需要减压时,也可采用该种系统。

当生活、生产用水量达到最大时,室外管网不能保证室内最不利点消火栓的压力和流量,由水箱出水满足消防要求;而当生活、生产用水量较小时,室外管网压力较大,可向高位水箱补水。这种方式的管网应独立设置,水箱可以与生活、生产合用,但必须保证储存 10min 的消防用水量不被它用,同时还应设水泵接合器。

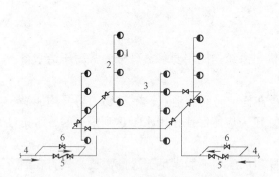

图4-8 无加压泵和水箱的室内消火栓给水系统
1—室内消火栓;2—室内消防立管;3—干管;
4—进户管;5—止回阀;6—旁通管及阀门

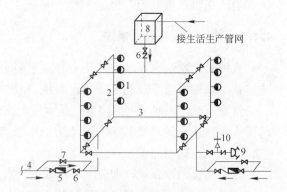

图4-9 单设水箱的室内消火栓给水系统
1—室内消火栓;2—消防立管;3—干管;4—进户管;
5—水表;6—止回阀;7—旁通管及阀门;
8—水箱;9—水泵接合器;10—安全阀

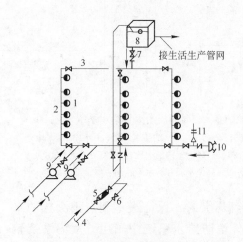

图4-10 设加压水泵和水箱的室内消
火栓给水系统
1—室内消火栓;2—消防立管;3—干管;
4—进户管;5—水表;6—旁通管及阀门;
7—止回阀;8—水箱;9—水泵;
10—水泵接合器;11—安全阀

（3）当室外管网的压力和流量经常性不能满足室内消防给水系统所需的水量和水压时,宜采用设有加压水泵和水箱的室内消火栓给水系统,如图4-10所示。又可分为水泵直接从室外管网抽水和从消防水池（箱）抽水两种形式。

室内给水管网的布置要求:

1）平面布置。对于多层或者低层建筑,8~9层的单元式住宅可为枝状布置;当室内消火栓超过 10 个,且室外消防用水量大于 15L/s 时,室内管道应为环状或者与室外管道连成环状布置。高层建筑应布置成环状。

2）竖管布置。对于多层或者低层建筑,当室内竖管为两条或两条以上时,应至少每两根竖管相连组成环状;对于高层建筑应布置为环状;对于高层工业建筑消防竖管应成环状。

3）竖管间距。应保证同层任何部位有相邻的两个消火栓的充实水柱同时到达。十八层及十八层以下,每层不超过 8 户、建筑面积不超过 $650m^2$ 的塔式住宅,当设两根消防竖管有困难时,可设一根竖管,但必须采用双阀双出口型消火栓。

4）阀门设置。对于多层或者低层建筑以及高层建筑的裙房,用阀门将管道分成若干段，因阀门关闭在每一层中而停止使用的消火栓不超过 5 个，关闭的竖管不超过一根，当竖管超过三根时，可关闭两根；对于阀门的设置除了上述的设置要求外，还应符合下述原则：应在每根立管的上下端与供水干管的连接处设置阀门；水平环状干管的连接宜按防火分区设置，且阀门间同层消火栓的数量不超过 5 个（不含两端设有阀门的立管上连接的消火栓），任何情况下关闭阀门应使每个防火分区至少有一个消火栓能够使用。

（4）室内消防环状网的形式：

1）平面环网。由两条或两条以上的引入管在室内平面上构成环状管网，如图 4-8 所示，在一般情况下采用的环网形式。

2）竖向环网。消防竖管在竖向单一或者两个甚至两个以上的立面构成环状管网，如图 4-9 所示，塔式建筑或条形建筑在平面布置环网有困难时可采用，供水安全性好。

3）立体环网。室内消防管网在平面和立面上都构成环状管网，如图 4-11 所示，供水安全性最好，尤其是在大体量的建筑中采用。

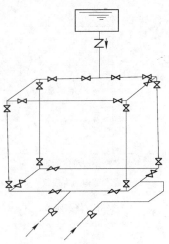

图 4-11　立体环状管网

4.1.3　消防用水量和消火栓给水系统的设计简介

4.1.3.1　消防用水量

室内消防用水量为同时使用的水枪数量和每支水枪用水量的乘积。根据灭火效果统计，在火灾现场出一支水枪的控制率为 40%，同时出两支水枪的控制率为 65%。因而初期火灾一般不宜少于两支水枪同时出水，只有建筑物容积较小时才考虑一支水枪。室内消火栓给水系统的用水量与建筑类型、大小、高度、结构、耐火等级和生产性质有关，其数值不能小于表 4-3 的数值。

表 4-3　建筑室内消火栓用水量

建筑物名称		高度 h/m、层数、面积 V/m² 火灾危险性		消火栓用水量 /L·s⁻¹	每根竖管最小 流量/L·s⁻¹
工业建筑	厂房	$h \leqslant 24$	$V \leqslant 10000$ 丙	20	10
			其他	10	10
			$V > 10000$ 丙	20	10
			其他	10	10
		$24 < h \leqslant 50$		20	10
		$h > 50$		30	15
	仓库	$h \leqslant 24$	$V \leqslant 5000$ 丙	20	10
			其他	10	10
			$V > 5000$ 丙	30	10
			其他	20	10
		$24 < h \leqslant 50$		30	15
		$h > 50$		40	20

续表 4-3

建筑物名称		高度 h/m、层数、面积 V/m² 火灾危险性		消火栓用水量 /L·s⁻¹	每根竖管最小 流量/L·s⁻¹
民用 建筑	公共建筑	$h \leqslant 24$	$V \leqslant 10000$	10	10
			$V > 10000$	20	10
		$24 < h \leqslant 50$		30	15
		$h > 50$		40	20
	住宅建筑	多 层	8、9 层	10	10
			通廊式住宅	10	10
		高 层	$h \leqslant 50$m	10（20）	10
			$h > 50$m	20（30）	10（15）
国家级文物保护单位的重点 砖木或木结构的古建筑		$V \leqslant 10000$		10	10
		$V > 10000$		20	10
汽车库/修车库				10	10
人防工程或地下建筑		$V \leqslant 5000$		10	10
		$V \leqslant 5000 \sim 10000$		20	10
		$V > 10000$		30	15

注：1. 表中括号内是高级住宅的室内消火栓用水量。
    2. 丁、戊类高层工业建筑室内消火栓用水量可按本表减少 10L/s；同时使用水枪数可按本表减少两支。
    3. 增设消防水喉设备，不计入消防用水量。
    4. 建筑高度不超过 50m，室内消火栓用水量不超过 20L/s，且设有自动喷水灭火系统的建筑物，其室内 外的消防用水量可按本表减少 5L/s。建筑物内同时设置有室内消火栓给水系统、自动喷水灭火系统、 水喷雾灭火系统和固定消防炮系统时，其室内消防用水量应按需要同时开启系统流量之和计算，此 时，室内消防用水量可减少 50%，但不应少于 10L/s。

　　消防用水与生活、生产用水合一的室内给水管网，当生活、生产用水达到最大用水量 时，应仍能保证供应全部消防用水量。

　　室外消防用水量是供移动式消防车使用的水量。移动式消防车通过从室外消火栓或消 防水池取水，直接扑灭火灾或通过水泵接合器向室内管网供水，能增强室内消防管网的供 水能力，更有效地扑灭较大火灾。城镇室外消防用水量见表 4-4。室外消火栓的用水量， 见表 4-5。室外消火栓的数量按室外消防用水量确定，每个室外消火栓的供水量为 10 ~ 15L/s。室外消火栓应沿消防道路靠建筑物的一侧均匀布置，间距不大于 120m，室外消火 栓距路边不宜大于 2m，距建筑物外墙宜小于 5m，且不大于 40m。在此范围内的市政消火 栓可计入在内。

表4-4 城镇消防用水量

人数 N/万人	同一时间内的火灾次数/次	一次灭火用水量/L·s⁻¹
$N \leqslant 1.0$	1	15
$1.0 < N \leqslant 2.5$		30
$2.5 < N \leqslant 5.0$		
$5.0 < N \leqslant 10.0$	2	45
$10.0 < N \leqslant 20.0$		
$20.0 < N \leqslant 30.0$		60
$30.0 < N \leqslant 40.0$		75
$40.0 < N \leqslant 60.0$		
$70 < N \leqslant 100.0$	3	100
$N > 100.0$		

注: 1. 室外消火栓用水量应按消防需水量最大的一座建筑物或一个防火分区计算。成组布置的建筑物应按消防需水量较大的相邻两座计算，且不应小于最大一座建筑物室外消防用水量的1.5倍。
2. 火车站、码头和机场的中转库房，其室外消火栓用水量应按相应耐火等级的丙类物品库房确定。
3. 国家级文物保护单位的重点砖木、木结构的建筑物室外消防用水量，按三级耐火等级民用建筑物消防用水量确定。
4. 国家级文物保护单位的重点砖木或木结构的古建筑的室外消防用水量执行三、四级耐火等级多层民用建筑的用水量。
5. 城市的消防用水量包括了该表中的消防用水量，当该表的用水量与城市的消防用水量不一致时，应取两者的较大值。

表4-5 工业与民用建筑物室外消火栓用水量

耐火等级	建筑物名称及类别		建筑体积/m³				
			≤3000	3001~5000	5001~10000	10001~20000	>20000
			一次灭火用水量/L·s⁻¹				
一、二级	厂房	甲、乙	15	20	40	40	40
		丙	10	20	35	40	40
		丁、戊	10	10	20	20	20
	库房	甲、乙	15	20	30	40	—
		丙	15	20	25	30	40
		丁、戊	10	10	20	20	20
	民用建筑	多层	10	10	20	30	40
		高层住宅			20	30	30
		高层共建			20	30	30
	地下建筑/人防工程		10	20	30	30	40
	汽车库/修车库		10	20	30	30	40

续表4-5

耐火等级	建筑物名称及类别		建筑体积/m³				
			≤3000	3001～5000	5001～10000	10001～20000	>20000
			一次灭火用水量 L·s⁻¹				
三级	厂房或库房	乙、丙	20	30	40	40	40
		丁、戊	10	20	30	40	40
	多层民用建筑		20	30	40	40	40
四级	丁、戊类厂房或库房		10	20	30	40	—
	多层民用建筑		20	30	40	40	—

4.1.3.2　消防管道设计

室内消火栓超过 10 个，且室外消防用水量大于 15L/s，室内消防管网至少有两条进水管与室外管网相连，并将室内管网连成环状或将进水管与室外管网连成环状。高层民用建筑室内消防管道应布成环状，进水管不少于两条。当环状管网的一条进水管发生故障时，其余进水管应仍能通过全部设计流量。两条进水管应从建筑物的不同侧引入。超过六层的塔式和通廊式住宅、超过五层或体积超过 10000m³ 的其他民用建筑，以及超过四层的厂房和库房，当室内消防竖管为两条或两条以上时，至少每两条竖管组成环状。高层工业建筑室内消防竖管应组成环状，且管道直径不小于 100mm。8～9 层的单元大住宅，当室内消防给水管道可设计成枝状时，设一根进水管。

室内消防给水管网应用阀门分隔成若干独立的管段，当某管段损坏或检修时，停止使用的消火栓在同一层内不超过 5 个，关闭的竖管不超过一条；当竖管为 4 条或 4 条以上时，可关闭不相邻的两根竖管。

4.1.3.3　消火栓水力计算

根据防火要求，从水枪喷口射出的水流，不但要能射流火焰，而且还应有足够的力量扑灭火焰，因此计算时只采用射流中最有效的一段作为消防射流，此段射流称为充实水柱，即图 4-12 中的 H_m（或 S_k）。充实水柱按规定应在 26～38mm 直径圆断面内，包含全部水量的 75%～90%，充实水柱的上部一段在灭火时不起作用，计算时不予考虑。

按一般规定在居住、公共建筑内，充实水柱长度不小于 7m；六层以上的单元式住宅、六层的其他民用建筑、超过四层的库房内不小于 10m；在某些情况下，需要较大的充实水柱（如剧院的舞台部分），则按相关手册和规范规定计算确定。

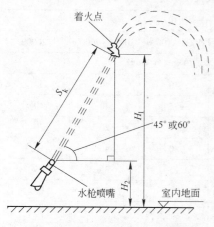

图 4-12　充实水柱计算图

H_1—室内最高着火点离地面高度；H_2—水枪喷嘴离地面高度（一般为 1m）；S_k—充实水柱长度

消火栓口所需水压 H_{xh} 由下式计算：

$$H_{xh} = h_d + H_q + H_{sk} = A_d L_d q_{xh}^2 + \frac{q_{xh}^2}{B} + H_{sk} \qquad (4\text{-}1)$$

式中　H_{xh}——消火栓口最低压力，0.01MPa；

H_q——水枪喷嘴造成某充实水柱所需的压力，0.01MPa；

h_d——水流通过水龙带的压力损失，0.01MPa；

A_d——水龙带阻力损失，见表4-6。

L_d——水龙带长度，m；

q_{xh}——实际通过的消防水流量，L/s；

B——水枪水流特性系数，见表4-7；

H_{sk}——消火栓栓口水头损失，宜取0.02MPa。

表4-6　阻力系数 A_d 值

水龙带材料	水龙带直径/mm		
	50	65	80
麻　织	0.01501	0.00430	0.00150
衬　胶	0.00677	0.00172	0.00075

表4-7　水枪流量特性系数 B 值

喷嘴直径/mm	13	16	19	22	25
B 值	0.346	0.793	1.577	2.834	4.727

按照行走距离计算，高层建筑的裙房和多层建筑的消火栓布置间距不应大于50m，其他建筑的消火栓布置间距不应大于30m。

4.1.3.4　消防给水管网水力计算

消防管网的水力计算方法与给水管网计算相同，消防管网的直径不应小于50mm，对于高层建筑消防立管的直径不应小于100mm，且消防立管的管径上下不变。因此，仅需将实际消防流量通过管道确定其水头损失。当设计水柱股数为两股或两股以上时，应以最不利情况考虑，按一根消防立管上相邻两层两个消火栓同时使用供水计算。在生活、生产、消防给水共用系统中，设计流量为三者流量之和。按生活和生产用水时的管中流速计算管径，并按消防时计算的管路损失选择消防泵。

管网水力计算包括沿途水头损失和局部水头损失之和。

（1）沿途水头损失即单位长度水头损失，按相关规范和设计手册计算或查取。

（2）局部水头损失宜按沿途水头损失的百分数采用：

1）生活、消防共用给水管网为20%。

2）生活、消防共用给水管网为15%。

3）生活、生产、消防共用给水管网为20%。

4）消火栓系统消防给水管网为10%。

（3）最不利点确定。当室内要求有两个或多个消火栓同时使用时，在单层建筑中以最高最远的两个或多个消火栓作为计算的最不利点。在多层建筑中按表4-3确定最不利点和进行流量分配。

（4）流量和流速确定。多层或低层建筑，当生活、生产和消防共用给水系统中，当生活、生产用水达到最大小时流量时（淋浴用水量可按15%计算，洗刷及浇洒用水量可不计算在内），仍应确保室内消防用水量。

　　高层民用建筑、当生活、生产和消防共用给水系统中。当生活、生产用水达到最大小时用水量时，仍应确保室内消防用水量。此时，按生活、生产用水量时的管道允许流速计算管径，并按消防时计算的管路水头损失计算消防水泵扬程、选用消防水泵或消防水箱、水塔设置高度。

　　消防给水管道内的水流速度不宜大于 2.5m/s。

　　（5）消防水箱设置高度计算。消防水箱的设置高度按式（4-2）计算：

$$H = H_q + h_d + H_g + H_k \tag{4-2}$$

式中　H——消防水箱与最不利点消火栓之间的垂直高度，m；

　　　　H_q——水枪喷嘴所需水压，mH_2O 或 Pa；

　　　　h_d——水带的水头损失，mH_2O 或 Pa；

　　　　H_g——从消防水箱至最不利点消火栓之间管道的水头损失，mH_2O 或 Pa；

　　　　H_k——消火栓栓口水头损失，按20kPa计算。

　　式（4-2）中 H_q、h_d 按式（4-1）计算。

　　（6）消防水泵扬程计算。消防水泵扬程应满足最不利点消防水枪所需水压要求，按式（4-3）计算：

$$H_b = H_q + h_d + H_g + h_z \tag{4-3}$$

式中　H_b——消防水泵的扬程，mH_2O 或 Pa；

　　　　H_q——最不利点消防水枪喷嘴所需水压，mH_2O 或 Pa；

　　　　h_d——水带的水头损失；

　　　　H_g——消防水泵吸水口至最不利点消火栓之间管道的水头损失，mH_2O 或 Pa；

　　　　h_z——消防水池水面与最不利消火栓的高差，m。

　　（7）剩余水压计算。建筑物的不同层次，其消火栓所受水压不同，不同的水压影响室内消火栓实际出水量的极大差异，有时下部消火栓的出水量远远超过规定要求的消火栓设计流量2～2.5倍。如出现这类情况，使消防水箱储水量在较短时间内被用完，影响消防水量的正常使用，同时压力过高水枪的反作用力过大，消防队员不易操作。因此，在消火栓前设置减压装置以消除水压是十分必要的。在消火栓栓口的剩余水头大于 $50mH_2O$ 时，消火栓处应设减压装置，减压装置一般采用减压孔板或减压消火栓。

　　（8）减压孔板选择。减压孔板的设置目的在于消除消火栓的剩余水压，以保证消防给水系统均衡供水，达到消防水量合理分配的目的。

　　减压孔板用不锈钢等材料制作，用焊接或法兰固定在管道上。

　　将减压孔板的水头损失等于消火栓剩余水压，以选择减压孔板的孔径。

　　（9）减压阀选用。减压阀是将水压力减压并达到所需要求值的自动压力调节阀，减压阀按其结构形式可分为弹簧式、比例式和波纹管式三类。

　　弹簧式减压阀又称薄膜式减压阀，可在减压范围内任意调节减压值，但存在主要部件为易损件和弹簧、薄膜的工作状态随使用年限的增长而变化的缺陷，难以保证运行的长期稳定，需定期调节减压值。主要用于支管减压。

　　比例式减压阀又称定比式减压阀，利用液压原理控制，结构简单，新颖合理，减压比例固定，减压值不需人工调节，工作平稳，无噪声和水锤冲击，体积小巧，安装方便，使用可靠，寿命长，有较多的优点。但其阀芯在阀体内做往返运动，在要求动作灵敏的同时，又要防止水流短路，因此加工精度高，密封圈技术要求严。主要用于干管减压或分区给水减压。

4.2 自动喷水灭火给水系统

自动喷水灭火系统是一种在发生火灾时，能自动喷水灭火并同时发生火警信号的消防灭火设施。据资料统计，自动喷水灭火系统扑灭初期火灾的效率在97%以上。自动喷水灭火系统是当今世界普遍使用的固定灭火系统，发达国家如美国已经在住宅中大量应用，英国准备在住宅中推广，其工程造价占总投资的1%～3%，在发达国家已经把自动喷水系统作为基本的消防设施来应用。

由于其灭火效率高，投资低，使用廉价的水作为灭火剂，使其具有以下优点：（1）减少人员伤亡，保护生命安全。（2）降低火灾危险，减少经济损失。（3）设置自动喷水灭火系统的建筑物可以满足因工艺和设备而使建筑空间增大的要求，如防火分区、建筑结构、高度、面积、建筑材料、内部装饰、安全疏散距离、火灾报警系统等都可以降低要求。

4.2.1 自动喷水灭火系统的分类

自动喷水灭火系统根据被保护建筑物的性质和火灾发生、发展特性的不同，可以有许多种不同形式。通常根据系统喷头的形式不同，分为闭式自动喷水灭火系统和开式自动喷水灭火系统两大类，如图4-13所示；从报警阀的形式可分为湿式系统、干式系统、预作用系统和雨淋系统；从保护对象的功能又可分为暴露防护型（水幕或冷却等）和空灭火型；从喷头的形式可分为普通型、洒水型、大水滴型、ESFR型，还可分为泡沫系统和泡沫喷淋联用系统等。

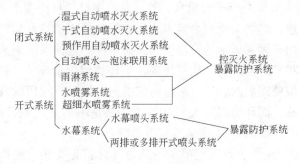

图4-13　自动喷水系统分类

自动喷水灭火系统不得用于扑救遇水发生化学反应造成燃烧、爆炸的火灾，以及水对保护对象造成严重破坏的火灾。

4.2.1.1 闭式自动喷水灭火系统

闭式自动喷水灭火系统采用闭式喷头，它是一种常闭喷头，喷头的感温闭锁装置只有在预定的温度环境下才会脱落，开启喷头，扑灭和控制火势并发出火警信号的室内消防给水系统。它具有良好的灭火效果，火灾控制率达97%以上。闭式自动喷水灭火系统的设置范围：

（1）民用建筑下列场所应设置闭式自动喷水灭火系统：

1）甲等、特等或超过 1500 个座位的其他等级剧院；超过 2000 个座位的会堂或礼堂；超过 3000 个座位的体育馆。

2）任一层面积超过 1500m² 或建筑面积超过 3000m² 的展览建筑、商店、旅馆，以及医院中同等规模的病房楼、门诊楼、手术部等；建筑面积大于 500m² 的地下商场。

3）设有送回风道的集中空调且面积大于 3000m² 的办公楼。

4）飞机发动机试验台的准备部分。

5）国家级文物保护单位的重点砖木或木结构建筑。

6）藏书量超过 50 万册的图书馆。

7）设置在地下、半地下或设置在地上四层及四层以上或设置在建筑的首层、二层和三层且任一层建筑面积超过 300m² 歌舞娱乐放映场所。

（2）设有自动喷水灭火系统的建筑物，当其屋顶（包括中庭屋顶）承重构件采用金属结构时，其耐火极限达不到规范规定值，可采用自动喷水灭火系统作为防火措施。

（3）Ⅰ、Ⅱ、Ⅲ类地上汽车库、停车数量超过 10 辆的地下汽车库、机械式立体汽车库或复式汽车库以及采用垂直升降梯作汽车疏散出口的汽车库、Ⅰ类修车库。

（4）建筑面积大于 1000m² 的人防工程；人防工程中大于 880 个座位的电影院和礼堂的观众厅。

（5）特大型、大型铁路旅客车站的地下行包库。

（6）火灾危险性大的仓库和库房等：如大于或等于 50000 纱锭的棉纺厂开包、清花车间；面积超过 1500m² 的木器厂房；邮政楼中面积大于 500m² 的空邮袋库等。

闭式自动喷水灭火系统由闭式喷头、管网、报警阀门系统、探测器、加压装置等组成。

闭式自动喷水灭火系统管网，主要有以下几种类型：

（1）湿式自动喷水灭火系统是充满水的管道系统中设置自动喷水闭式喷头，并与至少一个自动给水装置相连，当喷头受到来自火灾释放的热量驱动打开后，立即喷水灭火。或者是准工作状态管道内充满有压水的自动喷水灭火系统。这种系统通常适用于室内温度不低于 4℃，且不高于 70℃ 的建筑物、构筑物内，当环境温度低于 4℃ 时，亦可采用湿式自动喷水灭火系统，但报警阀后的管道应采取防冻措施，如报警阀后的管道中加入防冻液或采取电伴热的防冻措施，而环境温度大于 70℃ 的场所是不能采用湿式自动喷水灭火系统。湿式自动喷水灭火系统，如图 4-14 所示。其主要特点：

1）自动跟踪火源。在着火点附近喷头的热敏元件首先受热，脱离喷头，喷头自动开启，从而实现自动跟踪火源。

2）自动启动系统。喷头的开放将驱动水流指示器，以及湿式报警阀的压力开关和水力警铃，由压力开关直接自动启动消防给水泵供水，当系统无消防给水泵时，压力开关动作信号传至消防控制中心报警，实现完成系统的自动启动。

3）系统简单，施工管理方便。与干式系统相比没有空气的维持装置，与预作用系统相比没有连锁或空气维持装置，系统施工对管道的排气和排水要求不严，各种形式和类型的喷头都能使用。

4）灭火效率高。该系统的控灭火成功率在 96.2% 以上，湿式系统开启喷头数不大于

2 个的累计灭火成功率为 65%，而干式系统开启喷头数不大于 2 个的累计灭火成功率为 35%，充分说明了湿式系统的控灭火成功率高。

    5）使用范围广。在适用范围之内，是目前最为经济有效的灭火设施，如图 4-14 所示。

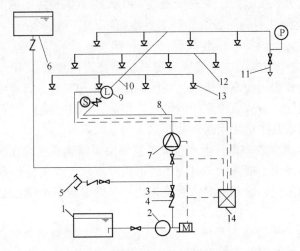

图 4-14   湿式自动喷水灭火系统图

1—消防水池；2—消防泵；3—闸阀；4—止回阀；5—水泵接合器；6—消防水箱；7—湿式报警阀；8—配水干管；
9—水流指示器；10—配水管；11—末端试水装置；12—配水支管；13—闭式喷头；14—报警控制器；
P—压力表；M—驱动电机；S—信号阀

    （2）干式自动喷水灭火系统，如图 4-15 所示。干式自动喷水灭火系统管网中平时不充压力水，而充满足压缩空气或氮气，只在报警阀前的管道中充满有压力的水；发生火灾时，闭式喷头受到来自火灾释放的热量作用打开后，首先喷出压缩空气，配水管网内气压

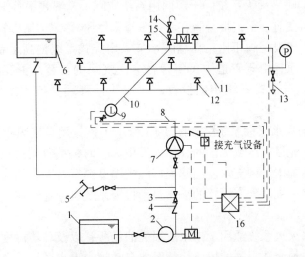

图 4-15   干式自动喷水灭火系统图

1—消防水池；2—消防泵；3—闸阀；4—止回阀；5—水泵接合器；6—消防水箱；7—干式报警阀；8—配水干管；
9—水流指示器；10—配水管；11—配水支管；12—闭式喷头；13—末端试水装置；14—快速排气阀；
15—电动阀；16—报警控制器；P—压力表；M—驱动电机

降低，利用压力差将干式报警阀打开，水流入配水管网，再从喷头流出，同时水流到达压力继电器令报警装置发出报警信号。在大型系统中，还可以设置快开器，以加速打开报警阀的速度。干式系统与湿式系统的启动原理基本相同，只是将传输喷头开放信号的介质，由有压水改为有压气体而已。

干式自动喷水灭火系统适用于采暖期超过240天的不采暖房间内和环境温度在4℃以下或70℃以上火灾危险性不高的场所。其主要特点如下：

（1）用于低温（小于4℃）或者高温（大于70℃）的特殊环境场所。环境温度低于4℃时，自动喷水管道中的水结冰，造成管道系统堵塞；即使在没有火灾发生时，因水结冰膨胀而造成管道的破裂，使系统瘫痪；环境温度高于70℃时，管道内静止的水因长期受热会产生大量的水蒸气，造成管道系统内的气体增多，出现气阻，使系统输水不畅，造成灭火失败，为此退而求其次选用干式自动喷水灭火系统。

（2）喷水延迟，灭火效率低。干式系统虽然解决了湿式系统存在的不适应高、低温度环境场所的问题，但是由于戒备状态时配水管道内没有水，喷头动作系统启动时必须经过一个管道排气充水的过程，因此与湿式系统相比，必然出现一个喷水滞后的现象，从而影响该系统的灭火效率。

（3）管道、喷头的安装要求严格。管道中不能有水，若管道内部有水，会在气水分界处形成电化学腐蚀，长时间会严重腐蚀管道，一则可能使管道穿孔，造成不必要的水渍损失，增大系统的维修量；二则在系统启动时锈渣随水流流到喷头，造成喷头堵塞。同时喷头采用也有严格的规定，应采用直立喷头或者干式专用下垂喷头。

（4）投资大、维修管理难。干式自动喷水灭火系统因干式报警阀的技术难度大，价格高；再者系统的安装和喷头的使用有严格的规定；另外系统需要压缩空气维持装置，增加了设备和电量的消耗，从而造成了系统投资的增大。同时因为系统存在着气水交替转换，以及空气维持装置，而造成系统维护管理难度加大。

（3）干湿式自动喷水灭火系统。干湿两用系统实际上是湿式报警阀和干式报警阀的串联系统，湿式报警阀在前，干式报警阀在后，冬季采用干式报警阀工作，温暖季节采用湿式报警阀工作。与干式报警阀相比，在温暖季节采用湿式系统提高了系统的控灭火效率，但使系统过于复杂，而且由于管道内每年存在一次气水的交替，更容易造成系统管道腐蚀。就报警阀而言，与干式系统相比投资太大，并且管理复杂。在我国不建议采用该系统。

（4）预作用自动喷水灭火系统。如图4-16所示，预作用自动喷水灭火系统，喷水管网中平时不充水，而充以有压或无压的气体，发生火灾时，接收到火灾探测器信号后，自动启动预作用阀而向配水管网充水。当起火房间内温度继续升高，闭式喷头的闭锁装置脱落，喷头则自动喷水灭火。配套设置的火灾自动报警系统自动连锁或远控、手动开启预作用报警阀。

预作用自动喷水灭火系统适用于怕水渍损失的场所，以及环境温度在4℃以下或70℃以上的重要场所。在怕水渍损失的场所代替湿式自动喷水灭火系统；在环境温度恶劣的场所代替干式自动喷水灭火系统。目前多用于保护档案、计算机房、贵重纸张和票证等场所。其主要特点如下：

1）怕水渍损失的场所。在准工作状态，报警阀后的管道内没有水，消除了误喷和系统管道漏水的现象。

2）灭火效率高。预作用系统在喷头打开前，配水管道已经充水转换为湿式自动喷水灭火系统，不存在喷水滞后的现象，与湿式自动喷水灭火系统有同样的灭火效率。

3）管道和喷头的安装要求严格。在准工作状态时，与干式自动喷水灭火系统完全相同，要求管道内无水，采用直立喷头或者干式专用下垂喷头。

4）投资大和维修管理难度大。准工作状态为干式自动喷水灭火系统，工作状态为湿式自动喷水灭火系统，因此比上述两系统的投资要大，管理的技术难度亦高。

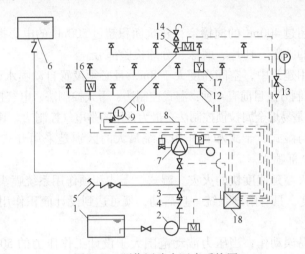

图 4-16　预作用喷水灭火系统图

1—消防水池；2—消防泵；3—闸阀；4—止回阀；5—水泵接合器；6—消防水箱；
7—预作用报警阀；8—配水干管；9—水流指示器；10—配水管；11—配水支管；
12—闭式喷头；13—末端试水装置；14—快速排气阀；15—电动阀；16—温感；
17—烟感；18—报警控制器；P—压力表；M—驱动电机

另外，还有一种在扑灭火灾后自动关闭、复燃时再次开阀喷水的预作用系统——重复启闭预作用系统，该系统是在灭火后，火场温度下降，系统自动关闭，防止进一步喷水造成不必要的水渍损失，同时在火灾复燃后又能自动打开，再一次灭火。是真正意义上的自动喷水灭火系统，不但能自动打开，还能自动关闭。目前系统有两种形式，一种是喷头具有自动重复启闭的功能，另一种是由烟感和温感来控制系统的控制阀，实现系统重复启闭的功能。主要用在怕灭火后进一步增加水渍损失的场所，如计算机房、棉花仓库、烟草仓库等。

4.2.1.2　开式自动喷水灭火系统

开式自动喷水灭火系统由火灾探测自动控制传动系统、自动控制组成作用阀系统、带开式喷头的自动喷水灭火系统等三部分组成。系统管网可设计成枝状或环状。

按其喷水形式的不同可分为雨淋灭火系统、水幕灭火系统和水喷雾灭火系统。

A　雨淋喷水灭火系统

雨淋喷水灭火系统为喷头常开的灭火系统，当建筑物发生火灾时，由自动控制装置打开集中控制阀门，使整个保护区域所有喷头喷水灭火，如图 4-17 所示。其设置范围如下：

（1）适应于火灾蔓延速度快、闭式喷头开放后喷水不能有效覆盖起火范围的高度危险场所，以及因净空超高，闭式喷头不能及时动作的场所。

（2）火柴厂的氯酸钾压碾厂房，建筑面积超过100m² 生产、使用硝化棉、喷漆棉、火胶棉、赛璐珞胶片、硝化纤维的厂房。

（3）建筑面积超过60m² 或储存量超过2t 的硝化棉、喷漆棉、火胶棉、赛璐珞胶片、硝化纤维库房。

（4）日装瓶数量超过3000 瓶的液化石油气储配站的灌瓶间、实瓶库。

（5）特等、甲等或超过1500 个座位的剧院和超过2000 个座位的会堂舞台的葡萄架下部。

（6）建筑面积超过400m² 的演播室，建筑面积超过500m² 的电影摄影棚。

（7）乒乓球厂的扎坯、切片、磨球、分球检验部分。

（8）工业和民用建筑中，空间高度大于8m，且必须设置自动喷水灭火系统的场所。

雨淋阀的自动控制方法目前有4 种：湿式控制法、干式控制法、电气控制法和易熔金属拉锁控制法，不常用的是易熔金属拉锁控制法，最为常用的是电气控制法。其主要特点如下：

（1）雨淋系统与湿式、干式和预作用系统最大的区别是采用开式喷头，系统一旦动作，保护面积内将全部喷水。

（2）可迅速扑灭蔓延速度快的火灾。湿式、干式和预作用系统喷头的开放速度明显的慢于火灾的燃烧速度，只有雨淋系统一旦启动，就可达到设计面积作用内全面喷水，有效地控制火灾。

（3）雨淋系统易误动作，当压力波动范围大于设计工作压力的50%以上时，系统可能误动作，因此在任何时间内压力波动范围都应控制在设计工作压力的10%～20%之间。

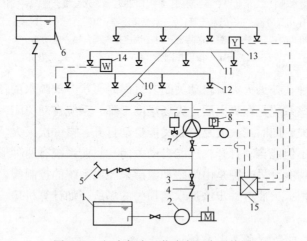

图4-17　电动启动雨淋喷水灭火系统图

1—消防水池；2—消防泵；3—闸阀；4—止回阀；5—水泵接合器；6—消防水箱；7—雨淋报警阀；
8—压力表；9—配水干管；10—配水管；11—配水支管；12—开式喷头；13—烟感；
14—温感；15—报警控制器；M—驱动电机

B　水幕灭火系统

水幕灭火系统不具备直接灭火的能力，而是利用密集喷洒所形成的水墙或水帘，或配合防火卷帘等分隔物，阻断烟气和火势的蔓延，属于暴露防护系统，如图4-18 所示。设置范围如下：

（1）对于多层建筑超过 1500 个座位的剧院和超过 2000 个座位的会堂、礼堂的舞台口，以及与舞台相连的侧台、后台的门窗洞口；对于高层建筑超过 800 个座位的剧院、礼堂的舞台口宜设防火幕或水幕分隔。

（2）应设防火墙等防火分隔物而无法设置的开口部位。

（3）防火卷帘或防火幕的上部。

水幕系统可分为三种类型，第一种是与雨淋系统相似，由开式喷头、供水管道、控制供水的阀门，以及供水设施和火灾自动报警组成，是用水墙或水帘作为防火分隔物；第二种与第一种相似，只是将开式喷头改为水幕喷头。既可作为水墙或水帘成为防火分隔物，又可作为冷却防火分隔物；第三种是采用加密喷头出现的湿式自动喷水灭火系统，仅仅由于冷却防火分隔物，使其达到设计规定的耐火极限。

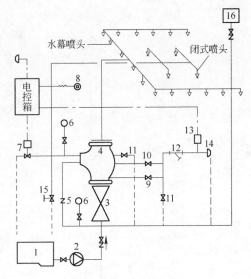

图 4-18　水幕系统图

1—水池；2—水泵；3—供水闸阀；4—雨淋阀；
5—止回阀；6—压力表；7—电磁阀；8—按钮；
9—试警铃阀；10—警铃管阀；11—放水阀；
12—过滤器；13—压力开关；14—警铃；
15—手动快开阀；16—水箱

水幕系统的报警阀可以采用雨淋报警阀，也可采用常规手动操作的阀门，采用雨淋报警阀的水幕应独立成为一个完整的自动喷水灭火系统。

无论是防火分隔水幕还是防护冷却水幕，都是为防止火灾蔓延到另外一个防火分区而设置。水幕系统的动作与防火分区有关，当作为防火分隔水幕时，一旦该防火分区发生火灾，该防火分区周围的所有水幕都应动作。

C　水喷雾灭火系统

水喷雾灭火系统是利用高压水，经过各种形式的雾化喷头喷射出雾状水流在燃烧物上，一方面使燃烧物和空气隔绝产生窒息，另一方面进行冷却。在扑救火灾时具有灭火、控火、防止火灾蔓延和预防火灾等四个方面的作用。其设置范围如下：

（1）水喷雾系统可以用于扑救固体火灾，闪点高于 60℃ 的液体火灾和 C 类气体火灾以及油浸式电气火灾；某些危险固体和烟花爆竹，以及各类火灾的暴露冷却防护等。它可以是独立系统，也可以与其他灭火装置共同使用。

（2）单台容量在 40MV·A 及以上的厂矿企业可燃油油浸电力变压器、单台容量在 90MV·A 及以上可燃油油浸电厂电力变压器或单台容量在 125MV·A 及以上的独立变电所可燃油油浸电力变压器。

（3）飞机发动机试验台的试车部位。

（4）燃油、燃气的锅炉房；可燃油油浸电力变压器室；充可燃油的高压电容器和多油开关室；自备发电机房。

水喷雾系统的组成与雨淋系统完全相似，一般由火灾探测自动控制系统、高压给水设备、控制阀、雾状喷头等组成，图 4-19 为水喷雾灭火系统示意图。

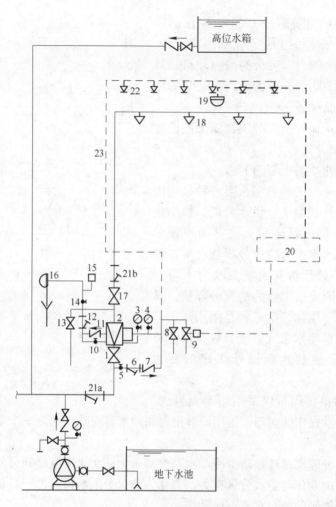

图 4-19　水喷雾灭火系统

1—水源控制阀；2—雨淋阀；3—下腔压力表；4—传动腔压力表；5—补水阀；6、21a、21b—过滤器；7—限量止回阀；

8—手动阀；9—电磁阀；10—试警铃阀；11—止回阀；12—过滤器；13—实验回流阀；14—信号阀；

15—压力开关；16—水力警铃；17—实验阀；18—水雾喷头；19—火灾探测器；

20—控制柜；22—传动闭式喷头或温感探测器；23—传动管

（注：① 当喷头不带滤网时，应加设过滤器 21b；② 当雨淋阀在低水压下试验传动功能，

不会造成水渍损失时，13 号、17 号阀门可不设）

D　湿式自动喷水-泡沫联用灭火系统

湿式自动喷水-泡沫联用灭火系统，是自动喷水灭火系统中的湿式系统和泡沫灭火系统复合而成的一种新型自动灭火系统。首先具有湿式系统的一切功能；其次，在系统启动后的一定时限内，能够由喷水转化为喷泡沫或者由喷泡沫转化为喷水，系统中设置有能够储存、供给、比例混合和产生泡沫的装置。是更高级的自动喷水灭火系统和水喷雾灭火系统，灭火效果更优，可在需要时完全替代自动喷水灭火系统和水喷雾灭火系统。

湿式自动喷水-泡沫联用灭火系统，可适用于 A、B、C 类火灾的灭火，主要适用于易燃液体的场所，如修车库、汽车库、柴油发电机房、燃油锅炉房等。在火灾发生后，油虽然可以漂浮流淌，但泡沫可以更快的迅速在油层上扩展堆积，特别是水成膜的扩展，使油火扑灭。

　　湿式自动喷水-泡沫联用灭火系统应采用低倍数泡沫灭火剂，泡沫添加系统可分为有压和无压两种类型。所采用的喷头有水泡沫喷头、水喷雾喷头和自动喷水喷头三种。

　　常用的泡沫灭火剂有蛋白泡沫灭火剂、氟蛋白泡沫灭火剂、人工合成泡沫灭火剂、氟蛋白成膜泡沫灭火剂和抗溶泡沫灭火剂等。湿式自动喷水-泡沫联用灭火系统的组成，如图 4-20 所示。

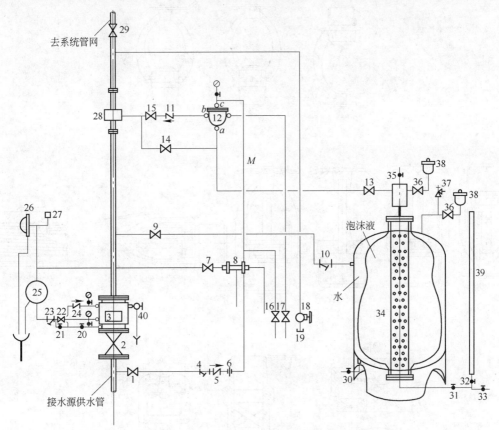

图 4-20　湿式自动喷水-泡沫联用系统

1—控制管路水源进水阀；2—系统水源控制阀；3—湿式报警阀；4—控制管路过滤器；5—控制管路止回阀；6—控制管路节流孔板；7—压力释放器信号控制阀；8—压力释放器；9—泡沫液罐水腔供水阀；10—供水过滤器；11—比例混合器供液止回阀；12—泡沫液隔膜腔控制阀；13—泡沫液供给控制阀；14—应急手动供给泡沫液阀；15—检修阀；16—控制管路手动泄压阀；17—隔膜控制阀的放液阀；18—测试控制阀；19—水带快速接口；20—报警阀平衡管路供水阀；21—报警阀组试警铃阀；22—报警阀组信号控制阀；23—报警通路过滤器；24—报警阀组平衡管限流止回阀；25—报警阀组延时器；26—报警阀组水力警铃；27—报警阀组压力开关；28—比例混合器；29—实验维修控制阀；30—泡沫液罐水腔排水阀；31—泡沫液罐装液阀（1）；32—泡沫液罐液位计阀；33—泡沫液罐装液阀（2）；34—泡沫液储罐；35—排气注液阀；36、38—自动排气阀；37—安全阀；39—水位计；40—实验排水阀

4.2.2　自动喷水灭火系统的基本组成

　　自动喷洒灭火系统有喷头、管道系统、控制信号等装置组成。

4.2.2.1　喷头

闭式喷头的喷口用由热敏元件组成的释放机构封闭，当达到一定温度时能自动开启，如玻璃球爆炸、其构造按溅水盘的形式和安装位置有直立型、下垂型、边墙型、普通型、吊顶型和干式下垂型之分。

　　开式喷头根据用途又可分为开启式、水幕、喷雾三种类型。其构造如图 4-21 所示。

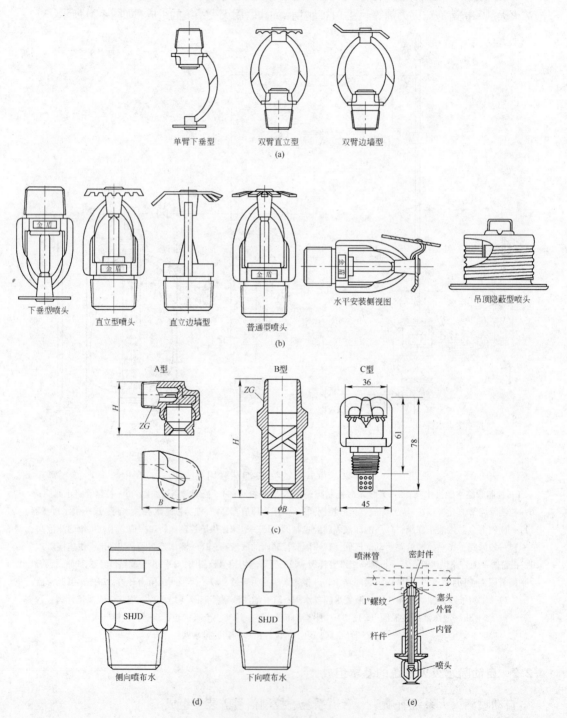

图 4-21　各式喷头构造

(a) 开式喷头示意图；(b) 各种喷水方向的闭式喷头；(c) 各类水雾喷头；(d) 水幕喷头构造；(e) 下垂型干式喷头

　　喷头的布置间距要求在所保护的区域内任何部位发生火灾都能得到一定强度的水量。喷头的布置形式应根据天花板、吊顶的装修要求布置成正方形、长方形和菱形三种形式。

　　水幕喷头的布置根据成帘状的要求应布置成线状，根据隔离强度的要求可布置成单排、双排和防火带等形式。

　　喷头的基本布置形式如图 4-22 所示。

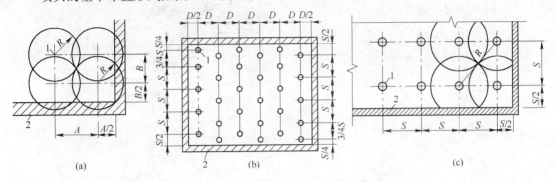

图 4-22　喷头布置几种形式

（a）长方形布置；（b）平行四边形布置；（c）正方形布置

1—喷头；2—墙

4.2.2.2　控制信号装置

　　（1）报警阀的作用主要有 3 个：提高系统的可靠性和灭火成功率；及时准确、自动直接启动消防泵；水力警铃就地或远距离电铃报警，提醒人员尽快疏散。报警阀有湿式、干式、干湿式和雨淋式四种，如图 4-23 所示。

　　湿式报警阀是只允许水单方向流入喷水系统，并在规定流量下报警和启动消防泵的一种单向阀组；干式报警阀是一种用于闭式干式自动喷水灭火系统的供水控制阀；干湿式报警阀是由湿式、干式报警阀依次串联而成，温暖季节用湿式装置，寒冷季节则用干式装置的一种报警阀组；雨淋阀用于雨淋、预作用、水幕、水喷雾自动喷水灭火系统。报警阀有 DN50mm、DN65mm、DN80mm、DN100mm、DN125mm、DN150mm、DN200mm、DN250mm 等八种规格，工作压力不低于 1.2MPa，国外有使用 1.6MPa 的报警阀。

　　（2）水力警铃（见图 4-24）主要用于湿式喷水灭火系统，是一种靠水力驱动的机械警铃，直接作用于报警阀组的报警管路上，当报警阀的阀瓣或阀芯打开后，阀腔中便有水流经报警管流向警铃中的水力马达，再有一个喷嘴加速形成一股高速射流，冲击水轮，敲击铃盖发出报警，标志着灭火正在进行。

　　水力警铃宜装在报警阀且有人值班的附近，与报警阀连接的管道管径为 20mm，连接长度不应大于 20m。水力警铃的工作压力在 0.05～1.2MPa 之间。

　　（3）水流指示器用于湿式喷水灭火系统中，是将水流信号转化为电信号的一种报警装置。当某个喷头开启喷水时，管道中的水产生流动，引起水流指示器中桨片随水流而动作，接通延时电路，延时报警时间为 2～90s，并可调节，继电器触电吸合发出区域水流电信号，送至消防控制室，如图 4-25 所示。其类型有叶片式和阀板式两种，目前世界上应用最广泛的是叶片式水流指示器，水流的工作压力为 0.12～1.2MPa。通常每个楼层和每个防火分区分别设置，仓库顶板下与货架内的喷头应分开设置水流指示器。

　　（4）压力开关是一种压力型水流探测开关，垂直安装于延迟器和水力警铃之间的管道

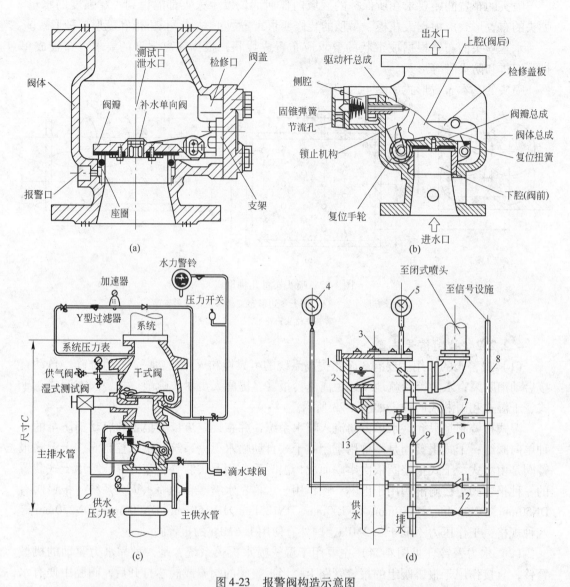

图4-23 报警阀构造示意图

(a) 湿式报警阀；(b) 雨淋阀；(c) 干式报警阀；(d) 干湿两用阀

1—阀体；2—差动双盘阀板；3—充气塞；4—阀前压力表；5—阀后压力表；6—角阀；7—止回阀；

8—信号管；9~11—截止阀；12—小孔阀；13—总闸阀

上。在水力警铃报警的同时，依靠警铃管内水压的升高自动接通电触点，向消防控制室传送电信号并自动启动消防水泵。压力开关的工作压力在 0.05~1.2MPa 之间。如图4-26 所示。

（5）延迟器是一个罐式容器，安装于报警阀和水力警铃之间。是用来防止由于水压波动原因引起报警阀开启而导致误报的一种装置。报警阀开启后，水流须经 5~90s 左右的报警延迟时间，如图4-27 所示。

（6）火灾探测器是自动喷水灭火系统的重要组成部分。目前常用的有感烟、感温探测器。感烟探测器是利用火灾发生地点的烟雾浓度进行探测；感温探测器是通过火灾引起的温升进行探测。火灾探测器布置在房间或走道的天花板下面，其数量应根据探测器的保护面积和探测区面积计算而定。

（7）末端试水装置是由球阀、阀体、压力表、内接头和喷嘴构成的一种压力测试装置。

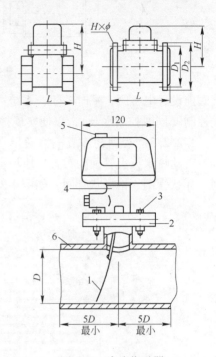

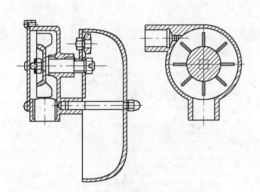

图 4-24　水力警铃构造示意图

图 4-25　水流指示器

1—桨板；2—法兰底座；3—螺栓；4—本体；
5—接线孔；6—喷水管道

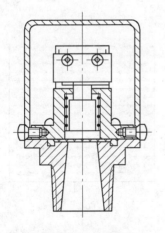

图 4-26　压力开关图

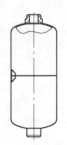

图 4-27　延时器

在每个报警阀组控制的管网最不利处装设。其主要作用有两个：

1）检验系统的可靠性，测试系统能否在最不利点开放一只喷头的情况下可靠报警并自动启动。

2）测试干式系统和预作用系统的冲水时间。如图 4-28 所示末端试水装置的工作压力为 1.2MPa。

（8）快速排气阀是干式系统和预作用系统配水管道上必须设置的阀门。其作用主要是报警阀开启后向管网供水时，使空气尽快排出，用水取代。一般设置于管网的末端，在排

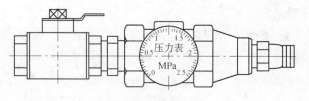

图 4-28 末端试水装置

气阀前设置电磁阀,平时关闭,系统冲水时打开。电磁阀的开启应该用报警阀组的压力开关控制(同时控制水泵),以便实现报警阀开启后尽快排气。

4.2.2.3 管网的布置和敷设

自动喷水灭火管网的布置,应根据建筑平面的具体情况布置,一般有三种,即枝状管网、环状管网、格栅状管网,如图 4-29 所示。

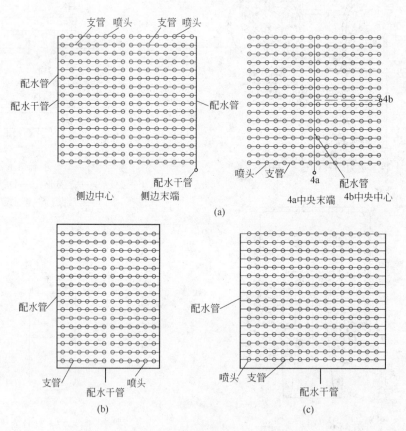

图 4-29 管网布置形式

(a) 枝状管网布置;(b) 环状管网布置;(c) 格栅状管网布置

一般情况下,在每根支管上设置的喷头数不宜多于 8 个;对于闭式自动喷水灭火系统,每个报警装置控制的喷头数不宜超过如下规定:湿式和预作用喷水灭火系统为 800 个;干式喷水灭火系统为 500 个。

自动喷水灭火系统架空管应采用内外镀锌钢管或内外镀锌无缝钢管、铜管、不锈钢管等,国际上也有采用过氯化聚氯乙烯管作为系统的支管,埋地管采用球墨铸铁管。湿式系统的管道，可采用丝扣或法兰连接。对于干式、干湿式或预作用系统管道，宜采用焊接方法连接，避免采用补心，而应采用异径管。

自动喷水灭火系统分支管路多，同时作用的喷头数较多，且喷头出流量各不相同，因而管道水力计算繁琐，现在一般均采用程序计算，在此不做赘述，可参考有关的设计手册。在进行轻危险级和中危险Ⅰ级系统的初步设计时可参考表4-8估算。

表4-8　管道估算表

管径/mm	危险等级		
	轻危险级	中危险级	严重危险级
	允许安装喷头数/个		
DN25	2	1	1
DN32	3	3	3
DN40	5	4	4
DN50	10	10	8
DN70	18	16	12
DN80	48	32	20
DN100	按水力计算	60	40
DN150	按水力计算	按水力计算	>40

4.2.3　消防炮灭火系统

我国消防炮标准对消防炮的定义是：水、泡沫混合液流量大于16L/s，或干粉喷射率大于7kg/s，以射流形式喷射灭火剂的装置。消防炮按其喷射介质不同可分为消防水炮、消防泡沫炮及消防干粉炮。按照安装形式的不同可分为：固定炮、移动炮等；按照控制方式的不同可分为：手控炮、电控炮、液控炮、气控炮等。

民用建筑室内代替自动喷水灭火系统的消防炮应选用数控消防炮或自动消防炮。其他场所可采用远控消防炮和人工手动消防炮（带架水枪）等，本节不讨论远控消防炮、人工手动消防炮、移动炮以及泡沫炮和干粉炮的问题，仅讨论建筑物室内使用的消防水炮。

4.2.3.1　适用范围

对于应设置室内消火栓或自动喷水灭火系统，但因建构筑物高度、建筑结构整体性或火灾扑救的难度等综合原因，而又无法设置室内消火栓或自动喷水灭火系统时，可使用消防炮。

建筑面积大于3000m² 且无法采用自动喷水灭火系统的展览厅、体育馆观众厅等人员密集场所，建筑面积大于5000m² 且无法采用自动喷水灭火系统的丙类厂房，宜设置固定消防炮等灭火系统。

4.2.3.2　消防水炮灭火系统

消防水炮灭火系统是以水作为灭火介质，以消防炮作为喷射设备的灭火系统，工作介质包括清水、海水、江河水等，适用于一般固体可燃物火灾的扑救，在石化企业、展览仓库、大型体育场馆、输油码头、机库（飞机维修库）、船舶等火灾重点保护场所有着广泛的应用。

消防水炮灭火系统由消防水炮、管路及支架、消防泵组、消防炮控制系统等组成,如图 4-30 所示。

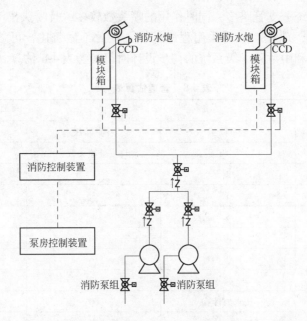

图 4-30　消防水炮灭火系统原理

消防水炮有手控式、电控式、电-液控式、电-气控式等多种形式。

4.2.4　大空间智能型主动喷水灭火系统

大空间智能型主动喷水灭火系统是近年来我国科技人员独自研制开发的一种全新的喷水灭火系统。该系统由大空间灭火装置(大空间智能灭火装置;自动扫描射水灭火装置;自动扫描射水高空水炮灭火装置)、信号阀组、水流指示器等组件以及管道、供水设施等组成,采用自动探测及判定火源、启动系统、定位主动喷水灭火的灭火方式。其与传统的采用由感温元件控制的被动灭火方式的闭式自动喷水灭火系统以及手动或人工喷水灭火系统相比,具有以下特点:

(1) 具有人工智能,可主动探测寻找并早期发现判断火源。

(2) 可对火源的位置进行定点定位并报警。

(3) 可主动开启系统定点定位喷水灭火。

(4) 可迅速扑灭早期火灾。

(5) 可持续喷水、主动停止喷水并可多次重复启闭。

(6) 适用空间高度范围广(灭火装置安装高度最高可达 25m)。

(7) 安装方式灵活,不需贴顶安装,不需集热装置。

(8) 射水型灭火装置(自动扫描射水灭火装置及自动扫描射水高空水炮灭火装置)的射水水量集中,扑灭早期火灾效果好。

(9) 洒水型灭火装置(大空间智能灭火装置)的喷头洒水水滴颗粒大,对火场穿透能力强、不易雾化等。

（10）可对保护区域实施全方位连续监视。

该系统尤其适合空间高度高、容积大、火场温度升温较慢，难以设置传统闭式自动喷水灭火系统的场所，如：大剧院、音乐厅、会展中心、候机楼、体育馆、宾馆、写字楼的中庭、大卖场、图书馆、科技馆等。

该系统与利用各种探测装置控制自动启动的开式雨淋灭火系统相比，有以下优点：

（1）探测定位范围更小、更准确，可以根据火场火源的蔓延情况分别或成组地开启灭火装置喷水，既可达到雨淋系统的灭火效果，又不必像雨淋系统一样一开一大片。在有效扑灭火灾的同时，可减少由火灾造成的损失。

（2）在多个（组）喷头（高空水炮）的临界保护区域发生火灾时，只会引起周边几个（组）喷头（高空水炮）同时开启，喷水量不会超过设计流量，不会出现雨淋系统两个或几个区域同时开启导致喷水量成倍增加而超过设计流量的情况。

以下仅对大空间智能型主动喷水灭火系统作一简介。

4.2.4.1 大空间灭火装置分类及适用条件

该系统可分为大空间智能灭火装置、自动扫描射水灭火装置、自动扫描射水高空水炮灭火装置三类。

A 大空间智能灭火装置

灭火喷水面为一个圆形面，能主动探测着火部位并开启喷头喷水灭火的智能型自动喷水灭火装置，由智能型探测组件、大空间大流量喷头、电磁阀组三大部件组成。其中智能型探测组件与大空间大流量喷头及电磁阀组均为独立设置。喷头的安装高度 $6m \leqslant H \leqslant 25m$，架空安装高度不限，着火点及其周围圆形区域均匀布水。配置大空间智能灭火装置的大空间智能型主动喷水灭火系统基本组成示意图见图4-31。

B 自动扫描射水灭火装置

灭火射水面为一个扇形面的智能型自动扫描射水灭火装置，由智能型探测组件、扫描射水喷头、机械传动装置、电磁阀组四大部分组成。其中智能型探测组件、扫描射水喷头和机械传动装置为一体化装置，如图4-32所示。喷头的安装高度 $2.5m \leqslant H \leqslant 6m$，架空安装高度不限，着火点及其周围圆形区域扫描射水。

C 自动扫描射水高空水炮灭火装置

灭火射水面为一个矩形面的智能型自动扫描射水高空水炮灭火装置，由智能型探测组件、自动扫描射水高空水炮（简称高空水炮）、机械传动装置、电磁阀组四大部分组成。其中，智能型红外探测组件、自动扫描射水高空水炮和机械传动装置为一体化装置。喷头的安装高度 $6m \leqslant H \leqslant 20m$，架空安装高度不限，着火点及其周围圆形区域扫描射水。配置自动扫描射水灭火装置/自动扫描射水高空水炮灭火装置的大空间智能型主动喷水灭火系统基本组成示意图见图4-32。

4.2.4.2 大空间智能型主动喷水灭火系统的设置场所

（1）凡按照国家有关消防设计规范的要求应设置自动喷水灭火系统，火灾类别为A类（A类火灾是指含碳固体可燃物质的火灾，如木材、棉、毛、麻、纸张等），但由于空间高度较高，采用其他自动喷水灭火系统难以有效探测、扑灭及控制火灾的大空间场所应设置大空间智能型主动喷水灭火系统。

（2）A类火灾的大空间场所，如会展中心、展览馆、飞机场、火车站、建筑物的中庭等。

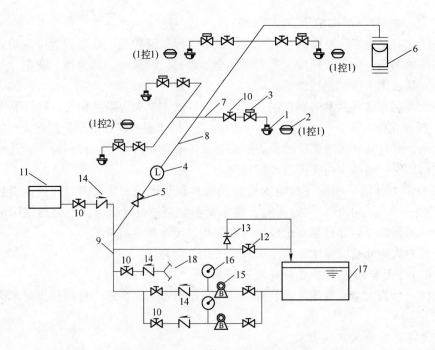

图 4-31　大空间智能型主动喷水灭火水系统基本组成示意图

1—大空间大流量喷头；2—智能型红外线探测组件；3—电磁阀；4—水流指示器；5—信号阀；6—模拟末端试
水装置；7—配水支管；8—配水管；9—配水干管；10—手动闸阀；11—高位水箱；12—试水放水阀；
13—安全泄压阀；14—止回阀；15—加压水泵；16—压力表；17—消防水池；18—水泵接合器

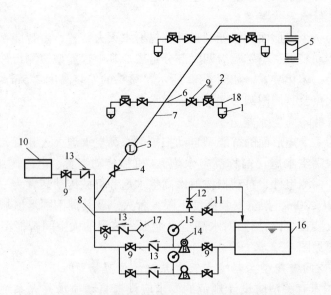

图 4-32　配置自动扫描射水灭火装置的大空间智能型主动喷水灭火系统基本组成示意图

1—扫描射水喷头（水炮）＋智能型探测元件；2—电磁阀；3—水流指示器；4—信号阀；5—模拟末端
试水装置；6—配水支管；7—配水管；8—配水干管；9—手动闸阀；10—高位水箱；11—试水放水阀；
12—安全泄压阀；13—止回阀；14—加压水泵；15—压力表；16—消防水池；17—水泵接合器；18—短立管

（3）设置大空间智能型主动喷水灭火系统场所的环境温度应不低于4℃，且不高于55℃。

（4）大空间智能型主动喷水灭火系统不适用于以下场所：

1）在正常情况下采用明火生产的场所。

2）火灾类别为B、C、D类火灾的场所。

3）存在较多遇水发生爆炸或加速燃烧的物品的场所。

4）存在较多遇水发生剧烈化学反应或产生有毒有害物质的物品的场所。

5）存在较多因洒水而导致喷溅或沸溢的场所。

6）存放遇水将受到严重损坏的贵重物品的场所，如档案库、贵重资料库、博物馆珍藏室等。

7）严禁管道漏水的场所。

8）因高空水炮的高压水柱冲击造成重大财产损失的场所。

9）其他不宜采用大空间智能型主动喷水灭火系统的场所。

4.2.5　建筑消防系统中水泵、水箱及水池的设置

4.2.5.1　消防水泵的设置

建筑消火栓灭火系统、自动喷水灭火系统的消防水泵房，宜与其他水泵房合建，以便于管理。高层建筑的室内消防水泵房，宜设置在建筑物的底层。

独立设置的消防水泵房，其耐火等级不应低于二级。在建筑物内设置消防水泵房时，应采用耐火极限不低于2h的隔板和1.5h的楼板与其他部位隔开，并应设甲级防火门，泵房应有自己的独立安全出口。

消防水泵的选择应根据消防给水系统所服务的给水灭火系统的需求，分析供水工况以及水泵机组的效率等综合因素确定，同一消防给水系统的消防水泵型号应一致。

消防水泵的流量扬程性能曲线应平缓无驼峰；消防水泵的零流量时不应超过系统设计额定压力的140%，也不应小于系统设计额定压力的120%；当消防水泵出流量为设计额定流量的150%时，消防水泵的出口压力不应低于设计额定压力的65%；消防水泵所配电动机的功率应满足所选水泵曲线上任何一点运行所需的功率要求。

一组消防泵，吸水管不应少于两条，当其中一条损坏或检修时，其余吸水管应仍能通过全部消防用水量。消防水泵直接从室外管网吸水时，消防泵扬程计算应考虑利用室外管网的最低水压，并以室外管网的最高水压校核水泵的工作情况，并应保证室外给水管网压力不低于0.1MPa（从地面算起）；分区供水的室内消防给水系统，每区的进水管不应少于两条；在水泵的出水管上应装设试验与检查用的出水阀门和安全阀；消防水泵房应设不少于两条的供水管与消防给水系统环状管网连接，当其中一条出水管检修时，其余出水管应仍能供应全部消防用水量。

水泵装置的工作方式应采用自灌式。固定式消防水泵应设有和主泵性能相同的备用泵；但室外消防用水量不超过25L/s的工厂和仓库，或七至九层单元式住宅可不设备用泵；设有备用泵的消防水泵房，应设置备用动力。若采用双电源有困难时，可采用内燃机作动力。

为了及时启动消防水泵，保证火场供水，高层建筑应在每个室内消火栓处设置直接启

动消防水泵的按钮。消防水泵应保证在火警后 5min 内开始工作，并在火场断电时仍能正常运转。消防水泵与动力机械应直接连接。消防水泵房宜设有与本单位消防部门直接联络的通信设备。

4.2.5.2　消防水箱的设置

消防水箱对扑救初期火灾起着重要作用，除了具备储水功能外，还应满足自动供水的能力，来满足扑灭初期火灾的水压和水量。它是消火栓给水系统在平时始终充满着水并保证一定的水压。建筑中的消防水箱主要有三种：高位水箱、减压水箱、转输水箱。

室内消防水箱的设置，应根据室外管网的水压和水量来确定。除常高压给水系统和干式消火栓给水系统的建筑物，可不设消防水箱；其他所有建筑均应设置消防水箱或气压给水装置。

消防水箱一般设在建筑物的最高部位，其高度应能保证室内最不利点消火栓所需的静水压以及最不利喷头的喷洒水量。当建筑高度不超过 100m 时，最不利点消火栓的静水压力不应低于 0.07MPa；当建筑高度超过 100m 时，最不利点消火栓的静水压力不应低于 0.15MPa；不能满足上述要求时应设置增压稳压措施。其稳压泵的出水量不应大于 5L/s，增压稳压设施的气压罐调节水量不应小于 300L，不仅能够满足火灾初期 30s 的消防用水量，还可自动启动消防主泵。在无法设置消防水箱或消防水箱设置高度不足时，应采用稳压设备来代替消防水箱，但是其调节容积必须满足与高位水箱相同的要求，其相关技术措施应经当地消防监督部门批准。

消防用水与其他用水合用的水池、水箱，应有保证消防用水不作他用的技术措施，如在生产和生活水泵的吸水管上、消防水位处开 5~10mm 的小孔等技术措施。除串联消防给水系统外，发生火灾后，由消防水泵供应的消防用水不得进入消防水箱内。

消防水箱应贮存 10min 的室内消防用水量。对于低层建筑物，当室内消防用水量不超过 25L/s，储水量最大为 12m³；当室内消防用水量超过 25L/s，储水量最大为 18m³。对于高层建筑物水箱的储水量，一类建筑（住宅除外）不应小于 18m³；二类建筑（住宅除外）和一类建筑的住宅不应小于 12m³；二类建筑的住宅不应小于 6m³。高层建筑物分区消防水箱的容积不小于 18m³；中间转输水箱的容积不小于 60m³；重力消防水箱的给水系统的转输水箱容积不小于 200m³。

减压水箱的进口处一般宜设置减压阀来控制过高的自由水头，减压水箱的出水管流量不应小于设计的消防用水量。

有些超高层建筑采用转输水箱作为提高消防系统安全的措施，转输水箱的容积宜为 10min 的消防用水量，转输水箱的进出口应考虑联动启停。

4.2.5.3　消防水池

当生活、生产用水量达到最大时，市政给水管道、进水管或天然水源不能满足室内外消防用水量；市政给水管网为枝状或只有一条进水管，且室内外消防用水量之和大于 25L/s 时，应设消防水池。

消防水池的容量应满足在火灾延续时间内，室内外消防用水总量的要求，可按下式计算。

$$W = 3.6 \left(\sum Q \cdot t - \sum q \cdot t \right) \tag{4-4}$$

式中 W——消防水池容积，m^3；

  Q——各类建筑物室内、室外消防流量，L/s；

  t——相应于各类火灾延续时间，h，见表4-9；

  q——火灾延续时间内可由其他水源补充的流量，如市政管网，L/s。市政双水源向消防水池补水时，消防时宜计算市政给水管网向消防水池的补水量，单水源时不应计算补水量。

表4-9 不同场所的火灾延续时间

建 筑 类 别	场 所 名 称		火灾延续时间/h
仓 库	甲、乙、丙类仓库		3.0
	丁、戊类仓库		2.0
厂 房	甲、乙、丙类厂房		3.0
	丁、戊类厂房		2.0
民用建筑	公共建筑	建筑高度大于50m	0.3
		建筑高度不大于50m	0.2
	居住建筑		
自动水灭火系统	防火分隔水幕/防护冷却水幕		3.0
	自动喷水灭火系统		应按相应现行国家标准确定
	泡沫灭火系统		
	固定消防炮灭火系统		
	水喷雾灭火系统		

发生火灾时，在能保证向水池连续供水的条件下，计算消防水池容积时，可减去火灾延续时间内连续补充的水量。火灾后消防水池的补水时间，不得超过48h。

供应消防车取水的消防水池应设有取水口，取水口与被保护建筑物的距离不宜小于15m，与甲、乙、丙类液体储罐的距离不宜小于40m；与石油液化气储罐的距离不宜小于60m。消防车吸水高度不超过6m，取水口与建筑物（水泵房除外）的距离不宜小于5m，消防水池与取水口的连接管的输水量不应小于30L/s，并应保证消防水池内的有效容积能全部被利用，消防水池的保护半径不宜大于150m。消防用水与其他用水共用时，应有确保消防用水不被他用的技术措施。寒冷地区的消防水池，应有防冻设施。消防水池的容积如超过1000m^3时，应分设成两个或两格。

高位消防水池向消防给水系统供水的干管不应小于两条，宜设置有效容积相等且独立的两座，当总有效容积大于200m^3时应设置独立的两座。

4.3 其他灭火系统

对于不宜直接用水灭火的燃烧物，可以用蒸汽、二氧化碳、卤代烷、惰性气体等灭火剂进行灭火。这些灭火剂可以扑救液体、气体及固体各种火灾，效果极佳，且有不毁坏被救物体的特点。以下仅对这些系统作一简介。

4.3.1 蒸汽灭火系统

水蒸气是热含量高的惰性气体，它能冲淡燃烧区可燃气体的浓度，降低空气中含氧量的百分比，具有良好的灭火作用。扑救高温设备的油气火灾，效果好且不损坏起火设备，适用于储存易燃、易爆物的厂房、燃油及燃气锅炉房、火柴厂等。

蒸汽灭火系统可分为固定式和半固定式，固定式蒸汽灭火系统从管道到喷汽设备都是固定的。用于扑救整个房间、舱室内火灾，一般建筑容积不大于 $500m^3$；半固定式蒸汽灭火系统是在固定的管道上接出蒸汽喷枪，利用水蒸气的机械冲击力吹散可燃气体，并瞬间在火焰周围形成蒸汽层扑灭火灾，为扑救局部火灾之用。

固定式灭火系统一般由蒸汽源、输汽干管、支管、配汽管等组成，如图4-33所示。

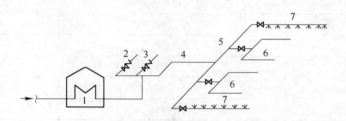

图4-33 固定式蒸汽灭火系统图

1—蒸汽锅炉；2—生活蒸汽管线；3—生产蒸汽管线；4—输汽干管；5—配汽支管；
6—配汽管；7—蒸汽幕（管道钻孔）

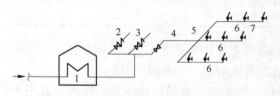

图4-34 半固定式蒸汽灭火系统图

1—蒸汽锅炉；2—生活蒸汽管线；3—生产蒸汽管线；
4—输汽干管；5—配汽支管；6—配汽管；7—接口短管
（接金属软管及蒸汽喷嘴）

半固定式灭火系统一般由蒸汽源、输汽干管、支管、配汽管、接口短管等组成，如图4-34所示。

利用蒸汽灭火要求有一定浓度，即燃烧区空间中蒸汽所占的体积比例。如易燃油类汽油、煤油等要求蒸汽浓度不宜小于35%；另外，还要求蒸汽有一定的供给强度［即 $kg/(s \cdot m^3)$］。在封闭性良好的保护空间内可用 $0.002kg/(s \cdot m^3)$，较差的可采用 $0.005kg/(s \cdot m^3)$ 的强度。蒸汽灭火的延续时间不宜超过3min。

蒸汽系统由蒸汽源、输汽管道及蒸汽喷枪等组成。蒸汽源的最小压力不宜小于0.6MPa，输汽干管长度不应超过60m，气源不应受到易燃、可燃气、液体污染。在生活、生产与消防合用的蒸汽系统中，消防蒸汽管道上应设止回阀和闸阀，以防蒸汽回流。饱和蒸汽的灭火效果优于过热蒸汽，尤其是扑灭高温设备的油气火灾。

4.3.2 卤代烷1301灭火系统

卤代烷是一种烃类化合物，是烷类物质如甲烷、乙烷中的氢原子被卤族元素的氟、氯、溴等原子代替而形成的。氟原子的存在增大了卤代烷的惰性，减低了腐蚀性和毒性；氯、溴原子的存在主要是灭火作用。目前国内外最常用1301，它的命名是以卤代烷分子中，按照碳、氟、氯、溴顺序排列而成，一溴三氟甲烷（CF_3Br）命名为1301等。

4.3.2.1 卤代烷 1301 的性质

这种灭火剂的液体或液化气体为无色透明状，1301为无味气体，均比空气重，有良好的化学稳定性，在干燥情况下不腐蚀金属；毒性较小，但处于450℃以上高温时，会发生分解，生成卤素氢化物、卤素等，增大毒性，因此在灭火时要严格控制喷射时间，减少分解量，降低毒性并增大灭火效能。

1301灭火速度快，效果高，灭火机理不是由冷却、稀释或隔绝空气来抑制火灾，而是通过阻碍燃烧的化学反应而起到灭火作用，对表面燃烧灭火效果很好，但对扑灭阴燃效果较差。

4.3.2.2 卤代烷 1301 灭火系统的应用情况

卤代烷灭火，具有迅速、高效及不损坏被燃物体的特性，广泛用于火灾蔓延速度快、危害性大的建筑物，如使用或生产易燃、易爆气体或固体及可燃固体的工业；国家级、省级文物资料库、档案库、图书馆的珍藏库；电气机房、通讯机房、计算机房及贵重仪器设备室以及棉、纸和皮毛等仓库。由于卤代烷气体易从建筑物的门、窗、孔洞外溢，室外空气也会流入室内，降低灭火效能，因此在火灾探测器发出报警后，卤代烷灭火剂喷洒之前，应人工或自动关闭门窗、孔洞并停止通风系统，保证灭火效果。

4.3.2.3 卤代烷 1301 灭火系统

卤代烷1301灭火系统，喷出灭火剂的液化气体需充满被保护的全部空间，并达到一定的浓度，以保证灭火效果。这种灭火系统可分为有管网式灭火系统和无管网式灭火系统两种。

管网式灭火系统又可分为单元独立式和组合分配式。

单元独立式用于个别防护场所或有特殊要求的场所，采用单瓶或多瓶集中在同一根喷放管道布置，保护一个防护分区，系统构成简单，储瓶的数量决定于保护空间的大小和灭火剂的设计浓度。

组合分配式可用于保护多个防护区。在同时发生火灾的可能性非常小的情况下，可以用一套组合分配式系统保护多个分区，按其中最大的防护分区用量来作为总量储存，具有同时防护选择的功能。

卤代烷是非常良好的灭火剂，但其致命的缺点是其扩散后有破坏大气臭氧层及产生温室效应，使臭氧层空洞扩大，加强太阳紫外线照射，诱发皮肤癌、降低人体免疫力、导致地球变暖、农作物减产等危害，对生态环境产生极不良的影响。为保护人类赖以生存的大气环境，联合国环保署及各国政府正在采取有效措施，限制卤代烷的生产及使用，对发达国家要求在2000年前停止生产，发展国家在2010年停产，并在2020～2060年停止使用。我国规定自1994年起，在非必要场所可用其他灭火剂替代的场所，停止再配置卤代烷灭火器。目前各国正在研究其代替品，现已找到FE241及NAFS3等，对生态环境影响很小，灭火效果也很好，但达不到1301等高效，可暂时替代卤代烷使用；完全的代用品仍在研发之中。

4.3.3 干粉灭火系统

干粉灭火系统是由干粉供应源通过输送管道连接到固定的喷嘴上，通过喷嘴喷放干粉的灭火系统。该系统主要用于扑救易燃、可燃液体、可燃气体和电气设备的火灾。

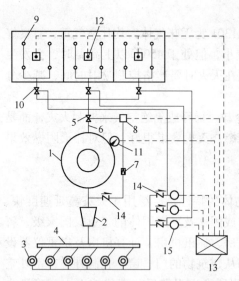

图 4-35 干粉灭火系统工作原理

1—干粉储罐；2—压力控制器；3—氮气瓶；

4—集气管；5—球阀；6—输粉管；7—减压阀；

8—电磁阀；9—喷嘴；10—选择阀；11—压力

传感器；12—火灾探测器；13—消防控制中心；

14—单向阀；15—启动气瓶

4.3.3.1 系统的工作原理

干粉灭火系统的工作原理是当防护区发生火灾，火灾探测器报警，消防控制中心自动控制启动或由消防人员手动启动气瓶，氮气经过压力控制器减压后充入干粉储罐，当干粉储罐内的压力上升达到设计压力时，压力传感器向消防控制中心发回信号，消防控制中心再发出指令打开电磁阀，进而开启总控制球阀，干粉由输送管输送到防护区经喷嘴喷出灭火。其工作原理如图 4-35 所示。

4.3.3.2 系统特点

（1）灭火时间短、效率高。特别对石油和石油产品的灭火效果尤为显著。

（2）绝缘性能好，可扑救带电设备的火灾。

（3）对人、畜无毒或低毒，对环境不会产生危害。

（4）灭火后，对机器设备的污损较小。

（5）已有相当压力的二氧化碳或氮气作喷射动力，或以固体发射剂为喷射动力，不受电源限制。

（6）干粉能够长距离输送，干粉设备可远离火区。

（7）在寒冷地区使用时不需要防冻。

（8）不用水，特别适用于缺水地区。

（9）干粉灭火剂长期储存不变质。

4.3.3.3 适宜扑救的火灾场所

干粉灭火系统对 A、B、C、D 四类火灾都可以使用，但大量的还是用于 B、C 类火灾（但应根据保护对象选用相应的干粉灭火剂）。

4.3.3.4 不适宜扑救的火灾场所

（1）干粉不能用于扑救自身能够释放氧气或提供氧源的化合物火灾，例如，硝化纤维、过氧化物等的火灾。

（2）普通燃烧物质的深位火或阴燃火，因为干粉灭火剂达不到其燃烧部位。

（3）不宜扑救精密仪器、精密电气设备、计算机等发生的火灾，因为干粉灭火剂会对上述仪器设备产生污染或损坏。

干粉灭火系统主要由两部分组成，即干粉灭火设备和火灾自动探测控制部分。其干粉灭火设备要设置在保护区域以外，尽量靠近防护区的室内。

干粉灭火系统的划分主要有四种方式：

（1）按照系统的启动方式可分为手动干粉灭火系统和自动干粉灭火系统。

（2）按照固定方式可分为固定干粉灭火系统和半固定干粉灭火系统。

（3）按保护对象可分为全淹没系统和局部应用系统。

（4）按照供气方式可分为加压式和储压式。

固定干粉灭火系统虽有种种优点，但是也有其不足之处，即不能有效地解决复燃问题。因此，国内外又相继出现了干粉、泡沫联用装置，这种装置既提高了灭火效率，又克服了干粉灭火系统的缺点，促进了干粉灭火系统向更加广阔的领域发展。

4.3.4 二氧化碳灭火系统

二氧化碳灭火系统是一种有效的灭火装置。与卤代烷灭火剂相比，二氧化碳具有对大气臭氧层破坏小且来源经济方便等优点。

二氧化碳是一种惰性气体，自身无色、无味、无毒，密度比空气约大50%。长期存放不变质，灭火后能很快散发，不留痕迹，在被保护物表面不留残余物，也没有毒害。适用于扑救各种可燃、易燃液体火灾和那些受到水、泡沫、干粉灭火剂的污染而容易损坏的固体物质的火灾。另外，二氧化碳是一种不导电的物质，其电绝缘性比空气还高，可用于扑救带电设备的火灾。

二氧化碳灭火剂主要以物理作用灭火。当防护区发生火灾时，二氧化碳被释放出来，它会分布在整个防护区内，稀释周围空气中的氧含量，从而达到窒息灭火的目的。

4.3.4.1 二氧化碳灭火系统的适用范围

（1）二氧化碳灭火系统可以用于扑救下列火灾：

1）灭火前可切断气源的气体火灾。

2）液体或可熔化固体（如石蜡、沥青等）。

3）固体表面火灾及部分固体的深位火灾（如棉花、织物、纸张等）。

4）电气火灾。

（2）二氧化碳灭火系统不得用于扑救下列火灾：

1）含氧化剂的化学制品火灾（如硝化纤维、火药等）。

2）活泼金属火灾（如钾、钠、镁、钛等）。

3）金属氢化物火灾（如氢化钾、氢化钠等）。

4.3.4.2 系统分类

（1）按应用方式二氧化碳灭火系统可分为全淹没灭火系统和局部应用灭火系统。

全淹没灭火系统是指在规定的时间内，向防护区喷射一定浓度的二氧化碳，并使其均匀地充满整个防护区的灭火系统。主要用于扑救封闭空间内的火灾。

局部应用灭火系统是指向保护对象以设计喷射率直接喷射二氧化碳，并持续一定时间的灭火系统。

（2）按系统结构二氧化碳灭火系统可分为有管网系统和无管网系统。管网系统又可分为组合分配系统和单元独立系统。

组合分配系统是指用一套二氧化碳储存装置保护两个或两个以上防护区或保护对象的灭火系统。组合分配系统总的灭火剂储存量按需要灭火剂最大的一个防护区或保护对象确定，当某个防护区发生火灾时，通过选择阀、容器阀等控制，定向释放灭火剂。

单元独立系统是用一套灭火储存装置保护一个防护区的灭火系统。一般来说用单元独立系统保护的防护区在位置上是单独的，离其他防护区较远不便于组合，或是两个防护区相邻，但有同时失火的可能。

（3）按储存容器中的储存压力可分为高压系统和低压系统。

　　高压系统储存压力为 5.17MPa，高压储存容器中 CO_2 的温度与储存地点的环境温度有关，容器要能够承受在最高温度时产生的压力，在最高储存温度下的充填密度也要注意控制，充装密度过大，会在环境温度升高时，因液体膨胀造成保护膜片破裂而自动释放灭火剂。

　　低压系统储存压力为 2.07MPa，储存容器内二氧化碳灭火剂温度利用绝缘和制冷手段被控制在 18℃。

4.3.5　七氟丙烷灭火系统

　　七氟丙烷是以化学灭火方式为主的气体灭火剂，其商标名称为 FM200，物质代码为 HFC - 227ea，化学式为 CF_3CHFCF_3。

4.3.5.1　七氟丙烷灭火剂

七氟丙烷作为洁净气体灭火剂，具有以下优点：

　　（1）具有 1301 灭火剂的众多优点，达到哈龙替代物八项基本要求的若干项。

　　（2）七氟丙烷灭火系统所使用的设备、管道及配置方式与 1301 几乎完全相同。

　　（3）具有良好的灭火效率，灭火速度快、效果好，灭火浓度（8% ~ 10%）低，基本接近哈龙 1301 灭火系统的灭火浓度（5% ~ 8%）。

　　（4）对大气臭氧层无破坏作用，即臭氧层的耗损潜能值（ODP）为零；在大气中存留时间比 1301 存留时间要低得多。

　　（5）七氟丙烷不导电，灭火后无残留物，可用于经常有人工作的场所。

　　（6）七氟丙烷与 1301 有非常相似的特性，系统硬件也极为类似，因此能与 1301 的控制设备兼容，相对组成系统的硬件、软件技术成熟，替代更换 1301 系统也极为方便。

4.3.5.2　应用范围及典型的应用场所

　　（1）七氟丙烷灭火系统适用于扑救以下火灾类型：

　　1）固体物质的表面火灾，如纸张、术材、织物、塑料、橡胶等的火灾。

　　2）液体火灾或可熔固体火灾，如煤油、汽油、柴油以及醇、醛、醚、酯、苯类火灾。

　　3）灭火前应能切断气源的气体火灾，如甲烷、乙烷、煤气、天然气等的火灾。

　　4）带电设备与电器线路火灾，如变配电设备、发动机、发电机、电缆等的火灾。

　　七氟丙烷灭火系统的典型应用场所，数据处理中心、电信通讯设施、过程控制中心、昂贵的医疗设施、贵重的工业设备、图书馆、博物馆及艺术馆、机器人、洁净室、消声室应急电力设施、易燃液体储存区等。

　　（2）七氟丙烷灭火系统不适用于扑救下列类型物质的火灾：

　　1）强氧化剂、含氧化合物以及能够自身提供氧而且在无空气的条件下仍能迅速氧化、燃烧的物质，如氯酸钠、硝酸钠、氮的氧化物、氟、火药、炸药、硝化纤维素等。

　　2）活泼金属，如钠、钾、镁、钛、锆、钠钾合金、镁钾合金、镁铝合金等。

　　3）金属氢化物，如氢化钠、氢化钾等。

　　4）能自行分解的化学物质，如过氧化氢、联氨等。

　　5）能发生自燃的物质，如白磷、某些金属有机化合物。

4.3.5.3　系统分类

七氟丙烷灭火系统可根据需要设计成无管网系统、单元独立系统和组合分配系统，灭火系统的储存装置应由储存容器、容器阀和集流管等组成。

（1）无管网系统又称预制灭火装置，是按一定的应用条件将储存容器、阀门和喷头等部件组合在一起的成套灭火装置或喷头离钢瓶不远的气体灭火系统。

（2）单元独立系统是用一套储存装置保护一个防护区的灭火系统。图4-36是单元独立灭火系统的结构示意图。

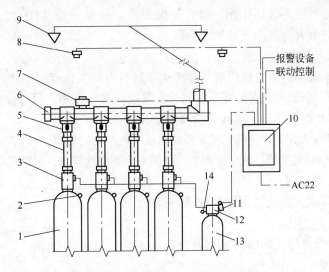

图4-36　单元独立灭火系统结构示意图

1—七氟丙烷储瓶；2—压力表；3—瓶头阀；4—高压软管；5—单向阀；6—集流管；

7—压力讯号器；8—探测器；9—喷头；10—控制盘；11—电磁启动器；

12—启动瓶头间；13—N 启动瓶；14—压力表

（3）组合分配系统是指用一套储存装置通过管网的选择分配阀，保护多个防护区的灭火系统，组合分配系统的集流管应设安全泄压装置。图4-37是组合分配灭火系统的结构示意图。

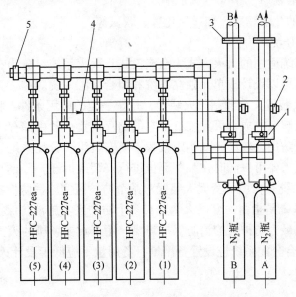

图4-37　组合分配灭火系统结构示意图

1—选择阀；2—压力讯号器；3—法兰；4—单向阀；5—安全阀

4.3.6　三氟甲烷灭火系统

三氟甲烷灭火剂分子式为 CHF_3，其物质名称为 HFC-23，是一种无色、微味、低毒、不导电的气体，密度大约是空气密度的 2.4 倍，在一定压力下呈液态，不含溴和氯，ODP 值为零，对大气臭氧层无破坏作用，符合环保要求。三氟甲烷（HFC-23）是一种物理和化学方式共同参与灭火的洁净气体灭火剂。

4.3.6.1　三氟甲烷灭火剂

作为洁净气体灭火剂，三氟甲烷气体灭火系统具有如下优点：

（1）不含溴和氯，ODP 值为零，对大气臭氧层无破坏作用，且毒性极低。

（2）三氟甲烷（HFC-23）灭火速度要快于二氧化碳和 IG-541。

（3）三氟甲烷在火灾时产生的氟化氢要比七氟丙烷产生的量少，对人的刺激小，如果在规定的 10s 内系统能够喷放完毕，在试验现场几乎闻不到刺激性味道，对精密设备的损害性也小。

4.3.6.2　应用范围

（1）三氟甲烷灭火系统适用于扑救下列火灾：

1）电气火灾。

2）液体火灾或可熔化的固体火灾。

3）固体表面火灾。

4）灭火前能切断气源的气体火灾。

（2）三氟甲烷灭火系统不适用于扑救含有下列物质的火灾：

1）含氧化剂的化学制品及混合物，如硝化纤维、硝酸钠等。

2）活泼金属，如钾、钠、镁、钛、锆、铀等。

3）金属氢化物，如氢化钾、氢化钠等。

4）磷等易自燃的物质。

5）能自行分解的化学物质，如过氧化氢、联氨等。

4.3.6.3　系统分类

三氟甲烷灭火系统适用的灭火方式为全淹没式。灭火系统可分为有管网系统和无管网系统，有管网系统又可以设计成单元独立系统和组合分配系统。

（1）无管网灭火装置又称预制灭火装置，是按一定的应用条件，将灭火剂储存装置和喷嘴等部件预先组装起来的成套灭火装置。它的储存装置一般由储存容器、容器阀和支架等部件组成，适用于防护区较小，或相距较远不便安装组合分配系统的场所，不需要固定的管网与瓶站，根据需要可以随时在某些部位进行安装或拆迁。

（2）单元独立系统是指由一套灭火装置对某个防护区实施消防保护的灭火系统。

（3）组合分配系统是指由一套灭火装置对多个防护区实施消防保护的灭火系统，其系统设计用量必须满足最大防护区的消防保护需要。用于重要场所的灭火系统和保护 8 个及 8 个以上防护区的组合分配系统应设置备用量，备用量不应低于设计灭火用量。图 4-38 是组合分配系统的结构。

4.3.7　惰性气体 IG-541 灭火系统

IG-541 气体是一种无毒、无色、无味、惰性及不导电的压缩气体，它既不支持燃烧又

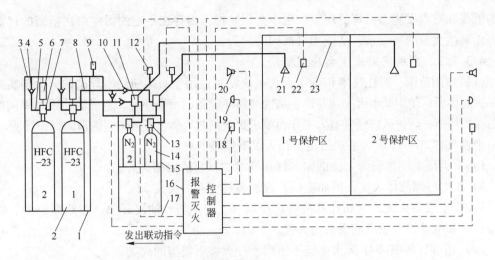

图 4-38　组合分配系统的结构示意图

1—灭火剂储瓶框架；2—灭火剂储瓶；3—集流管；4—液流单向阀；5—金属软管（连接管）；6—称重装置；
7—瓶头阀；8—启动管路；9—安全阀；10—气流单向阀；11—选择阀；12—压力开关；13—电磁瓶头阀；
14—启动钢瓶；15—启动瓶框架；16—报警灭火控制器；17—控制线路；18—手动控制盒；19—放气显示灯；
20—声光报警器；21—喷嘴；22—火灾探测器；23—灭火剂输送管道

不与大部分物质产生反应，且来源丰富无腐蚀。IG-541 气体是由 52% 的氮气、40% 的氧气和 5% 的二氧化碳三种自然存在于大气中的惰性气体组成。

IG-541 是物理方式灭火，释放后靠把氧气浓度降低到不能支持燃烧的浓度来扑灭火灾。当 IG-541 气体按规定的设计灭火浓度喷放于防护区内时，在 1min 之内将防护区内的氧气浓度迅速降至 12.5%，将防护区中的二氧化碳浓度从自然状态下的低于 1% 提高到 4%，从而使燃烧无法继续进行。

4.3.7.1　IG-541 灭火剂

作为洁净气体灭火剂，IG-541 气体灭火系统具有如下优点：

（1）对环境完全无害，可确保长期使用。IG-541 气体是由自然存在于大气中的三种惰性气体组成，在灭火后它们又重新回归于大气，因此不会对环境造成危害。同时，组成 IG-541 气体的三种惰性气体不会随时间而分解或消失，所以 IG-541 气体灭火系统一旦投入使用后，可确保长期使用。

（2）对人体无害，可用于有人活动的场所。由于在规定的设计灭火浓度下（37.5% ~ 42.8%），IG-541 气体本身对人体完全无害，当无火灾或其他危险的情况下即使有人停留在已经喷放 IG-541 气体的房间中，也不会有丝毫的危险。

（3）不产生任何化学分解物，对精密的仪器设备和珍贵的数据资料无腐蚀作用。IG-541 气体由惰性气体组成，在发生火灾后不会对精密的通信设备和珍贵的数据资料产生腐蚀作用，火灾后的现场也易于清理。

（4）防护区内温度不会急剧下降，对精密的仪器设备和珍贵的数据资料无任何伤害。IG-541 气体是以气态方式储存的，因此在以气态方式喷放到防护区中时，没有吸热汽化的过程，不会使防护区中的温度在短时间内发生急剧下降。这样既不会出现存储珍贵数据资料的纸张和磁盘发脆而损坏的现象，也不会因防护区内存在一定的湿度而在精密的仪器设备表面产生大量的冷凝水，造成无可挽回的损失。

4.3.7.2　应用范围及主要应用场所

（1）应用范围。惰性气体 IG-541 灭火系统特别适用于必须使用不导电的灭火剂实施消防保护的场所；使用其他灭火剂易产生腐蚀或损坏设备、污染环境、造成清洁困难等问题的消防保护场所；防护区内经常有人工作而要求灭火剂对人体无任何毒害的消防保护场所。

惰性气体 IG-541 灭火系统适用于扑灭以下类型的火灾：

1）A 类可燃固体表面火，例如木材和纤维类材料的表面火灾。

2）B 类可燃液体火灾，例如庚烷、汽油燃烧引起的火灾。

3）带电设备火灾，例如计算机房、控制室、变压器、油浸开关、电路断路器、循环设备、泵和电动机等场所或设备的火灾。

（2）惰性气体 IG-541 灭火系统不适用于扑灭以下类型的火灾：

1）D 类可燃金属火灾，如钠、钾、镁、钛和锆等金属引起的火灾。

2）含有氧化剂化合物（如硝酸纤维）的火灾。

3）金属氢化物的火灾等。

（3）主要应用场所。主要应用场所金库、计算机房、磁介质库、凭证库、保险库、变压器房、配电房、发电机组、图书馆、珍宝库、磁带库、计算机房、贵重仪器、文物资料室、客房、营业大厅、歌舞厅。还有如下的典型火灾危险性场所：

1）国家保护文物中的金属、纸绢质制品和音像档案库。

2）易燃和可燃液体储存间。

3）喷放灭火剂之前可切断可燃、助燃气体气源的可燃气体火灾危险场所。

4）经常有人工作的防护区。

4.3.7.3　系统分类

惰性气体 IG-541 灭火系统适用的灭火方式为全淹没式。灭火系统可以设计成单元独立系统和组合分配系统。

（1）单元独立系统是指由一套灭火装置对某个防护区实施消防保护的灭火系统。图 4-39 是单元独立系统结构示意图。

（2）组合分配系统是指由一套灭火装置对多个防护区实施消防保护的灭火系统。用于重点防护对象的 IG-541 气体灭火系统或超过 8 个防护区的组合分配系统，应设置备用量，备用量不应小于设计用量。组合分配灭火系统结构如图 4-40 所示。

组合分配灭火系统设计要求：每个防护区必须做单独设计；灭火剂设计用量按系统所保护的防护区中灭火剂需要量最大者确定，灭火剂用量较小的防护区应受到安全浓度的制约；在计算时应对所有防护区的安全浓度进行复核。

4.3.7.4　系统控制方式

IG-541 气体灭火系统的控制，要求同时具有自动控制、手动控制和应急操作三种控制方式。

4.3.8　SDE 灭火系统

SDE 灭火剂在常温常压下以固体形态储存，工作时经电子汽化启动器激活催化剂，促

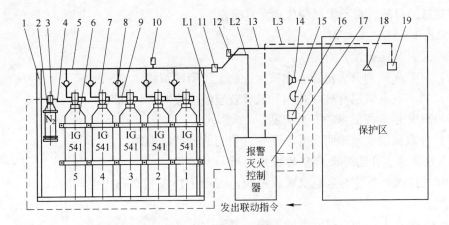

图 4-39 单元独立灭火系统结构示意图

1—灭火剂储瓶框架及安装部件；2—启动气瓶；3—电磁阀；4—启动管路；5—集流管；
6—灭火剂储瓶；7—瓶头阀；8—单向阀；9—高压金属软管；10—安全阀；11—减压
装置；12—压力开关；13—灭火剂输送管路；14—声光报警器；15—放气显示灯；
16—手动控制盒；17—报警灭火控制器；18—喷嘴；19—火灾探测器；L1—控制线路；
L2—释放反馈信号线路；L3—探测报警线路

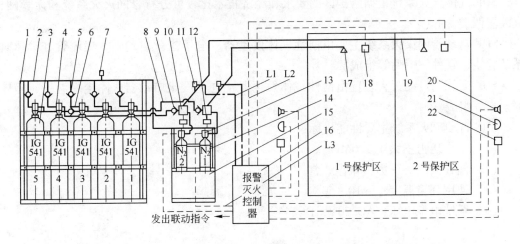

图 4-40 组合分配灭火系统结构示意图

1—灭火剂储瓶框架及安装部；2—集流管；3—灭火剂储瓶；4—瓶头阀；5—单向阀；6—高压金属软管；
7—安全阀；8—启动管路；9—启动管路单向阀；10—选择阀；11—压力开关；12—减压装置；13—电磁间；
14—启动气瓶；15—启动瓶框架；16—报警灭火控制器；17—喷嘴；18—火灾探测器；19—灭火剂输送管路；
20—声光报警器；21—放气显示灯；22—手动控制盒；L1—释放反馈信号线路；L2—探测报警线路；L3—控制线路

使灭火剂启动，并立即汽化，气态组分约为 CO_2 占 35%、N_2 占 25%、汽态水占 39%，雾化金属氧化物占 1%~2%。

SDE 自动灭火系统灭火原理是以物理、化学、水雾降温三种灭火方式同时进行的全淹没灭火形式，以物理反应稀释被保护区内空气中氧气浓度，达到"窒息灭火"为主要方式；切断火焰反应链进行链式反应破坏火灾现场的燃烧条件，迅速降低自由基的浓度，制链式燃烧反应进行的化学灭火方式也同时存在；低温气态水重复吸热降低燃烧物温度，达到彻底窒息的目的，对于木材深位火尤其突出。

4.3.8.1　SDE 灭火剂

SDE 灭火剂具有如下的优点：

（1）SDE 灭火剂灭火迅速，在被保护物上不留残留物。

（2）对大气臭氧层有破坏作用且温室效应潜能值 GWP = 0.35。

（3）SDE 是一种低毒的安全产品。

（4）扑救深位火效果明显并不受垂直空间的遮挡物限制。

4.3.8.2　应用范围及典型的应用场所

SDE 气体灭火系统为全淹没灭火系统，可用于扑救相对密闭空间的 A、B、C 类火灾以及电气火灾。

（1）A 类火灾，如木材、纸张等表面和深位火灾。

（2）B 类火灾，如煤油、汽油、柴油及醇、醛、酮、醚、酯、苯类的火灾。

（3）C 类火灾，甲烷、乙烷、石油液化气、煤气等火灾。

（4）电气火灾，如发电机房、变配电设备、通讯机房、计算机房、电动机、电缆等火灾。

4.3.8.3　系统分类

SDE 气体灭火系统根据防护区的要求和经济技术比较可分有管网灭火系统和无管网灭火装置两类。

SDE 自动管网灭火系统主要由惰性气体发生器、电子汽化启动器、集流管、选择阀、系统管线、管件、喷嘴等组成。

SDE 无管网自动灭火装置由惰性气体发生器、电子汽化启动器、除尘降温室、箱体、喷射口等组成。

SDE 自动灭火系统主要性能指标：

（1）工作压力不大于 1.6MPa。

（2）储存温度、压力：常温、常压。

（3）使用环境温度：-10～50℃。

（4）系统电源电压：AC220V，DC24V。

4.4　建筑消防给水系统设计简介

（1）对建筑的功能、位置、建筑面积、建筑高度、层数、场地标高、室内外高差、室外给水以及消防管网的现状、水压等情况，做出详细的了解。

（2）根据国家和地方有关的防火设计规范及规程，给出该建筑设计范围内的各个消防系统。

（3）对建筑的功能、建筑面积、建筑高度、建筑空间的高度、层数、室外给水以及消防管网的现状、水压等情况，统计出各个消防系统的用水量，同时根据建筑的危险等级计算出自动喷水系统的用水量，以同时作用的各系统为依据，计算出一次消防用水量，并由此计算出消防水池的容积。

（4）根据消防水源、供水干管的条数、进口方向、管径及水压，对现有或者需要设计的室外消火栓系统给予判断，给出高低压制，室外消火栓的设置个数、位置。消防水源能否合用，若不能利用时，能否经过改造后合用来适应新建筑，减少投资。

（5）室内消防系统：

1）消火栓系统。根据建筑物的高度来确定消火栓系统是否需要分区，计算水枪的充实水柱，布置消火栓的间距，确定扑救水柱的股数，初步确定消防立管的位置，消防水泵接合器的设置与否，设置数量。

2）自动喷水灭火系统。根据规范来确定自动喷水系统的设计场所。根据建筑物的性质、可燃物的类别以及可能的火灾场所的环境温度等，经过方案比选后，来确定自动喷水系统的类型。根据火灾危险等级以及相关参数，来进行喷头的选用，针对防火分区设置的信号阀、水流指示器、报警阀、水泵接合器、系统控制等。初步确定报警阀和消防立管的位置。

3）气体消防系统。根据规范要求的气体消防场所，经过方案比选后，确定灭火剂的种类，根据灭火剂的种类以及可燃物的情况，来确定灭火浓度，计算出系统的设置位置和分配等，初步确定钢瓶间或钢瓶在防护区的位置。

4）建筑灭火器配置。根据建筑的危险等级和建筑物的性质，来确定灭火剂的种类和建筑灭火器的配置，一般尽量和消火栓结合采用组合式消火栓箱。

（6）根据消防流量计算出的消防水池和消防水箱的容积，初步确定消防水池和消防水箱以及消防泵房的位置和大小。

（7）根据以上初步确定的报警阀、消防立管、钢瓶间、消防水池、消防泵房、消防水箱的位置和大小，会同建筑、结构、暖通、电气各相关专业，最后确定和调整以上设备或管道的位置。

（8）根据最后确定的设备机房或管道的位置来绘制各消防系统的图纸，其图纸应包括说明书、设备表、系统原理图、平面图，对于机房或复杂之处尚应绘制放大平面和轴测图或剖面图。

（9）根据所绘制的系统图来进行管网的水力计算，包括水枪的充实水柱、管网阻力、消防水箱高度、消防水池容积、消防泵选型、减压装置等设备设施的计算。并将有关的电气容量提供给电气专业。

设计说明包括：设计依据和设计范围、消防用水量及消防水池、消防水源及室外消火栓系统、室内消火栓系统（消火栓的布置、系统设置及竖向分区、供水设施及设备的选用、水池及泵房布置、水泵接合器的设置、消防水箱的设置、水泵接合器的设置、系统控制以及其他不同自动喷水灭火系统的设计说明等）、自动喷水灭火系统（设置场所及设置标准、系统设置及竖向分区、供水设施及设备的选用、喷头选用、系统控制）、气体灭火系统、建筑灭火器的配置系统、消防排水系统、系统的防噪减震、管材及其连接、施工安装、系统的冲洗和试压等主要内容。

复习思考题

4-1 建筑物内消防给水有几种，消火栓布置有何要求？

4-2 消防水池的容量如何确定，当消防与其他用水合用水池时，应采取哪些措施保护消防用水量？

4-3 消火栓消防系统由哪几部分组成，各部分的作用是什么？

4-4　自动喷洒消防系统可以分为哪几类，各适用于什么场合？

4-5　蒸汽、二氧化碳、卤代烷、惰性气体等灭火剂系统的特点及适用性。

4-6　自动喷水灭火系统的组成。

4-7　自动喷水灭火系统中控制信号装置的种类及特点。

4-8　水泵接合器的种类及作用。

4-9　建筑消防给水系统有哪些布置方式，其适用性如何？

5 热水供应系统

5.1 热水水质和热水用水量标准

5.1.1 热水用水量标准

生产用的热水量标准，要按照生产工艺的要求确定。生活用的热水用水量视卫生器具的配置情况、热水供应方式、气候条件和生活水平等而不同，有两种标准：一种是按建筑使用热水单位确定；另一种是按建筑物中卫生器具一次或 1h 热水量确定，分别见表 5-1 和表 5-2。

表 5-1 热水用水量标准

序号	建 筑 物 名 称	使用时间/h	单 位	最高日用水定额/L

1	住宅
	  有自备热水供应和淋浴设备
	  有集中热水供应和淋浴设备
		24
		24
			每人每日
			每人每日
				40 ~ 80
				60 ~ 100

2	别墅	24	每人每日	70 ~ 110
3	酒店式公寓	24	每人每日	80 ~ 110

4	宿舍
	  Ⅰ类、Ⅱ类
	  Ⅲ类、Ⅳ类
		24 或定时供应	每人每日
			每人每日
				70 ~ 110
				40 ~ 80

5	招待所、培训中心、普通旅馆
	  设公用盥洗室
	  设公用盥洗室、淋浴室
	  设公用盥洗室、淋浴室、洗衣室
	  设单独卫生间、公用洗衣室
		24 或定时供应	每人每日
			每人每日
			每人每日
			每人每日
				25 ~ 40
				40 ~ 60
				50 ~ 80
				60 ~ 100

6	宾馆、客房
	  旅客
	  员工
		24	每床每日
			每人每日
				120 ~ 160
				40 ~ 50

7	医院住院部
	  设公用盥洗室
	  设公用盥洗室、淋浴室
	  设单独卫生间
	医务人员
	门诊部、诊疗所
	疗养院、休养所住院部
		24
		
		8
		
		24
			每床每日
			每床每日
			每床每日
			每人每班
			每病人每次
			每床每日
				60 ~ 100
				70 ~ 130
				110 ~ 200
				70 ~ 130
				7 ~ 13
				100 ~ 160

8	养老院	24	每床每日	50 ~ 70

9	幼儿园、托儿所
	  有住宿
	  无住宿
		24
		10
			每儿童每日
			每儿童每日
				20 ~ 40
				10 ~ 15

续表 5-1

序号	建筑物名称	使用时间/h	单位	最高日用水定额/L
10	公共浴室 　淋浴器 　淋浴、浴盆 　桑拿浴（淋浴、按摩池）	12	每顾客每次 每顾客每次 每顾客每次	40～60 60～80 70～100
11	理发室、美容院	12	每顾客每次	10～15
12	洗衣房	8	每千克干衣	15～30
13	餐饮业 　营业餐厅 　快餐店、职工及学生食堂 　酒吧、咖啡厅、茶座、卡拉OK房	10～12 12～16 8～18	每顾客每次 每顾客每次 每顾客每次	15～20 7～10 3～8
14	办公楼	8	每人每班	5～10
15	健身中心	12	每人每次	15～25
16	体育场（馆） 　运动员淋浴	4	每人每次	17～26
17	会议厅	4	每座位每次	2～3

注：1. 热水温度按60℃计。
　　2. 表内所列用水定额均已包括在本书第3章表3-1、表3-2中。
　　3. 本表以60℃热水水温为计算温度，卫生器具的使用水温见表5-2。

表 5-2　卫生器具一次和一小时热水用水量和水温

序号	卫生器具名称	一次用水量/L	一小时用水量/L	水温/℃
1	住宅、旅馆、别墅、宾馆、酒店式公寓 　带有淋浴器的浴盆 　无淋浴器的浴盆 　淋浴器 　洗脸盆、盥洗槽水龙头 　洗涤盆（池）	150 125 70～100 3 —	300 250 140～200 30 180	40 40 37～40 30 50
2	宿舍、招待所、培训中心 　淋浴器：有淋浴小间 　　　　　无淋浴小间 　盥洗槽水龙头	70～100 — 3～5	210～300 450 50～80	37～40 37～40 30
3	餐饮业 　洗涤盆（池） 　洗脸盆：工作人员用 　　　　　顾客用 　淋浴器	— 3 — 40	250 60 120 400	50 30 30 37～40
4	幼儿园、托儿所 　浴盆：幼儿园 　　　　托儿所 　淋浴器：幼儿园 　　　　　托儿所 　盥洗槽水龙头 　洗涤盆（池）	100 30 30 15 15 —	400 120 180 90 25 180	35 35 35 35 30 50

序号	卫生器具名称	一次用水量/L	一小时用水量/L	水温/℃
5	医院、疗养院、休养所 　洗手盆 　洗涤盆（池） 　淋浴器 　浴盆	— — — 125 ~ 150	15 ~ 25 300 200 ~ 300 250 ~ 300	35 50 37 ~ 40 40
6	公共浴室 　浴盆 　淋浴器：有淋浴小间 　　　　　无淋浴小间 　洗脸盆	125 100 ~ 150 — 5	25 200 ~ 300 450 ~ 540 50 ~ 80	40 37 ~ 40 37 ~ 40 35
7	办公楼　洗手盆	—	50 ~ 100	35
8	理发室、美容院　洗脸盆	—	35	35
9	实验室 　洗涤盆 　洗手盆		60 15 ~ 25	50 30
10	剧院 　淋浴器 　演员用洗脸盆	60 5	200 ~ 400 80	37 ~ 40 35
11	体育场　淋浴器	30	300	35
12	工业企业生活间 　淋浴器：一般车间 　　　　　脏车间 　洗脸盆或盥洗槽水龙头：一般车间 　　　　　　　　　　　脏车间	40 60 3 5	360 ~ 540 180 ~ 480 90 ~ 120 100 ~ 150	37 ~ 40 40 30 35
13	净身盆	10 ~ 15	120 ~ 180	30

注：一般车间指现行国家标准《工业企业设计卫生标准》GBZ 1 中规定的 3、4 级卫生特征的车间，脏车间指该标准中规定的 1、2 级特征的车间。

5.1.2 热水水质

生产用热水的水质标准应根据产品性质和生产工艺要求来确定。

生活用热水的水质应该符合现行国家标准《生活饮用水卫生标准标准》GB 5749 的要求。集中热水供应系统的原水的水处理，应根据水质、水量、水温、水加热设备的构造、使用要求等因素经技术经济比较按下列规定确定：

（1）当洗衣房日用热水量（按 60℃ 计）大于或等于 10m³ 且原水总硬度（以碳酸钙计）大于 300mg/L 时，应进行水质软化处理；原水总硬度（以碳酸钙计）大于 150 ~ 300mg/L 时，宜进行水质软化处理。

（2）其他生活日用热水量（按 60℃ 计）大于或等于 10m³ 且原水总硬度（以碳酸钙计）大于 300mg/L 时，应进行水质软化或阻垢缓蚀处理。

（3）经软化处理后的水质总硬度宜为：洗衣房用水 50 ~ 100mg/L；其他用水 75 ~ 150mg/L。若将水的硬度降到 75mg/L 以下，一方面水处理成本增加，另一方面水呈酸性，会加剧管道和设备的腐蚀，同时水的使用也不舒服。

（4）水的阻垢缓蚀处理应根据水的硬度、适用流速、温度、作用时间或有效长度及工作电压等选择合适的物理处理或化学稳定剂处理方法。

（5）当系统对溶解氧控制要求高时，宜采用除氧处理。

热水供应工程中如原水取至城市自来水，则水质处理主要是水软化处理和水稳定处理。在选择正确的水处理方法时，应考虑：选用的药剂或离子交换树脂应符合食品级的要求；水质稳定装置应尽量靠近水加热设备的进水侧；符合生产厂家产品样本所提出的技术要求和使用条件。

5.1.3　水温标准

5.1.3.1　冷水温度

热水供应系统计算中使用的水温，规范规定冷水计算温度应以当地最冷月平均水温为标准。如无水温度资料时，可查阅国家现行的《建筑给水排水设计规范》的相关规定。

5.1.3.2　热水使用水温

热水供应系统的水温应满足生产和生活需要，并保证系统不因水温高而导致金属管道易腐蚀、设备和零件易损、维修复杂、烫伤人体。

各种卫生器具的热水用水温度，见表5-2。洗衣机、厨房等热水使用温度与用水对象有关，见表5-3。设置集中热水供应系统的住宅，配水点的水温不应低于45℃。生产用热水的水温应根据生产工艺要求确定。

表5-3　洗衣机、厨房器具用水温度　　　　　　　　　　　　　　（℃）

用水对象	用水温度	用水对象	用水温度
洗衣机：		厨房餐厅：	
棉麻织物	50~60	一般洗涤	45
丝绸织物	35~45	洗碗机	60
毛料织物	35~40	餐具过清	70~80
人造纤维织物	30~35	餐具消毒	100

5.1.3.3　热水供水温度

热水供水温度是指热水供应设备出口的温度，供水温度过高或过低都是不合适的。最低供水温度应保证热水管网最不利点的水温不低于使用水温的要求；较高的供水温度可以增加储热量，减少热水箱容积，但会增大加热器设备和管道的热损失，耗能增大，且易产生烫伤事故，并加速加热器设备和管道的结垢、腐蚀。对于局部要求较高水温的配水点，为减少能耗，宜采用局部进一步加热的方式或单独加热。

直接供应热水的热水锅炉、热水机组或水加热器出口的最高水温和配水点的最低水温可按表5-4采用。集中热水供应系统中，在水加热设备和热水管道保温条件下，单体建筑的锅炉或水加热设备的出口处与配水点的热水温度差一般不大于10℃，对建筑小区不得大于12℃。

表5-4 直接供应直接供应热水的热水锅炉、热水机组或水加热器出口的最高水温和配水点的最低水温 (℃)

用 水 对 象	热水锅炉、热水机组或水加热器出口的最高水温	配水点最低水温
原水水质无需软化处理，原水水质需水质处理且有水质处理	75	50
原水水质需水质处理但未进行水质处理	60	50

5.2 水的加热方式、热源和加热设备

5.2.1 加热方式

水的加热方式很多，在局部热水供应系统中可利用电、燃气、太阳能来加热水；在集中热水供应系统中，常见的有直接加热和间接加热两大类。选用时应根据热源种类、热能成本、热水用量、设备造价及经常费用等进行经济技术比较后确定。集中热水供应系统的热源，宜首先利用工业余热、废热或地热。

5.2.1.1 直接加热法

直接加热也称一次换热，是利用燃料直接烧锅炉将水加热或利用清洁热媒，如蒸汽等，与被加热水混合而加热水；在燃料缺少时，如当地电力充足和有供电条件时，也可采用电加热水；在太阳能源丰富地区可采用太阳能加热水。

直接加热具有加热方式简便、热效率高的特点。蒸汽直接加热存在噪声大、对蒸汽质量要求高、热源需要大量经水质处理的补充水等缺点，一般适用于具有合格蒸汽热媒且对噪声无严格要求的公共浴室、洗衣房、工业企业等用户；热水锅炉直接加热适用于用水量均匀、耗热量不大（一般小于380kW）的用户，即少于20个淋浴器的浴室，饮食店、理发馆等，它具有：设备系统简单、投资少、一次换热效率较高、运行管理卫生条件较差、水温波动大的特点。

5.2.1.2 间接加热法

间接加热法也称二次换热，是被加热水不与热媒直接接触，而是通过加热器中的传热面的传热作用，用热媒的热能来加热水。如利用蒸汽或热网水等来加热水，热媒放热后，温度降低，仍可回流到原锅炉房复用。因此，热媒不需要大量补充水，既可节省用水，又可保护锅炉不生水垢，提高热效能，这种系统的热水不易被污染，无噪声，热媒和热水在压力上无联系。间接加热法所用的热源，一般为蒸汽或过热水，如当地有废热或地热水时，应优先考虑作为热源的可能性。在热源充足方便、热水用量较大时，可采用间接热水法，供水稳定可靠，安静卫生，环境条件较好。因此，对比较大的热水供应系统常采用间接加热，如医院、旅馆、饭店等。

5.2.2 热源

（1）集中热水供应系统的热源，可按下列顺序选择：

1）宜首先利用工业余热、废热、地热和太阳能作热源。

2）当日照时数大于1400h/a，且年太阳辐射量大于4200MJ/m²，以及年极端最低气温

不低于 -45℃ 的地区，宜优先采用太阳能作为热水供应热源。

3）具备可再生低温能源的下列地区宜采用热泵热水供应系统：

① 在夏热冬暖地区，宜采用空气源热泵热水供应系统；

② 在地下水源充沛、水文地质条件适宜，并能保证回灌的地区，宜采用地下水源热泵热水供应系统；

③ 在沿江、沿海、沿湖、地表水源充足，水文地质条件适宜，及有条件利用城市污水、再生水的地区，宜采用地表水源热泵热水供应系统。

4）当没有条件利用工业余热、废热或太阳能等自然热源时，宜优先采用能保证全年供热的热力管网作为集中热水供应系统的热源。

5）当区域性锅炉房或附近的锅炉房能充分供给蒸汽或高温水时，宜采用蒸汽或高温水作集中热水供应系统的热媒。

6）当上述条件不存在、不可能或不合理时，可设燃油、燃气热水机组或电蓄热设备等供给集中热水供应系统的热源或直接供给热水。

（2）局部热水供应系统的热源宜首先考虑无污染的太阳能热源。在当地日照条件较差或其他条件限制采用太阳能热水器时，可视当地能源供应情况，在经技术经济比较后确定采用电能、燃气或蒸汽为热源。当采用电能为热源时，宜采用贮热式电热水器以降低耗电功率。

（3）利用废热（废气、烟气、高温无毒废液等）作为热媒时，应采取下列措施：

1）加热设备应防腐，其构造应便于清理水垢和杂物；

2）应采取措施防止热媒管道渗漏而污染水质；

3）应采取措施消除废气压力波动和除油。

（4）升温后的冷却水，当其水质符合现行国家标准《生活饮用水卫生标准》GB 5749 的要求时，可作为生活用热水。

（5）采用蒸汽直接通入水中或采取汽水混合设备的加热方式时，宜用于开式热水供应系统，并应符合下列要求：

1）蒸汽中不得含油质及有害物质；

2）当不回收凝结水经技术经济比较合理时；

3）加热时应采用消声混合器，所产生的噪声应符合现行国家标准《城市区域环境噪声标准》GB 3096 的要求；

4）应采取防止热水倒流至蒸汽管道的措施。

5.2.3　加热设备

5.2.3.1　直接加热设备

A　直接蒸汽加热水箱

加热水箱是一种简单的热交换设备。在水箱中安装蒸汽多孔管或蒸汽喷射器，可将蒸汽直接通入水中进行水的加热，见图 5-1、图 5-2。这种热交换设备比较简单、投资少、热效率高、维修管理方便；但是噪声较大、冷凝水不能回收，水质会受热媒污染，因此这种加热方法只适用于耗热量不大、凝结水不要求回

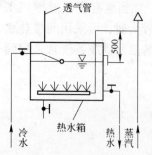

图 5-1　多孔加热器

收、对噪声控制无严格要求的公共浴室、工业企业的生活间和洗衣房等集中热水供应建筑。

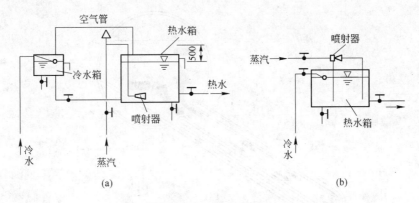

图 5-2 喷射器加热
(a) 喷射器在水箱内；(b) 喷射器在水箱外

B 热水锅炉

集中热水供应系统采用的热水锅炉主要有燃煤、燃油、燃气和电热锅炉有多种形式，有卧式、立式等，见图 5-3、图 5-4。新型燃油或燃气热水锅炉，采用三回程的火道，可充分利用热能，热效率高，结构紧凑，占地小，炉内压力低，运行安全可靠，供应热水量大，环境污染小，是一种较好的直接加热型热水锅炉。

图 5-3 卧式燃煤热水锅炉内部   图 5-4 燃气燃油热水锅炉

C 太阳能热水器

太阳能加热器是一种简单、经济的热水方法，属局部加热设备，常见的管板式、真空管式等加热器，其中真空管式效果最佳。真空管系两层玻璃抽成真空，管内涂选择性吸热层，有集热效率高、热损失小、不受太阳光位置影响、集热时间长等优点。但太阳能是一种低密度、间歇性能源，辐射能随昼夜、气象季节和地区而变化，因此在寒冷季节，尚需要有其他热水设备，以保证终年有热水供应，常用的辅助加热设备有煤气加热、电加热和蒸汽加热。我国广大地区太阳能资源丰富，尤其是西北部、康藏高原、华北地区和内蒙古地区最为丰富。太阳能可作为太阳灶、热水器、热水暖房等热能加以利用，太阳能热水器结构见图 5-5。

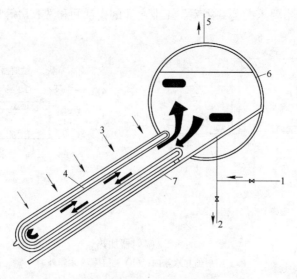

图 5-5　电子管太阳能热水器
1—冷水；2—热水；3—太阳能；4—真空管；5—排气管；6—贮水箱；7—漫反射板

D　燃气热水器

燃气热水器的热源有天然气、焦炉煤气、液化石油气和混合煤气 4 种。有低压（$p \leqslant$ 5kPa）、中压（$5kPa < p \leqslant 150kPa$）热水器之分，其中民用和公共建筑生活、洗涤用燃气热水器一般采用低压，工业企业生产用燃气热水器可采用中压。按加热冷水的方式，燃气热水器又可分为直流快速式和容积式。直流快速式燃气热水器常用于家庭、浴室、医院手术室等局部热水的供应；容积式燃气热水器具有一定的贮水容积，使用前应预先加热，可用于住宅、公共建筑和工业企业的局部和集中热水供应。

E　电热水器

电热水器分快速式和容积式两种。快速式电热水器适合于家庭、工业、公共建筑单个热水供应点使用；容积式电热水器使用前需预先加热，可同时供应几个热水点在一段时间内使用，可局部或集中供应热水。

5.2.3.2　间接加热设备

间接热水加加热设备是将热媒通过设备中的加热管道将水加热的设备。

A　开式热水箱

间接加热水箱见图 5-6。水箱用钢板焊接而成，在水箱底部安装盘管（或排管），热

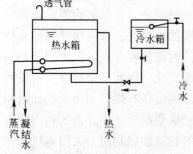

媒流经管盘将水加热。水箱顶部应加盖，并设有溢流管、泄水管和透气管，同时还应设冷水补给水箱。

这种加热方式一般用于小型浴室、食堂、洗衣房等用水量较小的热水供应系统，设于建筑上部与冷水箱并列，可使冷热水供水压力较为均匀，便于使用。

B　水加热器

集中热水供应系统中常用的水加热器有：容积式、半容积式、即热式和半即热式。

图 5-6　开式热水箱

（1）容积式水加热器。容积式水加热器内贮存一定量的热水量，用以供应和调节热水用量的变化，使供水均匀稳定，它具有加热器和热水箱的双重作用。容积式水加热器有卧式和立式之分，常用卧式，只有在安装房间无法放置卧式时，才采用立式。

容积式水加热器的中下部有一束 U 形加热盘管，蒸汽（或高温热水）由 U 形管上部进入，放出热量后，冷凝水返回锅炉，水箱内的水被加热后供应系统使用，一般在加热器上装设温度计、压力表和安全阀等，如图 5-7 所示。

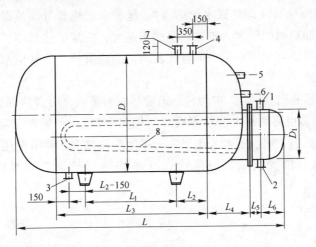

图 5-7　卧式容积水加热器

1—热媒入口；2—回水管；3—冷水管；4—热水管；5—接压力表；

6—接温控阀温包；7—安全阀；8—盘管

容积式水加热器供水温度比较稳定，但有热效率低、体积大、占地位多的缺点。常用于需要供水温度稳定、用水量大而又不均匀的热水系统，如医院、旅馆大型公共浴室和工业企业的生活间等。热媒可用热网水或蒸汽，节能、节电、节水效果显著。

导流型容积式水加热器在加热器内增设导流板，加装循环设备，提高了热交换效能，较传统的同型加热器的热效提高近两倍。

当室外供水压力超过 0.5MPa 时，为避免管道和设备承受过高的压力，加热器的给水应经过冷水箱送入，图 5-8 为经冷水箱供水的示意图。冷水箱的安装高度（以水箱底计算）应能保证最不利配水点所需的水压，冷水箱给水管管径的大小应能补给热水系统的设

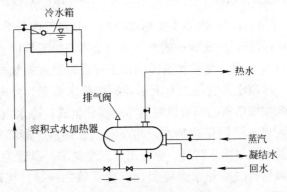

图 5-8　经冷水箱供水的示意图

计秒流量，且不可作其他用水，以保证加热器的安全供水。这种系统的加热器不必设安全阀，但为排除空气，应设排气阀。

（2）半容积式水加热器。半容积式水加热器的主要特点是将一组快速加热设备安装于热水罐内，由于加热面积大，水流速度较容积式水加热器的流速大，提高了传热效果，增大了热水产量，因而减小了容积。一般只需贮存 10～20min 的贮存水量。体积缩小，占地面积较小，运行维护工作方便，安全可靠。

（3）快速式水加热器（即热式水加热器）。这种水加热器可即热即用，没有贮存热水的容积，体积小，加热面积较大，被加热水的流速大，提高了热效率，因此加快了热水产量。快速式水加热器适用于用水量大而且比较均匀的建筑物。为避免水温波动，最好加装水温调节器或贮水罐。

快速式水加热器有汽-水和水-水两种，前者热媒为蒸汽，后者热媒为过热水。

汽-水快速加热器也有两种类型：多管式（见图 5-9）和单管式（见图 5-10）；其优点是效率高、占地面积小，缺点是水头损失大、不能贮存热水供调节使用，在蒸汽或冷水压力不稳定时，出水温度变化较大。单管式汽-水快速加热器之间可以并联或串联，如图 5-10 所示。

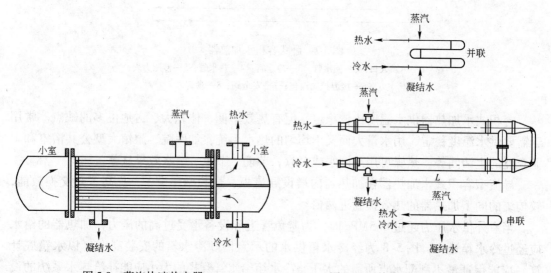

图 5-9　蒸汽快速热水器　　　　　图 5-10　单管式汽-水快速加热器

水-水快速加热器外形与多管式汽-水加热器相同，但套管内为多管排列。热媒为过热水，热效率比汽-水加热器低，但比容积式水加热器要高，如图 5-11 所示。

（4）半即热式热水加热器。此种加热器也属于有限量贮水的加热器，其贮水量很小，加热面大、热水效高、体积小。它是由有上下盖的加热水筒壳，筒内有热媒管及回水管，管上装置多组加热盘管和极精密的温度控制器等三部分组成；冷水由筒底部进入，被盘管加热后，从筒上部流入热水管网供应热水，热媒蒸汽放热后，凝结水由回水管流回锅炉房。热水温度用精密温度控制器来调节，保证出水温度要求。盘管为薄壁铜管制成，且为悬臂浮动装置。由于加热器内冷热水温度变化，盘管随之伸缩，扰动水流，提高换热效率，还能使管外积垢脱落，沉积于器底，可由加热器排污时除去。这种半即热式加热器，热效率高、体形紧凑，占地面积很小，适用于热水用量大而较均匀的建筑物，如宾馆、医院、饭店、工厂、船舰及大型的民用建筑等。图 5-12 为美国 AERCO 公司半即热式热水器的结构简图。

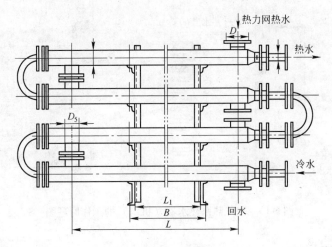

图 5-11　水-水快速加热器

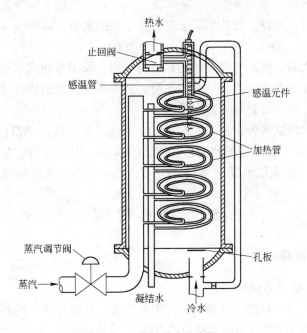

图 5-12　半即热式热水器

C　热泵热水器机组

热泵热水机组是目前能效较高的热水设备之一，分商用和家用两类，由压缩机、蒸发器、膨胀阀等部件组成。它根据逆卡诺循环原理，采用电能驱动，通过制冷剂把自然界中的空气、水或其他低温热源中难以被利用的低品位热能吸收，提升为可用的高品位热能，对水进行加热的设备。可用于住宅、别墅、旅馆、足浴、美容院等用户的热水供应。

空气热泵热水器（机组）的工作原理见图5-13，热泵机组的其他相关知识见第14章。

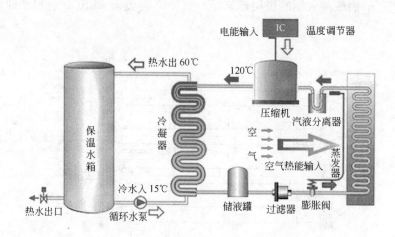

图5-13　空气热泵热水器（机组）的工作原理图

5.2.4　加热贮水箱

在热水供应系统中，因用水情况和供水情况不一致，当用水量变化很大时，往往很难满足最大用水量需要。所以，设热水贮水箱贮存一定的水量，以调节加热设备、供水与用水之间的不平衡。

在锅炉容量较大时，锅炉本身就起贮水箱的作用。采用容积式水加热器的系统，加热器本身可贮存一定量的热水，不必另设贮水箱。当采用快速水加热器或由锅炉直接供水而用水量又不均匀时，则应设置热水贮水箱。

贮水箱有开式和闭式两种，开式贮水箱设在系统上部，故称"高位水箱"，又称"热水箱"，水箱的高度应能满足最不利配水点所需的水压；闭式水箱设在系统的下部，称为"低位水箱"，又称"热水贮水罐"，因水箱承受上部的压力，所以要完全封闭。

5.3　热水管网

5.3.1　热水系统及组成

5.3.1.1　热水供应系统的分类

按照建筑物的类型、规模、热源情况、用水要求、管网布置、循环方式热水供应系统可分为各种类型，表5-5是常用的几种分类方法。

表5-5　热水供应系统的分类

按加热方式	按管网循环方式	按循环动力	按管网敷设位置	按系统分区方式
局部热水供应系统 集中热水供应系统 区域热水供应系统	不循环热水供应系统 半循环热水供应系统 全循环热水供应系统 倒循环热水供应系统	强制循环 自然循环	上行下回 下行上回 下行下回	加热设备集中设置 加热设备分散设置

局部热水供应系统的热源可采用燃气、蒸汽或利用电能、太阳能。各种加热设备直接置于用水点，仅热媒需专门敷设管道输送，配水管距离不长。局部热水供应系统的优点是灵活、管理方便，适用在已建各类建筑局部供应热水的场合。在饮食店、理发店、门诊所、办公楼等热水用水量小且分散的建筑中，常采用局部热水供应系统。

集中热水供应系统的热水则由蒸汽锅炉或热水锅炉制备。集中热水供应系统的加热设备集中，热效率高，适用于新建的建筑物中热水用水点较多的场合。如在旅馆、医院、疗养院、公共浴室等热水用水量较大、用水点较多又集中的建筑中，常使用集中热水供应系统。

区域热水供应系统的热水，大多由热电站、工业锅炉房所提供的热媒来集中制备。这种系统热效率最高，每幢建筑物的热水供应设备也最少，有条件时应优先采用。

5.3.1.2 系统组成

集中热水供应系统（见图5-14）是目前采用较多的一种方式，它主要由以下几部分所组成。

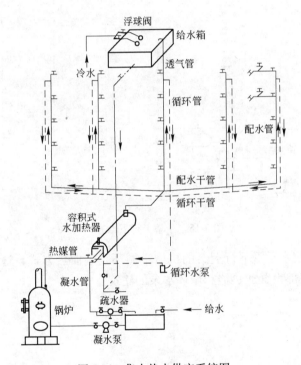

图 5-14 集中热水供应系统图

（1）热媒管路。它是锅炉和水加热设备之间的连接管路。如果热媒为蒸汽时，就不存在循环管路，而只有蒸汽管和凝结水管及其他设备。

（2）配水管路。它是连接热水加热器和用水点配水龙头之间的管路，有配水管和回水管之分。

（3）加热设备。为加热冷水的设备，如锅炉、热水器、各种水加热器等。

（4）给水管路。为热水供应系统补充冷水的管路及锅炉补给水的管道。

（5）其他附件及设备。如循环水泵、各种器材及仪表等。

集中热水供应系统的工作流程为：锅炉生产的蒸汽经蒸汽管道（热媒管）送到水加热器

把水加热，蒸汽凝结水经凝结管排至凝水池，锅炉补充水由凝结水泵压入；冷水在水加热器中被加热后，在循环水泵的压力下通过配水管送至各用水点，其中未被用完的热水由回水管道经过循环水泵压入水加热器，然后循环加热使用。水加热所需要的冷水由给水箱补给。为了保证热水温度，补偿配水管路的散热损失，回水管和配水管中必须有一定的循环流量。

5.3.2　热水供应方式与选用

下面简单介绍几种常用的热水供应系统：

（1）采用蒸汽（或过热水）作热媒、容积式水加热器间接加热、干管上行下给、机械全循环的集中供热水方式。该热水供应方式适于热水温度要求稳定、噪声控制要求严的建筑物。

（2）图 5-15 是采用快速水加热器间接加热、干管上行下给、机械全循环的方式。该热水供应方式适用于室外有热力管网、室内热水用量大且均匀的公共建筑或工业建筑。

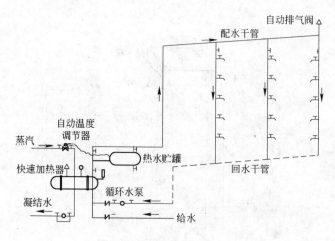

图 5-15　干管上行下给方式

（3）图 5-16 为配水干管下行上给的机械半循环直接加热方式，适用于水温要求稳定且有条件在建筑物底部设置加热器和循环水泵的建筑。

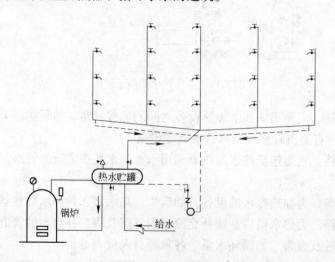

图 5-16　干管下行上给方式

采用何种方式供应热水，应根据建筑物性质、供水要求、建筑高度、热源情况等进行综合分析，经过技术经济比较确定。

5.3.3 热水管布置、敷设的基本原则

5.3.3.1 热水系统与冷水系统相比所具有的特点及工程措施

供热水设备与冷水给水设备的不同之处，大多起因于冷水和热水特性的差异。进行系统设计时需要充分考虑排气、腐蚀、安全、管道的伸缩等问题。排气、腐蚀问题在给水设备中也应考虑。然而，在供热水系统中，这些问题要给予特别的注意。供热水的等待时间、供热水温度的稳定性等是在供热水设备中需要研究的课题，而在给水供设备中则不必考虑。

A 热水与冷水特性不同导致的差异

a 排气问题

管道内的空气可以阻碍水的流动。热水与冷水相比，溶于供热水系统内的空气容易分离。因此，在立管顶部及空气容易积聚的部位应设置自动排水阀及排气管，排除积聚的空气。

b 腐蚀问题

金属的腐蚀速度由 pH 值、溶解氧、流速、温度、沉淀物等各种因素综合决定，但同一条件下，温度越高反应速度越快。

热水管道应选用耐腐蚀和安装方便的管材，可采用薄壁铜管、薄壁不锈钢管、塑料热水管、塑料和金属复合热水管，以提高管道抗腐蚀能力。

铜管抗腐蚀性强，管壁光滑，不易结垢、壁薄质轻，加工安装方便，使用期可长达 20～30 年，且节省动力消耗，是一种较好的热水管材。但铜管造价较高，限制了使用；热水管道采用铜管时，由于铜管表面较软，管中流速提高，容易破坏管内壁的保护膜，腐蚀速度加快，所以使用时需要注意管中水流速度，期望在 1.5m/s 以下。

c 安全问题

热水（冷水）是非压缩性流体，冷水加热时产生膨胀，可能破坏管道和加热设备，所以在系统内需要设置适当吸收这部分膨胀量的装置。常用膨胀管、膨胀水箱及安全阀等设备，消除水受热后的膨胀压力。

在快速式热水器系统中，由于采用先开阀后点火的结构，所以膨胀不会引起问题。

在设置膨胀管的开式热水供应系统中，膨胀管的设置应符合：当热水系统由生活饮用高位水箱补水时，可将膨胀管引至同一建筑物的非生活饮用水箱的上空，膨胀管出口离接入水箱水面的高度不应小于 100mm；当热水供水系统上设膨胀水箱时，膨胀水箱水面应高出系统冷水补给水箱水面，其值经计算确定。膨胀管上严禁装设阀门。

在闭式热水供应系统中，应设膨胀罐、泄压阀，并符合：日用热水量小于等于 30m³ 的热水供应系统可采用安全阀等泄压措施；日用热水量大于 30m³ 的热水供应系统应设置压力式膨胀罐；膨胀罐宜设置在加热设备的热水循环回水管上。

d 管道伸缩问题

在热水供应系统中，机械材料（管道材料）也同样膨胀。特别是对于集中供热水系统中的热水供水管和回水立管，由于管段长，伸缩量也大，一般设置伸缩管接头连接。

热水管道的伸缩补偿可采取伸缩器及管道自身转弯等方法，图 5-17 为管道弯成的 Π 形及金属波纹形伸缩器。

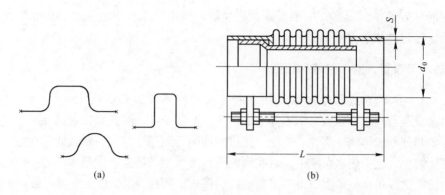

图 5-17　伸缩器

（a）Ⅱ形；（b）波纹形

e　保温

与冷水供应不同，热水供应系统中设备及管道必须设法减少系统的热损失。热水锅炉、燃油（气）热水机组、水加热设备、贮水器、分（集）水器、热水输（配）水、循环回水干（立）管应做保温，保温层的厚度应经计算确定。保温材料应选用导热系数小、耐热性高、有一定强度、重量轻、不易燃烧、耐腐、易施工成形、价廉的材料。

热水配水、回水管以及热媒水管常用的保温材料为岩棉、超细玻璃棉、硬聚氨酯、橡塑泡棉等材料；蒸汽管用憎水珍珠岩管壳保温时，其厚度为 50～70mm；水加热器、开水器等设备采用岩棉制品、硬聚氨酯发泡塑料等保温时，保温厚度为 35mm。

保温做法按绝热材料及施工方法有湿抹式、预制式、填充式和包扎式等。不论采用何种结构形式，在保温层施工前，均应将钢管表面进行防腐处理，将管道表面清除干净，刷两道防锈漆。此外，保温材料应与管道或设备的外壁紧密相贴密实，为增加保温结构的机械强度和防湿能力，在保温层外一般均应有保护层，常用的保护层有石棉水泥保护层、麻刀灰保护层、玻璃布保护层、铁皮保护层等。在采用石棉水泥保护层或麻刀灰保护层时，其厚度：对于管道不小于 10mm，对于设备不小于 15mm。如遇管道转弯处，其保温应作伸缩缝，缝内填柔性材料。

f　防结垢

水的硬度是指水中钙、镁离子的浓度，水可分为软水、硬水，凡不含或含有少量钙、镁离子的水称为软水，反之称为硬水。硬水受热容易在加热器或管道内结垢，降低传热效率，又腐蚀损坏加热设备，危害较大。为减少结垢，可在加热器的进水口处装设适当的除垢器、如磁水器、电子除垢器等；还可向水中投加除垢剂，以避免结垢，且不影响热水水质。应根据原水水质、水量、水温、水加热设备构造及使用要求等因素确定正确的水处理工艺。

g　其他

此外还有促进热水循环的循环水泵；有排除蒸汽凝结水的疏水器以及温度调节器等，都是热水供应系统的专用设备。

B　热水与冷水使用目的不同导致的差异

良好的热水供应系统要求恒定适宜的热水温度，则热水供应系统还要注意：

（1）热水等待时间。一般使用热水大都以洗洁为主要目的。住宅内的热水是间断使用的，一次使用时间也较短，打开龙头后，流出的热水没有达到使用温度，将影响使用效果。

供热水系统性能的优劣取决于系统能否缩短热等待时间，能否持续供给适宜温度及流量的热水。这时要求加热器升温时间要短；要求热水供应的管道系统可使热水的等待时间变短，如采用分水器式的管道系统。

（2）热水温度的安全性。一般情况下热水供应在考虑系统效率等情况下，多以比较高的出水温度供给热水，热水和冷水靠水龙头（混合水龙头）混合变成所需温度的热水。

对于高温（60～90℃）贮存热水的容积式热水器供应系统，在混合水龙头内的热水侧混合室温度高，使用时需要注意，以防止烫伤；即使采用以确保稳定热水温度为目的的恒温器的水龙头，在流量变化较大时，热水也不能立即达到使用的"舒适"温度。

5.3.3.2 热水管布置、敷设的基本原则

热水供应系统的管线布置最基本原则是在满足使用、便于维修管理的情况下管线最短。热水管网有明设、暗设两种敷设方式，铜管、薄壁不锈钢管、衬塑钢管等可根据建筑、工艺要求暗设或明设；塑料热水管宜暗设，暗设在墙体或垫层内的铜管宜用塑覆铜管，明设时立管宜布置在不受撞击处，如不可避免时，应在管外加防紫外线照射、防撞击的保护措施。

热水管道暗设时，热水横干管可敷设与室内管沟、地下室顶部、管廊、吊顶、建筑物最高层或专用设备技术层内；热水立管可敷设在墙壁竖向管槽内或管道竖井内；支管可埋设在地面、楼板面的垫层内，但铜管和聚丁烯管（PB）埋于垫层内宜设保护层。暗设管道在便于检修的地方装设法兰，装设阀门处应留检修门，以便管道更换和维修。管沟内敷设的热水管应置于冷水管之上，并进行保温。

明装管道应尽量布置在卫生间或非居住人的房间。

热水管道穿越建筑物墙壁、楼板和基础处应加套管，楼板套管应高出地面50～100mm，以防楼板积水时由楼板孔流到下一层。穿越屋面及地下室外墙时，应加防水套管，以免管道膨胀时损坏建筑结构和管道设备。热水管道在吊顶内穿墙时，可预留孔洞。套管宜填充松软材料。

热水管网应在下列管段上装设阀门：与配水、回水干管连接的分干管；配水立管和回水立管；从立管接出的支管；室内热水管道向住户、公共卫生间等接出的配水管的起端；与水加热器设备、水处理设备及温度、压力等控制阀件连接处的管段上按其安装要求配置阀门。

热水管网上在下列管段上，应装止回阀：水加热器或贮水罐的冷水供水管线；机械循环的第二循环系统回水管；冷热水混合器的冷、热水供水管。

所有热水横管（配水及回水）应保持有不小于0.003的坡度，配水横干管应沿水流方向上升，利于管道中的气体向高点聚集，便于排气；回水横管应沿水流方向下降，便于检修时泄水和排出管内污物。泄水管直径一般取DN25mm，系统较大时可取DN50mm。

对下行上给全循环式管网，为了防止配水管网中分离出来的气体被带回循环管，回水立管应在最高配水点以下0.5m处与配水立管连接。上行下给系统中只需将循环管道与各立管连接。

室外热水管道一般在管沟内敷设，当不可能时，也可直埋敷设，其保温材料为聚氨酯硬质泡沫塑料，外作玻璃钢管壳，并作伸缩补偿处理。直埋管道的安装与敷设还应符合有关直埋供热管道工程技术规程的规定。

为了避免管道热伸缩所产生的应力破坏管道，立管与横管连接应按图 5-18 敷设。

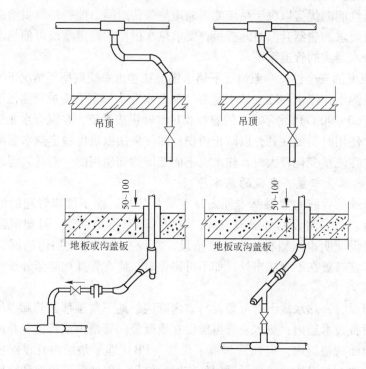

图 5-18　热水立管与水平干管的连接方式

5.3.3.3　管道支架

热水管道应设固定支架，以利于均匀分配管道的伸缩量，一般设于伸缩器或自然补偿管道的两侧，其间距长度应满足管段的热伸长量不大于伸缩器所允许的补偿量。此外，一般在管道上有分支管处、水加热器接出管道处、多层建筑立管中间、高层建筑立管之两端（中间有伸缩设施）等处应设固定支架，固定支架之间宜设导向支架。

5.3.4　管材与附件

5.3.4.1　管材

热水系统采用的管材和管件，应符合现行有关产品的国家标准和行业标准的要求。管道的工作压力和工作温度不得大于产品标准标定的允许工作压力和工作温度。可选用薄壁铜管、薄壁不锈钢管、塑料热水管、塑料和金属复合热水管。当采用塑料热水管或塑料和金属复合热水管材时应符合：管道的工作压力应按相应温度下的许用工作压力选择；设备机房内的管道不应采用塑料热水管。住宅入户管敷设在垫层内时可采用聚丙烯（PP-R）管、聚丁烯（PB）管、交联聚乙烯（PE-X）管等软管。

5.3.4.2　常用附件

热水系统的管道和设备上应设置的附件有：排气装置、泄水装置、温度计、压力表、安全阀、膨胀水箱、膨胀管、疏水器、自动温度调节装置。

水加热设备的上部、热媒进出口管上、贮热水箱和冷热水混合器上应装设温度计、压力表；热水循环的进水管上应装温度计及控制循环泵开停的温度传感器；热水箱应装温度计、水位计；压力容器设备应装安全阀。安全阀的接管直径应经计算确定，并应符合锅炉及压力容器的有关规定，安全阀的泄水管应引至安全处且在泄水管上不得装设阀门。

A 自动温度调节装置

当采用蒸汽直接加热或容积式水加热器间接加热时，为了控制、调节加热水的温度，最好装设自动温度调节装置。自动温度调节装置是以自动控制热媒的进入量来调节水温的仪表，有直接作用式和间接作用式两种，在热水供应中常采用直接作用式自动温度调节装置。自动温度调节装置的安装，如图 5-19、图 5-20 所示。

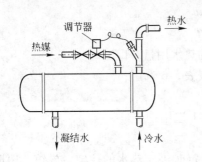

图 5-19 直接式温度调节安装示意图

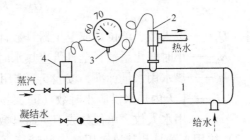

图 5-20 间接式自动调温装置
1—加热器；2—温包；3—电触点式
温度计；4—电动调节阀

B 疏水器

疏水器的作用是保证凝结水及时排放，同时又能防止蒸汽漏失，是一个自动阀门，如图 5-21 所示。用蒸汽作热媒间接加热的水加热器、开水器的凝结水回水管上应每台设备设疏水器，当水加热器的换热能确保凝结水回水温度小于等于80℃时，可不装疏水器。蒸汽立管最低处、蒸汽管下凹处的下部宜设疏水器。疏水器口径应经过计算确定，其前应装过滤器，其旁不宜附设旁通阀。

C 安全阀

安全阀是压力容器、锅炉、压力管道等压力系统中广泛使用的一种安全装置，可保证压力系统安全运行。当容器压力超过设计规定时，安全阀自动开启，排出气体降低容器内的过高压力，防止容器或管线的破坏；当容器内的压力降至正常操作压力时安全阀自动关闭，避免因容器超压排出全部气体，从而造成浪费和中断生产，如图 5-22 所示。

图 5-21 疏水器外形

图 5-22 安全阀

5.3.5　热水用水量、耗热量及热媒耗量的计算

热水用水量、耗热量及热媒耗量是热水供应系统中选择各种设备的基础资料。

（1）热水用水量。生产热水用水量应根据工艺过程确定。

1）生活热水用水量按用水人数或床位数和其热水定额计算，用于宿舍（Ⅰ、Ⅱ类）、住宅、别墅、酒店式公寓、招待所、培训中心、旅馆的客房（不含员工）、医院住院部、养老院、幼儿园、托儿所（有住宿）办公楼等建筑的集中热水系统：

$$Q_r = K_h \cdot \frac{mq_r}{T} \tag{5-1}$$

式中　Q_r——按人数、单位数或卫生器具数计算的热水用量，L/h；

K_h——小时变化系数，全日供应热水时可按表5-6选用；

q_r——热水用水量标准，按表5-1选用；

T——1天内热水供应小时数（h），按表5-1选用；

m——用水人数、单位数或卫生器具数等。

2）按用水器具和其热水用量定额计算，用于定时供应热水的住宅、旅馆、医院及工业企业生活间、公共浴室、宿舍（Ⅲ、Ⅳ类）、剧院化妆间、体育馆运动员休息室等建筑的集中热水系统：

$$Q_r = \sum \frac{q_h n_0 b}{100} \tag{5-2}$$

式中　q_h——卫生器具一次或一小时热水用量，L/h，按表5-2选用；

n_0——同一类型的卫生器具的数量；

b——卫生器具的同时使用最大百分数：住宅、旅馆、医院、疗养院病房的卫生间内浴盆或淋浴器可按70%~100%计，其他器具不计，但定时连续供水时间应大于等于2h；工业企业生活间、公共浴室、学校、剧院、体育场馆等浴室内的淋浴器和洗脸盆均按100%计；住宅一户设有多个卫生间时，可按一个卫生间计算。

表5-6　热水小时变化系数

类别	住宅	别墅	酒店式公寓	宿舍（Ⅰ、Ⅱ类）	招待所、培训中心、普通旅馆	宾馆	医院	幼儿园、托儿所	养老院
热水用水定额/L·(人(床)·d)$^{-1}$	60~100	70~110	80~100	70~100	25~50 40~60 50~80 60~100	120~160	60~100 70~130 100~160 110~200	20~40	50~70
使用人（床）数	≤100~≥6000	≤100~≥6000	≤150~≥1200	≤150~≥1200	≤150~≥1200	≤150~≥1200	≤50~≥1000	≤50~≥1000	≤50~≥1000
K_h	4.80~2.75	4.21~2.47	4.00~2.58	4.80~3.20	3.84~3.00	3.33~2.60	3.63~2.56	4.80~3.20	3.20~2.74

注：1. K_h应根据热水用水定额高低、使用人（床）数多少取值，当热水用水定额高、使用人（床）数多时取低值，反之取高值，使用人（床）数小于等于下限值及大于等于上限值的，K_h就取下限值及上限值，中间值可用内插法求得。

2. 设有全日集中热水供应系统的办公楼、公共浴室等表中未列入的其他类型建筑的K_h值可参考表3-2中给水的小时变化系数选值。

　　具有多个不同使用热水部门的单一建筑或具有多种使用功能的综合性建筑，当其热水由同一热水供应系统供应时，设计小时热水量可按同一时间内出现用水高峰的主要用水部门的设计小时热水量加其他用水部门的平均小时热水量计算。

　　热水用水量的水温因使用要求不同，可以通过在用水点用混合龙头来混合。但热水供应系统的供水温度只能是一定值，因此在计算时必须将不同温度的水量统一到供水温度时的水量。可以通过冷、热水水量的热平衡来计算。

　　（2）热水的耗热量和热媒耗量计算详见相关设计手册。

5.3.6　热水供水管网计算要点

　　（1）配水管网水力计算的目的是根据各配水管段的设计秒流量和允许流速值来确定配水管网的管径，并计算水头损失值。

　　1）热水配水管网的设计秒流量可按生活给水（冷水系统）设计秒流量公式计算。

　　2）热水管网的局部水头损失一般可按沿程水头损失的 25%～30% 进行估算，也可按局部水头损失的计算公式逐一计算后再累加。

　　3）热水管道的流速：DN15～DN20，$v \leqslant 0.8 \mathrm{m/s}$；DN25～DN40，$v \leqslant 1.0 \mathrm{m/s}$；DN $\geqslant$ 50，$v \leqslant 1.2 \mathrm{m/s}$。

　　4）热水管网的管径不宜小于 20mm。

　　（2）管网水头损失计算要点。热水管网中的沿程损失和局部损失计算，与冷水管道的计算方法和计算公式相同，但热水管道的计算内径 d_j 应考虑结垢和腐蚀引起的过水断面缩小的因素，管道结垢造成的管径缩小量见表5-7。

表5-7　管道结垢造成的管径缩小量　　　　　　　　　（mm）

管道公称直径	15～40	50～100	125～200
直径缩小量	2.5	3.0	4.0

　　热水管道的水力计算，应根据采用的热水管道材料，选用相应的热水管道水力计算图表或公式进行计算，使用时应注意水力计算图表的使用条件，当工程的使用条件与制表条件不相符时，应进行相应修订。

　　（3）循环管道的设置及管径确定。循环管道不配水，仅通过用以补偿配水管热损失的循环流量。

　　集中热水供应系统应设热水循环管道，其设置应符合下列要求：

　　1）热水供应系统应保证干管和立管中的热水循环。

　　2）要求随时取得不低于规定温度的热水的建筑物，应保证支管的热水循环，或有保证支管中热水温度的措施。

　　3）循环系统应设循环泵，并采用机械循环。

　　4）设有三个或三个以上卫生间的住宅、别墅的局部热水供应系统当采用共用水加热设备时，宜设热水循环管及循环泵。

　　5）建筑物内集中热水供应系统的热水循环管道宜采用同程布置的方式；当采取同程布置困难时，应采取保证干管和立管循环效果的措施。

　　6）居住小区内集中热水供应系统的热水循环管道宜根据建筑物的布置、各单体建筑物内热水循环管道布置的差异等，采取保证循环效果的适宜措施。

7）设有集中热水供应系统的建筑物中，用水量较大的浴室、洗衣房、厨房等，宜设单独的热水管网。热水为定时供应且个别用户对热水供应时间有特殊要求时，宜设置单独的热水管网或局部加热设备。

热水供应系统的循环回水管管径，应按管中循环流量经水力计算确定。初步设计时，可参照表 5-8 确定。

表 5-8   热水管网回水管管径选用表

热水管网、配水管段管径 DN/mm	20 ~ 25	32	40	50	65	80	100	125	150	200
热水管网、回水管段管径 DN/mm	20	20	25	32	40	40	50	65	80	100

为保证各立管的循环效果，尽量较小干管的水头损失，热水配水干管和回水干管均不宜变径，可按其相应的最大管径确定。

（4）蒸汽管道的计算。在以蒸汽作热媒加热水的热水供应系统中，热媒蒸汽管道一般按管道允许流速和相应的比压降确定管径和水头损失。高压蒸汽管道的常用流速见表 5-9。

表 5-9   高压蒸汽管道常用流速

管径/mm	15 ~ 20	25 ~ 32	40	50 ~ 80	100 ~ 150	≥200
流速/m·s^{-1}	10 ~ 15	15 ~ 20	20 ~ 25	25 ~ 35	30 ~ 40	40 ~ 60

5.3.7　热水供应设备选用

（1）选择局部热水供应设备时，应符合下列要求：

1）选用设备应综合考虑热源条件、建筑物性质、安装位置、安全要求及设备性能特点等因素。

2）需同时供给多个卫生器具或设备热水时，宜选用带贮热容积的加热设备。

3）当地太阳能资源充足时，宜选用太阳能热水器或太阳能辅以电加热的热水器。

4）热水器不应安装在易燃物堆放或对燃气管、表或电气设备产生影响及有腐蚀性气体和灰尘多的地方。

5）燃气热水器、电热水器必须带有保证使用安全的装置。严禁在浴室内安装直接排气式燃气热水器等可以在使用空间内积聚有害气体的加热设备。

（2）集中热水供应系统的加热设备应根据用户使用特点、耗热量、热源、维护管理及卫生防菌等因素选择，并符合下列要求：

1）热效率高，换热效果好、节能、节省设备占地面积。

2）生活热水侧阻力损失小，有利于整个系统冷、热水压力的平衡。

3）安全可靠、构造简单、操作维修方便。

4）具体选择水加热设备时，应遵循下列原则：

①当采用自备热源时，宜采用直接供应热水的燃气、燃油热水机组，亦可采用间接供应热水的自带换热器的燃气、燃油热水机组或外配容积式、半容积式水加热器的燃气、燃油热水机组。

②燃气、燃油热水机组除满足前述基本要求外，还应具备燃料燃烧完全、消烟除尘、

自动控制水温、火焰传感、自动报警等功能。

③ 当采用蒸汽、高温水为热媒时，应结合用水的均匀性、给水的水质硬度、热媒的供应能力、系统对冷热水压力平衡稳定的要求、设备所带温控安全装置的灵敏度、可靠性等，经综合技术经济比较后选择间接水加热设备。

④ 当热源为太阳能时，其水加热系统应根据冷水水质硬度、气候条件、冷热水压力平衡要求、节能、节水、维护管理等技术经济比较确定。

⑤ 在电源供应充沛的地方可采用电热水器。

(3) 选用不同形式的间接水加热设备时，必须注意它们有不同的适用条件。

1) 选择容积式水加热器时，应注意：

① 热媒供应不能满足最大小时耗热量的要求。

② 对温控阀的要求较低，由于调节容积大，要求温控阀的精度为 ±5℃。

③ 要求有不小于 30~40min 最大小时耗热量的贮热容积，供水可靠性及供水水温、水压的平衡度较高。

④ 设备占地面积大。

2) 选择半容积式水加热器时，应注意以下几点：

① 热媒供应较充足，能满足最大小时耗热量的要求。

② 对温控阀的要求高于容积式，低于半即热式，由于它有一定的调节容积，要求温控阀的精度为 ±4℃。

③ 要求有不小于 15min 最大小时耗热量的贮热容积，供水可靠性及供水水温、水压的平衡度都较好。

④ 设备占地面积较大。

3) 选择半即热式水加热器时，应注意以下几点：

① 热媒供应必须充足，能满足设计秒流量所需耗热量时要求。

② 热媒为蒸汽时，其最低工作压力不小于 0.15MPa，且供汽压力稳定。

③ 对温控阀的要求高。由于它的调节容积很小，所以对温控阀的精度要求为 ±3℃。

④ 一定要设有超温、超压的双保险安全装置。

⑤ 用水较均匀的系统。

⑥ 设备用房占地面积较小。

4) 选择快速式水加热器时，应注意以下几点：

① 用水较均匀的系统。

② 冷水水质总硬度低，宜小于 150mg/L（以 $CaCO_3$ 计）。

③ 系统设有贮热设备。

(4) 医院热水供应系统的水加热设备应按下列规定选择：

1) 锅炉和水加热器不得少于两台，一台检修时，其余各台的总供热能力应不得小于设计之工量的 50%。

2) 医院建筑不得采用有滞水区的容积式水加热器。

(5) 机械循环的热水供应系统中循环水泵的确定：

1) 水泵的出水量应为循环水泵；

2) 水泵的扬程应按式 (5-3) 计算：

$$H_b = h_p + h_s \tag{5-3}$$

式中　H_b——循环水泵的扬程，kPa；

　　　　h_p——循环水量通过配水管网的水头损失，kPa；

　　　　h_s——循环水量通过回水管网的水头损失，kPa。

当采用半即热式水加热器或快速水加热器时，水泵扬程尚应计算水加热器的水头损失。

3）循环水泵应选用热水泵，水泵壳体承受的工作压力不得小于其承受的静水压力加水泵扬程；循环水泵宜设备用泵，交替工作；全日制热水供应系统的循环水泵应由泵前回水管的温度控制开停。

5.4　饮水供应系统

饮水供应系统包括开水供应系统、冷饮水供应系统和饮用净水供应系统（管道直饮水系统）。一般办公楼、旅馆、学生宿舍、军营等多采用开水供应系统；工矿企业的生产车间和大型公共集会场所，如体育馆、展览馆、游泳场、车站、码头和公园等人员密集处，引饮用温水、冷饮水比较合适，宜采用冷饮水供应系统；对饮用水水质有较高要求的居住小区及高级住宅、别墅、商住办公楼、星级宾馆、学校及其他公共场所宜采用管道直饮水系统。

饮水供应系统包括饮水制备和饮水供应两部分。

5.4.1　饮水定额

（1）根据建筑性质、工作条件和地区情况等，饮水定额及小时变化系数应按表 5-10确定。

表 5-10　饮水定额及小时变化系数

建筑名称	单位	水量标准/L	小时变化系数
办公楼	每人每班	1~2	1.5
宿舍	每人每日	1~2	1.5
教学楼	每学生每日	1~2	2.0
医院	每病床每日	2~3	1.5
招待所、旅馆	每客人每日	2~3	1.5
影剧院	每观众每日	0.2	1.0
体育馆（场）	每观众每日	0.2	1.0
一般车间	每人每班	2~4	1.5
热车间	每人每班	3~5	1.5
工厂生活间	每人每班	1~2	1.5

注：饮用水包括开水和温水；小时变化系数系指饮水供应时间内的变化系数。

（2）管道直饮水水量水压。管道直饮水主要用于居民饮用、煮米、烹饪，也可用于淘米、洗涤瓜果、蔬菜及冲洗餐具。个人用水量随经济水平、生活习惯、水费、龙头特性、当地气温等因素的不同而不同。设有管道直饮水的建筑最高日管道直饮水定额可按表5-11确定。

管道直饮水水嘴的额定流量宜为0.04~0.06L/s,最低工作压力不得小于0.03MPa。

表5-11 最高日直饮水定额

用 水 场 所	单 位	最高日直饮水定额
住宅楼	L/(人·日)	2.0~2.5
办公楼	L/(人·班)	1.0~2.0
教学楼	L/(人·日)	1.0~2.0
旅 馆	L/(床·日)	2.0~3.0

注: 1. 此定额仅为饮用水量;
　　2. 经济发达地区的居民住宅楼可提高至4~5L/(人·日);
　　3. 最高日管道直饮水定额也可根据用户要求确定。

5.4.2 饮水水质

供应开水、温水、凉水的饮水水质应符合我国现行的《生活饮用水卫生标准》GB 5749—2006的要求。煮沸、输送中不受二次污染。

管道直饮水水质标准应符合《饮用净水水质标准》(CJ 94—2005)、卫生部颁布的《生活饮用水管道分质直饮水卫生规范》的要求;制备产品水的原水应采用城市市政给水管网的供水或符合卫生要求的其他水源水。

新建住宅小区管道直饮水水质宜提倡健康饮水概念,即去除水中有害物质,保存对人有益成分。

5.4.3 饮水温度

(1) 开水是我国人民一般日常饮水,这是为保证卫生健康和饮茶的需要,制备开水须将水升温至100℃,并持续3min以上,在旅馆、饭店、办公楼、机关、学校及家庭均饮用开水,计算水温为100℃。但闭式开水系统水温按105℃计。

(2) 直饮水(生饮水),为防止中途二次污染的危害,在饮用前一般需进行处理,国内一些饭店、宾馆及住宅小区等设有管道直饮水系统,水温一般为10~30℃。

(3) 冷饮水一般是针对工业企业夏季劳保供应的饮用水,水温视工作条件和性质而不同,在高温重体力劳动常采用14~18℃;重体力劳动用10~14℃;轻体力劳动用7~10℃;高级饭店、冷饮店等为4.5~7℃。

5.4.4 饮水制备及供应

一些家用或办公型净水器安装在给水设备的用户端,在一定程度上可保证出水的卫生安全。净水器的形式种类繁多,按安装形式有直接装在水龙头上的,有水龙头兼用型的,还有安装在洗涤盆下的配管组合型净水器等。

各种净水器的净化原理各异,功能也不尽相同,当使用活性炭过滤处理和膜处理时,滤料和膜材料要定期更换。使用时最好选用国家有关部门认定的产品。

5.4.4.1　直饮水（又称优质水或称生饮水）制备及供应

一些单体建筑（如办公楼、住宅）、一些建筑小区建设了管道直饮水系统（即优质水供给水系统）。此类系统对水进行深度的加工处理，使处理后的水质在一些指标上优于一般的自来水，通过供水管道送入用户（如食堂用水、住宅饮水、办公室的饮水处）。

管道直饮水系统由优质水制造装置（即水处理装置）、配水设备（优质水管道系统）和控制系统等组成。

管道直饮水应针对不同原水的水质特点选用不同的深度处理工艺。

对于少量的直饮水，采取就地分散、深度处理是经济可行的好办法。

对直饮水制造装置所采用的材料，必须满足国家有关单位的规定，原则上必须采用对水质无污染的优质材料。

直饮水制造装置的处理单元有活性炭吸附处理、膜处理、臭氧处理、矿物添加装置、催化氧化处理、离子交换和消毒处理等，直饮水制造装置可采用以上的某个单元或某几个单元组合方式。

水的深度处理主要设备可采用膜处理（反渗透 RO、纳滤 NF、超滤 UF、微滤 MF）或其他新处理设备（如电吸附技术）。

为保证膜处理的正常运行，一般在膜处理设备工艺前采用预处理技术。为避免粘垢、硬垢在膜表面的形成，可采用机械过滤器、保安过滤器（精密过滤器）等预处理技术；为避免胶体、有机物、细菌在膜上形成粘垢可采用微滤或超滤；去除有机物还可采用活性炭吸附技术，一般采用吸附性能好的果壳炭，也可采用载银活性炭或活性炭分子筛；为避免膜表面硬垢的形成，可采用离子交换等方法；脱氯可避免有机膜的氧化，可采用活性炭滤器进行。

针对用户端对水质的要求，膜处理后还要进行后处理。后处理涉及：消毒处理，常采用臭氧、二氧化氯、紫外线照射或微电解杀菌器；矿化处理，增加水中矿物盐的技术，可采用麦饭石、木鱼石粒状介质进行处理；活化处理即通过远红外线、高强磁场、超声波等技术增加洁净饮用水的能量，使水分子团变小，有利于人体健康。

由于饮用净水时对电导率没有要求，所以可以采用多种技术优化组合。一些关键技术组合：（1）臭氧活性炭——微滤或超滤；（2）活性炭——微滤或超滤；（3）离子交换——微滤或超滤；（4）纳滤。

以上第（1）、（2）中技术不对无机离子作处理，保留所用矿物质，只去除有机污染物。第（3）种可以去除硬度，不能去除无机盐。第（4）种既可去除硬度、无机盐，也可去除有机污染物。

管道直饮水系统另一个重要问题是：必须确保优质水制造装置后面的配水系统（直饮水管道系统）的水质量稳定。目前的方法有：

（1）配管宜优先选用薄壁不锈钢，埋地管材料选 SUS316 型管材，明装选 SUS304 不锈钢管。

（2）管道直饮水宜采用调试泵直接供水或处理设备置于屋顶的水箱重力式供水方式，不要安装能使水质变差的储水箱（或储水池）。

（3）解决配管中水质变差的办法是：在水管的端部安装电磁阀，并定期进行排水；或者设置循环管路，安装循环泵，通过循环管路将管中滞留的优质水循环到水处理装置侧。

管道直饮水的供、回水管网应同程布置，循环管网内水的停留时间不应超过12h；从立管接至配水龙头的支管管段长度不宜大于3m。

（4）直饮水制造装置在制水中会消耗水中的氯，为保证管道中的水质，可以通过投加氯，保持水管末端的游离余氯在0.1mg/L以上。

（5）管道直饮水系统必须独立设置。

5.4.4.2 开水的制备及供应

A 制备方法的分类

按制备方法有直接加热制备方法和间接加热制备方法；直接加热制备方法有蒸汽直接加热（清洁蒸汽与冷水混合）、燃气直接加热和电加热等方法；也常采用蒸汽间接加热的制备方法。图5-23为蒸汽直接加热分装供应的装置简图，采用该方法时必须保证蒸汽的卫生质量，以保证加热后的热水产品符合卫生饮用水的水质标准。

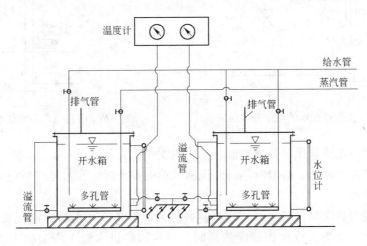

图5-23 蒸汽直接制备开水的方式

B 开水供应方式

根据建筑物性质以及使用要求，开水可采用分散制备方式、集中制备集中供应方式和集中制备管道输送方式三种。

（1）集中制备集中供应。在锅炉房或开水间，设置开水炉或沸水器，集中烧制开水，并设置取水龙头集中取用开水，这是小范围供应开水的常用方式，如图5-24所示。

（2）集中制备管道输送。锅炉房中集中

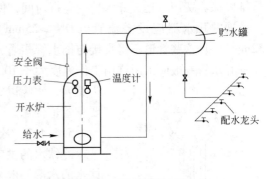

图5-24 开水炉集中取水

烧制开水，再通过管道输送到各饮水点，如图5-25所示。为了保证取水点的开水水温，管道需要保温处理，并设置循环管道系统。

（3）分散制备分散供应。在有条件的建筑物内，可将热源蒸汽、燃气或电力送至各开水制备点，分散制备，分散取用，并保证开水水温，在大型多层或高层建筑中常采用这种开水供应方式。图5-26为利用蒸汽制备开水的供水系统，蒸汽放热后凝结成水，回流到锅炉房。

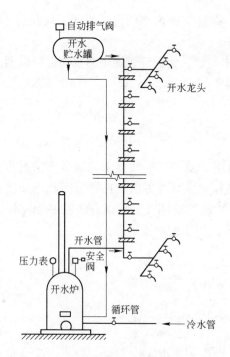

图 5-25 由管道配水的集中开水供应系统

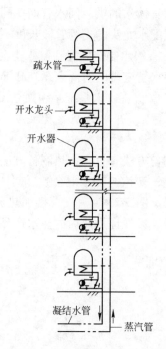

图 5-26 分散蒸汽开水供水系统

这种开水供应系统能保证开水水温，便于热饮。

开水炉应装设温度计，必要时还需装设沸水箱或安全阀；开水器应装设温度计和水位计，以便运行管理。

如采用燃气为热源时，开水间还应有良好的通风设备，开水器的通气管应引至室外，以免燃气泄出发生事故；冷水如硬度较高时，可在锅炉进水管上安装磁水器或电子除垢器，减少炉内结垢；沉积于炉底的浮垢可由每日排污除去，以提高热效率，减轻腐蚀，降低维修保养费用，延长开水炉的运行时间，使开水供应更为可靠。

通常开水器应设溢流管（DN≥25mm）、泄水管（DN≥15mm）、通气管（DN≥32mm），且这些管道不得直接与排水管相通，以保证水质不受污染。

开水管一般应采用许用工作温度大于100℃的金属管材；开水热水供应的配水水嘴宜为旋塞，水嘴以铜质为宜。从开水器引出的管道较长时，一般要求管道保温。

5.4.4.3 冷饮水制备

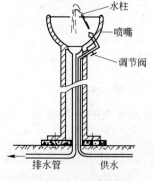

图 5-27 饮水器

冷饮水的供应是指提供水质合格的常温或低温的饮水。冷饮水的水源一般采用自来水，如能保证水质不受输送途中污染，可以装设饮水器，由饮用者取用，如公园、大型体育场等的喷饮水池，见图 5-27。如果水质不能保证时，须经过适当的处理才能饮用，如过滤、消毒处理等。常用的过滤器有陶制砂滤棒过滤器或活性炭滤芯过滤器。

当中小学、体育馆（场）等公共建筑设饮水器时，应符合下列要求：

（1）以温水或自来水为源水的直饮水，应进行过滤和消毒处理。

（2）应设循环管道，循环回水应经消毒处理。

图 5-28 为紫外线消毒的一种方式。紫外线杀灭冷水中的细菌，是利用紫外灯放出大量的波长为 270nm 的紫外线破坏细菌的核酸蛋白质，使细菌致死或变异。紫外线消毒最适宜用在温度为 18～25℃，相对湿度为 35%～75% 的环境。紫外线对清水的穿透能力为 12～15cm，如果设计水深 7～8cm，照射 2min 即可起到杀菌作用。在图 5-28 中的加热水箱，是用在冬季或水温过低时期，加热水的设备。紫外线消毒水盘箱盖，要用反射率好的材料制造，以提高杀菌效率。箱盖一般采用磨光铝板，其反射率可达 70%～80%。

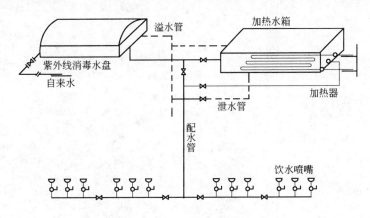

图 5-28　紫外线消毒饮水系统

国产低功率紫外线杀菌灯有 15W、20W、30W 等规格，电压为 220V。为了发挥灯管功效应保证电压稳定。

（3）饮水器的喷嘴应倾斜安装并设有防护装置，喷嘴孔的高度应保证排水管堵塞时不被淹没；应使同组喷嘴压力一致；饮水器应采用不锈钢、铜镀铬或瓷质、搪瓷制品，其表面应光洁易于清洗。

（4）饮水管道应选用耐腐蚀、内表面光滑、符合食品级卫生要求的薄壁不锈钢管、薄壁铜管、优质塑料管；阀门、水表、管道连接件、密封材料、配水水嘴等选用材质均应符合食品级卫生要求，并与管材匹配。

饮水供应点的设置，应符合下列要求：

（1）不得设在易污染的地方，对于经常产生有害气体或粉尘的车间，应设在不受污染的生活间或小室内。

（2）位置应便于取用、检修和清扫，并应保证良好的通风和照明。

（3）楼房内饮水供应点的位置，应根据实际情况加以确定。

在工厂等的冷饮供应中，饮水还应经过冷冻，加调味剂等处理。对于重体力劳动和高温作业场所的冷饮水，还应加入一定量的食盐，补充劳动者因出汗过多而失去的盐分。

复习思考题

5-1　热水供应方式有哪几种，各有什么特点？

5-2　在集中热水供应方式中为什么有些设置循环管？

5-3　室内热水供应系统管道应如何布置?

5-4　热水的加热方式有哪些?

5-5　热交换器的种类及特点。

5-6　饮用水的制备方式有哪些?

6 建筑排水系统

6.1 建筑排水系统的组成与分类

建筑排水系统的任务是接纳、汇集建筑物内各种卫生器具和用水设备排放的污（废）水，以及屋面的雨、雪水，并在满足排放要求的条件下，排入室外排水管网。

6.1.1 排水系统的分类

6.1.1.1 建筑排水的分类

按照污水和废水产生的来源，可将建筑排水分为三类。

A 生活污水

生活污水是人们日常生活用水排出的水，生活污水包括粪便污水、厨房排水、洗涤和淋浴排水。包含粪便污水的生活污水，其 BOD_5 约 300mg/L 左右，悬浮物 SS 约为 250mg/L 左右，容易滋生细菌，卫生条件差。

如果按水质将生活污水稍加区分，可将其分为生活废水和粪便污水两类。生活废水是指人们日常洗涤、淋浴等排出的水，相对来说受污染的程度较轻；粪便污水是厕所冲洗排水，含有更高浓度的有机物和悬浮物，其 BOD_5 在 1000mg/L 左右，SS 也在 800~1500mg/L 左右。

B 工业废水

工业废水是指工业生产中排出的水。工业废水的水质和水量随不同的工业、不同的产品、不同的生产工艺有着很大的差别。有的工业废水含有毒有害物质，有的工业废水则比较洁净。根据工业废水受污染的程度不同将其分为两类：生产污水和生产废水。生产污水是指工业生产中排出的受污染严重的水，如食品工业产生的被有机物污染的废水以及冶金、化工等工业排出的含有重金属等有毒物和酸、碱性废水，都可称为生产污水，而生产废水则指受污染轻微的水，如工业冷却水。

C 雨水和雪水

雨水和雪水一般比较清洁，可以直接排入水体或城市雨水管道系统。

6.1.1.2 建筑排水系统的分类

按系统接纳污废水的类型不同，建筑内部排水系统可分为三类。

A 生活污水排水系统

用于排除居住建筑、公共建筑和工厂生活间的洗涤污水和粪便污水等。这类污水的有机物和细菌含量较高，应进行局部处理后才允许排入城市排水管道。洗涤废水经处理后，可作为杂用水，用来冲洗厕所、浇洒绿地和道路、冲洗汽车等。医院污水由于含有大量病菌，在排入城市排水管道之前，还应进行消毒处理。

在分流制排水体制中，可将生活污水按粪便污水、生活废水分开收集，并分别排出，形成粪便污水排水系统和生活废水排水系统。

粪便污水排水系统：在需要单独处理粪便污水时采用。将粪便污水单独收集后进入化粪池，这样可减小化粪池容积。

生活废水排水系统：收集和排泄盥洗淋浴废水的系统，一般在需要回收利用这部分废水时采用该系统。

B 工业废水排水系统

用于排除生产过程中产生的污（废）水。因生产工艺种类繁多，所以生产污（废）水的成分十分复杂。对于污染较轻的生产废水，可直接排放或经简单处理后重复利用。对于污染严重的生产污水，需经处理后才能排放。所以，一般可以将工业废水分成两个排水系统：生产污水排水系统和生产废水排水系统，前者为受污染重的工业废水排水系统，后者为比较洁净的工业废水排水系统。

C 雨水排水系统

建筑雨水排水系统用于排除建筑屋面的雨水和融化的雪水。

6.1.1.3 排水方式及确定

如分别设置管道将三类污（废）水，生活污水、工业废水、雨雪水，分别排出建筑物，称分流制排水系统；若将其中两类或三类污（废）水合流排出，则称合流制排水系统。

确定建筑物内部排水系统的排水体制，是一项较为复杂而且必须综合考虑其经济技术情况的工作，应从建筑物的污（废）水性质、污（废）水污染程度、室外排水系统体制、城市污水处理设备完善程度和综合利用情况，以及室内排水点和排水位置等多方面综合考虑。

建筑内部排水系统的设置应为室外污水处理和综合利用提供方便，尽可能做到清、污分流，减少有害物质和有用物质污水的排放量，以保证污水处理构筑物的处理效果，以及有用物质的回收和综合利用。因此：

（1）在民用建筑内，应设置生活污水和雨水的分流系统，特别是粪便污水不得与雨水管道合流。

（2）生活污水如果只含有泥沙或矿物质而不含有机污染物时，经过沉淀处理后可与雨水合流排放。

（3）被有机杂质污染的生产污水，如果符合污水净化标准，则允许与生活污水合流。

（4）当两种化学成分不同的工业废水混合后的化学反应对排水管道有害，或可能造成事故时，则应分别排出。

（5）含有大量汽油、油脂的污水应经过除油；含酸碱的污水应经过中和；高温污水应降温至 40～50℃以下；含大量固体杂质的污水应经过隔栅或沉淀处理后，才允许排入室外排水管道。

6.1.2 排水系统的组成

建筑排水系统的组成应能满足三方面的要求：系统能顺畅地将污水排到室外；系统气压稳定；管线布置合理，工程造价低。因此，一个完整的建筑排水系统应由卫生器具、排

水管道、通气管、清通设备、污水抽升设备及污水
局部处理设施等部分组成，如图 6-1 所示。

6.1.2.1　污水和废水收集器具

污水和废水收集器具往往就是用水器具，如洗
脸盆它是用水器具，同时也是排水管系的污水收集
器具，卫生器具是给水系统的终点，排水系统的起
点，它是用来满足日常生活中各种用水要求，收集
和排除污废水的设备；屋面雨水的收集器具是雨水
斗；生产设备上收集废水的器具是其排水设备。污
水从卫生器具排出经过存水弯流入排水管道系统。

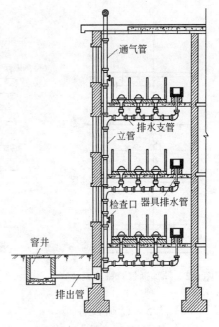

图 6-1　室内排水系统基本组成

6.1.2.2　排水管道

排水管道包括器具排水管、排水横支管、立管
和排出管。

器具排水管是指收集器具接到后续排水横支管
之间的管道。

横支管的作用是把各卫生器具排水管流来的污水
排至立管。横支管中水的流动属重力流，因此，管道
应有一定的坡度坡向立管。其最小管径应不小于 50mm，粪便排水管径不小于 100mm。

立管承接各楼层横支管排入的污水，然后再排入排出管。为了保证排水通畅，立管的
最小管径不得小于 50mm，也不能小于任何一根与其相连的横支管的管径。

排出管是室内排水立管与室外排水检查井之间的连接管段，它接受一根或几根立管流
来的污水并排入室外排水管网。排出管的管径不能小于任何一根与其相连的立管管径，建
筑物内排出管最小管径不得小于 50mm。排出管埋设在地下，坡向室外排水检查井。

6.1.2.3　水封装置

水封装置是在排水设备与排水管道之间的一种存水设备，如卫生器具自带的存水弯、
排水管道附件的存水弯。其作用是用来阻挡排水管道中产生的臭气，使其不致溢到室内，
以避免恶化室内空气品质。有一种说法认为，16 世纪英国的 John Harrigton 最早将水封用
于水洗式大便器；经过数个世纪，目前仍采用水封的方法防止排水管道的臭气，这说明现
有的重力式排水系统用水封隔离，既简单又确实可靠，是一种很好的方法。

6.1.2.4　通气管

设置通气管的目的是使建筑内部排水管系统与大气相通，尽可能使管内压力接近大气压
力，以保护水封不致因为压力的波动而受破坏；同时排放排水管道中的臭气及有害气体。

最简单的通气管是将立管上端延伸出屋面一定的高度，并在其顶部用铅丝网球或其他
格栅罩上，以防堵塞，这种通气管称作伸顶通气管，一般可用于多层建筑的单立管排水系
统，如图 6-1、图 6-2 所示。这种排水系统的通气效果较差，排水量较小。

对于层数较多或卫生器具数量较多的建筑，因卫生器具同时排水的几率较大，管内压
力波动大，只设置伸顶通气管已不能满足稳定管内压力的要求，必须增设专门用于通气的
管道（通气立管）。常用的通气立管有专用通气立管、主通气立管和副通气立管三种，如
图 6-3 所示。

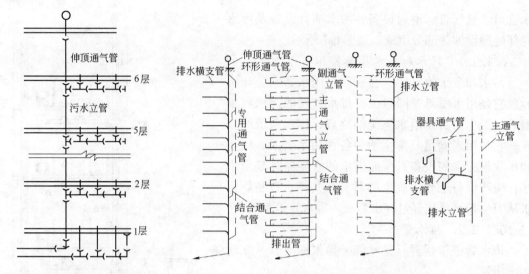

图 6-2　伸顶通气管排水系统　　　　　图 6-3　几种典型的通气方式

6.1.2.5　清通设备

一般有检查口、清扫口、检查井以及带有清通门（盖板）的90°弯头或三通接头等设备，作为疏通排水管道之用。

清扫口安装在排水横管的端部或中部，它像一截短管安装在承插排水管的承口中，它的端部是可以拧开的青铜盖，一旦排水横管发生堵塞，可以拧开青铜盖进行清理。

检查井一般是设在埋地排水管的拐弯和两条以上管道的交汇处，检查井的直径最小为700mm，井底应做成流槽与前后的管道衔接。

一般的清通设备形式如图6-4所示。

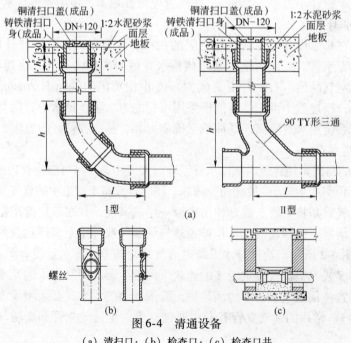

图 6-4　清通设备

（a）清扫口；（b）检查口；（c）检查口井

6.1.2.6 污水抽升设备

民用建筑中的地下室、人防建筑物、高层建筑的地下技术层、某些工业企业车间地下室或半地下室、地下铁道等地下建筑物内的污（废）水不能自流排室外时，必须设置污水抽升设备，将建筑物内所产生的污（废）水抽至室外排水管道。

按能够排除水中异物（杂物）的大小情况，排水泵可分为污物泵、杂排水泵和污水泵，见表6-1；泵的设置情况如图6-5所示。建筑内部污水提升常用的设备有潜污泵、液下泵、立式和卧式离心泵等。采用何种形式的抽升设备，应该根据污（废）水的性质、所需抽升高度和建筑物类型等具体情况来确定。

表 6-1　排水泵的种类

种 类		排水对象	最小口径	通过异物尺寸	备 注
污水泵		化粪池排水、雨水	40mm	口径的 10% 以下	原则上排水中不能含有固体物质
杂排水泵		厨房以外的杂排水、雨水	50mm	口径的 30% ~ 40% 以下	口径为 50mm 时，可通过 20mm 的球形物
污物泵	1 型	污水、厨房排水	80mm	口径的 50% ~ 60% 以下	口径为 80mm 时，53mm 的木球可通过
	2 型			口径的 100%	

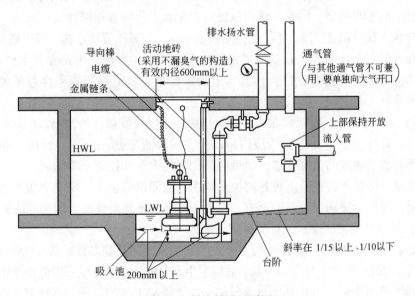

图 6-5　排水槽设置详图

6.1.2.7 污水局部处理设施

当室内污水未经处理不允许直接排入城市下水道或水体时，必须进行局部处理。民用建筑常用的污水局部处理设施有：化粪池、隔油池、沉砂池和酸碱中和池等。

对于医院污水必须进行消毒处理：当医院污水排入终端已建有正常运行的二级污水处理厂的城市下水道时，宜采用一级处理；直接或间接排入地表水体或海域时，应采用二级处理。

6.2　建筑排水系统的管路布置与敷设

6.2.1　排水系统管路的布置原则

6.2.1.1　排水管道的特点

排水管道所排泄的受污染水，一般含有大量的悬浮物，尤其是生活污水排水管道中常会有纤维类和其他大块的杂物进入，容易引起管道的堵塞。

排水管一般比较粗大，由于排水水温一般较室温低，在夏季会产生管道外侧易产生凝水问题，管道布置时应充分注意；同时排水水质一般较给水腐蚀性强，所以排水管常采用建筑排水塑料管及管件或柔性接口机制排水铸铁管及相应管件。

6.2.1.2　排水管路的布置原则

排水管道的布置应满足水力条件最佳，便于维护管理，保护管道不易受损坏，保证生产和使用安全以及经济、美观的要求。因此，排水管的布置应满足以下原则：

（1）排出管应以最短的距离排至室外。因排水管网中的污水靠重力流动，污水中杂质较多，如排出管设置过长，容易堵塞，清通、检修也不方便。此外，管道长则需要的坡降大，会增加室外排水管道的埋深。

（2）污水立管应靠近最脏、杂质最多的排水点处设置，以便尽快地接纳横支管来的水流，减少管道堵塞的机会。污水立管的位置应避免靠近与卧室相邻的墙。

（3）排水立管的布置应减少不必要的转折和弯曲，尽量作直线连接，减少堵塞的机会。

（4）排水管与其他管道或设备应尽量减少互相交叉、穿越；不得穿越生产设备基础，若必须穿越，则应与有关专业协商作技术上的特殊处理；应尽量避免穿过伸缩缝、沉降缝，若必须穿越，要有相应的技术措施。

（5）排水架空管道不得架设在遇水会引起爆炸、燃烧或损坏的原料、产品的上方，并且不得架设在有特殊卫生要求的厂房内，以及食品和贵重物品仓库、通风柜和变配电间内。同时还要考虑建筑的美观要求，尽可能避免穿越大厅和控制室等场所。

排水管道不得穿越卧室；不得穿越生活饮用水池部位的上方；不得布置在食堂、饮食厨房的主副食操作、烹调和备餐的上方，当受条件限制不能避免时，因采取防护措施。

（6）厨房和卫生间的排水立管应分别设置。

（7）在层数较多的建筑物内，为了防止底层卫生器具因受到立管底部出现过大的压力等原因，造成水封破坏或污水外溢的现象，底层卫生器具的排水应考虑采用单独排除方式。

（8）排水管道布置应考虑便于拆换管件和清通维护工作的进行，不论是立管还是横支管应留有一定的空间位置。

6.2.2　排水系统管路的敷设

建筑内部排水管道的敷设有两种方式：明装和暗装。

为清通检修方便，排水管道应以明装为主。明装管道应尽量靠墙、梁、柱平行设置，以保持室内的美观。明装管道的优点是造价低、施工方便；缺点是卫生条件差，不美观。明装管道主要适用于一般住宅、公共建筑和无特殊要求的工厂车间。

室内美观和卫生条件要求较高的建筑物和管道种类较多的建筑物，应采用暗装方式。暗装管道的立管可设在管道竖井或管槽内，或用轻质材料围挡；横支管可嵌设在管槽内，或敷设在吊顶内；有地下室时，排水横支管应尽量敷设在顶棚下。有条件时可和其他管道一起敷设在公共管沟或管廊中。暗装的管道不影响卫生，室内较美观，管道产生的噪声污染小，但造价高，施工和维修均不方便。

排水立管管壁与墙壁、柱等表面的净距通常为 25～35mm。排水管道与其他管道共同埋设时，最小水平净距为 1～3m，最小竖向净距为 0.15～0.20m。

排水管道埋地时，应有一个保护深度，防止被重物压坏，其保护深度不得小于 0.4～1.0m。

排水立管穿越楼层时，应外加套管，预留孔洞的尺寸一般较通过的立管管径大 50～100mm，见表 6-2。套管管径较立管管径大 1～2 个规格时，现浇楼板可预先镶入套管。

表 6-2　排水立管穿越楼板预留孔洞尺寸

管径 DN/mm	50	75～100	125～150	200～300
孔洞尺寸/mm×mm	100×100	200×200	300×300	400×400

排水管在穿越承重墙和基础时，应预留孔洞。预留孔洞的尺寸应使管顶上部的净空不小于建筑物的沉降量，且不得小于 0.15m，见表 6-3。

表 6-3　排水管穿越基础预留孔洞尺寸

管径 DN/mm	50～100	>100
留洞尺寸（高×宽）/mm×mm	300×300	(DN+300)×(DN+200)

当住宅卫生间的卫生器具配水管要求不穿越楼板进入他户时；当按排水管路的布置原则中第（5）条的规定受条件限制时，卫生器具排水横支管应设置同层排水。

同层排水是指器具排水管和排水支管不穿越本层结构楼板到下层空间，与卫生器具同层敷设并接入排水立管的排水方式，分为沿墙敷设方式和地面敷设方式。

同层排水形式应根据卫生间净空高度、卫生器具布置、室外环境气温等因素，经技术经济比较确定。同层排水的管路敷设方法见下：

（1）当卫生间净空高度受限时，宜采用沿墙敷设方式，即排水支管和器具排水管在本层结构楼板上方暗敷，在非承重墙（或装饰墙）内或明装在墙体外，与排水立管相连。卫生器具的布置应便于排水管道的连接，接入同一排水立管的器具排水管和排水支管宜沿同一墙面或相邻墙面敷设，大便器应采用壁挂式坐便器或后排式坐（蹲）便器，净身盆和小便器应采用后排式，宜为壁挂式，浴盆及淋浴房宜采用内置水封的排水附件，地漏宜采用内置水封的直埋式地漏。

（2）当卫生间净空高度足够时，宜采用地面敷设方式，即排水横支管和器具排水管敷设在本层的结构楼板和最终装饰地面之间，与排水立管相连。地面敷设方式可采用降板和不降板（抬高建筑面层）两种结构形式。卫生间宜采用降板结构形式，降板高度应根据卫生器具的布置、降板区域、管径大小、管道长度、接管要求、使用材料等因素确定。采用排水管道通用配件时，住宅卫生间降板高度不宜小于300mm；采用排水汇集器时，降板高度应根据产品的要求确定。大便器宜采用下排式坐便器或后排式蹲便器。器具排水横支管布置和设置标高不得造成排水滞留、地漏冒溢；埋设于填层中的管道不得采用橡胶圈密封接口；排水横支管如设置在沟槽内时，回填材料、面层应能承受器具、设备的荷载；卫生间地坪应有可靠的防渗漏措施。

6.3 建筑排水系统污水的局部处理设施

污水或废水排入城镇下水道或排入水体要满足排放标准。为达到排放标准，有时需在污水或废水排出前作一些处理。对远离市区的居住小区、工厂的污水或废水，就近作净化处理后排放是经济合理的。在一些城市，对于大型建筑要求有废水回收利用的"中水系统"，也需要建立废水处理设施。

6.3.1 建筑排水的局部处理设施

6.3.1.1 化粪池

当城市污水处理设施不健全，生活粪便污水不允许直接排入城市污水管网时，需要在建筑物附近设置化粪池。

化粪池的作用主要是使生活粪便污水沉淀，使污水与杂物分离后进入排水管道。沉淀下来的污泥在化粪池中停留一段时间，发酵腐化，杀死粪便中的寄生虫卵后清掏。

化粪池容量的大小与建筑物的性质、使用人数、污水在化粪池中停留的时间等因素有关，通常应经过计算确定。

化粪池可采用砖、石或钢筋混凝土等材料砌筑。通常池底用混凝土，四周和隔墙用砖砌，池顶用钢筋混凝土板铺盖，盖上设有人孔。化粪池要保证无渗漏。

化粪池有圆形和矩形两种形式。矩形化粪池由两格或三格污水池和污泥池组成，如图6-6所示。格与格之间设有通气孔洞。池的进水管口应设导流装置，出水管口以及格与格之间应有拦截污泥浮渣的措施。化粪池的池壁和池底应有防止地下水、地表水进入池内和防止渗漏的措施。

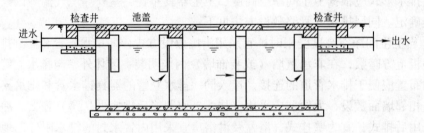

图6-6 化粪池

新型化粪池（也称无动力生物污水处理设备）是将厌氧消化和兼氧降解等生物处理技术用于传统化粪池，其基本处理流程是：沉砂→厌氧消化→兼氧降解→排水。与传统化粪池相比，新型化粪池具有处理效率较高、占地较小、可工业化生产、安装方便等优点，适用于小区生活污水处理、村镇分散式生活污水处理等。

化粪池距离地下取水构筑物不得小于30m。化粪池的长度与深度、宽度的比例应按污水中悬浮物的沉淀条件和积存数量，经水力计算确定；但在几何尺寸上，化粪池须满足以下要求：

(1) 水面到池底的深度不得小于 1.30m；

(2) 池宽不得小于 0.75m；

(3) 池长不得小于 1.00m；

(4) 圆形化粪池的直径不得小于 1.00m。

6.3.1.2 隔油池

隔油池是截流污水中油类物质的局部处理构筑物。含有较多油脂的公共食堂和饮食业的污水，应经隔油池局部处理后才能排放，否则油污进入管道后，随着水温下降，将凝固并附着在管壁上，缩小甚至堵塞管道。隔油池一般采用上浮法除油，如图 6-7 所示。

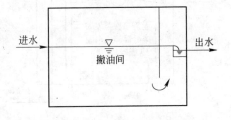

图 6-7 隔油池示意图

此外，汽车洗车水、机加工车间的排水中含有汽油或机油，这些油在管道中挥发易引起火灾。因此，车库等使用油脂的公共建筑，也应设隔油池去除污水中的油脂。

隔油池设备应满足以下要求：

(1) 人工除油的隔油池内存油部分的容积，不得小于该池有效容积的 25%。

(2) 隔油池内应有拦截固体残渣装置，并便于清通。

(3) 隔油池内宜设置气浮、加热、过滤等油水分离装置。

(4) 隔油池应设置超越管，超越管管径与进水管管径相同。

(5) 密闭式隔油池应设置通气管，通气管应单独接至室外；当隔油池设置在设备间时，设备间应有通风排气装置，且换气次数不宜小于 15 次/d。

(6) 在污（废）水含汽油、柴油、煤油等易挥发油类时，隔油池不得设于室内。污（废）水含有食用油等油类时，隔油池可设于耐火等级为一、二、三级建筑内，但宜设于地下，并用盖板封闭。

(7) 隔油池应有活动盖板，进水管应考虑清通条件。在污水中含有其他沉淀物时，应在进入隔油池前先经过沉淀处理，或在隔油池内考虑沉淀部分所需容积。

(8) 隔油池出水管管底距池底的深度，不得小于 0.6m。

(9) 沉淀物的清掏周期不得大于 6 天。

(10) 为便于利用积留油脂，粪便污水和其他污水不应排入隔油池内。

6.3.1.3 沉砂池

汽车库内冲洗汽车的污水含有大量的泥砂，在排入城市排水管道之前，应设沉砂池除去污水中粗大颗粒杂质。小型沉砂池，如图 6-8 所示。

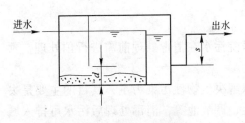

图 6-8 沉砂池示意图

6.3.1.4 降温池

建筑物附属的发热设备和加热设备排污水及工业废水的排水水温超过《城市污水排入下水道水质标准》中不大于 40℃的规定时应进行降温处理。一般采用降温池处理，如图 6-9 所示。降温池降温的方法主要有二次蒸发、水面散热和加冷水降温。

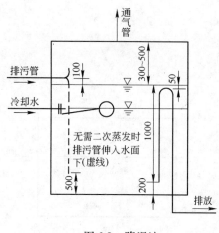

图 6-9　降温池

降温池一般设于室外，敞开式（有利于水的降温）。降温池管道设置应符合下列要求：

（1）有压高温污水进水管口宜装设消音设施，有二次蒸发时，管口应露出水面向上并应采取防止烫伤人的措施；无二次蒸发时，管口宜插进水中深度 200mm 以上。

（2）冷却水与高温水混合可采用穿孔管喷洒，当采用生活饮用水做冷却水时，应采取防回流污染措施。

（3）降温池虹吸排水管管口应设在水池底部。

（4）应设通气管，通气管排出口设置位置应符合安全、环保要求。

6.3.2　医院污水处理

医院污水处理包括医院污水消毒处理、放射性污水处理、重金属污水处理、废弃药物污水处理和污泥处理。

医院污水必须进行消毒处理，需要消毒处理的医院污水包括综合医院、传染病医院、专科医院、疗养病院、医疗卫生的教学及科研机构排放的被病毒、病菌、螺旋体和原虫等病原体污染了的水。

6.3.2.1　医院污水水量和水质

医院的综合排水量仅包括住院病房排水量、门诊、化验和制剂排水量，不包括未被致病微生物污染的病人及职工厨房、锅炉房、冷却水等排水量。医院污水排放定额及小时变化系数见表 6-4。

表 6-4　医院污水排放定额及小时变化系数

医院类型	病床床位	平均日污水量/L · （床 · d）$^{-1}$	小时变化系数
设备齐全的大型医院	>300	400 ~ 600	2.0 ~ 2.2
一般设备的中型医院	100 ~ 300	300 ~ 400	2.2 ~ 2.5
小型医院	<100	250 ~ 300	2.5

医院污水水质：每张病床每日污染物排放量，BOD_5 为 60g/（床 · d）；COD 为 100 ~ 150g/（床 · d），悬浮物为 50 ~ 100g/（床 · d）。

医院污水处理后的水质，按排放条件应符合现行国家标准《医疗机构水污染排放标准》GB 18466 的有关规定。

6.3.2.2　医院污水处理

医院污水处理由预处理和消毒两部分组成。医院污水在消毒处理前需进行预处理，预处理可以节约消毒剂用量，同时也可使消毒彻底。

预处理分为一级处理和二级处理。一级处理以解决生物性污染为主，其目的主要是去除水中的漂浮物和悬浮物，主要构筑物包括化粪池、调节池等，消毒处理后污水可排入城市排水管网，最终进入城市污水处理厂，其工艺流程如图 6-10 所示。

二级处理主要经过调节池、沉淀池和生物处理构筑物，其中生物处理常采用生物转盘和生物接触氧化池。因有机物去除率在90%以上，所以消毒量少，仅为一级处理的40%，且消毒彻底，出水可以直接排入水体。医院污水二级处理工艺流程见图6-11。

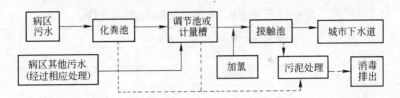

图 6-10 医院污水一级处理工艺流程图

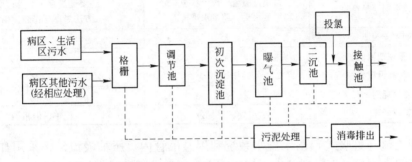

图 6-11 医院污水二级处理工艺流程图

6.3.2.3 消毒方法

医院污水消毒方法主要有氯化法和臭氧法。氯化法按消毒剂又可分为液氯、漂粉精、漂白粉和次氯酸钠。消毒方法和消毒剂的选择应根据污水量、污水水质、接受水体对排放污水的要求及投资、运行管理费用、处理站距离病区和居民区的距离、操作管理水平等因素，经过技术经济比较确定。

6.3.2.4 污泥处理

医院污水处理过程中产生的污泥中含有大量的病原体，可用加氯法、高温堆肥法、石灰消毒法、加热消毒法以及污泥焚烧法处理。

6.4 屋面雨水的排放

6.4.1 建筑雨水排水系统的分类

降落在建筑物屋面的雨水和融化的雪水，必须妥善地予以排除，以免造成屋面积水、漏水，影响生活和生产。建筑雨水排水有两种类型：一是无组织排水，即雨水和融雪水沿屋面檐口落下，无专门的收集和排除设施。这种排水方式只存在于小型、低矮的建筑；二是有组织排水，设有专门收集、排除雨水和融雪水的设施，使其沿一定的路线排泄。

（1）按屋面雨水的排除方式，可分为内排水和外排水两种。根据建筑物的结构形式、气候条件及生产使用要求，在技术经济合理的情况下，屋面雨水应尽量采用外排水。

（2）按雨水斗的数量，可分为单斗系统和多斗系统。

（3）按设计流态分类。根据雨水在管道中的设计流态，建筑雨水排水系统可以分为满管压力流（虹吸式）排水系统、重力流排水系统。檐沟外排水宜按重力流系统设计；长天沟外排水宜按满管压力流排水设计；高层建筑屋面雨水排水宜按重力流系统设计；工业厂房、库房、公共建筑的大型屋面雨水排水宜按满管压力流排水设计。两种系统的特点比较见表6-5。

表6-5　压力流系统与重力流系统的特点比较

系　统　类　别	满管压力流（虹吸式）系统	重 力 流 系 统
设计流态	水-相流	气水混合流
雨水斗形式	淹没进水式	87 型或 65 型
服役期间允许经历的流态	附壁膜流、气水混合流、水-相流	附壁膜流、气水混合流、水-相流
管道设计数据	公式计算	主要来自试验
超设计重现期雨量排除	主要通过溢流；设计状态充分利用了水头，超量水难再进入	主要通过系统本身；设计方法考虑了排超量雨水
屋面溢流频率	大	小
设计重现期取值	大	小
雨水斗标高设置要求	严格	一般
管材耗用	省	较多
系统计算	准确，但复杂	简单，但粗糙

满管压力流（虹吸式）雨水排水系统利用悬吊管内负压抽吸流动，采用虹吸式雨水斗，管道中呈全充满的压力流状态，屋面雨水的排泄过程是一个虹吸排水过程。

满管压力流系统的设计流态是水的一相满流，再提高系统的流量须升高屋面水位，但升高的水位与原有总水头（建筑高度）相比仍然很小，系统的流量增加亦很小，超重现期雨水须由溢流设施排除；重力流系统在确定系统的负荷时，预留了排放超设计重现期雨水的余量，比如 DN1100 雨水斗排水能力的试验数据是 $25\sim35L/s$（斗前水位 10cm），设计数据只取 12L/s，悬吊管和立管的余量也大致如此。

当屋面形式比较复杂、面积较大时，也可在屋面的不同部位采用几种不同形式的排水系统，即混合式排水系统。如采用内、外排水系统结合，压力、重力排水结合，暗管、明沟结合等系统以满足排水要求。

6.4.2　外排水系统

6.4.2.1　檐沟外排水方式

这种方式也称普通外排水、水落管外排水。对一般居住建筑、屋面面积较小的公共建筑以及小型单跨厂房，雨水的排除多采用屋面檐沟汇集，然后流入有一定间距并沿外墙设置的水落管排泄至地面或地下雨水沟，如图6-12所示。水落管的间距应根据降雨量及管道的通水能力所确定的一根水落管应服务的屋面面积而定。按经验，水落管间距为：民用建筑8~16m，工业建筑18~24m。

6.4.2.2　天沟外排水

天沟外排水是利用屋面构造上的长天沟本身的容量和坡度，使雨水向建筑物两端或两边（山墙、女儿墙）泄放，并由雨水斗收集经墙外立管排至地面、明沟或通过排出管、检查井流入雨水管道。天沟外排水在室内没有管道、检查井，能消除厂房内检查井冒水的现象，可节约投资，节省金属材料，施工简便，有利于厂房内空间利用。

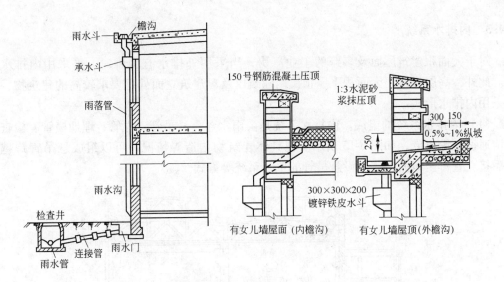

图 6-12 雨落管外排水系统

天沟外排水系统适用于长度不超过 100m 的多跨工业厂房。天沟排水应以伸缩缝或沉降缝为分水线，如图 6-13 所示。天沟流水长度应根据暴雨强度、汇水面积、屋面结构等进行计算确定，一般以 40～50m 为宜，过长会使天沟的起终点高差过大，超过天沟限值。天沟坡度不得小于 0.003，并伸出山墙 0.4m。天沟及立管装置，如图 6-14 所示。

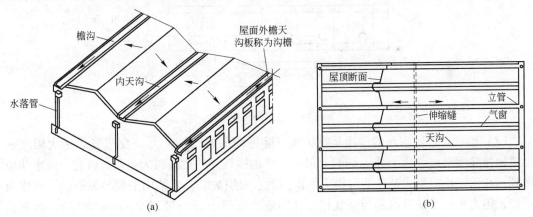

图 6-13 天沟外排水系统
（a）檐沟、天沟外排水系统；（b）天沟平面布置

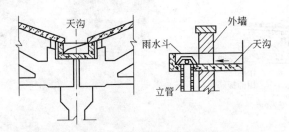

图 6-14 天沟与雨水管连接

6.4.3 内排水系统

对于大面积建筑屋面及多跨的工业厂房，当采用外排水有困难时，可采用内排水系统。此外，高层建筑、大面积平屋顶民用建筑以及对建筑立面处理要求较高的建筑物，也宜采用内排水形式。

（1）内排水系统的组成。内排水系统是由雨水斗、悬吊管、立管、埋地横管、检查井及清通设备等组成，如图 6-15 所示。视具体建筑物构造等情况，可以组成悬吊管跨越厂房后接立管排至地面，或不设悬吊管的单斗系统等方式。

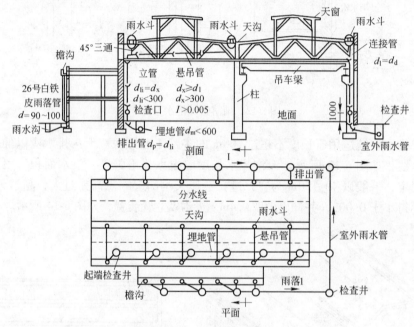

图 6-15 屋面内排水系统

（2）雨水斗。雨水斗的作用是收集和排除屋面的雨（雪）水。要求其能最大限度和迅速地排除屋面雨（雪）水，同时要最小限度地掺气，并拦截粗大杂质。因此，雨水斗应做到：在保证拦阻粗大杂质的前提下承担的泄水面积最大，且结构上要导流通畅，使水流平稳，阻力小；不使其内部与空气相通；构造高度要小（一般以 5～8cm 为宜），制造简单。65 型、87 型、虹吸式雨水斗如图 6-16～图 6-18 所示。

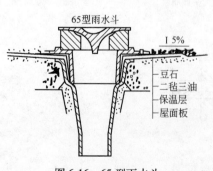

图 6-16 65 型雨水斗

图 6-17 87 型雨水斗

图 6-18 虹吸式雨水斗

（3）连接短管。它是雨水斗与悬吊管之间的管段，其管径与雨水斗的出水口直径一致。

（4）悬吊管。它是横向输水管道，一般沿着屋架固定，并保持一定坡度，它的末端与立管相接。

悬吊管可以是只受一个雨水斗的排水，称单斗悬吊管；亦可承受多个雨水斗的排水。悬吊管的管径应不小于连接管管径，也不宜大于300m。重力流雨水排水系统中悬吊管长度超过15m时，应设检查口，且应布置在便于维修操作处。

（5）立管。接收悬吊管的来水，并将其垂直泄入地下管道。建筑屋面各汇水范围内，雨水排水立管不宜小于2根。重力流屋面雨水排水管系，悬吊管管径不得小于雨水斗连接管的管径，立管管径不得小于悬吊管的管径。满管压力流屋面雨水排水管系，立管管径应经计算确定，可小于上游横管管径。

立管宜沿墙、柱安装，在距离地面1m处设检查口。

（6）排出管。排出管是连接立管与检查井之间的一段有较大坡度的横向管段，其管径应不小于立管管径，若排出管管径比立管放大一号，可以改善水力条件，增加立管的泄水能力。排出管与下游埋地管在检查井中宜采用管顶平接方式，水流的转角不得小于135°。

（7）埋地管。埋地管敷设于地下，承接立管的雨水，并将其排入室外雨水管道。埋地管最小管径为200mm，最大不宜大于600mm。埋地管不得穿越设备基础，一般采用埋地塑料管、混凝土管和钢筋混凝土管。

（8）附属构筑物。常见的附属构筑物为检查井、检查口井和排气井，用于雨水管道的清扫、检修和排气。见图6-19～图6-22。

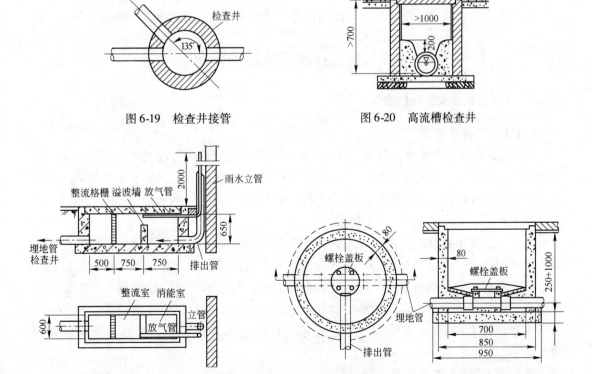

图6-19　检查井接管　　　　　　　　　图6-20　高流槽检查井

图6-21　放气井　　　　　　　　　　　图6-22　水平检查口井

屋面雨水内排水系统可以分为敞开式与封闭式两类。

敞开式：系统利用重力排水，雨水经排出管进入普通检查井。当暴雨发生时，由于悬吊管和立管的共同作用，雨水中会吸入大量空气，加之立管中水流速度一般较大，在检查井处水流改变流向，有可能会产生雨水从检查井中冒出的现象，造成危害。因此，敞开式系统的排出管应首先接入排气井，然后再接入埋地管线上的检查井，且要求检查井做成高流槽形式。另外，敞开式内排水系统也有在室内设悬吊管、埋地管和室外检查井的做法，这种做法可以避免室内冒水现象，但管材耗量大。

封闭式：系统利用压力排水，用密闭的管道将立管以下的排出管、埋地管与大气隔开，排出管接入埋地管的方式采用检查口（或称三通管），检查口设于检查井内，便于清通检修，称检查口井。这种系统能防止室内泛水，但需在天沟内设溢流口，否则屋顶天沟内的雨水在雨水排不及时会出现泛水。

6.4.4　雨水排水管材

雨水排水管材的选用应符合：

（1）重力流排水系统多层建筑宜采用建筑排水塑料管，高层建筑宜采用耐腐蚀的金属管、承压塑料管。

（2）满管压力流排水系统宜采用内壁较光滑的带内衬的承压排水铸铁管、承压塑料管和钢塑复合管等，其管材工作压力应大于建筑物净高度产生的静水压。

用于满管压力流排水的塑料管，其管材抗环变形外压力应大于 0.15MPa。

（3）小区雨水排水系统可选用埋地塑料管、混凝土管或钢筋混凝土、铸铁管等。

6.5　建筑排水系统设计简介

6.5.1　排水量标准和设计秒流量

6.5.1.1　排水定额

每人每日的生活污水量与气候、建筑物内卫生设备的完善程度以及生活习惯有关。建筑内部生活污水排除系统的排水定额及小时变化系数与建筑内部生活给水系统相同。生活排水平均时排水量和最大时排水量的计算方法与建筑内部的生活给水量计算方法相同，计算结果主要用于设计污水泵、化粪池等。

为了确定排水系统的管径，首先应计算出通过各管段可能发生的最大流量，以满足最大流量的排泄，保证排水通畅。排水管段中某个管段的设计流量与接纳的卫生器具类型、数量及同时使用数量有关。为了计算上的方便，与给水系统一样，每个卫生器具的排水量也可折算成当量，以一个污水盆的排水量 0.33L/s 作为一个排水当量，相当于一个给水当量的 1.65 倍，这是因为卫生器具排放的污水具有突然、迅猛、流速较大的缘故。

各种卫生器具的排水流量、当量和排水管的管径见表 6-6。

工业污（废）水排除系统的排水定额及小时变化系数应按工艺要求确定。

表 6-6　卫生器具的排水流量、当量和排水管的管径、最小坡度

序　号	卫生器具名称	排水量/L·s⁻¹	当　量	排水管管径/mm
1	洗涤盆（池）、污水盆（池）	0.33	1.0	50
2	餐厅、厨房洗菜盆（池） 单格洗涤盆（池） 双格洗涤盆（池）	0.67 1.00	2.0 3.0	50 50
3	盥洗槽（每个水嘴）	0.33	1.0	50～75
4	洗手盆	0.10	0.3	32～50
5	洗脸盆	0.25	0.75	32～50
6	浴　盆	1.00	3.0	50
7	淋浴器	0.15	0.45	50
8	大便器 冲洗水箱 自闭式冲洗阀	1.50 1.2	4.50 3.60	100 100
9	医院倒便器	1.50	4.50	100
10	大便槽 ≤4 个蹲位 >4 个蹲位	2.50 3.00	7.50 9.00	100 150
11	小便器 自闭式冲洗阀 感应式冲洗阀	0.10 0.10	0.30 0.30	40～50 40～50
12	小便槽（每米长） 自动冲洗水箱	0.17	0.50	—
13	净身盆	0.10	0.30	40～50
14	饮水器	0.05	0.15	25～50
15	化验盆（无塞）	0.20	0.60	40～50
16	家用洗衣机	0.50	1.5	50

注：家用洗衣机下排水软管直径为 30mm，上排水软管内径为 10mm。

6.5.1.2　排水管道的设计秒流量的计算

目前国内使用的排水管道的设计秒流量计算公式基本上有两种形式：

（1）适用于宿舍（Ⅲ、Ⅳ类）、工业企业生活间、公共浴室、洗衣房、职工食堂或营业餐厅的厨房、实验室、影剧院、体育场馆等建筑的生活排水管道的设计秒流量计算公式为：

$$q_p = \sum q_0 n_0 b \tag{6-1}$$

式中　q_p——计算管段的排水设计秒流量，L/s；

　　　q_0——同类型的一个卫生器具排水量，L/s；

　　　n_0——同类型卫生器具数；

　　　b——卫生器具的同时排水百分数，冲洗水箱大便器的同时排水百分数应按 12% 计算，其他同给水系统。

当计算管段的排水量小于一个大便器的排水量时，应按一个大便器的排水流量计算。

（2）适用于住宅、宿舍（Ⅰ、Ⅱ类）、旅馆、宾馆、酒店式公寓、医院、疗养院、幼儿园、养老院、办公楼、商场、图书馆、书店、客运中心、航站楼、会展中心、中小学教学楼、食堂或营业餐厅等建筑生活排水管道设计秒流量的计算公式如下：

$$q_p = 0.12\alpha \sqrt{N_p} + q_{max} \qquad (6-2)$$

式中 q_p——计算管段的排水设计秒流量，L/s；

       N_p——计算管段的排水当量总数；

       α——根据建筑物用途而定的系数，按表6-7选取；

   q_{max}——计算管段上排水量最大的一个卫生器具的排水流量，L/s。

表6-7   根据建筑物用途而定的系数 α

建筑物名称	宿舍（Ⅰ、Ⅱ类）、住宅、宾馆、酒店式公寓、医院、疗养院、幼儿园、养老院的卫生间	旅馆和其他公共建筑的盥洗室和厕所间
α 值	1.5	2.0 ~ 2.5

6.5.2 排水管路的水力计算

排水管道水力计算的任务：根据排出的污水流量，确定排水管的管径和管道坡度，并合理确定排气系统，以利于排水管道系统的正常运行。

6.5.2.1 按经验确定排水管径和坡度

为避免排水管道淤积、堵塞和便于管道清通，根据工程实践经验，对排水管道的管径的最小限值作了规定，称为排水管道的最小管径。有以下经验性规定：

（1）建筑物内排出管最小管径不得小于50mm；

（2）当公共食堂厨房的污水采用管道排出时，其管径应比计算管径大一级，但排水支管管径不小于75mm，干管管径不小于100mm；

（3）医院污物洗涤间或卫生间，常有棉花球、纱布碎块、竹签等杂物投入卫生器具，洗涤盆和污水盆排水管管径不小于75mm；

（4）大便器排水管管径不小于100mm；

（5）小便槽或连接三个及三个以上小便器的排水管，考虑冲洗不及时而结垢的影响，其管径不小于75mm；

（6）多层住宅厨房间的立管管径不宜小于75mm；

（7）浴池的泄水管宜采用100mm；

（8）当建筑底层无通气的排水管道与其楼层管道分开单独排放时，其排水横支管管径可按表6-8确定。

表6-8   无通气的底层单独排出的排水横支管最大设计排水能力

排水横支管管径/mm	50	75	100	125	150
最大设计排水能力/L·s^{-1}	1.0	1.7	2.5	3.5	4.8

当排水管段连接的卫生器具较少时，可不经过计算，直接以排水管的最小管径作为设计管径。

建筑物内生活排水铸铁管宜采用的最小坡度、最大设计充满度、通用坡度见表6-9；建筑排水塑料管黏结、熔接连接的排水横支管的标准坡度应为0.026，胶圈密封连接排水横支管的坡度可按表6-10调整。

表6-9　建筑物内生活排水铸铁管道的通用坡度、最小坡度和最大设计充满度

管径/mm	通用坡度	最小坡度	最大设计充满度
50	0.035	0.025	
75	0.025	0.015	
100	0.020	0.012	0.5
125	0.015	0.010	
150	0.010	0.007	0.6
200	0.008	0.005	

表6-10　建筑排水塑料管排水横管的通用坡度、最小坡度和最大设计充满度

外径/mm	通用坡度	最小坡度	最大设计充满度
50	0.025	0.0120	
75	0.015	0.0070	0.5
100	0.012	0.0040	
125	0.010	0.0035	
150	0.007	0.0030	
200	0.005	0.0030	
250	0.005	0.0030	0.6
315	0.005	0.0030	

工业废水排水管，按《工业企业设计卫生标准》及其具体情况，参照上述规定确定最小管径。

6.5.2.2　按照排水立管的最大排水能力确定立管管径

排水管道通过设计流量时，其压力波动不应超过规定控制值 ±25mmH_2O，以防水封破坏。使排水管道的压力波动保持在允许范围内的最大排水量，即排水管的最大排水能力。采用不同通气方式的生活排水立管最大排水能力如表6-11所示。求得生活排水立管的设计秒流量后，查表6-11确定其管径。

表6-11　生活排水立管最大设计排水能力

排水立管系统类型			最大设计排水能力/L·s^{-1}				
			排水立管管径/mm				
			50	75	100 (110)	125	150 (160)
伸顶通气	立管与横支管连接配件	90°顺水三通	0.8	1.3	3.2	4.0	5.7
		45°斜三通	1.0	1.7	4.0	5.2	7.4
专用通气	专用通气管 75mm	结合通气管每层连接	—	—	5.5	—	—
		结合通气管隔每层连接	—	3.0	4.4	—	—
	专用通气管 100mm	结合通气管每层连接	—	—	8.8	—	—
		结合通气管隔每层连接	—	—	4.8	—	—
	主、副通气管 + 环形通气管		—	—	11.5	—	—
自循环通气	专用通气形式		—	—	4.4	—	—
	环形通气形式		—	—	5.9	—	—
特殊单立管	混合器		—	—	4.5	—	—
	内螺旋管 + 旋流器	普通型	—	1.7	3.5	—	8.0
		加强型	—	—	6.3	—	—

6.5.2.3 通过水力计算确定横管的管径、坡度

当排水横管接入的卫生器具较多，排水负荷较大时，应通过水力计算确定管径、坡度。排水横管水力计算公式如下：

$$q_p = A \times v \tag{6-3}$$

$$v = \frac{1}{n} R^{\frac{2}{3}} i^{\frac{1}{2}} \tag{6-4}$$

式中　q_p——计算管段的设计秒流量，m^3/s；

　　　v——流速，m/s；

　　　R——水力半径，m；

　　　i——水力坡度，采用排水管的坡度；

　　　n——粗糙系数，铸铁管为 0.013；混凝土管、钢筋混凝土管为 0.013 ~ 0.014；钢管为 0.012；塑料管为 0.09；

　　　A——计算管段在设计充满度的过水断面，m^2。

为确保排水系统能在最佳的水力条件下工作，在确定管径时必须对直接影响管道中水流工况的主要因素（管道充满度、流速、坡度）进行控制。

A　管道充满度

管道充满度是排水横管内水深与管径的比值。重力流的管道上部需保持一定的空间，目的是使污（废）水中的有害气体能通过通气管自由排出，调节排水系统的压力波动，防止水封被破坏；同时，还可用来容纳未预见的高峰流量。建筑物内生活排水管道的最大设计充满度按表 6-9 ~ 表 6-10 确定，工业废水排水管道的最大设计充满度按表 6-12 确定。

表 6-12　工业废水排水管道最大设计充满度

管道名称	管径/mm	最大设计充满度
工业废水排水管	50 ~ 75	0.6
	100 ~ 150	0.7
生产污水排水管	≥200	0.8
生产废水排水管	≥200	1.0

B　管内流速

为使污水（废）水中的杂质不致沉淀到管底，并使水流有冲刷管壁污物的能力，管中的流速不得小于表 6-13 的最小流速，也称自清流速。

表 6-13　各种排水管道的自清流速

管渠类别	生活排水管道/mm			明渠（沟）	雨水管道及合流制排水管道
	$D < 150$	$D = 150$	$D = 200$		
自清流速/$m \cdot s^{-1}$	0.60	0.65	0.70	0.40	0.75

C　管道坡度

为满足管道充满度及流速的要求，排水管道应有一定的坡度。建筑物内部生活排水管

道的坡度有通用坡度和最小坡度两种，见表 6-9～表 6-10；工业废水管道的通用坡度和最小坡度，应按表 6-14 确定。生活排水管道宜采用通用坡度。管道的最大坡度不得大于 0.15，但长度小于 1.5m 的管段可不受此限制。

表 6-14　排水管道的通用坡度和最小坡度

管径/mm	生产废水管道		生产污水	
	通用坡度	最小坡度	通用坡度	最小坡度
50	0.025	0.0200	0.035	0.0300
75	0.020	0.0150	0.025	0.0200
100	0.015	0.0080	0.020	0.0120
125	0.010	0.0060	0.015	0.0100
150	0.008	0.0050	0.010	0.0060
200	0.006	0.0040	0.007	0.0040
250	0.005	0.0035	0.006	0.0035
300	0.004	0.0030	0.005	0.0030

　　为简化计算，根据相关公式制成了排水管道水力计算表（建筑内部铸铁排水管、塑料排水管水力计算表），可直接由管道设计秒流量，控制充满度、流速、坡度在允许范围内，并满足最小管径的规定，查表确定排水横管管径和坡度。

6.5.2.4　通气管管径的确定

通气管管径的确定应符合下列要求：

（1）通气管管径应根据排水能力、管道长度来确定，通气管的最小管径不宜小于排水管管径的 1/2，且其最小管径可按表 6-15 确定。

表 6-15　通气管最小管径　　　　　　　　（mm）

通气管名称	排水管管径				
	50	75	100	125	150
器具通气管	32	—	50	50	—
环形通气管	32	40	50	50	—
通气立管	40	50	75	100	100

注：1. 表中通气立管指专用通气管、主通气立管、副通气立管。
　　2. 自循环通气立管管径应与排水立管管径相等。

（2）通气立管长度在 50m 以上时，其管径应与排水立管管径相同。

（3）通气立管长度不大于 50m 且两根及两根以上排水立管同时与一根通气立管相连，应以最大一根排水立管按表 6-15 确定通气立管管径，且其管径不宜小于其余任何一根排水立管管径。

（4）结合通气管的管径不宜小于与其连接的通气立管管径。

（5）伸顶通气管管径应与排水立管管径相同。但在最冷月平均气温低于 −13℃ 的地区，为防止通气管口结露，减少通气管断面积，应在室内平顶或吊顶以下 0.3m 处将管径放大一级。

（6）当两根或两根以上污水立管的通气管汇合连接时，汇合通气管的断面积应为最大一根通气管的断面积加其余通气管断面积之和的 0.25 倍。则汇合通气管的管径为：

$$D = \sqrt{d_{max} + 0.25 \sum d_i^2}$$ (6-5)

式中 D——汇合通气管和总伸顶通气管管径，mm；

d_{max}——最大一根通气立管管径，mm；

d_i——其余通气管管径，mm。

通气管管材，可采用塑料管、柔性接口排水铸铁管等。

复习思考题

6-1 室内污水按其性质不同，可分哪几类？

6-2 室内生活污水排水系统由哪几部分组成的，各有什么作用？

6-3 通气管的作用及种类，各适用于什么场所？

6-4 屋面雨水排放方式及其组成。

6-5 存水弯、检查口、清扫口和地漏的作用及其设置条件如何？

6-6 室内排水系统水力计算的任务是什么？

6-7 什么是排水当量，为什么卫生器具的排水当量比给水当量大？

6-8 在室内排水系统横管的水力计算中，为什么对管道充满度、坡度、流速等参数的大小有所规定？

7 高层建筑给排水系统

7.1 高层建筑的特点

我国建筑防火规范中将 10 层与 10 层以上的居住建筑及高度超过 24m 的公共建筑列入高层建筑的范围,超过 24m 的两层以上的多层厂房工业建筑,以此作为高层建筑的起始高度,建筑高度超过 24m 的单层公共建筑仍然属于低层建筑。

高层建筑给水排水工程与低层建筑给水排水工程相比,基本理论和计算方法在某些方面是相同的,但因高层建筑层数多、高度大、功能广、结构复杂以及所受外界条件的限制等特征,高层建筑给水排水工程无论是在技术深度上,还是在广度上都远远超过了一般建筑给水排水工程的范畴,并具有以下特点:

(1) 高层建筑给水排水设备的使用人数多,瞬时的给水流量和排水流量大,若发生停水和排水管道堵塞事故,影响范围大。因此,必须具有可靠的水源与技术先进的给水排水系统,以保证供水安全可靠、排水畅通,同时为了保证良好的室内环境,排水管道及器具应具有良好的通气性能。

(2) 高层建筑,因高度高,需要的供水压力大,往往不能仅靠城市供水管网直接向建筑内供水,因此,高层建筑的生活供水一般都设有水泵进行加压供水。同时,由于高层建筑上下高差大,为避免下层用水设备上的水压过高,使得用水时配水设备的出水流速过高产生噪声和喷溅,同时在顶层还会形成压力不足,甚至产生负压抽吸现象。因此,在高层建筑中一般沿着垂直方向进行竖向分区供水,以减小每区内的水压差。为保证管道及配件不受破坏,必须进行合理的竖向分区,设置减压设备,使系统安全运行。

(3) 高层建筑的建筑标准高、装饰复杂、可燃物多、人员流动性大、功能复杂,一旦发生火灾时,由于竖井多,火灾蔓延快、扑救困难、危险性大。为此,必须设置安全可靠、完善的独立消防给水系统,以保证及时扑灭火灾,而且消防设计应以"立足自救"为原则。

(4) 高层建筑动力设备多、管线长、噪声源和震源多,必须考虑设备及管道的防噪声、防震、防水锤、防沉降、防伸缩变形等技术措施,以保证建筑内良好的生活和工作环境及系统安全运行。

(5) 高层建筑内由于给水、排水、热水、消防、空调、通风、电器等各种管线及设备繁多,建筑、结构与水泵、水箱等设备在布置中的矛盾较多,必须密切配合、协调工作,要做好管线的综合布置,为了使众多的管道整齐有序地敷设,一般在建筑内设有设备层。在设备层中安装和布置设备,同时安排管线水平方向的穿行和交叉。管道在高层建筑中上下垂直穿行时,可将各种管线在管井中垂直穿行。在管线布置的同时应考虑施工安装、维护的方便。

7.2 高层建筑给水系统

7.2.1 高层建筑室内给水系统

7.2.1.1 高层建筑给水系统的划分

由于高层建筑对消防的要求特别严格，必须保证消防用水的安全可靠，一般设有各自独立的生活给水系统、生产给水系统、消防给水系统，或设生活—生产给水系统及独立的消防给水系统。按其用途，具体划分如下：

（1）高层建筑生活给水系统：1）生活饮用水系统；2）杂用水系统；3）直饮水系统；4）中水系统（作为冲洗厕所水用）；5）热水系统。

（2）高层建筑生产给水系统：1）空调冷却水系统；2）厨房冷藏库冷却水系统；3）洗衣房软化水系统；4）锅炉房软化水系统；5）游泳池水处理系统；6）水景给水系统。

（3）高层建筑消防给水系统：1）消火栓消防给水系统；2）自动喷水灭火给水系统。

当然，上述各给水系统在同一栋高层建筑中不一定全部都具备，应根据该高层建筑对给水排水的要求进行选择设计。

7.2.1.2 高层建筑给水系统的划分原则

给水系统基本的划分原则是：根据用水项目对水质、水温、水压的要求不同来划分。

水质要求：各用水系统对水质要求不一致，如供厨房烹调用水，水质必须符合国家饮用水标准；冲洗厕所可以采用中水；锅炉补水应采用软水；消防用水等。

水温要求：厨房洗碗用水、洗衣房用水、淋浴用水、游泳池循环用水等对水温都有不同的要求。

水压要求：给水系统的卫生器具、消火栓消防系统、自动喷水消防系统均有不同的压力要求。

7.2.2 高层建筑室内给水系统的竖向分区

7.2.2.1 给水系统竖向分区的必要性

对于高层建筑，如果给水只采用一个区供水，则下层的给水压力过大，将会产生下列后果：

（1）龙头开启时，水呈射流喷溅，影响使用，浪费水量。

（2）水嘴放水时，往往产生水锤，由于压力波动，管道振动，产生噪声，引起管道松动漏水，甚至损坏。

（3）水嘴、阀门等五金配件容易磨损，缩短使用期限，同时增加了维修工作量。

（4）需要采用耐高压的管材、附件和配水器材，费用高。

为了消除或减少上述弊端，高层建筑的高度达到某种程度时，必须对给水系统作竖向分区。

7.2.2.2 给水系统竖向分区的依据

竖向分区应根据建筑物的用途、层数、使用要求、材料设备性能、维护管理、降低供水能耗等因素综合考虑确定。

分区压力宜为 300～350kPa，不宜超过 450kPa，最大静水压不得大于卫生器具的最大承受压力 600kPa。消火栓消防给水系统最低消火栓处最大静水压力不应大于 1000kPa；自动喷水灭火给水系统管网内的工作压力不应大于 1200kPa 等。

确定分区范围时应充分利用室外给水管网的水压，其压力能满足高层建筑下面几层，如地下室、裙房及附属建筑的用水需求，为节省能源和基建投资与运行管理的费用，在对给水系统进行分区时，应充分考虑这一因素。并要结合其他建筑设备工程的情况综合考虑，尽量将给水分区的设备层与其他相关工程所需设备层共同设置，以节省土建费用。

7.2.3　高层建筑室内给水系统的给水方式

高层建筑给水系统一般情况下应竖向分区，对于不做分区的直供系统，可参考第 3 章的有关内容，本章不做讨论。

高层建筑给水系统竖向分区按照系统有无储存能力可分为有水箱竖向分区和无水箱竖向分区两种基本形式。

不设置水箱的竖向分区包括：采用变频泵（含叠压供水泵）供水、泵气压罐联合供水；常用的给水图如图 7-1 至图 7-3 所示。一般适用于建筑内没有设置水箱的条件，该地区电力供应有保证。对于不设水箱的供水方案，可减轻结构荷载，水质条件相对于水箱供水要好，但供水可靠性较差，当建筑内有不能停水的设备时，应采取措施（如双管进水，或单独设水箱等），确保用水安全。

设置水箱的竖向分区包括：单设水箱供水、水箱水泵联合供水；一般适用于市政供水流量不满足设计秒流量，须通过调节池用泵升压供水，建筑物内又允许设水箱，水压要求平稳。或者市政供水流量能满足要求，有关单位又允许直接从外网抽水时，则可不设调节水池。设置水箱，增加了供水的可靠性，防止了一旦停电，全楼立即停水的现象发生。但增加了结构负荷，水箱供水水质比较差，应采用防止二次污染的措施。

7.2.3.1　不设置水箱的分区供水方式

A　分区并联供水

分区供水，各区设泵直接从外网抽水（叠压供水）或通过调节池抽水（变频供水）升压供水。一般适用于高度不足 100m 的高层建筑。高区泵扬程高，输水管的材质及接口要求比较高。各区供水自成系统，互不影响，供水较安全可靠，事故只涉及一个区，不会造成全楼停水；各区升压设备集中设置，便于维修、管理。水泵、水箱并列供水系统中，各区水箱容积小，占地少，如图 7-1 所示。

B　分区串联供水

分区供水，用泵直接从外网抽水（叠压供水）或通过调节池（变频供水）抽水。各区自成系统，每一区的各级提升泵匹配并联锁，使用时应先启动下一区泵，再启动上一区泵。各区应配有小气压罐和小流量稳压泵。一般适用于超过 100m 高层建筑。楼层中间有设置泵房的可能，并有较强的维护管理能力。事故只涉及一个区，不会造成全楼停水，管材及接口无需耐高压，泵的数量多，中间层需设泵房，要有较高的防震要求，自动控制要求比较高（见图 7-2）。

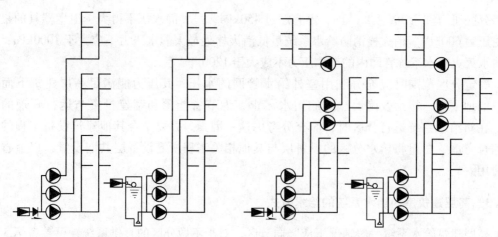

图 7-1　分区并联供水　　　　　　　　图 7-2　分区串联供水

C　水泵升压、减压阀减压分区供水

用泵直接从外网抽水（叠压供水）或通过调节池（变频供水）抽水升压供水，而下区采用减压阀减压供水。一般适用于高度不超过 100m 的高层建筑，并有较强的维护管理能力。由于采用减压阀分区，减压阀必须有备用，当减压阀出现故障管网超压时，应有报警措施。输水管的材质及连接要求比较高。当水泵出事故时，则造成全楼停水，能量浪费。可以作为供水方式的一种存在，但一般不推荐采用，如图 7-3 所示。

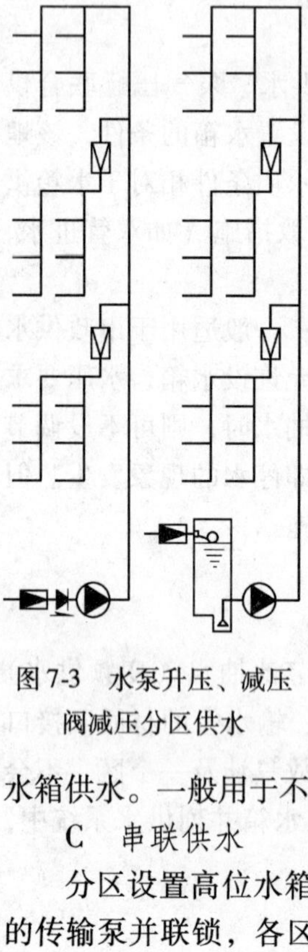

7.2.3.2　设置水箱的分区供水方式

A　并联单管供水

分区设置高位水箱，用泵加压单管输水至各区水箱，由水箱供水，水泵与电动阀的启闭由水箱内水位控制。地下室泵房面积较小，当地电费较便宜。一般用于高度不太高，分区较少的高层建筑。下区应设减压阀，防止水箱的进水阀和配件损坏。一般不推荐采用该种供水方式，如图 7-4 所示。

图 7-3　水泵升压、减压
阀减压分区供水

B　并联多管供水

分区设置高位水箱，各区有水泵与输水管输水至水箱，通过水箱供水。一般用于不高于 100m 的高层建筑，如图 7-4 所示。

C　串联供水

分区设置高位水箱，各区下部设立满足本区需要的提升泵，及与上区提升泵相匹配的传输泵并联锁，各区水箱除满足本区用水需要，还应贮存供上区泵的启泵水量，各区由水箱供水。无需设置高压水泵和高压管线；水泵可保持在高效段工作，能耗较少；管道布置简捷，较省管材。建筑物比较高，有较高的维护管理能力，一般用于高于 100m 的高层建筑。楼层中间有设置泵房的可能。泵的数量较多，泵房面积大，自动控制要求高。中间层需设泵房，有较高的防震要求。供水不够安全，下区设备故障，将直接影响上层供水；各区水箱、水泵分散设置，维修、管理不便，且要占用一定的建筑面积，如图 7-5 所示。

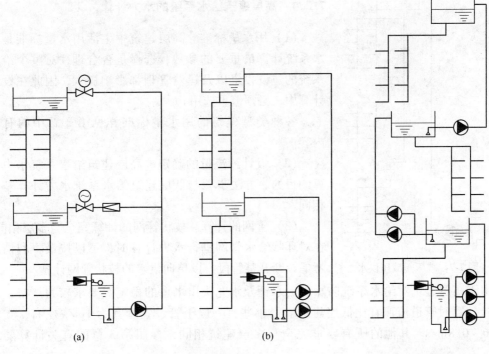

图 7-4 并联单管、多管供水图

（a）并联单管供水；（b）并联多管供水

图 7-5 串联供水图

D 水箱减压供水

分区设置高位水箱，全部用水由泵升压送至最高的水箱，再分区送到下区水箱，由各区水箱供水。由于各区水箱仅起减压作用，容积小，占地少，对结构影响小。但其液位控制阀启闭频繁，容易损坏，可采用相应的技术措施，延长减压水箱浮球阀启闭的间隔时间。但如果建筑高度较高，低区减压水箱液位控制装置承压过大，较易损坏。地下室泵房面积较小，当地电费较便宜。一般用于高度不太高，分区较少的高层。能量浪费，一般不推荐采用，如图 7-6 所示。

E 减压阀减压供水

水泵统一加压，仅在顶层设置水箱，利用减压阀供水。中间层不允许设水箱，当地电费较便宜，水压要求不太高，一般用于高度不太高，分区较少的高层建筑。减压阀必须有备用，当减压阀出现故障，管网超压时，应有报警措施。下区的减压比（或压差）应符合规范要求。水泵数量少，占地少，且集中设置便于维修、管理；管线布置简单，投资省。各区用水均需提升至屋顶水箱，能量浪费。不但水箱容积大，而且对建筑结构和抗震不利；供水不够安全，水泵或屋顶水箱输水管、出水管的局部故障将影响各区供水。一般不推荐采用，如图 7-7 所示。

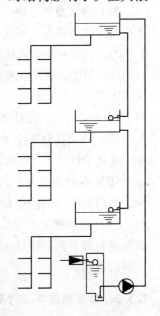

图 7-6 水箱减压供水

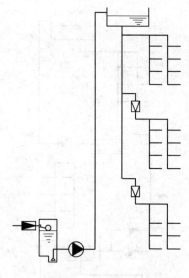

图 7-7 减压阀减压供水

7.2.4 高层建筑给水系统的水力计算

（1）用水量标准。高层建筑中生活用水量标准是给水系统计算最重要的参数，选择是否合理，对整个给水系统的建设投资以及运营管理都影响极大，因此在设计计算中，必须慎重选用。

各种类型建筑的用水量标准详见第 3 章中的有关内容。

（2）设计秒流量的确定。高层建筑给水系统水力计算的目的、方法步骤与低层建筑给水系统水力计算基本相同。

（3）管网的计算。枝状管网的计算完全与多层相同。在对环状给水管网进行水力计算时，可以按最不利情况考虑，断开某管段，以单向供水的枝状管网计算。

由于高层建筑对给水系统防噪声、水锤及水龙头出水量的稳定等要求较为严格，因此设计计算时管道流速宜比低层建筑取得小些，一般干管、立管宜为 1m/s 左右，支管为 0.6～0.8m/s。其他的所有要求完全与多层建筑相同，参照第 3 章的有关计算要求执行。

7.3 高层建筑消防系统

7.3.1 高层建筑的火灾特点

（1）火灾蔓延迅速。高层建筑装修豪华，可燃物较多，发生火灾时燃烧猛烈。一般情况下在火灾初期阶段，烟气在水平方向上的扩散速度为 0.3m/s，在猛烈燃烧阶段增至 0.5～0.8m/s，而在竖向扩散速度为 3～4m/s。影响烟气流的因素除了本身燃烧产生的热量外，还与周围的温度、通风空调系统的气流干扰、建筑物的高度、火灾处风速以及建筑物自身的烟囱效应有关。比如助长火灾蔓延的风速，在 10m 高度风速为 5m/s，而在 60m 高度风速可达到 12.3m/s，在风力的作用下，火灾蔓延会更为迅速，火灾也更难控制和扑灭。

（2）火灾扑救难度大。火灾向上的蔓延速度快，途径多，难以阻止火灾的蔓延。高层建筑主要立足于自救，在绝大多数城市受登高消防设备的限制，使得难以进行正常的灭火行动。

（3）容易造成人员伤亡事故。高层建筑的层数多、人数多、建筑高度大，疏散距离长，相应的疏散时间也长，使得与多层建筑火灾相比更容易造成人员的伤亡。

（4）经济损失严重，高层建筑无论从造价，还是装修，甚至室内的物品价值，相对于多层建筑都要高，往往火灾层以上的建筑全部烧毁严重，因此发生火灾时的经济损失要高于多层建筑。

7.3.2 高层建筑中消防系统的分类

随着高层建筑内部设施的日益完善，消防科学技术的迅速发展，我国经济水平的不断提高，高层建筑消防系统的类型和装置也在不断地扩充，在高层建筑中消防系统的类别大致可以分为水消防和气体消防两大类。

水消防系统主要包括消火栓消防给水系统和自动喷水灭火消防系统两类。

气体消防包括 CO_2、1301、七氟丙烷、三氟甲烷、惰性气体 IG-541、气溶胶等。

本节主要针对高层建筑水消防系统中的消火栓系统和自动喷水系统的主要特点以及与多层建筑消防系统的不同之处加以探讨。气体消防系统和其他的水消防系统，对于高层建筑来讲没有其特殊性，可参考第 4 章的建筑消防给水系统中的相关内容。

（1）高层建筑室内消防给水系统按给水服务范围分为独立分散的消防给水系统和区域集中的消防给水系统两种。

1）独立的室内消防给水系统，是指每栋高层建筑设置一个室内消火栓给水系统，独立设置水池、水泵和水箱，因此，供水的安全可靠性高，但是占一定的面积和空间，投资大，管理分散。一般在地震区人防要求较高的建筑物以及重要的高层建筑物宜采用这种系统。

2）区域集中的室内消防给水系统是指一个建筑小区的数幢甚至数十幢高层建筑物共用一个消防泵房、消防水池和消防泵的消防给水系统。这种系统便于集中管理，在某些情况下，可节省投资，但在地震区安全性较低。区域消防系统的消防半径一般不超过 500m。

（2）按消防给水压力。高层建筑室内消防给水系统按消防给水压力分为高压消防给水系统和临时高压消防给水系统。高压消防给水系统和临时高压消防给水系统的特点详见第 4 章的相关内容。

（3）按高层建筑的高度。高层室内消防给水系统按高层建筑的高度分为不分区消防给水系统和分区消防给水系统。

1）不分区消防给水系统：

① 室内消火栓栓口处静压小于 10000kPa 时，可采用不分区的消火栓给水系统。该系统水泵扬程较低，系统简单，维护管理方便，如图 7-8 所示。

② 自动喷水系统中，最低和最高喷头的高差小于 50m 时，可采用不分区自动喷水消防系统。可参考高层建筑给水系统的分区高度确定为 300~350kPa，如图 7-9 所示。

2）分区给水的室内消防给水系统：

① 室内消火栓栓口处静压大于 10000kPa 时，应采用分区的室内消火栓给水系统，如图 7-10 所示。

② 自动喷水系统中，最低和最高喷头的高差大于 50m 时，应采用分区自动喷水消防系统，如图 7-11 所示。

在自动喷水灭火系统中，分区原则可根据管材、设备的承受压力等因素确定。系统不仅有竖向分区问题，对于大型高层建筑还可能存在着平面分区的可能性。

自动喷水灭火系统的平面布置宜与建筑物防火分区一致，尽量做到区界内不出现两个以上的系统交叉。

湿式和预作用自动喷水灭火系统的每个报警阀控制喷头数不宜超过 800 个。有排气装置的干式自动喷水灭火系统最大喷头数不宜大于 500 个，无排气装置的干式自动喷水灭火系统最大喷头数不宜大于 250 个。在同一平面上喷头数量超过以上要求时，也应在平面上进行分区。

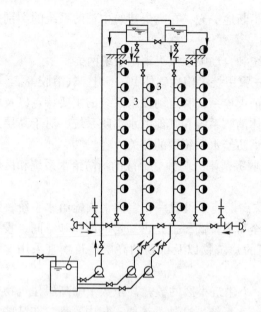

图7-8   不分区的室内消火栓系统

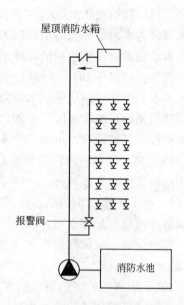

图7-9   不分区的自动喷水灭火系统

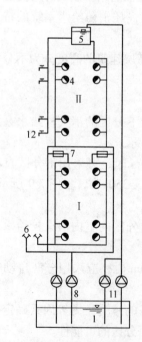

图7-10   分区的室内消火栓系统

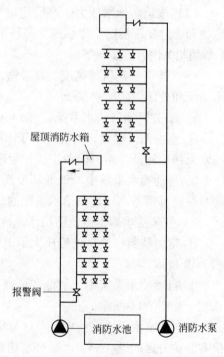

图7-11   分区自动喷水灭火系统

7.3.3   高层建筑水消防系统的供水方式

7.3.3.1   消火栓系统的供水方式

A   不分区供水系统

最底层消火栓的静水压力小于1000kPa，消防水泵只需一套，屋顶设置消防水箱即可。

室内外的消防系统简单，管理方便，但是对超过 500kPa 的消火栓需要采取减压措施，如图 7-12 所示。

B　分区供水方式

高层建筑消防分区给水系统分为并联分区室内给水系统和串联分区室内给水系统。

a　串联分区室内消防给水系统

串联消防泵给水是指在消防给水分区中，由多台的消防泵或消防传输泵逐级传输向本区消防给水管网供水。串联消防水泵设置在设备层或避难层。上区用水受下区控制。一般适用于建筑高度大于 100m，消火栓给水分区大于 2 区超高层建筑或设有避难层的建筑。串联消防水泵分区又可分为水泵直接串联和水箱传输间接串联两种，如图 7-13 所示。

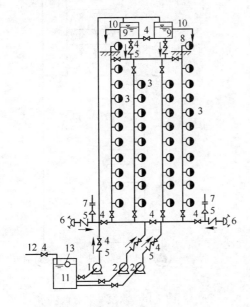

图 7-12　不分区消火栓供水系统

1—生活、生产水泵；2—消防水泵；3—消火栓；
4—阀门；5—止回阀；6—水泵接合器；7—安全阀；
8—实验消火栓；9—高位水箱；10—生活、生产管网；
11—消防水池；12—市政给水管网；13—浮球阀

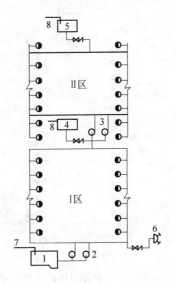

图 7-13　串联分区消防给水方式

1—水池；2—Ⅰ区消防水泵；3—Ⅱ区
消防水泵；4—Ⅰ区水箱；5—Ⅱ区
水箱；6—水泵接合器；7—水池
进水管；8—水箱进水管

b　并联分区室内消防给水系统

并联消防泵给水是指在消防给水分区中，由各个分区的消防泵直接向本区消防给水管网供水。各区分别有各自专用消防水泵，独立运行，互不干扰。水泵集中布置，该系统管理方便，运行比较安全可靠。但高区水泵扬程较高，需用耐高压管材与管件，一旦高区在消防车供水压力不够时，高区的水泵结合器将失去作用。水泵型号不一，数量多，投资大。并联分区给水系统一般适用于分区不多的高层建筑，如图 7-14 所示。

在超高层建筑中，也可以采用串联、并联混合给水的方式。

7.3.3.2　自动喷水灭火系统的供水方式

自动喷水灭火系统的竖向分区共有四种基本形式：水泵并联分区供水、水泵串联分区供水、减压阀减压分区供水、减压水箱减压供水。

（1）水泵并联分区供水。在各区分别设水泵加压供水，各自独立，互不影响；设备集中设置，便于维护管理；采用减压阀替代中间水箱，节省上层使用面积，防止噪声和二次污染，简化系统；减压阀设在高位，工作压力低，运行安全可靠，如图 7-15 所示。

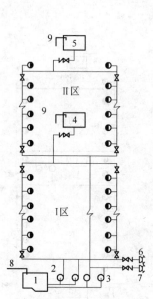

图 7-14　并联分区消防给水方式

1—水池；2—Ⅰ区消防水泵；3—Ⅱ区消防水泵；

4—Ⅰ区水箱；5—Ⅱ区水箱；6—Ⅰ区水泵接合器；

7—Ⅱ区水泵接合器；8—水池进水管；9—水箱进水管

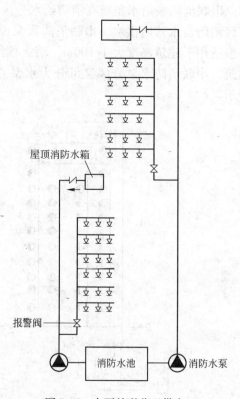

图 7-15　水泵并联分区供水

也可共用同一组喷淋泵，喷淋泵按满足高区水压要求设计，在低区报警阀前设减压阀，向低区共用同一组喷淋泵，这种给水节省投资和使用面积，但喷淋泵同时受高、低区报警阀控制，系统控制比较复杂。

（2）水泵串联分区供水。该系统设中间消防水箱，占用上层使用面积，容易产生噪声和二次污染；水泵机组多，投资大，设备分散，不便于维护管理，如图 7-16 所示。

分区串联给水方式也可利用低区的喷淋泵作为高区的传输泵，从而节省了投资和占用面积。低区喷淋泵同时受高、低区报警的控制，系统控制比较复杂，运行不如前者串联给水方式可靠。

（3）减压阀减压分区供水。减压阀必须有备用，当减压阀出现故障，管网超压时，应有报警措施。水泵数量少，占地少，且集中设置便于维修、管理；管线布置简单，投资省。参见图 7-17。

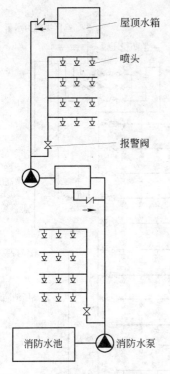

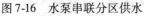

图 7-16 水泵串联分区供水

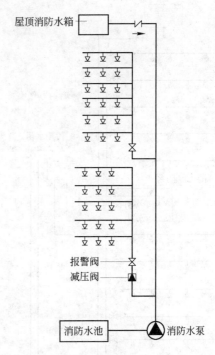

图 7-17 减压阀减压分区供水

（4）减压水箱减压供水。由于各区水箱仅起减压作用，容积小，占地少，对结构影响小。供水可靠，管道简单。下区用水受上区控制，其液位控制阀容易损坏，如图 7-18 所示。

当建筑高度小于 120m 时，消防给水竖向分区宜采用减压阀、分区水泵、多出口水泵等并联消防泵给水系统；当建筑高度大于 120m 时，消防给水竖向分区宜采用多台消防泵直接串联、并联或设置中间水箱的串联消防泵给水系统。在消防给水方式中，不同的给水方式可以组合使用，各种分区方式有其独特性，应结合工程的实际情况和当地的消防装备等因素确定合理的消防供水方案，如图 7-19 和图 7-20 所示。

7.3.4 水消防系统设置

7.3.4.1 消火栓给水系统

A 室外消火栓系统

室外消防水源以及室外消火栓详见第 4 章的有关内容。高层建筑的室外消防管网应布置为环状，宜从两条市政给水管网上引入，当一条发生故障时，另一条应能保证全部的用水量。否则在消防水池中应储存室外消防用水量，且消防水池的保护半径不能大于 150m，当大于 150m 时，应再另外设置一个室外储水量的消防水池和设置室外消防泵和室外消防管网，用于满足室外的消防要求。

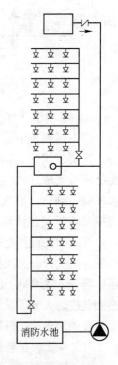

图 7-18 减压水箱减压供水

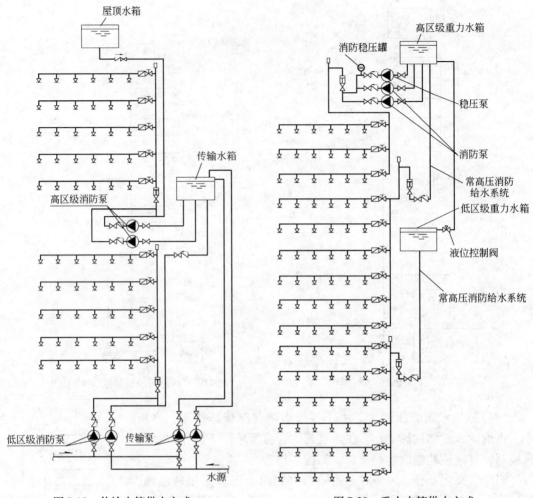

图 7-19　传输水箱供水方式　　　　　图 7-20　重力水箱供水方式

B　室内消火栓系统

在高层建筑中除不能用水灭火的场所外，其他各处均要设置室内消火栓。

高层建筑的消防给水引入管不应少于两条，并应布置成为环状；无论在平面还是竖直面都应布置成环状。竖管的布置间距应保证同层室内任何部位都有相邻两个消火栓的充实水柱同时到达。消火栓的布置间距，应通过计算确定，但是不能大于 30m，其竖管的管径应按照流量经过计算确定，但是不应小于 100mm。

在阀门的设置上应采用阀门分成若干独立段，应保证检修管道时关闭使用的竖管不超过一根，当竖管超过四根时，可关闭不相邻的两根；对于阀门的设置除了上述的设置要求外，还应符合下述原则：应在每根立管的上下端与供水干管的连接处设置阀门；水平环状干管的连接宜按防火分区设置，且阀门间同层消火栓的数量不超过 5 个（不含两端设有阀门的立管上连接的消火栓），任何情况下关闭阀门应使每个防火分区至少有一个消火栓能够使用。

7.3.4.2　自动喷水灭火系统

A　设置范围

建筑高度超过 100m 的高层建筑以及不超过 100m 的一类高层建筑及其裙房，除面积小于5.00m²的卫生间、不设集中空调的住宅以及不宜用水扑救的部位外，均应设自动喷水灭火系统。

二类高层公共建筑的公共活动用房；走道、办公室和旅馆的客房；商业营业厅、展览厅等公共活动用房和建筑面积超过200m²的可燃物品库房；高层建筑中经常有人停留或可燃物较多的地下室房间；自动扶梯底部；高级住宅的居住用房。

B 系统设计

应根据各种危险等级的喷水强度布置喷头的间距，一般情况下，在每根支管上设置的喷头数不宜多于8个；对于闭式自动喷水灭火系统，每个报警装置控制的喷头数不宜超过如下规定：湿式和预作用喷水灭火系统为800个，当配水支管同时安装向下保护吊顶下空间和向上保护吊顶内空间的喷头时，只将数量较多一侧的喷头计入报警阀控制的喷头总数；有排气装置的干式自动喷水灭火系统最大喷头数不宜大于500个，无排气装置的干式自动喷水灭火系统最大喷头数不宜大于250个。

高层建筑中需同时设置消火栓给水系统和自动喷水灭火系统，应优先选用两类系统独立设置方式。若有困难，可合用消防水泵，在自动喷水灭火系统报警阀进水口前将两类系统的管网分开设置。

对于高层建筑除常高压系统外，其他所有的水消防系统均需设置消防水箱，水箱的设置高度应满足最不利喷头处工作压力不低于0.05MPa和建筑高度不超过100m，最不利点消火栓静水压不低于0.07MPa或建筑高度超过100m，最不利点消火栓静水压不低于0.15MPa的要求。否则，应在系统中设增压设备，以保证火灾初起消防水泵开启前，消防系统的水压要求。增压设备可采用稳压泵，如图7-11所示。消火栓给水系统和自动喷水灭火系统中稳压泵的出水量应分别小于5L/s和1L/s计。稳压设备在系统中既可升压又可起到控制消防主泵启动的作用。两个消防给水系统应分别设置气压水罐，其容积应不小于300L和150L。

7.3.5 高层建筑水消防系统的计算

7.3.5.1 消防流量的确定

高层建筑室内外消火栓系统的消防用水量详见第4章的有关内容，自动喷水灭火系统的消防用水量应根据火灾危险等级和相应的喷水强度计算。

7.3.5.2 管网的水力计算

消火栓的设置计算与低层建筑完全相同，只是消火栓的充实水柱不同，超过100m的高层建筑充实水柱不小于13m，超过100m的高层建筑充实水柱不小于10m。

管网水力计算包括沿途水头损失和局部水头损失、水泵扬程、水箱设置高度、减压设施等计算，与低层建筑相同。

对环状给水管网，进行水力计算时，可以按最不利情况考虑，断开某管段，以单向供水的枝状管网计算。竖管超过四根时，可关闭不相邻的两根；竖管少于四根时，可关闭一根；将其流量分配给其他立管，各立管的流量重新分配后与规范要求的竖管最小流量相比，取其大者为计算流量进行环状管网的计算。

高层建筑消防给水系统中应注意防止消防系统的超压，造成超压的原因是多方面的，如消防水泵试验、检查时，水泵出水量小，管网压力升高；火灾初起，消防泵启动，消火栓或喷头的实际开启放水出流量，远小于按规范要求计算选定的水泵出流量，水泵扬程升高；消防给水系统分区范围偏大，启动消防泵时，为满足高层最不利消火栓或喷头所需压力，则低层消火栓或喷头处压力过大等。当管网压力超过管道的允许压力时，必将出现事故，影响系统正常供水，为避免事故，可采取以下措施：多台水泵并联运行；选用流量扬程（$Q \sim H$）曲线平缓的消防水泵；合理的确定分区范围和布置消防管道；提高管道和附件的承压能力；在消防给水系统中设置安全阀或设水泵回流管泄压。

7.4　高层建筑的热水供应

7.4.1　高层建筑热水系统的特点

高层建筑热水供应系统从水温、水质、水压、用水量定额、耗热量和用水量的计算完全相同；水的加热方式如：太阳能、地热水源热泵、空气源热泵、电加热、燃气燃油热水机组等热源的选择也与低层建筑完全相同；管网的计算、管道的敷设与保温，凡此种种均与低层建筑的热水供应系统相同，在此不再一一列举，可参看第5章的有关内容执行。

高层建筑热水供应方式与给水系统相同，若采用同一系统供应热水，也会使低层管道中静水压力过大，因而带来一系列弊病，为保证良好的工况，高层建筑热水供应系统应解决低层管道中静水压力过大的问题，从分区的选择来看与高层建筑的给水系统相似，可参看本章高层建筑给水系统的有关内容。

主要不同点在于该层建筑分区后的循环管网运行与多层建筑有不同之处。

7.4.2　高层建筑中热水系统的选择

与给水系统相同，解决低层管道静水压力过大的问题，可采用竖向分区的供水方式。热水供应系统分区的范围，应与给水系统的分区一致，各区的水加热器、贮水器的进水，均应由同区的给水系统供应。冷、热水系统分区一致，可使系统内冷、热水压力平衡，便于调节冷、热水混合龙头的出水温度，减少无效热损失，也便于管理。但因热水系统水加热器、贮水器的进水由同区给水系统供应，水加热后，再经热水配水管送至各配水龙头，故热水在管道中的流程比同区冷水龙头流出冷水所经历的流程长，所以尽管冷、热水分区范围相同，混合龙头处冷、热水压力仍有差异，为保持良好的供水工况，还应采取相应措施适当增加冷水管道的阻力，减小热水管道的阻力，使冷、热水压力保持平衡，也可采用内部设有温度感应装置，可根据冷、热水压力大小、出水温度高低自动调节冷热水进水量比例，并保持出水温度恒定的恒温式水龙头。热水供应系统的分区形式主要有两种：集中式和分散式。

7.4.2.1　集中式

各区热水配水循环管网自成系统，加热设备、循环水泵集中设在底层或地下设备层，各区加热设备的冷水分别来自各区冷水水源，如冷水箱等。其优点是：各区供水自成系统，互不影响，供水安全、可靠；设备集中设置，便于维修、管理。其缺点是：高区水加热器需承受高压，耗钢量较多，制作要求和费用高。所以该分区形式不宜用于多于3个分区的高层建筑，如图7-21～图7-23所示。

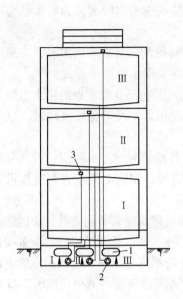

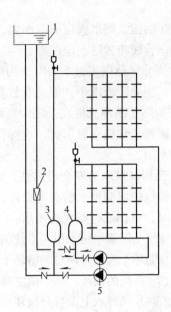

图 7-21　集中热水供应方式

1—水加热器；2—循环水泵；3—排气阀

图 7-22　减压阀分区的集中热水供应方式

1—冷水补水箱；2—减压阀；3—高区水加热器；

4—低区水加热器；5—循环水泵

7.4.2.2　分散式

　　各区热水配水循环管网也自成系统，但各区的加热设备和循环水泵分散设置在各区的设备层中，如图 7-24 所示。其优点是：供水安全可靠，且加热设备承压均衡，耗钢量少，费用低。其缺点是：设备分散设置，所需建筑面积较大，维修管理也不方便，热媒管线较长。

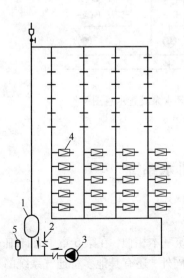

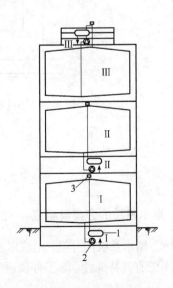

图 7-23　高低区共用立管的集中热水供应方式

1—水加热器；2—冷水补水管；3—循环水泵；

4—减压阀；5—膨胀罐

图 7-24　分散式集中热水供应方式

1—水加热器；2—循环水泵；3—排气阀

一般高层建筑热水供应的范围大，热水供应系统的规模也较大，为确保系统运行时的良好工况，管线布置时，应注意：

（1）当分区范围超过 5 层时，为使各配水点随时得到设计要求的水温，应采用机械全循环方式，当分区范围小，但立管数多于 5 根时，应采用干管循环方式。

（2）为防止循环流量在系统中流动时出现短流，影响部分配水点的出水温度，在建筑内应采用同程式管线布置形式，这样循环管路的流程相当，可避免短流现象，以保证各配水点所需水温。

（3）为提高供水的安全可靠性，减小管道、附件检修时的停水范围，可充分利用热水循环管路提供的双向供水的有利条件，放大回水管管径，使它与配水管管径接近，当管道出现故障时，可作临时配水管使用。

高层建筑小区集中热水供应系统的循环管道与低层建筑尚有不同之处，小区热水循环系统应设置总循环干管，并在总的循环干管上设置总循环水泵，总循环干管的设置应保证每一栋建筑中热水系统的循环。同一供应热水系统所服务的单栋建筑内热水供回水管不同时，应在单体建筑热水循环水上设置分循环水泵和温度控制阀等保证循环效果，如图 7-25 所示。

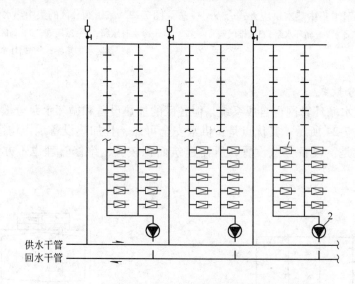

图 7-25　小区集中热水供应分循环水泵设置示意图

1—减压阀；2—分循环水泵

7.5 高层建筑的排水系统

7.5.1 排水系统的分类与组成

排水、雨水系统的分类、组成以及计算与低层建筑基本相似，在第 6 章中有详细介绍，唯有通气系统有其特殊性，除了伸顶通气与低层建筑相同外，还有其他多种通气系统的选择。

7.5.2 高层建筑排水系统的特点

高层建筑中卫生器具多，排水量大，且排水立管连接的横支管多，多根横管同时排水,由于水舌的影响和横干管起端产生的强烈冲激流使水跃高度增加,必将引起管道中较大的压力波动,可能导致水封破坏,室内环境污染。为防止水封破坏,保证室内的环境质量,高层建筑排水系统必须解决好通气问题,稳定管内气压,以保持系统运行的良好工况。同时,由于高层建筑体量大,建筑沉降可能引起出户管平坡或倒坡;暗装管道多,建筑吊顶高度有限,横管敷设坡度受到一定的限制;居住人员多,若管理水平低,卫生器具使用不合理,冲洗不及时等,都将影响水流畅通,造成淤积堵塞,一旦排水管道堵塞影响面大。因此,高层建筑的排水系统还应确保水流畅通。

高层建筑排水系统的三个基本要求:

(1)系统应能迅速畅通的将污废水排至室外;

(2)排水管道系统气压稳定,有毒有害气体,不得进入室内,保持室内环境卫生;

(3)管线布置合理,简短顺直,工程造价低。

7.5.3 高层建筑的排水通气系统

当前我国高层建筑排水系统工程实践中,解决高层建筑排水系统通气问题,稳定管内气压的技术措施是:当排水横干管与最下一根横支管之间的间距,不能满足表 7-1 的要求时,底层污水单设横管排出,以免避下层横支管连接的卫生器具出现正压喷溅现象;管道连接时尽量采用诸如 TY 形三通等;在排水立管上增设乙字管,以减慢污水下降速度。

表 7-1 最低横支管与立管连接处至立管管底的最小距离

立管连接卫生器具层数/层	≤4	5~6	7~12	13~19	≥20
垂直距离/m	0.45	0.75	1.20	3.00	6.00

高层建筑中的通气管排水系统有:专用通气立管排水系统、环形通气立管排水系统、器具通气管排水系统,如图 7-26 所示,还有近年来刚采用的自循环通气排水系统(见图 7-27)等。

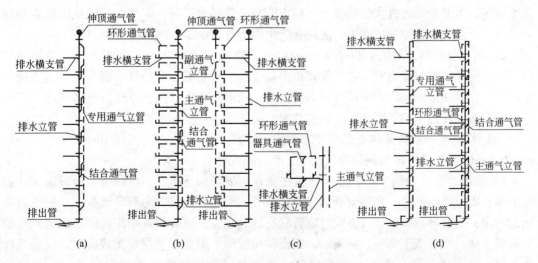

图 7-26 几种典型的通气管系统

(a)专用通气立管排水系统;(b)环形通气排水系统;(c)器具通气管排水系统;(d)自循环通气排水系统

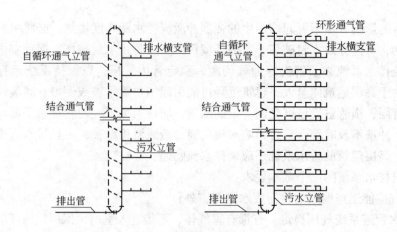

图 7-27　自循环通气管系统

根据需要增设各类专用通气管道，当排水管内气流受阻时，管内气压可通过专用通气管调节，不受排水管中水舌的影响。

设置专用通气管能较好地稳定排水管内气压，提高通水能力，但占地面积大，施工复杂，造价高。自 20 世纪 60 年代以来一些国家先后成功研制了多种新型的单立管排水系统，即苏维脱排水系统、旋流排水系统、芯型排水系统和 UPVC 螺旋排水系统等。它们的共同特点是在排水系统中安装特殊的配件，当水流通过时，可降低流速和减少或避免水舌的干扰，不设专用通气管，即可保持管内气流畅通，控制管内压力波动，提高排水能力，既节省了管材也方便了施工。采用新型单立管排水系统，就成为解决排水管道通气问题的有效技术措施。

（1）苏维脱排水系统。该系统是 1961 年由瑞士 Fritz Sommer 研究成功的。其特殊配件为：

1）气水混合器，如图 7-28 所示，设置在立管与横管连接处，由上流入口、乙字管、隔板、隔板上小孔、横支管流入口、混合室和排出口等组成。自立管下降的污水，经过乙字管时，水流撞击分散并与周围的空气混合，变成比重轻、呈水沫状的气水混合物，下降速度减慢，可避免出现过大的抽吸力。横支管排出的污水受隔板阻挡，只能从隔板右侧向下排放，不会在立管中形成水舌，能使立管中保持气流畅通，气压稳定。

2）气水分离器，如图 7-29 所示，设置在立管底部的转弯处，由流入口，顶部通气口、带有突块的空气分离室、跑气管和排出口组成。自立管下降的气水混合液，遇突块产生溅散，并改变方向冲击到突块对面的斜面上，从而分离出气体，分离的气体经跑气管引入干管下游，使污水的体积变小，速度减慢，动能减小，底部正压减小，管内气压稳定。

（2）旋流排水系统又称塞克斯蒂阿系统。该系统是 1967 年由法国 Roger Legg、Georges Richard 和 M. Louve 共同研究成功的，其特殊配件为：

1）旋流接头，如图 7-30 所示，设置在立管与横管的连接处，由底座、盖板组成，盖板上带有固定旋流叶片，底座支管和立管接口处，沿立管切线方向有导流板。从横支管排出的污水，通过导流板从切线方向以旋转状态进入立管，立管下降水流经固定旋流叶片沿壁旋转下降，当水流下降一段距离后，旋流作用减弱，但流过下层旋流接头时，经旋流叶片导流，又可增加旋流作用，直至底部，使管中间形成气流畅通的空气芯，压力变化很小。

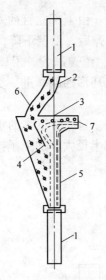

图 7-28 气水混合器

1—立管；2—乙字管；3—孔隙；4—隔板；

5—混合室；6—气水混合物；7—空气

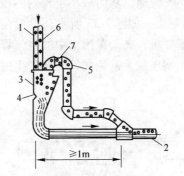

图 7-29 气水分离器

1—立管；2—横管；3—空气分离室；4—突块；

5—跑气管；6—水气混合物；7—空气

2）特殊排水弯头，如图 7-31 所示，设置在排水立管底部转弯处，为内部装有导向叶片的45°弯头。立管下降的附壁薄膜水流，在导向叶片作用下，旋向弯头对壁，使水流沿弯头下部流入干管，可避免因干管内出现水跃而封闭气流，造成过大的正压。

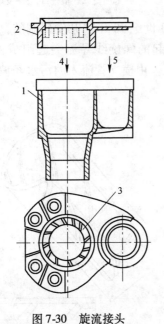

图 7-30 旋流接头

1—底座；2—盖板；3—叶片；4—接立管；5—接大便器

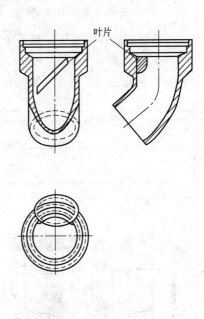

图 7-31 特殊排水弯头

（3）芯型排水系统，又称高奇马排水系统。该系统是 1973 年由日本小岛德厚研究发明的。其特殊配件为：

1）环流器，如图7-32所示，设置在立管与横管连接处。由上部立管插入内部的倒锥体和2~4个横向接口组成。横管排出的污水受内管阻挡反弹后，沿壁下降，立管中的污水经内管入环流器，经锥体时水流扩散，形成水气混合液，流速减慢，沿壁呈水膜状下降，使管中气流畅通。因环流器可与多根横支管连接，形成环形通路，进一步加强了立管与横管中的空气流通，从而减小了管内的压力波动。

2）角笛弯头，如图7-33所示，设置在立管底部转弯处。自立管下降的水流因过水断面扩大，流速变缓，夹杂在污水中的空气释放，且弯头曲率半径大，加强了排水能力，可消除水跃和水塞现象，避免立管底部产生过大的正压。

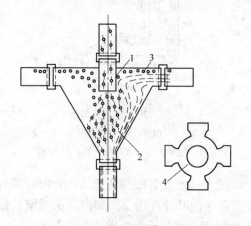

图7-32　环流器
1—内管；2—汽水混合物；3—空气；4—环形通路

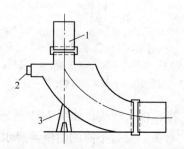

图7-33　角笛弯头
1—立管；2—检查口；3—支墩

（4）UPVC螺旋排水系统。该系统是韩国在20世纪90年代开发研制的，由特殊配件偏心三通和内壁带有6条间距50mm呈三角形突起的螺旋线导流突起组成，如图7-34、图7-35所示，偏心三通设置在立管与横管的连接处。由横支管流入的污水经偏心三通从圆

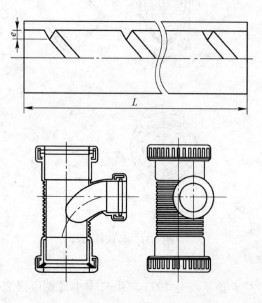

图7-34　偏心三通

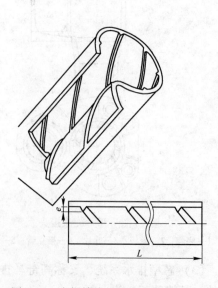

图7-35　有螺旋线导流突起的UPVC管

周切线方向进入立管，旋流下降，立管中的污水在螺旋线导流突起的导流下，在管内壁形成较为稳定而密实的水膜旋流，旋转下落，使管中心保持气流畅通，减小了管道内的压力波动。同时由于立管旋流与横管切线进入的水流减小了相互撞击，还可降低排水噪声。

以上新型单立管排水系统在我国高层建筑排水工程中已有应用，但目前尚不普遍，随着特殊配件的定型化、标准化及有关规范的制定和完善，新型单立管排水系统将得到进一步推广使用。

为确保管道畅通，防止污物在管内沉积，排水管道连接时应尽量选用水力条件较好的斜三通、斜四通，立管与横干管相连时宜采用 2 个 45°弯头或弯曲半径不小于 4 倍管径的 90°的弯头连接。若受条件限制，排水立管轴线偏置时，宜用乙字管或 2 个 45°弯头相连。考虑到高层建筑的沉降宜适当增加出户管的坡度或采用图 7-36 的敷设方法，出户管与室

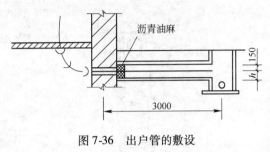

图 7-36　出户管的敷设

外检查井不直接连接，管道敷设在地沟内，管底与沟底预留一定的下沉空间，以免建筑沉降引起管道的倒坡。

（5）日本排水管道的连接方式示例。图 7-37 ~ 图 7-40 为日本的一些特殊连接管的排水方式。

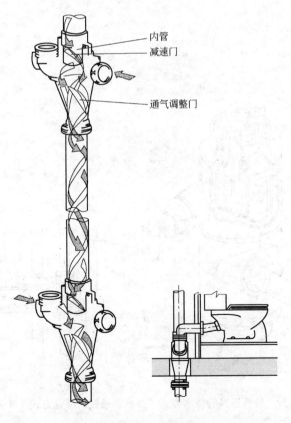

图 7-37　特殊连接管排水方式（旋转型、K 公司）

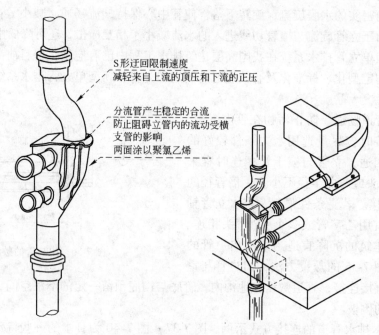

S形迂回限制速度
减轻来自上流的顶压和下流的正压

分流管产生稳定的合流
防止阻碍立管内的流动受横
支管的影响
两面涂以聚氯乙烯

图 7-38　特殊连接管排水方式（迂回型、B 公司）

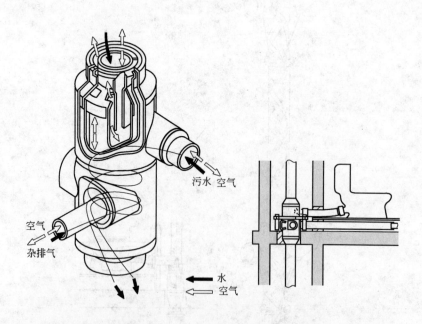

污水　空气

空气

杂排气

水
空气

图 7-39　特殊连接管排水方式（排水、通气二层管方式、M 公司）

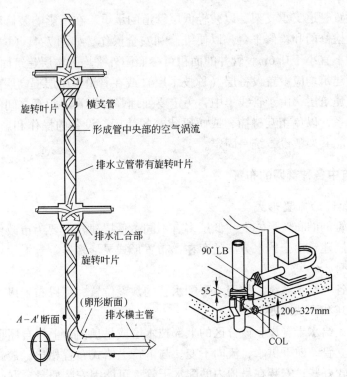

旋转叶片
横支管
形成管中央部的空气涡流
排水立管带有旋转叶片
排水汇合部
旋转叶片
(卵形断面) 排水横主管
$A-A'$ 断面
90° LB
55
200~327mm
COL

图 7-40 特殊连接管排水方式（螺旋排水方式、S 公司）

7.6 高层建筑管道布置

高层建筑中管道、设备种类多，管线长，装饰标准高，因此管道敷设除应满足一般建筑的基本要求外，还应适应高层建筑的特点，便于施工和日后的管理、维修。

管道的各种立管一般敷设在管井中，每层还有分出的支管，如图 7-41（a）所示，管道井的平面尺寸和管井中管道的排列，结合建筑平面，满足安装、维修的要求，合理确定。

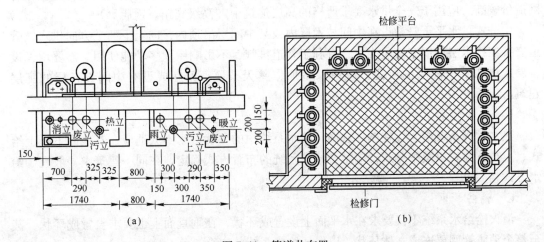

消立 废立 热立 雨立 污立上立 污立 废立 暖立
污立
150 700 325 325 800 300 290 350
290 150 300 350
1740 800 1740
150 200 200 200

检修平台
检修门

(a)   (b)

图 7-41 管道井布置

管井内每层要设置管道支承支架，以减轻低层管道的承重。在不影响装修和使用的管道井一侧，每层应设检修门和检修平台，以便维修和安全操作，如图 7-41（b）所示。管道井进入检修的通道不宜小于 0.6m。管井的面积可参照国外平均为本层建筑面积 3%～5%。

一般的高层建筑均应设置设备层（称技术层）或在管道集中层提高层高，它是集中设置管道、设备的建筑层，由于管线集中，一定要处理好各类管道相互之间的关系，管道与建筑、结构的关系，以免相互碰撞，或妨碍建筑的使用、设备的操作和影响结构的强度，有条件时应尽可能共架敷设，统一固定。

7.6.1　高层建筑中各种管网的布置

7.6.1.1　管网的布置形式

高层建筑在管网的布置形式上与低层多有不同，低层建筑主要为市政供水，以下行上给式为主，而高层建筑由于给水分区的存在，布置形式灵活多样。

A　给水管网

高层建筑的各种给水系统，按照水平配水管的敷设位置，可以布置成下行上给式、上行下给式、中分式和环状式四种。

上行下给式：给水干管设于该分区的上部技术层或吊顶内，上接自屋顶水箱或分区水箱，下连各给水立管，向下供水，流向不变。与下行上给式布置相比，最高层配水点流出水头稍高，水力较好些；安装在吊顶内的配水干管，可能因安装质量、漏水或结露损坏吊顶或墙壁；要求管网压力要高些，水压要稳定，否则影响供水；管材消耗比较多。应用于设置高位水箱的高层建筑。

下行上给式：供水干管多敷设于该区的下部技术层、室内管沟、地下室顶棚或该分区底层下的吊顶内；图式简单，明装时便于安装维修；埋地管道检修不便；与上行下给式布置相比，最高层配水点流出水头较低；应用于高层住宅、高层工业建筑及公共建筑，在利用外管网水压直接供下面几层时，多采用这种方式。

环状式：水平配水干管或配水立管互相连接成环，组成水平干管，环状或立管环状；在有两条引入管时，也可将两条引入管通过配水立管和水平配水干管相连通组成贯穿环状；供水安全可靠；水流通畅，水头损失小；水质不易变质。整个管网使用管材较多；管网造价较高。应用于安全供水要求严格的高层建筑中（高级宾馆、饭店等）。

中分式：水平干管敷设在中间技术层内或某中间层吊顶内，向上下两个方向供水；管道安装在技术层内便于安装维修，有利于管道排气，不影响屋顶多功能使用。需要增设设备层或增加某中间层的层高；应用于屋顶作露天茶座、舞厅或设有中间设备层的高层建筑。

B　热水管网

热水管网系统由于存在循环管网，给水系统中的环状给水不太适应，其他的下行上给式、上行下给式以及中分式，应结合给水系统的布置方式确定，在同一建筑中一般宜于给水方式相一致。

C　消防管网

消火栓给水系统不仅要求在水平面上设置成环状，在垂直面上也要求设置成环状，甚至整个消防管网要连成立体环状，以保证给水系统的安全。

7.6.1.2 管网的布置

管道布置应结合建筑物的性质、结构情况、用水要求、配水点和室外给水管道的位置以及给水系统的给水方式等合理布置。

室内管道的敷设分明装、暗装两类。

明装管道安装维修方便，造价低，但是影响美观，管道表面易结露、积灰。一般适用于对卫生、美观要求不高的低层建筑，不太适用高层建筑。

暗装管道不会影响室内的美观整洁，但施工复杂、维修困难、造价高。适用于对卫生、美观要求高的宾馆、饭店以及高层建筑。

7.6.2 高层建筑中给排水系统的防噪与防振

管道的隔振、消音措施除前面有关章节介绍的内容外，在高层建筑中固体传声影响面广，与低层建筑有所区别，因此，在给排水系统方案选择上，应把隔声防振作为一个重要内容引起重视。

水泵房可以设置在高层建筑的地下室内，但是不应与卧室、办公等需要安静的房间相邻，最好有两层之隔。可以与门厅、餐厅等公共用房相连。即使如此也应设置隔声降噪措施，墙壁和顶板最好作吸音措施，并把泵房与其他房间相连的孔洞用吸音材料堵塞，消除声音从泵房中传出的可能。

为防止水锤和减小噪声可在水泵压水管上安装空气室装置、缓闭止回阀（消声止回阀）多功能阀和柔性短管等附件，如图7-42所示。水泵基础是固体传声的主要来源，危害性极大，必须对其进行防振处理。

在卫生器具的选用上尽量选用进出口噪声小的开关和器具；管道和管井尽量不要靠近住房的墙体布置。

为防止或减少管道上的水流噪声以及水锤的发生，管道流速宜采用规范规定的下限值。对于高压管道可以采取分区、分层甚至每层设置减压阀，采用的减压阀要求既能减静压又能减动压，减压阀的最大减压值不应大于0.3MPa，以避免噪声的产生。

为使给水排水管道能承受振动，适应高层建筑沉降和层间变位引起的轴向位移和横向挠曲变形，给水管道可在立管、横管连接处增设弯管，如图7-43所示，排水铸铁管则应在以下情况设置有曲挠、伸缩、抗振和密封性能的柔性接头：

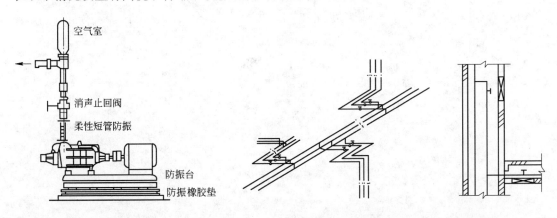

图 7-42　防止水锤的空气室装置　　　　图 7-43　管道防位移破坏的敷设方法

（1）高耸构筑物和建筑高度超过100m的超高层建筑内的排水立管中；

（2）在地震设防8度地区每隔2层的排水立管中和地震设防9度地区的排水立管和横管中。其他高层建筑在条件许可时，也可采用柔性接头。柔性接头的构造见图7-44。高层建筑排水立管，应采用加厚排水铸铁管，以提高管道强度。

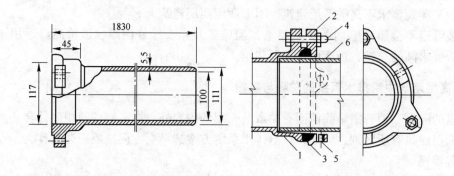

图7-44　柔性接头
1，6—承插口部；2—法兰压盖；3—橡胶圈；4—螺栓；5—止动螺栓

复习思考题

7-1　高层给排水有何特点？

7-2　高层给水的方式有哪些，其特点是什么？

7-3　高层排水的通气管的种类及适用性。

8 居住小区给排水工程

居住小区是指含有教育、医疗、文体、经济、商业服务及其他公共建筑的城镇居民住宅建筑区。根据《城市居住区规划设计规范》GB 50180—1993（2002 版），我国城镇居住用地组织的基本构成单元分：

（1）居住组团。最基本的构成单元，人口在 1000～3000 范围内。

（2）居住小区。由若干个居住组团构成，人口在 10000～15000 之间。

（3）居住区。由若干个居住小区组成，人口在 30000～50000 之间。

居住区面积大，人口多，其用水和排水特点已经和城市给水排水的特点相同，属于市政工程范围。

居住小区包括住宅，为居民提供的生活、娱乐、休息和服务的公共设施，如医院、银行、影剧院、运动场馆、中小学、幼儿园、商店、餐饮服务业、行政管理及其他设施。居住小区含有道路、广场和绿地等。

居住小区给排水工程包括给水工程（生活给水、消防给水）、排水工程（污水管网、废水管网、雨水管网和小区污水处理）以及中水工程。

本章所指小区包含了 15000 人以下的居住小区和居住组团。

8.1 建筑小区给水系统

8.1.1 居住小区给水水源及设计用水量

8.1.1.1 居住小区给水水源

当居住小区位于市区或厂矿区时，可采用市政或厂矿的给水管网作为给水水源。

若居住小区离市区或厂矿较远，不能直接利用现有的给水管网，需铺设专门的输水管线时，可以经过技术经济比较，确定是否建立自备水源，居住小区供水系统应独立，一般不要与城镇生活饮用水管网直接连接。若需连接，以城镇管网为备用水源时，需经过当地供水部门的同意。

在缺水地区也可考虑采用中水水源及雨水水源，建设居住小区中水工程及雨水利用工程，用中水、雨水冲洗厕所、浇洒绿地和冲洗道路。

8.1.1.2 居住小区设计用水量

居住小区设计用水量包括：生活用水量、公共建筑用水量、消防用水量、浇洒道路和绿地用水量以及管网漏失水量和未预见水量。其中居民生活用水量除包括日常生活所需的饮用、洗涤、沐浴和冲洗厕所用水量外，还包括居住小区内用水量不大的小型公共建筑（如居委会、理发店、商店、粮店、邮局、银行等）的用水量。居住小区居民生活用水量应按小区人口和表 3-1 规定的住宅最高日生活用水定额经计算确定。

　　居住小区内的公共建筑用水量，应按其使用性质、规模采用表 3-2 中的用水定额经计算确定。小区绿化浇灌用水定额应根据气候条件、植物种类、土壤理化性状、浇灌方式和管理制度等因素综合确定。当无相关资料时，小区绿化浇灌用水定额可按浇灌面积 1.0 ~ 3.0L/（$m^2 \cdot d$）计算，干旱地区可酌情增加。

　　公共游泳池、水上游乐池和水景用水量应按下列要求确定：

　　（1）游泳池和水上游乐池的初次补水时间，应根据使用性质、城镇给水条件等确定，游泳池不宜超过 48h；水上游乐池不宜超过 72h。

　　（2）游泳池和水上游乐池的补充水量可按表 8-1 确定。大型游泳池和水上游乐池应采用平衡水池或补充水箱间接补水。

表 8-1　游泳池和水上游乐池的补充水量

序　号	池的类型和特征		每日补充水量占池水容积的百分数/%
1	比赛池、训练池、跳水池	室内	3 ~ 5
		室外	5 ~ 10
2	公共游泳池、水上游乐池	室内	5 ~ 10
		室外	10 ~ 15
3	儿童游泳池、幼儿戏水池	室内	≥15
		室外	≥20
4	家庭游泳池	室内	3
		室外	5

注：游泳池和水上游乐池的最小补充水量应保证一个月内池内是全部更新一次。

　　（3）水景用水应循环使用。循环系统的补充水量应根据蒸发、漂失、渗漏、排污等损失确定，室内工程宜取循环水流量的 1% ~ 3%；室外工程宜取循环水流量的 3% ~ 5%。

　　小区道路、广场浇洒用水量应根据路面、绿化、气候和土壤等条件，按 2.0 ~ 3.0L/（$m^2 \cdot d$）计算。居住小区管网漏失水量与未预见水量之和可以按最高日用水量的 10% ~ 15% 计算。居住小区内的公用设施用水量，应由该设施的管理部门提供用水量计算参数，当无重大公用设施时，不另计用水量。

　　居住小区消防用水量和水压及火灾延续时间，应按现行国家标准《建筑设计防火规范》GB 50016 和《高层民用建筑设计防火规范》GB 50045 确定。消防用水量仅用于校核管网计算，不属于正常用水量。

8.1.2　居住小区供水方式

　　居住小区供水方式应根据小区内建筑物的类型、建筑高度、市政给水管网的资用水头和水量等因素综合考虑来确定。

　　小区的室外给水系统，其水量应满足小区内全部用水的要求，其水压应满足最不利配水点的水压要求。

小区的室外给水系统应尽量利用城镇给水管网的水压直接供水方式。当城镇给水管网的水量、水压不足时，应设置贮水调节和加压装置。

调蓄设施一般采用贮水池，建筑范围较小的住宅组团和小区等可采用高价水箱、水塔；增压设备应优先采用变频调速水泵，也可采用定速泵和水塔（或高低水池）。

小区的加压给水系统，应根据小区规模、建筑高度和建筑物的分布等因素确定加压站的数量、规模和水压。当市政水压不足时，多层或低层住宅不宜采用分散加压系统，宜采用统一加压供水；对于多层建筑和高层建筑混合居住小区，宜采用分散（或分片）加压供水，以节省动力消耗；当居住小区内所有建筑的高度和所需水压都相近时，可集中设置即整个小区共用一套调蓄增压设施。

居住小区一般采用生活、消防共用的给水管网系统；高层建筑居住小区宜采用生活和消防各自独立的供水系统。

小区给水系统设计应综合利用各种水资源，宜实行分质供水，充分利用再生水、雨水等非传统水源；优先采用循环和重复利用给水系统。

居住小区供水方式的选择受许多因素的影响，应根据城镇供水现状、小区规模及用水要求，对各种供水方式的技术指标（如先进性、供水可靠性、水质保证、调节能力、操作管理、压力稳定程度等）、经济指标（如基建投资、动力消耗、供水成本、节能等）和社会环境指标（如环境影响、施工方便程度、占地面积、市容美观等）经综合评判确定。

8.1.3 居住小区给水系统设计及管道布置和敷设

8.1.3.1 居住小区给水设计流量

居住小区供水范围和人口数介于城市给水和建筑给水之间，有其独特的结构特点、管道布置特点和用水规律。居住小区给水管网的设计流量既不同于建筑内部的设计秒流量，又不同于城市给水最大流量时的平均秒流量。

为此，在现行《建筑给水排水设计规范》GB 50015 中给出居住小区室外给水管道设计流量计算人数表，见表8-2。

居住小区的室外生活给水管道的设计流量应根据管段服务人数、用水量定额及卫生器具设置标准等因素确定，并应符合下列规定：

（1）服务人数小于等于表8-2中数值的室外给水管段，其住宅应按式（3-6）～式（3-9)计算管段流量，居住小区内配套的文体、餐饮娱乐、商铺及市场等设施应按式（3-10）、式（3-11）计算节点流量。

（2）服务人数大于表8-2中数值的室外给水管段，住宅应按表3-1计算最大用水时用水量为管段流量。居住小区内配套的文体、餐饮娱乐、商铺及市场等设施生活给水设计流量，应按表3-2计算最大时用水量为节点流量。

（3）居住小区内配套的文教、医疗保健、社区管理等设施，以及绿化和景观用水、道路及广场洒水、公共设施用水等，均以平均时用水量计算节点流量。

小区室外直供给水管道应按式（3-10）、式（3-11）计算管段流量。当建筑设有水箱（池）时，应以建筑引入管设计流量作为室外计算给水管段节点流量。

表8-2　居住小区室外给水管道设计流量计算人数　　　　　　　（人）

$q_L \cdot K_h$ 每户 N_g	3	4	5	6	7	8	9	10
350	10200	9600	8900	8200	7600	—	—	—
400	9100	8700	8100	7600	7100	6650	—	—
450	8200	7900	7500	7100	6650	6250	5900	—
500	7400	7200	6900	6600	6250	5900	5600	5350
550	6700	6700	6400	6100	5900	5600	5350	5100
600	6100	6100	6000	5800	5550	5300	5050	4850
650	5600	5700	5600	5400	5250	5000	4800	4650
700	5200	5300	5200	5100	4950	4800	4600	4450

注：1. 当小区内含有多种住宅类别及户内 N_g 不同时，可采用加权平均法计算；

2. 表内数据可用内插法。

小区的给水引入管的设计流量，应符合下列要求：

（1）小区给水引入管的设计流量应在小区室外给水管道设计流量的基础上考虑未预计水量和管网漏失量。

（2）不少于两条引入管的环状布置小区室外给水管网，当其中一条发生故障时，其余的引入管应能通过不小于70%的流量。

（3）小区室外给水管网为枝状布置时，小区引入管的管径不应小于室外给水干管的管径。

（4）小区环状管道宜管径相同。

居住小区的室外生活、消防合用给水管道，应按小区生活给水管道计算方法计算设计流量（淋浴用水量可按15%计算，绿化、道路及广场浇洒用户可不计算在内），再叠加区内一次火灾的最大消防流量（有消防贮水和专用消防管道供水的部分应扣除），并应对管道进行水力计算校核，管道末端的室外消火栓从地面算起的水压，不得低于0.1MPa。

设有室外消火栓的室外给水管道，管径不得小于100mm。

小区给水系统水力计算是在确定了供水方式，布置完管线后进行的，计算的目的是确定各管段的管径，校核消防和事故时的流量，确定升压贮水调节设备。

管段设计流量确定后，求管段的管径和水头损失的方法与城镇给水管网相同。除水表外的其他局部水头损失可按沿程水头损失的15%~20%计算。

当居住小区从城镇给水管网直接供水时，连接管的管径应根据小区的设计流量，城镇给水管网能保证的最低水压和最不利配水点所需水压计算确定。

水泵扬程应满足最不利配水点所需水压，小区给水系统有水塔或高位水箱时，水泵出水量应按最大时流量确定；当小区内无水塔或高位水箱时，水泵出水量按小区给水系统的设计流量确定。水泵的选择、水泵机组的布置及水泵房的设计要求，按现行《室外给水设计规范》的有关规定执行。

居住小区水池、水塔和高位水箱的有效容积应根据小区生活用水量的调蓄贮水量、安全贮水量和消防贮水量确定。其中生活用水的调蓄贮水量，对于水池，可按居住小区最高日生活用水量的15%~20%确定；对于水塔和高位水箱，可按表8-3确定；安全贮水量应根据城镇供水制度、供水可靠程度及小区对供水的保证要求确定；当生活用水贮水池贮存消防用水时，消防贮水量应按国家现行的有关消防规范执行。

表8-3　小区水塔和高位水箱（池）生活用水的调蓄贮水量

居住小区最高 日用水量/m³	<100	101～300	301～500	501～1000	1001～2000	2001～4000
调蓄贮水量占最高日 用水量的百分数/%	30～20	20～15	15～12	12～8	8～6	6～4

8.1.3.2　管道布置和敷设

居住小区室外给水管道有小区干管、小区支管和接户管三类，在布置小区室外给水管网时，应按干管、支管、接户管的顺序进行。

小区干管布置在小区道路或城市道路下，与城镇给水管连接。小区干管应沿用水量大的地段布置，以最短的距离向大用户供水。为提高小区供水安全可靠程度，在小区内干管应布置成环状或与城镇给水管连成环状，与城镇给水管的连接管不少于两条。

小区支管布置在居住小区的道路下，与小区干管连接，一般为枝状。接户管布置在建筑物周围人行便道或绿地下，与小区支管连接，向建筑物内供水。

小区的室外给水管道应沿区内道路敷设，宜平行于建筑物敷设在人行道、慢车道或草地下；管道外壁距建筑物外墙的净距不宜小于1.0m，且不得影响建筑物的基础。

室外给水管道与污水管道交叉时，给水管应敷设在上面，且接口不应重叠；当给水管道敷设在下面时，应设置钢套管，钢套管的两端采用防水材料封闭。

小区室外给水管道应进行管线综合设计，管线与其他管线之间、管线与构筑物或乔木之间的最小水平净距，以及管线交叉敷设时的最小垂直净距应符合表8-4的规定。

表8-4　小区地下管线（构筑物）间最小净距　　　　　（m）

种类 \ 种类	给水管 水平	给水管 垂直	污水管 水平	污水管 垂直	雨水管 水平	雨水管 垂直
给水管	0.5～1.0	0.10～0.15	0.8～1.5	0.10～0.15	0.8～1.5	0.10～0.15
污水管	0.8～1.5	0.10～0.15	0.8～1.5	0.10～0.15	0.8～1.5	0.10～0.15
雨水管	0.8～1.5	0.10～0.15	0.8～1.5	0.10～0.15	0.8～1.5	0.10～0.15
低压煤气管	0.5～1.0		1.0		1.0	0.10～0.15
直埋式热水管	1.0	0.10～0.15	1.0	0.10～0.15	1.0	0.10～0.15
热力管沟	0.8～1.5	—	1.0		1.0	
乔木中心	1.0		1.5		1.5	
电力电缆	1.0	直埋0.50 穿管0.25	1.0	直埋0.50 穿管0.25	1.0	直埋0.50 穿管0.25
通信电缆	1.0	直埋0.50 穿管0.15	1.0	直埋0.50 穿管0.15	1.0	直埋0.50 穿管0.15
通信及照明电杆	0.5		1.0		1.0	

注：1. 净距指管外壁距离，管道交叉设套管时指套管外壁距离，直埋式热水管指保温管壳外壁距离；
　　2. 电力电缆在道路的东侧（南北方向的路）或南侧（东西方向的路）；通信电缆在道路的西侧或北侧，一般均在人行道下。

室外给水管道的覆土深度，应根据土壤的冰冻深度、车辆荷载、管道材质及与管道交叉等因素来确定。管顶最小覆土深度不得小于土壤冰冻线以下 0.15m，行车道下的管线覆土深度不宜小于 0.70m。

敷设在室外综合管廊（沟）内的给水管道，宜在热水、热力管道下方，冷冻管和排水管的上方。给水管道与各种管道之间的净距，应满足安装操作的需要，且不宜小于 0.3m。生活给水管道不宜与输送易燃、可燃或有害的液体或气体的管道同管廊（沟）敷设。

为了便于小区管网的调节和检修，应在与城市管网连接处的小区干管上，与小区干管连接处的小区支管上，与小区支管连接处的接户管上及环状管网需调节和检修处设置阀门。阀门处宜设阀门井或阀门套筒。

居住小区内城市消火栓保护不到的区域应设室外消火栓，设置数量和间距应按现行《建筑设计防火规范》和《高层民用建筑设计防火规范》执行。当居住小区绿地和道路需洒水时，可设洒水栓，其间距不宜大于 70m。

8.2 建筑小区排水系统

8.2.1 排水体制

居住小区排水体制分为分流制和合流制，采用哪种排水体制，主要取决于城市排水体制和环境保护要求。同时，也与居住小区是新区建设还是旧区改造以及建筑内部排水体制有关。新建小区一般应采用雨污分流制，以减少对水体和环境的污染。居住小区内需设置中水系统时，为简化中水处理工艺，节省投资和日常运行费用，还应将生活污水和生活废水分质分流。当居住小区设置化粪池时，为减小化粪池容积也应将污水和废水分流，生活污水进入化粪池，生活废水直接排入城镇排水管网、水体或中水处理站。

8.2.2 居住小区排水量及水力计算

8.2.2.1 居住小区排水量

居住小区生活污水排水量是指生活用水使用后能排入污水管道的流量，其数值应该等于生活用水量减去不可回收的水量，它包括居民生活排水量和公共建筑排水量。

居住小区内生活排水的设计流量应按住宅生活排水量最大小时流量与公共建筑生活排水最大小时流量之和确定。小区生活排水系统排水定额宜为其相应的生活给水系统用水定额的 85% ~95%。小区生活排水系统小时变化系数应与其相应的生活给水系统小时变化系数相同，按表3-1确定。公共建筑生活排水定额和小时变化系数应与公共建筑生活给水相同，按表3-2确定。

但对于负担设计人口数较少的接户管和小区支管起端，按上述方法计算的设计流量偏小，宜采用限制最小管径的方法确定管径。

居住小区雨水设计流量的计算与城镇雨水计算相同，设计降雨强度公式相同，不同的是计算降雨强度时参数选用不同。

在小区雨水设计流量的计算中，设计降雨历时包括地面集水时间和管内流行时间两部分，见式（8-1）。地面集水时间根据距离长短，地面坡度和地面覆盖情况而定，一般取

5～10min。

$$t = t_1 + Mt_2 \qquad (8-1)$$

式中 t，t_1，t_2——分别是降雨历时、地面集水时间和排水管内雨水流行时间，min；

M——折减系数，小区支管和接户管 $M = 1.0$；小区干管：暗管 $M = 2.0$，明沟 $M = 1.2$。

小区支管和接户管是小区雨水排水系统起始部分的管段，雨水流行时上游管段的空隙很小，为避免造成地面积水，故折减系数 M 取 1.0。

居住小区排水系统采用合流制时，设计流量为生活排水流量与雨水设计流量之和。生活排水量可取平均流量。

8.2.2.2 排水管道水力计算

根据城镇排水管网的位置，市政部门同意的小区污水和雨水排出口的个数和位置，小区的地形坡度，布置小区排水管网，确定管道流向，最后进行水力计算。水力计算的目的是确定排水管道的管径、坡度以及需提升的排水泵站设计。

居住小区生活排水管道按非满流设计，这样可为未预见水量留有余地、利于管道通风排除有害气体、便于管道疏通和维护管理。小区室外生活排水管道最小管径、最小设计坡度和与其对应的最大设计充满度按表 8-5 选用。当小区室外生活排水管道管径大于 300mm 时，其最大设计充满度取值范围为：管径 350～450mm，最大设计充满度 0.65；管径 500～900mm，最大设计充满度 0.70；管径大于等于 1000mm，最大设计充满度 0.75。

表8-5　小区室外生活排水管道最小管径、最小设计坡度和最大设计充满度

管　别	最小管径/mm	最小设计坡度	最大设计充满度
接户管	160	0.005	
支　管	160	0.005	0.5
干　管	200	0.004	

注：1. 管材是埋地塑料管；
　　2. 接户管管径不得小于建筑物排出管管径；
　　3. 化粪池与其连接的第一个检查井的污水管最小设计坡度宜取值：管径 150mm 为 0.010～0.012；管径 200mm 为 0.010。

生活排水管道的自净流速为 0.6m/s，管道的最大允许流速对金属管为 10m/s、对非金属管为 5m/s，则设计管段流速应在最小流速和最大流速范围之内。

在设计生活污水接户管和居住组团内的排水支管时，经计算得到的设计流量较小，如果在满足自净流速和最大充满度的条件下，查水力计算图表确定管径，则该管径值偏小，容易发生管道堵塞。这时，不必进行详细的水力计算，可简单地选择最小管径、最小坡度进行污水管网设计。

这样，就可以根据计算管段的设计流量，确定计算管段的管径，相应得到一组计算管段的坡度、流速和充满度的参数，并应使之满足最小管径、最小坡度、最大充满度和流速的要求，最终确定计算管段的管径和坡度。再按照管线的平面布置，确定管线的高程体系。

小区雨水排水管和合流制排水管道按满管重力流设计，因管道内含有泥沙，为防止泥沙沉淀，自净流速为 0.75m/s。雨水和合流制排水系统的接户管、支管等位于系统的起

端，接纳的汇水面积较小，计算的设计流量偏小，按设计流量确定管径排水不安全，因此也规定了最小管径和最小坡度，见表 8-6。

表 8-6　小区雨水管道的最小管径

管　别	最小管径/mm	横管最小设计坡度
小区建筑物周围雨水接户管	200（225）	0.0030
小区道路下干管、支管	300（315）	0.0015
13 号沟头的雨水口的连接管	150（160）	0.0100

注：1. 管材是埋地塑料管；
　　2. 括号内数据为塑料管外径。

居住小区排水接户管管径不应小于建筑物排水管管径，下游管段的管径不应小于上游管段的管径，有关居住小区排水管网水力计算的其他要求和内容，可按现行《室外排水设计规范》执行。

小区下沉式广场地面排水、地下车库出入口的明沟排水，应设置雨水集水池和排水泵提升排至室外（市政）雨水检查井。

雨水集水池和排水泵设计应符合下列要求：

（1）排水泵的流量应按集水池的设计雨水量确定；

（2）排水泵不应少于 2 台，不宜大于 8 台，紧急情况下可同时使用；

（3）雨水排水泵应有不间断的动力供应；

（4）下沉式广场地面排水集水池的有效容积，不应小于最大一台泵 30s 的出水量；

（5）地下车库出入口明沟排水集水池的有效容积，不应小于最大一台泵 5min 的出水量。

8.2.3　居住小区排水管道的布置与敷设

小区排水管道应根据小区总体规划、道路和建筑物布置、地形标高、污水、废水和雨水的去向等实际情况，按照管线短、埋深小、尽量自流排出的原则来布置。当排水管道不能以重力自流排入市政排水管道时，应设置排水泵站。一般应沿道路或建筑物平行敷设，尽量减少与其他管线的交叉，如不可避免时，与其他管线的水平和垂直最小距离应符合表 8-4 的要求。排水管道与建筑物基础间的最小水平净距与管道的埋设深浅有关，当管道埋深浅于建筑物基础时，最小水平净距不小于 1.5m；否则，最小水平间距不小于 2.5m。

小区排水管道的覆土厚度应根据道路的行车等级、管材受压强度、地基承载力等因素经计算确定外部荷载、管材强度和土层冰冻因素，结合当地实际经验确定，并应符合下列要求：

（1）小区干道和小区组团道路下的管道，其覆土厚度不宜小于 0.70m；

（2）生活污水接户管道埋设深度不得高于土壤冰冻线以上 0.15m，且覆土深度不宜小于 0.30m。当采用埋地塑料管道时，排出管埋设深度可不高于土壤冰冻线以上 0.50m。

在小区排水管与室内排出管连接处，管道交汇、转弯、跌水、管径或坡度改变处以及直线管段上一定距离应设检查井。小区生活排水检查井应优先采用塑料排水检查井，室外生活排水管道管径小于等于 160mm 时，检查井间距不宜大于 30m；管径大于等于 200mm

时，检查井间距不宜大于40m。检查井井底应设流槽；除需要跌水时，检查井宜采用管顶平接方式。雨水检查井的最大间距见表8-7。

表8-7 雨水检查井的最大间距

管径/mm	最大距离/m	管径/mm	最大距离/m
150（160）	30	400（400）	50
200~300（200~315）	40	≥500（500）	70

注：括号内数据为塑料管外径。

雨水口的形式和数量应根据布置位置、雨水流量和雨水口的泄流能力经计算确定。雨水口一般布置在道路交汇处，建筑物单元出入处附近，外排水建筑物的水落管附近，建筑物前后空地和绿地的低洼处。沿道路布置的雨水口间距宜在20~40m之间。雨水连接管长度不宜超过25m，每根连接管上最多连接2个雨水口。平箅雨水口的箅口宜低于道路路面30~40mm，低于土地面50~60mm。

8.2.4 污水处理

居住小区污水的排放应符合现行的《污水排放城市下水道水质标准》和《污水综合排放标准》规定的要求。居住小区污水处理设施的建设应由城镇排水工程总体规划统筹确定，并尽量纳入城镇污水集中处理工程范围。当城镇已建成或规划了污水处理厂时，居住小区不宜再设污水处理设施；若新建小区远离城镇，小区污水无法排入城镇管网时，在小区内可设置分散或集中的污水处理设施。目前，我国分散的处理设施是化粪池，由于管理不善，清掏不及时，达不到处理效果。今后，将逐步被按二级生物处理要求设计的分散设置的地埋式小型污水净化装置所代替。当几个居住小区相邻较近时，也可考虑几个小区规划共建一座集中的污水处理厂（站）。

8.3 建筑小区中水系统

为了节约水资源，一些城市的宾馆、饭店、公寓、机关、研究单位、大专院校建设了中水系统。建筑中水工程是指在民用建筑物或居住小区内使用后的各种排水，如生活排水、冷却水及雨水等，经过适当处理后，再回用于建筑物或居住小区，作为杂用水的供水系统。杂用水主要用来冲洗便器、冲洗汽车、绿化和浇洒道路。因中水的水质有别于生活饮用水，故以"中水"来命名。

8.3.1 中水原水

中水原水是指被选作为中水水源而未经处理的水。建筑中水原水来自于建筑物内部的生活污水、生活废水和冷却水。生活污水指厕所排水、厨房排水、洗涤和淋浴排水；生活废水则指沐浴、盥洗、洗衣、厨房排水。生活污水和生活废水的数量、成分、污染物浓度与居民的生活习惯、建筑物的用途、卫生设备的完善程度、当地气候等因素有关。表8-8为各类建筑物生活用水量及所占百分率。因为生活饮用、浇花、清扫等用水不能回收，所以建筑物生活排水量可按生活用水量的80%~90%计算。

表8-8　各类建筑物生活用水量及百分率

类　别	住　宅		宾馆、饭店		办公楼		备　注
	水　量 /L·(人·d)$^{-1}$	/%	水　量 /L·(人·d)$^{-1}$	/%	水　量 /L·(人·d)$^{-1}$	/%	
厕　所	40~60	31~32	50~80	13~19	15~20	60~66	
厨　房	30~40	21~23					
淋　浴	40~60	31~32	300	71~79			浴盆及淋浴
盥　洗	20~30	15	30~40	8~10	10	34~40	
总　计	130~190	100	380~420	100	25~30	100	

注：洗衣用水量可根据实际使用情况确定。

按污染程度轻重，可作为中水原水的水源有六类：

（1）冷却水，主要是空调机房冷却循环水中排放的部分废水，特点是水温较高，污染较轻。

（2）沐浴排水，是淋浴和浴盆排放的废水，有机物浓度和悬浮物浓度都较低，但皂液的含量高。

（3）盥洗排水，是洗脸盆、洗手盆和盥洗槽排放的废水，水质与沐浴排水相近，但悬浮物浓度较高。

（4）洗衣排水，指宾馆洗衣房排水，水质与盥洗排水相近，但洗涤剂含量高。

（5）厨房排水，包括厨房、食堂和餐厅在进行炊事活动中排放的污水，污水中有机物浓度、浊度和油脂含量高。

（6）厕所排水，大便器和小便器排放的污水，有机物浓度、悬浮物浓度和细菌含量高。

建筑中水水源主要根据建筑物内部可作为中水原水的排水量和中水供水量来选择确定，通常有以下三种组合：

（1）优质杂排水。包括冷却排水、沐浴排水、盥洗排水和洗衣排水。特点是有机物浓度和悬浮物浓度都低，水质好，处理容易，处理费用低，应优先选用。

（2）杂排水。含优质杂排水和厨房排水，特点是有机物和悬浮物浓度都较高，水质较好，处理费用比优质杂排水高。

（3）生活排水。含杂排水和厕所排水，特点是有机物浓度和悬浮物浓度都很高，水质差，处理工艺复杂，处理费用高。

8.3.2　中水供水水质

来源于建筑排水的中水原水经过处理后，供不同低质用水设备使用，广泛用于生活杂用。为更好地开展中水利用，确保中水的安全使用，中水的水质必须满足下列基本要求：

（1）卫生上安全可靠，无有害物质，其主要衡量指标有大肠菌指数、细菌总数、余氯量、悬浮物量、生化需氧量及化学需氧量等。

（2）外观上无使人不快的感觉，其主要衡量指标有浊度、色度、臭气、表面活性剂和油脂等。

（3）不引起管道、设备等严重腐蚀、结垢和不造成维修管理困难，其主要衡量指标有pH值、硬度、蒸发残留物及溶解性物等。

中水用途不同，其要满足的水质标准也不相同。中水用作杂用水时，其水质应符合《城市污水再生利用　城市杂用水水质》GB/T 18920—2002的规定；中水用于景观环境用水，其水质应符合《城市污水再生利用　景观环境用水水质》GB/T 18921—2002的规定；中水用于食用作物、蔬菜浇灌用水时，应符合《农田灌溉水质标准》GB 5084—2005的要求；中水用于采暖系统补水等其他用途时，其水质应达到相应的水质标准。用于多种用途的中水，其水质应按最高要求确定。

8.3.3 中水系统形式和组成

8.3.3.1 中水系统形式

中水系统是一个系统工程，是给水工程技术、排水工程技术、水处理工程技术及建筑环境工程技术的有机综合。中水系统既不是污水处理场的小型化，也不是给排水工程和水处理设备的简单拼接。按中水系统服务的范围分为：建筑中水系统、小区中水系统等。

A　建筑中水系统

建筑中水系统是指单幢建筑物或几幢相邻建筑物所形成的中水系统，系统框图见图8-1。建筑中水系统适用于建筑内部排水系统为分流制，粪便污水单独排出进入城市排水管网或化粪池，以优质杂排水或杂排水作为中水水源的情况。水处理设施在地下室或邻近建筑物的外部。建筑内部由生活饮用水管网和中水供水管网分质供水。建筑中水系统具有投资少，见效快的特点。适用于用水量较大的各类建筑物，尤其是对于优质杂排水排量较大的宾馆、酒店式公寓、办公大楼、大型文化体育场馆等更为适合。

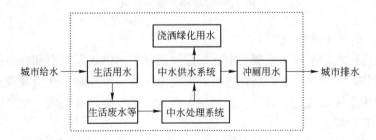

图8-1　建筑中水系统图

B　小区中水系统

小区中水系统的中水原水取自居住小区内各建筑物排放的污废水。根据居住小区所在城镇排水设施的完善程度，确定室内排水系统，应使居住小区给排水系统与建筑内部给排水系统相配套。目前，居住小区内多采用分流制，以优质杂排水或杂排水为中水原水，进行中水处理，实现小区的中水供给。居住小区和建筑内部供水管网应采用生活饮用水和杂用水双管配水系统。此系统多用于居住小区、机关大院和高等院校等。系统框图见图8-2。

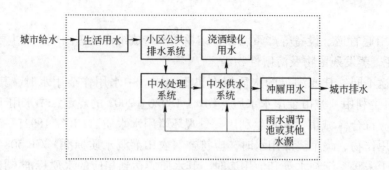

图 8-2　小区中水系统框图

图 8-3 为城镇污水资源再生利用（也可称为是中水）系统框图，城镇中水系统以该城镇二级生物污水处理厂的出水和部分雨水为中水水源，经提升后送到中水处理站，处理达到生活杂用水水质标准后，供本城镇作杂用水使用，或供给一些工业企业用水。城镇中水系统不要求室内外排水系统必须采用污、废分流制，但城镇应有污水处理厂，城镇和建筑内部的供水管网设置为生活饮用和杂用的双管配水系统。

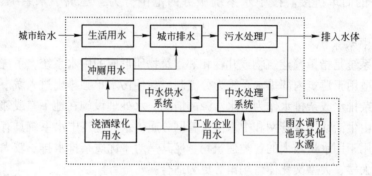

图 8-3　城镇中水系统框图

8.3.3.2　中水系统组成

中水系统由中水原水收集系统、中水处理设施和中水供水系统三部分组成。中水原水收集系统是指收集、输送中水原水到中水处理设施的管道系统和一些附属构筑物。也可以说中水系统由中水原水收集、储存、处理和中水供应等工程措施组成，它是建筑物或建筑小区的功能配套设施之一。

根据中水原水的水质，中水原水收集系统有污废水分流制和合流制两类。合流制以生活排水为中水水源，集取容易，室内和室外不需要设污废水分流排水管道系统，无论是新建工程还是改建工程都比较容易实现。实践证明中水工程宜采用污、废水分流制，以杂排水和优质杂排水为中水水源。

建筑物、居住小区、城镇排放的优质杂排水或杂排水的水量经处理后，可以满足其自身杂用水水量的需求。中水处理流程简单，处理设施少，占地面积小，降低了造价。同时还减少了污泥处理困难及产生臭气对建筑环境的影响，容易实现处理设施设备化、管理自动化。处理后中水供水水质容易保障，特别是以优质杂排水或杂排水作为中水水源容易被用户接受。所以，分流制中水原水收集系统适合我国的经济水平和管理水平。

中水处理设施的设置应根据中水原水水量、水质和中水使用要求等因素，经过技术经济比较后确定。一般将整个处理过程分为前处理、主要处理和后处理三个阶段。

前处理用来截留大的漂浮物、悬浮物和杂物，包括格栅或滤网截留、油水分离、毛发截留、调节水量、调整 pH 值等。

主要处理是去除水中的有机物、无机物等。按采用的处理工艺，构筑物有沉淀池、混凝池、生物处理设施等。

后处理是对中水供水水质要求较高时进行的深度处理，可采用过滤、生物膜处理、活性炭吸附等方法。

中水供水系统应单独设立，包括配水管网、中水贮水池、中水高位水箱、中水泵站或中水气压给水设备。中水供水系统的管网系统类型、供水方式、系统组成、管道敷设及水力计算与给水系统基本相同，只是在供水范围、水质、卫生安全防护等方面有些限定和特殊要求。

8.3.4 中水处理工艺流程

8.3.4.1 中水处理的基本方法

中水处理工艺流程是根据中水原水水质、供应的杂用水水质，对不断发展的水处理技术和装置的优化组合。

当以优质杂排水和杂排水为中水水源时，因水中有机物浓度较低，处理目的主要是去除原水中的悬浮物和少量有机物，降低水的浊度和色度，可采用以物理化学处理为主工艺流程或采用生物处理和物化处理相结合的处理工艺。

当利用生活排水为中水水源时，因中水原水中有机物和悬浮物浓度都很高，中水处理的目的是同时去除水中的有机物和悬浮物，可采用二级生物处理，或生物处理与物化处理相结合的处理工艺。

当利用污水处理厂二级生物处理出水作为中水原水时，处理目的主要是去除水中残留的悬浮物，降低水的浊度和色度，宜选用物理化学处理或与生化处理相结合的深度处理工艺。

8.3.4.2 中水处理的一些基本工艺流程

根据不同的中水原水，经过相应的水质处理，达到水质要求后，供应杂用水的水处理流程举例如下：

（1）以洗脸、沐浴等废水为原水的中水处理流程，如图 8-4 所示。

图 8-4 优质杂排水为中水水源时的水处理流程

（2）以居住小区生活污水为原水的中水处理流程，如图 8-5 所示。

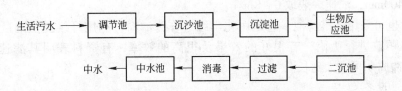

图 8-5 生活排水为中水水源时的水处理流程

（3）以城镇二级污水处理出水为原水的中水处理流程，如图 8-6 所示。

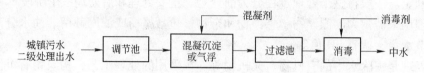

图 8-6　以城镇二级污水处理出水为中水水源时的水处理流程

8.3.4.3　中水处理构筑物

A　调节池和贮存池

调节池的作用是调节水量和水质。由于原水的水量、水质是变化的，处理设备要求进水的水量、水质有一定的稳定性，为解决这两者之间的矛盾，设置调节池，调节进水水质和流量的不均匀变化。调节池的调节功能与其容积和构造有关，其容积应根据水质水量逐时变化曲线计算确定。资料不足时调节容积可按以下方法确定：

（1）连续运行时，调节池的调节容积宜为日处理量的 30% ~ 50%；

（2）间歇运行时，调节容积可按处理系统运行周期计算。

中水高位水箱的容积不宜小于日中水用水量的 5%。

因中水处理站的出水量与中水用水量不一致，在处理设施后应设置中水贮存池。连续运行时，贮水池调节容积可按中水系统日用水量的 25% ~ 35% 计算；间歇运行时，贮水池调节容积可按处理系统运行周期计算。中水贮水池或中水供水箱上应设自来水补水管，其管径按中水最大时供水量计算确定。

B　沉淀池

为去除废水中悬浮物设置沉淀池。要求池内水流速度控制在 5 ~ 7mm/s 之间，原水在池内的停留时间一般为 1 ~ 2h。

C　生物反应池

在中水处理中，生物反应常采用好氧生物接触氧化工艺，该工艺的主要特点是利用"填料"作生物载体，在供给空气的情况下，对水中有机物进行生物降解。生物接触氧化工艺处理生活污水，水力停留时间宜为 2 ~ 4h，有机物去除率可达 90% 以上。

D　过滤设备

常用的过滤设备是砂滤池（器）。滤料是 0.7m 厚的、具有一定级配的石英砂。通过滤层的截留作用将水中悬浮物质加以去除，当滤层空隙被拦截下来的悬浮颗粒堵塞后，滤层水流阻力增大，达到一定阻力时可采用反冲洗的方式进行滤层的再生。砂滤池的处理能力以滤速来表示，在污水处理中砂滤池的滤速一般采用 6 ~ 8m/h，即每平方米滤池每小时可以处理 6 ~ 8m^3 的水。

除砂滤池外，还经常采用双层滤料滤池，滤料由无烟煤粒和石英砂两层滤料组成，每层厚 350 ~ 400mm，滤速一般取 6 ~ 8m/h。

此外，也可采用纤维滤池。它是用化学纤维作为滤料，利用纤维提供的巨大表面积，对水中悬浮颗粒进行吸附，有很好的效果及很高的效率，有资料表明其滤速可达 20 ~ 30m/h，反冲周期可大大延长。

E　消毒设备

消毒是为了杀灭水中病菌。常用的消毒剂有液氯、次氯酸钠、二氧化氯等。除了氯系消毒以外，还有臭氧、紫外线消毒等。

8.3.4.4 中水工程的安全防护措施

中水系统可节约水资源，减少环境污染，具有良好的经济效益和社会效益，但也有使用不安全的一面。中水供水的水质低于生活饮用水水质，中水系统与生活给水系统的管道、附件和调蓄设备在建筑物内共存，生活饮用水又是中水系统日常补给和事故应急水源，存在着污染饮用水水质的隐患；另外，一般居民对中水了解认识不多，有误将中水当作饮用水源使用的可能。为供水安全可靠，在设计中应特别注意安全防护措施。

（1）中水处理设施应安全稳定运行，确保出水水质满足要求。

（2）避免中水管道系统与生活饮用水系统误接，污染生活饮用水水质。中水管道严禁与生活饮用水管道直接连接，向中水水箱或水池补给生活饮用水的管道应高出最高水位2.5倍管径以上，用空气进行隔断。中水管道与生活饮用水管道、排水管道平行埋设时，水平净距不小于0.5m；交叉埋设时，中水管道在饮用水管道下面，排水管道上面，其净距均不得小于0.15m。

（3）为避免发生误饮，室内中水管道不宜暗装，宜采用明装，以便及时检查。明装的中水管道外壁应涂浅绿色标志。中水水池、水箱、阀门、给水栓均应有明显的"中水"标志。中水管道上不得装水龙头，便器冲洗宜采用密闭型设备和器具，绿化、浇洒、汽车冲洗宜采用壁式或地下式给水栓。

（4）中水贮存池设置的溢流管、泄水管不得直接与下水道连接，溢流管和泄水管均应采用间接排水方式，以防止下水道污染中水水质，溢流管应设隔网防止蚊虫进入池内。

（5）中水处理站管理人员需经过专门培训后再上岗，也是保证中水水质的一个重要因素。

复习思考题

8-1 小区给水方式有哪些？
8-2 小区中水系统的水源。
8-3 中水系统的组成及特点。
8-4 中水的处理方法有哪些？

9　暖通空调相关知识

9.1　热工学的基本概念

在暖通空调工程中经常遇到计算供暖、空调房间负荷；确定换热设备尺寸；处理送入房间的空气等问题。要解决这类问题就需要热工学方面的知识。本节简要介绍有关水蒸气的性质；湿空气的性质以及传热学的基本知识。

9.1.1　基本概念

9.1.1.1　温度

温度是表征物体冷热程度的参数。是物质分子平移运动的平均动能的量度；气体的平均动能仅与温度有关，并与热力学温度成正比。因此，温度的高低标志着物质内部大量分子热运动的强烈程度。

物体温度用温度计测量。测量的依据是：处于热平衡中的各个物体间具有相同的温度。所以当温度计与被测物体达到热平衡时，温度计指示的数值即为被测物体的温度。为保证各种温度计测出的温度值具有一致性，必须有统一的温度标尺，即温标。热力学温标为基本温标，其基本温度为热力学温度，也叫绝对温度，用 T 表示，单位为开尔文（Kelvin），符号为 K。热力学温度也可采用摄氏（Celsius）温度，用 t 表示，单位为摄氏度，符号为℃。两种温标的关系为：

$$t = T - 273.15 \approx T - 273 (℃) \tag{9-1}$$

9.1.1.2　压力

压力是工程热力学中的基本状态参数；其表达及单位见第 1 章。

9.1.1.3　比体积和密度

比体积是表示单位质量的物体所占有的容积，用 v 表示。定义如下：

$$v = V/m (\text{m}^3/\text{kg}) \tag{9-2}$$

式中　V——物质所占的容积，m^3；

m——物质的质量，kg。

密度是比体积的倒数，它表征单位容积中的物质所具有的质量。密度用 ρ 表示，定义为：

$$\rho = 1/v = m/V (\text{kg}/\text{m}^3) \tag{9-3}$$

工质的比体积和密度，反映了单位容积中气体分子数的多少，以及分子间平均距离的大小。

9.1.1.4　热力平衡及状态方程

如果系统内部的压力与温度都均匀一致，并与外界的压力和温度平衡，该系统则处于平衡状态。如果系统只有压力平衡称为力的平衡；只有温度平衡称为热平衡，两者都平衡才称为热力平衡。处于平衡状态的物质，其系统中各部分具有相同的压力、温度、比体积等状态参数值，且与外界也处于平衡。

当气体作为理想气体对待时，其绝对压力 p、绝对温度 T 和比体积 v 之间存在一定关系，可以用理想气体状态方程来表示。对于 1kg 气体而言，其状态方程式为：

$$pv = RT \quad \text{或} \quad pv = mRT \tag{9-4}$$

式中　p——绝对压力，Pa；

　　　v——比体积，m^3/kg；

　　　T——绝对温度，K；

　　　R——气体常数，$R = \dfrac{8314.4}{\mu}$；

　　　μ——气体相对分子质量。

实际气体与理想气体之间有所不同，对实际气体应用式（9-4）是有偏差的，其偏差随压力的升高、温度的降低而增大。暖通空调工程中所涉及的压力均不很高、温度也不很低，因此，可以近似采用上述方程式进行计算。

9.1.1.5　比热容

为了计算热力过程所交换的热量，必须知道单位数量物质的热容量。单位数量物质的热容量叫比热容。比热容的定义是：在加热（或冷却）过程中，使单位质量（kg）的物质温度升高（或降低）1K（或 1℃）所吸收（或放出）的热量。表示物量的单位不同，比热容的单位也不同。对固体、液体常用质量（kg）表示，相应的是质量热容。用符号 c 表示，单位是 kJ/（kg·℃）。对气体除用质量外，还常用标准容积（m^3）和千摩尔（kmol）作单位，对应的是容积比热容和摩尔比热容。单位分别为 kJ/（m^3·℃）和 kJ/（kmol·℃）。比热容除与物质性质有关外，还与其温度有关。在温度变化不很大的场合，一般可把比热容看作定值。

质量为 m、其质量热容为 c 的物质，从温度 t_1 升高到 t_2 所需吸收的热量 Q，可用下式计算：

$$Q = mc(t_2 - t_1) \tag{9-5}$$

气体比热容的大小与热力过程的特性有关。定压加热过程中气体的比热容称为质量定压热容，用符号 c_p 表示；定容加热过程气体的比热容称为质量定容热容，用符号 c_V 表示。定压加热是保持气体压力不变的加热过程。气体定压加热过程中对外作膨胀功，所以单位质量气体定压加热过程比气体定容加热过程要吸收更多的热量。因此，同种物质，其质量定压热容 c_p 比质量定容热容 c_V 大。

9.1.1.6　显热和潜热

工程热力学中涉及的物质称为工质。当工质被加热或被冷却时，只改变温度，而不改变质量和物态，这种变化过程吸收或放出的热量称为显热。可用式（9-5）计算。

如果工质吸热或放热时只改变其质量或物质存在形态而不改变温度，这种过程称为相变过程，其放出或吸收的热量称为潜热，用符号 r 表示，单位是 kJ/kg。液体变成气体吸收的热量称为气化潜热，而气体变成液体所放出的热量称为凝结潜热。固体溶解为液体所吸收的热量称为溶解潜热。工质在相变过程中所需的热量可用下式计算：

$$Q = mr(\text{kJ}) \tag{9-6}$$

9.1.1.7　焓

焓是工程热力学中的一个重要参数，它表示流动工质的能量中取决于工质热力状态的那部分能量。理想气体的焓和内能一样，也仅是工质温度的单值函数。

$$i = u + Pv \times 10^{-3} = f(T) \tag{9-7}$$

式中　i——工质的焓，kJ/kg；

　　　u——工质的内能，即物质内部所有的分子总能量，kJ/kg；

　　　Pv——代表 1kg 工质的流动功，J/kg。

如果工质没有流动，焓只是一个复合的状态参数。在许多热工设备中，工质总是从一处流向另一处，其能量变化就用焓差来表示。焓的绝对值很难直接确定，实际上也没有必要去求它的绝对值。通常需要的是工质从一个状态变化到另一个状态时焓的变化值。所以，人为地把工质为 0℃ 时的焓值确定为零。

9.1.2　水蒸气的物理性质

水蒸气是暖通工程上经常遇到的工质。因此，掌握水蒸气的性质十分重要。

9.1.2.1　汽化

工质由液态转变为气态的过程称为汽化，相反的过程叫做凝结。汽化有蒸发和沸腾两种方式。蒸发是在液体表面上进行的汽化过程，它可在任意温度下进行。蒸发是由于液体表面上的一些能量较高的分子，克服其邻近分子的引力而离开液体表面进入周围空间所致。液体温度愈高，具有较高能量的分子数目愈多，蒸发愈剧烈。蒸发除与液体温度有关外，还与蒸发表面积大小及液面上空的压力有关。由于能量较高的分子离开液面，致使液体分子平均动能减小，液体的温度随之降低。蒸发时与之相反的过程也在同时进行，即空间某些蒸汽分子与液面相接而由气态转变为液态。

在封闭容器内，当蒸发与凝结的分子数目相等时，蒸汽分子浓度保持不变，蒸汽压力达到最大值，此时气液两相处于动态平衡。两相平衡的状态称为饱和状态；所对应的蒸汽、液体、气液两相的温度和压力分别称为饱和蒸汽、饱和液体、饱和温度、饱和压力。在一定温度下的饱和蒸汽，其分子浓度和分子的平均动能是一个定值，因此蒸汽压力也是一个定值。温度升高，蒸汽分子浓度增大，分子平均动能增大，蒸汽压力也升高。所以，对应于一定的温度就有一个确定的饱和压力；反之，对应于一定的压力也有一确定的饱和温度。例如，100℃ 水的饱和压力为 101.325kPa，20℃ 时其饱和压力为 2.29kPa。

沸腾是指表面和液体内部同时进行的剧烈汽化现象。在一定的外部压力下，当液体温度升至一定值时，液体的内部产生大量气泡，气泡上升至表面破裂而放出大量蒸汽，这就是沸腾，对应的温度称为沸点。沸点随外界压力的增加而升高，二者具有一一对应关系，例如，压力为 100kPa 时，水的沸点为 99.63℃；压力为 500kPa 时，其沸点相应为 151.85℃。不同性质的液体沸点不相同。如在一个物理大气压下酒精沸点为 78℃，氨的沸点为 −33℃。

9.1.2.2　湿饱和蒸汽、干饱和蒸汽和过热蒸汽

若在定压下对液体进行加热，当达到饱和温度时，液体沸腾变成蒸汽；继续加热，则比容增加，温度不变，仍为饱和温度。这时容器内存在饱和液体与饱和蒸汽的混合物，称

为湿饱和蒸汽状态。再继续加热，液体全部变成为饱和蒸汽，此时称为干饱和蒸汽状态。如进一步加热，则蒸汽的温度升高而超过该饱和压力下对应的饱和温度，比容也将增加，这种状态称为过热蒸汽。过热蒸汽温度与饱和温度之差称为过热度。

水蒸气是由液态水汽化而来的一种气体，它离液态较近，不能将其作为理想气体。对水蒸气热力性质的研究，通常按各区分别通过实验测定并结合热力学微分方程，推算出水蒸气不可测的参数值，将数据列表或绘图供工程计算用。

部分温度下饱和水蒸气压力如表 9-1 所示。

表 9-1 部分温度下饱和水蒸气压力

空气温度/℃	10	15	20	25	30	35	40	45	50
饱和水蒸气压力/Pa	1225	1701	2331	3160	4232	5610	7358	9560	12301

9.2 湿空气的物理性质与焓湿图

湿空气既是空气环境的主体又是空调工程的处理对象。因此，首先要熟悉湿空气的物理性质及空气的焓湿图。

9.2.1 湿空气的组成

大气由干空气和一定量的水蒸气混合而成的，称为湿空气。干空气的成分主要是氮、氧、氩及其他微量气体；其中多数成分比较稳定，少数随季节和气候条件的变化有所波动。但从总体上仍可将干空气作为一种稳定的混合物来看待。

空气环境内的空气成分和人们平时所说的"空气"实际上是干空气和水蒸气的混合物，即湿空气。湿空气中水蒸气的含量虽少，质量比通常为千分之几至千分之二十几。此外，水蒸气含量常随季节、气候、地理环境等条件的变化而变化。因此，湿空气中水蒸气含量的变化对空气环境的干湿程度产生重要影响，并使湿空气的物理性质随之改变。

9.2.2 湿空气的状态参数

9.2.2.1 压力

地球表面的空气层在单位面积上所形成的压力称为大气压力。大气压力随着各个地区的海拔高度不同而存在差异，海平面的标准大气压力为 101.325kPa。

湿空气中水蒸气单独占有湿空气容积，并具有与湿空气相同的温度时所产生的压力称为水蒸气分压力。根据道尔顿定律，湿空气的压力应等于干空气的分压力与水蒸气的分压力之和：

$$B = p_g + p_q \tag{9-8}$$

式中 B——湿空气压力，即大气压力，Pa；

p_g, p_q——干空气及水蒸气分压力，Pa。

在常温常压下干空气可视为理想气体，而湿空气中的水蒸气一般处于过热状态且含量很少，可近似地视作理想气体。所以，湿空气也应遵循理想气体的状态方程。

9.2.2.2 含湿量

在空调工程中经常涉及湿空气的温度变化，湿空气的体积也会随之而变。用水蒸气密度作为衡量湿空气含有水蒸气量多少的参数会给实际计算带来诸多不便。为此，定义含湿量为：相应于 1kg 干空气的湿空气中所含有的水蒸气量。即：

$$d = \frac{m_q}{m_g}(\text{kg/kg}_{\text{干}}) \tag{9-9a}$$

因为 $m_g = V \times \rho_g$，$m_q = V \times \rho_q$，所以，式（9-9a）还可写为：

$$d = \frac{\rho_q}{\rho_g}(\text{kg/kg}_{\text{干}}) \tag{9-9b}$$

9.2.2.3 相对湿度

在一定温度下，湿空气所含的水蒸气量有一个最大限度；超过这一限度多余的水蒸气会从湿空气中凝结出来。这种含有最大限度水蒸气量的湿空气称为饱和空气。饱和空气所具有的水蒸气分压力和含湿量称为该温度下湿空气的饱和水蒸气分压力和饱和含湿量。若温度发生变化，它们也将相应的变化，如表 9-2 所示。

表 9-2 空气温度与饱和水蒸气压力及饱和含湿量的关系

空气温度 t/℃	饱和水蒸气压力 $p_{q \cdot b}$/Pa	饱和含湿量 d_b/g·kg$^{-1}_{\text{干}}$（$B = 101325$Pa）
10	1225	7.63
20	2331	14.70
30	4232	27.20

湿空气中水蒸气分压力与同温度下饱和水蒸气分压力之比称为相对湿度 ϕ，它是另一种度量水蒸气含量的间接指标。可表示为：

$$\phi = \frac{p_q}{p_{q \cdot b}} \times 100\% \tag{9-10}$$

式中 $p_{q \cdot b}$——饱和水蒸气分压力，Pa。

9.2.2.4 湿空气的焓

在暖通工程中，空气的压力变化一般很小，可近似于定压加热或冷却过程。因此。可直接用空气焓的变化来度量空气的热量变化。湿空气的焓应等于 1kg 干空气的焓 i 加上与其同时存在的 $d$kg（或 g）水蒸气的焓。已知干空气的质量定压热容 $c_{p \cdot q} = 1.01$kJ/（kg·℃），水蒸气的质量定压热容 $c_{p \cdot q} = 1.84$kJ/（kg·℃），则湿空气的焓为：

$$i = 1.01t + (2500 + 1.84t)d \; [\text{kJ/(kg·℃)}] \tag{9-11a}$$

或

$$i = 2500d + (1.01 + 1.84d)t \; [\text{kJ/(kg·℃)}] \tag{9-11b}$$

由式（9-11b）可看出，$[(1.01 + 1.84d)t]$ 是随温度而变化的热量，称为显热；而（$2500d$）仅随含湿量变化而与温度无关，称为潜热。由此可见，湿空气的焓将随温度和含湿量的升高而增大，随其降低而减少。式（9-11）中的常数 2500 是水在 0℃时的汽化潜热。

9.2.3 湿空气的焓湿图

湿空气的主要状态参数有：t、d、B、ϕ、I、p_q 等，采用计算方法确定这些状态参数十分麻烦。

工程上应用一种能够全面反映湿空气性质，既能表示空气的各种状态参数，又能表达空气状态变化过程的列线图称"焓湿图"（又称 i-d 图）。焓湿图的应用使得空气状态及其参数的确定大为简化，又能清晰直观地反映出空气状态变化过程。它是空调工程设计与运行中一种十分重要的工具。

9.2.3.1 i-d 图的结构

i-d 图的具体形式因绘制者不同而有差异。图 9-1 为我国常用的 i-d 图结构示意。绘制时取焓 i 为纵坐标，含湿量 d 为横坐标，且两坐标之间的夹角等于或大于 135°。在实际使用中，为避免图面过长，常将 d 坐标改为水平线。i-d 图主要由 i、d 及 p_q、t、ϕ 的等值线列所构成。需要注意的是：$\phi = 0$ 的等值线与纵坐标轴相重合，这代表了干空气的状态。$\phi = 100\%$ 的等值线是一条特殊的饱和曲线，它代表了饱和空气状态。该曲线将 i-d 图分成两部分，其左上方为湿空气区（又称"未饱和区"），该区内水蒸气处于过热状态；其右下方为过饱和区，空气在该区内的状态是不稳定的，其中的水雾易出现凝结现象，故该区又称为"雾区"。

9.2.3.2 热湿比 ε

在 i-d 图上任何一点都表示空气的某一状态。空调工程中常常需要对空气进行加热、加湿、冷却、减湿等处理，这势必引起空气状态发生变化。空气的这些变化取决于所吸收或放出的热量和湿量，并且认为一定量的空气吸收这些热量和湿量是"同时"和"均匀"进行的。这样在 i-d 图上就可以用变化前后两个状态点的连线来代表空气这一状态变化过程。假定对 $m$kg 空气加入 QkJ 的热量和 Wkg 的湿量，从而使空气由 A 状态变化为 B 状态。该过程在 i-d 图上用 AB 连线来表示，如图 9-2 所示。

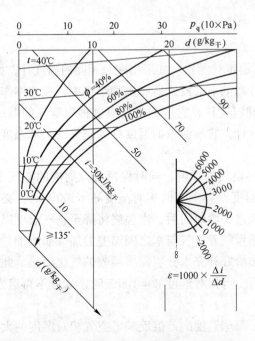

图 9-1　焓湿图

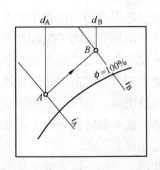

图 9-2　ε 在 i-d 图上的表示

焓及含湿量的变化分别为：

$$\Delta i = i_B - i_A = \frac{Q}{m} \tag{9-12a}$$

$$\Delta d = d_B - d_A = \frac{W}{m} \tag{9-12b}$$

由上述二式可进一步得出：

$$\frac{\Delta i}{\Delta d} = \frac{i_B - i_A}{d_B - d_A} = \frac{Q}{W}$$

通风空调技术中，常常借助于状态变化前后焓差与含湿量差的比值来表征空气状态变化过程的方向和特征，这一比值称为热湿比 ε，即：

$$\varepsilon = \frac{\Delta i}{\Delta d} = \frac{i_B - i_A}{d_B - d_A} = \frac{Q}{W} \tag{9-13a}$$

上式中如 Δd 改用 g 作单位，则应变为如下形式：

$$\varepsilon = \frac{\Delta i}{\dfrac{\Delta d}{1000}} = \frac{i_B - i_A}{\dfrac{d_B - d_A}{1000}} = \frac{Q}{\dfrac{W}{1000}} \tag{9-13b}$$

显然，ε 值还是过程 AB 的斜率，它反映 AB 连线的倾斜程度，故又称为"角系数"。斜率与起始位置无关，且斜率相同的各条直线必定相互平行。据此，可以在 $i\text{-}d$ 图上以任意点为中心设置 ε 标尺，如图 9-1 中右下方所示。实际应用时，只需按已知 ε 值把等值的 ε 标尺平行移动到既定的空气初始状态点，即可获得所需的过程线。然后，再结合其他条件确定出终状态点，进而将空气状态变化过程完全确定下来。

9.2.4 湿球温度与露点温度

9.2.4.1 湿球温度

空气的温度通常用水银温度计或酒精温度计测出。如果用两只相同的温度计，如图 9-3 所示，将其中一只的感温包裹上纱布，纱布的下端浸入盛有水的小杯中，在毛细作用下纱布经常处于润湿状态，此湿度计称为湿球温度计，它所测得的温度称为空气的湿球温度。另一只未包裹纱布的温度计称为干球温度计，它所测得的温度称为空气的干球温度，就是实际的空气温度。

如果忽略湿球与周围物体表面间辐射换热的影响，同时保持湿球周围的空气不滞留、湿球温度计的读数反映了湿纱布中水的温度。当空气的相对湿度 $\phi < 100\%$ 时，必然存在着水的蒸发现象。无论原来水温多高，经过一段时间后，水温终将降至空气温度以下。这时，也就出现了空气向水面的传热。此热量随着空气与水之间温差的加大而增加。当水温降到某一数值时，空气向水面的温差传热恰好补充水分蒸发所吸收的气化潜热。此时水温不再下降，这一稳定温度称为湿球温度 t_s。当相对湿度 $\phi = 100\%$ 时，水分不再蒸发。干、湿球温度相等。

由此可见，在一定的空气状态里，干湿球温度的差值反映了空气相对湿度的大小。在 $i\text{-}d$ 图上，可以近似地认为等焓线即为等湿球温度线。

9.2.4.2　露点温度

湿空气的露点温度 t_1 定义为在含湿量不变的条件下，湿空气达到饱和时的温度。露点温度也是湿空气的状态参数，它与 d（或 p_q）相关，因而不是独立参数。在 $i\text{-}d$ 图上（见图 9-4）A 状态湿空气的露点温度是 A 沿等 d 线向下与 $\phi=100\%$ 线交点的温度。当 A 状态湿空气被冷却时（或与某冷表面接触时），只要湿空气温度大于或等于其露点温度，则不会出现结露现象。因此，湿空气的露点温度是判断是否结露的依据。

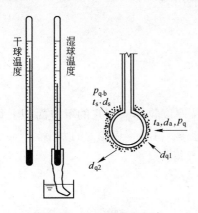

图 9-3　十、湿球温度计

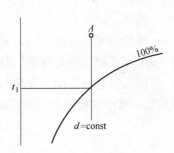

图 9-4　湿空气露点温度

9.3　传热基本原理

9.3.1　传热的基本方式

凡是存在温度差的地方，就有热量由高温物体传到低温物体。因此，传热是自然界和人类活动中非常普遍的现象。以房屋墙壁在冬季的散热为例，整个过程如图 9-5 所示，可以将这个过程分为三段。首先室内空气以对流换热的形式、墙与物体间的以辐射方式把热量传给墙内表面；再由墙内表面以固体导热方式传递到墙外表面；最后由墙外表面以空气对流换

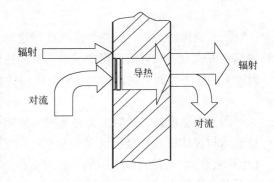

图 9-5　墙体传热过程

热、墙与物体间以辐射方式把热量传给室外环境。从这一过程可以了解到：传热过程是由导热、热对流、热辐射三种基本传热方式组合形成的。不同的传热方式具有不同的传热机理，要了解传热过程的规律，首先要分析三种基本传热方式。

9.3.1.1　导热

导热又称热传导，是指物体各部分无相对位移或不同物体直接接触时依靠分子、原子及自由电子等微观粒子的热运动而进行的热量传递现象。导热过程可以在固体、液体及气体中发生。但在引力场下，液体和气体会出现热对流，因此单纯的导热一般只发生在密实的固体中。

大平壁导热是导热的典型问题。平壁导热量与平壁两侧表面的温度差成正比；与壁厚

成反比；并与材料的导热性能有关。因此，通过平壁的导热量的计算式可表示为：

$$Q = \frac{\lambda}{\delta}\Delta t F \tag{9-14a}$$

或热流通量

$$q = \frac{\lambda}{\delta}\Delta t \tag{9-14b}$$

式中　Q——导热量，W；

　　　q——热流通量，W/m^2；

　　　F——壁面积，m^2；

　　　δ——壁厚，m；

　　　Δt——壁两侧表面的温差，℃，$\Delta t = t_{w2} - t_{w1}$；

　　　λ——导热系数，指具有单位温度差的单位厚度物体，在它的单位面积上每单位时间的导热量，单位是 W/m^2·℃；它表示材料导热能力的大小。

导热系数一般由实验测定。改写式（9-14b），得：

$$q = \frac{\Delta t}{\dfrac{\delta}{\lambda}} = \frac{\Delta t}{R_\lambda} \tag{9-14c}$$

用 R_λ 表示导热热阻，则平壁导热热阻为 $R_\lambda = \dfrac{\delta}{\lambda}$（m^2·℃/W）。可见平壁导热热阻与壁厚成正比，而与导热系数成反比。不同情况下的导热过程，导热热阻的表达式亦各异。

9.3.1.2　热对流

依靠流体的运动，把热量由一处传递到另一处的现象，称为热对流，它是传热的另一种基本方式。若热对流过程中，单位时间通过单位面积、质量为 m（kg/m^2·s）的流体由温度 t_1 的地方流到 t_2 处，则此热对流传递的热量为：

$$q = mc_p(t_2 - t_1) \tag{9-15}$$

因为有温度差，热对流又必然同时伴随热传导。而且工程上遇到的实际传热问题，都是流体与固体壁面直接接触时的换热，故传热学把流体与固体壁间的换热称为对流换热（也称放热）。与热对流不同的是，对流换热过程既有热对流作用，亦有导热作用，故已不再是基本传热方式。对流换热的基本计算式是牛顿 1701 年提出的，即：

$$q = \alpha(t_w - t_f) = \alpha\Delta t \tag{9-16a}$$

式中　t_w——固体壁表面温度，℃；

　　　t_f——流体温度，℃；

　　　α——换热系数，其意义指单位面积上，当流体与壁面之间为单位温差，在单位时间内传递的热量，换热系数单位是 W/（m^2·℃）。

α 的大小表达了该对流换热过程的强弱。式（9-16a）称为牛顿冷却公式。利用热阻概念，改写式（9-16a）可得：

$$q = \frac{\Delta t}{\dfrac{1}{\alpha}} = \frac{\Delta t}{R_\alpha} \tag{9-16b}$$

式中，$R_\alpha = 1/\alpha$ 即为单位壁表面积上的对流换热热阻，$m^2 \cdot ℃/W$。

9.3.1.3　热辐射

导热或对流都是以冷、热物体的直接接触来传递热量，热辐射则不同，它依靠物体表面对外发射可见和不可见的射线（电磁波，或者说光子）传递热量。物体表面每单位时间、单位面积对外辐射的热量称为辐射力，用 E 表示，单位是 W/m^2，其大小与物体表面性质及温度有关。对于绝对黑体（一种理想的热辐射表面），理论和实验证实，它的辐射力 E_b 与表面热力学温度的 4 次方成比例，即斯蒂芬—玻尔兹曼定律：

$$E_b = C_b(T/1000)^4 \tag{9-17a}$$

式中　E_b——绝对黑体辐射力，W/m^2；

　　　C_b——绝对黑体辐射系数，$C_b = 5.67W/(m^2 \cdot K)$；

　　　T——热力学温度，K。

一切实际物体的辐射力 E 都低于同温度下绝对黑体的辐射力，有：

$$E_b = \varepsilon_b C_b(T/1000)^4(W/m^2) \tag{9-17b}$$

式中，ε 为实际物体表面的发射率，也称黑度。其值处于 0~1 之间。

物体间依靠热辐射进行的热量传递称为辐射换热，它的特点是：在热辐射过程中伴随着能量形式的转换（物体内能→电磁波能→物体内能）；不需要冷热物体直接接触；不论温度高低，物体都在不停地相互发射电磁波能，相互辐射能量，高温物体辐射给低温物体的能量大于低温物体向高温物体辐射的能量，总的结果是热量由高温物体传到低温物体。

两个无限大的平行平面间的热辐射是最简单的辐射换热问题，设两表面的热力学温度分别为 T_1 和 T_2，且 $T_1 > T_2$，则两表面间单位面积、单位时间辐射换热量的计算式是：

$$q = C_{12}[(T_1/100)^4 - (T_2/100)^4] \tag{9-17c}$$

式中，C_{12} 称为 1、2 两表面间的相当辐射系数，它取决于辐射表面的材料性质及状态，其值在 0~5.67 之间。

9.3.2　传热过程

在工程中经常遇到两流体间的换热。热量从壁面一侧的流体通过平壁传递给另一侧的流体，称为传热过程。实际平壁的传热过程非常复杂，为研究方便，将这一过程理想化，看作是一维、稳定的传热过程。设有一无限大平壁，面积为 Fm^2，两侧分别为温度 t_{f1} 的热流体和 t_{f2} 的冷流体，两侧换热系数分别为 α_1 及 α_2，两侧壁面温度分别为 t_{w1} 和 t_{w2}，壁材料的导热系数为 λ，厚度为 δ，如图 9-6 所示。

若将该平壁在传热过程中的各处温度描绘在 t-x 坐标图上，该传热过程的温度分布如图中的曲线所示。按图 9-6 的分析方法，整个传热过程分三段分别用下列三式表达：

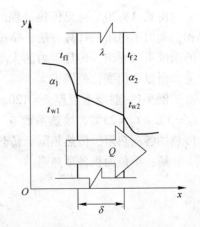

图 9-6　平壁的传热过程

（1）热量由热流体以对流换热传给壁左侧，单位时间和单位面积传热量为：

$$q = \alpha_1 (t_{w1} - t_{w1})$$

（2）热量以导热方式通过壁：$\quad q = \dfrac{\lambda}{\delta} (t_{w1} - t_{w2})$

（3）热量由壁右侧以对流换热传给冷流体，即

$$q = \alpha_2 (t_{w2} - t_{f2})$$

在稳态情况下，以上三式的热流通量 q 相等，把它们改写为：

$$t_{f1} - t_{w1} = \frac{q}{\alpha_1}$$

$$t_{w1} - t_{w2} = \frac{q}{\dfrac{\lambda}{\delta}}$$

$$t_{w2} - t_{f2} = \frac{q}{\alpha_2}$$

三式相加，消去未知的 t_{w1} 及 t_{w2}，整理后得：

$$q = \frac{1}{\dfrac{1}{\alpha_1} + \dfrac{\delta}{\lambda} + \dfrac{1}{\alpha_2}} (t_{f1} - t_{f2}) = K (t_{f1} - t_{f2}) \qquad (9\text{-}18\text{a})$$

对 $F\text{m}^2$ 的平壁传热量为：

$$Q = KF (t_{f1} - t_{f2}) \qquad (9\text{-}18\text{b})$$

$$K = \frac{1}{\dfrac{1}{\alpha_1} + \dfrac{\delta}{\lambda} + \dfrac{1}{\alpha_2}} = \frac{1}{R_K} \qquad (9\text{-}19)$$

式中，K 称为传热系数。它表明在单位时间、单位壁面积上，冷热流体间每单位温度差可传递的热量，K 的单位是 W/ （$\text{m}^2 \cdot \text{℃}$），可反映传热过程的强弱。$R_K$ 表示平壁单位面积的传热热阻。R_K 可表示为：

$$R_K = \frac{1}{K} = \frac{1}{\alpha_1} + \frac{\delta}{\lambda} + \frac{1}{\alpha_2} \qquad (9\text{-}20)$$

由式（9-20）可见传热过程的热阻等于热流体、冷流体的换热热阻及壁的导热热阻之和，类似于电阻的计算方法，掌握这一点对于分析和计算传热过程十分方便。由传热热阻的组成不难看出，传热阻力的大小与流体的性质、流动情况、壁的材料以及厚度等因素有关，所以数值变化范围很大。

例 9-1 混凝土板厚 $\delta = 120\text{mm}$，导热系数 $\lambda = 1.54\text{W}/$ （$\text{m} \cdot \text{℃}$），两侧空气温度分：$t_{f1} = 3\text{℃}$，$t_{f2} = 28\text{℃}$，换热系数 $\alpha_1 = 27\text{W}/$ （$\text{m}^2 \cdot \text{℃}$），$\alpha_2 = 6\text{W}/$ （$\text{m}^2 \cdot \text{℃}$），求单位面积上传热的各项热阻、传热热阻、传热系数及热流通量。

解：单位面积各项热阻

$$R_{\alpha1} = \frac{1}{\alpha_1} = \frac{1}{27} = 0.037 (\text{m}^2 \cdot \text{℃}/\text{W})$$

$$R_{\lambda} = \frac{\delta}{\lambda} = \frac{0.12}{1.54} = 0.065 (\text{m}^2 \cdot \text{℃}/\text{W})$$

$$R_{\alpha 2} = \frac{1}{\alpha_2} = \frac{1}{6} = 0.17 (\mathrm{m^2 \cdot ℃/W})$$

单位面积传热热阻

$$R = R_{\alpha 1} + R_\lambda + R_{\alpha 2} = 0.037 + 0.065 + 0.17 = 0.272 (\mathrm{m^2 \cdot ℃/W})$$

传热系数

$$K = \frac{1}{R_K} = \frac{1}{0.272} = 3.68 [\mathrm{W/(m^2 \cdot ℃)}]$$

热流通量为

$$q = K\Delta t = 3.68(28 - 3) = 91.9 (\mathrm{W/m^2})$$

复习思考题

9-1 试举例说明导热、对流换热和热辐射三种传热现象的区别和特点。

9-2 已知房屋墙壁厚度为240mm，室外温度 $-8℃$，室内温度18℃，墙体导热系数为0.45W/ $(\mathrm{m^2 \cdot ℃})$，内外表面对流换热系数分别为22.3W/ $(\mathrm{m^2 \cdot ℃})$ 和6.8W/ $(\mathrm{m^2 \cdot ℃})$，试计算该房屋墙体的总传热热阻、传热系数和热流通量。

9-3 衡量空气湿度大小的数据有哪些，有何区别？

10 供暖工程

　　建筑物（或房间）存在着各种获得热量或散失热量的途径，存在着某一时刻由各种途径进入室内的得热量或散出室内的失热量（即耗热量）。当建筑物内的失热量大于（或小于）得热量时，室内温度会降低（或升高），为了保持室内的要求温度，就要保持建筑内的得热量和失热量相等，即室内在某一温度下的热平衡。

　　冬冷夏热是自然规律，在冬季，由于室外温度的下降，室内温度也会随之下降，要使室内在冬季都保持一个舒适的环境，就需要安装供暖设备，采用人工的方法向室内供应热量。这些补充的热量就成为供暖系统应承担的任务即系统的"负荷"。

　　热负荷的概念是建立在热平衡理论的基础上的。供暖系统设计热负荷即是指在某一室外设计计算温度下，为达到一定室内的设计温度值，供暖系统在单位时间内应向建筑物供给的热量。热负荷通常以房间为对象逐个房间进行计算，以这种房间热负荷为基础，就可确定整个供暖系统或建筑物的供暖热负荷。它是供暖系统设计最基本的依据。供暖设备容量的大小、热源类型及容量等均与热负荷大小有关，因此，热负荷是供热系统的基础。

10.1 供暖系统热负荷

10.1.1 采暖建筑及室内外设计计算温度

10.1.1.1 采暖建筑的热工要求

　　在稳态传热条件下，供暖系统设计热负荷可由房间在一定室内外设计计算条件下得热量与失热量之间的热平衡关系来确定。由传热的基本理论可知，面积为 F 的平壁传热量可表示为：

$$Q = KF(t_{f1} - t_{f2})$$

　　由上式可知，影响热负荷大小的因素有：墙体的传热系数、室外气象条件及室内散热情况等。只要减小外墙面积、墙体传热系数、室内外温差就可以达到减小供暖系统负荷的目的，从而节约能源。

　　我国根据能源、经济水平等因素，针对供暖能耗制订了一系列的节能规范和措施，《暖通空调·动力技术措施》2009 版、《公共建筑节能规范》（GB 50189—2005）、《民用建筑节能设计标准（采暖居住建筑部分）》（JGJ 26—1995）中对设置全面采暖的建筑物，规定围护结构的传热热阻，应根据技术经济比较确定，而且应符合国家民用建筑热工设计规范和节能标准的要求。并要求不同地区采暖居住建筑各围护结构传热系数不应超过规范规定的限值，建筑耗热量、采暖耗煤量指标不应超过规定的限值，如表 10-1 ~ 表10-3 所示。

表 10-1 主要城市所处气候分区

气候分区	代表性城市
严寒地区 A 区	海伦、博克图、伊春、呼玛、海拉尔、满洲里、佳木斯、安达、齐齐哈尔、富锦、哈尔滨、牡丹江、克拉玛依
严寒地区 B 区	长春、乌鲁木齐、延吉、通辽、通化、四平、呼和浩特、抚顺、大柴旦、沈阳、大同、本溪、阜新、哈密、张家口、鞍山、酒泉、伊宁、吐鲁番、西宁、银川、丹东
寒冷地区	兰州、太原、唐山、阿坝、喀什、北京、天津、大连、阳泉、平凉、石家庄、德州、晋城、天水、西安、拉萨、济南、青岛、安阳、徐州、郑州、洛阳、宝鸡
夏热冬冷地区	南京、蚌埠、盐城、南通、合肥、安庆、九江、武汉、黄石、岳阳、汉中、安康、上海、杭州、宁波、宜昌、长沙、南昌、株洲、永州、赣州、韶关、桂林、重庆、达县、万州、涪陵、南充、宜宾、成都、贵阳、遵义、凯里、绵阳
夏热冬暖地区	福州、莆田、龙岩、梅州、兴宁、英德、河池、柳州、贺州、泉州、厦门、广州、深圳、湛江、汕头、海口、南宁、北海、梧州

表 10-2 《公共建筑节能规范》（GB 50189—2005）中对围护结构传热系数的限值

围护结构部位 \ 气候分区	严寒地区 A 体型系数 ≤0.3	严寒地区 A 0.3<体型系数 ≤0.4	严寒地区 B 体型系数 ≤0.3	严寒地区 B 0.3<体型系数 ≤0.4	寒冷地区 体型系数 ≤0.3	寒冷地区 0.3<体型系数 ≤0.4	夏热冬冷地区	夏热冬暖地区
屋顶	≤0.35	≤0.30	≤0.45	≤0.35	≤0.55	≤0.45	≤0.70	≤0.90
外墙	≤0.45	≤0.40	≤0.50	≤0.45	≤0.60	≤0.50	≤1.0	≤1.5
底面接触室外空气的架空或外挑楼板	≤0.45	≤0.40	≤0.50	≤0.45	≤0.60	≤0.50	≤1.0	≤1.5
非采暖房间与采暖房间的隔墙或楼板	≤0.6	≤0.6	≤0.8	≤0.8	≤1.5	≤1.5	—	—

外窗（包括透明幕墙）		严寒A	严寒B	寒冷K	寒冷SC	寒冷K	寒冷SC	夏热冬冷K	夏热冬冷SC	夏热冬暖K	夏热冬暖SC
单一朝向的外窗（包括透明幕墙）	窗墙面积比≤0.2	≤3.0	≤2.7	≤3.2	≤2.8	≤3.5	—	≤3.0	—	≤4.7	—	≤6.5	—
	0.2<窗墙面积比≤0.3	≤2.8	≤2.5	≤2.9	≤2.5	≤3.0	—	≤2.5	—	≤3.5	≤0.55/0.06	≤4.7	≤0.55/0.06
	0.3<窗墙面积比≤0.4	≤2.5	≤2.2	≤2.6	≤2.2	≤2.7	≤0.70/0.06	≤2.3	≤0.70/0.06	≤3.0	≤0.55/0.06	≤3.5	≤0.45/0.55
	0.4<窗墙面积比≤0.5	≤2.0	≤1.7	≤2.1	≤1.8	≤2.3	≤0.60/0.55	≤2.0	≤0.60/0.55	≤2.8	≤0.45/0.55	≤3.0	≤0.40/0.50
	0.5<窗墙面积比≤0.7	≤1.7	≤1.5	≤1.8	≤1.6	≤2.0	≤0.50/0.50	≤1.8	≤0.50/0.50	≤2.5	≤0.40/0.50	≤3.0	≤0.35/0.45
屋顶透明部分		≤2.5		≤2.6		≤2.7	≤0.50	≤2.7	≤0.50	≤3.0	≤0.40	≤3.5	≤0.35

表 10-3　不同气候区地面和地下室外墙热阻值

气候分区	围护结构部位	热阻 $R/$ ($m^2 \cdot K$) $\cdot W^{-1}$
严寒地区 A 区	地面：周边地面 　　　非周边地面	≥2.0 ≥1.8
	采暖地下室外墙（与土壤接触的墙）	≥2.0
严寒地区 B 区	地面：周边地面 　　　非周边地面	≥2.0 ≥1.8
	采暖地下室外墙（与土壤接触的墙）	≥1.8
寒冷地区	地面：周边地面 　　　非周边地面	≥1.5
	采暖、空调地下室外墙（与土壤接触的墙）	≥1.5
夏热冬冷地区	地面	≥1.2
	地下室外墙（与土壤接触的墙）	≥1.2
夏热冬暖地区	地面	≥1.0
	地下室外墙（与土壤接触的墙）	≥1.0

注：周边地面指距外墙内表面2m以内的地面；地面热阻系数指建筑基础持力层以上各层材料的热阻之和；地下室外墙热阻指土壤以内各层材料热阻之和。

10.1.1.2　室内外设计计算温度

A　室外空气设计计算温度

室外空气设计计算温度是指供暖系统设计计算时所取得室外温度值。建筑物冬季采暖室外计算温度，是在科学统计下，经过经济技术比较得出的。根据《暖通空调·动力技术措施》的规定，冬季采暖室外计算温度采用历年平均不保证 5 天的日平均温度。冬季采暖室外计算温度用于建筑物用采暖系统供暖时计算维护结构的热负荷，以及用于计算消除有害污染物通风的进风热负荷。

B　室内空气计算温度

室内空气计算温度的选择主要取决于：

（1）建筑房间使用功能对舒适的要求。影响人舒适感的主要因素是室内空气温度、湿度和空气流动速度等。

（2）地区冷热源情况、经济情况和节能要求等因素。根据我国国家标准的规定，对舒适性采暖室内计算温度可采用 16～25℃。

对具体的民用和公用建筑，由于建筑房间的使用功能不同，其室内计算参数也会有差别。以下列出标准及规定中有关建筑的室内计算参数供参考，如表 10-4 所示。

10.1.2　热负荷

建筑物冬季供暖设计热负荷计算通常涉及的房间得热量、失热量（见图 10-1）有：

（1）建筑围护结构的传热耗热量；

表 10-4　集中采暖系统室内设计计算温度　　　　　　　　(℃)

序号	房　间　名　称		室内温度	序号	房　间　名　称		室内温度
1	普通住宅	卧室、起居室、一般卫生间	18	9	医疗及疗养建筑	门厅、挂号处、药房、洗衣房、走廊、病人厕所等	18
		厨　房	15			消毒、污物、解剖、工作人员厕所、洗碗间、厨房	16
		设采暖的楼梯间及走廊	14			成人病房、化验室、治疗、诊断室、活动室、餐厅等	20
2	高级住宅、公寓	卧室、起居室、书房、餐厅、无沐浴设备的卫生间	18～20			儿童病房、婴儿室、高级病房、放射诊断及治疗室、待产室	22
		有沐浴设备的卫生间	25			太平间、药品库	12
		厨房	15～16	10	集体宿舍、旅馆招待所	大厅、接待室	16
		门厅、楼梯间、走廊	14～16			客房、办公室	20
3	银行	营业大厅	18			餐厅、会议室	18
		走道、洗手间	16			走道、电（楼）梯间	16
		办公室	20			公共浴室	25
		楼（电）梯	14			公共洗手间	16
4	托儿所、幼儿园	活动室、卧室、乳儿室、喂奶、隔离室、医务室、办公室	20	11	影剧院	观众厅、放映室、洗手间	16～20
		盥洗、厕所	22			门厅、走道	14～18
		儿童浴室、更衣室	25			休息厅、吸烟室	16～20
		洗衣房	18			舞台、化妆室	20～22
		厨房、门厅、走廊、楼梯间	16	12	餐饮建筑	餐厅、小吃、饮食、办公	18
5	学校	教室、阅览室、实验室、科技活动室、办公室、教研室	18			制作间、洗手间、配餐	16
		厕所、门厅走廊、楼梯间	16			厨房和饮食制作间（热加工间）	10
		人体写生美术教室模特所在局部区域	26			干菜、饮料库	8
		带围护结构的风雨操场礼堂	14			洗碗间	16
6	商业建筑	商店营业厅（百货、书籍）	18	13	体育建筑	比赛厅、练习厅（体操除外）	16
		副食商店营业厅（油、盐、杂货）、洗手间	16			休息厅	18
		鱼、肉蔬菜营业厅	14			运动员、教练员休息、更衣室	20
		办公	20			运动员	22
		米面贮藏	5			游泳池大厅	26～28
		百货仓库	10			观众厅	22～24
7	图书馆	大厅	16			检录处、一般项目	20
		报告厅、会议室	18			体操练习厅	18
		书库、缩微拷贝片库、档案库	14			体操比赛大厅	24
		阅览室、研究室、办公室	20	14	其他建筑	电话总机房、控制中心等	18
		洗手间	16			电梯机房	5
8	交通建筑	候车厅、售票厅	16			汽车修理间	12～16
		机场候机厅、办公室	20			空调机房、水泵房等	10
		公共洗手间	16				

注：本表摘自《公共建筑节能规范》（GB 50189—2005）和《暖通空调·动力技术措施》2009 版。普通住宅可采用分段升温模式，洗浴时借助辅助加热设备。

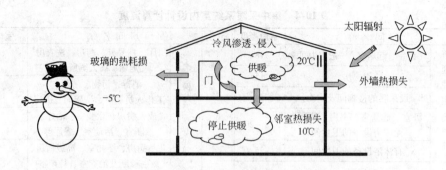

图 10-1　建筑物与传热负荷

（2）通过建筑围护结构物进入室内的太阳辐射热；

（3）经由门、窗缝隙渗入室内的冷空气所形成的冷风渗透耗热量；

（4）经由开启的门、窗、孔洞等侵入室内的冷空气所形成的冷风侵入耗热量；

（5）通风系统在换气过程中从室内排向室外的通风耗热量。

围护结构的耗热量是指当室内温度高于室外温度时，通过围护结构向外传递的热量。其他一些得、失热量，包括人体及工艺设备、照明灯具、电气用具、冷热物料、开敞水槽等的散热量或吸热量，一般并不普遍存在，或者散发量小且不稳定，通常可不计入。这样，对不设通风系统的一般民用建筑（尤其是住宅）而言，往往只需考虑前四项也就够了。

10.1.2.1　围护结构的耗热量

在工程设计中，供暖系统的设计热负荷，一般由围护结构基本耗热量、围护结构附加（修正）耗热量、冷风渗透耗热量和冷风侵入耗热量四部分组成。

围护结构基本耗热量是指在设计条件下，通过房间各部分围护结构（门、窗、地板、屋顶等）从室内传到室外的稳定传热量的总和。附加（修正）耗热量是指围护结构的传热状况发生变化而对基本耗热量进行修正的耗热量。附加（修正）耗热量包括风力附加、高度附加和朝向修正等耗热量。

A　围护结构基本耗热量

在计算基本耗热量时，由于室内散热不稳定，室外气温、日照时间、日射强度以及风向、风速等都随季节、昼夜或时刻而不断变化，因此，通过围护结构的传热过程是一个不稳定过程。但对一般室内温度容许有一定波动幅度的建筑而言，在冬季将它近似按一维稳定传热过程来处理。这样，维护结构的传热就可以用较为简单的计算方法进行计算。因此，工程中除非对室内温度有特别要求，一般均按稳定传热公式进行计算：

$$Q = \alpha \times F \times K \times (t_n - t_w)(\text{W}) \tag{10-1}$$

式中　α——温差修正系数，见表 10-5；

F——计算传热面积，m^2；

K——计算传热系数，应按设计手册的规定原则从建筑图上量取，$W/(m^2 \cdot ℃)$；

t_n——冬季室内计算温度，见表 10-4，按建筑功能等选取，℃；

t_w——采暖室外计算温度，见《暖通设计规范》，℃。

表 10-5 温差修正系数

围护结构特征		α
外墙、屋顶、地面以及与室外相通的楼板等		1.00
闷顶的地板和与室外空气相通的非采暖地下室上面的楼板		0.90
非采暖地下室上面的楼板	外墙上有窗	0.75
	外墙上无窗且位于室外地坪以上	0.60
	外墙上无窗且位于室外地坪以下	0.40
与有外门窗的不采暖楼梯间相邻的隔墙	首层	0.70
	2层~6层	0.60
	7层~30层	0.50
与有外门窗的非采暖房间相邻的隔墙或楼板		0.70
与无外门窗的非采暖房间相邻的隔墙或楼板		0.40
伸缩缝墙、沉降缝墙		0.30
抗震缝墙		0.70

B 围护结构附加耗热量

围护结构的附加耗热量按其占基本耗热量的百分率确定,包括朝向修正率、风力附加率和外门开启附加率。

(1) 朝向修正率。不同朝向的围护结构,受到的太阳辐射热量是不同的;同时,不同的朝向,风的速度、频率也不同。因此,《技术措施》规定对不同的垂直外围护结构进行修正。其修正率为:

北、东北、西北朝向: 取 0~10%;

东、西朝向: 取 -5%;

东南、西南朝向: 取 -10% ~ -15%;

南向: 取 -15% ~ -30%。

选用修正率时,应考虑当地冬季日照率及辐射强度的大小。冬季日照率小于35%的地区,东南、西南和南向的朝向采用 -10% ~0%,东西朝向不修正。当建筑物受到遮挡时,南向按东西向,其他方向按北向进行修正。建筑物偏角小于15°时,按主朝向修正。

当窗墙面积比大于1:1时(墙面积不包含窗面积),为了与一般房间有同等的保证率,宜在窗的基本耗热量中附加10%。

(2) 风力附加率。建筑在不避风的高地、河边、海岸、旷野上的建筑物,其垂直的外围护结构应加5%。

(3) 外门开启附加率。为加热开启外门时侵入的冷空气,对于短时间开启无热风幕的外门,可以用外门的基本耗热量乘上按表10-6中查出的相应的附加率。阳台门不应考虑外门开启附加率。

表 10-6　外门开启附加率

建筑物性质（建筑层数为 n）		
开启一般的外门（如住宅、宿舍、幼托等）	一道门	$65n\%$
	两道门（有门斗）	$80n\%$
	三道门（有两个门斗）	$60n\%$
对于开启频繁的外门（如办公室、学校、商店、门诊部等）	一道门	$98n\% \sim 130n\%$
	两道门（有门斗）	$120n\% \sim 160n\%$
	三道门（有两个门斗）	$90n\% \sim 120n\%$
外门开启附加率		$\leqslant 500\%$

注：1. 外门开启附加率仅适用于短时间开启的、无热风幕的外门；
　　2. 仅计算冬季经常开启的外门；
　　3. 外门是指建筑物底层入口的门，而不是各层各住户的外门；
　　4. 阳台门不应计算外门开启附加率。

（4）两面外墙附加率。当房间有两面外墙时，宜对外墙、外门及外窗附加 5%。

（5）高度附加率。由于室内温度梯度的影响，往往使房间上部的传热量加大。因此规定：当房间（楼梯间除外）净高超过 4m 时，每增加 1m，附加率为 2%，但最大附加率不超过 15%。注意高度附加率应加在基本耗热量和其他附加耗热量（进行风力、朝向、外门修正之后的耗热量）的总和上。

（6）对于间歇使用的建筑物，宜按下列规定计算间歇附加率（耗热量的总和）：

仅白天使用的建筑物：20%；

不经常使用的建筑物：30%。

C　门窗缝隙渗入冷空气的耗热量

由于建筑物的窗、门缝隙宽度不同，风向、风速和频率因地点和朝向而不同，因此由门窗缝隙渗入的冷空气量很难进行准确计算，因此，《技术措施》规定：冷空气渗透耗热量按下式计算：

$$Q = 0.28 \times \rho_w \times L \times (t_n - t_w)(\text{W}) \tag{10-2}$$

式中　L——渗透冷空气量，m^2/h；

　　　ρ_w——采暖室外计算温度下的空气密度，kg/m^3；

　　　t_n——冬季室内设计温度，℃；

　　　t_w——采暖室外计算温度，℃。

因为冷风渗透量与建筑物及室外气象等因素有关，计算比较复杂，详细可参见相关设计手册和技术措施。

10.1.2.2　采暖设计热负荷的估算

根据《暖通空调·动力技术措施》的规定，只设采暖系统的民用建筑物，其采暖热负荷可按下列方法之一进行估算。

A　面积热指标法

当只知道建筑总面积时，其采暖热负荷可采用面积热指标法进行估算。

$$Q_0 = q_f \times F \times 10^{-3}(\text{kW}) \tag{10-3}$$

式中　Q_0——建筑物的供暖设计热负荷，kW；

F——建筑物的建筑面积，m^2；

q_f——建筑物供暖面积热指标，W/m^2，它表示每 $1m^2$ 建筑面积的供暖设计热负荷。可根据建筑物性质按表 10-7 取。

表 10-7　采暖建筑面积热指标 　　　　　　　　　　（W/m^2）

建筑物类型	采暖面积热指标	建筑物类型	采暖面积热指标
住宅	45~70	图书馆	45~75
节能住宅	30~45	一二层别墅	100~125
办公楼	60~80	商店	65~75
医院、幼儿园	65~80	影剧院	90~115
旅馆	60~70	食堂、餐厅	115~140
单层住宅	80~105	大礼堂、体育馆	115~160

注：总建筑面积大、外围护结构热工性能好、窗户面积小，采用较小的指标；反之采用较大的指标（摘自《暖通空调·动力技术措施》2003 年版）。具体计算应查取当地相关部门对建筑的最新规定。

B　窗墙比公式法

当已知外墙面积、窗墙比及建筑面积时，采暖热指标可采用下式估算：

$$q = (7a + 1.7)W \times F(t_n - t_w) \tag{10-4}$$

式中　q——建筑物采暖指标，W/m^2；

　　　a——外窗面积与外墙面积（包括窗）之比；

　　　W——外墙总面积（包括窗），m^2；

　　　F——建筑总面积，m^2；

　　　t_n——室内采暖设计温度，℃；

　　　t_w——室外采暖设计温度，℃。

考虑到对建筑围护物的最小热阻和节能热阻以及对窗户密封程度随地区的限值，建议对严寒地区，将计算结果乘以 0.9 左右的系数；对寒冷地区，将所得结果乘以 1.05~1.10 的系数。

还应指出的是：建筑物的供暖耗热量，最主要是通过垂直围护结构（墙、门、窗等）向外传递热量，而不是直接取决于建筑平面面积。供暖热指标的大小主要与建筑物的围护结构及外形有关。当建筑物围护结构的传热系数愈大、采光率愈大、外部体积愈小，或建筑物的长宽比愈大时，单位体积的热损失，亦即热指标值也愈大。因此，从建筑物的围护结构及其外形方面考虑降低建筑耗热指标值的种种措施，是建筑节能的主要途径，也是降低集中供热系统的供暖设计热负荷的主要途径。

10.1.2.3　分户计量时房间供暖设计热负荷的计算

分户计量时房间供暖设计热负荷应按热源为连续供暖的条件进行计算。它分为两部分，一部分为基本热负荷，另一部分为户间传热负荷。分户计量采暖建筑，应按各地方"分户热计量设计技术规程"的规定进行采暖负荷计算。计算建筑总采暖负荷时，不应考虑户间隔墙传热量；在室内散热器（或其他散热设施）的选型计算中，应考虑户间传热量。

A　基本热负荷

基本热负荷就是传统集中供暖系统中的供暖设计热负荷，它仍应按现行的设计规范和常用的供暖设计手册所提供的计算规则和方法进行计算，也可按上述的面积热指标法进行估算，但在计算时，与传统的集中供暖系统相比，为满足居住者热舒适度的要求，卧室、起居室（厅）和卫生间等主要居住空间的室内计算温度，应按相应的设计标准（见表10-4）提高2℃。

　　B　户间传热负荷

户间因室温差异通过楼板和隔墙传热所形成的热量损耗称为户间传热负荷。计算时，可在基本负荷基础上附加不大于50%的系数。

通过户间传热引起的耗热量也可以按下式确定：

$$q = A \times q_h \tag{10-5}$$

式中　A——房间使用面积，m^2；

　　　q_h——通过户间楼板和隔墙的单位面积平均传热量，W/m^2，一般取$10W/m^2$。

必须特别指出的是：户间传热负荷仅作为确定户内供暖设备容量和计算户内管道的依据，不应计入户外供暖干管热负荷和建筑总热负荷内。户外供暖干管热负荷和建筑总热负荷应按基本热负荷确定。

10.1.2.4　辐射采暖的热负荷计算

　　A　地板辐射采暖热负荷

低温热水地板辐射由于主要依靠辐射方式，在相同的舒适条件下，室内计算温度一般可比对流供暖方式低2~3℃，总耗热量可减少5%~10%左右。同时，由于它要求的供水温度较低（一般为35~50℃）。可以利用热网回水、余热水或地热水等，因此从卫生条件和经济效益上看，是一种较好的供暖方式。根据我国《地面辐射供暖技术规程》的规定，地板采暖热负荷的计算按以下三种情况分别计算：

（1）房间全面采暖的地板辐射采暖设计热负荷可按常规散热器系统房间计算采暖负荷的90%~95%，或将房间温度降低2℃进行房间采暖负荷计算。

（2）房间局部设地板辐射采暖（其他区域无采暖）时，所需热负荷按房间全面地板辐射采暖负荷乘以该区域面积与所在房间面积的比值和表10-8的附加系数确定。

表10-8　局部辐射采暖热负荷附加系数

采暖区面积与房间面积比值	0.55	0.40	0.25
附加系数	1.30	1.35	1.50

注：表中供暖区面积比值在0.25~0.55区间的其他数值时，按插入法确定计算系数。

（3）进深大于6m的房间，宜距外墙6m为界分区，分别计算热负荷和进行管线布置。

（4）计算地面辐射供暖系统热负荷时，可不考虑高度附加。

（5）不计算敷设加热管地面的热损失。

（6）应考虑间歇供暖及户间传热等因素。

　　B　燃气红外线辐射系统采暖热负荷

燃气红外线辐射采暖系统用于全面采暖时，其负荷应取常规对流式计算热负荷的80%~90%；用于局部采暖时，其热负荷可按全面采暖的耗热量乘以局部面积与所在房间面积的比值，再按表10-8乘以附加系数进行计算：

燃气红外线辐射采暖系统安装高度超过6m时，每增加0.3m，建筑围护结构的总耗热量应增加1%。

10.2 室内供暖系统

供暖系统是由热源、输送系统和散热设备三部分组成。室内集中供暖系统主要由输配系统和散热设备组成。由于提供和输送热量的介质不同、输配管道的布置不同、散热方式等的不同，我们常将室内供暖系统分成不同的类型，见表10-9。

10.2.1 供暖系统的分类及特点

供暖系统基本可按以下几方面划分：

（1）供暖系统按使用热媒的不同，可分为热水供暖、蒸汽供暖、燃气红外辐射供暖及热风供暖等四类，如表10-9所示。

表 10-9　供暖系统分类表

供暖热媒	热媒工况或方式	运行动力	特　点
热水供暖	低温热水供暖（水温低于100℃）	重力循环	不需要外来动力，运行时无噪声、系统简单。由于作用压头小，所需管径大，作用半径不超过50m。只宜用于没有集中供热热源、对供热质量有特殊要求的小型建筑物中
		机械循环	水的循环动力来自于循环水泵系统作用半径大，是集中采暖系统的主要形式
	高温热水供暖（水温100~130℃）	机械循环	散热器表面温度高，易烫伤皮肤，烤焦有机灰尘，卫生条件及舒适度较差，但可节省散热器用量，供回水温差较大，可减小管道系统管径，降低输送热媒所消耗的电能，节省运行费用。主要用于对卫生要求不高的工业建筑及其辅助建筑中
蒸汽供暖	低压蒸汽供暖（气压不高于0.07MPa）	重力（开式）回水	民用建筑使用较少
	高压蒸汽供暖（气压高于0.07MPa）	余压（闭式）回水	多用于公共建筑和工业厂房
燃气红外辐射供暖	天然气、人工煤气、液化石油气等		可用于建筑物室内采暖或室外工作地点采暖。但采用燃气红外线辐射采暖必须采取相应的防火防爆和通风换气等安全措施
热风供暖	热风供暖（集中式）0.1~0.4MPa的高压蒸汽或不低于90℃的热水	离心风机	热水和蒸汽两用。主要用于工业厂房值班供暖外的热量供应，适用于耗热量大的高大空间建筑；卫生要求高并需要大量新鲜空气或全新风的房间；能与机械送风系统合并时；利用循环风采暖经济合理时。热媒供水温度不低于90℃
	暖风机供暖（分散式）	轴流风机	冷热水两用（见散热设备）

（2）按系统的循环动力分可分为重力（自然）循环系统和机械循环系统。

重力循环供暖系统不需要外来动力，运行时无噪声、设备安装简单、调节方便，维护管理方便。由于作用压头小，所需管径大，只宜用于没有集中供热热源、对供热质量有特殊要求的小型建筑物中，特别适用于面积不大的一二层的小住宅、小商店等民用建筑。

比较高大的建筑，采用重力循环供暖系统时，由于受到作用压力、供暖半径的限制，往往难以实现系统的正常运行。而且，因水流速度小，管径偏大，也不经济。因此，对于比较高大的多层建筑、高层建筑及较大面积的小区集中供暖，都采用机械循环供暖系统。机械循环供暖系统，是靠水泵作为动力来克服系统环路阻力的，比重力循环供暖系统的作用压力大得多。是集中采暖系统的主要形式。

（3）按供暖的散热方式可分为对流供暖（散热器供暖）和辐射供暖两种。

10.2.2　热水供暖系统

10.2.2.1　热水供暖系统的分类
热水供暖系统常按以下方式分类：

（1）按供水温度可以分为高温热水采暖系统和低温热水采暖系统。如表10-9所示。

各国高温水与低温水的界限不一样。我国将供水温度高于100℃的系统称为高温水采暖系统，供水温度低于100℃的系统称为低温水采暖系统。

高温水供暖系统的热效率高，节省燃料，供回水温差大，管材与散热器的用量少，宜用于较大面积的集中供暖，降低输送热媒所消耗的电能，节省运行费用，具有投资少、效益高，能维持比较适宜的室内温度的优点。但高温水采暖系统由于散热器表面温度高，易烫伤皮肤，烤焦有机灰尘，卫生条件及舒适度较差，主要用于对卫生要求不高的工业建筑及其辅助建筑中。低温水采暖系统的优缺点正好与高温水采暖系统相反，是民用及公用建筑的主要采暖系统形式。

（2）按采暖系统的供回水的方式分类。采暖工程中通常"供"指供出热媒，"回"指回流热媒。在对采暖系统分类和命名时，整个采暖系统或它的一部分可用"供"与"回"来表明垂直方向流体的供给指向。"上供式"是热媒沿垂向从上向下供给各楼层散热器的系统；"下供式"是热媒沿垂向从下向上供给各楼层散热器的系统。"上回"是热媒从各楼层散热器沿垂向从下向上回流；"下回"是热媒从各楼层散热器沿垂向从上向下回流。因此对热水采暖系统可分为图10-2所示的上供下回式、上供上回式、下供下回式、下供上回式。

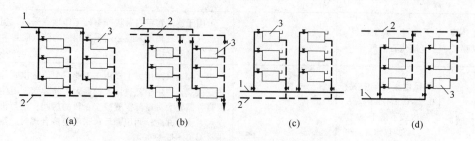

图10-2　按供、回水方式分类的采暖系统
（a）上供下回式；（b）上供上回式；（c）下供下回式；（d）下供上回式

（3）按散热器的连接方式分类。按散热器的连接方式将热水采暖系统分为垂直式与水平式系统，如图10-3所示。垂直式采暖系统是指不同楼层的各散热器用垂直立管连接的系统如图10-3（a）所示；水平式采暖系统是指同一楼层的散热器用水平管线连接的系统如图10-3

（b）所示。垂直式采暖系统中一根立管可以在一侧或两侧连接散热器［见图10-3（a）左边立管］，将垂直式系统中向多个立管供给或汇集热媒的管道称为供水干管或回水干管。水平式系统中的管道3与4与垂直式系统中的立管与干管不同称为水平式系统供水立管和水平式系统回水立管，水平式系统中向多根垂直布置的供水立管分配热媒或从多根垂直布置的回水立管回收热媒的管道也称为供水干管或回水干管如图10-3（b）所示。

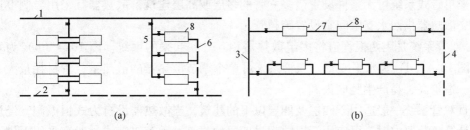

図10-3　垂直式与水平式采暖系统

（a）垂直式；（b）水平式

1—供水干管；2—回水干管；3—水平式系统供水立管；4—水平式系统回水立管；

5—供水立管；6—回水立管；7—水平支路管道；8—散热器

　　水平式系统可用于公用建筑楼堂馆所等建筑物。用于住宅时便于设计成分户计量热量的系统。该系统大直径的干管少，穿楼板的管道少，有利加快施工进度。室内无立管比较美观。设有膨胀水箱时，水箱的标高可以降低。便于分层控制和调节。用于公用建筑如水平管线过长时容易因胀缩引起漏水。为此要在散热器两侧设乙字弯管，每隔几组散热器加乙字弯管补偿器或方形补偿器，水平顺流式系统中串联散热器组数不宜太多。可在散热器上设放气阀或多组散热器用串联空气管来排气。

　　（4）按连接散热器的管道数量分类。按连接相关散热器的管道数量将热水采暖系统分为单管系统与双管系统，如图10-4所示。

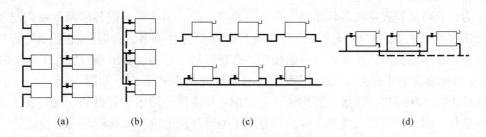

図10-4　单管系统与双管系统

（a）垂直单管；（b）垂直双管；（c）水平单管；（d）水平双管

　　1）单管系统是用一根管道将多组散热器依次串联起来的系统，如单管所关联的散热器位于不同的楼层，则形成垂直单管；如所关联的散热器位于同一楼层，则形成水平单管。图10-4（a）表示垂直单管，其左边为单管顺流式，右边为单管跨越管式；图10-4（c）为水平单管，其上图为水平顺流式，下图为水平跨越管式。

　　单管系统节省管材，造价低，施工进度快，顺流单管系统不能调节单个散热器的散热量，跨越管式单管系统采取多用管材（跨越管）、设置散热器支管阀门和增加散热器片的代价换取散热量在一定程度上的可调性；单管系统的水力稳定性比双管系统好。如采用上供下回式单管系统，往往底层散热器片数较多，有时造成散热器布置困难。

对五层及五层以上建筑宜采用垂直单管系统，立管所带层数不宜大于十二层，严寒地区立管所带层数不宜超过六层。垂直单管式系统一般应采用上供下回式。在立管上下端均应设置检修阀门，立管下端应设泄水装置。每组散热器供回水支管间宜设置跨越管。

水平单管式系统可无条件设置诸多立管的多层或高层建筑，散热器宜采用异侧上进下出方式。散热器供回水支管间宜设置跨越管。

2）双管系统是用两根管道将多组散热器相互并联起来的系统。图 10-4（b）为垂直双管；图 10-4（d）为水平双管。双管系统可单个调节散热器的散热量，管材耗量大、施工麻烦、造价高、易产生竖向失调。

垂直双管系统一般适用于四层及四层以下的建筑，当散热器设自力式恒温阀，经过水力平衡计算负荷要求时，可应用于层数超过四层的建筑。垂直双管式一般宜采用下供下回式系统，当要求集中放风且顶层有条件布置干管时，可采用上供下回式系统。每组散热器进出口应设置阀门。立管上应设置检修阀门和泄水装置。

水平双管式系统适用于底层大空间采暖建筑（如汽车库、大餐厅等）。

3）单双管混合式。对于十二层以上建筑可采用单双管系统，即单管式系统和双管式系统隔几层设置。该系统应采用上供下回式。组成单双管系统的每一个双管系统应不超过四层。

（5）按并联环路水的流程分类。按各并联环路水的流程，可将供暖系统划分为同程式系统与异程式系统，如图 10-5 所示。

1）热媒沿各循环环路流动时，其流程相同的系统（即各环路管路总长度基本相等的系统），称为同程式系统，如图 10-5（a）所示。图 10-5（a）中立管①离供水干管最近，离回水干管最远；立管④离供水干管最远，离回水干管最近。通过①~④各立管环路供、回水干管路径长度基本相同。

水力计算时同程式系统各环路易于平衡，水平失调（沿水平方向各房间的室内温度偏离设计工况叫水平失调）较轻，布置管道妥当时耗费管材不多。有时可能要多耗费些管材，这决定于系统的具体条件和布管的技巧。系统底层干管明设有困难时要置于管沟内。

2）热媒沿各循环环路流动时流程不同的系统为异程式系统，如图 10-5（b）所示。系统中第①循环环路供、回水干管均短，第④循环环路供、回水干管都长。通过①~④各部分环路供、回水管路的长度都不同。只有一个循环环路的流程没有同程与异程之分。

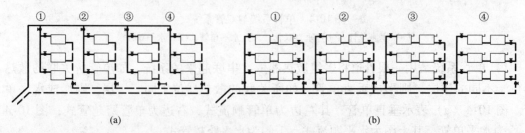

图 10-5 同程式系统与异程式系统

(a) 同程式系统；(b) 异程式系统

异程式系统节省管材，降低投资。但由于流动阻力不易平衡，常导致水平失调现象。要从设计上采取措施解决远近环路的不平衡问题。如减小干管阻力，增大立支管路阻力，在立支管路上采用性能好的调节阀等。一般把从热力入口到最远的循环管路（见图10-5）中的循环管路④水平干管的展开长度称为采暖系统的作用半径。机械循环系统作用压力大，因此允许阻力损失大，系统的作用半径大。作用半径较大的系统宜采用同程式系统。

10.2.2.2 重力循环热水供暖系统

A 工作原理

重力循环供暖系统，如图10-6所示，是利用供水与回水的密度差而进行循环的。它不需要任何外界动力，只要锅炉生火，系统便开始运行，所以又称自然循环供暖系统。系统中水靠供回水密度差循环，水在锅炉2中受热，温度升高到 t_g，体积膨胀，密度减少到 ρ_g，加上来自回水管4冷水的驱动，使水沿供水管3上升流到散热器1中。在散热器中热水将热量散发给房间，水温降低到 t_h，密度变大到 ρ_h，沿回水管4回到锅炉重新加热，这样周而复始地循环，不断把热量从热源送到房间。膨胀水箱5的作用是吸纳系统水温升高时热胀而多出的水量，补充系统水温降低和泄漏时短缺的水量，稳定系统的压力和排除水在加热过程中所释放出来的空气。为了顺利排除空气，水平供水干管标高应沿水流方向下降，因为重力循环系统中水流速度较小，可以采用汽水逆向流动，使空气从管道高点所连膨胀水箱排除。

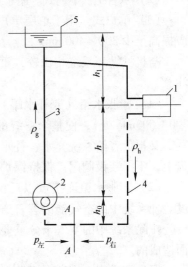

图10-6 重力循环采暖系统
1—散热器；2—锅炉；3—供水管；
4—回水管；5—膨胀水箱

假设水温在锅炉（加热中心）和散热器（冷却中心）两处发生变化。同时假设在循环环路最低点的断面 A—A 处有一个阀门。如果将阀门关闭，则在断面 A—A 两侧受到不同的水柱压力。这两方面所受到的水柱压力差就是驱动水在系统内进行循环流动的作用压力。

设 p_1 和 p_2 分别表示断面 A—A 右侧和左侧的水柱压力，则：

$$p_1 = g(h_0\rho_h + h\rho_h + h_1\rho_g)(\text{Pa})$$
$$p_2 = g(h_0\rho_h + h\rho_g + h_1\rho_g)(\text{Pa})$$

断面 A—A 两侧的差值，就是系统的循环作用压力：

$$\Delta p = p_1 - p_2 = gh(\rho_h - \rho_g)(\text{Pa}) \tag{10-6}$$

式中 Δp——自然循环系统的作用压力，Pa；

      g——重力加速度，m/s^2，取 9.81m/s^2；

      h——冷却中心至加热中心的垂直距离，m；

      ρ_h——回水密度，kg/m^3；

      ρ_g——供水密度，kg/m^3。

重力循环系统在计算作用压力时，一般取供水温度95℃，回水温度70℃。当高差为1m时，其作用压力 $\Delta p = 156\text{Pa}$。

B 重力循环供暖系统的设计

重力循环供暖系统的作用压力一般都不大，所以要求系统的管路部件要尽量少，管道要尽量短，管径要相对大一些。要求任何一个环路的阻力损失，都不能超过系统的作用压力。否则，正常的运行将难以实现。因此重力循环热水供暖系统特点是作用半径小（不超过50m）、升温慢、作用压力小、管径大、系统简单、不消耗电能。

常用的重力循环热水供暖系统的形式有：

（1）单管上供下回式。用于多层建筑，水力稳定性好；可以缩小散热中心与锅炉的距离。

（2）双管上供下回式。用于三层以下的建筑（不大于10m），易产生垂直失调，室温可调。

（3）单户式。用于单层单户建筑，一般锅炉房与散热器在同一平面，散热器安装高度应提高至少300～400mm。

与机械循环系统相比较，重力循环供暖系统有以下几点不同之处，在设计安装时应予注意：

（1）膨胀水箱（兼补水罐）应接在锅炉出水总管顶部的最高点（距供水干管顶标高300～500mm处），使整个系统的坡度趋向膨胀水箱。使膨胀水箱既解决水的受热膨胀问题，又担负着给系统充水、补水，并排除系统中空气的作用。从锅炉至膨胀水箱之间的管道上，不得装设阀门。保持锅炉内的热水始终与大气相通，以确保安全运行。

（2）膨胀水箱连接点以后的供水和回水管道均应低头走，并保持有不小于3‰的坡度。使系统中的空气能沿着管道的坡度向高处聚集，并通过膨胀水箱排至大气。

排除系统中的空气十分重要，供暖系统不热的原因，许多都是因为空气阻断了水流断面造成的。

回水管道应一直坡向锅炉，中途不宜设置翻身和抬头。系统的最低点应设一个泄水堵，作为系统冲洗及泄水之用。

（3）在进行系统设计时，环路不可太长，最大供暖半径一般不超过50m。管件应尽量少，以减小局部阻力。管径应适当加大，在力求环路平衡的条件下，控制摩擦压力损失 $\Delta P_{m} = 2 \sim 30 Pa/m$。水流速度 $v = 0.2 \sim 0.25 m/s$ 左右。环路末端的管径不宜小于 $D_{g}20$。

由管道散热所形成的作用压力，在进行管径计算时可忽略不计，这样做可使系统的作用压力留有一定的余地。

（4）重力循环系统的散热器，应采用上进下出式连接。两层以上的系统，宜采用单管垂直串联式，目的是充分利用系统的作用压力。

（5）锅炉的位置在可能的条件下应尽量降低，使散热器与锅炉之间尽量保持较大的高差，以增大系统的作用压力。

10.2.2.3　机械循环热水供暖系统

机械循环热水供暖系统（见图10-7）中水的循环动力来自于循环水泵4。膨胀水箱多接到循环水泵之前。在此系统中膨胀水箱不能排气，所以在系统供水干管末端设有集气罐5，干管向集气罐抬起。

机械循环热水供暖系统是现在应用最广泛的供暖形式。常用的形式有：

（1）双管上供下回式。供回水干管分别设置于系统最上面和最下面，布置管道方便，排气顺畅。是用得最多的系统形式。适用于室温有调节要求的建筑，但易产生垂直失调，如图10-2（a）所示。

（2）双管下供下回式。供回水干管均位于系统最下面，如图10-3（c）所示。与上供下回式相比，供水干管无效热损失小、可减轻上供下回式双管系统的竖向失调（沿竖向各房间的室内温度偏离设计工况称为竖向失调）。因为上层散热器环路重力作用压头大，但管路长，阻力损失大，有利于水力平衡。顶棚下无干管比较美观，可以分层施工，分期投入使用。底层需要设管沟或有地下室以便于布置两根干管，要在顶层散热器设放气阀或设空气管排除空气。适用于室温有调节要求且顶层不能敷设干管时的建筑。

（3）双管中供式。如图 10-8 所示。它是供水干管位于中间某楼层的系统形式。供水干管将系统垂向分为两部分。上半部分系统可为下供下回式系统（见图 10-2 中（a）的上半部分）或上供下回式系统（见图 10-2 中（b）的上半部分），而下半部分系统均为上供下回式系统。中供式系统可减轻竖向失调，但计算和调节都比较麻烦。适用于顶层供水干管无法敷设或边施工边使用的建筑。对楼层扩建有利。

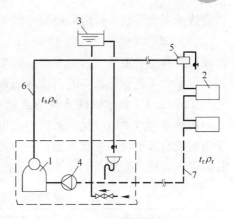

图 10-7　机械循环热水采暖系统
1—锅炉；2—散热器；3—膨胀水箱；
4—循环水泵；5—集气罐；
6—供水管；7—回水管

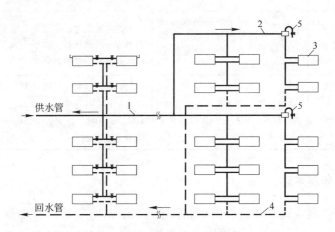

图 10-8　中供式热水采暖系统
1—中部供水管；2—上部供水管；3—散热器；4—回水干管；5—集气罐

（4）双管下供上回式。如图 10-2（d）所示，供水干管在系统最下面，回水干管在系统最上面。与上供下回式系统相对照，被称为倒流式系统。与上供下回式相比，底层散热器平均温度升高，从而减少底层散热器面积，有利于解决某些建筑物中一层散热器面积过大，难于布置的问题。立管中水流方向与空气浮升方向一致，在四种系统形式中最有利于排气。当热媒为高温水时，底层散热器供水温度高，由于水静压力也大，因此有利于防止水的汽化。适用于热媒为高温水、室温有调节要求的建筑。但会降低散热器传热系数，浪费散热器。

（5）垂直单管上供下回式。适用于一般多层建筑，是最常用的一种单管系统。具有水力稳定性好、排气方便和安装构造简单的特点。

（6）垂直单管下供上回式。适用于热媒为高温水的多层建筑。但会降低散热器传热系数，浪费散热器。

（7）水平单管跨越式。适用于单层建筑串联散热器组数过多时。系统每个环路串联散热器数量不受限制，每组散热器可以调节。但排气需单独设立排气管或排气阀。

（8）双管上供上回式图 10-2（b）的供回水干管均位于系统最上面。采暖干管不与地面设备及其他管道发生占地矛盾。但立管消耗管材量增加，立管下面均要设放水阀。主要用于设备和工艺管道较多的、沿地面布置干管发生困难的工厂车间。

10.2.2.4　热水供暖系统形式的选择

散热器热水供暖应优先采用闭式机械循环系统；环路的划分应以便于水力平衡、有利于节省投资及能耗为主要依据，一般可采用异程布置；有条件时宜按朝向分别设置环路。具体形式宜按照表 10-10 所列原则选择确定。

表 10-10　热水供暖系统形式的选择原则

序号	系统形式	适 用 范 围	备　　注
1	垂直双管式	四层及四层以下的建筑物；每组散热器设有恒温控制阀且满足水力平衡要求时，不受此限制	应优先采用下供下回式，散热器的连接方式宜采用同侧上进下出。每组供水立管的顶部，应设自动排气阀；有条件布置水平供水干管时，可采用上供下回方式，末端集中设置自动排气阀
2	垂直单管跨越式	六层及六层以下的建筑物	应优先采用上供下回跨越式系统，垂直层数不宜超过 6 层
3	水平双管式	低层大空间采暖建筑或可设共用立管及分户分（集）水器进行分室控温、分户计量的多层或高层住宅	在住宅建筑中，应优先采用下供下回式，每个环路只带一组散热器，管径不大于 DN25mm；散热器的接管宜采用异侧上进下出
4	水平单管跨越式	缺乏设置众多立管条件的多层或高层建筑；实行分户计量的住宅	散热器的接管宜异侧上进下出或采用 H 形分配阀
5	水平单管串联式		可串联的散热器数量，以每个环路的管径 DN≤25mm 为原则；散热器的接管宜异侧上进下出或采用 H 形分配阀

10.2.3　室内蒸汽供暖系统

蒸汽介质用于供暖空调主要是提供热能和水蒸气，对空气进行加热和加湿处理。另外在有些热水供暖系统中，还利用蒸汽压力为热水系统定压。

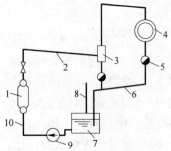

图 10-9　蒸汽供暖系统原理图
1—热源；2—蒸汽管道；3—分水器；4—用热设备；5—疏水器；6—凝水管路；7—凝结水箱；8—空气管；9—凝结水泵；10—凝结水管

蒸汽作为热媒在民用建筑供暖中已很少使用。这里做简单介绍。图 10-9 是蒸汽供热的原理图。蒸汽通过热源 1 蒸汽锅炉制备，经管道 2 进入用热设备 4，在用热设备中蒸汽凝结释放出热量，凝水通过疏水器 5 经管路 6 排至凝水箱 7，最后凝水箱中的水由凝水泵 9 打入锅炉。图中分水器 3 用于排除蒸汽管路中的凝结水。

蒸汽作为供暖热媒与热水相比，具有自身的一些特点：

（1）蒸汽热媒在系统中通过蒸汽的凝结放出汽化潜热，发生相变，但其温度变化很小。热水靠降低温度释放热量，热水热媒始终为液态。

（2）由于蒸汽的汽化潜热比起 1kg 水在散热设备中依靠温降放出的热量大得多，因此，对同样的热负荷，蒸汽系统所需的蒸汽质量流量要比热水流量少得多。

（3）热水在封闭系统内循环流动，其流量和密度变化很小。蒸汽和凝结水在系统管路内流动时，流量和密度都会有很大的变化，且有相变发生。从散热设备流出的饱和凝结水，由于疏水器和凝结水管路的阻力，流动中压力下降，部分凝水会重新汽化，形成所谓"二次蒸汽"，以两相流的状态在管路中流动。

蒸汽和凝结水的状态参数变化较大，使得蒸汽供暖系统比热水供暖系统在设计和运行管理上都要复杂。管理不当，容易出现漏气漏水，降低蒸汽供暖的经济性和适用性。

（4）散热设备内的蒸汽温度比热水平均温度高，同样热负荷下，蒸汽供暖比热水供暖节省散热设备面积。但散热设备表面温度高，易使沉积在散热设备表面的有机灰尘焦化而产生异味，降低卫生条件。因此在民用建筑中，不适宜用蒸汽供暖系统。

（5）蒸汽供暖系统中的蒸汽密度比热水密度小得多，相同质量流量时，可采用较大的流速而不会产生过大的阻力，从而可减小管径，节省投资。同时，在高层建筑中不会像热水系统那样产生很大的静水压力。

（6）蒸汽系统热惯性小，供汽时热得快，停汽时冷得也快，很适宜用于间歇供暖的用户。

室内蒸汽供暖系统按压力的高低分为低压蒸汽供暖系统（$p \leq 70\text{kPa}$）和高压蒸汽供暖系统（$p > 70\text{kPa}$），当系统中蒸汽压力小于大气压力时，称为真空蒸汽供暖系统。

10.2.4 辐射供暖

热媒通过散热设备的壁面，主要以辐射方式向房间传热，此时散热设备可采用悬挂金属辐射板的方式，也常常采用与建筑结构合为一体的方式。这种供暖系统称为辐射供暖系统。将加热管埋设于地下的采暖系统称为地板辐射采暖。

（1）辐射采暖系统的种类。辐射采暖系统的种类见表 10-11。

表 10-11 辐射采暖的种类

分类根据	名称	特点
温度 （板面温度）	低温辐射	$t < 80℃$
	中温辐射	$t = 80 \sim 200℃$
	高温辐射	$t > 5000℃$
辐射板形式	埋管式	管道埋设于建筑物表面内
	风道式	利用建筑构件的空腔使热空气循环流动其间形成辐射
	组合式	将金属板和管焊接组成辐射表面
辐射板设置位置	顶面式	将顶棚作为辐射表面，辐射热占 70%
	墙面式	将墙面作为辐射表面，辐射热占 65%
	地面式	将地面作为辐射表面，辐射热占 55%
	楼面式	将楼面作为辐射表面，辐射热占 55%
所用热媒种类	低温热水式	热媒水温 $t \leq 100℃$（地面供暖 $t \leq 60℃$）
	高温热水式	热媒水温 $t > 100℃$
	蒸汽式	以高压或低压蒸汽为热媒
	热风式	以加热后的空气为热媒
	电热式	以电能加热电热元件为热媒
	燃气式	通过可燃气体或液体经特制辐射器发射红外线

（2）辐射供暖的特点。习惯上把辐射传热比例占总传热量 50% ~ 70% 以上的供暖系统称为辐射供暖系统。辐射供暖是一种卫生条件和舒适标准都比较高的供暖方式。它是利用建筑物内部的顶面、墙面、地面或其他表面进行供暖的系统。另外，辐射供暖系统还有可能在夏季用作辐射供冷，其辐射表面兼作夏季降温的供冷表面。

埋管式采暖辐射板的缺点是要与建筑结构同时安装，容易影响施工进程，如埋管预制化则会大大提高施工进度；与建筑结构合成或贴附一体的采暖辐射板，热惰性大，启动时间长；在间歇供暖时，热惰性大，使室内温度波动较小，这一缺点又变成优点。

辐射采暖（供冷）除用于住宅和公用建筑之外，还广泛用于空间高大的厂房、场馆和对洁净度有特殊要求的场合、如精密装配车间等。

（3）地板辐射采暖系统。辐射采暖系统的热媒可用热水、蒸汽、空气和电；热水为首选热媒。与建筑结构结合的辐射板用热水加热时温升慢，混凝土板不易出现裂缝，可以采用集中质调节。用蒸汽作热媒时、温升快，混凝土板易出现裂缝，不能采用集中质调节。混凝土板热惰性大，与蒸汽迅速加热房间的特点不相适应；用热空气作热媒，将墙板或楼板内的空腔作风道，使建筑结构厚度要增加；用电加热的辐射板有许多优越性，板面温度容易控制，调节方便，但要消耗高品位电能，用电作为能源采暖应进行技术经济论证；采用热水为热媒时其温度根据所用的热源和采暖辐射板的类型来决定。可分为较高温度和较低温度两类。辐射采暖也应尽量利用地热、太阳能等低温热源。目前，根据《暖通空调·动力技术措施》的规定，地板辐射采暖系统热水供水温度不应超过 60℃，供回水温差宜≤10℃。工作压力不宜大于 0.8MPa。和对流供暖系统相比，地板辐射供暖系统具有以下主要优点：

1）由于有辐射强度和温度的双重作用，造成了真正符合人体散热要求的热状态，具有最佳的舒适感。

2）利用与建筑结构相结合的辐射供暖系统，不需要在室内布置散热器，也不必安装连接散热器的水平支管，所以，不但不占建筑面积，也便于布置家具。

3）室内沿高度方向上的温度分布比较均匀，温度梯度很小，无效热损失可大大减少。

4）由于提高了室内表面的温度，减少了四周表面对人体的冷辐射，提高了舒适感。

5）不会导致室内空气的急剧流动，从而减少了尘埃飞扬的可能，有利于改善卫生条件。

6）由于辐射供暖将热量直接投射到人体，在建立同样舒适条件的前提下，室内设计温度可以比对流供暖时降低 2 ~ 3℃（高温辐射时可以降低 5 ~ 10℃），从而可降低供暖能耗约 10% ~ 20%。

辐射供暖的主要缺点是初期投资较高，通常比对流供暖系统高出 15% ~ 25%（以低温辐射供暖系统比较）。

（4）燃气红外线辐射采暖，可用于建筑物室内采暖或室外工作地点采暖。但采用燃气红外线辐射采暖必须采取相应的防火防爆和通风换气等安全措施。

高大建筑空间全面采暖宜采用连续式燃气红外线辐射采暖；面积较小、高度低的空间，宜采用单体的低强度辐射加热器；室外工作点的采暖宜采用单体高强度辐射加热器。

燃气红外线辐射采暖系统的布置应保障房间温度分布均匀为原则，并应符合下列要求：

1）布置全面辐射采暖系统时，沿四周外墙、外门处的辐射散热器散热量不宜少于总热负荷的60%。

2）宜按不同使用时间、使用功能的工作区域设置能单独控制的散热器。人员集中的工作区域宜适当加强辐射照度。在用于局部地点采暖时，其数量不应少于两个，且宜安装在人体两侧上方。

3）其安装高度应根据人体舒适度确定，但不应低于3m。

4）由室内供应空气的房间，应能保证燃烧所需的空气量，如所需空气量超过房间每小时0.5次换气次数时，应由室外供应空气。

5）无特殊要求时，燃气红外线辐射采暖系统的尾气应排至室外。

6）燃气红外线辐射采暖系统应与可燃物保持一定距离。

7）燃气红外线辐射采暖系统，应在便于操作的位置设置，并与燃气泄漏报警系统连锁，可直接切断采暖系统及燃气系统的控制开关。利用通风机供应室内空气时，通风机与采暖系统应设置连锁开关。

10.2.5　热风供暖

热风供暖是比较经济的供暖方式之一。对流散热几乎占百分之百，有热惰性小、能迅速提高空温的特点，它不仅可以加热室内再循环空气，也可以用来加热室外新鲜空气，通风和供暖并用。热风供暖可分为集中式热风供暖、分散式暖风机供暖及热风幕等三种。

10.2.5.1　集中式热风供暖

《技术措施》中规定符合下列条件之一的场合，宜采用集中送风的供暖方式：

（1）室内允许利用循环空气进行采暖；

（2）热风采暖系统能与机械送（补）风系统合并设置时；

（3）采暖负荷特别大、无法布置大量散热器的高大空间；

（4）设有散热器防冻值班采暖系统，又需要间歇正常供暖的房间，如学生食堂等；

（5）利用热风采暖经济合理的其他场合。

集中送风方式和暖风机采暖系统的热媒，宜采用0.1～0.4MPa的高压蒸汽或不低于90℃的热水。送风口的安装高度应根据房间高度及回流区的高度等因素决定，一般不宜低于3.5m，不得高于7m，回风口底边距地面的距离宜保持0.4～0.5m。

采用热风采暖的送风温度应符合下列规定：

（1）送风口距地面高度不低于3.5m时，送风温度35～45℃；

（2）送风口距地面高度大于3.5m时，送风温度不高于70℃；

10.2.5.2　分散式暖风机供暖

暖风机供暖（分散式）的最大优点是升温快、设备简单、初期投资低，它主要适用于空间较大、单纯要求冬季供暖的餐厅、体育馆、商场、戏院、车站等最为适宜。但由于暖风机运行噪声较大，因此对噪声要求严格的地方不适宜用暖风机供暖。暖风机的名义供热量，通常是指进风温度为15℃时的供热量，当实际进风温度不符时，其供热量应按下式修正：

$$\frac{Q}{Q_{\mathrm{m}}} = \frac{t_{\mathrm{p}} - t_{\mathrm{n}}}{t_{\mathrm{p}} - 15} \tag{10-7}$$

对于严寒地区宜采用热风采暖系统结合散热器值班采暖系统方式。当不设散热器值班采暖系统时，同一采暖区域宜设置不少于两套热风采暖系统。在有大量新风或全新风时，宜设置两级加热器，且第一级加热器的热媒宜用蒸汽（有条件时也可采用电热、燃油燃气直接加热等方式）。

10.2.5.3　热风幕

符合下列条件之一时，宜设空气幕或热风幕：

（1）位于严寒地区的公共建筑，其开启频繁的出入口不具备设置门斗的条件时。

（2）位于非严寒地区的公共建筑，其开启频繁的出入口不具备设置门斗的条件，设置空气幕或热风幕经济合理时。

（3）室外冷空气侵入会导致无法保持室内温度时。

（4）内部散湿量很大的公共建筑（游泳池等）的外门。

（5）两侧温度、湿度或洁净度相差较大，且人员出入频繁的通道。

热风幕的送风温度应通过计算确定，一般外门不宜高于 50℃，高大外门不应高于 70℃；公共建筑的外门的送风速度不宜大于 6m/s、高大外门也不宜大于 25m/s。

热风采暖系统和热风幕的热媒系统一般应独立设置。为避免热媒温度过低时的"吹冷风"现象，宜配置恒压（温）气动自控装置。

10.2.6　分户热计量采暖系统

为了便于分户按实际耗热量计费、节约能源和满足用户对采暖系统多方面的功能要求，分户热计量采暖系统应运而生。分户热计量系统应便于分户管理及分户分室控制、调节供热量。

现有建筑中多采用垂直式系统，一个用户由多个立管供热。在每一个散热器支管上安装热表来计量耗热量，不仅使系统复杂、造价昂贵，而且管理麻烦，因此不可能广泛采用。只能在改造时采取一些措施（如单管顺流式系统加跨越管、散热器支管加恒温阀等）节能和改善供暖效果。也有在每个散热器表面贴蒸发式热量计进行热量分配的，但读数、计算工作量大，影响计数的因素多。

分户热计量采暖系统的共同点是在每一户管路的起止点安装关断阀和在起止点其中之一处安装调节阀，在有条件时应安装流量计或热表。流量计或热表装在用户出口管道上时，水温低，有利于延长其使用寿命，但失水率将增加。因此，不少热表装在用户入口。每户的关断阀及向各楼层、各住户供给热媒的供回水立管（总立管）及热计量装置设在公共的楼梯间竖井内，竖井有检查门，便于供热管理部门在住户外启闭各户水平支路上的阀门、调节住户的流量、抄表和计量供热量。如图 10-10 所示。

分户式采暖系统原则上可采用上供式、下供式和中供式等。通常建筑物的一个单元设一组供回水立管，多个单元的供回水干管可设在室内或室外管沟中。干管可采用同程式或异程式，单元数较多时宜用同程式。为了防止铸铁散热器铸造型砂以及其他污物积聚、堵塞热表、温控阀等部件，分户式采暖系统宜用不残留型砂的铸铁散热器或其他材质的散热器，系统投入运行前应进行冲洗，此外用户入口还应装过滤器。

10.2.6.1　分户水平单管系统

分户水平单管系统如图 10-11 所示，与以往采用的水平式系统的主要区别在于：

（1）水平支路长度限于一个住户之内；

（2）能够分户计量和调节供热量；

（3）可分室改变供热量，满足不同的室温要求。

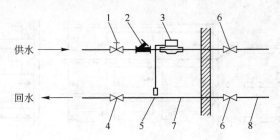

图 10-10　分户热计量典型户内系统热力入口
1—闭锁调节阀；2—过滤器；3—热量表；4—闭锁阀；5—温度传感器；
6—关断阀；7—热镀锌钢管；8—户内系统管道

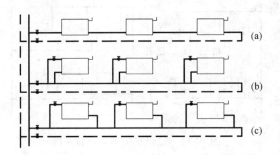

图 10-11　分户热计量水平单管系统
（a）顺流式；（b）同侧接管跨越式；（c）异侧接管跨越式

分户水平单管系统可采用水平顺流式见图 10-11（a）、散热器同侧接管的跨越式 ［见图 10-11（b）］ 和异侧接管的跨越式见图 10-11（c）。其中图 10-11（a）在水平支路上设关闭阀、调节阀和热表，可实现分户调节和计量热量，不能分室改变供热量，只能在对分户水平式系统的供热性能和质量要求不高的情况下应用。图 10-11（b）和图 10-11（c）除了可在水平支路上安装关闭阀、调节阀和热表之外，还可在各散热器支管上装调节阀（温控阀）实现分房间控制和调节供热量。因此上述三种系统中，图 10-11（b）、图 10-11（c）的性能优于图 10-11（a）。

水平单管系统比水平双管系统布置管道方便，节省管材，水力稳定性好。在调节流量措施不完善时容易产生竖向失调。如果户型较小，又不拟采用 DN15 的管子时，水平管中的流速有可能小于气泡的浮升速度，可调整管道坡度，采用汽水逆向流动，利用散热器聚气、排气，防止形成气塞。可在散热器上方安排气阀或利用串联空气管排气。

10.2.6.2　分户水平双管系统

分户水平双管系统如图 10-12 所示。该系统一个住户内的各散热器并联，在每组散热器上装调节阀或恒温阀，以便分室进行控制和调节。水平供水管和回水管可采用图 10-11 所示的多种方案布置。两管分别位于每层散热器的上、下方，见图 10-12（a）；两管全部位于每层散热器的上方，如图 10-12（b）所示；两管全部位于每层散热器的下方，如

图 10-12（c）所示。该系统的水力稳定性不如单管系统，耗费管材。如图 10-13 所示的分户水平单、双管系统兼有上述分户水平单管和双管系统的优缺点，可用于面积较大的户型以及跃层式建筑。

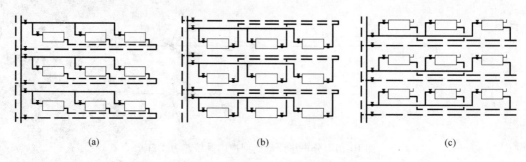

图 10-12　分户水平双管系统

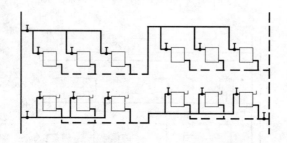

图 10-13　分户水平单、双管系统

10.2.6.3　分户水平放射式系统

水平放射式系统在每户的供热管道入口设小型分水器和集水器，各散热器并联，如图 10-14 所示，从分水器 4 引出的散热器支管呈辐射状埋地敷设至各个散热器。散热量可单体调节。支管采用铝塑复合管等管材，要增加楼板的厚度和造价。为了计量各用户供热量，入户管有热表 1。为了调节各室用热量，通往各散热器 2 的支管上应有调节阀 5。

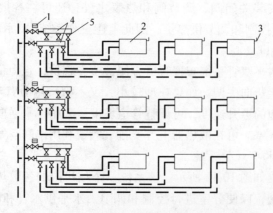

图 10-14　分户水平放射式采暖系统示意图

1—热表；2—散热器；3—放气阀；4—分、集水器；5—调节阀门

10.2.7 供暖系统的选择

供暖系统的选择，包括确定供暖热媒种类及系统形式两项内容。

（1）供热系统热媒的选择。一般民用建筑的供暖热媒，可按表10-12选择。

表10-12 民用建筑供暖热媒参数的选择

建筑性质		适宜采用	允许采用	备注
居民及公共建筑	人员昼夜停留的居住类建筑，如住宅、宿舍、幼儿园、医院住院部	不超过95℃热水		托儿所、幼儿园的散热器应加防护罩
	人员长期停留的一般建筑和公共建筑，如办公楼、学校、医院门诊部、商业建筑、旅馆	不超过95℃热水	不超过115℃热水	
	人员短期停留的高大建筑，如车站、展览馆、影剧院、体育馆、食堂、浴室等	不超过110℃热水低压蒸汽	不超过130℃热水、低压蒸汽	仓库、工业附属建筑允许采用低于0.2MPa蒸汽
工业建筑	不散发粉尘或散发非燃烧性和非爆炸性有机无毒升华粉尘的生产车间	低压蒸汽、热风不超过110℃热水	不超过130℃热水、低压蒸汽	
	散发非燃烧性和非爆炸性有机无毒升华粉尘的生产车间	低压蒸汽、热风不超过110℃热水	不超过130℃热水、低压蒸汽	
	散发非燃烧性和非爆炸性宜升华有毒粉尘、气体及蒸汽的生产车间	与卫生部门协商		
	散发燃烧性或爆炸性有毒粉尘、气体及蒸汽的生产车间	根据各部及主管部门的专门指示确定		
	任何体积的辅助建筑	低压蒸汽不超过110℃热水	高压蒸汽	
	设在单独建筑内的门诊所、药房、托儿所及保健站等	不超过95℃热水	不超过110℃热水低压蒸汽	
	采暖系统采用塑料管材	不超过80℃热水		
	低温地板辐射采暖系统	不超过60℃热水		

注：低压蒸汽指压力≤70kPa的蒸汽；采用蒸汽热媒时，必须经技术论证认为合理，并在经济上经分析认为经济时才允许。

（2）供暖系统的选择，应根据建筑的特点和使用性质、材料供应情况、区域热媒状况或城市热网工况等条件综合考虑。本着适用、经济、节能、安全的原则进行确定。

1）根据我国能源状况和能源政策，民用建筑供暖仍以煤作为主要燃料。供暖热源主要依靠集中供热锅炉房。供热锅炉房应尽量靠近热负荷密集的地区，以大型、集中、少建为宜。有条件利用城市热网作热源的建筑，应尽量利用城市热网。新建锅炉房时，也应考虑今后能与区域供热系统或城市热网相连接。

2）在工厂附近有余热、废热可作为供暖热源时，应尽量予以利用。有条件的地区，还可开发利用地热、太阳能等天然资源。

3）新建居住建筑的供暖系统，应按热水连续供暖进行设计与计算。住宅区内的商业、文化及其他公共建筑，也尽量采用热水系统，考虑使用的间断性，为节省能源，应单独设置手动或自动的调节装置。

4）在工业建筑中，工厂生活区应尽量采用热水供暖，也可考虑低压蒸汽供暖。附属于工厂车间的办公室、广播室等房间，允许采用高压蒸汽供暖，但要考虑散热器及管件的承压力，供汽压力一般不应超过 0.2MPa。

5）对于托儿所、幼儿园及医院的手术室、分娩室、小儿病房等，最好采用 85～65℃的温水连续供暖，并应从系统上考虑这部分建筑能够提前和延长供暖期限，以满足使用要求。

6）住宅底层的商店或住宅楼下的人防地下室须装置供暖设备时，其供暖系统应与住宅部分的供暖系统分别设置，以便于维护和管理。

7）具有高大空间的体育馆、展览厅及厂房、车间等，宜采用热风供暖。也可将散热器作为值班供暖，而以热风供暖作为不足部分的补充。

8）在集中供暖系统中，供暖时间不同的建筑（如：学校的教学楼与宿舍楼；住宅区内的住宅楼与其他公共建筑），应在锅炉房内设分水器，以便按供暖时间的不同分别进行控制。

9）民用及公共建筑不宜选用蒸汽供暖系统，蒸汽供暖虽具有节省投资的优点，但卫生条件差、容易锈蚀、维修量大、漏气量大、凝水回收率低而且有噪声。近年来，已很少采用。若选用蒸汽作热媒时，必须进行经济技术综合分析后认为确实合理方可采用。

10.3　散　热　设　备

10.3.1　散热器种类及基本要求

10.3.1.1　散热器的基本要求

散热器是采暖系统重要的、基本的组成部件。水在散热器内降温向室内供热达到采暖的目的。散热器的金属耗量和造价对采暖系统造价的影响很大，因此，正确选用散热器对系统的经济指标和运行效果有很大的影响。

对散热器的要求是多方面的，可归纳为以下四个方面：

（1）热工性能。同样材质散热器的传热系数越高，其热工性能越好。可采用增加散热面积、提高散热器周围空气流动速度、强化散热器外表面辐射强度和减少散热器各部件间的接触热阻等措施改善散热器的热工性能。

（2）经济指标。散热器的成本（元/W）及金属耗量越低，其经济指标越好。安装费用越低、使用寿命越长，其经济性越好。

（3）安装使用和工艺要求。散热器应具有一定的机械强度和承受能力。散热器的工作压力应满足供暖系统的工作压力。安装组对简单，便于安装和组合成所需的散热面积。尺寸应较小，少占用房间面积和空间。安装和使用过程不易破损，制造工艺简单、适于批量生产。

（4）卫生和美观方面的要求。散热器表面应光滑，方便和易于消除灰尘。外形应美观协调。

10.3.1.2 散热器种类

A 散热器的划分

以传热方式分——当对流方式为主时（占总传热量的60%以上），为对流型散热器。如管型、柱型、翼型、钢串片型等；以辐射方式为主（占总传热量的60%以上），为辐射型散热器，如辐射板、红外辐射器等。

以形状分——有管型、翼型、柱型和平板型等。

以材料分——有金属（钢、铁、铝、铜等）和非金属（陶瓷、混凝土、塑料等）。我国目前常用的是金属材料散热器，主要有散热器按材质分为铸铁散热器、钢制散热器、铝合金散热器以及塑料散热器等。散热器技术条件见表10-13。

表10-13 散热器技术条件汇总表

分 类		名 称	工作压力/MPa		材 质
辐射器	铸 铁	柱 型	0.5	0.8	HT150（不得低于HT100）
		翼 型	0.5		
		柱翼型			
	钢 制	柱 型	0.6		A3 或 B2F
		板 型	0.6		
		扁管型	0.8		
		闭式串片型	1.0		低碳钢管/薄钢板
		钢管型	1.2		St12
		卫浴型	1.2		无缝钢管
	铝 制	柱翼型	0.8		LD31
		压铸铝合金单片组装型	1.2		
	铜 制	卫浴型	1.2		TP2
	双金属复合	铜铝复合柱翼型	1.0		TP2/LD31
		钢铝复合柱翼型	1.0		无缝钢管/LD31
对流器	钢 制	翅片管对流型	1.0		低碳钢管/钢带
	铜管铝片	连续敷设对流型	1.5		TP2/铝片
		单体对流型	1.2		

B 铸铁散热器

铸铁散热器的特点是结构简单，防腐性能好，使用寿命长，热稳定性好，价格便宜。它的金属耗量大、笨重、金属热强度比钢制散热器低。目前国内应用较多的铸铁散热器材柱型和翼型两大类。

a 柱型散热器

柱型散热器是单片组合而成，每片呈柱状形，表面光滑，内部有几个中空的立柱相互连通。按照所需散热量，选择一定的片数，用对丝将单片组装在一起，形成一组散热器。柱型散热器根据内部中空立柱的数目分为2柱、4柱、5柱等，每个单片有带脚和不带脚两种，以便于落地或挂墙安装。其单片散热量小，容易组对成所需散热面积，积灰较易清除。

b 翼型散热器

翼型散热器的壳体外有许多肋片，这些肋片与壳体形成连为一体的铸件。在圆管外带有圆形肋片的称为圆翼形散热器，扁盒状带有竖向肋片的称为长翼型散热器。翼型散热器制造工艺简单，造价较低；但翼型散热器的金属热强度和传热系数比较低，外形不美观，肋片间易积灰，且难以清扫，特别是它的单体散热量较大，设计时不易恰好组合成所需面积。常用铸铁柱型散热器如图 10-15 所示。

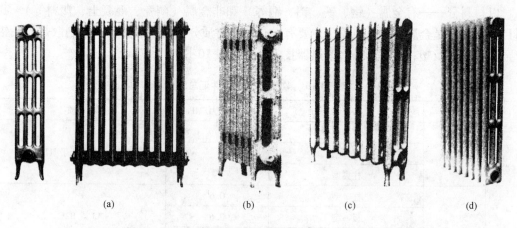

（a） （b） （c） （d）

图 10-15 铸铁散热器

（a）四柱型散热器；（b）柱翼型散热器；（c）桶形二柱型散热器；（d）圆管柱型散热器

C 钢制散热器

钢制散热器金属耗量少，耐压强度高，外形美观整洁，占地小，便于布置。钢制散热器的主要缺点是容易腐蚀，使用寿命比铸铁散热器短，有些类型的钢制散热器水容量较少，热稳定性差；钢制散热器的主要类型有：

（1）闭式钢串片散热器由钢管上串 0.5mm 的薄钢片构成，钢管与联箱相连，串片两端折边 90°形成封闭形，在串片折成的封闭垂直通道内，空气对流能力增强，同时也加强了串片的结构强度。

钢串片式散热器规格以高（H）×宽（B）表示，长度（L）按设计制作。

另外还有在钢管上加上翅片的形式，即为钢质翅片管式散热器。

（2）钢制板式散热器：板式散热器由面板、背板、进出水口接头等组成。背板分带对流片和不带对流片两种板型。面板和背板多用 1.2～1.5mm 厚的冷轧钢板冲压成型，在面板上直接压出呈圆弧形或梯形的水道，热水在水道中流动放出热量。水平联箱压制在背板上，经复合滚焊形成整体。为增大散热面积，在背板后面焊上 0.5mm 的冷轧钢板对流片。

（3）柱式散热器与铸铁柱式散热器的构造相类似，也是由内部中空的散热片串联组成。与铸铁散热器不同的是钢制柱式散热器是由 1.25～1.5mm 厚的冷轧钢板冲压延伸形成片状半柱形，两个半柱形经压力滚焊复合成单片，单片之间经气体弧焊连接成散热器。也可用不小于 2.5mm 钢管经机械冷弯后焊接加工制成。散热器上部连箱与片管采用电弧焊连接。

（4）扁管式散热器采用（宽）521mm ×（高）11mm ×（厚）1.5mm 的水通路扁管叠加焊接在一起。两端加上断面 35mm ×40mm 的联箱制成。扁管散热器的板型有单板、双板、单板带对流片和双板带对流片四种结构形式。

单、双板扁管散热器两面均为光板，板面温度较高，辐射热比例较高。带对流片的单、双板扁管散热器主要以对流方式传热。常用钢质散热器，如图10-16所示。

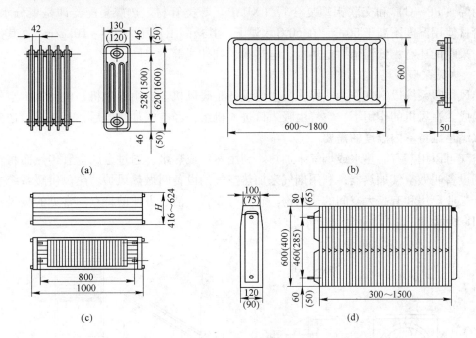

图 10-16　常用钢质散热器（措施 PR30～42）

（a）柱型散热器；（b）翅片管对流散热器；（c）板式对流散热器；（d）闭式串片式换热器

D　铜铝、钢铝复合型散热器

复合材料的散热器与钢质散热器类型相近。主要有柱翼型散热器、翅片管散热器、铜管铝串片式等形式。它们加工方便，重量轻，外形美观，传热系数高，金属热强度高等特点，但造价较钢质散热器高。不如铸铁散热器耐用。现以主翼型散热器为例，其制作方法是：以无缝钢管或铜管为通水部件，管外用胀管技术复合铝制散热翼。常见复合材料的散热器形式如图10-17所示。

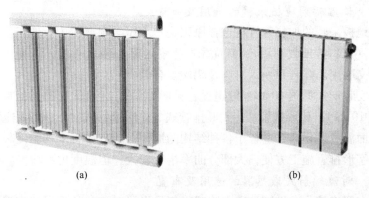

图 10-17　常用的复合型散热器类型

（a）GLZ 钢铝复合柱翼型散热器；（b）铜铝复合散热器 TL

E　低温热水地板辐射散热设备

低温热水地板辐射采暖主要由三部分构成：热源、热媒集配系统、地板辐射采暖。常用的采暖散热管有交联聚乙烯（PE—X）、聚丁烯（PB）、无规共聚聚丙烯（PP—R）、共聚聚丙烯（PP—C）和交联铝塑复合管（XPAP）等类管材。热媒集配器即是集分水器。此类管材使用温度不高于80℃，在60℃水温下，其最高工作压力达 $8 \sim 10 kg/cm^2$。其他用于辐射采暖的还有：低温辐射电热板、电热膜、红外线等。

F　热风采暖设备

热风供暖系统以空气作为热媒。其主要设备是暖风机。它由通风机、电动机、空气加热器组成。在风机的作用下，空气由吸入口进入机组，经空气加热器后，从送风口送到室内，以满足维持室内温度的需要。

空气可以用蒸汽、热水或烟气来加热。利用蒸汽或热水，通过金属盘管传热而将空气加热的设备叫做空气加热器；利用烟气来加热空气的设备叫做热风炉。热风供暖系统主要应用于工业厂房和有高大空间的建筑物。它具有布置灵活、方便的特点。常见的暖风机如图 10-18 所示。

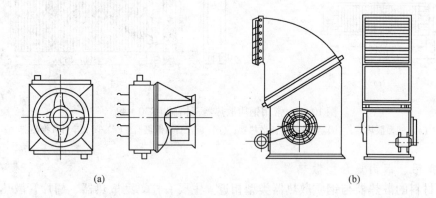

图 10-18　暖风机示意图

（a）轴流式暖风机；（b）离心式暖风机

10.3.2　散热器的选用及布置

10.3.2.1　低温辐射地板采暖的选用及布置

低温辐射地板采暖的加热管管材选择原则是：承压与耐温适中、便于安装、能热熔连接、环保性好（废料能回收利用）；宜优先选择耐热聚乙烯（PE—RT）管和聚丁烯（PB）管，也可采用交联聚乙烯（PE—X）管及铝塑复合管。

集分水器安装形式见图 10-19。管道设置见图 10-20。地面采暖辐射的加热管有几种布置方式（见图 10-21）：U 形排管式、S 形排管式、L 形排管式、回字形排管式。S 形排管易于布置，板面温度变化大，适合于各种结构的地面；蛇形排管平均温度较均匀，但弯头曲率较小；回字形排管施工方便，大部分曲率半径较大，但温度也不均匀。

10.3.2.2　对流辐射式散热器的选用及布置

散热器的布置应该力求做到使室内冷暖空气易形成对流，从而保持室温均匀；室外侵入房间的冷空气能迅速被加热，减小对室内的影响。散热器的布置应使管道便于敷设，缩

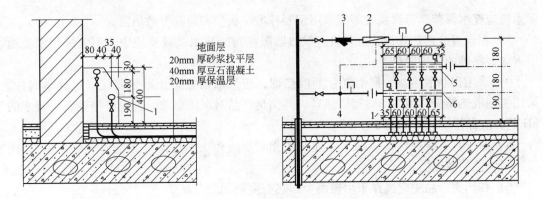

图 10-19　低温地板辐射采暖分配器安装示意图

1—分配器；2—磁卡表；3—过滤器；4—温度传感器；5—分水器；6—集水器

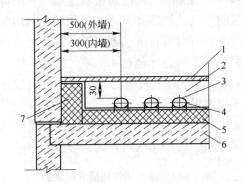

图 10-20　地面采暖辐射管的设置

1—饰面层；2—混凝土；3—加热管；4—锚固卡钉；
5—隔热层和防水层；6—楼板；7—侧面隔热层

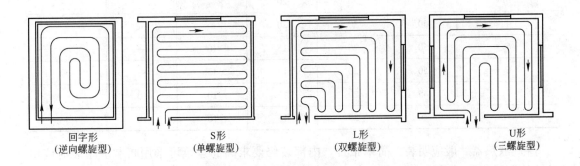

图 10-21　低温地板辐射采暖水管铺设方式

短管道长度，以节约管材；同时减少热损失和阻力损失。散热器布置在室内要尽量少占空间，与室内装修协调一致、美观可靠。

（1）散热器的选用应遵循以下原则：

1）散热器应满足采暖系统工作压力要求。且应符合现行国家或行业标准。

2）采用钢制散热器时，应采用闭式系统，并满足产品对水质要求，在非采暖季节采暖系统应充水保养；蒸汽系统不应采用钢制柱型、板型和扁管等散热器。

3）在设置分户热计量装置和设置散热器温控阀的热水采暖系统中，不宜采用水流通道内含有粘砂的铸铁散热器。

4）采用铝制散热器、铜铝复合型散热器，应采取措施防止散热器接口电化学腐蚀。采用铝制散热器应选用内防腐型散热器，并满足产品对水质要求。且应严格控制采暖水的pH值，应保持pH值（25℃）≤9。

5）对于具有腐蚀性气体的工业建筑或相对湿度较大的房间（如浴室、游泳馆），应采用耐腐蚀的散热器。

6）在同类产品中应选择采用较高金属热强度指标的产品。

（2）散热器的具体布置应注意下列事项：

1）最好在房间每个外窗下设置一组散热器，这样从散热器上升的热气流能阻止和改善从玻璃窗下降的冷气流和冷辐射影响，同时对由窗缝隙渗入的冷空气也可起到迅速加热的作用，使流经室内工作区的空气比较暖和舒适。进深较大的房间宜在房间内外侧分别设置散热器。当安装布置有困难时有时可将散热器置于内墙，但这种方式冷空气常常流经人的工作区，使人感到不舒服，在房间进深超过4m时，尤其严重。

2）为防止冻裂散热器，两道外门之间的门斗内不能设置散热器。所以其散热器应由单独的立、支管供热，且不得装设调节阀。

3）楼梯间由于热流上升，上部空气温度比下部高，布置散热器时，应尽量布置在底层或按一定比例分布在下部各层。底层无法布置时，可按表10-14进行分配。

表10-14　楼梯间散热器分配比例

建筑物总层数	散热器所在楼层					
	1F	2F	3F	4F	5F	6F
2	65	35	—	—	—	—
3	50	30	20	—	—	—
4	50	30	20	—	—	—
5	50	25	15	10	—	—
6	50	20	15	15	—	—
7	45	20	15	10	10	—
≥8	40	20	15	10	10	5

4）散热器一般应明装，简单布置。内部装修要求高的建筑可采用暗装。暗装时应留足够的空气流通通道，并方便维修。暗装散热器设置温控阀时，应采用外置式温度传感器，温度传感器应设置在能正确反应房间温度的位置。散热器明装、半暗装、暗装立、支管连接方式，如图10-22所示。

5）托儿所、幼儿园应暗装或加防护罩，以防烫伤儿童。

6）片式组对每组散热器片数不宜过多，当散热器片数过多时，可分组串接（串联组数不宜超过两组），串接支管管径应不小于25mm；供回水支管宜异侧连接。

7）汽车库散热器宜高位安装，散热器落地安装时宜设置防撞设施。

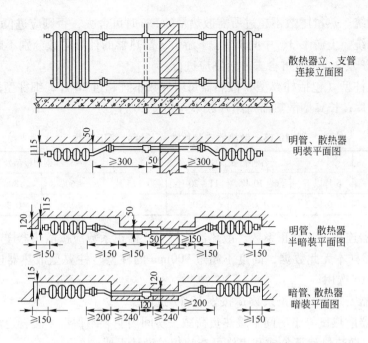

图 10-22 散热器明装、半暗装、暗装立、支管连接示意图

10.3.3 散热器的热工计算

散热器热工计算的目的是要确定供暖房间所需散热器面积和片数。

10.3.3.1 辐射对流散热器的计算

散热器面积可按下式计算：

$$F = \frac{Q}{K \times (t_{pj} - t_n)} \times \beta_1 \times \beta_2 \times \beta_3 \qquad (10\text{-}8)$$

式中　F——散热器的散热面积，$\mathrm{m^2}$；

　　　Q——散热器的散热量，W；

　　　t_{pj}——散热器内热媒平均温度，$\mathrm{℃}$；

　　　t_n——室内供暖计算温度，$\mathrm{℃}$。

　　　K——散热器在设计工况下的传热系数：$\mathrm{W/(m^2 \cdot ℃)}$；

　　　β_1——散热器片数（长度）修正系数，见表 10-15；

　　　β_2——散热器连接方式修正系数，见表 10-16；

　　　β_3——散热器安装形式修正系数，见表 10-17。

散热器片数由下式确定：

$$n = \frac{F}{f} \qquad (10\text{-}9)$$

式中　f——单片散热器的散热面积，$\mathrm{m^2/}$片。

（1）散热器片数（长度）修正系数，按散热器样本数据取用。如散热器样本无此数据，柱型散热器片数修正系数可按表 10-15 选用。散热器数量（片数或长度）的取舍原则：

1）双管系统。热量尾数不超过所需散热量的5%时可舍去，否则应进位。

2）单管系统。上游1/3、中间1/3、下游1/3散热器的计算尾数分别不超过所需散热量的7.5%、5%及2.5%时可舍去，否则应进位。

3）铸铁粗柱型（包括柱翼型）散热器每组片数不宜超过20片；细柱型散热器每组片数不宜超过25片；长翼型散热器每组片数不宜超过20片。

表 10-15　散热器安装片数（长度）修正系数

散热器形式	各种铸铁及钢柱型				钢制板型及扁管型		
散热器片数	6片以下	6～10片	11～20片	20～25片	≤600	800	≥1000
β_1	0.95	1.0	1.05	1.1	0.95	0.92	1.00

（2）散热器连接方式修正系数。散热器连接方式修正系数应按散热器样本提供的数据取用：如散热器样本无此数据，高度不超过900mm的柱型、柱翼型散热器连接方式修正系数可按表10-16选用。

（3）散热器安装形式修正系数β_3按表10-17选用。

（4）散热器散热量等于房间采暖热负荷减去房间内明装不保温采暖管道散热量，明装不保温采暖管道散热量计算公式和表格可查阅相关设计手册。

表 10-16　柱型、柱翼型散热器连接方式修正系数β_2

连接方式	同侧上进下出	异侧上进下出	异侧下进下出	异侧下进上出	同侧下进上出
各类柱型	1.00	1.05	1.25	1.39	1.39
铜铝复合柱翼型	1.00	0.96	1.10	—	

连接方式	异侧底进上出	异侧底进底出	同侧底进底出	同侧底进底出
各类柱型	—	—	—	—
铜铝复合柱翼型	1.38	1.08	1.10	1.01

注：高度不超过900mm的采暖水存管程内流动的散热器（如钢串片散热器）可不考虑连接方式对散热量的影响。高度超过900mm的散热器应由散热器生产厂商提供不同连接方式时散热量的实测数据。

表 10-17　散热器安装形式修正系数β_3

安装形式图示	安装说明	β_3	安装形式图示	安装说明	β_3
	散热器明装	1.00		暖气罩前面板上下开口 $A=130$mm 洞口敞开 洞口设格栅	1.2 1.4

安装形式图示	安装说明	β_3	安装形式图示	安装说明	β_3
	散热器安装在墙 龛内 $A=40mm$ $A=80mm$ $A=100mm$	1.11 1.07 1.06		暖气罩上面及前 面板下部开口 $A=260mm$ $A=220mm$ $A=180mm$ $A=150mm$	1.12 1.13 1.19 1.25
	散热器上设置搁板 $A=40mm$ $A=80mm$ $A=100mm$	1.05 1.03 1.02		暖气罩上面开口 宽度 C 不小于散热 器厚度，暖气罩前 面下端孔口高度下 小于 100mm，其余 为格栅	1.15

（5）散热器串联层数≥8层的垂直单管系统，应考虑立管散热冷却对下游散热器热量的不利影响，宜按下列比率增加下游散热器数量：下游的 1～2 层：附加 15%；3～4 层：附加 10%；5～6 层：附加 5%。

10.3.3.2 地板辐射采暖的计算

辐射供暖地板的散热量，包括地板向房间的有效散热量和向下层（包括地面层向土壤）传热的热损失量。设计计算应考虑下列因素：

（1）垂直相邻各层房间均采用地板辐射供暖时，除顶层以外的各层，均应按房间供暖热负荷扣除来自上层的热量，确定房间所需有效散热量 q_1。

（2）热媒的供热量，应包括地板向房间的有效散热量和向下层（包括地面层向土壤）传热的热损失量。

（3）垂直相邻各层房间均采用地板辐射供暖时，除顶层以外的各层，向下层的散热量，可视作与来自上层的得热量相互抵消。

（4）单位地板面积所需有效散热量 q_1，按下式计算：

$$q_1 = Q_1/F_1 (\text{W/m}^2) \tag{10-10}$$

式中　Q_1——房间所需的地面散热量，W；

F_1——敷设加热管的房间地板面积，m^2。

（5）地面上的固定设备和卫生器具下，不应布置加热管道。应考虑家具和其他地面覆盖物的遮挡因素，按房间地面的总面积 F，乘以适当的修正系数，见表 10-18，确定地板有效散热面积 F_1。

表 10-18　不同房间的计算遮挡率与单位面积应增加散热量的修正系数

房间名称	主卧	次卧	客厅	书房
房间面积/m^2	10～18	6～16	9～26	6～12
家具遮挡率/%	21～12	33～14	22～6.4	34～20
修正系数	1.27～1.14	1.47～1.16	1.28～1.07	1.52～1.25

注：地面遮挡率与房间面积成反比，面积小的房间遮挡率宜取大值；面积范围可近似按内插法确定系数。

（6）敷设加热管道地板的表面平均温度 t_{EP}，不应高于表 10-19 的规定值。当房间供暖热负荷较大，地板表面温度计算值超出规定时，应设置其他供暖设备，以满足房间所需散热量。

表 10-19 地板表面平均温度 t_{EP} （℃）

环境条件	适宜范围	最高限值
人员长期停留区域	24 ~ 26	28
人员短期停留区域	28 ~ 30	32
无人员停留区域	35 ~ 40	42

（7）单位地板面积有效散热量 q_1 和向下传热的热损失量 q_2，均应通过计算确定。当地面构造符合时，可按《地面辐射供暖技术规程》直接查出。

10.4 室内供暖系统的管路布置和主要设备

10.4.1 供暖系统的敷设

10.4.1.1 建筑物热力入口的敷设

建筑物内共用采暖系统由建筑物热力入口装置、建筑内共用的供回水水平干管和各户共用的供回水立管组成。典型的建筑物热力入口装置，如图 10-23 所示。

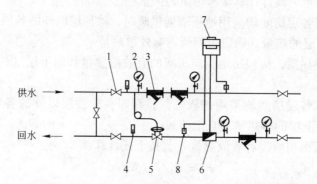

图 10-23 典型建筑物热力入口装置图
1—阀门；2—压力表；3—过滤器；4—温度计；5—自力式压差控制阀或
流量控制阀；6—流量传感器；7—积分仪；8—温度传感器

A 建筑物热力入口设置位置的确定

（1）新建无地下室的住宅，宜于室外管沟入口或底层楼梯间隙板下设置小室，小室净高不低于 1.4m，操作面净宽不小于 0.7m，室外管沟小室宜有防水和排水措施。

（2）新建有地下室的住宅，宜设在可锁闭的专用空间内，空间净高不低于 2.0m，操作面净宽不小于 0.7m。

（3）对补建或改造工程，可设于门洞雨棚上或建筑物外地面上，并采取防雨、防冻及防盗等措施。

B 建筑物热力入口装置做法

（1）管网与用户连接处均装设关断阀门；在供、回水阀门前设旁通管，其管径应为供水管的 0.3 倍；在供水管上设除污器或过滤器；在供、回水管上设温度计、压力表。在与热网连接的回水管上应装设热量计。

（2）应根据热网系统大小及水力稳定性等因素分析是否设调节装置，调节装置应以自力式为主，可按下列原则在用户入口处设置：

1）当户内采暖为单管跨越式定流量系统，应在入口设自力式流量平衡阀；室内采暖为双管变流量系统时，应设置自力式压差控制阀。压差控制范围宜为 8 ~ 100Pa。

2）当管网为定流量系统，只有个别用户侧为变水量系统时，应在变水量用户入口处设电动三通调节阀或与用户并联的压差旁通阀。

（3）设置平衡阀需注意以下几点：

1）平衡阀的安装位置：管网所有需要保证设计流量的环路都应安装平衡阀。一般装在回水管路；当系统工作压力较高，且供水管的资用压头余量大时宜装在供水管。为使阀门前后的水流稳定，保证测量精度，尽可能安装在直管段处。

2）平衡阀阻力系数比一般阀门高，当应用平衡阀的新管路连接于旧衬采暖管网时，须注意新管路与旧系统的平衡问题。

10.4.1.2 室内热水供暖系统的管路布置

室内热水供暖系统管路布置直接影响到系统造价和使用效果。因此，系统管道走向布置应合理，以节省管材，便于调节和排除空气，系统不宜过大，一般可采用异程式布置；有条件时宜按朝向分别设置环路。

供暖系统的引入口宜设置在建筑物热负荷对称分配的位置，一般宜在建筑物中部。系统应合理地设若干支路，而且尽量使各支路的阻力易于平衡。图 10-24 是两种常见的供、回水干管的走向布置方式。图 10-24（a）为有四个分支环路的异程式系统布置方式。图 10-24（b）为有两个分支环路的同程式系统布置形式。

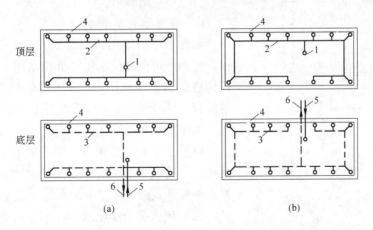

图 10-24　常见的供、回水干管走向布置方式
（a）四个分支环路的异程式系统；（b）两个分支环路的同程式系统
1—供水总立管；2—供水干管；3—回水干管；
4—立管；5—供水进口管；6—回水出口管

室内热水供暖系统的管路一般应明装，有特殊要求时，可采用暗装。应将立管布置在房间的角落。对于上供下回式系统，供水干管多设在顶层顶棚下。回水干管可敷设在地面上，地面上不允许敷设（如过门时）或净空高度不够时，回水干管设置在半通行地沟或不通行地沟内。地沟上每隔一定距离应设活动盖板，过门地沟也应设活动盖板，以便于检修。当敷设在地面上的回水干管过门时，回水干管可从门下小管沟内通过，此时要注意坡度以便于排气。

为了有效地排除系统内的空气，所有水平供水干管应具有0.003的坡度（坡向根据自然循环或机械循环而定）。如因条件限制，机械循环系统的热水管道可无坡度敷设，但管中的水流速度不得小于0.25m/s。与采暖立管连接的散热器供回水支管应由不小于0.01的坡度（分别坡向散热器和立管）。

采暖管道布置时应考虑固定和补偿；采暖管道应避免穿越防火墙，无法避免时应和管道穿楼板一样处理，应预留钢套管，并在穿墙处设置固定支架；管道与套管间的缝隙应以耐火材料填充；采暖管道穿越建筑基础墙、变形缝时，应设管沟。

10.4.2　热水供暖系统的主要设备和附件

10.4.2.1　膨胀水箱

A　膨胀水箱的作用

膨胀水箱是用来贮存热水供暖系统加热的膨胀水量。在自然循环上供下回式系统中，它还起着排气作用。膨胀水箱的另一作用是恒定供暖系统的压力。

B　膨胀水箱容积的确定

95～70℃供暖系统膨胀水箱容积按下式计算：

$$V = 0.034V_c \qquad (10\text{-}11)$$

式中　V_c——系统内的水容量，L，可直接在设计手册查取。

C　膨胀水箱的种类及结构

膨胀水箱一般用钢板制成，通常是圆形或矩形。按位置高低可由高位水箱和低位水箱。以圆形膨胀水箱构造图为例，如图10-25所示。箱上连有膨胀管、溢流管、信号管、排水管及循环管等管路。

膨胀水箱有以下几种：

（1）开式高位水箱：适用于中小型低温热水供暖系统，结构简单，有空气进入系统腐蚀管道及散热器。一般开式膨胀水箱内的水温不应超过95℃。

（2）闭式低位膨胀水箱：当建筑物顶部安装膨胀水箱有困难时，可采用气压罐形式（工作原理详见建筑给水部分）。

（3）自动补水、排气的定压装置：由膨胀罐和控制单元（控制盘＋补水泵）构成的装置。

D　膨胀水箱的布置及连接

膨胀管与供暖系统管路的连接点，在自然循环系

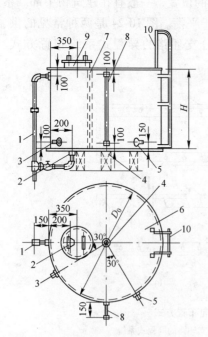

图10-25　圆形膨胀水箱

1—溢流管；2—排水管；3—循环管；
4—膨胀管；5—信号管；6—箱体；
7—内人梯；8—玻璃管水位计；
9—人孔；10—外人梯

统中，连接在供水总立管的顶端；在机械循环系统中，一般接至循环水泵吸入端；连接点处的压力，由于水柱的压力，无论在系统不工作或运行时，都是恒定的。此点因而也称为定压点。当系统充水的水位超过溢流水管口时，通过溢流管将水自动溢流排出，溢流管一般可接到附近排水管。

信号管用来检查膨胀水箱是否存水，一般应引到管理人员容易观察到的地方（如锅炉房或建筑物底层的卫生间等）。排水管用来清洗水箱时放空存水和污垢，它可与溢流管一起接至附近下水道。

在机械循环系统中，循环管应接到系统定压点前的水平回水干管上，如图 10-26 所示。该点与定压点（膨胀管与系统的连接点）之间应保持 1.5 ~ 3m 的距离。这样可让少量热水能缓慢地通过循环管和膨胀管流过水箱，以防水箱里的水冻结。

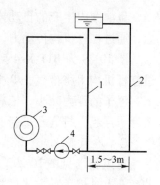

图 10 - 26　膨胀水箱与机械循环系统的连接方式

1—膨胀管；2—循环管；
3—热水锅炉；4—循环水泵

膨胀水箱应考虑保温。在自然循环系统中，循环管也接到供水干管上，也应与膨胀管保持一定的距离。在膨胀管、循环管和溢流管上，严禁安装阀门，以防止系统超压，水箱水冻结或水从水箱溢出。

10.4.2.2　热水供暖系统排除空气的设备

系统的水被加热时，会分离出空气。在系统停止运行时，通过不严密处也会渗入空气，系统充水后，也会有些空气残留在系统内。系统中如果积存空气，就会形成气塞，影响水的正常循环。因此，系统中必须设置排除空气的设备。目前常见的排气设备，主要有集气罐、空气管、自动排气阀和冷风阀等几种。

A　集气罐

集气罐有效容积应为膨胀水箱容积的 1%。它的直径应大于等于干管直径的 1.5 ~ 2 倍，使水在其中的流速小于 0.05m/s。集气罐用直径 $\phi100 ~ 250mm$ 的短管制成，它有立式和卧式两种（见图 10-27，图中尺寸为国标图中最大型号的规格）。顶部连接直径 DN15 的排气管。

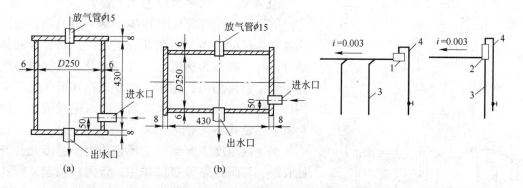

图 10-27　集气罐及安装位置示意图

（a）立式集气罐；（b）卧式集气罐

1—卧式集气罐；2—立式集气罐；3—末端立管；4—DN15 放气管

在机械循环上供下回式系统中，集气罐应设在系统各分支环路供水干管末端的最高处，如图 10-26 所示。在系统运行时，定期手动打开阀门将热水中分离出来并聚集在集气罐内的空气排除。

B 自动排气阀

目前国内生产的自动排气阀形式较多。它的工作原理，很多都是依靠水对浮体的浮力，通过杠杆机构传动力，使排气孔自动启闭，实现自动阻水排气的功能。

图 10-28 为 B11-X-4 型立式自动排气阀。当阀体 7 内无空气时，水将浮子 6 浮起，通过杠杆机构 1 将排气孔 9 关闭，而当空气从管道进入，积聚在阀体内时，空气将水面压下，浮子的浮力减小，依靠自重下落，排气孔打开，使空气自动排出，空气排除后，水再将浮子浮起，排气孔重新关闭。

C 冷风阀

冷风阀（见图 10-29）多用在水平式和下供下回式系统中，它旋紧在散热器上部专设的丝孔上，以手动方式排除空气。

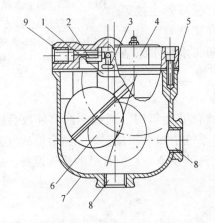

图 10-28　立式自动排气阀

1—杠杆机构；2—垫片；3—阀堵；4—阀盖；5—垫片；
6—浮子；7—阀体；8—接管；9—排气孔

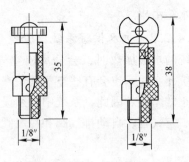

图 10-29　冷风阀

10.4.2.3　散热器温控阀

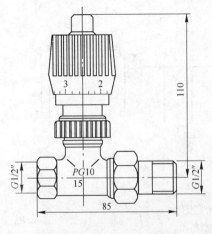

图 10-30　散热器温控阀外形图

散热器温控阀（见图 10-30）是一种自动控制散热器散热量的设备，由两部分组成：一部分为阀体部分；另一部分为感温元件控制部分。当室内温度高于给定温度值时，感温元件受热，其顶杆就压缩阀杆，将阀口关小；进入散热器的水流量减小，散热器散热量减小，室温下降。

当室内温度下降到低于设定值时。感温元件开始收缩，其阀杆靠弹簧的作用，将阀杆抬起，阀孔开大，水流量增大，散热器散热量增加，室内温度开始升高，从而保证室温处在设定的温度值上。温控阀控温范围在 13～28℃之间，控制精度为 1℃。

10.4.2.4 平衡阀

平衡阀用于规模较大的供暖或空调水系统的水力平衡。平衡阀安装位置在建筑供暖和空调系统入口，干管分支环路或立管上。

平衡阀有静态平衡阀（数字锁定平衡阀）和动态平衡阀（自力式压差控制阀、自力式流量控制阀）两种，如图 10-31 所示，其特点如下：

（1）数字锁定平衡阀。通过改变阀芯与阀座的间隙（开度），来改变流经阀门的流动阻力以达到调节流量的目的。具有优秀调节功能，截止功能，还具有开度显示和开度锁定功能，具有节热节电效果。但不能随系统压差变化而改变阻力系数，需手动重新调节。

（2）自力式流量控制阀。它是根据系统工况（压差）变动而自动变化阻力系数，在一定的压差范围内，可以有效地控制通过的流量保持一个常值，但是，当压差小于或大于阀门的正常工作范围时，此时阀门打到全开或全关位置流量仍然比设定流量低或高不能控制。该阀门可以按需要设定流量并保持恒定。应用于集中供热、中央空调等水系统中，一次解决流量分配问题，可有效解决管网的水力平衡。

（3）自力式压差控制阀。它是用压差作用来调节阀门的开度，利用阀芯的压降变化来弥补管路阻力的变化，从而使在工况变化时能保持压差基本不变，它的原理是在一定的流量范围内，可以有效地控制被控系统的压差恒定。用于被控系统各用户和各末端设备自主调节，尤其适用于分户计量供暖系统和变流量空调系统。

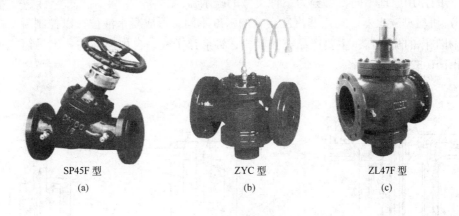

SP45F 型　　　　　　　　ZYC 型　　　　　　　　ZL47F 型
(a)　　　　　　　　　　(b)　　　　　　　　　　(c)

图 10-31　平衡阀

（a）数字锁定平衡阀；（b）自力式压差控制阀；（c）自力式流量控制阀

10.4.3　蒸汽供暖系统的管路布置与设备

10.4.3.1　室内蒸汽供暖系统管道布置

室内蒸汽供暖系统管道布置大多采用上供下回式。当地面不便布置凝水管时，也可采用上供上回式。实践证明，上供上回式布置方式不利于运行管理。

在蒸汽供暖管路中，要注意排除沿途凝水，以免发生"水击"。在蒸汽供暖系统中，沿管壁凝结的凝结水有可能被高速蒸汽流重新掀起，形成"水塞"，并随蒸汽一起高速流动，在遇到阀门、拐弯或向上的管段等部件时，使流动方向改变，水滴或水塞在高速下与管件或管子撞击，就产生"水击"，出现噪声、振动或局部高压，严重时能破坏管件接口的严密性和管路支架。为了减轻水击现象，水平敷设的供汽管路，必须具有足够的坡度，并尽可能保持汽、水同向流动，蒸汽干管汽水同向流动时，坡度 i 宜采用 0.003，不得小于 0.002。进入散热器支管的坡度 $i = 0.01 \sim 0.02$。

供汽干管向上拐弯处，必须设置疏水装置。通常宜装置耐水击的双金属片型的疏水器，定期排出沿途流来的凝水。当供汽压力低时，也可用水封装置。同时，在下供式系统的蒸汽立管中，汽、水呈逆向流动，蒸汽立管要采用比较低的流速，以减轻水击现象。

上供式系统中，供水干管中汽、水同向流动，干管沿途产生的凝水，可通过干管末端凝水装置排除。为了保持蒸汽的干度，避免沿途凝水进入供汽立管。供汽立管宜从供汽干管的上方或上方侧接出。

散热设备到疏水器前的凝水管中必须保证沿途凝水流动方向的坡度不得小于 0.005。同时，为使空气能顺利排除，当凝水管路（无论低压或高压蒸汽系统）通过过门地沟时，必须设空气绕行管。当室内高压蒸汽供暖系统的某个散热器需要停止供汽时，为防止蒸汽通过凝水管窜入散热器，每个散热器的凝水支管上都应增设阀门，供关断用。

10.4.3.2 蒸汽供暖系统主要设备及附件

蒸汽疏水器的作用是自动阻止蒸汽逸漏而且迅速地排出用热设备及管道中的凝水，同时能排除系统中积留的空气和其他不凝性气体。疏水器是蒸汽供热系统中重要的设备，根据疏水器的作用原理不同，可分为三种类型的疏水器。

（1）机械型疏水器。利用蒸汽和凝水的密度不同，形成凝水液位，以控制凝水排水孔自动启闭工作的疏水器。主要产品有浮筒式、钟形浮子式、自由浮球式、倒吊筒式疏水器等。如图 10-32 所示。

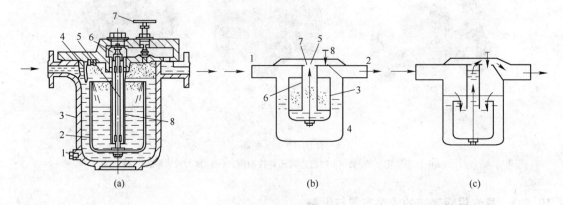

图 10-32 浮筒式疏水器

（a）构造图：1—排污栓塞；2—浮筒；3—阀体；4—挡板；5—阀针；6—阀座；7—排气阀；8—中央套管

（b）阻汽状态：1—蒸汽凝水入口；2—凝水出口；3—开口浮筒；4—外壳；5—阀门；

6—导向装置；7—排气阀；8—顶针

（c）排水状态

（2）热动力型疏水器。利用蒸汽和凝水热动力学（流动）特性的不同来工作的疏水器。主要产品有圆盘式、脉冲式、孔板或迷宫式疏水器等。如图 10-33 所示。

（3）热静力型（恒温型）疏水器。利用蒸汽和凝水的温度不同引起恒温元件膨胀或工作的流水器。主要产品有波纹管式、双金属片式、膜盒式、恒温式和液体膨胀式疏水器等。如图 10-34 所示。

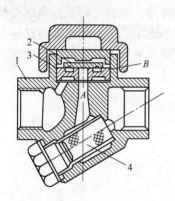

图 10-33 圆盘式疏水器
1—阀体；2—阀片；3—阀盖；
4—过滤器

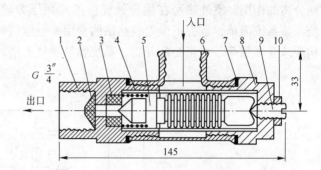

图 10-34 温调试疏水器
1—大管接头；2—过滤网；3—网座；4—弹簧；
5—温度敏感元件；6—三通；7—垫片；8—后盖；
9—调节螺钉；10—锁紧螺母

10.5 高层建筑采暖

高层建筑楼层多，采暖系统底层散热器承受的压力加大，采暖系统的高度增加，更容易产生竖向失调。在确定高层建筑热水采暖系统与集中热网相连的系统形式时，不仅要满足本系统最高点不倒空、不汽化，底层散热器不超压的要求，还要考虑该高层建筑采暖系统连到集中热网后不会导致其他建筑物采暖散热器超压。高层建筑采暖系统的形式还应有利于减轻竖向失调。在遵照上述原则下，高层建筑热水采暖系统也可有多种形式。

10.5.1 分区式高层建筑热水采暖系统

分区式高层建筑热水采暖系统是将系统沿垂直方向分成两个或两个以上独立系统的形式，其分界线取决于集中热网的压力工况、建筑物总层数和所选散热器的承压能力等条件。

低区可与集中热网直连或间接连接。高区部分可根据外网的压力选择下述形式。分区式系统可同时解决系统下部散热器超压和系统易产生竖向失调的问题。

10.5.1.1 高区采用间接连接的系统

高区采暖系统与热网间接连接的分区式采暖系统如图 10-35 所示，向高区供热的换热站可设在该建筑物的底层、地下室及中间技术层内，还可设在室外的集中热力站内。室外热网在用户处提供的资用压力较大、供水温度较高时可采用高区间接连接的系统。适用于高温热水，入口设换热设备造价高。

10.5.1.2 高区采用双水箱或单水箱的系统

高区采用双水箱或单水箱的系统如图 10-36 所示。在高区设两个水箱，用泵 1 将供水注入供水箱 3，依靠供水箱 3 与回水箱 2 之间的水位高差见图 10-36（a）中的 h 或利用系统最高点的压力见图 10-36（b），作为高区采暖的循环动力。系统停止运行时，利用水泵出口逆止阀使高区与外网供水管不相通，高区高静水压力传递不到底层散热器及外网的其他用户。由于回水箱溢流管6（竖管）的水面高度取决于外网回水管的压力大小，回水箱高度超过了用户所在外网回水管的压力。竖管6上部为非满管流，起到了将系统高区与外网分离的作用。室外热网在用户处提供的资用压力较小、供水温度较低时可采用这种系统。该系统简单，省去了设置换热站的费用。但建筑物高区要有放置水箱的地方，建筑结构要承受其载荷。水箱为敞开式，系统容易掺气，增加氧腐蚀。

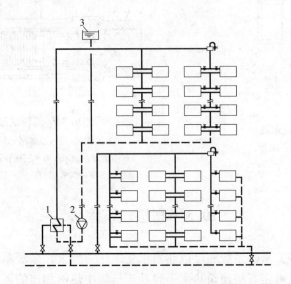

图 10-35　高层建筑分区式采暖系统（高区间接连接）

1—换热器；2—循环水泵；3—膨胀水箱

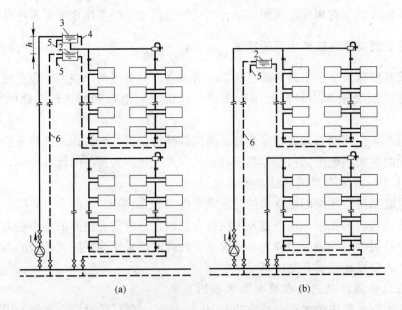

(a)　　　　　　　　　　　(b)

图 10-36　高区双水箱或单水箱高层建筑热水采暖系统

(a) 高区双水箱；(b) 高区单水箱

1—加压水泵；2—回水箱；3—进水箱；4—进水箱溢流管；5—信号管；6—回水箱溢流管

10.5.2　其他类型的高层建筑热水采暖系统

在高层建筑中除了上述系统形式之外，还可采用以下系统形式。

10.5.2.1　双线式采暖系统

双线式采暖系统只能减轻系统失调，不能解决系统下部散热器超压的问题。分为垂直双线和水平双线系统，如图 10-37 所示。

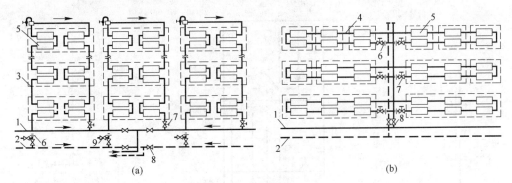

图 10-37　双线式热水采暖系统
（a）垂直双线系统；（b）水平双线系统
1—供水干管；2—回水干管；3—双线立管；4—双线水平管；5—散热设备；
6—节流孔板；7—调节阀；8—截止阀；9—排水阀

A　垂直双线热水采暖系统

图 10-37（a）为垂直双线热水采暖系统，图中虚线框表示出立管上设置于同一楼层一个房间中的散热装置（串片式散热器、蛇形管或埋入墙内的辐射板），按热媒流动方向每一个立管由上升和下降两部分构成。各层散热装置的平均温度近似相同，减轻了竖向失调。立管阻力增加，提高了系统的水力稳定性。适用于公用建筑一个房间设置两组散热器或两块辐射板的情形。

B　水平双线热水采暖系统

图 10-37（b）为水平双线热水采暖系统，图中虚线框表示出水平文氏管上设置于同一房间的散热装置（串片式散热器或辐射板），与垂直双线系统类似。各房间散热装置平均温度近似相同，减轻水平失调，在每层水平支管上设调节阀 7 和节流孔板 6，实现分层调节和减轻竖向失调。

10.5.2.2　单双管混合式系统

图 10-38 为单双管混合式系统。该系统中将散热器沿垂向分成组，组内为双管系统，组与组之间采用单管连接。利用了双管系统散热器可局部调节和单管系统提高系统水力稳定性的优点，减轻了双管系统层数多时，重力作用压头引起的竖向失调严重的倾向。可解决立管管径过大问题，但不能解决系统下部散热器超压的问题。适用于 8 层以上建筑。

10.5.2.3　热水和蒸汽混合式系统

对特高层建筑（例如全高大于 160m 的建筑），最高层的水静压力已超过一般的管路附件和设备的承压能力（一般为 1.6MPa）。可将建筑物沿竖向分成三个区，最高区利用蒸汽做热媒向位于最高区的汽水换热器供给蒸汽。下面的分区采用热水作为热媒，根据集中热网的压力和温度决定采用直接连接或间接连接该系统，如图 10-39 所示，该图中低区采用间接连接。这种系统既可解决系统下部散热器超压的问题，又可减轻竖向失调。

10.5.2.4　高低层无水箱直接连接

直接用低温水供暖，便于运行管理；用于旧建筑高低层并网改造，投资少；采用微机变频增压泵，可以精确控制流量与压力，供暖系统平稳可靠，如图 10-40 所示。

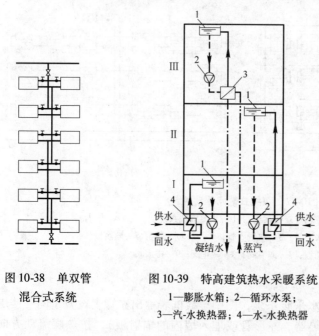

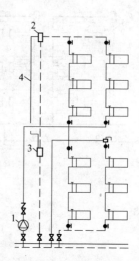

图 10-38　单双管
混合式系统

图 10-39　特高建筑热水采暖系统

1—膨胀水箱；2—循环水泵；
3—汽-水换热器；4—水-水换热器

图 10-40　高低层无
水箱直接连接

1—加压泵；2—断流器；
3—阻旋器；4—连通管

10.6　小区供暖系统及设备

10.6.1　小区供暖系统

集中供热系统应可靠而经济地将热能从热源输送到各种不同的热用户去。因此，必须细致了解热用户的类型、性质和对热媒参数的要求，热负荷的变化规律以及该地区的热负荷分布等等原始设计资料。从而定出合理的供热系统方案。

10.6.1.1　小区供暖的负荷

小区集中供热系统是指以热水或蒸汽作为热媒，集中向一个具有多种热用户（供暖、通风、热水供应、生产工艺等热用户）的较大区域供应热能的系统。这些热用户热负荷的大小及其性质是供热规划和设计的重要依据。上述热用户的热负荷，按其性质可以分为两大类：

（1）季节性热负荷。供暖、通风、空气调节系统的热负荷是季节性热负荷。季节性热负荷的特点是：它与室外温度、湿度、风向、风速和太阳辐射等气候条件密切相关，对其的大小起决定性作用的是室外温度，因而在全年中有很大的变化。

（2）常年热负荷。生活用热（主要是热水供应）和生产工艺系统用热属于常年热负荷。常年热负荷的特点是：与气候条件关系不大，它的用热状况在全日中变化较大，生产工艺系统的用热量直接取决于生产状况，热水供应系统的用热量与生活水平、生活习惯，以及居民成分等有关。

对集中供热系统进行规划或扩充设计时，通常要采用概算指标法来确定各类热用户的热负荷。计算过程详见相关设计手册。

10.6.1.2　小区供暖系统形式

室外热网系统，按照管道内输送介质分，有热水供热系统，蒸汽供热系统。根据热源不同又可以分为：锅炉房供热系统，热电厂集中供热系统和多热源集中供热系统。根据热媒流动的形式，供热系统可分为闭式系统、开式系统和半闭式系统。

确定集中供热系统方案时，首先需要解决的问题是供热系统的热源形式（热电厂还是区域锅炉房）以及热媒（水或蒸汽）的选择问题。

集中供热系统热源形式的确定，涉及热电合供或热电分供的能源利用问题。这个问题通常是由国家主管部门（如计委、电力部等单位），根据该城市或该地区工业发展规划情况以及当地的燃料资源等因素确定，而热电厂的规模，热电厂内部的供热装置也是由电力部门设计和确定的。

对于区域锅炉房来说，没有热电厂供热那样的热媒参数的经济技术比较问题，可按造价的经济尽量选用较高的热媒参数。可使热网采用较小的管径、降低能耗、减小散热器面积。但应注意耐压要求。小区供暖的热源通常是区域锅炉房或热力站。

10.6.1.3　热水供热的室外管网系统种类

A　根据管路的条数划分

根据管路的条数可分为单管、双管、三管和四管。其中双管是应用最广泛的。如图 10-41 所示。

（1）单管式（开放式）系统［见图 10-41（a）］初投资少，但只有在供暖和通风所需的网路水平均小时流量与热水供应所需网路水平均小时流量相等时采用才是合理的。一般，供暖和通风所需的网路水计算流量总是大于热水供应计算流量，热水供应所不用的那部分水就得排入下水道，很不经济。

（2）三管式系统［见图 10-41（e）］可用于水流量不变的工业供热系统。它有两种供水管路，其中一条供水管以不变的水温向工艺设备和热水供应换热器送水，而另一条供水管以可变的水温满足供暖和通风之需。局部系统的回水通过一条总回水管返回热源。

（3）四管式系统［见图 10-41（f）］的金属消耗量大，因而仅用于小型系统以简化用户引入口。其中两根管用于热水供应系统，而另两根管用于供暖、通风系统。

（4）最常用的是双管热水供热系统，如图 10-41（b）、（c）所示，即一根供水管供出温度较高的水，另一根是回水管。用户系统只从网路热水中取走热能，而不消耗热媒。

B　按照热水供热系统的定压方式分

热水供热系统可分为：

（1）采用高架水箱定压的热水供热系统。采用高架水箱定压的热水供热系统，因受高位水箱高度的限制，仅适用于供水温度较低且供热区域内建筑物高度不高的小型供热系统。方法简单、可靠、初期投资少，应优先考虑采用这种定压方式。

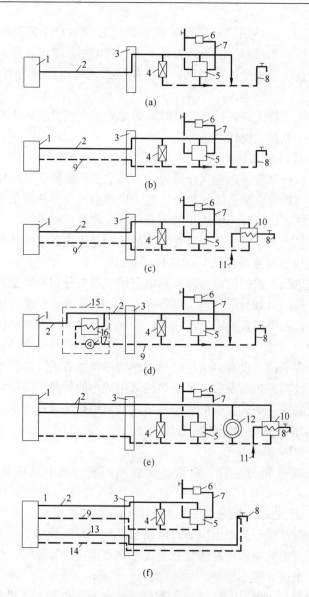

图 10-41　水的供热系统原理图

（a）单管式（开放式）；（b）双管开式（半封闭式）；（c）双管闭式（封闭式）；

（d）复合式；（e）三管式；（f）四管式

1—热源；2—热网供水管；3—用户引入口；4—通风用热风机；5—用户端供暖换热器；

6—供暖散热器；7—局部供暖系统管路；8—局部热水供应系统；9—热网回水管；

10—热水供应换热器；11—冷自来水管；12—工艺用热装置；13—热水供应系统供水管路；

14—热水供应循环管路；15—锅炉房；16—热水锅炉；17—水泵

（2）采用补给水泵定压的热水供热系统：这是目前工程应用最普遍的一种定压方式，适用于各种规模、各种水温、各种地形的热网定压方式。补水泵定压方式有多种系统：用电接点压力表控制补水泵的系统、用压力调节阀控制的系统、自动稳压补水装置的系统、变频调速水泵系统和可调压补水泵系统等。图 10-42 为采用补给水泵连续补水定压的热水供热系统图式。

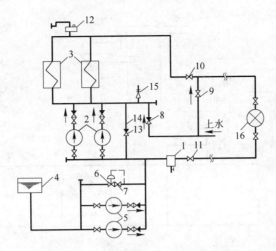

图 10-42 采用补给水泵定压的热水供热系统
1—除污器；2—网路循环水泵；3—热水锅炉；4—补给水箱；5—补给水泵；
6—压力调节器；7—截断阀门；8，9—止回阀；10—供水管总阀门；
11—回水管总阀门；12—集气罐；13—止回阀；14—旁通管；15—安全阀；16—热用户

该热水供热系统的定压装置是由补给水箱 4、补给水泵 5 及压力调节器 6 等组成。当系统正常运行时，通过压力调节器的作用，使补给水泵连续补给的水量与系统的泄漏水量相适应。考虑到由于突然停电而会使补给水泵定压装置失去作用，可采用上水压力定压的辅助性措施。如图 10-42 所示，当网路循环水泵正常工作时，由于网路供水干管出口处的压力高于上水压力，而又装设了止回阀 8、9，网路循环水不会倒灌进入上水管道内，上水压力对整个系统不起作用。如突然停电时，补给水泵、循环水泵不能工作时，可立即关闭供、回水管总阀门 10、11，将热源与网路切断，并同时缓慢开启锅炉顶部集气罐 12 上的放气阀门。由于上水压力的作用，止回阀 8 开启，上水流经热水锅炉，并由集气罐排出，从而避免了炉膛余热引起的炉水汽化。同时，如上水压力大于系统内静水压曲线所要求的压力，还可保持网路和用户系统都不会发生汽化情形。

如图 10-42 所示，在循环水泵的压水管路和吸水管路之间连接一根带有止回阀 13 的旁通管 14 作为泄压管，可防止因突然停泵而造成的水击破坏事故。

（3）采用气体定压的热水供热系统。目前供暖工程中所采用的气体定压主要分：氮气、空气和蒸汽定压。

图 10-43 为氮气定压（变压式）的热水供热系统的示意图。系统的压力工况靠连接在循环水泵进口的氮气罐 4 内的氮气压力来控制。氮气从氮气瓶 5 流出，后进入氮气罐；并在氮气罐最低水位 I-I 时，保持一定的压力。当热水供热系统水容积因膨胀、收缩而发生变化时，氮气罐内气体空间的容积及压力也相应发生变化。当系统水受热引起的膨胀水量大于系统的漏泄水量时，氮气罐内水位上升，罐内气体空间减小而压力增高。当到达最高水位 II-II 时，罐内的压力达到最大压力。如水仍继续受热膨胀引起罐内水位上升，则通过水位信号器 6 自动控制使排水阀 7 开启，让水位下降以降低罐内压力。当排水阀开启后仍不足使罐内水位下降，以致罐内压力继续上升时，排气阀 8 自动排气泄压。

当系统中水冷缩或漏水时，氮气罐内水位下降，罐内压力降低。如水位降低到最低水

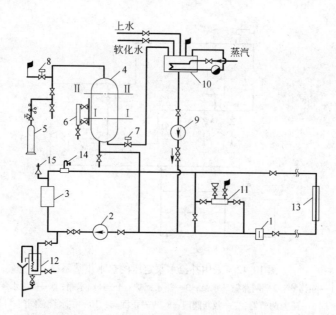

图 10-43　氮气定压的热水供热示意图

1—除污器；2—循环水泵；3—热水锅炉；4—氮气罐；5—氮气瓶；
6—水位信号器；7—排水阀；8—排气阀；9—补给水泵；10—补给水箱；
11—网路阻力加压器；12—取样冷却器；13—热用户；14—集气罐；
15—安全阀；Ⅰ-Ⅰ—罐内最低水位　Ⅱ-Ⅱ—罐内最高水位

位后仍继续下降，则自动开动补给水泵 9，向系统内补水，以维持系统要求的最低压力工况。

（4）利用软化水或锅炉房连续排污水定压系统。这种方式适用于热电厂为热源的中小型集中供热系统，简单可靠。

C　根据热媒流动的形式划分

供热系统可以分为封闭式、半封闭式和开放式三种。在封闭式系统中，用户只利用热媒所携带的部分热能，剩余的热能随热媒返回热源，又再一次受热增补热能。在半封闭式系统中，用户既消耗部分热能又消耗部分热媒，剩余的热媒和它所含有的余热返回热源。在开放式系统中，不论热媒本身或它所携带的热能都完全被用户利用。

D　室内热水供暖系统与室外热水热力管网连接方式划分

室内热水供暖系统与室外热水热力管网可采用两种连接方式：直接连接和间接连接，其连接原理见图 10-44。当热水供热系统规模较大时，宜采用间接连接系统。间接连接系统一次水设计供水温度宜取 115～130℃，设计回水温度应取 50～80℃；二次水设计供水温度不宜高于 85℃。

（1）直接连接方式。在图 10-44 中，（a）、（b）、（c）是室内热水供暖系统与室外热水热力管网直接连接的图。

在图 10-44（a）中，热水从供水干管直接进入供暖系统，放热后返回回水干管。

当室外热力管网供水温度高于室内供暖供水温度，且室外热力管网的压力不太高时，可以采用图 10-44（b）及（c）的连接方式。供暖系统的部分回水通过喷射泵或混水泵与供水干管送来的热水相混合，达到室内系统所需的水温后，进入各散热器。放热后，一部分回水返回到回水干管；另一部分回水受喷射泵或混水泵的吸送与外网供水干管送入的热水相混合。图 10-44（e）是室内热水供应系统与室外热水热力管网的直接连接图式。

（2）如果室外热力管网中压力过高，超过了室内供暖系统散热器的承压，或者当供暖系统所在楼房位于地形较高处，采用直接连接会造成管网中其他楼房的供暖系统压力升高至超过散热器承压，这时就必须采用图 10-44（d）所给出的间接连接方式，借助于表面式水-水加热器进行热量的传递，而无压力工况的联系。

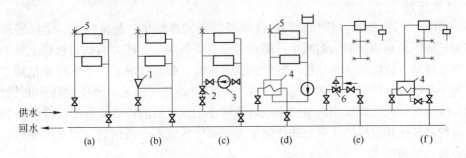

图 10-44 热用户与热水热力管网连接

1—混水器；2—止回阀；3—水泵；4—加热器；5—排气阀；6—温度调节器

用户系统与热水管网的连接形式按下列原则确定：

（1）当用户采暖系统设计供水温度等于热网设计供水温度，且热网水力工况能保证用户内部系统不汽化和不超过用户散热器的允许压力时，可采用直接连接。

（2）当在下列情况之一时，用户采暖系统与热网应采用间接连接：

1）建筑物采暖高度高于热水管网供水压力线或静水压力线时；

2）采暖系统承压能力低于热水管网回水压力；

3）热水管网供、回水压差低于用小采暖系统的阻力量又不宜采用加压泵时；

4）位于热水管网末端，采用直接连接会影响外部热水管网运行工况的高层建筑；

5）对采暖参数有特殊要求的用户。

10.6.1.4 小区供暖系统的平面布置原则与形式

A 小区供暖系统的平面布置原则及要求

供热管网布置时应在建筑总体规划的指导下，根据各功能分区的特点及对管网的要求布置；应能与规划发展速度和规模相协调，并在布置上考虑分期实施；应满足生产、生活、采暖，空调等不同热用户对热负荷的要求。管网布置要考虑热源的位置、热负荷分布、热负荷密度。应认真分析当地地形、水文、地质等条件，充分注意与地上、地下管道及构筑物、园林绿地的关系。

供热管网布置原则：

（1）管网主干线尽可能通过热负荷中心。管网力求线路短直。

（2）在满足安全运行、维修简便的条件下，应节约用地。力求施工方便，工程量少。

（3）在管网改建、扩建过程中，应尽可能做到新设计的管线不影响原有管道正常运行。

（4）管线尽可能不通过铁路、公路及其他管线、管沟等。管线一般应沿道路敷设，不应穿过仓库、堆场以及发展扩建的预留地段。并应适当地注意整齐美观。

（5）城市街区或小区干线一般应敷设在道路路面以外，在城市规划部门同意下，可以将热网管线敷设在道路下面，和人行道下面。

（6）地沟敷设的热力管线，一般不应同地下敷设的热网管线（通行、不通行沟、无沟敷设）重合。

B　小区供暖系统的平面布置

一般有三种形式。

a　枝状布置

如图 10-45（a）所示，枝状管网的优点是管网构造简单、造价较低、运行管理较方便，其管径随距离热源的增加而减小；缺点是没有供热的后备能力，即当管路上某处发生故障，在损坏地点以后的所有热用户的供热就会中断，甚至造成整个系统停止供热，进行检修。对于某些要求严格的工厂，如化工生产供汽，在任何情况下都不允许中断供汽时，可采用复线枝状管网。即采用两根主干线，每根主干线管道的供热能力为总负荷的50%～75%，这种复线枝状管网的优点是在任何情况下都能保证不中断供热，但复线枝状管网的投资及金属耗量将增大。

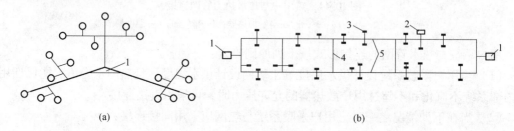

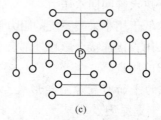

图 10-45　供热管网布置基本形式

（a）枝状；（b）环状；（c）辐射状

1—热源；2—后备热源；3—集中热力点；4—热网后备旁通管；5—热源后备旁通管

对热用户比较集中且分布区域较小的蒸汽供热系统，可采用单线枝状管网。对于热用户虽然分布区域广，供热用户均属供暖、通风及生活热用户的热水供热系统，也可采用单线枝状管网供热。而复线枝状管网大都用于供汽量大而热负荷性质重要的工业区。

b　环状布置

如图 10-45（b）所示。环状管网的主干线呈环形，其优点是具有供热的后备性能。但环状管网的主要缺点是投资大，金属耗量高，设计计算时水力平差较复杂。环状管网可用于大城市的大、中型热水网路系统，这种热水管网通常还设计成两级形式。第一级为热水主干线，按环状布置；第二级为热用户的分布管网，按枝状布置。

c 辐射状布置

如图10-45（c）所示。对于热用户较多，分布区域较广的供热系统，可将热源设于供热区域的中心，供热管道按辐射状布置：即从热源分别引出供热管道向四周供热。这种辐射状布置的供热网的优点是控制方便，并可分片供热。

10.6.2 小区供暖系统的设备

10.6.2.1 管道的排水、排气与疏水装置

在进行供热管道敷设时，无论是对蒸汽管道、凝结水管道，还是热水管道，除特殊情况外，均应设适当的坡度，以利于顺利排除管道中的空气、凝结水或积水。热力管道的坡度通常为：热水及与凝结水同向流动的蒸汽管道，$i = 0.002 \sim 0.003$；与凝结水逆向流动的蒸汽管道及靠重力自流的凝结水管道，$i \geq 0.005$；过热蒸汽管道的沿途凝结水较少，常年或季节性连续运行的蒸汽管道启动次数少，它们对坡度的要求低，在作坡度有困难时，可以在加强疏水的条件下，不设坡度。

为了排除热水和凝结水管道中的空气，应在热水和凝结水管网的管道各最高点（包括分段阀门划分的每个管段的最高点）安装放气装置，如图10-46所示。为了在系统停止运行时，或在某段需进行检修时排出管道中的积水，应在热水和凝结水管道的最低点（包括分段阀门划分的每一管段的最低点）安装放水装置。

蒸汽热力管网在系统启动运行时冷管道受热而形成大量较脏的凝结水。对于这些量大而脏的凝结水，不能靠一般疏

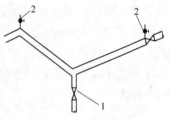

图10-46 放气和排水装置
1—排水阀；2—放气阀

水器排除，需要装设启动疏水装置将这些凝结水排除。蒸汽管道在正常运行中产生的凝结水，可以装设经常性疏水装置，将这些凝结水排入附近的凝结水管中。经常性疏水装置与管道连接处应设聚集凝结水的短管，短管直径为管道直径的$1/2 \sim 1/3$，短管底部设法兰堵板。经常性疏水管应连接在短管侧面。

通常，蒸汽管道中应在下列各处设置启动疏水装置和经常性疏水装置：

（1）蒸汽管道中所有的低位点；

（2）垂直升高的管段之前和可能集结凝结水的蒸汽管道闭塞端；

（3）被阀门关断时蒸汽管道的低位点；

（4）同一坡向的直蒸汽管段，顺坡每隔$400 \sim 500m$处，逆坡每隔$200 \sim 300m$处。

对于在任何运行工况下均为过热状态的过热蒸汽管道，由于正常运行中产生凝结水甚少，故可不装经常性疏水装置。

10.6.2.2 管道补偿器

随着输送热媒温度的升高，供热管道将产生热伸长。如果这种热伸长不能得到补偿，就会使管道承受巨大的压力，甚至造成管道破裂损坏。为了避免管道由于温度变化而引起的应力破坏，保证管道在热状态下的稳定和安全，必须在管道上设置各种补偿器，以补偿管道的热伸长及减弱或消除因热膨胀而产生的应力。

供热管网中常用的补偿器种类很多，其中最常用的有利用管道的弯曲而形成的自然补偿器、方形补偿器、套筒补偿器。此外，还有许多其他形式的补偿器，如波纹管补偿器、

球形补偿器等。

A 自然补偿

利用管道敷设线路上的自然弯曲（如 L 形和 Z 形）来吸收管道的热伸长变形，这种补偿方法称之为自然补偿。自然补偿不必特设补偿器。因此，布置热力管道时，应尽量利用所有的管道原有弯曲的自然补偿。当自然补偿不能满足要求时，才考虑装置其他类型的补偿器。但当管道转弯角度大于 150°时不能自然补偿。对于室内供热管道，由于直管段长度较短，在管路布置得当时，可以只靠自然补偿而不需设其他形式的补偿器。自然补偿的优点是装置简单、可靠、不另占地和空间。其缺点是管道变形时产生横向位移，补偿的管段不能很长。由于管道采用自然补偿时，管道除装固定支架外，还设置活动支架，这就妨碍了管道的横向位移，使管道产生的应力增加。因此，自然补偿的自由臂长不宜大于 20 ~ 25m。

B 方形补偿器

由四个 90°弯头构成"U"形的补偿器，如图 10-47 所示的四种构造形式，在供热管道中，方形补偿器应用得最普遍。它可使用于任何工作压力及任何热媒温度的供热管道，但管径以小于 150mm 为宜。方形补偿器的优点是制造和安装方便，轴向推力较小，补偿能力大，运行可靠，不需经常维修，因而不需为它设置检查室或检查平台等优点。其缺点是外形尺寸较大，单向外伸臂较长，占地面积和占空间较大；需增设管道支架和热媒流动阻力较大。

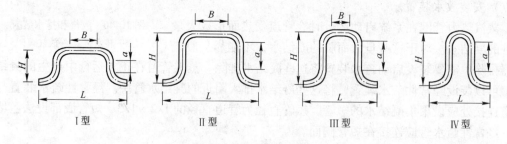

图 10-47 方形补偿器

Ⅰ型—$B = 2a$；Ⅱ型—$B = a$；Ⅲ型—$B = 0.5a$；Ⅳ型—$B = 0$；L—开口距离

C 套筒补偿器

图 10-48 为单向套筒补偿器。套筒补偿器一般用于管径 $D_g > 150mm$，工作压力较小而安装位置受到限制的供热管道上。但套筒补偿器不宜使用于不通行管沟敷设的管道上。套筒补偿器的优点是安装简单、尺寸紧凑、占地较小、补偿能力较大（一般可达 250 ~ 400mm）、流体流动阻力小，承压能力大（可达 $16 \times 10^5 Pa$）等优点。其缺点是轴向推力大、造价高、需经常检查和更换填料，否则容易漏水、漏气。如管道变形产生横向位移时，容易造成填料圈卡住。

D 波纹管补偿器

这种补偿器是用单层或多层金属管制成的具有轴向波纹的管状补偿装置，利用波纹变形进行管道热补偿。波纹管补偿器按波纹形状主要分为"U"形和"Ω"形两种，按补偿方式分为轴向、横向和铰接等形式。轴向补偿器可吸收轴向位移，按其承压方式又分为内

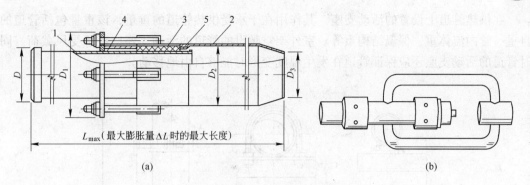

(a)   (b)

图 10-48　套筒补偿器

（a）套筒补偿器；（b）无推力套筒补偿器

1—芯管；2—壳体；3—填料圈；4—前压盖；5—后压盖

压式和外压式，图 10-49 为内压轴向式波纹管补偿器的结构示意图。横向式补偿器可沿补偿器径向变形，常装于管道中的横向管段上吸收管道热伸长。铰接式补偿器可以其铰接轴为中心折曲变形，类似球形补偿器，它需要成对安装在转角段上进行管道热补偿。

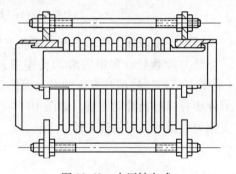

波纹管补偿器的主要优点是占地小，不用专门维修，介质流动阻力小。其缺点是补偿能力小、轴向推力大、安装质量要求较严格。

图 10-49　内压轴向式
波纹管补偿器

E　球形补偿器

球形补偿器利用球形管接头的随机弯转来吸收管道的热伸长，其工作原理如图 10-50 所示，对于三向位移的蒸汽和热水管道宜采用。球形补偿器的优点是补偿能力大（比方形补偿器大 5～10 倍）、变形应力小、所需空间小、节省材料、不存在推力、能作空间变形，适用于架空敷设，从而减少补偿器和固定支架数量。其缺点是存在侧向位移，制造要求严格，否则容易漏水漏气，要求加强维修等。

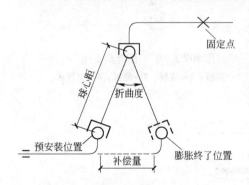

图 10-50　球形补偿器动作原理图

10.6.2.3　管道支座

管道支座是供热管道的重要构件。支座的作用是支撑管道并限制管道的变形和位移；管道支座承受从管道传来的压力，外载负荷作用力（重力、摩擦力、风力等）和温度变形的弹性力，并将这些力传递到支撑结构物（支架）或地上去。

供热管道通常用的支座有活动支座和固定支座两种。

A　活动支座

在只允许管道轴向水平位移的地方，应设置导向支架，如图 10-51 所示，支架上的导向板用以防止管道的横向位移。

在供热管道上设置的活动支座，其作用在于承受供热管道的重量，该重量包括管道的自重、管内流体重、保温结构重等。室外架空敷设的管道的活动支座，还承受风载荷。同时管道的活动支座还应保证管道在发生温度变形时能够自由地移动。

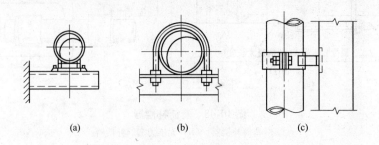

图 10-51　导向支座

（a）挡条导向；（b）卡箍导向；（c）立管卡箍导向

活动支座可分为滑动支座、滚动支座、滚柱支座及悬吊支座等四种类型。

热力管道上最常用的滑动支座有曲面槽滑动支座（见图 10-52）、丁字托滑动支座（见图 10-53）。这两种支座的滑动面低于保温层，管道由支座托住，保温层不会受到破坏。另外还有弧形板滑动支座，如图 10-54 所示，这种支座的滑动面直接与管壁接触。在安装支座处管道的保温层应去掉。

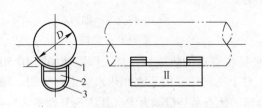

图 10-52　曲面槽滑动支座

1—弧形板；2—肋板；3—曲面槽

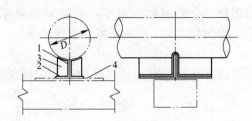

图 10-53　丁字托滑动支座

1—顶板；2—底板；3—侧板；4—支撑板

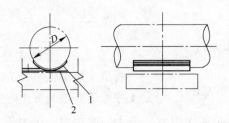

图 10-54　弧形板滑动支座

1—弧形板；2—支撑板

滚动支座（见图 10-55）和滚柱支座（见图 10-56）利用了滚子的转动。从而大大减少了管道受热伸长移动时的摩擦力，使支撑板结构尺寸减小，节省材料。但这两种支座的结构较复杂，一般只用于热媒温度较高和管径较大的室内或架空敷设管道，对于地下不通行管沟敷设的管道，禁止使用滚动和滚柱支座，以免这种支座在沟内锈蚀而使滚子和滚柱损坏不能转动，反而成为不好滑动的支座。

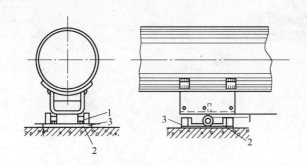

图 10-55　滚轴式滚动支座
1—滚轴；2—导向板；3—支撑板

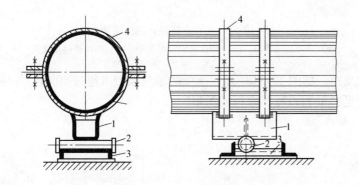

图 10-56　滚柱支座
1—槽板；2—滚柱；3—槽钢支撑座；4—管箍

　　在供热管道有垂直位移的地方，常设弹簧悬吊支架。悬吊支架的优点是结构简单、摩擦力小。缺点是由于沿管道安装的各悬吊支架的偏移幅度小因而可能引起管道扭斜或弯曲。因此，采用套筒补偿器的管道，不能用悬吊支架。

　　各种结构形式的活动支座可见热力管道设计手册或"动力设施国家标准图集"。

　　B　固定支座

　　在供热管道上，为了分段地控制管道的热伸长，保障补偿器均匀工作，以防止管道因受热伸长而引起变形和事故，需要设置固定支座。通常，在供热管道的下列位置，应设置固定支座：在补偿器的两端；在管道节点分岔处；在管道拐弯处及管道进入热力入口前的地方。

　　固定支座最常用的是金属结构型，如图 10-57 所示，采用焊接或螺栓连接方法将管道固定在支座上。金属结构的固定支座形式很多，有夹环固定支座、焊接角钢固定支座，这两种固定支座常用于管径较小，轴向推力较小的供热管道，并与弧形板活动支座配合使用。曲面槽固定支座所承受的轴向推力通常不超过 50kN。

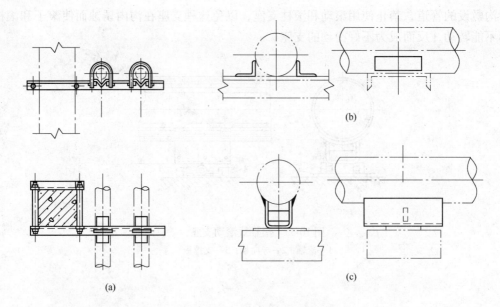

图 10-57　几种金属结构固定支座

（a）夹环固定支座；（b）焊接角钢固定支座；（c）曲面槽固定支座

　　挡板式固定支座，如图 10-58 所示，承受的轴向推力可超过 50kN。各种结构形式的管道固定支座，可见"动力设施国家标准图集"。

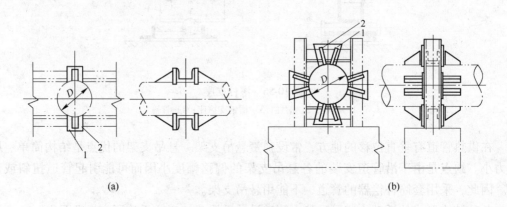

图 10-58　挡板式固定支座

（a）双面挡板式固定支座；（b）四面挡板式固定支座

1—挡板；2—肋板

10.7　小区供暖系统的敷设

10.7.1　供热管道敷设原则

　　室外供热管网是集中供热系统中投资最多、施工最繁重的部分。合理地选择供热管道的敷设方式和确定供热管道的平面布置，对于节省集中供热系统工程投资、保证热网运行安全可靠和施工维修操作方便等，具有重要的意义。热力管道敷设方式的确定，应考虑管网所在地区的气象、水文地质、地形地貌、建筑物及交通线的密集程度，以及技术经济合理、施工维修管理方便等因素。管网敷设要求：

（1）室外供热、供冷管道宜采用地下敷设。当热水、冷水管道地下敷设时，宜采用直埋敷设；蒸汽管道地下敷设时，可采用直埋敷设。

（2）当地下敷设困难时，可采用地上敷设。当地上敷设管道跨越人行通道时，保温结构下表面距地面不应小于 2.0m；跨越车行道时，保温结构下表面距地面不宜小于 4.5m；采用低支架时，管道保温结构下表面距地面不应小于 0.3m。

（3）管沟敷设时，热力管道可与自来水管道、电压 10kV 以下的电力电缆、通讯线路、压缩空气管道、压力排水管道和重油管道一起敷设在综合管沟内，严禁与输送易挥发、易爆、有害、有腐蚀性介质的管道和输送易燃液体、可燃气体、惰性气体的管道敷设在同一管沟内。在综合管沟布置时，热力管道应高于冷水、自来水管道和重油管道，并且自来水管道应做绝热层和防水层。

（4）地下敷设的管道和管沟坡度不宜小于 0.002。进入建筑物的管道宜坡向干管。

（5）热水、冷水、凝结水管道的高点（包括阀门划分的每个管段的高点）应安装放气装置；低点（包括阀门划分的每个管段的低点）宜安装放水装置。

（6）蒸汽管道的低点、垂直升高的管段前和同一坡向的管段顺坡每隔 400～500m、逆坡每隔 200～300m。应设启动疏水和经常疏水装置。经常疏水装置排出的凝结水宜排入凝结水管道，当不能排入凝结水管时，排入下水道前应降温至 40% 以下。

（7）当热水、冷水系统补水能力有限需控制管道充水流量，或蒸汽管道启动暖管需控制蒸汽流量时，管道阀门应装设口径较小的旁通阀作为控制阀门。

10.7.2 供热管道的敷设形式

供热管道的敷设形式可分为地上架空敷设与地下敷设两类。地上架空敷设的支架有低支架、中支架、高支架、架墙架、悬吊支架、拱形支架等。地下敷设可分为管沟敷设和无管沟直埋敷设两种。管沟形式有通行管沟、半通行管沟和不通行管沟三种。

10.7.2.1 地上架空敷设

架空敷设广泛应用于工厂区和城市郊区。它是将供热管道敷设在地面上的独立支架或带纵梁的桁架、悬吊支架上，也可以敷设在墙体的墙架上。

供热管道采用架空敷设时，由于管道不受地下水的浸蚀和土壤腐蚀，因而管道的使用寿命长。供热管道采用架空敷设时，由于空间开阔，有条件采用工作可靠构造简单的方形补偿器。架空敷设的供热管道，施工土方量少，施工维修方便，造价低，并易于发现管道事故及时检修。但热力管道架空敷设时，占地面积和所占空间较多，管道热损失大，而且不够美观。

架空敷设的热力管道所用支架按其结构材料分砖砌、毛石砌、钢筋混凝土预制或现场浇灌，以及钢结构、木结构等形式。其中砖砌、毛石砌支架造价低，但承受纵向推力小，只适用于低支架。木结构支架不耐用，只适用于临时性工程。钢结构支架虽耗钢量大，但强度大，可用于供热管道跨越铁路、公路及其他建筑物时的敷设。钢筋混凝土支架坚固耐用，可承受较大纵向推力，且节约钢材，是目前应用最广泛的支架。架空敷设按其支架高度可分为低支架敷设、中支架敷设和高支架敷设三种。

A　低支架敷设

如图 10-59 所示，低支架敷设常用于工厂沿围墙或平行于公路、铁路的管道敷设。为了避免地面雪水对管道的浸蚀，低支架敷设的管道保温层外表面至地面的净距离，一般应保持 0.5~1.0m，不小于 0.3m。

热力管道采用低支架敷设具有如下优点：

（1）管道支架除固定支架需用钢或钢筋混凝土结构外，活动支架可大量就地取材，采用砖或毛石砌体，因而大大降低工程造价。

（2）施工维修方便可降低施工维修费用，并能缩短工期。

（3）采用低支架敷设的热水管道，可采用套筒补偿器，比方形补偿器节约钢材，同时减少管内流体阻力从而降低循环水泵电耗。

B　中支架敷设和高支架敷设

在行人交通频繁地段，需要通行火车的地方宜采用中支架敷设，如图 10-60 所示。中支架的净空高度为 2.0~4.0m。高支架敷设管道保温结构底距地面净高为 4m 以上，一般为 4.0~6.0m。在跨越公路、铁路或其他障碍物时经常采用。

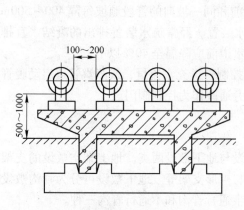

图 10-59　低支架

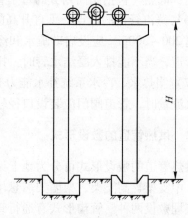

图 10-60　中、高支架

与低支架敷设比较，采用中支架敷设和高支架敷设，耗费材料较多，施工维修不方便，在管道上有附件（如阀门等）处必须设置操作平台。

管道支架按其结构形式可分独立式支架和组合式支架。在地震活动区或地沟敷设中，采用独立式支架比较可靠。在一般架空敷设中，敷设的管子根数又比较多时，为了加大支架间距，常采用组合式支架。

几种常用的支架结构形式：

（1）独立式支架。其设计和施工都比较简单，适用于管径较大，管道数量不多的情况。

（2）悬臂式支架。其优点是造型轻巧、美观。缺点是管道排列不多。宽度一般小于 1m。

（3）梁式支架适用于管道推力不太大的情况。可根据不同跨距要求，在纵梁上架设不同间距的横梁，作为管道的支点或固定点。

（4）桁架式支架。用于管数较多，管道推力较大的情况。其跨距一般为 16~24m。这种支架外观宏伟，刚度大，但耗钢量及投资较大。

（5）悬杆式支架。适用于管径较小，多根排列的情况。跨距一般为 15~20m。其造型轻巧、柱距大、结构受力合理。但耗钢量大，横向刚性差，对风力和震动力的抵抗力弱，施工和维修要求高。

（6）悬索式支架。适用于管道直径较小，遇到宽阔公路、河流、需要跨越大跨度的情况。

（7）钢绞线铰接式支架。这种支架整体结构稳定。适用于管道推力大的情况。

（8）墙架。当管道直径较小，管道数量较少，管道沿建筑物或构筑物的围墙壁敷设时用这种墙架支撑管道。

管道支架按其承受的荷载可分固定支架和中间支架。固定支架主要承受水平推力及不大的管道等的重力。中间支架承受管道、管中热媒及保温材料重量以及由于管道发生温度变形伸缩时产生较小摩擦力的水平荷载。

10.7.2.2 地下敷设

一般地下敷设分为有管沟敷设及无管沟直埋敷设。有管沟敷设又分为通行管沟、半通行管沟和不通行管沟三种。热力网管道地下敷设时，宜采用不通行管沟敷设或无管沟直埋敷设；热力管道穿越不允许开挖检修的地段时，应采用通行管沟敷设。当采用通行管沟敷设有困难时，可采用半通行管沟敷设。

A 通行管沟敷设

在下列情况下，可考虑采用通行管沟敷设：

（1）当热力管道通过的路面不允许开挖时；

（2）管道类型较多，管道数量较多（超过六根以上），或管径较大，管子垂直排列高度大于或等于 1.5m 时。采用通行管沟敷设形式通常应用于热电厂出口、厂区主要干线或城市主要街区。

采用通行管沟敷设热力管道的优点是维护和管理方便，操作维修人员可经常进入管沟内进行检修。缺点是施工土方量大，基建投资费用高，占地面积也大。其结构如图 10-61（a）所示。

通行管沟内的管道有单侧布置和双侧布置两种形式，装有蒸汽管道的通行管沟每隔 100m 应设一个事故人孔，没有蒸汽管道的通行管沟每隔 200m 宜设一个事故人孔。对于整体混凝土结构的通行管沟，每隔 200m 宜设一个安装孔。

通行管沟内应根据热力网管道运行维护检修的频繁程度和经济条件设置照明设施。通常供生产用的供热管道的管沟内，应设永久性照明。供以采暖用热为主的供热管道的管沟内，可设临时性照明。一般每隔 8~12m 和有配件或仪表处要安装照明灯，其电压不应超过 36V。

为使操作人员在通行管沟内能正常工作，对于操作人员经常进入的通行管沟，应有良好的通风设施，当操作人员在管沟内工作时，管沟内的空气温度不得超过 40℃。当采用自然通风不能满足管沟内通风要求时，应设置机械通风系统进行通风。

为了排除管沟盖板面上融化的雪水和雨水，管沟盖板应有 0.03~0.05 的横向坡度。在地下水位较高的地区，管沟壁、盖板和底板都应设置可靠的防水层，以防止地下水渗入管沟内部。管沟的底板应有 0.002 ~ 0.003 的纵向坡度，以利于将管道及其附件（法兰、阀门等）因损坏或失修而泄漏的水顺沟底坡向排至安装孔的集水坑内，然后再用排水管或水泵抽送至排水井中。通行管沟的盖板上面一般应有覆土层，其覆土深度不宜小于 0.2m。

B 半通行管沟敷设

当供热管道通过的地面不允许开挖，且采用架空敷设不合理时，或当管子数量较多，采用不通行管沟敷设由于管道单排水平布置，管沟宽度受到限制时，可采用半通行管沟敷设。半通行管沟内的管道有单侧布置和双侧布置两种布置形式。半通行管沟敷设比通行管沟敷设节省投资，半通行管沟的断面尺寸，应满足维护检修人员进入沟内进行维修和弯腰行走的需要。当管道直线长度超过 60m 时，应设置一个检修出入口（人孔或小室）。由于工作人员不是经常出入管沟，因此沟内不需要设置专门的通风和照明设备。只在进行检修时设置临时的通风和照明装置。考虑检修工作安全，半通行管沟敷设宜用于低压蒸汽和低于 130℃ 的热水管道。其结构如图 10-61（b）所示。

C 不通行管沟敷设

在城市街区及中小型厂区，广泛采用不通行管沟敷设。不通行管沟敷设适用于土壤干燥、地下水位低、管道根数不多且管径小、管道维修工作量不大的情况。不通行管沟断面尺寸较小，占地面积小，并能保证管道在沟内自由变形。管沟土方量及材料消耗少，投资省。但不通行管沟敷设的最大缺点是难于发现管道中的缺陷和事故，维护检修不方便。管沟的断面尺寸根据管道根数、管径大小及管道在沟内布置情况、支座形式而定。与通行管沟一样，半通行管沟和不通行管沟的沟底，都应该设纵向坡度，其坡度和坡向应与所敷设的管道一致。其结构如图 10-61（c）所示。

D 无管沟直埋敷设

供热管道无管沟直埋敷设，是将管道直接埋于地下，而不需建造任何形式的专用建筑。采用无管沟直埋敷设时，能大大减少管道施工土方量，节省大量的建筑材料。同时，根据研究与工程实践表明，对于无管沟直埋敷设的供热管道，嵌固段的直管可以不设补偿器和固定点，只在需要保护的三通、阀门等部位设置补偿器和小室，在必要的长度上设固定墩。采用无管沟直埋敷设供热管道，与有管沟敷设相比，通常可以减少补偿器 40% ~ 70%，减少固定支架 30% ~ 60%，地下小室 30% ~ 50%，减少工程总投资 20% ~ 50%，施工周期缩短一半以上。因此，采用无管沟直埋敷设热力管道，是基建投资最小的一种敷设方法。但采用无管沟直埋敷设时，难以发现管道运行及管道损坏等事故，一旦发生管道损坏进行检修时，需开挖的土方量也大，同时无管沟直埋敷设也存在着管道容易被腐蚀的可能性。必须从设计上选择防腐性能更好的保温材料和保温结构，从施工上强调保证保温防水结构的施工质量。

热力管道无管沟直埋敷设，适用于下列情况：一是土质密实而又不会沉陷的地区，例如砂质黏土。如果在黏土中敷设热力管道时，应在沟底铺一层厚度为 100 ~ 150mm 的砂子；二是地震的基本烈度不大于 8 度，土壤电阻率不小于 20Ω·m，地下水位较低，土壤具有良好渗水性以及不受工厂腐蚀性溶液浸入的地区；三是公称直径不大于 500mm 的热力网管道。其结构如图 10-61（d）所示。

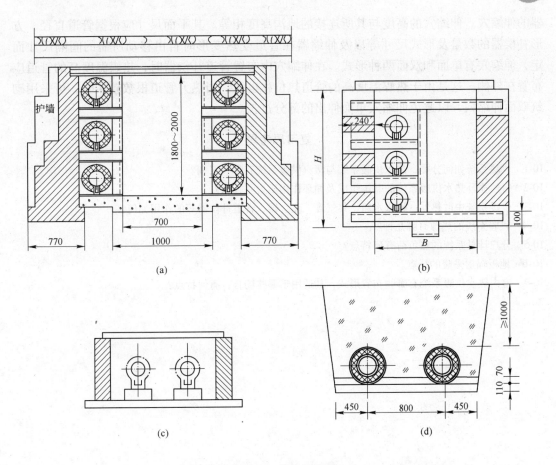

护墙

1800~2000

700

770   1000   770

(a)

240

H

100

B

(b)

(c)

≥1000

110 70

450   800   450

(d)

图 10-61　管沟示意图

（a）通行地沟；（b）半通行地沟；（c）不通行地沟；（d）无管沟直埋

10.7.2.3　检查室和检查平台

供热管道采用地下敷设时，为了对管道附件进行维护和检修，在安装套筒补偿器、阀门、放水和除污装置等设备附件处，都应设检查室，检查室为矩形或圆形地下小室。检查室的面积大小，应根据管道数量、管道直径、阀门等附件的尺寸和数量来决定。它应满足对小室内的管道附件设备维修和操作所需要的面积和空间要求。当检查室内的设备、附件不能从人孔进出时，应在检查室顶板上设安装孔。安装孔的尺寸和位置应保证检查室内最大设备的出入和便于安装。地下敷设的热力管道支管，应坡向检查室，其坡度不小于 0.002。

采用中高支架敷设供热管道时，在装有阀门、放水、放气、除污装置的地方，应设检查平台。检查平台的尺寸应保证维修人员操作方便。检查平台周围应设防护栏杆和供操作人员上下用的专门扶梯。

检查室或检查平台的位置及数量，应与管道定线一起考虑，在保证供热管网运行可靠，检修方便的情况下，应尽量减少检查室或检查平台的数目。检查室的位置应避开交通要道和行人过往频繁的地方。

采用管沟敷设的热力管道，在安装管道方形补偿器的地方，必须砌筑供安装方形补偿器的伸缩穴。伸缩穴的高度与其所连接的地沟高度相等。其平面尺寸应根据管道直径、方形补偿器的数量及形式尺寸等以及伸缩器在管道受热变形时自由移动所需的间隔尺寸而定，伸缩穴有单面和双面两种形式。在伸缩穴内布置管道补偿器时，热媒温度高的管道应布置在外侧。这是由于热媒温度高的管道热位移也大。当热力管道根数较多时，可采用砌筑双面伸缩穴，以避免伸缩穴单面伸出的部分过长。

复习思考题

10-1 供暖系统如何分类，热水供暖系统与蒸汽供暖系统有哪些区别？

10-2 自然循环热水供暖系统的基本组成及循环作用压力是什么？

10-3 供暖系统中散热器、膨胀水箱、集气罐、疏水器、管道补偿器等的作用如何？

10-4 供暖系统的热源有哪几种？

10-5 分户计量系统的热负荷有何特点？

10-6 地板辐射采暖的特点。

10-7 室内热水供暖系统有哪些布置形式，其适用于哪些场合，有何特点？

11　锅炉及锅炉房设备

11.1　供热锅炉的种类及基本构造

11.1.1　常用供热锅炉类型及型号

11.1.1.1　常用的供热锅炉类型

就一个供暖系统而言，通常是利用锅炉及锅炉房设备生产出蒸汽或热水，然后通过热力管道将蒸汽或热水输送至用户，以满足生产工艺或生活供暖等方面的需要。因此，锅炉就是供热之源，锅炉及锅炉房设备的任务，就是安全可靠经济有效地把燃料的化学能转化为热能，进而将热能传递给水以生产蒸汽或热水。

锅炉按其用途不同，通常可以分为动力锅炉和工业锅炉两类。动力锅炉是用于发电和动力方面的锅炉，如电站锅炉。动力锅炉所生产的蒸汽用作将热能转变成机械能的工质以产生动力，其蒸汽压力和温度都比较高，如电站锅炉蒸汽压力大于等于 3.9MPa，过热蒸汽温度高于等于 450℃。用于为工农业生产和采暖及生活提供蒸汽或热水的锅炉称为工业锅炉，又称供热锅炉，其工质出口压力一般不超过 2.5MPa。

作为供热之源，工业锅炉日益广泛地应用于现代生产和人民生活的各个领域。工业锅炉按输出工质不同，可分为蒸汽锅炉、热水锅炉和导热油锅炉；按燃料和能源不同，又可分为燃煤锅炉、燃气锅炉、燃油锅炉和余热锅炉等利用燃料燃烧产生热能的燃料锅炉，以及电热锅炉。

11.1.1.2　锅炉型号

锅炉型号是区分不同类型锅炉的重要标志之一，工业锅炉的型号由三部分组成，各部分之间用短横线相连。表示方式如下：

$$\underset{\substack{\text{型}\\\text{式}\\\text{代}\\\text{号}}}{\triangle\triangle}\ \underset{\substack{\text{燃}\\\text{烧}\\\text{方}\\\text{式}\\\text{代}\\\text{号}}}{\triangle}\ \underset{\substack{\text{额}\\\text{定}\\\text{蒸}\\\text{发}\\\text{量}\\\text{(t/h)}\\\text{或}\\\text{额}\\\text{定}\\\text{供}\\\text{热}\\\text{量}\\\text{(MW)}}}{XX}-\underset{\substack{\text{介}\\\text{质}\\\text{出}\\\text{口}\\\text{压}\\\text{力}\\\text{(MPa)}}}{XX}/\underset{\substack{\text{过}\\\text{热}\\\text{蒸}\\\text{汽}\\\text{温}\\\text{度}\\\text{或}\\\text{出}\\\text{水}\\\text{温}\\\text{度}\\/\\\text{回}\\\text{水}\\\text{温}\\\text{度}}}{XXX}-\underset{\substack{\text{燃}\\\text{料}\\\text{种}\\\text{类}\\\text{代}\\\text{号}}}{X}\ \underset{\substack{\text{设}\\\text{计}\\\text{次}\\\text{序}}}{X}$$

型号第一部分共分三段，第一段用两个汉语拼音字母表示锅炉本体的形式，如表11-1所示；第二段用一个汉语拼音字母表示燃烧方式，见表11-2；第三段用阿拉伯数字表示蒸发量（t/h），或热水锅炉的额定供热量（MW），或余热锅炉的余热面大小（m²）。对快装锅炉，第一段的两个字母用 KZ（快纵）、KH（快横）、KQ（快强）、和 KL（快立）分别表示快装纵置式、快装横置式、快装强制循环式和快装立式。

型号第二部分共分两段，中间用短斜线分开，第一段用阿拉伯数字表示锅炉额定压力（MPa），第二段表示过热蒸汽温度（℃）或热水出口温度和进口处水温（℃），又在两水温间用一小斜线分开。对于饱和蒸汽，因饱和压力与饱和温度一一对应，所以不必标蒸汽温度，无第二段和斜线。

型号的第三部分也分为两段，用短斜线分开，第一段用汉语拼音字母表示锅炉用燃料种类，详见表11-3；若同时燃用几种燃料，则将主要燃料代号放在最前，对余热锅炉不标此项。第二段用阿拉伯数字表示设计次序，对原设计不标此数字。

表 11-1   锅炉本体型式代号

锅壳锅炉		水管锅炉	
锅炉本体型式	代　号	锅炉本体型式	代　号
立式水管	LS（立、水）	单锅筒立式	DL（单、立）
		单锅筒纵置式	DZ（单、纵）
立式火管	LH（立、火）	单锅筒横置式	DH（单、横）
		双锅筒纵置式	SZ（双、纵）
卧式内燃	WN（卧、内）	双锅筒横置式	SH（双、横）
		纵横锅筒式	ZH（纵、横）
卧式外燃	WW（卧、外）	强制循环式	QX（强、循）

表 11-2   燃烧方式代号

燃烧方式	代　号	燃烧方式	代　号
固定炉排	G（固）	下饲式炉排	A（下）
固定双层炉排	C（层）	往复推饲炉排	W（往）
活动手摇炉排	H（活）	沸腾炉	F（沸）
链条炉排	L（链）	半沸腾炉	B（半）
抛煤机	P（抛）	室燃炉	S（室）
倒转炉排加抛煤机	D（倒）	旋风炉	K（旋）
振动炉排	Z（振）		

表 11-3   锅炉燃料种类代号

燃料种类	代　号	燃料种类	代　号	燃料种类	代　号
Ⅰ类石煤煤矸石	S_I	Ⅰ类烟煤	A_I	稻壳	D
Ⅱ类石煤煤矸石	S_{II}	Ⅱ类烟煤	A_{II}	甘蔗渣	G
Ⅲ类石煤煤矸石	S_{III}	Ⅲ类烟煤	A_{III}	油	Y
Ⅰ类无烟煤	W_I	褐煤	H	气	Q
Ⅱ类无烟煤	W_{II}	贫煤	P	油页岩	YM
Ⅲ类无烟煤	W_{III}	木柴	M		

11.1.2 锅炉的基本构造

锅炉种类繁多，不同型号的锅炉有不同的结构，我们以较典型的双锅筒横置式链条炉排燃煤水管锅炉为例，简要介绍锅炉的基本构造。图 11-1 为常用的 SHL 型双锅筒横置式水管锅炉的基本构造，主要有汽锅、炉子辅助受热面和仪表附件四部分组成。

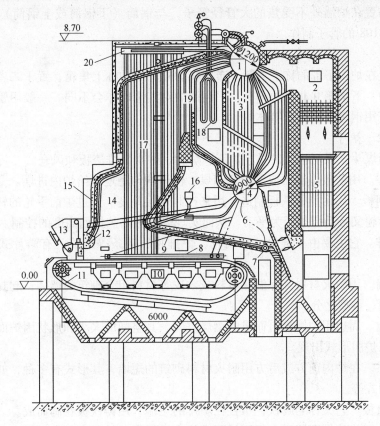

图 11-1　SHL 型锅炉

1—上锅筒；2—省煤器；3—对流束管；4—下锅筒；5—空气预热器；6—下降管；7—后水冷壁下集箱；
8—侧水冷壁下集箱；9—后墙水冷壁；10—风仓；11—链条炉排；12—前水冷壁下集箱；13—加煤斗；
14—炉膛；15—前墙水冷壁；16—二次风管；17—侧墙水冷壁；18—蒸汽过热器；
19—烟窗及防渣管；20—侧水冷壁上集箱

11.1.2.1 汽锅

汽锅部分主要包括锅筒、水冷壁、对流管束、下降管和集箱。

A　锅筒

锅筒由筒身、封头和管接头三部分组成。筒身是由锅炉用钢板卷制焊接而成的圆柱形筒体，封头是由锅炉用钢冲压而成，有椭圆形和球形。上锅筒直径一般为 800～1200mm。下锅筒直径一般小于上锅筒。

B　水冷壁

水冷壁是炉内布置的辐射受热面，与上、下集箱或上锅筒相连。靠近炉墙布置，靠前墙的称前水冷壁，靠后墙的称后水冷壁，靠侧墙的称侧水冷壁。一般用 $\phi 51～76$ 的无缝钢管制作。

C 对流管束

对流管束是布置在对流烟道内的对流受热面，与上、下锅筒相连，也有的是与上锅筒和中集箱相连。一般用 $\phi51$ 的无缝钢管制作。

D 下降管

下降管布置在炉墙外不受热的大管径管子，与锅筒（下锅筒或上锅筒）和下集箱相连，一般用 $\phi108$ 的管子制作。

E 集箱

集箱布置在炉内下部的称下集箱，布置在炉外上部的称上集箱，置于二者之间的称中集箱，上、中、下集箱并非每炉必有，不同锅炉对其选取亦会不同。一般用管径更大的钢管制作，也有用钢板制成矩形箱体的。

11.1.2.2 炉子

炉子包括煤斗、煤闸板、炉排、炉墙、炉膛、炉拱、排渣板和风仓。

（1）煤斗。用铁板焊制而成，用来储煤，便于均匀稳定地给炉内进煤。

（2）煤闸板。用耐热铸铁板制造，用来控制煤层厚度。通过炉前手轮的转动进而带动齿轮转动，齿轮又带动齿条变为平动。从而实现煤闸板离炉排面高度的控制。

（3）炉排。它主要由主链轮、从动轮、炉排片、链条等组成。有鳞片式、小链条等形式。

（4）炉墙。用耐火材料和保温热材料或铁皮等材料组合砌筑的墙体；起封闭、隔热的作用，有轻型、重型之分。

（5）炉膛。周边用炉墙砌筑而成的燃烧空间。其空间的大小和形状因炉而异，对于火管锅炉则是以炉胆形式出现。

（6）炉拱。在炉内前方或后方用耐火材料砌筑的短墙，其形式有多种，如斜面式、人字式、抛物面式等。

（7）排渣板。它又称老鹰铁，布置在炉排的尾端，用铸铁板卷制而成。

（8）风仓。将炉排下的风室用隔板隔成几个小风仓，并各自装有风门，以实现链条炉排炉由前向后需要不同风量的分段送风的目的。

11.1.2.3 附加受热面

A 蒸汽过热器

蒸汽过热器布置在炉膛出口后的对流受热面，由蛇形钢管和进出口集箱组成。有的锅炉为了保护蒸汽过热器不致因为气温过高而变形受损，常配套有减温器，减温器有两种：一种是喷射式减温器，一种是表面冷却式减温器，工业锅炉常用后者，尽管它的调温范围不如前者，但它不用专门的制备纯净的冷凝水来直接喷射，而是用一般软化水间接换热降温。

B 省煤器

省煤器布置在尾部烟道内的对流受热面，由钢管或铸管及进出口集箱组成。用来预热锅炉给水，降低排烟热损失。

C 空气预热器

工业锅炉常用的是管式空气预热器，由上、中、下管板，管子及连接风罩组成。烟气在管内流动，空气在管外横向冲刷管子流动。

11.1.2.4 仪表附件

（1）安全阀。它是蒸汽锅炉的三大安全附件之一。它可以把锅炉工作压力控制在允许的压力范围之内，启动时发出的声响又可提醒司炉人员，采取必要的措施，保证锅炉的安全运行。

（2）压力表。它是蒸汽锅炉用来测量和显示锅炉汽水系统工作压力的安全附件。锅炉常用的压力表是弹簧管式压力表。

（3）水位表。它是蒸汽锅炉用来显示锅筒水位的安全附件。常用的有玻璃管式和玻璃板式的。对较大锅炉也有同时采用低置水位表的。

（4）水位警报器。它是一种当锅内水位达到最高或最低允许限度时能发出报警信号的装置，常见的有浮球式和电接点式的两种。

（5）其他阀门。锅炉除了配有上述一些主要附件外，另外还常设有主汽阀、给水阀、逆止阀、排污阀等阀门。主汽阀安装在锅炉主蒸汽管的紧挨锅筒处，起开启和关断作用，借此可以将此台锅炉从同一系统中切除出来，以便此台锅炉的停炉维修或系统负荷的调整。自动给水阀用来自动控制锅炉给水量，以满足锅炉负荷变化的需要和维持锅筒水位的正常。逆止阀是安装在锅炉给水管紧靠锅筒处和省煤器进出口集箱处，起防止锅水倒流的作用，以保护管路附件及铸铁省煤器，防止出现震动损坏现象。排污阀有连续排污阀和定期排污阀两种，连续排污阀装在上锅筒排污水出口处，用于排除锅筒中浓缩了的炉水，以保证炉水水质符合有关国标要求；定期排污阀装在下锅筒、下集箱及省煤器的进口集箱排污水出口处，用于排除下锅筒、集箱及省煤器集箱中的沉渣，以防天长日久发生堵塞管路现象。

锅壳式锅炉又称火管锅炉，其构造比水管锅炉简单一些，如图 11-2 所示的卧式内燃锅壳式锅炉。汽锅部分主要是一个大直径的锅壳，其内装有炉子部分——炉胆和上、下两组烟管及前后烟箱和烟室，炉胆外壳作为辐射受热面，烟管作为对流受热面；附加受热面中有的设省煤器、有的不设省煤器；附件中有主蒸汽阀、排污阀、给水阀、防爆门、烟囱等。

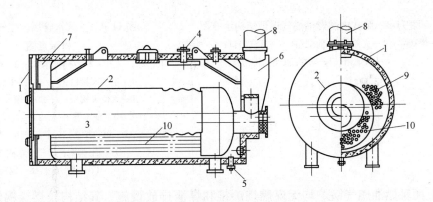

图 11-2　卧式内燃锅壳式锅炉

1—锅壳；2—炉胆；3—炉膛；4—蒸汽出口；5—排污管；6—后烟室；7—前烟箱；8—烟囱；

9—上烟管组；10—下烟管组

燃油锅炉使用液态燃料（轻油或重油），燃气锅炉使用气体燃料（天然气或液化石油气等）。燃油经雾化配风，燃气经配风后燃烧，均需使用燃烧器喷入锅炉炉膛，采用火室燃烧而无需炉排设施；又由于油、气燃烧后均不产生炉渣，无需排渣出口及排渣设施，使炉膛结构较燃煤锅炉简单。但燃油燃气锅炉喷入炉内的雾化油或燃气，如果熄火或与空气在一定范围内混合，易形成爆炸性气体，故燃油燃气锅炉均需采用自动化燃烧系统，包括火焰监测、熄火保护、防爆等安全设施。

燃油锅炉需将油滴雾化成油雾后才进行燃烧，因此其燃烧器有油雾化器。燃气锅炉因直接燃用燃气，其燃烧器不带雾化器。

由于燃油、燃气锅炉无炉排、排渣设施，其结构简单紧凑、机器精良，有多种安全保护装置，安全性能强，自动化程度高。图 11-3 为卧式内燃燃油、燃气锅炉结构示意图，图 11-4 为立式水管燃油燃气锅炉结构示意图。

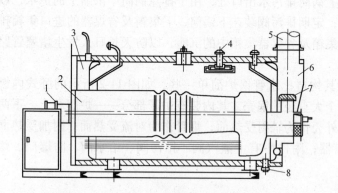

图 11-3　卧式内燃燃油燃气锅炉结构示意图

1—燃烧器；2—火筒；3—前烟箱；4—蒸汽出口；5—烟囱；
6—后烟箱；7—防爆门；8—排污管

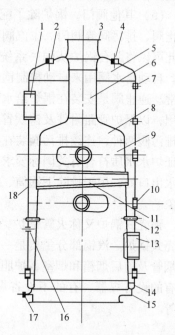

图 11-4　立式水管燃油燃气锅炉结构示意图

1—人孔；2—安全阀接口；3—烟囱法兰；
4—主气阀接口；5—封头；6—冲天管；
7—水位表接口；8—炉胆顶；9—炉胆；
10—横水管手孔；11—大横水管；
12—短拉撑；13—炉门；14—U 形圈；
15—下脚圈；16—进水阀接口；
17—排污管；18—锅筒

以上两种燃油燃气锅炉均无煤燃烧炉排和煤渣排放设施，其结构较燃煤锅炉紧凑而简单。

11.1.3　锅炉工作过程

锅炉的工作过程，可视为三个同时进行着的过程，以图 11-1 所示的 SHL 型锅炉为例。

11.1.3.1 燃料的燃烧过程

由输煤系统送入煤斗的煤靠自重落在炉排面上，炉排由电动机通过减速器靠链轮带动由前向后移动，将煤经过煤闸板控制煤层厚度后带入炉内并在其上燃烧，生成了火焰、烟气和灰渣，火焰和烟气向炉内的辐射受热面和对流受热面传热后，经烟道、除尘器、引风机、烟囱排向大气。灰渣经排渣板后下落至出渣设备，最后运出锅炉房。煤燃烧需要的空气则由送风机吸取外界冷空气，经消声器、冷风道、空气预热器、热风道、风仓、炉排料层，最后送至炉内，起氧化助燃作用。这一工作过程是锅炉的主要工作过程，燃料燃烧的是否充分完全，决定着锅炉工作是否正常，要实现燃料充分完全正常地燃烧，必须保持炉内一定的高温环境，供给充足而恰当的空气，燃料与空气应有充分的混合，要有足够的时间和空间，及时地排出烟气和灰渣。可见，完成这一工作过程主要靠的是锅炉本体系统、运煤出灰渣系统和引送风系统中各设备的正常完好。

11.1.3.2 火焰和烟气向介质传热的过程

燃料燃烧后生成的高温火焰和烟气在炉内向四周水冷壁内的工质以辐射换热的方式传递热量，而后，烟气向上经炉膛出口向布置在炉膛出口处的凝渣管（又称防渣管或费斯顿管或拉稀管）内的工质以辐射和对流方式传递热量，烟气在引风机和烟囱抽力的作用下继续向后依次经过蒸汽过热器、第一对流管束、第二对流管束、省煤器、空气预热器并向其内的工质传递热量。这个工作过程完成的顺利与否，与烟气和介质的流速、受热面的布置方式、受热面的积灰和结垢等因素有关，可见，这一工作过程的顺利进行，必须配以完好的给水系统、水处理系统及引风系统的设备。

11.1.3.3 蒸汽和热水的产生过程

锅炉补给水经水处理后与回收的凝结水进入除氧器除氧，再由锅炉给水泵加压后送至省煤器预热，预热后的水进入上锅筒的低温水区，又经下降管和低烟温区的对流管束流入下锅筒和下集箱，继而进入上升管受热产生蒸汽、由于下降管和下锅筒中水的温度相对于上升管中汽水混合物的温度较低，因此会产生密度差而引起水的流动，即上升管中的汽水混合物便进入上锅筒中高温水区，而在上锅筒的高温水区又设有汽水分离装置，将来自上升管中的蒸汽和来自较高烟温区对流管束中产生的蒸汽与水进行分离，蒸汽被送往蒸汽过热器继续加热变成过热蒸汽，水则又经低烟温区对流管束或下降管流入下锅筒和下集箱。可见，这一工作过程包括了水的循环过程和蒸汽的产生及汽水分离这三个过程。水的循环可以使受热面得以冷却而不被过热变形，蒸汽的产生则可以满足外界对锅炉供热的要求，汽水分离则使蒸汽品质得以提高，以满足不同工艺对蒸汽含湿量的限制要求，并保护蒸汽过热器不致因进入的饱和蒸汽含水过大而导致结垢，影响传热和导致管壁过热而变形烧坏。

由上可见，锅炉的工作过程是三个同时进行着的过程，而且必须配以燃料输送及出渣系统，引、送风系统，汽水系统和仪表附件系统这四个辅助系统一起工作，锅炉方能正常安全的工作。

11.1.4 电热锅炉简介

目前，随着环保日益受到世人的关注，电热锅炉因其在工作时基本不存在有害气体的排放现象而逐步受到人们的关注。

电热锅炉是将电能转化为热能，产生热水或蒸汽的一种设备，它与常规带燃烧炉膛的锅炉之不同点，就是只有锅，没有炉，无需具备燃烧时发生化学反应的炉膛，因而也就没有烟囱，而是将电热元件浸入水中通电后，直接将电能转换为热能即热水或蒸汽。由于结构紧凑，保温性好热损失很小，使电热锅炉的经济性非常好，热效率可达95%以上。电热锅炉运行过程自动化，无化学变化，无明火，无噪声，所以电热锅炉不存在环境污染，且没有严格的消防要求。负荷改变时，其负荷的稳定性极高。但是电能为二次能源，使用过程中涉及能的再次转换，选用时应充分考虑经济性。

11.2　锅炉房工艺系统及主要设备

11.2.1　锅炉房的工艺系统

锅炉房的工艺系统组成如图11-5所示。工艺系统从其在系统中所起的作用不同，可分为主体系统和辅助系统两大部分。所谓主体系统即指能够产生或转换热能并传递热能的系统，亦指锅炉本体系统，主要指燃料的燃烧系统和热能的传递系统。所谓辅助系统即指帮助主体系统实现热能的产生和传递的其他系统，主要有燃料的输送和灰渣输出系统，引、送风系统，汽水系统，仪表控制及附件系统，其中的汽水系统又可分为锅炉水处理系统，给水系统，蒸汽系统，凝结水系统，排污系统和换热系统。

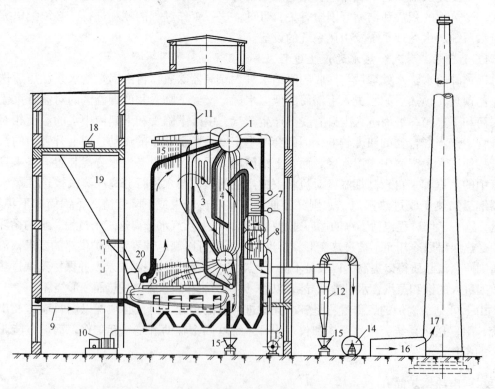

图11-5　锅炉房工艺系统组成示意图

1—上锅筒；2—下锅筒；3—蒸汽过热器；4—对流管束；5—水冷壁；6—链条炉排；7—省煤器；8—空气预热器；9—来自水处理间或给水间；10—给水泵；11—去分汽缸；12—除尘器；13—送风机；14—引风机；15—灰车；16—烟道；17—烟囱；18—胶带运煤机；19—煤仓；20—炉前受煤斗

11.2.2 引、送风系统

包括送风系统和引风系统，其作用是供给锅炉燃料燃烧所需要的空气量，排走燃料燃烧所产生的烟气。其中引风系统由烟道、烟道闸门、引风机、除尘器、脱硫、脱氮装置、烟囱组成；送风系统由冷风道、热风道、送风机、消声器组成。空气经送风机提高压力后，先送入空气预热器，预热后的热风经风道送到炉排下的风室中，热风穿过炉排缝隙进入燃烧层。

燃烧产生的高温烟气在引风机的抽吸作用下，以一定的流速依次流过炉膛和各部分烟道，烟气在流动过程中不断将热量传递给各个受热面，而使本身温度逐渐降低。

为了除掉烟气中携带的飞灰，以减轻对引风机的磨损和对大气环境的污染，在引风机前装设除尘器，烟气经净化后，通过引风机提高压力后，经烟囱排入大气。除尘器捕集下来的飞灰，可由灰车送走。

11.2.3 水、汽系统

由给水系统、水处理系统、蒸汽系统、凝水系统、排污系统、换热系统组成。其作用是不断向锅炉供给符合质量要求的水，将蒸汽或热水分别送到各个热用户。其中给水系统的设备主要由给水泵、补给水泵、加压泵、给水箱、补给水箱、给水管路及阀门附件组成。水处理系统主要由软化设备、除碱设备、除氧设备等组成，如离子交换器、各种类型的除氧器、除二氧化碳器、中间水箱、中间水泵以及再生用的盐液制备系统设备和酸液制备系统设备。其中盐液制备系统，目前常用的是稀、浓盐液池、盐液泵。而酸液制备系统常用的设备是酸储存罐、酸计量箱或酸液稀释箱、酸喷射器等。蒸汽系统主要指锅炉房内的蒸汽母管、支管、分汽缸。凝结水系统主要指凝结水箱、凝结水泵及其管路附件。排污系统主要指连续排污和定期排污管路附件及排污扩容器、排污冷却池和炉水取样冷却器。换热系统主要指循环水泵、补给水泵、定压设备、换热设备等。为了保证锅炉要求的给水质量，通常水先经过水处理设备（包括软化、除氧等），之后经过处理的水进入水箱，再由给水泵加压后送入省煤器，提高水温后进入锅炉，水在锅内循环，受热汽化产生蒸汽，过热蒸汽从蒸汽过热器引出送至分汽缸内，由此再分送到通向各用户的管道。

对于热水锅炉房，则有热网循环水泵、换热器、热网补水定压设备、分水器、集水器、管道及附件等组成的供热水系统。

11.2.4 燃料系统

根据燃料的不同，其设备组成也不同。

11.2.4.1 燃煤锅炉

燃料系统即运煤、除灰系统，其组成主要有煤场、各类卸煤、堆煤、运煤、存煤、碎煤、计量等运煤设备以及灰渣场、渣斗、出渣机或低压水力出灰渣系统等。在锅炉房中，煤由煤场运来，经碎煤机破碎后，用皮带运输机送入锅炉前部的煤仓，再经其下部的溜煤管落入炉前煤斗中，依靠自重煤落入炉排上；煤燃尽后生成的灰渣则由灰渣斗落到刮板除渣机中，由除渣机将灰渣输送到室外灰渣场。

11.2.4.2　燃油锅炉

燃油锅炉主要设备有贮油设备及污油处理池。燃油锅炉贮油设备除钢筋混凝土贮油池外，大多采用钢制贮油罐（箱）。贮油罐（箱）有地下式、半地下式、地上式的安装形式。污油处理池接收燃油管道吹扫时排出的污油、管道放空时排出的燃油以及用蒸汽吹扫过滤器、油箱时的污油和贮油罐脱水时放出的污水（可能带有油分），在污油处理池中沉淀脱水，再净化将燃油回收送入油罐，它是燃油系统不可缺少的构筑物。另外在燃油系统中还包括有一些附件如：油泵、加热器、过滤器、燃烧器、燃油管道、阀门、仪表，若采用气动阀门，还有空气压缩机、压缩空气贮罐等。图 11-6 为一重油供应系统流程示意图。

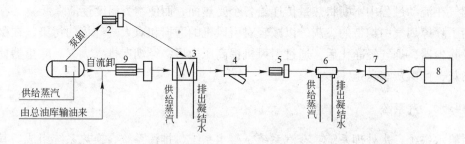

图 11-6　重油供应系统流程示意图

1—油罐车；2—卸油泵；3—贮油罐或日用油箱；4—泵前过滤器；5—供油泵；6—炉前加热器；
7—炉前过滤器；8—锅炉；9—输油泵

11.2.4.3　燃气锅炉

图 11-7 为一小型燃气锅炉供气系统图，主要辅助设备有调压设备、燃气过滤器、燃气排水器、燃气计量设备等。其中调压设备又称为调压器，是燃气供应系统进行降压和稳压的设备，使燃气锅炉能安全稳定燃烧。

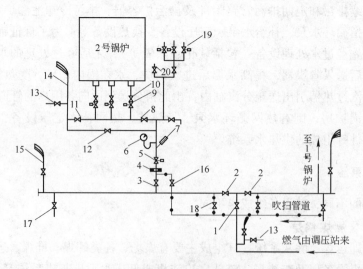

图 11-7　小型燃气锅炉供气系统

1—锅炉房总切断阀；2—干管分断切断阀；3—锅炉切断阀；4—流量孔板；5—锅炉安全切断电磁阀；6—压力表；
7—温度表；8—工作阀；9—燃烧器安全切断电磁阀；10—燃烧器切断阀；11—吹扫放散管；12—停炉放散管；
13—取样短管；14，15—放散管；16，18—吹扫阀；17—放水阀；19—点火电磁阀；20—人工点火阀

11.2.5 仪表附件及控制系统

为了使锅炉安全经济地运行，除了锅炉本体上装有的仪表外，锅炉房内还装设各种仪表和控制设备，如蒸汽流量计、压力表、风压计、水位表以及各种自动控制设备。

其设备或装置主要有测量仪表、显示仪表、分析仪表、调节仪表、控制装置和附件。其中测量仪表常用的有温度测量仪表、压力测量仪表、流量测量仪表、液位测量仪表；显示仪表常用的有动圈式显示仪表和数字式显示仪表；分析仪表常用的有燃料成分分析仪表，水质分析仪器、烟气成分分析仪；调节仪表常用的有电动调节仪表和气动调节仪表。控制装置根据不同的控制系统，其装置也不同，常用的除了前面提到的测量仪表、显示仪表和调节仪表外，还有执行机构（电动式、气动式、液动式），其中电动式执行机构按其输出位移的不同，常用的有角行程式的、直行程式的和多转式的，也可按其特性不同而分为比例式电动执行机构和积分式电动执行机构；气动式执行机构常用的有膜片式执行机构、活塞式执行机构。此外，近年来还出现了诸如变频器、PIC可编程控制系统、计算机控制系统等整套控制仪表装置。辅助系统中的附件指管道中的各类阀门（如截止阀、闸板阀、减压阀、止回阀、蝶阀、疏水阀、安全阀等）、管件（如管道支吊架、补偿器、法兰等）、保温材料（如微孔硅酸钙、各类岩棉、矿渣棉、玻璃棉制品、各类珍珠岩制品等）、防腐材料（如各类防锈漆、耐酸漆、耐碱漆、耐热漆等）。

上述所有设备、装置、仪器、仪表、附件并非各个锅炉房都千篇一律，通常根据锅炉类型的不同及锅炉房规模大小的不同，其设备组成不相同。

11.3 锅炉房布置

11.3.1 锅炉房位置的确定

供热锅炉房大体分为两类：一类为区域性集中供热锅炉房；另一类为某一建筑物或小建筑群体服务的锅炉房，锅炉房位置的选择确定，应配合建筑总图合理安排，符合国家卫生标准、防火规范及安全规范中的有关规定，并应考虑以下要求：

（1）锅炉房位置应力求靠近热负荷比较集中的地区。这样可缩短供热管道，节约管材，减少压力降和热损失，而且也简化了管路系统的设计、施工与维修。

（2）应便于引出热力管道，有利于凝结水的回收，并使室内外管道的布置在技术、经济上合理；

（3）应位于交通便利的地方，便于燃料的贮存运输，并宜使人流和车辆分开；

（4）应符合国家卫生标准、环境标准中的有关规定；

（5）能满足给水、排水、电力供应等要求；

（6）应有利于减少烟气中的有害成分对周围环境的影响。全年运行的锅炉房宜位于居住区和主要环境保护区的全年最小频率风向的上风侧，季节性锅炉房宜位于该季节盛行风向的下风侧；

（7）锅炉房应有较好的朝向，有利于自然通风和采光；

（8）应位于地质条件较好的地区；

（9）设在高层民用建筑内的锅炉房尽可能地设置在建筑物底层或半地下层；

（10）应考虑将来发展的可能性。

11.3.2　锅炉房布置的一般原则

（1）锅炉房建筑布置应符合锅炉房工艺布置的要求。平面布置和结构设计应考虑有扩建的可能性。根据锅炉的容量、类型以及燃烧和除灰渣的方式等决定采用单层或多层建筑。一般小容量的锅炉和没有除灰渣设备的燃油、燃气锅炉应采用单层布置，蒸发量大，有省煤器、空气预热器等尾部受热面，且采用机械化运煤除渣的锅炉，可以采用双层建筑。

（2）锅炉房建筑物和构筑物的室内底层标高应高出室外地坪 0.1m 以上，以免积水和便于泄水。当锅炉房必须建造地下室或地下构造物（烟道、风道等）时，应尽量避免将地下构筑物布置在地下水位以下，否则要有可靠的防地下水和地表水渗入的措施。此外，地下室的地面应有向集水坑倾斜的坡度。

（3）根据气候条件、施工条件和设备供应情况，可以考虑采用半露天或全露天式锅炉房。但设备、仪表必须有适应露天条件要求的防冻、防雨和防风措施，且要求有较完善的自动控制装置，以便于在操作室集中控制。

（4）考虑到锅炉万一发生爆炸事故时气浪能冲开屋面而减弱爆炸的威力，锅炉房的屋面应符合下面的要求：

1）当屋顶结构（包括屋架、桁架）的荷重小于 0.9kPa 时，屋顶可以是整片的，不必带有通风采光的气窗。

2）当屋顶的荷重大于 0.9kPa 时，屋顶应开设防爆气窗，兼作通风采光用。或在高出锅炉的墙壁上开设玻璃窗以代替气窗，开窗面积至少应为全部锅炉占地面积的 10%。

（5）锅炉房应有安全可靠的进出口。当占地面积超过 250m² 时，每层至少应有两个通向室外的出口，分别设在相对的两侧。当所有锅炉前面操作地面的总长度（包括锅炉之间的通道在内）不超过 12m 的单层锅炉房，才可以只设一个出口。

锅炉房还应设有通过最大搬运件的安装孔。安装孔一般与窗结合考虑。对于经常检修的设备，在厂房的结构上应考虑起吊的可能性。在设计楼板时应考虑安装荷重的要求。

（6）砖砌或钢筋混凝土烟囱一般放在锅炉房的后面。烟囱中心到锅炉房后墙的距离应能使烟囱地基不碰到锅炉地基。同时，还应考虑烟道的布置及有无半露天布置的风机、除尘器等设备。如不布置这类设备时，烟囱中心到锅炉房后墙的距离一般为 6～8m。烟囱高度不应低于 20m。

（7）与锅炉房配套的油库区、燃气调压站应布置在离交通要道、民用建筑、可燃或高温车间较远的位置，同时又要考虑与锅炉房联系方便。

（8）锅炉房不得与甲、乙类及使用可燃液体的丙类火灾危险性建筑相连，若与其他生产厂房相连时，应用防火墙隔开。

（9）锅炉房主要立面或辅助间一般应面临主要道路，以使整体布局合理，出入方便。

（10）锅炉房及其所属的建筑物、构筑物和场地的布置应充分利用地形，使挖土方量最小，排水良好。

（11）在满足工艺布置要求的前提下，锅炉房的建筑物和构筑物，宜按建筑统一模数制设计。锅炉房的柱距应采用6m或6m的倍数；跨度在18m或18m以下，应采用3m的倍数；大于18m时应采用6m的倍数，高度应为300mm的倍数。

11.3.3　锅炉间、辅助间及生活间布置

（1）锅炉房一般由下列部分组成：

1）锅炉间。包括仪表控制室。

2）辅助间。包括风机间、水处理间、水泵水箱间、除氧间、化验间、检修间、日用油箱间、材料库、调压间、贮藏间等。

3）生活间。包括办公室、值班室、更衣室、倒班宿舍、浴室、厕所等。

（2）辅助间和生活间一般可贴邻锅炉间布置，并位于其一侧，作为固定端，另一侧为扩建端。如有其他要求。亦可单独布置。

（3）辅助间层面标高宜与其相邻的锅炉间层面标高一致。

（4）仪表控制室宜布置在炉前适中位置，多层布置的锅炉房，宜布置在与锅炉操作层同一标高的楼面上。

（5）化验室应布置在采光较好，噪声和振动影响小的地方。

（6）锅炉间出入口应不少于2个。当炉前走道总长度不大于12m，且面积不大于200m²时，其出入口可只设1个。

（7）多层布置的锅炉房的楼层出入口应有通向地面的安全梯。

（8）锅炉间通向室外的门应向外开启，锅炉房内的工作间或生活间直通锅炉间的门应向锅炉间开启。

（9）检修设施：

1）锅炉房一般应设置检修间，以对锅炉、辅助设置、管道及其附件进行维护保养和小修工作。其大修和中修工作宜由机修车间或外协作解决。

2）单台锅炉额定容量小于6t/h的锅炉房，可视情况设置一般约20m²检修间（兼贮藏）。

3）单台锅炉额定容量6~10t/h的锅炉房，检修间面积50~75m²，可设钳工台、砂轮机、台钻、洗管器、电焊机、手动试压泵等。

4）单台锅炉额定容量20~35t/h的锅炉房，检修间面积75~100m²。除上述基本设备外，根据检修需要可设置立式钻床、车床、锯床、弯管机、移动式空气压缩机等设备。

5）在必须定期检修重量较大（0.5t以上）的辅助设备上方，应视情况设置电动葫芦、手动葫芦或吊钩设施。锅炉上方只考虑阀门附近的起吊，大件的吊装须另采取临时措施。

6）高层建筑内的锅炉房其检修面积应根据具体情况确定。

（10）燃气调压间等有爆炸危险的房间，应有每小时不少于3次的换气量。当自然通风不能满足要求时，应设置机械通风装置，并应有每小时换气不少于8次的事故通风装置，通风装置应防爆。

（11）燃油泵房和日用油箱间，除采用自然通风外，燃油泵房应有每小时换气10次的机械通风装置，日用油箱间应有每小时换气3次的机械通风装置，燃油泵房和日用油箱同为一间时，按燃油泵房的要求执行，通风装置应防爆。换气量可按"房间面积×高度（一

般取 4m)"计算。

（12）设在地面上的燃油泵房及日用油箱间，当建筑外墙下设有百叶窗、花格墙等对外常开孔口时，可不设置机械通风装置。

11.3.4　锅炉房对土建施工的特殊要求

锅炉房对土建施工的特殊要求如下：

（1）锅炉房的土建施工是锅炉安装工程的一个组成部分，土建施工必须按照施工设计所规定的日程施工，以保证其他各项施工连续顺利进行。土建材料的进场日期和堆放地点都要按施工设计进行，需要分期进场的土建材料不要一次进场，以免占用过多的场地和占用时间过长，影响其他材料、设备的运输和堆放。

（2）锅炉、风机、水泵等设备基础的施工，要求混凝土浇灌、振捣密实，不得有蜂窝、麻面、裂纹等缺陷；与设备接触的平面应平整光滑；设备的预埋件及地脚螺栓预留孔要求定位准确，尺寸符合设计要求；基础的定位中心线和标高基准点要留下固定的标志，以供设备安装时参考使用。

（3）及时配合安装工人进行设备基础的二次灌浆。为保证混凝土的质量，在浇灌混凝土之前，应先将设备底面和基础面上的脏物清洗干净。灌浆一般宜用细碎石混凝土（或水泥砂浆），其标高应比基础混凝土的标号高一级。灌浆时，应捣固密实，并不应使地脚螺栓歪斜和影响设备安装精度。当灌浆层与设备底座底面接触要求较高时，应尽量采用膨胀水泥拌制的混凝土。灌浆前应安设模板，外模板至设备底座底面外边缘的距离不应小于 60mm，内模板至设备底座的底面外缘距离应大于 100mm。为使垫铁与设备底座底面及灌浆层的接触良好，宜采用压浆法施工。

（4）锅炉房的主体施工要特别注意预留管道的穿墙、穿越基础的洞，协助安装人员预埋管道支架或预埋钢板。

（5）土建施工时应注意保护进入现场的设备，避免碰坏、砸坏。对安装的阶段成果要保护，以免破坏了安装精度。

复习思考题

11-1　锅炉本体的基本构成有哪些？
11-2　锅炉的燃烧过程由哪几部分组成？
11-3　锅炉房工艺系统包括哪些？
11-4　锅炉房建筑布置应注意哪些问题？

12 燃 气 工 程

12.1 燃气的分类

气体燃料较之液体燃料和固体燃料具有更高的热能利用率，燃烧温度高，火力调节自如，使用方便，易于实现燃烧过程自动化；燃烧时没有灰渣，清洁卫生，而且可以利用管道和瓶装供应。在工业生产上，燃气供应可以满足多种生产工艺（如玻璃工业、冶金工业、机械工业等）的特殊要求，可达到提高产量、保证产品质量以及改善劳动条件的目的。在人们的日常生活中应用燃气作为燃料，对改善生活条件、减少空气污染和保护环境，具有重大的意义。

燃气按照其来源及生产方式大致可分为四大类：天然气、人工燃气、液化石油气和生物气（人工沼气）等。其中：天然气、人工燃气、液化石油气可以作为城镇燃气供应的气源，生物气由于热值低、二氧化碳含量高而不宜作为城镇气源，但在农村如果以村或户为单位设置沼气池，产生的沼气作为洁净能源可以替代秸秆燃烧与利用，仍然有一定的发展前景。

城市民用和工业用燃气是由几种气体组成的混合气体，其中含有可燃气体和不可燃气体。可燃气体有碳氢化合物、氢和一氧化碳，不可燃气体有二氧化碳、氮和氧等。

燃气的种类很多，作为城市气源的主要有天然气、人工燃气和液化石油气。

12.1.1 天然气

天然气是从地下直接开采出来的可燃气体。天然气一般可分为四种：从气井开采出来的气田气或称纯天然气；伴随石油一起开采出来的是石油气，也称石油伴生气；含石油轻质馏分的凝析气田气；从井下煤层抽出的煤矿矿井气。

一般天然气的组分以甲烷为主，另外还含有乙烷、丙烷和丁烷及少量的戊烷和戊烷以上的碳氢化合物、二氧化碳、硫化氢、氮和微量的氦、氖、氩等气体，根据种类的不同，各成分的含量有所不同。天然气既是制取合成氨、炭黑、乙炔等化工产品的原料气，又是优质燃料气，其发热值约为 $20000 \sim 50000 kJ/m^3$，是一种理想的城市气源。天然气可以管道输送，也可以压缩成液态运输和贮存，液态天然气的体积仅为气态天然气的 1/600。

天然气通常没有气味，所以在使用时需混入无害而有臭味的气体（如乙硫醇 C_2H_5SH、四氢噻吩 THT 等），以便易于发现漏气的情况，避免发生中毒或爆炸等事故。

12.1.2 人工燃气

人工燃气是将固体燃料（煤）或液体燃料（重油）通过人工炼制加工而得到的。按其制取方法的不同可分为固体燃料干馏燃气、固体燃料气化燃气、油制气和高炉燃气 4 种。用干馏方式生产煤气，每吨煤可产煤气 $300 \sim 400 m^3$。它的主要成分是甲烷和氢气，

330

低发热值一般在 $16700\text{kJ}/\text{m}^3$ 左右。

利用重油制取的城市燃气称为油制气。生产油制气的装置简单，投资省，占地少，建设速度快，管理人员少，启动、停炉灵活，既可作为城市的基本气源，也可作城市燃气的调度气源。

人工燃气有强烈的气味及毒性，含有硫化氢、萘、苯、氨、焦油等杂质，容易腐蚀及堵塞管道，因此出厂前均需经过净化。煤制燃气只能采用贮气罐气态贮存和管道输送。

12.1.3 液化石油气

液化石油气是开采和炼制石油过程中，作为副产品而获得的一部分碳氢化合物。

液化石油气的主要成分是丙烷（C_3H_8）、丙烯（C_3H_6）、丁烷（C_4H_{10}）和丁烯（C_4H_8），习惯上又称 C_3、C_4，即只用烃的碳原子（C）数表示。它们在常温常压下呈气态，当压力升高或温度降低时很容易转变为液态。从气态转变为液态，其体积约缩小 250 倍。

燃气虽然是一种清洁方便的理想能源，但燃气和空气混合到一定比例时，极易引起燃烧和爆炸，火灾危害性大，且人工燃气有剧烈的毒性，容易引起中毒事故。因而，所有制备、输送、贮存和使用燃气的设备及管道，都要有良好的密封性，它们对设计、加工、安装和材料选用都有严格的要求，同时必须加强维护和管理工作，防止漏气。

12.2 燃气输配系统及设备

12.2.1 长输管道系统

天然气长输管道系统的总流程见图 12-1。它一般包括矿场集输管网、净化处理厂、输气管线起点站、输气干线、中间压气站、中间气体分配站、干线截断阀室、中间气体接收站、清管站、障碍（江河、铁路、水利工程等）的穿跨越、末站（或称城市门站）、城市储配站。

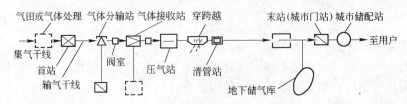

图 12-1 输气管道系统构成图

输气干线起点站的主要任务是保持输气压力平稳，对燃气压力进行自动调节、计量以及除去燃气中的液滴和机械杂质。当输气管线采用清管工艺时，为便于集中管理，在站内设置清管球发射装置。输气管道中间分输气（或进气）站的功能和首站差不多，主要是给沿线城镇供气（或接收其他支线与气源来气）。

压气站是为提高输气压力而设的中间接力站，它是一个综合构筑物，其组成包括加压车间、发电站或变电所、压缩机组和动力机组的供水和冷却系统、除尘器和脱水器润滑油系统、锅炉房及其他附属建筑物。

清管站通常和其他站场合建，清管的目的是定期清除管道中的杂物，如水、机械杂质和铁锈等。由于一次清管作业时间和清管运行速度的限制，两清管收发筒之间距离不能太长，一般在 $100\sim150\text{km}$ 左右。清管站除有清管球收发功能外，还设有分离器及排污装置。

输气管线末站通常和城市门站合建，具有分离、调压、计量与给各类用户配气的功能。为防止大用户用气的过度波动而影响整个系统的稳定，有时装有限流装置。

为了调峰的需要，输气干线有时与地下储库和储配站连接，构成输气干线系统的一部分。与地下储库的连接，通常需建一压缩机站，用气低谷时把干线气压入地下储库，高峰时再抽出燃气压入干线，经过地下储存的天然气受地下环境的污染，必须重新净化处理后方能进入压缩机。

干线截断阀室是为了及时进行事故抢修、检修而设。根据线路所在地区类别，每隔一定距离设置。

输气管道的通信系统通常又作为自控的数传通道，它是输气管道系统进行日常管理、生产调查、事故抢修等必不可少的，是安全、可靠和平稳供气的保证。

通信系统分有线（架空明线、电缆、光纤）和无线（微波、卫星）两大类。

12.2.2　城市燃气输配系统

城市燃气输配系统是一个综合设施，主要由燃气输配管网、储配站、计量调压站、运行操作和控制设施等组成。

12.2.2.1　燃气管道分类

燃气输配系统的主要组成部分是燃气管道。管道可按燃气压力、用途和敷设方式分类。

A　按输气压力分类

燃气管道之所以要根据输气压力来分级，是因为燃气管道的气密性与其他管道相比有特别严格的要求，漏气可能导致火灾、爆炸、中毒或其他事故。燃气管道中的压力越高，管道接头脱开或管道本身出现裂缝的可能性和危险性也越大。当管道内燃气的压力不同时，对管道材质、安装质量、检验标准和运行管理的要求也不同。

我国城市燃气管道根据输气压力分为：

低压燃气管道 $p < 0.01MPa$；

中压 B 燃气管道 $0.01MPa \leqslant p \leqslant 0.2MPa$；

中压 A 燃气管道 $0.2MPa < p \leqslant 0.4MPa$；

次高压 B 燃气管道 $0.4MPa < p \leqslant 0.8MPa$；

次高压 A 燃气管道 $0.8MPa < p \leqslant 1.6MPa$；

高压 B 燃气管道 $1.6MPa < p \leqslant 2.5MPa$；

高压 A 燃气管道 $2.5MPa < p \leqslant 4.0MPa$。

B　按用途分类

（1）长距离输气管道，一般用于天然气长距离输送。

（2）城镇燃气管道，按不同用途分为：

1）分配管道。在供气地区将燃气分配给工业企业用户、公共建筑用户和居民用户。分配管道包括街区的和庭院的分配管道。

2）用户引入管。将燃气从分配管道引到用户室内管道引入口处的总阀门。

3）室内燃气管道。通过用户管道引入口的总阀门将燃气引向室内，并分配到每个燃气用具。

C　按敷设方式分类

按敷设方式可分为埋地管道和架空管道两种。

（1）埋地管道。输气管道一般埋设于土壤中，当管段需要穿越铁路、公路时，有时需加设套管或管沟，因此有直接埋设及间接埋设两种。

（2）架空管道。工厂厂区内、管道跨越障碍物以及建筑物内的燃气管道，常采用架空敷设方式。

城镇燃气管道为了安全运行，一般情况下均为埋地敷设，不允许架空敷设；当建筑物间距过小或地下管线和构筑物密集，管道埋地困难时才允许架空敷设。工厂厂区内的燃气管道常用架空敷设，以便于管理和维修，并减少燃气泄漏的危害性。

12.2.2.2　燃气管网系统

城市燃气管网由燃气管道及其设备组成。由于低压、中压和高压等各种压力级别管道不同组合，城市燃气管网系统的压力级制可分为：

一级系统。仅由低压或中压一种压力级别的管网分配和供给燃气的管网系统。

二级系统。以中-低压或高-低压两种压力级别的管网组成的管网系统。

三级系统。以低压、中压和高压三种压力级别组成的管网系统。

多级管网系统：由低压、中压、次高压和高压多种压力级别组成的管网系统。

A　低压供应方式和低压一级制系统

低压气源以低压一级管网系统供给燃气的输配方式，一般只适用于小城镇。

低压供应方式和低压一级制管网系统的特点是：

（1）输配管网为单一的低压管网，系统简单，维护管理容易。

（2）无需压送费用或只需少量的压送费用，当停电时或压送机发生故时，基本不妨碍供气，供气可靠性好。

（3）对供应区域大或供应量多的城镇，需敷设较大管径的管道而不经济。

B　中压供应和中-低压两级制管网系统

中压燃气管道经中低压调压站调至低压，由低压管网向用户供气；或由低压气源厂和储气柜相应的燃气经压送机加至中压，由中压管网输气，再经过区域调压站调至低压，由低压管道向用户供气。

中压供应和中-低压两级制管网系统的特点是：

（1）因输气压力高于低压供应，输气能力较大，可用较小管径的管道输送较多数量的燃气，以减少管网的投资费用。

（2）只要合理设置中—低压调压器，就能维持比较稳定的供气压力。

（3）输配管网系统有中压和低压两种压力级别，而且设有调压器（有时包括压送机），因而维护管理较复杂，运行费用较高。

（4）由于压送机运转需要动力，一旦停电或其他事故，将会影响正常供气。因此，中压供应及二级制管网系统适用于供应区域较大、供气量较大、采用低压供应方式不经济的中型城镇。

C　高压供应方式和高-中-低三级制管网系统

高压燃气从城市天然气接收站（天然气门站）或气源厂输出，由高压管网输气，经区域高-中压调压器调至中压，输入中压管网，再经区域中-低压调压器调成低压，由低压管网供应燃气用户，如图12-2所示。可在燃气供应区域内设置储气柜，用以调节不均匀性，但目前多采用管道储气调节用气的不均匀性。

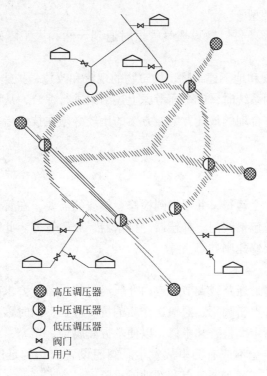

图 12-2　高-中-低三级制管网示意图

高压供应和高-中-低压三级制管网系统的特点是：

（1）高压管道的输送能力较中压管道更大，需用管道的管径更小，如果有高压气源，管网系统的投资和运行费用均较经济。

（2）因采用管道储气或高压储气柜（罐），可保证在短期停电等事故时供应燃气。

（3）因三级制管网系统配置了多级管道和调压器，增加了系统运行维护的难度。如无高压气源，还需要设置高压压送机，压送费用高，维护管理较复杂。

因此，高压供应方式及三级制管网系统适用于供应范围大、供气量大、并需要较远距离输送燃气的场合，可节省管网系统的建设费用，用于天然气或高压制气等高压气源更为经济。

此外，根据城市条件、工业用户的需要和供应情况的不同，还有多种燃气的供应方式和管网压力级制。例如，中压供应及中压一级制管网系统，高压供应及高-中压两级制，高-低压两级制管网系统。

12.2.2.3　燃气管网系统的选择

城市燃气管网输配系统的选择应考虑以下主要因素：

（1）气源情况：燃气的种类和性质、供气量和供气压力、气源的发展或更换气源的规划。

（2）城市规模、远景规划情况、街区和道路的现状和规划、建筑特点、人口密度、居民用户的分布情况。

（3）原有的城市燃气供应设施情况。

（4）对不同类型用户的供气方针、气化率及不同类型的用户对燃气压力的要求。

（5）用气的工业企业的数量和特点。

（6）储气设备的类型。

（7）城市地理地形条件，敷设燃气管道时遇到天然和人工障碍（如河流、湖泊、铁路等）的情况。

（8）城市地下管线和地下建筑物、构筑物的现状和改建、扩建规划。

设计城市燃气管网系统时，应全面考虑上述因素进行综合，从而提出数个方案进行经济技术比较，选用经济合理的最佳方案。方案的比较必须在技术指标和工作可靠性相同的基础上进行。

12.2.3　燃气输配系统设备

为了保证管网的安全运行，并考虑到检修、接线的需要，在管道的适当地点设置必要的附属设备。这些设备包括阀门、补偿器、排水器、放散管等。此外，为在地下管网中安装阀门和补偿器，还要修建闸井。

12.2.3.1　阀门

阀门是用来启闭管道通路或调节管道内介质流量的设备。要求阀体的机械强度高，转动部件灵活，密封部件严密耐用，对输送介质的抗腐蚀性强，同时零部件的通用性好。

燃气阀门必须进行定期检查和维修，以便掌握其腐蚀、堵塞、润滑、气密性等情况以及部件的损坏程度，避免不应有的事故发生。阀门设置以达到足以维持系统正常运行为准，尽量减少其设置数，减少漏气点和额外的投资。

阀门的种类很多，燃气管道上常用的有闸阀、旋塞、截止阀、球阀和蝶阀等。

12.2.3.2　补偿器

补偿器作为消除管段胀缩对管道产生的应力的设备，常用于架空管道和需要进行蒸气吹扫的管道上。此外，补偿器常安装在阀门的下侧（按气流方向），利用其伸缩性能，方便阀门的拆卸和检修。在埋地燃气管道上，多用钢制波形补偿器，如图12-3所示，其补偿量约为10mm。为防止其中存水锈蚀，由套管的注入孔灌入石油沥青，安装时注入孔应在下方。补偿器的安装长度，应是螺杆不受力时的补偿器的实际长度，否则不但不能发挥其补偿作用，反使管道或管件受到不应有的应力。

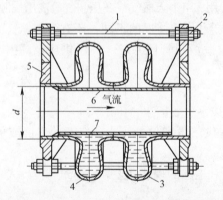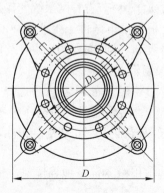

图12-3　波形补偿器

1—螺杆；2—螺母；3—波节；4—石油沥青；5—法兰盘；6—套管；7—注入孔

　　另外，还使用一种橡胶-卡普隆补偿器，如图12-4所示。它是带法兰的螺旋皱纹软管，软管是用卡普隆布作夹层的胶管，外层则用粗卡普隆绳加强。其补偿能力在拉伸时为150mm，压缩时为100mm。这种补偿器的优点是纵横方向均可变形，多用于通过山区、坑道和多地震地区的中、低压燃气管道上。

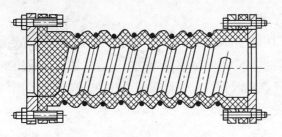

图 12-4　橡胶-卡普隆补偿器

12.2.3.3　排水器

　　为排除燃气管道中的冷凝水和天然气管道中的轻质油，管道敷设时应有一定坡度，以便在低处设排水器，将汇集的水或油排出。排水器的间距视水量和油量多少而定，通常不大于500m。

　　由于管道中燃气的压力不同，排水器有不能自喷和能自喷的两种。如管道内压力较低，水或油就要依靠手动机筒等抽水设备来排出，如图12-5所示。安装在高、中压管道上的排水器，如图12-6所示，由于管道内压力较高，积水（油）在排水管旋塞打开以后

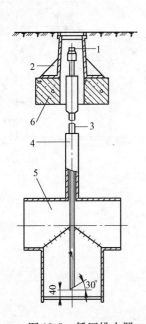

图 12-5　低压排水器

1—丝堵；2—防护罩；3—抽水管；4—套管；
5—集水器；6—底座

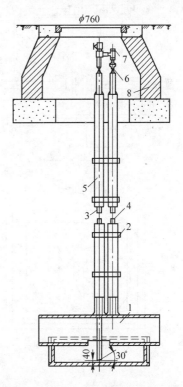

图 12-6　高、中压排水器

1—集水器；2—管卡；3—排水管；4—循环管；5—套管；
6—旋塞；7—丝堵；8—井圈

就能自行喷出，为防止剩余在排水管内的水在冬季冻结，另设有循环管，使排水管内水柱上下压力平衡，水柱依靠重力回到下部的集水器中。为避免燃气中焦油及萘等杂质堵塞，排水管与循环管的直径应适当加大。在管道上布置的排水器还可对其运行状况进行观测，并可作为消除管道堵塞的手段。

12.2.3.4　放散管

放散管是一种专门用来排放管道中的空气或燃气的装置。在管道投入运行时利用放散管排空管内的空气，防止在管道内形成爆炸性的混合气体。在管道或设备检修时可利用放散管排空管道内的燃气。放散管一般也设在阀门井中，在环网中阀门的前后都应安装，在单向供气的管道上则安装在阀门之前。

12.2.3.5　阀门井

为保证管网的安全与操作方便，地下燃气管道上的阀门一般都设置在阀门井中（对于直埋设置的专用阀门，不设阀门井）。阀门井应坚固耐久，有良好的防水性能，并保证检修时有必要的空间，考虑到人员的安全，井筒不宜过深，阀门井的构造如图 12-7 所示。

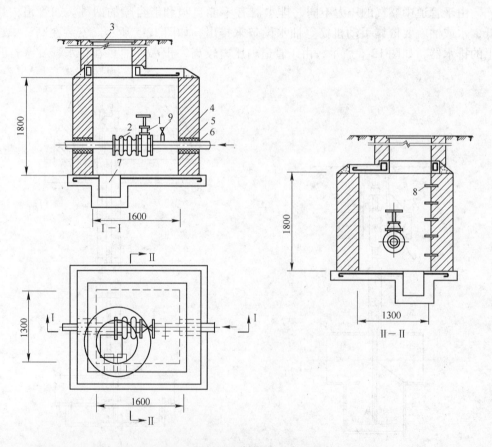

图 12-7　100mm 单管阀门井构造图

1—阀门；2—补偿器；3—井盖；4—防水层；5—浸沥青麻；6—沥青砂浆；
7—集水坑；8—爬梯；9—放散管

12.3 建筑燃气供应系统

12.3.1 建筑燃气供应系统的构成

建筑燃气供应系统包括民用建筑燃气供应系统和公共建筑燃气供应系统。民用建筑燃气供应系统一般由用户引入管、水平干管、立管、用户支管、燃气计量表、用具连接管和燃气用具组成，其平面布置图、剖面图及管路系统图分别如图 12-8 ~ 图 12 – 10 所示。中压进户和低压进户燃气管道系统相似，仅在用户支管上的用户阀门与燃气计量表间加装一用户调压器。公共建筑用户管道供应系统，一般由引入管、用户阀门、燃气计量表、燃气连接管等组成，图 12-11、图 12 – 12 分别为一公共建筑供气管路平面图及系统图。

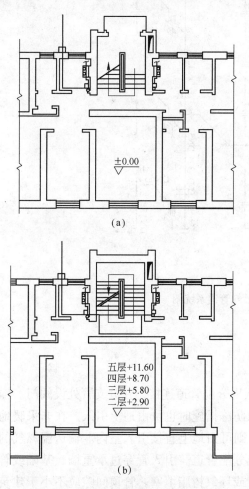

图 12-8 室内燃气管道平面图

（a）一层平面图；（b）标准层平面图

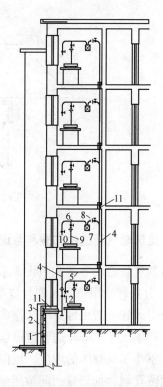

图 12-9 民用建筑燃气供应系统剖面图

1—用户引入管；2—砖台；3—保温层；4—立管；

5—水平干管；6—用户支管；7—燃气计量表；

8—表前阀门；9—燃气灶具连接管；10—燃气灶；

11—套管；12—燃气热水器接头

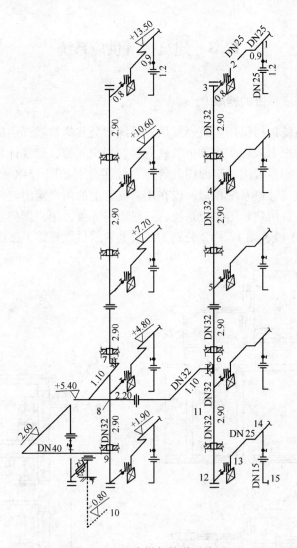

图 12-10　室内燃气管道系统图

12.3.2　建筑燃气管道的布置和敷设要求

建筑燃气管道的布置和敷设要求如下：

（1）引入管。用户引入管与城市或庭院低压分配管道连接，在分支管处设阀门。输送温燃气的引入管一般由地下引入室内，当采取防冻措施时也可由地上引入。在非采暖地区或采用管径不大于 75mm 的管道输送干燃气，则可由地上直接引入室内。输送温燃气的引入管应有不小于 0.005 的坡度，坡向城市燃气分配管道。引入管穿过承重墙、基础或管沟时，应预留孔洞，加套管，间隙用油麻、沥青或环氧树脂填塞。管顶间隙应不小于建筑物最大沉降量（图 12-13 为用户引入管的一种做法）。当引入管沿外墙翻身引入时，其室外部分应采取适当的防腐、保温和保护措施，具体做法见图 12-14。

引入管最好直接引入用气房间（如厨房）内。不得敷设在卧室、浴室、厕所、易燃与易爆物仓库、有腐蚀性介质的房间、变配电间、电缆沟及烟、风道内。

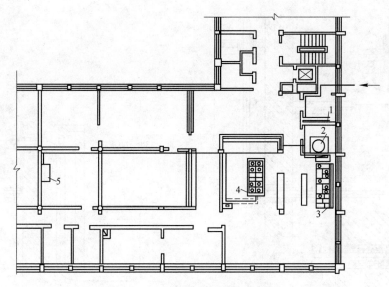

图 12-11 公共建筑供气管路平面图

1—计量表；2—大灶；3—中餐灶；4—西餐灶；5—烤炉

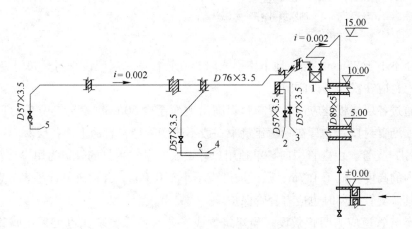

图 12-12 公共建筑供气管路系统图

1—计量表；2—接大灶；3—接中餐灶；4—接西餐灶；5—烤炉；6—活动地沟盖板

　　引入管进入室内后第一层处，应该安装严密性较好、不带手柄的旋塞，可以避免随意开关。

　　建筑物设计沉降量大于 50mm 时，为了防止地基下沉对管道的破坏，可对燃气引入管采取如下保护措施：加大引入管穿墙处的预留洞尺寸；引入管穿墙前水平或垂直弯曲 2 次以上；引入管穿墙前设置金属柔性管或波纹补偿器。

　　（2）水平干管。引入管连接多根立管时，应设水平干管。水平干管可沿楼梯或辅助间的墙壁敷设，坡向引入管，坡度不小于 0.002。管道经过的楼梯间和房间应有良好的通风。

　　（3）立管。立管是将燃气由水平干管（或引入管）分送到各层的管道。

　　立管一般敷设在厨房、走廊或楼梯间内。每一立管的顶端和底端设丝堵三通，作清洗

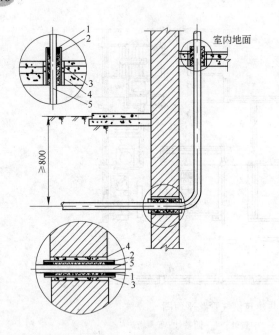

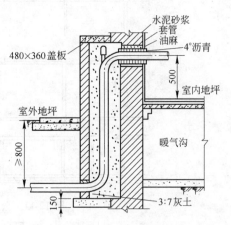

图 12-13　用户引入管
1—沥青密封层；2—套管；3—油麻填料；4—水泥砂浆；
5—燃气管道

图 12-14　引入管沿外墙翻身引入

用，其直径不小于 25mm。当由地下室引入时，立管在第一层应设阀门。阀门应设于室内，对重要用户，应在室外另设阀门。

立管通过各层楼板处应设套管。套管高出地面至少 50mm，套管与立管之间的间隙用油麻填堵，沥青封口。立管在一幢建筑中一般不改变管径，直通上面各层。

（4）用户支管。由立管引向各单独用户计量表及燃气用具的管道为用户支管。用户支管在厨房内的高度不低于 1.7m，敷设坡度应不小于 0.002，并由燃气计量表分别坡向立管和燃气用具。支管穿墙时也应有套管保护。

室内燃气管道应为明管敷设。当建筑物或工艺有特殊要求比也可采用暗管敷设，但应敷设在有人孔的闷顶或有活盖的墙槽内。为了满足安全、防腐和便于检修的需要，室内燃气管道不得敷设在卧室、浴室、地下室、易燃易爆品仓库、配电间、通风机室、潮湿或有腐蚀性介质的房间内。输送湿燃气的室内管道敷设在可能冻结的地方，应采取防冻措施。

室内燃气管道的管材应采用低压流体输送钢管并应尽量采用镀锌钢管。

12.4　燃气表与燃气用具

12.4.1　燃气表

燃气表是计量燃气用量的仪表，在居住与公共建筑内，最常用的是一种膜式燃气表，如图 12-15 所示。

这种燃气表有一个方形的金属外壳，上部两侧有短管，左接进气管，右接出气管。外壳内有皮革制的小室，中间以皮膜隔开，分为左右两部分，燃气进入表内，可使小室左右两部分交替充气与排气，借助杠杆、齿轮传动机构，上部刻度盘上的指针即可指示出燃气用量的累计值。计量范围：小型流量为 $1.5 \sim 3m^3/h$，使用压力为 $500 \sim 3000Pa$；中型流量为 $6 \sim 84m^3/h$，大型流量可达 $100m^3/h$，使用压力为 $（1 \sim 2）\times 10^3 Pa$。

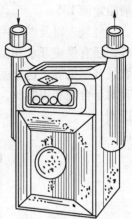

使用管道燃气的用户均应设置燃气表。居住建筑应一户一表，公共建筑至少每个用气单位设一个燃气表。为了便于收费及管理，配有智能卡的燃气表得到广泛的应用。

为了保证安全，燃气表应装在不受振动，通风良好，室温不低于5℃、不超过35℃的房间，不得装在卧室、浴室、危险品和易燃、易爆物仓库内。燃气表可挂在墙上，距地面 $1.6 \sim 1.8m$ 处。燃气表到燃气用具的水平距离不得小于 $0.3m$。

图 12-15 皮膜式燃气表

12.4.2 燃气用具

根据不同的用途，燃气用具种类很多，这里仅介绍居住建筑常用的几种燃气用具。

12.4.2.1 燃气灶

燃气灶的形式很多，有单眼、双眼、多眼灶等。家用的一般是双眼灶，由炉体、工作面和燃烧器三个部分组成。其灶面采用不锈钢材料，燃烧器为铸铁件。各种燃气灶均有适应不同燃料：液化石油气、人工燃气及天然气的同型号。

为了提高燃气灶的安全性，避免发生中毒、火灾或爆炸事故，目前有些家用灶增设了熄火装置，它的作用是一旦灶的火焰熄灭，立即发出信号，将燃气通路切断，使燃气不能逸漏。

灶具在安装时，其侧面及背面应离可燃物（墙壁面等）200mm 以上，燃气灶与可燃或难燃烧的墙壁之间应采取有效的防火隔热措施隔热。燃气灶与对面墙之间应有不小于1m 的净距。

12.4.2.2 燃气烤箱

烤箱由外部围护结构和内箱组成。内箱包以绝热材料用以减少热损失。箱内设有承载物品的托网和托盘，顶部设置排烟口，在内箱上部空间里装有恒温器的感热元件，它与恒温联合工作，控制烤箱内的温度。烤箱的玻璃门上装有温度指示器。

12.4.2.3 燃气热水器

为了洗浴方便，越来越多的家庭配置了燃气热水器。燃气热水器根据排气方式可分为直接排气式热水器、烟道排气式热水器和平衡式热水器三类。目前国内应用的多为直接排气式的热水器，该型热水器严禁安装在浴室内；烟道排气式热水器可安装在能有效排烟的浴室内，浴室体积应大于 $7.5m^3$；平衡式热水器可安装在浴室内。装有直接排气式热水器和烟道式热水器的房间，房间门或墙的下部应设有效截面积不小于 $0.02\ m^2$ 的格栅，或在门与地之间留有不小于 30mm 的间隙；房间净高应大于 $2.4m$。热水器与对面墙之间应有不小于1m 的通道。热水器的安装高度，一般以热水器的观火孔与人眼高度相齐为宜，一般距地面 1.5m。

　　燃气表以及燃气用具的安装图，如图 12-16 所示。除以上介绍的几种常用燃气用具以外，还有供应开水和温开水的燃气开水炉、不需要电的吸收式制冷设备——燃气冰箱以及燃气空调机等，这里就不一一介绍。总之，燃气的应用不仅给人们生活带来很大方便，而且对于合理利用能源，减少环境污染具有重大意义，燃气应用的各类设备的发展前景十分广阔。

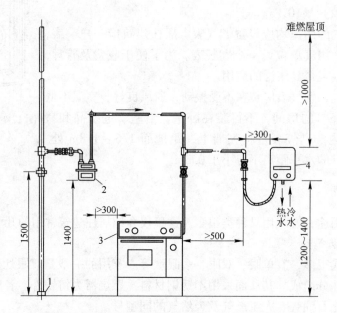

图 12-16　燃气表、燃气灶具及燃气热水器安装示意图
1—套管；2—燃气表；3—燃气灶具；4—燃气热水器

复习思考题

12-1　城市燃气的种类有哪些，各自有什么特点？

12-2　建筑室内燃气系统的组成。

12-3　城市燃气供应方式有哪些？

12-4　燃气管路布置应注意的问题。

13 建筑通风及防排烟

13.1 建筑室内有害物的来源及危害

13.1.1 有害物的来源

13.1.1.1 工业有害物的来源

工业有害物主要来源于工业生产中散发的悬浮微粒、有害蒸气、有害气体、余热和余湿。

A 悬浮微粒的来源

悬浮微粒是指分散在大气中的固态或液态微粒，包括烟尘、灰尘、烟雾、雾等，其中最主要的是烟尘和粉尘。

粉尘是指能在空气中悬浮的、粒径大小不等的固体微粒，是分散在气体中的固体微粒的通称。

烟尘是燃料和其他物质燃烧的产物，粒径范围约为 $0.01 \sim 1\mu m$，通常由不完全燃烧所形成的煤黑、多环芳烃化合物和飞灰等组成，为凝聚性固态微粒，以及液态粒子和固态粒子因凝集作用而生成的微粒。

所有固态分散性微粒称为灰尘，粒径为 $10 \sim 200\mu m$ 的称"降尘"；粒径在 $10\mu m$ 以下的称为"飘尘"。粉尘和烟尘主要由于以下原因造成：矿物燃料的燃烧；机械工业中的铸造、磨削与焊接工序的工作过程；建材工业中原料的粉碎、筛分、运输；化工行业中的生产过程；物质加热时产生的蒸汽在空气中凝结或被氧化的过程。

B 粉尘的扩散机理

任何粉尘都要经过一定的扩散过程，才能以空气为媒介与人体接触。粉尘从静止状态变成悬浮于周围空气的过程，称为"尘化"作用。常见的尘化作用主要有：诱导空气造成的尘化；热气流上升造成的；剪切造成的；综合性的尘化作用。

通常把上述各种尘粒由静止状态进入空气中浮游的尘化作用称为一次尘化作用，引起一次尘化作用的气流称为一次尘化气流。一次尘化作用给予粉尘的能量是不足以使粉尘扩散飞扬的，它只造成局部地点的空气污染。造成粉尘进一步扩散的主要原因是室内的二次气流，即由通风或冷热气流所形成的室内气流。二次气流带着局部地点的含尘空气在整个车间内流动，使粉尘散布到整个车间。由此可见，粉尘是依附于二次气流而运动的，只要控制室内气流的流动，就可以控制粉尘在室内的扩散，改善车间空气环境。

C 有害气体和蒸气的来源

在工业生产过程中，有害气体和蒸气的来源主要有以下几方面：

（1）有害物表面的蒸发；

（2）化学反应过程；

（3）设备及输送有害气体管道的渗漏；

（4）物料的加工处理；

（5）放射性污染等。

D 余热和余湿的来源

工业生产中，各种工业炉和其他加热设备、热材料和热成品等散发的大量热量，浸泡、蒸煮设备等散发的大量水蒸气，这些是车间内余热和余湿的主要来源，余热和余湿直接影响到空气的温度和相对湿度。

13.1.1.2 民用建筑有害物的来源

民用建筑有害物主要来源于人们日常的活动、居住环境所使用的材料和室外环境。按区域划分，室内空气污染物的来源于室外污染空气和室内。

A 室外污染

室外环境中各种燃料的燃烧、交通工具、工业企业、城市垃圾等造成的污染：NO_x、SO_x、H_2S、悬浮颗粒物、烟雾等污染物。地层放射性污染、被污染的水等都会对室内环境造成污染。

B 室内来源

家电的电磁辐射；设计或管理不良的 HVAC 系统；生活中的燃烧过程如炊事、吸烟等；装修材料、日化产品；微生物；人体生物污染等都会对室内形成污染。如图 13-1 所示。

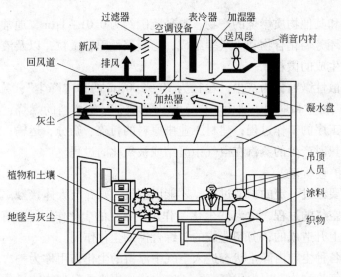

图 13-1 室内污染源

13.1.2 有害物的危害

13.1.2.1 工业有害物的危害

工业有害物的危害主要是两方面：粉尘和有害气体。

（1）粉尘对人体危害的大小取决于空气中所含粉尘的性质、浓度和粒径。化学性质有毒的粉尘（汞、砷、铅等）进入人体后，会引起中毒以致死亡；无毒粉尘吸入人体后，会在肺内沉积，发生"矽肺"病。粉尘浓度越大，粒径越小，对人体的危害也越大。粉尘的物理化学活性越大和进入人体的深度越深会对人体的危害越大。

（2）有害蒸气和气体对人体的危害也因种类不同各不相同，可分为麻醉性、窒息性、刺激性和腐蚀性的等几类。

1）硫氧化物主要有 SO_2 和 SO_3，它们是目前大气污染物中数量大、影响面广的一种气态污染物。SO_2 是无色、有硫酸味的强刺激性气体，是一种活性毒物，在空气中形成硫酸烟雾，它刺激人的呼吸系统，是引起肺气肿和支气管炎发病的原因之一，还能致癌。

2）氮氧化物主要有 NO 和 NO_2。NO 毒性不太大，但在大气中可被氧化成 NO_2。NO_2 的毒性为 NO 的 5 倍，它对呼吸器官具有强烈的刺激作用，使人体细胞膜损坏，导致肺功能下降，引起急性哮喘病、肺气肿和肺瘤。

碳氧化物 CO 和 CO_2 是各种大气污染物中发生量最大的一类污染物。CO_2 是无毒气体，但当其在大气中的浓度过高时，会使氧气含量相对减小，对人体产生不良影响。CO 是一种窒息性气体，由于它与血红蛋白的结合能力比 O_2 的结合能力大 200 ~ 300 倍。因此 CO 的浓度较高时，会阻碍血红蛋白向体内的供氧，轻者会产生头痛、眩晕，重者会导致死亡。

碳氢化物主要是多环芳烃类物质，如苯并芘等，大多数具有致癌作用，碳氢化物的危害还在于参与大气中的光化学反应，生成危害性更大的光化学烟雾，对人的眼睛、鼻、咽、喉、肺部等器官都有明显的刺激作用。

3）汞蒸气是一种剧毒物质，通过使蛋白质变性来杀死细胞而损坏器官，长期与汞接触，会损伤人的嘴和皮肤，还会引起神经方面的疾病。当空气中汞浓度大于 $0.0003mg/m^3$ 时，就会发生汞蒸气中毒现象，汞中毒典型症状为易怒、易激动、失忆、失眠、发抖。

4）铅蒸气能够与细胞内的酵酸蛋白质及某些化学成分反应而影响细胞的正常生命活动，降低血液向组织的输氧能力，导致贫血和中毒性脑病。

除此之外，工业有害物还会对农业产品、工业产品质量、大气甚至于整个地球造成危害。

13.1.2.2 民用建筑室内污染物种类及危害

A 氨

氨存在于建筑工程中常用的添加剂和防冻剂。氨对皮肤组织、上呼吸道有腐蚀作用，造成流泪、咳嗽、呼吸困难，严重可发生呼吸窘迫综合症；还可通过三叉神经末梢反射作用引起心脏停搏和呼吸停止；通过肺泡进入血液，破坏运氧功能。

B 氡

氡是一种无色、无味、自然界唯一的天然放射性惰性气体，由镭蜕变产生。在放射疗法中可用作辐射源，在科研中可用于制造中子。它最稳定的同位素是 Rn222。半衰期为 3.82 天。原子序数 86；熔点 $-71℃$；沸点 $-61.8℃$；密度（固态）4。

它来源于建筑材料及土壤中。地基土壤中有镭。花岗岩、水泥、石膏、部分天然石材中含有镭。天然气中含有氡。

氡是一种易扩散的气体，溶于水和脂肪，极易进入人体呼吸系统造成放射性损伤，是形成肺癌的第二大诱因，潜伏期在 15 年以上。

国家建材局与卫生部 1993 年制订的天然石材的放射性控制标准规定：A 类可居室内使用，C 类只能在外表面使用，表面涂层可阻挡氡的逸出；加大通风换气次数，降低室内氡气浓度。

C   VOC（Volatile Organic Compounds）

常见种类数十种到上百种，主要由脂肪族碳水化合物，芳香族碳水化合物组成。例如酒精类、甲醛、甲苯、四氯化碳等，主要对人体的呼吸器官和神经器官有影响。

每种 VOC 单独浓度不高，但多种微量 VOC 的共同作用不可忽视。长期低剂量释放，对人体危害大。会引起头痛、恶心等症状。VOC 来源于各种漆、涂料、胶黏剂、阻燃剂、防水剂、防腐剂、防虫剂及室内建材家具等。

影响室内 IAQ 的主要是 50～100℃的 VVOC 和 100～260℃的 VOC。由于 VOC 种类很多，难以检测和分类，世界卫生组织 WHO 在 1987 年给出了一个室内总 VOC（TVOC）的含量不能超过 $300g/m^3$ 的上限值；即对正乙烷和正十六烷之间的挥发性有机化合物称总挥发性有机化合物（TVOC）进行控制。我国民用建筑工程室内环境指标 TVOC 指标为 $500g/m^3$。

D   甲醛（HCOH）

甲醛浓度：$0.1mg/m^3$ 时有异味影响。$0.5mg/m^3$ 以上刺激黏膜（眼、呼吸道等），产生变态反应（眼红、流泪、咽干等）、恶心、胸闷等。$6.5mg/m^3$ 以上引起肺炎、肺水肿，甚至导致死亡。

甲醛有致畸、致癌作用。对神经系统、免疫系统、肝脏都有危害。释放期长达 3～15 年。在高温、高湿条件下甲醛散发力度加大。

E   气味（分子污染）

分子的重量为 $1\mu m$ 微粒的 1/1010 倍，扩散速度极快，难以控制。因此污染源控制最重要。

气味污染主要来源于厨房、卫生间。还有人体生物污染。

F   烟草烟雾

烟草烟雾是一种最常见的室内空气污染。烟气的典型成分，如表 13-1 所示。

表 13-1   香烟烟气的典型组成成分 （mg/支）

成 分	主流烟气	二次烟气
燃过的烟草	350	400
全部颗粒	20	45
尼古丁	1	1.7
一氧化碳	20	80
二氧化碳	60	80
氧化氮	0.01	0.08
丙烯醛	0.08	—
产生烟气时间	20s	550s

G   悬浮颗粒物

悬浮颗粒物包括烟气、大气尘埃、纤维性粒子及花粉，其中直径小于 $10\mu m$ 的微粒称为可吸入颗粒物。按质量计，大气尘埃中 $10\mu m$ 以下占 72%；工业过程产尘，$10\mu m$ 以下占 30%，可吸入并停留在呼吸道中，造成矽肺和肺癌。主要来源于室外和生产过程，以及人员行走、抽烟等活动。建筑材料中的石棉类建材也可产生。

一、二次扬尘和室内湿度过低是其产生的主要原因。避免扬尘、增强过滤、控制湿度等方式以及控制产生源等手段可用来避免污染。

H 微生物

如病毒和细菌，它们可以附着于悬浮颗粒物上传播，是传染病的来源。其中霉菌：滋生于潮湿阴暗的土壤、水体、空调设备中；军团病：一种大叶性肺炎，1976 年在美国费城的宾夕法尼亚美军军团会议的参加者中发生的军团病是典型的例子。死亡率高达15% ~20% 。

军团病原菌是一种普遍存在的嗜水性需氧细菌：可通过风道、给水系统进入室内空气。

尘螨适宜环境温度20 ~30℃，湿度75% ~85% ，空气不流通的场所，滋生于纯毛地毯、床垫等处，可引起哮喘、过敏性鼻炎、过敏性皮炎等。可采用通风换气，保持清洁等方式改善此环境。

I 臭氧（O_3）

臭氧是一种刺激性气体，主要来自室外的光化学烟雾。室内的电视机、复印机、激光印刷机、负离子发生器等，它们在使用过程中也都能产生臭氧。臭氧可氧化空气中化合物而还原，可杀菌；可被橡胶、塑料等吸附。臭氧对眼睛、黏膜和肺组织都具有刺激作用，能破坏肺的表面活性物质，并能引起肺水肿、哮喘等。

13.1.3 卫生标准和排放标准

13.1.3.1 污染物衡量标准

不同物质的衡量标准不同。

（1）气体污染物浓度常用以下方式表示：

1）体积浓度：表示空气中某有害蒸气或气体的体积含量，常用单位是 mL/m^3，因为 $1mL = 10^{-6} m^3$，所以 $1mL/m^3 = 10^{-6}$。

2）质量浓度表示单位体积空气中所含某有害蒸气或气体的质量值，常用单位是，mg/m^3。

在标准状态下，质量浓度和体积浓度可按下式进行换算：

$$Y = \frac{M}{22.4}C \tag{13-1}$$

式中 Y——有害气体和蒸汽的质量浓度，mg/m^3；

C——有害气体和蒸汽的体积浓度，10^{-6} 或 mL/m^3；

M——有害气体和蒸汽的摩尔质量，g/mol。

（2）放射性物只有两种表示方法：

1）放射性气体浓度（Bq/m^3）。

2）放射性比活度。某种材料单位质量的某种放射性核素的活度，Bq/kg。

（3）悬浮颗粒物浓度常用以下方式表示：

1）质量浓度。每立方米空气中所含尘粒的质量，单位是 mg/m^3；

2）计数浓度。每立方米空气中所含尘粒的颗粒数，单位是粒（个）/cm^3。

（4）微生物常用以下方式表示：

1）撞击法［菌落形成单位（CFU）/m^3］；

2）沉降法［个（菌落）/皿］。

13.1.3.2 卫生标准

为维护人的身体健康，我国制定了一系列标准，针对环境空气质量功能区的不同，对污染物含量有不同要求：一类区为自然保护区、风景名胜区和其他需要特殊保护的地区。执行一级标准。二类区为城镇规划中确定的居住区、商业交通居民混合区、文化区、一般工业区和农村地区。执行二级标准。三类区为特定工业区。执行三级标准。

各项污染物的浓度限值，见表13-2。

表13-2　各项污染物的浓度限值

污染物名称	取值时间	浓度限值			
		一级标准	二级标准	三级标准	浓度单位
二氧化硫 SO₂	年平均 日平均 1h平均	0.02 0.05 0.15	0.06 0.15 0.50	0.10 0.25 0.70	
总悬浮颗粒物 TSP	年平均 日平均	0.08 0.12	0.20 0.30	0.30 0.50	
可吸入颗粒物 PM10	年平均 日平均	0.04 0.05	0.10 0.15	0.15 0.25	
氮氧化物 NOₓ	年平均 日平均 1h平均	0.05 0.10 0.15	0.05 0.10 0.15	0.10 0.15 0.30	mg/m³（标准状态）
二氧化氮 NO₂	年平均 日平均 1h平均	0.04 0.08 0.12	0.04 0.08 0.12	0.08 0.12 0.24	
一氧化碳 CO	日平均 1h平均	4.00 10.00	4.00 10.00	6.00 20.00	
臭氧 O₃	1h平均	0.12	0.16	0.20	
铅 Pb	季平均 年平均	1.50 1.00			
苯并[a]芘 B[a]P	日平均	0.01			μg/m³（标准状态）
氟化物	日平均 1h平均	7① 20①			
氟 F	月平均 植物生长季平均	1.8② 1.2②	3.0③ 2.0③		μg/(dm²·d)

①适用于城市地区；②适用于牧业区和以牧业为主的半农半牧区，蚕桑区；③适用于农业和林业区。

（1）根据国家环保总局的统一规定，中国空气质量根据空气污染综合指数划分为五级，如表13-3所示。

表13-3　中国空气质量划分等级

级别	综合指数	客观评价	说明
I	0～0.49	清洁	适宜人类生活
II	0.5～0.99	未污染，污染物不超标	人类生活正常
III	1.0～1.49	轻污染，至少有1个指标超标	敏感者受害
IV	1.50～1.99	中污染，2～3个指标超标	健康人群明显受害，敏感者受害严重
V	<2.00	重污染，3～4个指标超标	健康人群受害，敏感者可能死亡

空气污染指数是根据空气环境质量标准和各项污染物的生态环境效应及其对人体健康的影响来确定污染指数的分级数值及相应的污染物浓度限值。

大气中各种污染物的含量高低、毒性强弱以及它们对环境的影响程度差别很大。为了简单直观地描述各种污染物对空气的污染程度，把污染物的浓度、污染等级等空气质量参数之间的关系，用一个统一的数学公式表达出来，并由此计算出一个简单的相对数值，来表示大气污染的强度。人们把这样一个能够表示空气中首要污染物对空气污染程度的数值，称为空气污染指数，或者称做环境空气质量综合指数。

$$I = \sqrt{(\max R_1, R_2, \cdots, R_n)\left(\frac{1}{n}\sum_{i=1}^{n} R_i\right)} \tag{13-2}$$

式中　R_i——各种污染物分指数，$R_i = \dfrac{C_i}{S_i}$；

　　　　C_i——实测污染物浓度；

　　　　S_i——污染物浓度限值（见表 13-2）。

根据我国空气污染特点和污染防治重点，目前计入空气污染指数的项目暂定为：二氧化硫、氮氧化物和可吸入颗粒物或总悬浮颗粒物。随着环境保护工作的深入和监测技术水平的提高，将调整增加其他污染项目，以便更为客观地反映污染状况。全国部分城市 2003 年污染状况见图 13-2。空气污染指数 API（Air Pollution Index 的英文缩写）是我国城市空气质量日报的依据，如表 13-4 和表 13-5 所示。

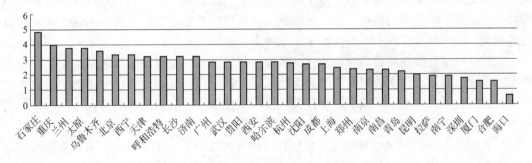

图 13-2　2003 年中国部分城市空气污染综合指数
（注：摘自《中国环境年鉴 2004》）

表 13-4　空气污染指数对应的污染物浓度限值

污染指数 API	污染物浓度/mg·m⁻³				
	SO₂（日均值）	NO₂（日均值）	PM 10（日均值）	CO（小时均值）	O₃（小时均值）
50	0.050	0.080	0.050	5	0.120
100	0.150	0.120	0.150	10	0.200
200	0.800	0.280	0.350	60	0.400
300	1.600	0.565	0.420	90	0.800
400	2.100	0.750	0.500	120	1.000
500	2.620	0.940	0.600	150	1.200

表 13-5　空气污染指数范围及相应的空气质量类别

空气污染指数 API	空气质量状况	对健康的影响	建议采取的措施
0 ~ 50	优	可正常活动	
51 ~ 100	良	易感人群症状有轻度加剧	心脏病和呼吸系统疾病患者应减少体力消耗和户外活动
101 ~ 150	轻微污染	健康人群出现刺激症状	应减少体力消耗和户外活动
151 ~ 200	轻度污染	健康人群出现刺激症状	应减少体力消耗和户外活动
201 ~ 250	中度污染	心脏病和肺病患者症状显著加剧，运动耐受力降低，健康人群中普遍出现症状	老年人和心脏病、肺病患者应停留在室内，并减少体力活动
251 ~ 300	中度重污染	心脏病和肺病患者症状显著加剧，运动耐受力降低，健康人群中普遍出现症状	老年人和心脏病、肺病患者应停留在室内，并减少体力活动
>300	重污染	健康人运动耐受力降低，老年人和病人有明显强烈症状，提前出现某些疾病	应当留在室内，避免体力消耗，一般人群应避免户外活动

（2）《工业企业设计卫生标准》。我国于 2010 年修订了《工业企业设计卫生标准》，作为全国通用设计卫生标准，它规定了"居住区大气中有害物质的最高允许浓度"标准和"车间空气中有害物质的最高允许浓度"标准，成为工业通风设计和检查效果的重要依据。详见相关国家标准。

居住区大气中有害物质的最高允许浓度的数值，是以居住区大气卫生学调查资料及动物实验研究资料为依据而制定的，鉴于居民中有老、幼、病、弱，且有昼夜接触有害物质的特点，采用了较敏感的指标。这一标准是以保障居民不发生急性或慢性中毒，不引起黏膜的刺激，闻不到异味和不影响生活卫生条件为依据而制定的。

车间空气中有害物质最高允许浓度的数值，是以工矿企业现场卫生学调查，工人健康状况的观察，以及动物实验研究资料为主要依据而制定的。最高允许浓度是指工人在该浓度下长期进行生产劳动，不致引起急性和慢性职业性危害的数据。在具有代表性的采样测定中均不应超过该数值。

（3）排放标准。排放标准是为了使居民区的有害物质符合卫生标准，对污染源所规定的有害物的允许排放量和排放浓度，工业通风排入大气的有害物应符合排放标准的规定，它是在卫生标准的基础上制定的。

随着我国对环境保护的重视，1996 年在原有标准的基础上制定了《大气污染物综合排放标准》（GN 6297—1996），它规定 33 种大气污染物的排放限值和执行中的各种要求。在我国现有的国家大气污染物排放体系中按照综合性排放标准与行业性排放标准不交叉执行的原则，即除若干行业执行各自的行业性国家大气污染物排放标准外，其余均执行本标准。如锅炉即执行《锅炉大气污染物排放标准》（GWPB 3—1999），同时我国还制定了《环境空气质量标准》（GB 3095—1996）。本标准制定了环境空气质量、功能区划分、标准分级、污染物项目、取值时间及浓度限值。

（4）《民用建筑工程室内环境污染控制规范》。国家《民用建筑工程室内环境污染控制规范》（GB 50325—2001）规定：民用建筑工程室内环境指标应按建筑物性质不同分别对待。具体划分为两类：

1）Ⅰ类民用建筑工程。住宅、宿舍、医院病房、老年建筑、幼儿园、学校教室等建

筑工程;

2）Ⅱ类民用建筑工程。旅店、办公楼、文化娱乐场所、书店、图书馆、展览馆、体育馆、商场（店）、公共交通工具等候室、医院候诊室、饭馆、理发店等公共建筑工程。具体内容如表13-6所示。

表13-6　民用建筑工程室内环境指标

污 染 物	Ⅰ类民用建筑工程	Ⅱ类民用建筑工程
氡/Bq·m⁻³	≤100	≤200
甲醛/mg·m⁻³	≤0.08	≤0.12
苯/mg·m⁻³	≤0.09	≤0.09
氨/mg·m⁻³	≤0.2	≤0.5
TVOC/mg·m⁻³	≤0.5	≤0.6

（5）《室内空气质量标准》。国家在2001年由卫生部制定了《室内空气质量标准》（GB/T 18883—2002），它适用于住宅、办公楼等建筑，其他室内环境可参照此标准。室内空气应无毒、无害、无异常嗅味。其标准如表13-7所示。

表13-7　室内空气质量标准

序 号	参数类别	参 数	单 位	标准值	备 注
1	物理性	温度	℃	22~28	夏季空调
				16~24	冬季采暖
2		相对湿度	%	40~80	夏季空调
				30~60	冬季采暖
3		空气流速	m/s	0.3	夏季空调
				0.2	冬季采暖
4		新风量	m³/(h·人)	30ᵃ	
5	化学性	二氧化硫 SO_2	mg/m³	0.50	1h均值
6		二氧化氮 NO_2	mg/m³	0.24	1h均值
7		一氧化碳 CO	mg/m³	10	1h均值
8		二氧化碳 CO_2	%	0.10	日平均值
9		氨 NH_3	mg/m³	0.20	1h均值
10		臭氧 O_3	mg/m³	0.16	1h均值
11		甲醛 HCHO	mg/m³	0.10	1h均值
12		苯 C_6H_6	mg/m³	0.11	1h均值
13		甲苯 C_7H_8	mg/m³	0.20	1h均值
14		二甲苯 C_8H_{10}	mg/m³	0.20	1h均值
15		苯并[a]芘 B[a]P	mg/m³	1.0	日平均值
16		可吸入颗粒 PM10	mg/m³	0.15	日平均值
17		总挥发性有机物（TVOC）	mg/m³	0.60	8h均值
18	生物性	菌落总数	cfu/m³	2500	依据仪器定ᵇ
19	放射性	氡²²²Rn	Bq/m³	400	年平均值（行动水平ᶜ）

注：a新风量要求不小于标准值，除温度、相对湿度外的其他参数要求不大于标准值；b见标准规定；c行动水平即达到水平建议采取干预行动以降低室内氡浓度。

13.1.3.3　污染物的控制方法

堵源——建筑设计与施工中，特别是围护结构表层材料的选用中，采用 VOC 等有害气体释放量少的材料。

节流——保证空调或通风系统的正确设计、严格的运行管理和维护，使可能的污染源产污量降低到最低程度。

稀释——保证足够的新风量或通风换气量，稀释和排除室内气态污染物。这是改善室内空气品质的基本方法。

清除——采用各种物理或化学方法如过滤、吸附、吸收、氧化还原等将空气中的有害物清除或分解掉。

13.2　通风方式

13.2.1　通风的分类

13.2.1.1　通风系统主要有两种分类方法

（1）按通风系统作用范围可分为：

1）全面通风。它是对整个房间进行通风换气，用送入室内的新鲜空气把房间里的有害物浓度稀释到卫生标准的允许浓度以下，同时把室内被污染的空气直接或经过净化处理后排放到室外大气中去，如图 13-3 所示。

2）局部通风。它是采用局部气流，使局部工作地点不受有害物的污染，从而造成良好的局部工作环境。与全面通风相比，局部通风除了能有效地防止有害物质污染环境和危害人们的身体健康外，还可以大大减少排出有害物所需的通风量，是一种经济的通风方式。

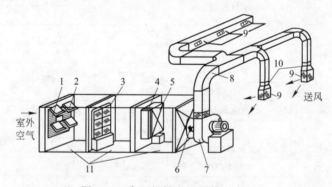

图 13-3　全面机械送风系统示意图

1—百叶窗；2—保温阀；3—空气过滤器；4—旁通阀；5—空气加热器；6—启动阀；7—风机；
8—通风管；9—送风口；10—调节阀；11—送风小室

（2）按照通风系统的作用动力可分为：

1）自然通风。自然通风是利用室外风力造成的风压，以及由室内外温度差和高度差产生的热压使空气流动的通风方式，特点是结构简单、不用复杂的装置和消耗能量，因此，是一种经济的使空气流动的通风方式。应优先采用。

2）机械通风。它是依靠风机提供的动力使空气流动。一般在下列房间应设置机械通风：散发大量余热、余湿；散发烟味、臭味以及有害气体等；无自然通风条件或自然通风不能满足卫生要求；人员停留时间较长，且房间无可开启的外窗。

13.2.2 自然通风作用原理

13.2.2.1 自然通风作用原理

当建筑物外墙上的窗孔两侧存在压力差时，压力较高一侧的空气将通过窗孔流到压力较低的一侧。设空气流过窗孔的阻力为 Δp，由伯努利方程：

$$\Delta p = \xi \frac{\rho v^2}{2} \tag{13-3a}$$

式中　Δp——窗孔两侧的压力差，Pa；

　　　ρ——空气的密度，kg/m^3；

　　　v——空气通过窗孔时的流速，m/s；

　　　ξ——窗口的局部阻力系数。

通过窗口的空气量可表示为：

$$L = vF = F\sqrt{\frac{2\Delta p}{\xi \rho}} \tag{13-3b}$$

式中　L——窗口的空气流量，m^3/s；

　　　F——窗口的面积，m^2。

13.2.2.2 热压作用下的自然通风

设有一建筑物如图 13-4 所示，在建筑物外墙上开有窗孔 a、b，两窗孔之间的高度差为 h。假设开始时两窗孔外面的静压分别为 p_a、p_b，两窗孔里面的静压分别为 p'_a、p'_b，室内外的空气温度和密度分别是 t_n，t_w 和 ρ_n、ρ_w，当 $t_n > t_w$ 时，$\rho_n < \rho_w$。

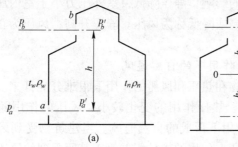

图 13-4　热压作用下的自然通风
（a）热压作用原理；（b）余压沿外墙高度上的变化规律

如果首先关闭窗孔 b，仅打开窗孔 a，由于窗孔 a 内外的压差使得空气流动，室内外的压力会逐渐趋于一致。当窗孔 a 内外的压差 $\Delta p_a = p'_a - p_a = 0$ 时，空气停止流动。由流体静力学原理，窗孔 b 内外两侧的压差则可表示为：

$$\Delta p_b = p'_b - p_b = (p'_a - gh\rho_n) - (p_a - gh\rho_w) = (p'_a - p_a) + gh(\rho_w - \rho_n)$$
$$= \Delta p_a + gh(\rho_w - \rho_n) \tag{13-4}$$

式中　Δp_a——窗孔 a 内外两侧的压差，Pa；

　　　Δp_b——窗孔 b 内外两侧的压差，Pa；

　　　g——重力加速度，m/s^2。

由式（13-4）可知，当 $\Delta p_a = 0$ 时，由于 $t_n > t_w$，所以 $\rho_n < \rho_w$，因此窗孔 b 内外两侧的压差 $\Delta p_b > 0$，这时打开窗孔 b，室内空气就会在压差作用下向室外流动。

从上述分析可知，在同时开启窗孔 a、b 的情况下，随着室内空气从窗孔 b 向室外流动，室内静压会逐渐减小，窗孔 a 内外两侧的压差 Δp_a 将从最初等于零变为小于零。这时，室外空气就会在窗孔 a 内外两侧压差的作用下，从窗孔 a 流入室内，直到从窗孔 a 流入室内的空气量等于从窗孔 b 排到室外的空气量时，室内静压才保持为某个稳定值。

把式（13-4）移项整理，窗孔 a、b 内外两侧压差的绝对值之和可表示为：

$$\Delta p_b + (-\Delta p_a) = \Delta p_b + |\Delta p_a| = gh(\rho_w - \rho_n) \tag{13-5}$$

式（13-5）表明，窗孔 a、b 两侧的压力差是由 $gh(\rho_w - \rho_n)$ 所造成，其大小与室内外空气的密度差 $(\rho_w - \rho_n)$ 和进、排风窗孔的高度差 h 有关，通常把 $gh(\rho_w - \rho_n)$ 称为热压。

在自然通风的计算中，把围护结构内外两侧的压差称为余压。余压为正，窗孔排风，余压为负，窗孔进风。如果室内外空气温度一定，在热压作用下，窗孔两侧的余压与两窗孔间的高差呈线性关系，且从进风窗孔 a 的负值沿外墙逐渐变为排风窗孔 b 的正值。即是在某个高度 0-0 平面的地方，外墙内外两侧的压差为零。这个平面称为中和面。位于中和面以下的窗孔是进风窗，中和面以上的窗孔是排风窗。

13.2.2.3　风压作用下的自然通风

图 13-5 是利用风压进行通风的示意图。具有一定速度的风由建筑物迎风面的门窗吹入房间内，同时又把房间中的原有空气从背风面的门、窗压出去（背风面通常为负压），这样也可使工作区的空气环境得到改善。由于建筑物的阻挡，建筑物周围的空气压力将发生变化。在迎风面，空气流动受阻，速度减小，静压升高，室外压力大于室内压力。在背风面和侧面，由于空气绕流作用的影响，静压降低，室外压力小于室内压力。与远处未受干扰的气流相比，这种静压的升高或降低称为风压。静压升高，风压为正，称为正压；静压降低，风压为负，称为负压。

13.2.2.4　热压和风压同时作用下的自然通风

在大多数工程实际中，建筑物在热压和风压的作用下很难分隔开来。一般，在风压和热压共同作用的这种自然通风中，热压作用的变化较小，风压的作用随室外气候变化较大，图 13-6 为热压和风压同时作用下形成的自然通风。当建筑物受到风压和热压的共同作用时，在建筑物外围结构各窗孔上作用的内外压差等于其所受到的风压和热压之和。

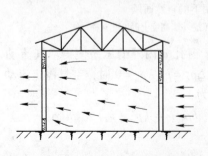
图 13-5　风压作用下的自然通风

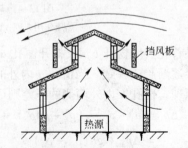
图 13-6　风压和热压作用下的自然通风

用热压和风压来进行换气的自然通风对于产生大量余热的生产车间是一种经济而又有

效的通风方法。如机械制造厂的铸造热处理车间，各种加热炉、冶炼炉车间均可利用自然通风。但自然通风量的大小受许多因素（室内外温差，室外风速、风向，门窗的面积、形式和位置等）的制约，因此，通风量很难控制和保证，通风效果不稳定，在应用时应充分考虑并可采取相应的调节措施。

13.2.3　机械通风

依靠通风机的动力使室内外空气流动的方式称为机械通风。图 13-3 为一车间的机械送风系统。机械通风作用压力的大小可根据需要由所选的不同风机来保证，不像自然通风受自然条件的限制，并可以通过管道把空气按要求的送风速度送到指定的任意地点，也可以从任意地点按要求的排风速度排除被污染的空气。组织室内气流的方向，并根据需要对室内进风或排风进行各种处理。同时具有调节通风量和稳定通风效果的作用。但是，机械通风需要消耗电能，风机和风道等设备还会占用一部分面积和空间，初投资和运行费用较大，安装管理较为复杂。

按照通风系统应用范围的不同，机械通风可分为全面通风和局部通风。应优先采用局部排风，当不能满足卫生要求时，应采用全面排风

13.2.3.1　局部通风

通风的范围限制在有害物形成比较集中的地方，或是工作人员经常活动的局部地区的通风方式，称为局部通风。局部通风系统分为局部送风和局部排风两大类，它们都是利用局部气流，使工作地点不受有害物污染，以改善工作地点空气条件的。

A　局部送风

向局部工作地点送风，保证工作区有良好空气环境的方式，称局部送风。

对于空间较大，工作地点比较固定，操作人员较少的生产车间，用全面通风的方式改善整个车间的空气环境困难、不经济。可用局部送风。局部送风系统分为系统式和分散式两种。图 13-7 是铸造车间局部送风系统图，这种系统也称作空气淋浴，即将冷空气直接送入作业点的上方，使人体沐浴在新鲜冷空气中。分散式局部送风一般使用轴流风机，适用于对空气处理要求不高、可采用室内再循环空气的地方。

B　局部排风

在局部工作地点排除被污染气体的系统称局部排风，如图 13-8 所示。为了减少工艺设备产生的有害物对室内空气环境的直接影响，将局部排风罩直接设置在产生有害物的设备附近，及时将有害物排入局部排风罩，然后通过风管、风机排至室外，这是污染扩散较小、通风量较小的一种通风方式。局部排风也可以是利用热压及风压作为动力的自然排风。

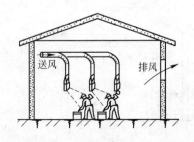

图 13-7　局部送风系统（空气淋浴）

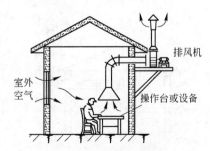

图 13-8　局部排风系统

C 局部送、排风

局部通风系统也可以采用既有送风又有排风的通风装置，如图 13-9 所示，在局部地点形成一道"风幕"，利用这种风幕来防止有害气体进入室内，是一种既不影响工艺操作又比单纯排风更为有效的通风方式。

13.2.3.2 全面通风

全面通风是在房间内全面地进行通风换气的一种通风方式。全面通风又可分为全面送风、全面排风和全面送、排风。当车间有害物源分散，工人操作点多，安装局部通风装置困难，或采用局部通风达不到室内卫生标准的要求时，应采用全面通风。

A 全面送风

向整个车间全面均匀地进行送风的方式称为全面送风，如图 13-10 所示。全面送风可以利用自然通风或机械通风来实现。全面机械送风系统利用风机把室外大量新鲜空气经过风道、风口不断送入室内，将室内空气中的有害物浓度稀释到国家卫生标准的允许浓度范围内，以满足卫生要求。

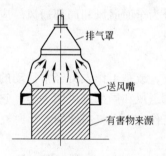

图 13-9 局部送、排风系统

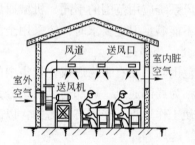

图 13-10 全面机械送风系统

B 全面排风

在整个车间全面均匀进行排气的方式称全面排风，如图 13-11 所示。全面排风系统既可利用自然排风，也可利用机械排风。全面机械排风系统利用全面排风将室内的有害气体排出，而进风来自不产生有害物的邻室和本房间的自然进风，这样形成一定的负压，可防止有害物向卫生条件较好的邻室扩散。

C 全面送、排风

一个车间常常可同时采用全面送风系统和全面排风系统相结合的系统，如图 13-12 所示，对门窗密闭、自行排风或进风比较困难的场所。通过调整送风量和排风量的大小，使房间保持一定的正压或负压。

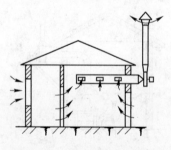

图 13-11 全面机械排风系统

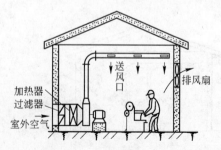

图 13-12 全面送、排风系统

D　事故通风

事故通风是为防止在生产车间当生产设备发生偶然事故或故障时，可能突然散发的大量有害气体或有爆炸性的气体造成更多人员生命安全事故或财产损失而设置的排气系统。它是保证安全生产和保障工人生命安全的一项必要措施。

事故排风的风量应根据工艺设计所提供的资料通过计算确定，当工艺设计不能提供相关计算资料时，应按每小时不小于房间全部容积的 12 次换气量确定。事故排风宜由经常使用的排风系统和事故排风的排风系统共同完成，但必须在发生事故时，提供足够的排风量。

事故排风的通风机应分别在室内、外便于操作的地点设置开关，以便一旦发生紧急事故时，使其立即投入运行。事故排风的吸风口应设在有害气体或爆炸危险物质散发量可能最大的地方。事故排风的排风口不应设置在人员经常停留或经常通行的地点，且应高于 20m 范围内最高建筑的屋面 3m 以上，当其与机械送风系统进风口的水平距离小于 20m 时，应高于进风口 6m 以上。

13.2.4　全面通风量的确定

13.2.4.1　全面通风量的确定

所谓全面通风量是指为了改变室内的温、湿度或把散发到室内的有害物稀释到卫生标准规定的最高允许浓度以下所必需的换气量。一般按下列方法计算。

（1）为稀释有害物所需的通风量：

$$L = \frac{kx}{y_p - y_s} \tag{13-6}$$

式中　L——全面通风量，m^3/s；

　　　k——安全系数，一般在 3 ~ 10 范围内选用；

　　　x——有害物散发量，g/s；

　　　y_p——室内空气中有害物的最高允许浓度，g/m^3；

　　　y_s——送风中含有该种有害物质浓度，g/m^3。

（2）为消除余热所需的通风量：

$$L = \frac{Q}{c\rho(t_p - t_s)} \tag{13-7}$$

式中　L——全面通风量，m^3/s；

　　　Q——室内余热量，kJ/s；

　　　c——空气的质量热容，可取 1.01 $kJ/(kg \cdot ℃)$；

　　　ρ——空气密度，可按下式近似确定：

$$\rho = \frac{1.293}{1 + \frac{1}{273}t} \approx \frac{353}{T}(kg/m^3) \tag{13-8}$$

　　1.293——0℃时干空气的密度，kg/m^3；

　　　t——空气摄氏温度，℃；

　　　T——空气的绝对温度，K；

t_p——排风温度，℃；

t_s——送风温度，℃。

（3）为消除余湿所需的通风量：

$$L = \frac{W}{\rho(d_p - d_s)}(\mathrm{m^3/s}) \tag{13-9}$$

式中　W——余湿量，g/s；

d_p——排风含湿量，$\mathrm{g/kg_{干空气}}$；

d_s——送风含湿量，$\mathrm{g/kg_{干空气}}$。

室内同时放散余热、余湿和有害物质时，全面通风量应分别计算后按三者中最大值取。

按卫生标准规定，当有数种溶剂（苯及其同系物或醇类或醋酸类）的蒸气，或数种刺激性气体（三氧化二硫及三氧化硫或氟化氢及其盐类等）同时在室内放散时，全面通风量应按各种气体分别稀释至最高容许浓度所需的空气量的总和计算，若在室内同时放散数种其他有害物质时，全面通风量按其中所需最大的换气量计算。

防尘的通风措施与消除余热、余湿和有害气体的情况不同，一般情况下单纯增加通风量并不一定能够有效地降低室内空气中的含尘浓度，有时反而会扬起已经沉降落地或附在各种表面上的粉尘，造成个别地点浓度过高的现象。因此除特殊场合外很少采用全面通风的方式，而是采取局部控制，防止进一步扩散。

当散入室内有害物数量无法具体计算时，全面通风量可按类似房间换气次数的经验数据进行计算。换气次数 n 是指通风量 L（$\mathrm{m^3/h}$）与通风房间体积 V（$\mathrm{m^3}$）的比值，即 $n = L/V$（次/h），因此全面通风量 $L = nV$（$\mathrm{m^3/h}$）。

例 13-1　某车间内同时散发苯和醋酸乙酯，散发量分别为 60mg/s、120mg/s，求所需的全面通风量。

解：由相关《标准》查得最高容许浓度为苯 $y_{p1} = 40\mathrm{mg/m^3}$，醋酸乙酯 $y_{p2} = 300\mathrm{mg/m^3}$。送风中不含有这两种有机溶剂蒸气，故 $y_{s1} = y_{s2} = 0$。取安全系数 $k = 6$，则

苯　　　　　　　　　$L_1 = \dfrac{6 \times 60}{40 - 0} = 9(\mathrm{m^3/s})$

醋酸乙酯　　　　　　$L_2 = \dfrac{6 \times 120}{300 - 0} = 2.4(\mathrm{m^3/s})$

数种有机溶剂的蒸气混合存在，全面通风量为各自所需之和，即

$$L = L_1 + L_2 = 9 + 2.4 = 11.4(\mathrm{m^3/s})$$

13.2.4.2　全面通风的气流组织

全面通风的效果不仅与全面通风量有关，还与通风房间的气流组织有关。全面通风的进、排风应使室内气流从有害物浓度较低地区流向较高的地区，特别是应使气流将有害物从人员停留区带走，如图 13-13 所示。

图 13-13 中箭头为空气流动方向，其中图 13-13（a）是将室外空气首先送到人员工作区，再经有害物源排到室外。工作区始终有新鲜空气。图 13-13（b）是将室外空气首先送至有害物源，再流到工作区，使得工作区空气受到污染。因此合理的气流组织是保证通风效果的重要技术手段。

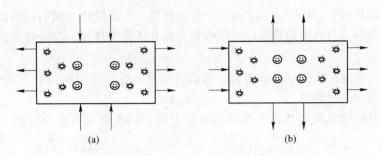

图 13-13　气流组织方案
☺—人员所在位置；✿—污染源所在位置

从立面上看，一般通风房间气流组织的方式有：上送上排、下送下排、中间送上下排、上送下排等多种形式。在设计时具体采用哪种形式，要根据有害物源的位置、操作地点、有害物的性质及浓度分布等具体情况，按下列原则确定：

（1）送风口应尽量接近并首先经过人员工作地点，再经污染区排至室外。

（2）排风口尽量靠近有害物源或有害物浓度高的区域，以利于把有害物迅速从室内排出。

（3）在整个通风房间内，尽量使进风气流均匀分布，减少涡流，避免有害物在局部地区积聚。

根据上述原则，对同时散发有害气体、余热、余湿的车间，一般采用下送上排的送排风方式。清洁空气从车间下部进入，在工作区散开，然后带着有害气体或吸收的余热、余湿流至车间上部，由设在上部的排风口排出。这种气流组织可将新鲜空气沿最短的路线迅速到达作业地带，途中受污染的可能较小，工人在车间下部作业地带操作，可以首先接触清洁空气；同时也符合热车间内有害气体和热量的分布规律，一般上部的空气温度或有害物浓度较高。

工程设计中，通常采用以下的气流组织方式：

（1）如果散发的有害气体温度比周围气体温度高，或受车间发热设备影响产生上升气流时，不论有害气体密度大小，均应采用下送上排的气流组织方式。

（2）如果没有热气流的影响，散发的有害气体密度比周围气体密度小时，应采用下送上排的形式；比周围空气密度大时，应从上下两个部位排出，从中间部位将清洁空气直接送至工作地带。

（3）在复杂情况下，要预先进行模型试验，以确定气流组织方式。因为通风房间内有害气体浓度分布除了受对流气流影响外，还受局部气流、通风气流的影响。

13.2.4.3　全面通风的热平衡与空气平衡

A　热平衡

热平衡是指室内的总得热量和总失热量相等，以保持车间内温度稳定不变，即

$$\sum Q_d = \sum Q_s \tag{13-10}$$

式中　$\sum Q_d$——总得热量，kW；

$\sum Q_s$——总失热量，kW。

车间的总得热量包括很多方面，有生产设备散热、产品散热、照明设备散热、采暖设备散热、人体散热、自然通风得热、太阳辐射得热及送风得热等。车间的总得热量为各得热量之和。

车间的总失热量同样包括很多方面，有围护结构失热、冷材料吸热、水分蒸发吸热、冷风渗入耗热及排风失热等。

对于某一具体的车间得热及失热并不是如上所述的几项都有，应根据具体情况进行计算。

B　空气平衡

空气平衡是指在不论采用哪种通风方式的车间内，单位时间进入室内的空气质量等于同一时间内排出的空气质量，即通风房间的空气质量要保持平衡。

通风方式按工作动力分为机械通风和自然通风两类。因此，空气平衡的数学表达式为

$$G_{zj} + G_{jj} = G_{zp} + G_{jp} \tag{13-11}$$

式中　　G_{zj}——自然进风量，kg/s；

G_{jj}——机械进风量，kg/s；

G_{zp}——自然排风量，kg/s；

G_{jp}——机械排风量，kg/s。

如果在车间内不组织自然通风，当机械进、排风量相等（$G_{jj} = G_{jp}$）时，室内外压力相等，压差为零。当机械进风量大于机械排风量（$G_{jj} > G_{jp}$）时，室内压力升高，处于正压状态。反之，室内压力降低，处于负压状态。由于通风房间不是非常严密的，当处于正压状态时，室内的部分空气会通过房间不严密的缝隙或窗户、门洞等渗到室外，把渗到室外的空气称为无组织排风。当室内处于负压状态时，会有室外空气通过缝隙、门洞等渗入室内，把渗入室内的空气称为无组织进风。

在通风设计中，为保持通风的卫生效果，常采用如下的方法来平衡空气量：对于产生有害气体和粉尘的车间，为防止其向邻室扩散，要在室内形成一定的负压，即使机械进风量略小于机械排风量（一般相差10%～20%），不足的进风量将来自邻室和靠本房间的自然渗透弥补。对于清洁度要求较高的房间，要保持正压状态，即使机械进风量略大于机械排风量（一般为10%～20%），阻止外界的空气进入室内。处于负压状态的房间，负压不应过大，否则会导致不良后果，见表13-8。

表13-8　室内负压引起的危害

负压/Pa	风速/m·s^{-1}	危　害
2.45～4.9	2～2.9	使操作者有吹风感
2.45～12.25	2～4.5	自然通风的抽力下降
1.9～12.25	2.9～4.5	燃烧炉出现逆火
7.35～12.25	3.5～6.4	轴流式排风扇工作困难
12.25～49	4.9～9	大门难以启闭
12.25～61.25	6.4～10	局部排风系统能力下降

在冬季为保证排风系统能正常工作，避免大量冷空气直接渗入室内，机械排风量大的房间，必须设机械送风系统，生产车间的无组织进风量以不超过一次换气为宜。

在保证室内卫生条件的前提下，为了节省能量，提高通风系统的经济效益，进行车间通风系统设计时，可采取下列措施：

（1）设计局部排风系统时，在保证效果的前提下，尽量减少局部排风量，以减小车间的进风量和排风热损失。

（2）机械进风系统在冬季应采用较高的送风温度。直接吹向工作地点的空气温度，不应低于人体表面温度（33℃左右），最好在 37～50℃ 之间。可避免工人有吹冷风的感觉，同时可减少进风量。

通风系统的平衡问题是一个动平衡问题，室内温度、送风温度、送风量等各种因素都会影响平衡。

要保持室内的温度和有害物浓度满足要求，必须保持热平衡和空气平衡，前面介绍的全面通风量公式就是建立在空气平衡和热、湿、有害气体平衡的基础上，它们只用于较简单的情况。实际的通风问题比较复杂，有时进风和排风同时有几种形式和状态，有时要根据排风量确定进风量，有时要根据热平衡的条件确定送风参数等。对这些问题都必须根据空气平衡、热平衡条件进行计算。

下面通过例题说明如何根据空气平衡、热平衡，计算机械进风量和进风温度。

例 13-2 已知某车间内生产设备散热量为 $Q_1 = 70\text{kW}$，围护结构失热量 $Q_2 = 78\text{kW}$，车间上部天窗排风量 $L_{zp} = 2.4\text{m}^3/\text{s}$，局部机械排风量 $L_{jp} = 3.2\text{m}^3/\text{s}$，自然进风量 $L_{zj} = 1\text{ m}^3/\text{s}$，车间工作区温度为 22℃，自然通风排风温度为 25℃，外界空气温度 $t_w = -12℃$，上部天窗中心高 16m。求：

（1）机械进风量 G_{jj}；（2）机械送风温度 t_{jj}；（3）加热机械进风所需的热量 Q_3。

解： 列空气平衡和热平衡方程

$$G_{zj} + G_{jj} = G_{zp} + G_{jp}(\text{kg/s})$$

根据 $t_n = 22℃, t_w = -12℃, t_{zp} = 25℃$，查得 $\rho_n = 1.197\text{kg/m}^3, \rho_w = 1.353\text{ kg/m}^3, \rho_{zp} = 1.185\text{ kg/m}^3$。

$$G_{jj} = G_{zp} + G_{jP} - G_{zj} = 2.4 \times 1.185 + 3.24 \times 1.197 - 1 \times 1.353 = 5.32(\text{kg/s})$$

$$t_{jj} = [78 + 1.01 \times 25 \times 2.4 \times 1.185 + 1.01 \times 22 \times 3.2 \times 1.197 - 70 - 1.01 \times (-12) \times 1 \times 1.3531]/1.01 \times 5.32$$

$$= 33.75(℃)$$

$$Q_3 = C_p G_{jj}(t_{jj} - t_w) = 1.01 \times 5.32 \times [33.75 - (-12)] = 245.8(\text{kW})$$

13.3 建筑防火排烟

13.3.1 建筑火灾烟气的特性

火灾是一种多发性灾难。它会导致巨大的经济损失和人员伤亡，还会对政治和文化造成巨大影响，产生无法弥补的损失。

建筑物一旦发生火灾，就有大量的烟气产生，这是造成人员伤亡的主要原因。了解火灾烟气的主要特性是控制烟气的前提。

13.3.1.1 建筑火灾烟气的成分和特性

建筑烟气是指发生火灾时物质在燃烧和热分解作用下生成的产物与剩余空气的混合

物。火灾的燃烧过程可分为两个阶段：热分解和燃烧过程。它通常是一个不完全燃烧反应过程，在一定温度下，材料分解出游离碳和挥发性气体；游离碳和可燃成分与氧气剧烈化合，并放出热量（即燃烧）。在不完全燃烧下，烟气是悬浮的固体碳粒、液体碳粒和气体的混合物，其小悬浮的团体碳粒和液体碳粒称为烟粒子，简称烟。在温度较低的初燃阶段主要是液态粒子，呈白色和灰白色；温度升高后，游离碳微粒产生，呈黑色。烟粒子的粒径一般为 $0.01\sim10\mu m$，是可吸入粒子。烟气的化学成分及发生量与建筑材料性质、燃烧条件等有关，其主要成分有 CO_2、CO、水蒸气及其他气体，如氰化氢（HCN）、氨（NH_3）、氯（Cl_2）、氯化氢（HCl）、光气（$COCl_2$）等。

烟气中 CO、HCN、NH_3 等都是有毒性的气体；另外，大量的 CO_2 气体以及燃烧消耗了空气中大量氧气，引起人体缺氧而窒息。可吸入的烟粒子被人体的肺部吸入后，也会造成危害。空气中含氧量≤6%、CO_2 浓度≥20%、CO 浓度≥1.3%时，都会在短时间内致人死亡。有些气体有剧毒，少量即可致死，如光气，空气中浓度≥50ppm 时，在短时间内就能致人死亡。

火灾燃烧产生大量热量，火灾初期（$5\sim20min$）烟气温度可达 250℃；而后由于空气不足，温度有所下降；当窗户爆裂，燃烧加剧，短时间内可达 500℃。燃烧的高温使火灾蔓延；使金属材料强度降低；导致结构倒塌，人员伤亡。高温还会使人昏迷、烧伤等。

光线由于烟气的遮挡，致使强度减弱，能见距离缩短，不利于人员的疏散，使人感到恐怖，造成局面混乱，自救能力降低；不熟悉建筑物内部环境的人就无法逃生。同时也影响消防人员的救援工作。

建筑火灾烟气是造成人员伤亡的主要原因：因为烟气中的有害成分或缺氧使人直接中毒或窒息死亡；日本 1976 年的统计表明，1968～1975 年 8 年中火灾死亡 10667 人，其中因中毒和窒息死亡的 5208 人，占 48.8%，火烧致死的 4936 人，占 46.3%。在烧死的人中多数也因 CO 中毒晕倒后被烧致死的。因此，火灾发生时对烟气进行控制，并在建筑物内创造无烟（或烟气含量极低）的水平和垂直的疏散通道或安全区，以保证建筑物内人员安全疏散或临时避难和消防人员及时到达火灾区扑救，是非常重要的。在高层建筑中，疏散通道的距离长，人员逃生更困难，对人生命威胁更大，因此在这类建筑物中烟气的控制尤为重要。我国在 1978 年以后，高层建筑迅速发展，建筑防火防烟也愈来愈被重视。因此制定了《高层民用建筑设计防火规范》（GB 50045—1995）（2005 年版），正式颁布实施，并不断修改完善。

13.3.1.2　火灾烟气的流动规律

建筑物发生火灾后，烟气在建筑物内不断流动传播，不仅导致火灾蔓延，也引起人员恐慌，影响疏散与扑救。引起烟气流动的因素有：扩散、烟囱效应、浮力、热膨胀、风力、通风空调系统等。下面只讨论主要因素引起的烟气流动。

A　烟囱效应引起的烟气流动

当建筑物内外有温度差时，在空气的密度差作用下引起垂直通道内（楼梯间、电梯间）的空气向上（或向下）流动，从而携带烟气向上（或向下）传播。图 13-14 表示了火灾烟气在烟囱效应作用下引起的传播。

图 13-14（a）表示室外温度 t_w 小于楼梯间内的温度 t_1 的情况。当着火层在中和面以下时，火灾烟气将传播到中和面以上各层中去，而且随着温度较高的烟气进入垂直通道，烟

囱效应和烟气的传播将增强。如果层与层之间没有缝隙渗漏烟气，中和面以下除了着火层以外的各层是无烟的。当着火层向外的窗户开启或爆裂，烟气逸出，通过窗户进入上层房间。当着火层在中和面以上时，如无楼层间的渗透，除了火灾层外基本上是无烟的。图 13-14（b）是 $t_w > t_1$ 的情况，建筑物内产生逆向烟囱效应。

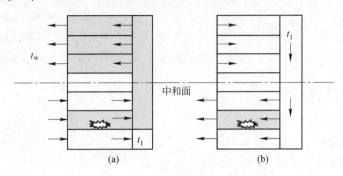

图 13-14 烟筒效应引起烟气流动

(a) $t_w < t_1$；(b) $t_w > t_1$

当着火层在中和面以下时，如果不考虑层与层之间通过缝隙的传播。除了着火层外，其他各层都无烟。当着火层在中和面以上时，火灾开始阶段烟气温度较低，则烟气在逆向烟囱效应的作用下传播到中和面以下的各层中去；一旦烟气温度升高后，密度减小，浮力的作用超过了逆向烟囱效应，烟气转而向上传播。建筑的层与层之间楼板上总是有缝隙（如在管道通过处）；则在上下层房间压力差作用下烟气也将渗透到其他各层中去。

B　浮力引起的烟气流动

着火房间温度升高，空气和烟气的混合物密度减小，与相邻的走廊、房间或室外的空气形成密度差，也会引起烟气流动。这是烟气在室内水平方向流动的原因之一。

烟气在走廊内流动过程中受顶棚和墙壁的冷却作用，靠墙的烟气将逐渐下降，形成走廊的周边都是烟气的现象。浮力作用还将通过楼板上的缝隙向上层渗透。

C　热膨胀引起的烟气流动

着火房间随着烟气的流出，温度较低的外部空气流入，空气的体积因受热而急剧膨胀。由于物质燃烧生成的产物和参与燃烧的空气量相对较少，可以忽略不计。因此燃烧导致的体积膨胀可只计算参与燃烧的空气。火灾燃烧过程中，从体积流量来说，因膨胀而产生大体积烟气。对于门窗开启的房间，体积膨胀而产生的压力可以忽略不计。但对于门窗关闭的房间，将可产生很大的压力，从而使烟气向非着火区流动。

D　风力作用下的烟气流动

建筑物在风力作用下，迎风侧产生正压，而在建筑侧部或背风侧，将产生负压。当着火房间在正压侧时，将引导烟气向负压侧的房间流动。反之，当着火房间在负压侧时，风压将引导烟引向室外流动。

E　通风空调系统引起的烟气流动

通风空调系统的管路是烟气流动的通道；当系统运行时，空气流动方向也是烟气可能流动的方向，条件是烟气可能进入系统，例如从回风口、新风口等处进入。

建筑物内火灾的烟气是在上述多因素共同作用下流动、传播。各种作用有时相互叠加，有时相互抵消，而且随着火灾的发展，各种因素都在变化着；另外，火灾的燃烧过程也各有差异，因此要确切地用数学模型来描述烟气在建筑物内动态的流动状态是相当困难的。但是了解这些因素作用的规律，有助于正确地采取防烟、防火措施。

13.3.2　火灾烟气控制原则

烟气控制的主要目的是在建筑物内创造无烟或烟气含量极低的疏散通道或安全区。其控制的实质是使烟气合理流动，不流向疏散通道、安全区和非着火区，而向室外流动。主要方法有：

（1）隔断或阻挡；

（2）疏导排烟；

（3）加压防烟。

13.3.2.1　隔断或阻挡

墙、楼板、门等都具有隔断烟气传播的作用。为了防止火势蔓延和烟气传播，各国的法规中对建筑内部间隔作了明文规定，规定了建筑中必须划分防火分区和防烟分区。所谓防火分区是指用防火墙、楼板、防火门或防火卷帘等分隔的区域，可以将火灾限制在一定局部区域内（在一定时间内），不使火势蔓延。同样也对烟气起了隔断作用。所谓防烟分区是指在设置排烟措施的过道、房间中，用隔墙或其他措施（可以阻挡和限制烟气的流动）分隔的区域。防烟分区在防火分区中分隔。防火分区、防烟分区的大小及划分原则参见《高层民用建筑设计防火规范》（GB 50045—1995）（2005 年版）、《建筑设计防火规范》（GB 50016—2006）、《人民防空工程设计防火规范》（GB 50098—2009）和《汽车库、汽修库、停车场设计防火规范》（GB 50067—1997）等。

防烟分区分隔的方法除隔墙外，还有顶棚下凸出不小于 500mm 的梁、不燃烧体如挡烟垂壁和吹吸式空气幕。图 13-15 为用梁或挡烟垂壁阻挡烟气流动。挡烟垂壁可以是固定的，也可以是活动的。顶棚采用非燃烧材料时，顶棚内空间可不隔断；否则顶棚内空间也应隔断。图 13-15 的挡烟措施在有排烟时才有效；否则随着烟气量增加，积聚在上部的烟气将会跨越障碍而逸出防烟分区。

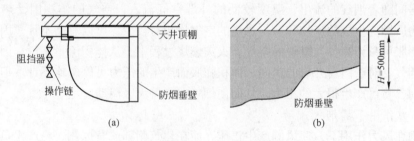

图 13-15　挡烟垂壁

（a）活动垂壁；（b）固定垂壁

吹吸式空气幕是一种柔性隔断，它既能有效地阻挡烟气的流动，而又允许人员自由通过。吹吸式空气幕的隔断效果是各种形式中最好的，但费用高，国内现有的建筑很少应用。

13.3.2.2　排烟

利用自然或机械作用力，将烟气排到室外，称之为排烟。利用自然作用力的排烟称为自然排烟；利用机械（风机）作用力的排烟称机械排烟；排烟的部位有两类：着火区和疏散通道。着火区排烟的目的是将火灾发生的烟气（包括空气受热膨胀的体积）排到室外，不使烟气流向非着火区，以利于着火区的人员疏散及救火人员的扑救。对于疏散通道的排烟是为了排除可能侵入的烟气，以保证疏散通道无烟或少烟，以利于人员安全疏散及救火人员通行。

A　自然排烟

自然排烟是利用热烟气产生的浮力、热压或其他自然作用力使烟气排出室外。这种排烟方式设施简单，投资少，日常维护工作少，操作容易；但排烟效果受室外很多因素的影响与干扰，并不稳定：因此它的作用有一定限制，但在符合条件时宜优先采用。除建筑高度超过50m的一类公共建筑和建筑高度超过100m的居住建筑外，靠外墙的防烟楼梯间及其前室、消防电梯间前室和合用前室，宜采用自然排烟方式。

自然排烟有两种方式：

（1）利用外窗或专设的排烟口排烟；

（2）利用竖井排烟，如图13-16所示。

利用可开启的外窗进行排烟，如果外窗不能开启或无外窗，可以专设排烟口进行自然排烟，如图13-16（a）所示，专设的排烟口也可以是外窗的一部分，但它在火灾时可以人工开启或自动开启。开启的方式也有多样，如可以绕一侧轴转动，或绕中轴转动等。图13-16（b）是利用专设的竖井，即相当于专设一个烟囱：各层房间设排烟风口与之相连接，当某层起火有烟时，排烟风口自动或人工打开，热烟气即可通过竖井排到室外。这种排烟方式实质上是利用烟囱效应的原理。在竖井的排出口设避风风帽，还可以利用风压的作用。但是由于烟囱效应产生的热压很小，而排烟量又大，因此需要竖井的截面和排烟风口的面积都很大。如此大的面积很难为建筑业主和设计人员所欢迎。因此我国并不推荐使用这种排烟方式。

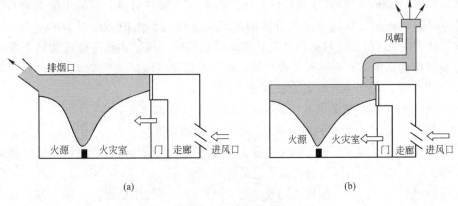

图13-16　自然排烟
（a）窗口排烟；（b）利用竖井排烟

关于自然排烟对外的开门有效面积，理应根据需要的排烟量及可能有的自然压力来确定。但是燃烧产生的烟气量和烟气温度与可燃物质的性质、数量、燃烧条件、燃烧过程等有关，而对外洞口的内外压差又与整个建筑的烟囱效应大小、着火房间所处楼层、风向、风力、烟气温度、建筑内隔断的情况等因素有关，因此在实际设计中要考虑如此多的参数来求解这个问题几乎是行不通的。因此各国都是根据实际经验及在一定的试验基础上得出的经验数据来确定自然排烟的对外有效开口面积。我国《高层民用建筑设计防火规范（GB 50045—1995）》（简称《高规》）规定：防烟楼梯间前室、消防电梯间前室可开启外窗面积不应小于 $2.00m^2$，合用前室不应小于 $3.00m^2$。靠外墙的防烟楼梯间每五层内可开启外窗总面积之和不应小于 $2.00m^2$。长度不超过 60m 的内走道可开启外窗面积不应小于走道面积的 2%；需要排烟的房间可开启外窗面积大于房间面积的 2%，可开启外窗面积理解为靠近顶棚的面积。净空高度小于 12m 的中庭可开启的天窗或高侧窗的面积不应小于该中庭地面面积的 5%。防烟楼梯间前室或合用前室，利用敞开的阳台、凹廊或前室内有不同朝向的可开启外窗自然排烟时，该楼梯间可不设防烟设施。排烟窗间设置在上方，并应有方便开启的装置。

　　B　机械排烟

　　机械排烟方式是按照通风气流组织的理论，将火灾产生的烟气通过排烟风机排到室外，其优点是能有效地保证疏散通路，使烟气不向其他区域扩散。机械排烟的优点是不受外界条件（如内外温差、风力、风向、建筑特点、着火区位置等）的影响，而能保证有稳定的排烟量。当然机械排烟的设施费用高，需要经常保养维修，否则有可能在使用时因故障而无法启动。

　　当火灾发生时，产生大量烟气及受热膨胀的空气量，导致着火区域的压力增高。一般平均高出其他区域 10～15Pa，短时间内可达到 35～40Pa。机械排烟系统必须有比烟气生成量大的排风量，才有可能使着火区产生一定负压。目前，许多国家为了确保机械排烟的效果，其排烟风量的标准大于 6 次/h。

　　我国《高规》规定：担负一个防烟分区排烟或净空高度大于 6.00m 的不划防烟分区的房间时，应按每平方米面积不小于 $60m^3/h$ 计算（单台风机最小排烟量不应小于 $7200m^3/h$）。担负两个或两个以上防烟分区排烟时，应按最大防烟分区面积每平方米不小于 $120m^3/h$ 计算。中庭体积小于或等于 $17000m^3$ 时，其排烟量按其体积的 6 次/h 换气计算；中庭体积大于 $17000m^3$ 时，其排烟量按其体积的 4 次/h 换气计算，但最小排烟量不应小于 $102000m^3/h$。内走道、房间或防烟分区的排烟风量按地面面积不小于 $1/60m^3/(s \cdot m^2)$，即 $60m^3/(h \cdot m^2)$。但是机械排烟系统必须向排烟房间补风。在地下建筑和地上密闭场所中设置机械排烟系统时，应同时设置补风系统，当设置机械补风系统时，其补风量不宜小于排风量的 50%。补风系统应符合下列要求：

　　（1）补风可采用自然补风或机械补风方式，空气宜直接从室外引入。

　　（2）排烟区域所需的补风系统应与排烟系统联动开停。

　　根据补风形式不同，机械排烟又可分为两种方式：机械排烟自然进风和机械排烟机械进风，图 13-17（a）、（b）分别表示了这两种形式。

　　在排烟过程中，当烟气温度达到或超过 280℃ 时，烟气中已带火，如不停止排烟，烟火就有可能扩大到其他地方而造成新的危害。因此，在排烟系统（排烟支管）上应设置排烟防火阀，该阀当烟气温度超过 280℃ 时能自动关闭。

　　我国《高规》规定一类高层建筑和建筑高度超过 32m 的二类高层建筑，下列部位应设置机械排烟设施（见图 13-18）：

　　（1）无直接自然通风，且长度超过 20m 的内走道或虽有直接自然通风，但长度超过 60m 的内走道。

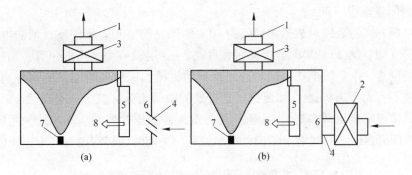

图 13-17　机械排烟方式

1—排烟风口；2—通风机；3—排烟风机；4—送风口；5—门；6—走廊；7—火源；8—火灾室

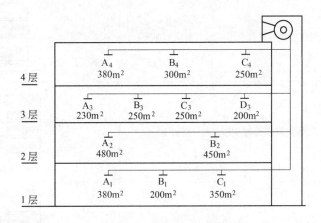

图 13-18　排烟系统示意图

（2）面积超过 100m² ，且经常有人停留或可燃物较多的地上无窗房间或设固定窗的房间。

（3）不具备自然排烟条件或净空高度超过 12m 的中庭。

（4）除利用窗井等开窗进行自然排烟的房间外，各房间总面积超过 200m² 或一个房间面积超过 50m² 且有人停留或可燃物较多的地下室。

13.3.2.2 加压防烟

加压防烟是利用风机将一定量的室外空气送入房间或通道内，使室内保持一定压力及门洞处有一定流速，以避免烟气侵入。但造价高，一般只在一些重要建筑和重要的部位才用这种加压防烟措施。在高层建筑中一旦火灾发生，电源都被切断，除消防电梯外、电梯停运。因此，逃生用的楼梯等垂直通道，只要不具备自然排烟或即使具备自然排烟条件，但它们在建筑高度过高或重要的建筑中，都必须采用加压送风防烟。垂直通道主要指防烟楼梯间和消防电梯，以及与之相连的前室和合用前室，所谓前室是指与楼梯间或电梯入口相连的小室；合用前室指既是楼梯间又是电梯间的前室。机械加压防烟的设置部位按规范可根据以下条件设置：

（1）不具备自然排烟条件的防烟楼梯间、消防电梯间前室或合用前室。

（2）采用自然排烟措施的防烟楼梯间，而不具备自然排烟条件的前室。

（3）封闭避难层（间）。

加压防烟方式的余压对烟道楼梯间为 40～50Pa，前室和合用前室、消防电梯间前室、封闭避难层（间）为 25～30Pa。楼梯间宜每隔 2～3 层设一个加压送风口；前室的加压送风口应每层设置一个。防烟楼梯间和合用前室的机械加压送风防烟系统宜分别独立设置。送风口风速不宜大于 7.0m/s。加压送风是有效的防烟措施，其方式可见表 13-9 所示的多种模式。具体规定参见《高规》。为阻止烟气流入被加压的房间，加压送风系统必须达到两条原则：门开启时，门洞有一定向外的风速；门关闭时，房间内有一定正压值。

表 13-9　防烟楼梯间及消防电梯间加压送风系统方式

序　号	加压送风系统方式	图　示
1	仅对防烟楼梯间加压送风时（前室不加压）	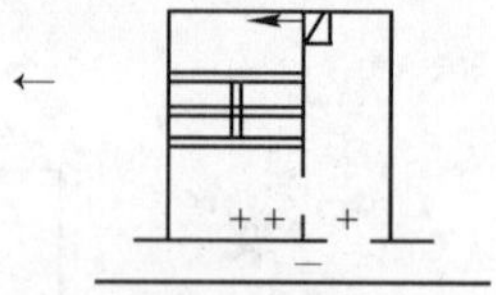
2	对防烟楼梯间及其前室分别加压	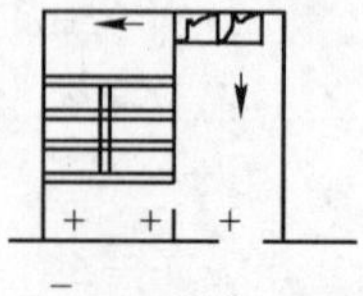
3	对防烟楼梯间及有消防电梯的合用前室分别加压	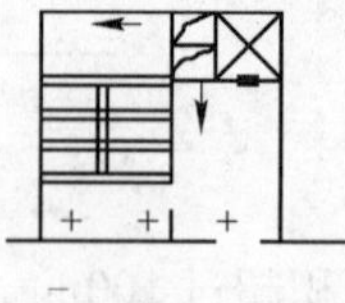
4	仅对消防电梯的前室加压	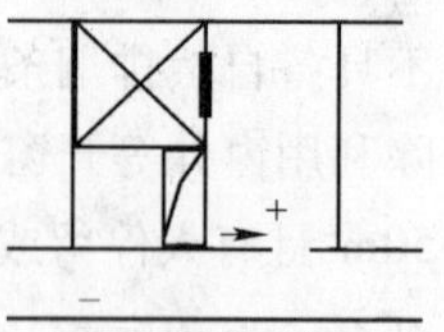
5	当防烟楼梯间具有自然排烟条件，仅对前室及合用前室加压	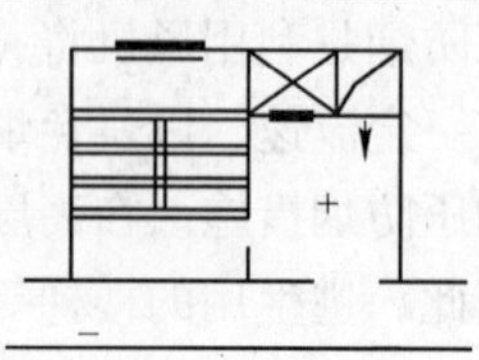

注：图中"＋＋"、"＋"、"－"表示各部位静压力的大小。

13.3.3　通风空调系统的防火

凡空气中含有容易起火或爆炸危险的房间，应有良好的通风或独立的机械通风设施，且其空气不应循环使用，其通风系统应采用防爆型通风设备，即用有色金属制作的风机叶片和防爆的电动机。如放映室、实验室、药品库、蓄电池室、氧气瓶间、煤气表间等的排风系统应各自分设单独系统。通风空调系统，横向应按每个防火分区设置，竖向不宜超过五层，送排风管道设有防止回流设施，而且各层设有自动喷水灭火系统时，其进风和排风管道可不受此限制。垂直风管应设在管井内。

通风和空气调节系统管道的布置应符合下列规定：横向高层建筑应按每个防火分区设置，非高层建筑宜按每个防火分区设置；通风空调系统的风管不宜穿越防火分区的隔墙和变形缝。必须穿越等下列情况之一的风管道应按规范设置防火阀：

（1）管道穿越防火分区处。

（2）穿越通风、空气调节机房及重要的或火灾危险性大的房间隔墙和楼板处。

（3）垂直风管与每层水平风管交接处的水平管段上。

（4）穿越变形缝处的两侧。

（5）厨房、浴室、厕所等的垂直排风管道，应采取防止回流的措施或在支管上设置防火阀。

所谓防回流措施是指为防止垂直排风管道扩散火势在排风管道上采取防止气流倒灌的措施。这种做法有以下四种：

（1）加高各层垂直风管长度，使各层排风管穿过两层楼板，在第三层内接入总排风道，如图 13-19（a）所示。

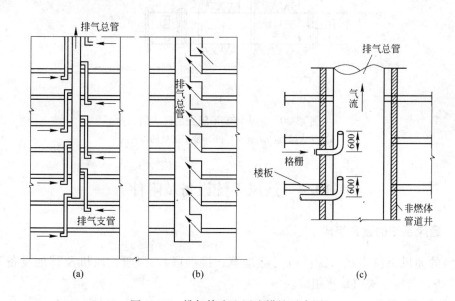

图 13-19　排气管防止回流措施示意图

（2）将浴室、厕所内的排风竖管分成大小两个管道，大管道为总管，直通屋面；而每间浴室、厕所的排风小管，分别在本层上部接入总排风管，如图 13-19（b）所示。

（3）将支管顺气流方向插入排风竖管内，使支管到支管出口的高度不小于 600mm，如图 13-19（c）所示。

（4）在排风支管上设置密闭性较强的止回阀。

通风空调系统的管道等，应采用不燃材料制作，但接触腐蚀性介质的风管和柔性接头，可采用难燃烧材料制作。风管的保温材料、消声材料和黏结材料应为不燃材料或难燃材料。穿过防火墙和变形缝的风管两侧各 2.00m 范围内应采用不燃烧材料及其黏结剂。风管内设有电加热器时，风机应与电加热器连锁。电加热器前后各 800mm 范围内的风管和穿过设有火源等容易起火部位的管道，均必须采用不燃保温材料。图 13-20 表示了防火墙处和变形缝处防火阀门的施工安装详图。

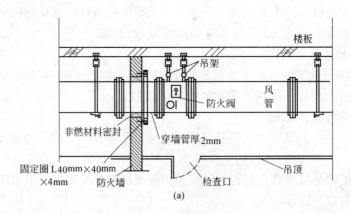

(a)

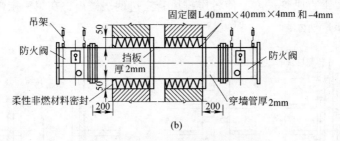

(b)

图 13-20　防火墙变形缝处的防火阀

（a）防火墙处的防火阀；（b）变形缝处的防火阀

13.4　通风系统设备及附件

13.4.1　通风系统的设备组成

完整的通风系统由送、排风口（除尘罩、排烟罩）、风管、风机及其他设备和附件（除尘设备、防排烟阀门）等组成。

13.4.1.1　风机

风机是为通风系统中的空气流动提供动力的机械设备。在工业与民用建筑的通风空调工程中，按风机作用原理和构造的不同，风机的类型可分为离心式风机、轴流式风机和贯流式风机等。

A　风机型号表示

通风机型号的表示方法如图 13-21 所示。

（1）通风机用途简写法见表 13-10。

（2）传动方式，基本结构形式见表 13-11。

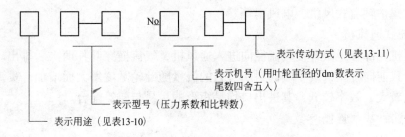

图 13-21 通风及型号表示框图

表 13-10　风机汉语拼音代号表

用　途	代　号		用　途	代　号	
	汉　字	汉语拼音简写		汉　字	汉语拼音简写
排尘通风	排尘	C	矿井通风	矿井	K
输送煤粉	煤粉	M	电站锅炉引风	引风	Y
防腐蚀	防腐	F	电站锅炉通风	锅炉	G
工业炉吹风	工业炉	L	冷却塔通风	冷却	LE
耐高温	耐温	W	一般通风换气	通风	T
防爆炸	防爆	B	特殊风机	特殊	E

表 13-11　基本结构形式

形　式	A 型	B 型	C 型
特　点	叶轮装在电机轴上	叶轮悬臂、皮带轮在两轴承中间	叶轮悬臂，皮带轮悬臂

形　式	D 型	E 型	F 型
特　点	叶轮悬臂，联轴器直链传动	叶轮在两轴承中间，皮带轮悬臂传动	叶轮在两轴承中间，联轴器直链传动

B　风机的分类

a　离心式通风机

离心式通风机主要由叶轮、机壳、风机轴、进风口、电动机等部分组成，有旋转的叶轮和蜗壳式外壳，叶轮上装有一定数量的叶片。风机在启动之前，机壳中充满空气，风机的叶轮在电动机的带动下转动时，由进风口吸入空气，在离心力的作用下空气被抛出叶轮甩向机壳，获得了动能与压力能，由出风口排出。空气沿着叶轮转动轴的方向进入，与从转动轴成直角的方向送出，由于叶片的作用而获得能量。我们把进风口与出风口方向相互垂直的风机称为离心式通风机。

b　轴流式通风机

轴流式通风机主要由叶轮、机壳、风机轴、进风口、电动机等部分组成，它的叶片安装于旋转的轮鼓上，叶片旋转时将气流吸入并向前方送出。风机的叶轮在电动机的带动下转动时，空气由机壳一侧吸入，从另一侧送出。我们把这种空气流动与叶轮旋转轴相互平行的风机称为轴流式通风机。

轴流式道风机按其用途可分为一般通风换气用轴流式风机、防爆轴流式风机、矿井轴流式风机、锅炉轴流式风机、电风扇等。

　　c　贯流式通风机

　　它是将机壳部分地敞开使气流径向进入通风机，气流横穿叶片两次后排出。它的叶轮一般是多叶式前向叶型，两个端面封闭。它的流量随叶轮宽度增大而增加。贯流式通风机的全压系数较大，效率较低，其进出口均是矩形的，易与建筑配合。

　　C　风机的基本性能参数

　　a　风量

　　通风机在标准状况下工作时，在单位时间内所输送的气体体积，称为风机风量，以符号 L 表示，单位为 m^3/h 或 L/s。

　　b　全压

　　通风机在标准状况下工作时，$1m^3$ 气体通过风机以后获得的能量，称为风机全压，以符号 H 表示，单位为 Pa。

　　c　功率和效率

　　通风机的功率是单位时间内通过风机的气体所获得的能量，以符号 N 表示，单位为 kW，风机的这个功率称为有效功率。

　　电动机传递给风机转轴的功率称为轴功率，用符号 N_x 表示，轴功率包括风机的有效功率和风机在运转过程中损失的功率。

　　通风机的效率是指风机的有效功率与轴功率的比值，以符号 η 表示，即可写成下式：

$$\eta = \frac{N}{N_x} \times 100\% \tag{13-12}$$

　　通风机的效率是评价风机性能好坏的一个重要参数。

　　d　转速

　　通风机的转速指叶轮每分钟的转数，以符号 n 表示，单位为 r/min。通风机常用转速为 2900r/min、1450r/min、960r/min。选用电动机时，电动机的转速必须与风机的转速一致。

　　选择通风机时，必须根据风量 L 和相应于计算风量的全压量 H，参阅厂家样本或有关设备选用手册来选择，确定经济合理的台数。

13.4.1.2　空气净化处理设备

　　在工业生产中，可能会产生大量的含尘气体或有害气体，危害人体健康，影响环境。为了防止大气污染，当排风中的有害物浓度超过卫生标准所允许的最高浓度时，必须使用除尘器或其他有害气体净化设备对排风处理，达到规范允许的排放标准后才能排入大气。

　　A　除尘器性能指标

　　除尘设备的工作状况常用以下几个概念来说明：

　　a　除尘全效率 η

　　全效率是指在一定的运行工况下除尘器除下的粉尘量与进入除尘器的粉尘量的百分比。其计算在现场只能用进出口气流中的含尘浓度和相应的风量按下式计算：

$$\eta = \frac{M}{M_0} \times 100\% = \frac{Vc - V_0 c_0}{Vc} \times 100\% \tag{13-13}$$

式中　　η——除尘器全效率，%；

　　M，M_0——分别为进入除尘器和除下的粉尘量，g/s；

V，V_0——除尘器入口、出口风量，m^3/s；

c，c_0——除尘器入口、出口空气含尘浓度，g/m^3。

b　穿透率 p

在除尘效率差别不大时，如果从排出气体的含尘量来看，两者的差别却很大，为说明这一问题，引入穿透率 p 这一概念。其定义为：除尘器出口粉尘的排出量与入口粉尘的进入量的百分比。

$$p = \frac{V_0 c_0}{Vc} \times 100\% \tag{13-14}$$

B　除尘器种类

除尘器一般根据主要除尘机理不同可分为重力、惯性、离心、过滤、洗涤、静电等六大类；根据气体净化程度的不同可分为粗净化、中净化、细净化与超净化等四类；根据除尘器的除尘效率和阻力可分为高效、中效、粗效和高阻、中阻、低阻等几类。常用的除尘净化设备有以下几种。

a　重力沉降室

重力沉降室是借助于重力使尘粒分离。含尘气流进入突然扩大的空间后，流速迅速下降，其中的尘粒在重力作用下缓慢向灰斗沉降。为加强效果还可在沉降室中设挡板，如图 13-22 所示。

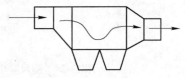

图 13-22　重力沉降室图

b　惯性除尘器

它是使含尘气流方向急剧变化或与挡板、百叶等障碍物碰撞时，利用尘粒自身惯性从含尘气流中分离尘粒的装置。其性能主要取决于特征速度，折转半径与折转角度。除尘效率优于沉降室，可用于收集大于 $20\mu m$ 粒径的尘粒。进气管内流速一般取 $10m/s$ 为宜。其结构形式如图 13-23 所示。

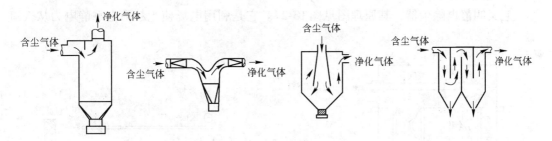

图 13-23　惯性除尘器

c　旋风除尘器

它是利用离心力从气流中除去尘粒的设备，如图 13-24 所示。这种除尘器结构简单、没有运动部件、造价便宜、维护管理方便，除尘效率一般可达85%左右，高效旋风除尘器的除尘效率可达90%以上。这类除尘器在我国中小型锅炉烟气除尘中得到广泛应用。

d　湿式除尘器

它主要是通过含尘气流与液滴接触，在相互碰撞、滞留，细微尘粒的扩散、相互凝聚等净化机理的共同作用下，使尘粒分离出来。该除尘器结构简单，投资低，占地面积小，除尘效率高，能同时进行有害气体的净化，但不能干法回收物料，泥浆处理比较困难，有时需要设置专门的废水处理系统。湿式除尘器适用于处理有爆炸危险或同时含有多种有害物的气体，如图 13-25 所示。

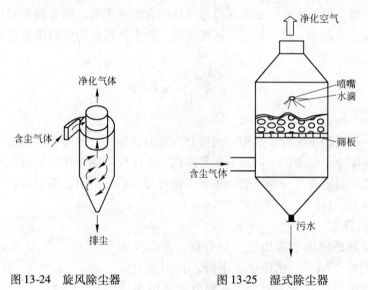

图 13-24　旋风除尘器　　　　　图 13-25　湿式除尘器

　　e　过滤式除尘器

　　它是通过多孔过滤材料的作用从气固两相流中捕集尘粒，并使气体得以净化的设备。按照过滤材料和工作对象的不同，可分为袋式除尘器（见图 13-26）、颗粒层除尘器、空气过滤器等三种。过滤式除尘器除尘效率高，结构简单，广泛应用于工业排气净化及进气净化，用于进气净化的除尘装置称作空气过滤器。

　　f　电除尘器

　　它又叫静电除尘器，其原理图见图 13-27。它是利用电场使尘粒荷电靠静电力从气流

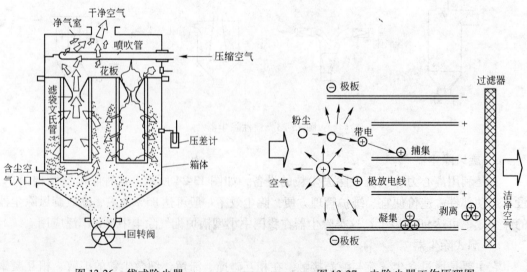

图 13-26　袋式除尘器　　　　　　图 13-27　电除尘器工作原理图

中分离的，是一种干式高效过滤器。在国外电除尘器已广泛应用于火力发电、冶金、化学和水泥等工业部门的烟气除尘和物料回收。

13.4.2 通风系统的附件

13.4.2.1 避风天窗

在普通天窗附近加设挡风板或采取其他措施，以保证天窗的排风口在任何风向下都处于负压区的天窗称为避风天窗。常见的有矩形避风天窗、下沉式避风天窗、曲（折）线形避风天窗等形式。

13.4.2.2 避风风帽

避风风帽是一种在自然通风房间的排风口处，利用风力造成的抽力来加强排风能力的装置。

13.4.2.3 防排烟装置

一个完整的防排烟系统由风机、管道、阀门、排烟口、送风口、隔烟装置以及风机、阀门与送风口或排风口的联动装置等组成。

A　排烟阀

安装在高层建筑、地下建筑的排烟系统管道上，见图 13-28，其基本功能：

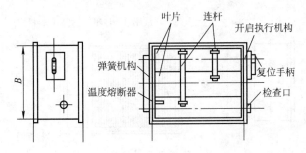

图 13-28　排烟阀、排烟防火阀（在排烟阀上不设温度熔断器）

（1）感温（烟）电信号联动、阀门开启，排烟风机同时启动；

（2）手动使阀门开启，排烟风机同时启动；

（3）输出阀门开启信号。

B　排烟防火阀

安装在有排烟、防火要求的排烟系统管道上，设于排烟风机吸入口处。其基本功能：

（1）感温（烟）电信号联动、阀门开启，排烟风机同时启动。

（2）手动使阀门开启，排烟风机同时启动。

（3）输出阀门开启信号。

（4）当排烟温度超过 280℃时熔断器熔断，使阀门关闭，排烟风机同时停机。

C　防火调节阀

安装在有防火要求的通风空调系统管道上，防止沿风管蔓延。其基本功能：

（1）温度熔断器在 70℃时熔断，使阀门关闭。

（2）输出阀门关闭信号，通风空调系统风机停机。

（3）无级调节风量。

D　防烟防火调节阀

安装在有防烟防火要求的通风空调系统管道上，防止烟火蔓延。其基本功能：

（1）感烟（温）电信号联动使阀门关闭，通风空调系统风机停机。

（2）手动使阀门关闭，风机停机。

（3）温度熔断器在70℃时熔断阀门关闭。

（4）输出阀门关闭信号。

（5）按90℃五等分有级调节风量。

E　排烟风口

排烟风口装于烟气吸入口处，排烟口应按防烟分区设置，并与排烟风机连锁。平时处于关闭状态，只有在发生火灾时才根据火灾烟气扩散蔓延情况予以开启。开启动作可手动或自动。手动又分为就地操作和远距离操作两种。自动分有烟（温）感电信号联动（烟感器作用半径不应大于10m）和温度熔断器动作两种。温度熔断器动作温度通常用280℃。排烟口动作后，可通过手动复位装置或更换温度熔断器予以复位，以便重复使用。排烟口有板式和多叶式（见图13-29）两种，板式排烟口的开关形式为单横轴旋转式，其手动方式为远距离操作装置。多叶式排烟口的开关形式为多横轴旋转式，其手动方式为就地操作和远距离操作两种。

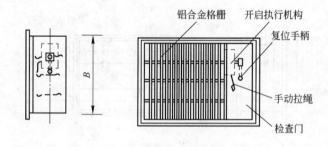

图13-29　多叶排烟口、防火多叶排烟口

排烟口（阀）的设置宜使气流方向与人员疏散方向相反，排烟口应设置在顶棚或靠近顶棚的墙面上，且与附近安全出口沿走道方向相邻边缘之间的最小水平距离不应小于1.50m，设置在顶棚上的排烟口，距可燃物的距离不应小于1.00m。防烟分区内的排烟口距最远点的水平距离不应超过30m，风速不宜大于10.0m/s。当火灾确认后，同一排烟系统中着火的防烟分区中的排烟口（阀）应呈开启状态，其他防烟分区的排烟口应呈关闭状态；在多层建筑中，设置机械排烟系统的地下、半地下场所，除歌舞娱乐放映游艺场所和建筑面积大于50m² 的房间外，排烟口可设置在疏散走道。

F　加压送风口

靠烟感器控制，经电讯号开启，也可手动开启。可设280℃大温度熔断器开关，输出动作电讯号，连动送风机开启，用于加压送风系统的风口，起感烟防烟的作用。宜布置在室外排烟口的下方，且高差不宜小于3.00m；当水平布置时，水平距离不宜小于10.0m。

G　排烟风机

可采用离心风机或排烟专用的轴流风机，其设置应符合下列规定：

（1）排烟风机的排烟量应考虑 10% ~ 20% 的漏风量，其全压应满足排烟系统最不利环路的要求。

（2）排烟风机应保证在 280℃时能连续工作 30min。

（3）排烟风机宜设置在排烟系统的上部。

（4）在排烟风机入口处的总管上应设置当烟气温度超过 280℃时能自行关闭的排烟防火阀，且应与排烟风机连锁，当该阀关闭时，排烟风机应能停止运转。

（5）当排烟风机及系统中设置有软接头时，该软接头应采用不燃材料制作，且应能在 280℃的环境下连续工作不小于 30min。

13.4.3　通风管道常用板材

在通风空调工程中，管道及部件主要用普通薄钢板、镀锌钢板制成，有时也用铝板、不锈钢板、硬聚氯乙烯塑料板以及砖、混凝土、玻璃、矿渣石膏板等制成。下面介绍一下常用的板材。

13.4.3.1　普通薄钢板

薄钢板指厚度不大于 4mm 的钢板，包括普通薄钢板（如普通碳素钢板、花纹薄钢板及酸洗薄钢板等）、优质薄钢板和镀锌薄钢板等。

A　普通薄钢板（黑铁板）

它是由钢坯经轧制回火处理后制成。此板由于未经防腐处理，所以遇有潮湿或腐蚀气体时，易生锈腐蚀。

普通薄钢板生产方便，价格便宜，耐蚀性差，多用于通风的排气、除尘系统中。

B　镀锌薄钢板

它是由普通薄钢板镀锌而成，其表面有锌层保护，起防腐作用，故一般不用刷漆。因镀锌薄钢板是银白色，所以又称为白铁皮。由于镀锌薄钢板具有较好的耐腐蚀性能，因而在空调工程的送风、排风、净化系统中得到了广泛的应用。

C　冷轧钢板

它具有表面平整、光滑和机械性能好等优点，它受潮后虽然也易腐蚀生锈，但由于表面光洁，只要能及时涂刷防腐油，就可以延长使用寿命。此种薄钢板价格高于黑铁板，低于镀锌板，故在一般空调通风工程中应用很广。

13.4.3.2　不锈钢板

常用的不锈钢板有铬镍钢板和铬镍钛钢板等。不锈钢板不仅有良好的耐腐蚀性，而且有较高塑性和良好的机械性能。由于不锈钢对高温气体及各种酸类有良好的耐腐蚀性能，所以常用来制作输送腐蚀性气体的通风管道及部件。

不锈钢能耐腐蚀的主要原因是铬在钢的表面形成一层非常稳定的钝化保护膜，如果保护膜受到破坏，钢板也就会被腐蚀。根据不锈钢板这一特点，在加工运输过程中应尽量避免使板材表面损伤。

不锈钢板的强度比普通钢板要高，所以当板材厚度大于 0.8mm 时要采用焊接，厚度小于 0.8mm 时可采用咬口连接。当采用焊接时，可采用氩弧焊，这种焊接方法加热集中，热影响区小，风管表面焊口平整。当板材厚度大于 1.2mm 时，可采用普通直流电焊机，选用反极法进行焊接。不锈钢板一般不采用气焊，以防止降低不锈钢的耐腐蚀性能。

13.4.3.3　铝板

铝板的种类很多，可分为纯铝板和合金铝板两种。铝板表面有一层细密的氧化铝薄膜，可以阻止外部的进一步腐蚀。铝能抵抗硝酸的腐蚀，但容易被盐酸和碱类所腐蚀。由99％的纯铝制成的铝板，有良好的耐腐蚀性能，但强度较低，在铝中加入一定数量的铜、镁、锌等炼成铝合金。常用的铝材有纯铝板和经退火后的铝合金板。

当采用铝板制作风管或部件时，厚度小于 1.5mm 时可采用咬口连接，厚度大于1.5mm 时可采用焊接。在运输和加工过程中要注意保护板材表面，以免产生划痕和擦伤。

13.4.3.4　复合钢板

由于普通钢板的表面极易被腐蚀，为使钢板受到保护，防止腐蚀，可用电镀或喷涂的方法使普通钢板表面涂上一层保护层，就成了复合钢板，这样既保持了普通钢板的机械强度，又具有不同程度的耐腐蚀性。一般常见的复合钢板除镀锌钢板外，还有塑料复合钢板，它是在普通薄钢板表面喷上一层 0.2～0.4mm 厚的塑料层，常用于防尘要求较高的空调系统和 -10～70℃ 温度下耐腐蚀系统的风管。这种风管在加工时注意不要破坏塑料层，它的连接方法只能采用咬口和铆接，不能采用焊接。

13.4.3.5　硬聚氯乙烯塑料板

硬聚氯乙烯塑料由聚氯乙烯树脂加上稳定剂和少量的增塑剂，经热塑加工而成。具有良好的化学稳定性，对各种酸类、碱类和盐类的作用均为稳定，但对强氧化剂如浓硝酸、发烟硫酸和芳香族碳氢化合物与氯化碳氢化合物是不稳定的。它的热稳定性较差，一般使用温度为 -10～60℃。使用温度升高，强度则急剧下降，而在低温时，塑料性脆且易裂纹。但它具有较高的强度、弹性和良好的耐腐蚀性，便于成型加工，因此在通风工程中常使用聚氯乙烯塑料板卷制风管和制造风机，用以输送含有腐蚀性气体。

常用硬聚氯乙烯塑料板的厚度为 2～6mm。制造圆形风管可通过加热成型，然后采用塑料焊；制造方形风管可直接用木锯切断，然后进行焊接。风管与风管及部件的连接可采用法兰螺栓连接。

复习思考题

13-1　什么是通风，建筑通风的主要任务是什么？

13-2　建筑通风有哪些类型，试说明各自的主要特点和适用场合。

13-3　什么是风压和热压，建筑物上的热压分布的主要特点是什么？

13-4　试说明机械通风系统的主要组成设备及作用。

13-5　什么是全面通风和局部通风，各有什么优、缺点？

13-6　什么是通风房间的空气平衡和热平衡？

13-7　风机的主要性能参数有哪些，试说明它们的物理意义。

13-8　地下停车场排风口的设置需要注意什么问题？

13-9　已知某房间散发的余热量为160kW，一氧化碳有害气体为32mg/s，当地通风室外计算温度为31℃。如果要求室内温度不超过 35℃，一氧化碳浓度不得大于 $1mg/m^3$，试确定该房间所需要的全面通风量。

13-10　在高层建筑中，影响烟气流动的因素有哪些？

13-11　什么是防火分区和防烟分区，两者有什么异同点，为什么要引入防烟安全分区的概念?

13-12　高层建筑有哪些自然排烟形式?

13-13　高层建筑中的通风空调系统设计应当考虑哪些防火排烟措施?

13-14　什么是防火阀和排烟防火阀，两者有什么异同点?

14 空气调节及其冷源

14.1 空气调节系统的组成及分类

14.1.1 空调系统的组成

空气调节技术是采用人工方法，创造并维持一定温度、湿度、气流速度、洁净度等参数要求的室内空气环境的科学技术。空气调节系统根据服务对象的不同，可分为工艺性空调和舒适性空调两类，工艺性空调主要是为工业生产、科研、医药卫生等行业服务的空调，在设计参数选取及系统设置时，主要按照生产工艺或科研的要求确定，同时兼顾人体舒适性的要求；舒适性空调则是要创造一个满足人体热舒适的室内空气环境。空调系统通常由空调区域、空气的输送和分配设施（风管、阀门、送回风口等）、空气处理设备（温、湿度处理设备及空气品质处理设备）及冷热源（锅炉房、冷冻站、冷水机组）等组成，如图 14-1 所示。

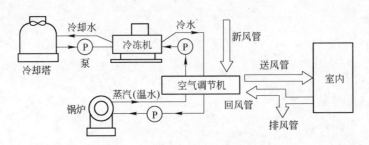

图 14-1 空调及冷热源系统原理图

14.1.2 空调系统的分类

空调系统按其特点有很多分类方法。下面主要按照空气处理的集中程度，介绍一些比较典型的空调系统，如表 14-1 所示。

14.1.2.1 按空气处理设备的设置情况分类

A 集中式系统

空气处理设备（过滤器、加热器、冷却器、加湿器及通风机等）集中设置在空调机房内，空气经处理后，由风道送入各房间，如图 14-2 所示。

B 分散式系统

分散式系统也称局部式系统。是将整体组装的空调器（热泵机组、带冷冻机的空调机组、不设集中新风系统的风机盘管机组等）直接放在空调房内或放在空调房间附近，每台机组只供一个或几个小房间，或者一个房间内放几台机组。

表 14-1　空调系统的分类

分类		系统特征	适用性	应用类型
按空气处理设备的设置情况分类	集中式空气调节系统	空气处理设备集中设置在空调机房内，集中进行空气的处理、输送和分配	（1）房间面积较大或多层、多室热湿负荷变化情况类似； （2）新风量变化大； （3）室内温度、湿度、洁净度、噪声、振动等要求严格的场合； （4）全年多工况节能； （5）高大空间的场合	定风量式系统 变风量式系统 单风道 双风道
	分散式系统	空气处理、输送设备及冷热源都集中在一个箱体内对房间进行空气调节	（1）空调房间布置分散； （2）要求灵活控制空调使用时间； （3）无法设置集中式冷、热源	单元式空调机组 房间空调器 多台机组型空调器
	半集中式空气调节系统	集中处理部分或全部风量，空调房间内还有空气处理设备对空气进行补充处理	（1）室内温、湿度控制要求一般的场合； （2）各房间可单独进行调节的场所； （3）房间面积大且风管不易布置； （4）要求各室空气不串通	风机盘管＋新风式系统 诱导器式系统 辐射板加新风系统 水（地）源热泵空调机组
按处理空调负荷的输送介质分类	全空气系统	室内空调负荷全部由处理过的空气负担	（1）建筑空间大，易于布置风道； （2）室内温、湿度、洁净度控制要求严格； （3）负荷大或潜热负荷大的场合	定（变）风量式系统 单风道 双风道 全空气诱导器系统
	空气-水系统	室内空调负荷由空气和水共同负担	（1）室内温、湿度控制要求一般的场合； （2）层高较低的场合； （3）冷负荷较小，湿负荷也较小的场合	风机盘管＋新风系统 空气—水诱导器系统 冷、暖辐射板＋新风系统
	全水系统	室内空调负荷全部由水来负担	（1）建筑空间小，不易于布置风道的场所； （2）不需通风换气的场所	风机盘管系统（无新风） 辐射板系统（无新风）
	直接蒸发系统	空调房间负荷由制冷剂直接负担	（1）空调房间布置分散； （2）要求灵活控制空调使用时间； （3）无法设置集中式冷、热源	单元式空调机组房间空调器；多台机组型空调器
按空调系统处理空气来源分类	封闭式	处理的空气为室内再循环的空气，无新风	无人或很少有人进入的场所	再循环空气系统
	混合式	处理的空气一部分为室内回风气，一部分为室外新风	既要满足卫生要求，又要系统经济的空调房间	一次回风系统 二次回风系统
	直流式	处理的空气全部为室外新风，不使用回风	不允许采用回风的场合，如散发有害物的空调房间	全新风系统

C　半集中式系统

半集中式系统也称混合式系统。是集中处理部分或全部风量，然后送往各房间（或各区）再进行处理。包括集中处理新风，经诱导器（全空气或另加冷热盘管）送入室内或各有风机盘管的系统（即风机盘管与风道并用的系统），也包括分区机组系统等。

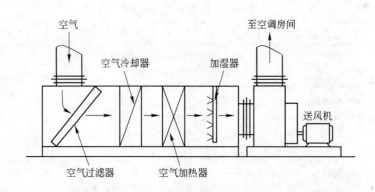

图 14-2   组合式空气处理器示意图

14.1.2.2   按处理空调负荷的输送介质分类

A   全空气系统

房间的全部冷热负荷均由集中处理后的空气负担。属于全空气系统的有定风量或变风量的单风道或双风道集中式系统、全空气诱导系统等。

B   空气-水系统

空调房间的负荷由集中处理的空气负担一部分，其他负荷由水作为介质在送入空调房间时，对空气进行再处理（加热、冷却等）。属于空气-水系统的有再热系统（另设有室温调节加热器的系统）、带盘管的诱导系统、风机盘管机组和风道并用的系统等。

C   全水系统

房间负荷由集中供应的冷、热水负担。如风机盘算系统、辐射板系统等。

D   直接蒸发机组系统

室内冷、热负荷由制冷和空调机组组合在一起的小型设备负担。直接蒸发机组按冷凝器冷却方式不同可分为风冷式、水冷式，按安装组合情况可分为窗式（安装在窗式墙洞内）、立柜式（制冷和空调设备组装在同一立柜式箱体内）和组合式（制冷和空调设备分别组装、联合使用）。

14.1.3   空调系统的特点

14.1.3.1   集中式空调系统

A   一次回风系统

一次回风系统是全空气空调方式中最基本、最常用的方式。这种方式的优点是：

（1）可充分进行换气，室内卫生条件好。

（2）如有回风机时，在过渡季节可增加新风量、甚至可全新风运行，制冷机可少开或停开。

（3）由于空气处理设备是集中放置的，设备系统简单，初投资较省，维护管理方便。其缺点是：风道断面大，占用建筑空间。当一个集中式系统供给多个房间，而各房间负荷变化不一致时，无法进行精确调节；由于常为定风量系统，在负荷变动时，往往产生过热或过冷。当空调面积大的建筑物采用这种方式时，为减小风道占用空间，多采用按朝向分区或按功能时段分系统的方式。

单风道集中式系统适用于空调房间较大，各房间负荷变化情况相类似；恒温、恒湿、无尘、无噪声等场合。也可用于负荷变化较均匀的场合，如办公楼的内区、餐厅等。还可用于负荷变化虽不够均匀，但人员停留时间短、不需严格控制温度的场合，如建筑物的公用部分（门厅、走廊等）、展览厅、商场等。

图14-3是单风道空调系统示意图。该系统主要由集中式空气处理设备、风道、送风口、回风口等组成。夏天，室外新风与循环风（回风）混合经过滤器、冷却器处理后由风道送入室内。冬天，新风与循环风按比例混合，经过滤器、加热器处理后送入室内。室内温度由室内温度自动调节器控制冷却器或加热器的阀门来保证。

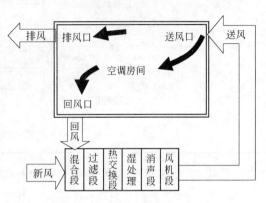

图14-3　一次回风空调系统原理图

集中式空调系统的空气处理器一般采用组合式空气处理器。处理器由各功能段组成，可根据空调设计要求选择。组合式空调机组按照安装形式还可以分为卧式、立式、吊顶式等。卧式组合式空气处理器如图14-4所示。

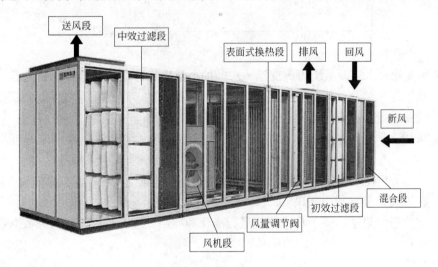

图14-4　卧式组合式空调机组

组合式空调机组的代号见表14-2。如：ZKB10—WT表示组合式玻璃钢的卧式空调机组，额定风量10000m³/s。

表14-2　组合式空调机组的代号

序　号	形　　　式		代　　号
1	结构形式	立　式	L
		卧　式	W
		双重卧式	S
		吊挂式	D

续表 14-2

序　号	形　　式		代　　号
2	箱体材料	金　属	J
		玻璃钢	B
		复　合	F
		其　他	Q
3	用途特征	通用机组	T
		新风机组	X
		变风量机组	B
		净化机组	J
		其　他	Q

组合式空调机组的型号表示方法如下：

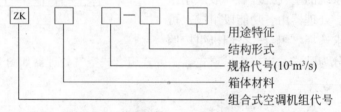

```
ZK □ □ □—□
              └── 用途特征
            └──── 结构形式
          └────── 规格代号(10³m³/s)
        └──────── 箱体材料
    └──────────── 组合式空调机组代号
```

B　变风量系统

当负荷变化时，空调系统可改变送入房间的风量来维持室内温湿度。其优点：

（1）系统送风量和选用的设备是按瞬时送风量确定的，考虑了系统同时负荷率。

（2）设备容量和风道尺寸比较小，可减少 20% ~ 30%。

（3）采用全年变风量运行，可节约风机运行的能耗，约节省一半（末端变风量的周边地区）。

（4）在部分负荷时减少送风量，可完全或最大限度地减少冷热风混合损失和再热损失。

（5）在过渡季节可利用新风。

（6）空调机组集中，便于集中空气进行净化和噪声处理，也便于与热回收系统、热泵系统结合起来。

其缺点是：

（1）对散湿量大的房间相对湿度难以保持。

（2）风量过小时，新风量难以保证。

（3）克服以上缺点需增加系统风量以及最小新风量控制，但自控系统较复杂，造价较贵。

变风量系统可用于大型建筑物的内区等。变风量空调系统组成及控制原理见图 14-5。

变风量的末端设备有旁通型、节流型和诱导型，如图 14-6 所示，节能效果较好的是节流型。变风量系统也可分为单风道系统和双风道新系统。单风道系统适用于同时供冷或同时供暖，各个空调房间的负荷变化幅度较小，热湿比较接近，室内相对湿度要求较严的地方。双风道系统适用在室内负荷变化大，各房间同时要求供冷、供热或室内相对湿度要求严格的地方。

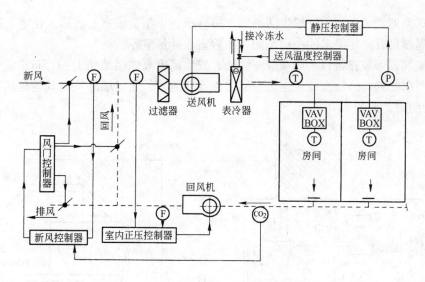

图 14-5　变风量空调系统组成及控制原理图

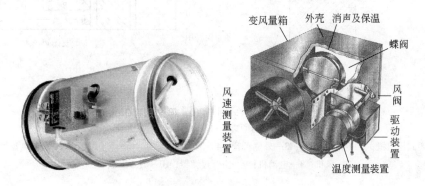

图 14-6　两种变风量末端设备

14.1.3.2　局部式空调系统

在空调系统中，并不是任何时候都采用集中式的空调系统。例如，在一个较大的建筑物中，只有少数房间需要空调，或者要求空调的房间虽然多，但却很分散，彼此距离又很远，这时设置局部式系统就较经济、合理。

局部式空调系统由空气处理设备、风机、冷冻机和自动控制设备等组成，这种机组一般安装在需要空调的房间或相邻室内，就地处理空气。由于这种机组的服务面积小，处理空气量少，因此所有设备经常是装成一体，由工厂成批生产，现场安装。习惯上把装成一体的空调机组叫做"空气调节器"，如窗式空调器、立柜式空调等，它们可以不同风道，或只用很少的风道为空调房间服务。只有较大型的机组，才将空气处理设备和冷冻设备分开设置。

A　空气调节器

a　窗式空调器

窗式空调器外形构造如图 14-7（a）所示，它是一种利用室外空气冷却的人工气候调节装置，能自动调节室内温度、降低湿度、循环和过滤室内空气，提供较舒适的空气环境，由于在管路中装设了四通换向阀不但夏季能送冷风，而且冬季还可送热风，即所谓的热泵型窗式空调器。适用于一般生活场所，招待所、小型会议室、商店、住宅、医院手术室以及对温湿度有一定要求的小型车间、实验室、计量室等。

窗式空调器可装在窗口上或墙壁开洞处，安装高度离该层地面 $1 \sim 1.5m$；应安装在无阳光直接照射之处，一般安装在建筑物的北侧或东侧，后面（墙外）离其他建筑物必须有 $1m$ 以上的距离，如图 14-7 (b) 所示。

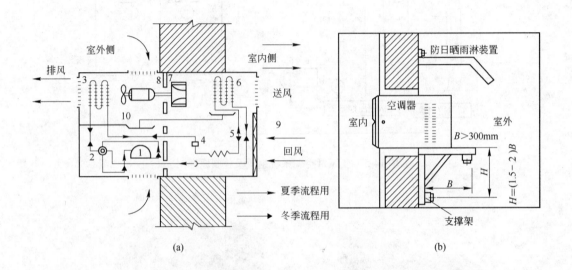

图 14-7　热泵型窗式空调器原理及安装示意图

(a) 热泵型窗式空调器原理；(b) 窗式空调器安装示意

1—全封闭式压缩机；2—四通换向阀；3—外侧盘管；4—制冷剂过滤器；5—流毛细管；6—室内侧盘管；

7—风机；8—电动机；9—空气过滤器；10—凝结水盘

b　立柜式空调机组

有冷风机组、热泵式机组及恒温恒湿式机组等。根据其冷凝方式的不同分为空冷和水冷热泵两类。空冷热泵适用于冷热负荷相差不大的场合，对室外空气温度的变化范围有要求，当室外温度较低时，其供热的 COP 值大幅度下降。

目前国产的家用空调机组多为直接蒸发式，即用冷冻机的蒸发器直接冷却空气，冷凝器热量散发到室外空气中，称为风冷式机组。有的将机组做成热泵式，即冷冻设备可以转换使用，夏季用来降温，冬季用来供暖。图 14-8 是一种风冷式冷风机组示意。将冷凝器设置在机组柜外，装置在带有排风扇的、分开设置的室外机内，并有制冷剂的液管和气管与机组连接。冷凝器内高压高温的制冷剂蒸汽被室外空气冷却，排出热量的冷凝剂蒸汽被室外空气冷却，排出热量后冷凝成高压液体又回到机组。风冷冷凝器通常安装在室外靠近机组的背阳处。

有的热泵机组配置电加热器或蒸汽加热器、电加湿器或蒸汽加湿器以及自动控制仪表，称为恒温恒湿机组。恒温恒湿机组如图 14-9 所示，适用于精密机械、光学仪器，电子仪器车间、电子计算机房、科学研究、国防工业等部门，可使房间温度保持在 $18 \sim 25℃$，温度控制精度在 $\pm 1℃$；相对湿度保持在 $40 \sim 70℃$，湿度控制精度为 $\pm 10\%$，并可保证室内空气的新鲜和洁净。

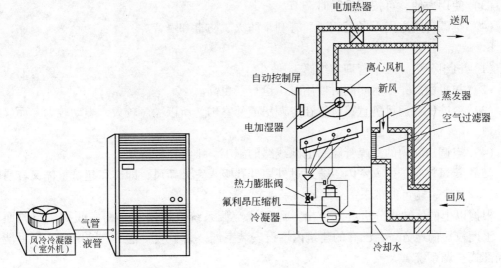

图 14-8　一种风冷式冷风机组　　　　图 14-9　水冷式恒温恒湿空调机组

水冷热泵（又称水源热泵）根据水源又可分为地上水和地下水两种，如果保证一定的水温，这一装置的制冷系统和供热系统的 COP 值始终能保持较好。

水源热泵具有节能（能把建筑内部的部分区域的热移至需要供热的区域）、供热能效比高（与空冷热泵相比较）、满足多工况要求、施工方便、节省空间、运行可靠、便于管理等优点，但也有电耗大、初投资较高的缺点，多用于公寓、宾馆、出租办公楼或商业建筑。水源热泵系统原理，如图 14-10 所示。

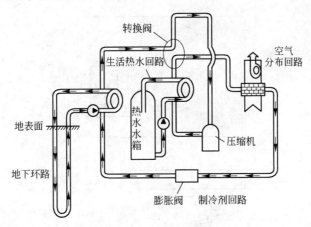

图 14-10　水源热泵系统原理图

B　局部式空调系统的特点

局部式空调系统是为了克服集中式空调系统的缺点而产生的，它与集中式空调系统相比较有以下优缺点。

a　优点

（1）不需要空调机房，不用风道或用很短而简单的风道。

（2）安装简单，能迅速建成并投入使用。

（3）使用方便，可按要求随时调节。

（4）空调房间之间无风道相通，有利于防火、防毒和隔音。

b　缺点

（1）机组分散，难于管理和维修。

（2）初投资高，多房间同时使用时，运行费也高。

（3）冷冻机和通风机直接设置在空调房或邻室内，所以噪声较大，震动较大，而又难于处理。

（4）空调房间内的冷媒管路、电源线路的施工、维修比较麻烦。

（5）新风较难于送入室内，若通过外墙开孔吸入室外新风，即破坏建筑整体又容易使房间进入灰尘，还可能带来室外噪声。

根据以上的优缺点分析可以看出，局部式空调系统只适用于空调房间少，空调面积小，工期较短的地方。在已有的建筑内增设安装空调，为了减少施工上的麻烦，尽可能采用局部式空调系统。

14.1.3.3　半集中式空调系统

半集中式空调系统是在尽量发挥集中式和局部式两类空调系统的优点，克服其缺点的基础上发展起来的。它包括诱导空调系统和风机盘管系统，也称为混合系统。

A　诱导空调系统

诱导器加新风的混合式空调系统，称为诱导空调系统，如图 14-11 所示。该系统的新风来自集中式空气处理机房，新风经风道送入设置在空调房的诱导器，再由诱导器嘴高速喷出，同时吸入一部分室内空气，这两部分空气在诱导器内混合后再送入空调房间。该系统可分为两类：

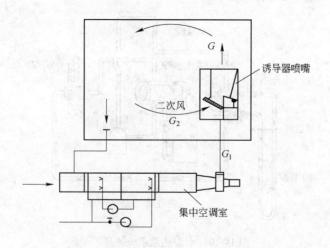

图 14-11　诱导器空调系统

（1）全空气诱导机组方式。将一次风（冷风）用高速送入诱导机组，由喷嘴喷出，将周围空气（室内空气或吸收了照明器具的热量后回入顶棚的空气）诱导进来，再送入室内。由室内恒温器对一次空气（冷风）或两次诱导空气量进行调节，保持室内所需温度。该系统风道占用空间小，可用于中等规模以上的建筑物内部区。

（2）空气-水诱导机组方式。经过热湿处理的一次风经下部喷嘴喷出（风速 20 ~

30m/s），诱导经过盘管的室内空气（二次风），混合后送入室内。

诱导机组方式的优点是：

（1）一次风的新风空气仅满足卫生要求，如用高速送风（15～20m/s），风道面积仅为普通系统的1/3，节省建筑空间。

（2）空气-水系统，一部分室内负荷由二次盘管承担，一次风系统较小。

（3）无回转部件，使用寿命长。

其缺点是：

（1）高速送风时，风机耗能大，室内有噪声。

（2）各房间冷、热量不宜个别调节。

（3）设备价格贵，初投资较多，易积灰尘，需定期清理；水的管路较复杂，维修工作量较大。该系统可用于需要单独调节控制的房间和大型建筑物的外区。

B　风机盘管空调系统

风机盘管机组加新风系统的混合式空调系统称为风机盘管空调系统，如图 14-12 所示。该系统是集中式和局部式的混合形式，室外新风通过单独设置的集中空气处理机房直接送入各房间，也可以经过风机盘管送入各房间。

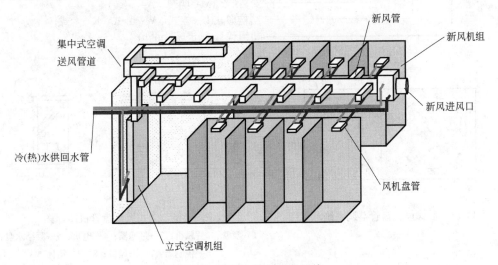

图 14-12　风机盘管加新风系统

风机盘管系统根据新风获取方式的不同，可分为以下几种：

（1）渗入新风和排风。初投资、建筑空间和运行费用省，新风量无法控制，新风洁净度无法保证，室内卫生要求难以保证。该方式适用于要求不高，旧建筑加装空调，或因地位限制无法布置机房和风道的建筑物等。

（2）墙洞引入新风。初投资省，节约建筑空间；噪声、雨水、污物容易进入室内，机组易腐蚀；室内空气量平衡易受破坏，温湿度不易保证，受风压的影响，高层建筑有烟囱效应的影响，室内新风不理想。该方式只适用于低层部分，或相邻楼房、墙壁构成的避风建筑或改造的旧建筑。

（3）由内部区空调系统兼供周边区新风。该系统省去了单独的周边新风系统，通风效果好，可适当去湿，初投资、运行费用、占用空间等均比单独设立新风系统节省。

（4）独立新风系统。初投资较大，通风效果好，风机盘管的冷量可充分发挥。该系统可用于旅馆客房、公寓、医院病房等，同时可与变风量系统配合使用在大型建筑物外区等。

风机盘管主要是由风机和盘管换热器所组成的机组，大体可分为风机段和盘管段。风机将周边空间内的空气不断地吸入机组，经盘管及送风口按一定方向吹出，空气经机组过滤器改善了室内环境，也使电机及盘管不会很快被尘土及纤维堵塞。一般情况下都用机组吸入室内回风。

风机盘管机组中用来冷却或加热空气的盘管要通以冷水或热水。因此机组的水系统至少应装设供、回水管各一根，即做成双管系统。若采用冷、热媒管路分开供应，可做成三管或四管式系统。

风机盘管机组有立式、卧式和卡式等三种形式，如图 14-13、图 14-14 所示。立式的可以沿墙设置在地面上或放在窗台下；卧式的可以悬挂在天花板下或者安装在天棚里。卡式一般直接装设在空调区域中央的吊顶上。风机盘管机组型号的表示方法如下：

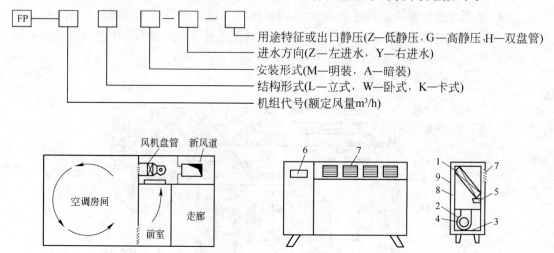

图 14-13　卧式风机盘管空调系统示意图　　　　图 14-14　立式风机盘管机组简图

1—盘管；2—风机；3—过滤器；4—电机；5—凝结水盘；

6—控制器；7—送风口；8，9—箱体

风机盘管空调系统的特点更接近于局部式空调系统，但它需要集中供应冷、热媒。它也像"空气-水"诱导器的空调系统一样，能用一套设备将采暖和空调结合起来。风机盘管系统的主要缺点是目前设备的价格偏高，此外，风机盘管空调器适用于半集中式空调系统，特别是有变负荷特性、性能优异的风机盘管，通常适用于宾馆、公寓、饭店、医院、办公楼等高层建筑场所。该系统的主要优点是：

（1）布置灵活，各房间能单独调节温度甚至关闭，不影响其他房间。

（2）节省运行费用，与单风道相比可降低 20% ~ 30%。

（3）可承担 80% 的室内负荷，与全空气系统相比，节省空间。

（4）机组定型化，规格化，易于选择安装。

缺点是：

（1）机组分散设置，维护管理不便。

（2）过渡季节不能使用全新风。

（3）小型机组气流分布受限制，适用于进深 6m 内的房间。

（4）风机产生的噪声对有较高要求的房间难于处理。

（5）某个房间内风机盘管机组的风机虽然能够关掉，但集中供应的冷热媒是不能减少的，因此，在一定程度上将会继续消耗冷量或热量。

14.2 空调房间热工要求及空调系统冷负荷

14.2.1 空调房间热工要求

在夏季，由于室内外温差的影响，空调房间的围护结构成为传递热量的通道。为了保持空调室内温度的恒定，需要维持空调房间的热平衡。因此，围护结构传递热量的多少直接影响空调系统的能耗，需要围护结构具有良好的保温性能。根据围护结构的类别和空调房间的类型，国家有关规范对此作了规定。舒适性空调建筑围护结构的各项热工指标应符合下列规定：

（1）严寒和寒冷地区、夏热冬冷地区、夏热冬暖地区的居住建筑和公共建筑围护结构的传热系数、透明屋顶和外窗（包括透明幕墙）的遮阳系数、外窗和透明幕墙的气密性能，应符合现行建筑节能设计国家标准的有关规定（见表 14-3～表 14-5）。

（2）围护结构的热工指标还应符合现行地方建筑节能标准的有关规定。

（3）空调建筑的外窗和透明屋顶的面积不宜过大，每个朝向的建筑窗墙面积比（包括透明幕墙）以及屋顶透明部分与屋顶总面积之比，应符合上述各项标准的有关规定。

（4）夏热冬冷地区、夏热冬暖地区的公共建筑以及寒冷地区的大型公共建筑，外窗（包括透明幕墙）宜设置外部遮阳。外部遮阳的遮阳系数应符合《公共建筑节能设计标准》GB 50189 和现行地方标准的有关规定。

（5）相对湿度大于等于 80% 的潮热房间的围护结构，应采取避免内表面和结构内部结露的措施。

（6）舒适性空调区，人员出入频繁的外门应符合下列要求：

1）宜设置门斗、旋转门或弹簧门等，且外门应避开冬季最大频率风向；当不可避免时，应采取设热风幕或冷热风幕等防风渗透的措施，或在严寒、寒冷地区设置散热器、立式风机盘管机组、地板辐射采暖等下部供热设施；

2）建筑外门应严密，当门两侧温差大于或等于 7℃ 时，应采用保温门。

（7）舒适性空调房间宜保持一定的正压，正压值宜取 5～10Pa。医院手术室及其附属用房的正压和负压要求应符合《医院洁净手术部建筑技术规范》GB50333 的有关规定。

工艺性空调房间的外墙、外墙朝向和所在楼层，可按表 14-3 确定。

表 14-3 对外墙、外墙朝向和楼层层次的要求

室温允许波动范围/℃	外墙	外墙朝向	楼层层次
≥±1	宜减少	宜北向	避免顶层
±0.5	不宜有	宜北向	不宜在顶层
±0.1～0.2	不应有	—	不应在顶层

注：表中的北向适用于北纬 23.5° 以北的地区，对于 23.5° 以南的地区应改为南向。

表 14-4 窗户的要求

室温允许波动范围/℃	外窗	外窗朝向	外窗层数	内窗层数 窗两侧温差/℃	
				≥5	<5
±1	尽量减少外窗	≥±1℃时尽量朝北	双	双	单
		±1℃时不应有东西向	双	双	单
±0.5	不宜有外窗	如有外窗，应向北		双	单
±0.1~0.2	不应有外窗	—		双	双

注：当有东西向外窗时，应采取遮阳或内遮阳措施。

表 14-5 门和门斗的设置要求

室温允许波动范围/℃	外门和门斗	内门和门斗
≥±1	不宜有外门，如有应设门斗	门两侧温差≥7℃时，宜设门斗
±0.5	不应有外门	门两侧温差>3℃时，宜设门斗
±0.1~0.2	严禁有外门	内门不宜通向室温基数不同或室温允许波动范围>±1℃的邻室

注：1. 门两侧温差≥7℃，门应保温；
2. 外门应向内开启，内门应朝向要求高的房间开启。

建筑及布置在顶层的空调房间应设吊顶，并应将保温层设置在吊顶上。吊顶上部的空间，应设置可启闭的通风窗，以便夏季开启，冬季关闭。空调房间的地面及楼面，宜按以下原则处理：

（1）符合下列情况者，应作保温处理：
1）与相邻非空调房间之间的楼板；
2）与相邻不经常使用的空调房间之间的楼板；
3）温差大于或等于7℃的相邻空调房间之间的楼板。

（2）符合下列情况者，距外墙1m以内的地面应作局部保温：
1）室温允许波动范围≤±0.5℃、有外墙的空调房间；
2）室温允许波动范围为±1℃、面积小于30m²、有两面外墙的空调房间；
3）夏季炎热或冬季严寒地区、工艺对地面温度有严格要求的空调房间。

（3）空调房间围护结构的传热系数，应通过技术经济比较确定。可参照国家相关规范确定。

（4）工艺性空调房间围护结构的热惰性指标 D 值，不宜小于相关节能规范要求。

（5）空调系统新风进口的位置，应符合下列要求：
1）风口处于室外空气较洁净的地点；
2）位于排风口的上风侧且低于排风口；
3）进风口的底部距室外地坪不少于2m（位于绿化地带时，可减至1m）；
4）位于建筑物背阴处。

14.2.2 空调冷负荷

14.2.2.1 空调负荷计算

空调系统向室内供给的冷量应与房间的热量的总和相等，这样空调房间才能维持温度的稳定。空调系统在室内外设计温度下，单位时间须向室内供给的冷量称为空调系统的设计冷负荷。

除在方案设计或初步设计阶段可采用热负荷和冷负荷指标进行必要的估算外，施工图阶段应对空调区进行冬季热负荷和夏季逐项逐时冷负荷计算。空调区的夏季计算得热量，应根据下列各项确定：

（1）围护结构传入的热量；

（2）外窗进入的太阳辐射热量；

（3）人体散热量；

（4）照明散热量；

（5）设备、器具、管道及其他内部热源的散热量；

（6）食品或物料的散热量；

（7）渗透空气带入的热量；

（8）伴随各种散湿过程产生的潜热量。

空调冷负荷的计算由于室外空气温度的波动、太阳辐射热的不同、围护结构蓄热能力等的影响，其传热过程是一个非稳态过程，在计算时一般按照逐时的计算方法计算，过程较为复杂。空调区的夏季冷负荷，应根据各项得热量的种类和性质以及空调区的蓄热特性，分别进行计算。下列各项得热量形成的冷负荷，应按不稳定传热方法进行计算：

$$LQ = Q_w + Q_r + Q_d + Q_x + Q_{sh} + Q_q \tag{14-1}$$

式中　LQ——空调冷负荷，kW；

　　　Q_w——通过围护结构的传热量及太阳辐射热量，kW；

　　　Q_r——人体散热量，kW；

　　　Q_d——照明散热量，kW；

　　　Q_x——食物、设备及各种热表面的散热量，kW；

　　　Q_{sh}——人体、设备及室外空气等散湿过程产生的潜热量，kW；

　　　Q_q——其他因素产生的热量，kW。

不应将上述得热量的逐时值直接作为各相应时刻冷负荷的即时值。

下列各项得热量形成的冷负荷，可按稳定传热方法进行计算：

（1）室温允许波动范围 ≥ ±1℃ 的舒适性空调区，通过非轻型外墙进入的传热量。

（2）空调区与邻室的夏季温差大于3℃时，通过隔墙、楼板等内围护结构进入的传热量。

（3）人员密集场所、间歇供冷场所的人体散热量。

（4）全天使用的照明散热量，间歇供冷空调场所的照明和设备散热量。

（5）新风带来的热量。

14.2.2.2　空调冷负荷种类

空调冷负荷的计算，应考虑不同用途的空调房间的实际使用时间、人员的群集情况以及设备与照明的同时使用率，按空调系统的具体布置合理选用以下空调冷负荷的计算值：

A　房间冷负荷

房间冷负荷用以确定空调房间的送风量和设备规格。空调区的夏季冷负荷，应按各项逐时冷负荷的综合最大值确定。同时应根据所服务区的同时使用情况、空调系统的类型及调节方式，按各空调区逐时冷负荷的综合最大值或各空调区夏季冷负荷的累计值确定，并应计入各项有关的附加冷负荷。空调房间的夏季冷负荷应按下列规定确定：

（1）舒适性空调区，夏季可不计算通过地面传热形成的冷负荷；工艺性空调区有外墙时，宜计算距外墙 2m 范围内地面传热形成的冷负荷。

（2）计算人体、照明和设备等冷负荷时，应考虑人员的群集系数、同时使用系数、设备功率系数和通风保温系数等。

（3）一般空调房间应以房间逐时冷负荷的综合最大值作为房间冷负荷。

（4）高大空间采用分层空调时，可按全室空调逐时冷负荷的综合最大值乘以小于 1 的经验系数，作为空调区的冷负荷。房间逐时冷负荷的综合最大值为房间冷负荷。

B　空调系统整体冷负荷

空调系统的夏季冷负荷应包括以下各项，并应按下列要求确定：

（1）空调系统所服务的空调区的夏季总冷负荷，设有温度自控时，宜按所有空调房间作为一个整体空间进行逐时冷负荷计算所得的综合最大小时冷负荷确定；不设温度自控时，整体冷负荷为各空调房间和集中式空调器各自最大小时冷负荷的总和。

（2）新风冷负荷应按最小新风量标准和夏季室外空调计算干、湿球温度确定。

（3）空气处理过程中产生冷热抵消现象引起的冷负荷。

（4）空气通过风机、风管的温升引起的冷负荷，当回风管敷设在非空调空间时，应考虑漏入风量对回风参数的影响。

（5）风管漏风引起的附加冷负荷。

（6）在确定空调系统的夏季冷负荷时，应考虑各空调房间在使用时间上的不同，采用小于 1 的同时使用系数。

确定整体冷负荷时，应考虑空调系统在使用时间上的不同，建议用以下同时使用率：

中、小会议室　　　　　　　　　　　　　　80%
中、小宴会厅　　　　　　　　　　　　　　80%
旅馆客房　　　　　　　　　　　　　　　　90%

C　空调冷源冷负荷

空调冷源的容量应为空调系统的夏季冷负荷与冷水通过水泵、管道、水箱等部件的温升引起的附加冷负荷总和。可采用以下附加率：

（1）风机散热和风管得热附加率。

（2）送风管道漏风的附加率。漏风的附加率还应加到送风机的风量中。送回风管均在空调室内时，不计此项。

（3）回风管在非空调空间时，应考虑混入风量对回风参数的影响。

（4）制冷装置和冷水系统的冷损失附加率。

D　冬季空调热负荷

冬季空调热负荷由下列各项组成：

（1）通过围护结构的传热量。

（2）室内没有正压时，由于渗透空气的侵入散失的热量。

（3）加热新风所需的热量。

以上各项均按稳定传热法计算，计算方法详见有关手册。

14.2.2.3　空调冷负荷的估算

在空调制冷工程方案或初步设计阶段，如果资料不全，可以根据经验数值进行概略估算。以下提供一些数据仅供参考。

冬、夏季冷、热负荷估算指标，按建筑物空调房间面积估算冷负荷：

$$LQ = F \times q_f (\text{kW/m}^2) \tag{14-2}$$

其中 q_f 为单位空调面积下的冷负荷，参见表 14-6。

表 14-6　冷负荷指标的统计值　　　　　　　　　　　　（W/m²）

序号	建筑类型	房间名称	冷负荷指标	序号	建筑类型	房间名称	冷负荷指标
1	旅馆	客房标准层	70～100	32	医院	诊断、治疗、注射、办公	75～140
2		酒吧、咖啡厅	80～120	33		高级病房	80～120
3		西餐厅	100～160	34		一般病房	70～110
4		中餐厅、宴会厅	150～250	35		洁净手术室	180～380
5		商店、小卖部	80～110	36		X光、CT、B超、核磁共振	90～120
6		大堂、接待	80～100	37		一般手术室、分娩室	100～150
7		中庭	100～180	38		大厅、挂号	70～120
8		小会议室（允许少量吸烟）	140～250	39	商场百货大楼	营业厅（首层）	160～280
9		大会议室（不允许吸烟）	100～200	40		营业厅（中间层）	150～200
10		理发、美容	90～140	41		营业厅（顶层）	180～250
11		健身房	100～160	42	超市	营业厅	160～220
12		保龄球	90～150	43		营业厅（鱼肉副食）	90～160
13		弹子房	75～110	44	影剧院	观众席	180～280
14		室内游泳池	160～260	45		休息厅（允许吸烟）	250～360
15		舞厅（交谊舞）	180～220	46		化妆室	80～120
16		舞厅（迪斯科）	220～320	47		大堂、洗手间	70～100
17		KTV	100～160	48	体育馆	比赛厅	100～140
18		棋牌、办公	70～120	49		观众休息厅（允许吸烟）	280～360
19		公共洗手间	80～100	50		观众休息厅（不允许吸烟）	160～250
20	银行	营业大厅	120～160	51		贵宾室	120～180
21		办公室	70～120	52		裁判、教练、运动员休息室	100～140
22		计算机房	120～160	53		展览厅、陈列室	150～240
23	写字楼	高级办公室	120～160	54		会堂、报告厅	160～200
24		一般办公室	90～120	55		多功能厅	180～250
25		计算机房	100～140	56	图书馆	图书阅览室	100～160
26		会议室	150～200	57		大厅、借记、登记	90～110
27		会议室	180～260	58		书库	70～90
28		大厅、公共洗手间	70～110	59		特藏（善本）	100～150
29	住宅公寓	多层建筑	88～150	60	餐馆	营业大厅	200～280
30		高层建筑	80～120	61		包间	180～250
31		别墅	150～220				

注：此表中的面积为空调面积；表内数字中人员密度小和照明冷负荷高者代表标准较高的建筑。应考虑节能要求及围护结构热工性能提高，表中数据可取中间值和下限值；繁华商业区商场的人员密度可再增加20%。办公室内还应根据办公自动化程度的高低考虑计算机、复印机等用电设备的冷负荷。

14.3 空调房间气流组织与效果

经过处理的空气由送风口进入空调房间中，与室内空气进行热质交换后，经回风口排出。空气的进入和排出会引起室内空气的流动，空气流动状况的不同，会产生不同的空调效果。合理地组织室内空气的流动，使室内空气的温度、湿度、流速、室内噪声标准和室内空气质量等能更好地满足工艺要求和符合人们的舒适感觉，才能达到空气调节的目的，完成气流组织的任务。同时气流组织应与建筑装修有较好的结合；气流应均匀分布，避免产生短路和死角。

例如：在恒温精度要求高的计量室，应使工作区具有较为稳定和均匀的空气温度，区域温差小于一定值；体育馆的乒乓球赛场，除有温度要求外，还希望空气流速不超过某一定值，在净化要求很高的集成电路生产车间，则应组织车间的空气平行流动，把产生的尘粒压至工件的下风侧并排除掉，以保证产品质量。

由此可见，气流组织直接影响室内空调效果，是关系着房间工作区的温湿度基数、精度及区域温差、工作区的气流速度及清洁程度和人们舒适感的重要因素。因此，在工程设计中，除了考虑空气的处理、输送和调节外，还必须注意空调房间的气流组织。

室内空气分布与很多因素有关：送风口形式和位置；回风口位置；送风射流参数（主要指送风温差、送风口直径、送风速度等）；房间几何形状以及热源位置等等。上述诸因素的相互关系比较复杂，以目前国内外水平而论，还难以把它们综合起来进行纯理论计算。在以上诸因素中，送、回风口的形状、位置和送风射流参数是影响气流组织的主要因素。

14.3.1 送、回风口的形式及气流组织形式

14.3.1.1 送风口的形式

由前述可知，空调房间气流流型主要取决于送风射流。而送风口形式将直接影响气流的混合程度、出口方向及射流断面形状，对送风射流具有重要作用。根据空调精度、气流形式、送风口安装位置以及建筑装修的艺术配合等方面的要求，可以选用不同形式的送风口。送风口的种类繁多，按送出气流形式可分为四种类型。

（1）辐射形送风口。送出气流呈辐射状向四周扩散。如盘式散流器、片式散流器等。

（2）轴向送风口。气流沿送风口轴线方向送出。这类风口有格栅送风门、百叶送风口、喷口、条缝送风口等。

（3）线形送风口。气流从狭长的线状风口送出。如长宽比很大的条缝形送风口。

（4）面形送风口。气流从大面积的平面上均匀送出。如孔板送风口。

几种常见的送风口形式及特点见表14-7。

表14-7 送风口形式及特点

送风口类型	送风口名称	形 式	特点及适用范围	备 注
侧送风口	格栅送风口		叶片可调格栅，可根据需要调节上下倾角或扩散角，不能调节风口风量，用于要求不高的一般空调工程	叶片固定的格栅可作为回风口和新风进风口

送风口类型	送风口名称	形 式	特点及适用范围	备 注
侧送风口	单层百叶送风口		叶片可横装（V形）或竖装（H形），可调节竖向仰角、俯角和水平扩散角。均带有对开式风量调节阀，可调节风量，用于一般精度的空调工程	与过滤器配套使用可作为回风口
	双层百叶送风口		外层和内层百叶横装或竖装，均带有对开式风量调节阀，可调节风量，也可装配可调试导流片。用于公共建筑的舒适性空调，以及精度较高的工艺性空调	叶片调节吹出角度范围为 0°~180°
	条缝型百叶送风口		长宽比大于 10，叶片横装可调的格栅风口或与对开式风量调节阀组装在一起的条缝百叶风口。可调节角度和风量。用于一般空调和风机盘管出口	
散流器	直片式散流器	$A×B$	圆形扩散圈为三层锥形面，方形可形成不同的送风方向，拆装方便，可与单开阀板式或双开阀板式风量调节阀配套使用。用于公共建筑的舒适性空调和工艺性空调	
	圆盘形散流器		拆装方便，可与单开或双开阀板风量调节阀配套使用，可形成下送和平送贴附射流。用于公共建筑的舒适性空调和工艺性空调	
	流线形散流器	ϕD	气流呈下送流线形，采用密集布置，可调节风量。用于净化空调	
喷射式送风口	圆形喷口		出口带有较小的收缩角度，属于圆射流，不能调节风量。用于公共建筑和高大厂房的一般性空调	
	球形喷口		带有较短的圆柱喷口与转动球体相连接，属于圆射流，即能调节气流方向，又能调节送风量。用于空调和通风的岗位送风	
	旋流风口	4 3 2 1 (a) (b)	（a）旋流吸顶散流器：可调出吹出流型和贴附流型。 （b）地板送风旋流风口。1 为起旋器，2 为旋流叶片，3 为集尘器，4 为出风格栅。 用于公共建筑和工业厂房的一般型舒适空调。适宜在送风温差大、层高低的空间中应用	
	置换送风口	ϕD	风口靠墙置于地上，风口的周边开有条缝，空气以很低的速度送出，形成置换送风的流型。可在 180°、90° 和 360° 范围内送风。用于采用置换通风的空调房间	

14.3.1.2　回风口形式及布置方式

房间内的回风口是一个汇流的流场，风速的衰减很快，它对房间气流的影响相对于送风口来说比较小，因此风口的形式也比较简单。上述送风口中的活动百叶风口、固定叶片风口、格栅风口等都可以作为回风口。此外，还有网板风口、箅孔或孔板风口等，也可与粗效过滤器组合在一起使用。

回风口布置时应注意以下几点：

（1）除了高大空间或面积大而有较高区域温差要求的空调房间外，一般可仅在一侧布置回风口。

（2）对于侧送方式，一般设在送风口同侧下方。下部回风易使热风送下，如果采用孔板和散流器送风形成单向流流型时，回风应设在下侧。

（3）高大空间上部有一定余热量时，宜在上部增设排风口或回风口排除余热量，以减少空调区的热量。

（4）有走廊的、多间的空调房间，如对消声、洁净度要求不高，室内又不排除有害气体时，可在走廊端头布置回风口集中回风；而在各空调房间内，在与走廊邻接的门或内墙下侧，亦设置可调百叶栅口，走廊两端应设密闭性能较好的门。

（5）影响空调区域的局部热源，可用排风罩或排风口形式进行隔离，如果排出空气的焓低于室外空气的焓，则排风口可作为回风口，接在回风系统中。

14.3.2　典型的气流组织形式

气流组织的流动模式取决于送风口和回风口位置、送风口形式、送风量等因素。其中送风口（它的位置、形式、规格、出口风速等）是影响气流组织的主要因素。下面介绍几种常见的风口布置方式的气流组织模式。

A　侧送风的气流组织

侧送风是空调房间中最常用的一种气流组织方式。一般以贴附射流形式出现，工作区通常是回流。对于室温允许波动范围有要求的空调房间，一般能够满足区域温差的要求。图 14-15 给出了七种侧送风的室内气流组织模式。

图 14-15（a）为上侧送，同侧的下部回风，适宜用于恒温恒湿的空调房间。图 14-15（b）为上侧送风，对侧下部回风。工作区在回流和涡流区中，回风的污染物浓度低于工作区的浓度。图 14-15（c）为上侧送风，同侧上部回风。这种气流组织形式与图 14-15（a）相似。图 14-15 中（d）、（e）的模式适用于房间宽度很大，单侧送风射流达不到对侧墙时的场合。对于高大空间，可采用中部侧送风、下部回风、上部排风的气流组织，如图 14-15（f）所示。当送冷风时，射流向下弯曲。这种送风方式在工作区的气流组织模式基本上与图 14-15（d）相似。房间上部区域温湿度不需要控制，但可进行部分排风，尤其是在热车间中，上部排风可以有效排除室内的余热。图 14-15（g）是典型的水平单向流的气流组织模式。这种气流组织模式用于洁净空调室中。

喷口侧送风（见图 14-16）是大型体育馆、礼堂、剧院、通用大厅以及高大空间等建筑中常用的一种送风方式。由高速喷口送出的射流带动室内空气进行强烈混合的侧送方式，使射流流量成倍增加，室内形成大的回旋气流，工作区一般是回流区。由于这种送风方式具有射程远、系统简单、投资较省的特点，一般能够满足工作区舒适条件。在高大空间中常用。

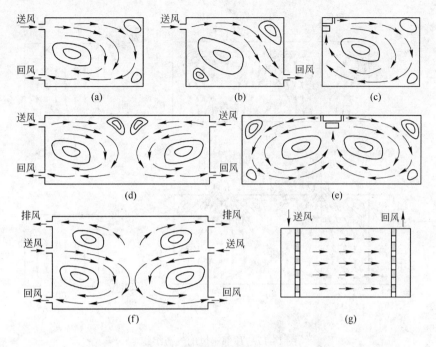

图 14-15 侧送风的室内气流组织

(a) 上侧送, 同侧下回; (b) 上侧送, 对侧下回; (c) 上侧送, 上回; (d) 双侧送, 双侧下回;
(e) 上部两侧送, 上回; (f) 中侧送, 下回, 上排; (g) 水平单向流

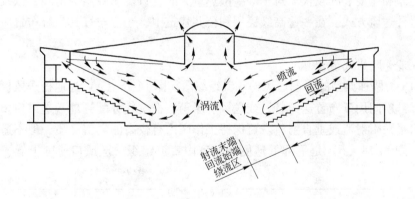

图 14-16 喷口侧送风

B 顶送风的气流组织

图 14-17 是四种典型的顶送风的室内气流组织模式。图 14-17 (a) 为散流器平送, 顶棚回风的模式。顶棚上的回风口应远离散流器。图 14-17 (b) 为散流器向下送风, 下侧回风的室内气流组织, 所用的散流器具有向下送风的特点。散流器出口的空气以夹角20°~30°喷射出, 图 14-17 (c) 为典型的垂直单向流。送风与回风都有起稳压作用的静压箱。送风顶棚可以是孔板, 下部是格栅地板, 从而保证气流在横断面上速度均匀, 方向一致。图 14-17 (d) 为顶棚孔板送风, 下侧部回风。与图 14-17 (c) 不同的是取消格栅地板, 改为一侧回风。因此不能保证完全是单向流, 气流在下部偏向回风口。喷口也可用于顶送风。

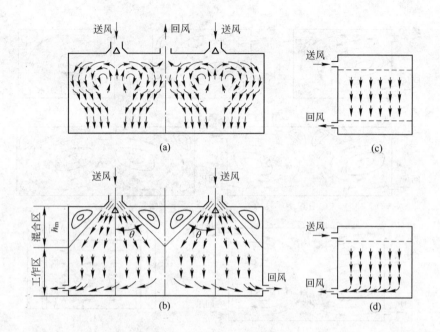

图 14-17   顶部送风的气流组织

（a）散流器平送，顶棚回风；（b）散流器向下送风，下侧回风；（c）垂直单向流；（d）顶棚孔板送风，下侧回风

条缝送风也是一种常用的顶送风方式。条缝送风属于扁平射流，与喷口送风相比，射程较短，温差和速度衰减较快。对于一些散热量大的且只要求降温的房间，以及民用建筑中宜采用这种送风方式。在一些高级民用和公共建筑中，还可与灯具配合布置应用条缝送风的方式。

C　下部送风的气流组织

图 14-18 为两种典型的下部送风的气流组织图。图 14-18（a）为地板送风模式。地面需架空，下部空间用于布置送风管，或送风静压箱，把空气分配到地板送风口。送出的气流可以是水平贴附射流或垂直射流。可保持工作区内有较高的空气品质，但不适合于送热风的场合。图 14-18（b）是下部低速侧送的室内气流组织。送风口速度很低，一般约为 0.3m/s。

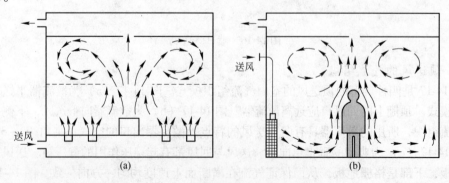

图 14-18   下部送风的气流组织形式

（a）地板送风；（b）下部低速侧送风（置换通风）

下部送风的垂直温度梯度都较大，设计时应校核温度梯度是否满足要求，另外，送风温度也不应太低，避免足部有冷风感。下部送风适用于计算机房、办公室、会议室、观众厅等场合。

下部送风除了上述两种模式外，还有坐椅送风方案，即在座椅下或椅背处送风。这也是下部送风的气流组织模式，通常用于影剧院、体育馆的观众厅。

14.4 空气处理设备、空调系统划分及空调机房

14.4.1 空气冷热处理设备

14.4.1.1 喷水室及其构造

喷水室是由喷嘴向流动空气中均匀喷洒细小水滴，让空气与水在直接接触条件下进行热湿交换。它的特点是：能够实现多种空气处理过程、具有一定空气净化能力、结构上易于现场加工构筑、节省金属耗量等，是应用最早而且相当普遍的空气处理设备。但是，由于它对水质要求高、占地面积大、水系统复杂、运行费用较高等缺点，除在一些以湿度调控为主要目的的场合（如纺织厂、卷烟厂等）还大量使用外，一般建筑已不常使用。

A 喷水室构造

喷水室是由喷嘴、供水排管、挡水板、集水底池和外壳等组成，底池还包括有多种管道和附件，如图 14-19 所示。

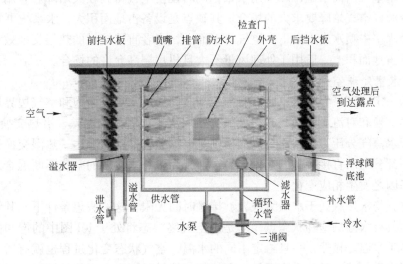

图 14-19 喷水室结构图

图 14-19 是应用比较广泛的单级卧式低速喷水室构造示意图。这种喷水室的横截面积应根据通过风量和 $v = 2 \sim 3\text{m/s}$ 的流速条件来确定，长度则取决于喷嘴排数、排管布置和喷水方向。喷水室中通常设置 $1 \sim 3$ 排喷嘴，喷水方向根据与空气流动方向相同与否分为顺喷、逆喷和对喷等形式，单排多用逆喷，双排多用对喷，在喷水量较大时才宜采用 3 排（1 顺 2 逆）。

喷嘴的作用是使水雾化并均匀喷散在喷水室中，一般采用铜、不锈钢、尼龙和塑料等

耐磨、耐腐蚀材料制作，它布置的原则是保证喷出水滴能均匀覆盖喷水室横断面。喷嘴的喷水量、水滴直径、喷射角度和作用距离与其构造、直径及喷嘴前水压有关。实验证明，喷嘴直径小、喷水压力高，可得到细喷，适用于空气加湿处理；反之，可得到粗喷，适用于空气的冷却干燥。

挡水板主要起分离空气中夹带水分，以减少喷水室"过水量"的作用，前挡水板尚可起到使空气均匀流动的作用。挡水板过去主要使用镀锌钢板或玻璃板条加工制作成多折形，现在则多改用各种塑料板制成波形和蛇形挡水板，这更有利于增强挡水效果和减少空气流通阻力。

喷水室的外壳和底池在工厂定型产品中多用钢板和玻璃钢加工，现场施工时也可采用砖砌或用混凝土浇制，制作过程应处理好保温和防水。底池的集水容积一般可按3% ~5%的总喷水量考虑，它本身还和以下四种管道相连：

（1）循环水管。将底池中的集水经滤水器吸入水泵重复使用。

（2）溢水管。经溢水器（设水封罩）排除底池中的过量集水。

（3）补水管。补充因耗散或泄漏等造成底池集水量的不足。

（4）泄水管。用于设备检修、清洗或防冻需要时排空池中积水。

为便于观察和检修，喷水室应设防水照明灯和密闭检修门。

喷水室类型较多，除上述喷水室外，尚有双级、立式、高速、带旁通或带填料层等形式的喷水室。

双级喷水室可增高水温，减少用水量，同时也使空气得到较大焓降。宜用于使用深井水等自然冷源或空气焓降要求大的场合。其缺点是设备占地面积大，水系统更复杂。

立式喷水室中喷水由上向下，空气自下而上，二者直接接触的热湿交换效果好，同时也显著节省占地面积。一般用于处理风量不大且机房层高允许的场合。

B　喷水室处理空气的过程

空气以一定速度流经喷水室时，它与水滴之间通过水滴表面饱和空气边界层不断地进行着对流热交换和对流质交换，其中显热交换取决于二者间的温差，潜热交换和湿（质）交换取决于水蒸气分压力差，而总热交换则是以焓差为推动力。这一热湿交换过程其实也可看成是一部分与水直接接触的空气与另一部分尚未与水接触的空气不断混合的过程，空气自身状态因之发生相应变化。

假如空气与水接触处于水量无限大、接触时间无限长这一假想条件下，其结果全部空气都将达到具有水温的饱和状态点，即是说空气终状态将处于 i-d 图中的饱和曲线上，且终温也将等于水温。显然，一旦给定不同的水温，空气状态变化过程也就有所不同。对实际的喷水室来说，喷水量总是有限的，空气与水接触时间也不可能足够长，因而空气终状态很难达到饱和（双级喷水室属例外），水的温度也将不断变化。实践中，人们习惯于将空气经喷水处理后所达到的这一接近饱和但尚未饱和的状态点称为"机器露点"。

尽管喷水室中空气状态变化过程并非直线，但在实际工作中人们着重关注的是空气处理结果，而不在中间过程，所以可用连接空气初、终状态点的直线来近似表示这一过程。

14.4.1.2　表面式换热器

表面式换热器是利用各种冷热介质，通过金属表面（如光管、肋片管）使空气加热、冷却甚至减湿的热湿处理设备。表面式换热器包括两大类型——通常以热水或蒸汽做热媒，对空气进行加热处理的称为表面式空气加热器；以冷水或制冷剂做冷媒，对空气进行冷却、去湿处理的称为表面式空气冷却器（简称表冷器），它又可分为水冷式和直接蒸发式两类。

　　与喷水室比较，表面式换热器需耗用较多的金属材料，对空气的净化作用差，热湿处理功能也十分受限。但是，它在结构上十分紧凑，占地较少。水系统简单且通常采用闭式循环，故节约输水能耗，对水质要求也不高。便于设计选用、施工安装及维护管理等。因此，它在空调工程中得到最为广泛的应用。

　　A　表面式换热器的构造

　　表面式换热器构造上分光管式和肋管式两种。光管式表面换热器构造简单，易于清扫，空气阻力小，但其传热效率低，已经很少应用。肋管式表面换热器主要由管子（带联箱）、肋片和护板组成（见图 14-20）。为使表面式换热器性能稳定，应保证其加工质量，力求使管子与肋片间接触紧密，减小接触热阻，并保证长久使用后也不会松动。

　　根据加工方法的不同，肋片管可分为绕片管、串片管和轧片管等类型，肋片也有平片、波纹形片、条缝形片和波形冲缝片等不同形式。

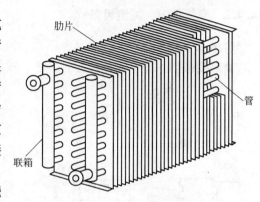

图 14-20　表面式换热器

　　表面式换热器可以垂直、水平和倾斜安装。在空气流动方向上可以并联、串联或者既有并联又有串联。一般处理空气的风量大时采用并联，需要空气温升（或温降）大时采用串联。在冷热媒管路上也有串并联之分，但使用蒸汽作热媒时只能并连。其他热媒通常的做法是：相对于空气通路为并联的换热器，其水管路也应并联；空气管路串联的水管路也串联。串联管路可提高流速、增大传热系数，但阻力大。

　　B　表面式换热器处理空气的过程

　　按照传热传质理论，表面式换热器的热湿交换是在主体空气与紧贴换热器外表面的边界层空气之间的温差和水蒸气分压力差作用下进行的。根据主体空气与边界层空气的参数不同，表面式换热器可以实现三种空气处理过程——等湿加热、等湿冷却和减湿冷却过程。

　　a　等湿加热、等湿冷却

　　换热器工作时，当边界层空气温度高于主体空气温度时，将发生等湿加热过程；当边界层空气温度虽低于主体空气温度，但尚高于其露点温度时将发生等湿冷却过程或称干冷过程（干工况）。由于等湿加热和冷却过程中，主体空气和边界层空气之间只有温差，并无水蒸气分压力差，所以只有显热交换。对于只有显热传递的过程，表面式换热器的换热量取决于传热系数、传热面积和两交换介质间的对数平均温差。当其结构、尺寸及交换介质温度给定时，对传热能力起决定作用的则是传热系数。

　　b　减湿冷却

　　换热器工作时，当边界层空气温度低于主体空气的露点温度时，将发生减湿冷却过程或称湿冷过程（湿工况）。在稳定的湿工况下，可以认为在整个换热器外表面上形成一层等厚的冷凝水膜，多余的冷凝水不断从表面流走。冷凝过程放出的凝结热使水膜温度略高于表面温度，但因水膜温升及膜层热阻影响较小，计算时可以忽略水膜存在对其边界层空气参数的影响。

湿工况下，由于边界层空气与主体空气之间不但存在温差，也存在水蒸气分压力差，所以通过换热器表面不但有显热交换，也有伴随湿交换的潜热交换。由此可知，表面式空气冷却器的湿工况比干工况具有更大的热交换能力。

14.4.2 空气加湿、减湿设备

14.4.2.1 除湿机

除湿机根据原理不同有冷冻除湿机、转轮除湿机、三甘醇液体除湿机等形式。

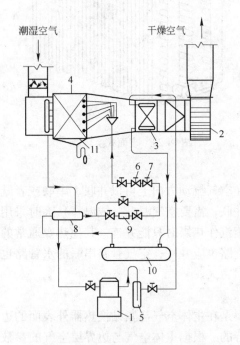

图 14-21 冷冻除湿机原理图
1—压缩机；2—送风机；3—冷凝器；4—蒸发器；
5—油分离器；6，7—节流装置；8—热交换器；
9—过滤器；10—储液器；11—集水器

A 冷冻除湿机

使用人工或天然冷源将空气冷却到露点温度以下，超过饱和含湿量的那部分水蒸气会以凝结水形式析出，从而降低空气的含湿量。这类冷却减湿设备除喷水室和表面式空气冷却器外，最有代表性的当数冷冻除湿机（或称冷冻减湿机）。

冷冻除湿机一般由制冷压缩机、蒸发器、冷凝器、膨胀阀以及风机、风阀等部件所组成。它将制冷系统和通风系统结合为一体，其工作原理如图 14-21 所示。由图可知，潮湿空气先经蒸发器冷却减湿，再经冷凝器加热升温，最终将变成一种高温、干燥的空气。

空气经蒸发器处理后的相对湿度一般可按95%计算。除湿机的除湿量与制冷量成正比。

冷冻除湿机有立式和卧式、固定式和移动式、带风机和不带风机等形式，品种、规格都较齐全。国内产品的除湿能力约 0.3 ~ 1kg/h。

冷冻除湿机具有效果可靠、使用方便、无需热源等优点，但其使用条件受限，不宜用于环境温度过低或过高的场合，维护保养也较麻烦。

B 液体或固体吸湿

某些盐类及其水溶液对空气中的水蒸气具有强烈的吸收作用。这些盐水溶液中，由于盐类分子的存在而使得水分子浓度降低，溶液表面上饱和空气层中的水蒸气分子数也相应减少。因此，与同温度的水相比，溶液表面上饱和空气层中的水蒸气分压力必然要低些。盐水溶液一旦与水蒸气分压力较高的周围空气相接触，空气中的水蒸气就会向溶液表面转移，或者说为后者所吸收。基于这种吸收作用而吸湿的盐水溶液称为液体吸湿剂（吸收剂）。

工程中使用较多的液体吸湿剂有氯化钙（$CaCl_2$）、氯化锂（LiCl）和三甘醇等水溶液。也有某些固态吸收剂，比如氯化钙、生石灰，它们在吸收空气中的水分后，自身将潮解成为各自的水溶液，因而可称之为"固体液化吸收剂"。在前述液体吸湿剂中，氯化钙溶液对金属有较强的腐蚀作用，但其价格便宜，所以有时也采用；氯化锂溶液吸湿能力强，化学稳定性好，对金属也有一定腐蚀性，其应用最为广泛；三甘醇无腐蚀性，吸湿能力也较强，有一定的发展前途。其原理如图 14-22 所示。

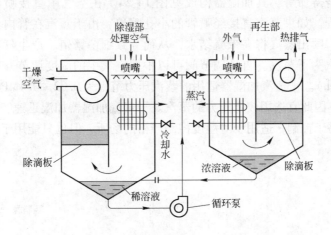

图 14-22 吸收除湿法原理图

C 转轮除湿机

氯化锂转轮除湿机是以氯化锂为吸湿剂的一种干式动态吸湿设备。它利用一种特制的吸湿纸来吸收空气中的水分。吸湿纸常用玻璃纤维滤纸为载体，将氯化锂等吸湿剂和保护加强剂等液体均匀地黏附在滤纸上烘干而成。吸湿纸内所含氯化锂等晶体吸收水分后生成结晶水而不变成盐水溶液。常温时吸湿纸上水蒸气分压力比空气中水蒸气分压力低，所以能从空气中吸收水蒸气；而高温时吸湿纸上水蒸气分压力高于空气中水蒸气分压力，因此又可将吸收的水蒸气释放出来。如此反复循环使用，便可达到连续进行完全减湿的目的。转轮除湿机通常应包括吸湿系统、再生系统和控制系统三部分。图 14-23 是氯化锂转轮除湿机的工作原理图。这种除湿机主要由吸湿转轮、传动机构、外壳、风机、再生用电加热器（或以

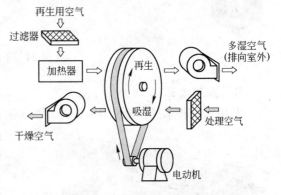

图 14-23 转轮除湿机原理图

蒸汽作热媒的空气加热器）及控制器件所组成。转轮是由交替放置的平的或压成波纹状的吸湿纸卷绕而成，在纸轮上形成许多蜂窝状通道，从而提供了相当大的吸湿面积。转轮以每小时数转的速度缓慢旋转，潮湿空气由转轮一侧的 3/4 部分进入吸湿后，再生空气则从另一侧 1/4 部分进入再生区。此两区以隔板分割，其界面用弹性材料密封，以防两区间空

气相互流窜。

14.4.2.2　加湿

根据加湿的原理,加湿过程可以分为等温加湿和等焓加湿两类。

A　干蒸汽加湿

将锅炉中产生的蒸汽从管子的小孔中喷射出来,进行加湿。其加湿效率接近100%,且容易控制,但也存在一些问题,如钢制锅炉的蒸汽中含清洁剂,以及铸铁锅炉会因此缩短自身寿命等。其加湿器构成见图14-24。在空气中直接喷蒸汽。这是一个近似等温加湿过程。如果蒸汽直接经喷管的小孔喷出,由于蒸汽在管内流动过程中被冷却而产生凝结水,喷出蒸汽将夹带凝结水,从而导致细菌繁殖、产生气味等缺点。应保证最终喷出的蒸汽为干蒸汽。自动调节阀可以根据空气中的湿度调节开度,控制喷蒸汽量(100~300kg/h)。干蒸汽加湿器适用的蒸汽压力范围为0.02~0.4MPa(表压)。蒸汽压力大,噪声大,因此宜选用较低压力的蒸汽。干蒸汽加湿器加湿迅速、均匀、稳定、不带水滴,加湿量易于控制,适用于对湿度控制严格的场所,但也只能用于有蒸汽源的建筑物中。

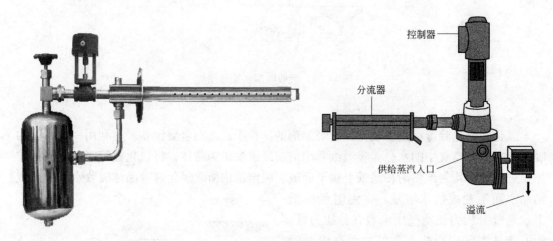

图 14-24　干蒸汽加湿器

B　高压喷雾

利用水泵将水加压到0.3~0.35MPa(表压)下进行喷雾,可获得平均粒径为30μm的水滴,在空气中吸热汽化,是一个接近等焓的加湿过程。高压喷雾优点是加湿量大(6~600kg/h),噪声低,消耗功率小,运行费用低;缺点是有水滴析出,有带菌现象,使用未经软化处理的水会出现"白粉"现象(钙、镁等杂质析出)。这是目前空调机组中应用较多的一种加湿方法。也可以将水雾喷射到加热盘管上,使其汽化。其装置如图14-25所示。

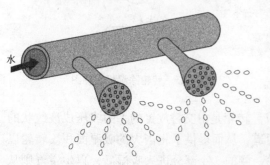

图 14-25　高压喷雾加湿

C　湿膜加湿

湿膜加湿又称淋水填料层加湿。利用湿材料表面向空气中蒸发水汽进行加湿。可以利用玻璃纤维、金属丝、波纹纸板等做成一定厚度的填料层，材料上淋水或喷水使之湿润，空气通过湿填料层而被加湿。这个加湿过程与高压喷雾一样，是一个接近等焓的加湿过程。这种加湿方法的优点是设备结构简单，体积小，填料层有过滤灰尘作用，填料还有挡水功能，空气中不会夹带水滴。缺点是湿表面容易滋生微生物，用普通水的填料层易产生水垢，另外填料层很易被灰尘堵塞，需定期维护。

D　透湿膜加湿

透湿膜加湿是利用化工中的膜蒸馏原理的加湿技术。水与空气被疏水性的微孔湿膜（透湿膜，如聚四氯乙烯微孔膜）隔开，在两侧不同的水蒸气分压差的作用下，水蒸气通过透湿膜传递到空气中，加湿了空气，如图 14-26 所示；水、钙、镁和其他杂质等则不能通过，这就不会有"白粉"现象发生。透湿膜加湿器通常是由用透湿膜包裹的水片层及波纹纸板叠放在一起组成，空气在波纹纸板间通过。这种加湿设备结构简单，运行费用低，节能，实现干净加湿（无"白粉"现象）。

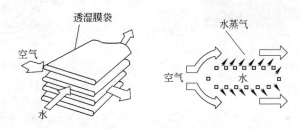

图 14-26　透湿膜加湿原理图

E　超声波加湿

超声波加湿的原理是电能通过激振器（压电换能片）转换成机械振动，向水中发射 1.7MHz 的超声波，使水表面直接雾化，雾粒直径约为 3 ~ 5μm，水雾在空气中吸热汽化，从而加湿了空气，这种方法也是接近等焓的加湿过程。它要求使用软化水或去离子水，以防止换能片结垢，而降低加湿能力。超声波加湿的优点是雾化效果好；运行稳定可靠；噪声低；反应灵敏而易于控制；雾化过程中还能产生有益人体健康的负离子；耗电不多，约为电热式加湿的 10% 左右。其缺点是价格贵，对水质要求高。目前国内空调机组尚无现成的超声波加湿段，但可以把超声波加湿装置直接装于空调机组中。其原理如图 14-27 所示。

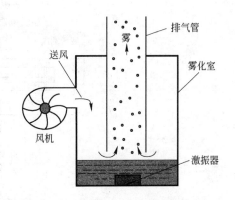

图 14-27　超声波加湿器原理图

F　其他加湿方法

其他加湿方法有电热式（见图 14-28）或电极式加湿（见图 14-29），红外线加湿，离心式加湿（见图14-30）等。前三种都是以电能转变热能使水汽化，因此耗电大，运行费用高，在组合式空调机组中很少使用。电热（极）式目前主要用于带制冷机的空调机中。红外线加湿是利用红外线灯作热源，产生辐射热，使水表面受辐射热而汽化。产生的蒸汽无污染微粒，适宜用于净化空调系统中。有些进口空调机中带有这种加湿器。

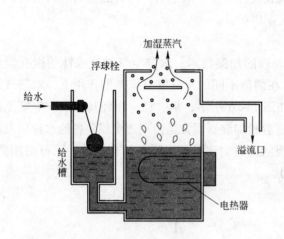

图 14-28　电热式加湿器

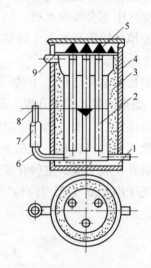

图 14-29　电极式加湿器

1—进水管；2—电极；3—保温层；4—外壳；
5—接线柱；6—溢水管；7—橡皮短管；
8—溢水嘴；9—蒸汽出口

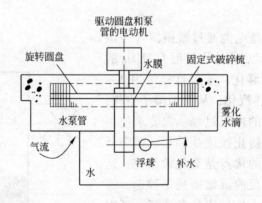

图 14-30　离心式加湿器

14.4.3　空气净化设备

空气过滤器可分为初效过滤器、中效过滤器和高效过滤器。其形式及主要特性见表14-8。

过滤器使用的滤料可分为聚氨酯泡沫塑料、无纺布、金属网格浸油、玻璃纤维、棉短

表 14-8 空气过滤器的形式及主要特性

分类	过滤器形式和材料	有效的捕集尘粒直径/μm	适当的含尘浓度	压力损失/Pa	除尘效率/%		容尘量/g·m⁻²	用途
					质量法	计数或钠焰法		
粗效过滤器	玻璃纤维过滤器（干/浸油）、网状过滤器（干/浸油）、泡沫塑料块状过滤器、滤材自动卷绕过滤器	>5	中~大	30~200	70~90	计数：20~80（$d \geqslant 5\mu m$）	500~2000	作新风过滤器和高效、亚高效、中效过滤器前的预过滤
中效过滤器	滤材折叠（或袋式）的中细孔泡沫塑料、无纺布、玻璃纤维过滤器	>1	中	80~250	90~96	计数：20~70（$d \geqslant 1\mu m$）	300~800	在净化空调系统中作中间过滤，保护高效，在一般空调中作终端过滤器
亚高效过滤器	超细石棉玻璃纤维、滤纸（或合成纤维滤布）过滤材料做成多折形	<1	小	150~350	>99	计数：95~99.9（$d \geqslant 0.5\mu m$）钠焰：90~99	70~250	在净化空调系统中作中间过滤，在一般净化空调中作终端过滤器
高效过滤器	超细石棉、玻璃纤维、滤纸类过滤材料做成多折形	≥0.5	小	250~490	无法鉴别	钠焰：≥99.97	50~70	在净化空调系统中作终端过滤器。用于生物洁净室

注：1. 含尘浓度：大 0.4~7.0mg/m³，中 0.1~0.6 mg/m³，小 0.3mg/m³ 以下。

2. 过滤器容尘量是指当过滤器的阻力（额定风量下）达到终阻力时，过滤器所容纳的尘粒量。

3. 摘自《空气过滤器》（GB/T 14295—1993）。

绒纤维滤纸、超细玻璃和超细石棉做成的纸。新型过滤材料还有活性炭和纳米材料等。一些过滤器的形式如图 14-31~图 14-36 所示。

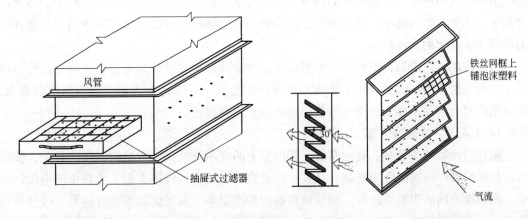

图 14-31　抽屉式过滤器　　　　　图 14-32　横向踏步式过滤器

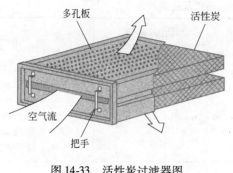

图 14-33　活性炭过滤器图

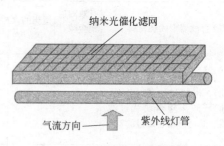

图 14-34　纳米材料过滤器

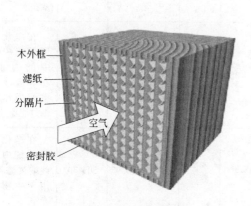

图 14-35　高效过滤器

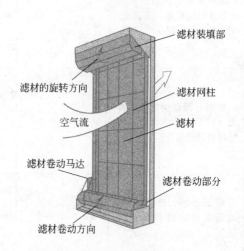

图 14-36　自动卷绕式过滤器

14.4.4　消声设备

消声器是可使气流通过而降低噪声的装置，消声器根据其消声原理不同，可分为阻性消声器、抗性消声器、共振消声器和复合式消声器等。降低气流噪声主要依靠安装各种类型的消声器或消声室。性能良好的消声器不仅要求有较好的消声频率特性、较小的空气阻力损失，还要求结构简单、施工方便、使用寿命长、体积小且造价低，其中消声量是评价消声器性能优劣的重要指标。

目前应用的消声器种类很多，但根据其消声原理，大致可分为阻性消声器、抗性消声器和共振式消声器三大类。为了扩大控制噪声的范围，可以将上述两类消声器结合起来，形成阻抗复合式消声器。这里仅对各类消声器作简要描述。

14.4.4.1　阻性消声器

阻性消声器的原理是，利用布置在管内壁上的吸声材料或吸声结构的吸声作用，使沿管道传播的噪声迅速随距离衰减，从而达到消声的目的，其作用类似于电路中的电阻，对中、高频噪声的消声效果较好。阻性消声器的种类很多，按气流通道的几何形状可分为直管式、片式、折板式、迷宫式、蜂窝式、声流式和弯头式等，如图 14-37 所示。

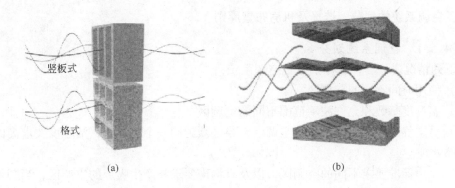

图 14-37　阻性消声器（可有内贴管、竖板式、格式、波纹式、折板式等形式）
（a）竖板式和格式；（b）波纹式和折板式

14.4.4.2　抗性消声器

抗性消声器不使用吸声材料，它又分为扩张室消声器和共振消声器。前者主要是借助于管道截面的突然扩张和收缩达到消声目的；后者则是借助共振腔，利用声阻抗失配，使沿管道传播的噪声在突变处发生反射、干涉等现象，以达到消声目的，适宜控制低、中频噪声。常用的形式有干涉式、膨胀式和共振式等，如图 14-38、图 14-39 所示。

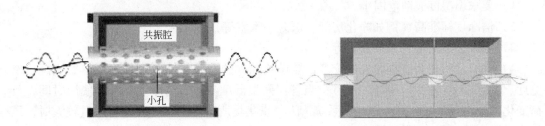

图 14-38　共振式消声器　　　　　　　　图 14-39　扩张室消声器

在消声性能上，阻性消声器和抗性消声器有着明显的差异。前者适宜消除中、高频噪声，而后者适宜消除中、低频噪声。但在实际中，宽频带噪声是很常见的，即低、中、高频的噪声都很高。为了在较宽的频率范围内获得较好的消声效果，通常采用宽频带的阻抗复合式消声器，它将阻性与抗性两种消声原理，通过结构复合起来而构成，如图 14-40所示。

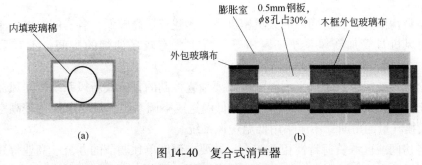

图 14-40　复合式消声器
（a）横截面；（b）纵剖面

14.4.5　空调系统的划分、选择及机房布置原则

14.4.5.1　空调系统划分

属下列情况之一者，宜分别设置空调系统：

（1）使用时间不同的空调区。

（2）温湿度基数和允许波动范围不同的空调区。

（3）对空气的洁净要求不同的空调区；当必须为同一个系统时，洁净度要求高的区域应作局部处理。

（4）噪声标准要求不同的空调区，以及有消声要求和产生噪声的空调区；当必须划分为同一系统时，应作局部处理。

（5）在同一时段需分别供热和供冷的空调区。

（6）空气中含有易燃易爆物质的区域，空调风系统应独立设置。

空调区中存在较大需常年供冷的区域时，应根据房间进深、朝向、分隔等划分需常年供冷的区域和夏季供冷冬季供热的区域，并分别设置空调系统或末端装置。

14.4.5.2　空调系统选择原则

空调系统的形式宜经过技术经济比较后按下列原则选择：

（1）全空气定风量空调系统适用于下列空调区域：

1）要求温湿度波动范围小。

2）洁净度标准高（例如净化房间、医院手术室等）。

3）消声标准高（例如播音室等）。

4）空调房间较大或室内人员较多，能设置独立的空调系统（例如商场、影剧院、展览厅、餐厅、多功能厅、体育馆等）；当各房间温湿度参数、洁净度要求、使用时间、负荷变化等基本一致时，可合用空调系统。人员密集场所单台空气处理机组风量较大时，风机宜采用变速控制。

人员密集场所停留人数变化较大，采用变速风机节能效果较明显。若采用双速风机进行简单的手动转换，运行时仍为定风量变风温维持室内温度恒定。也可采用变频风机，并改为送风温度基本不变，整体改变送风机风量维持房间温度恒定。

（2）同一个全空气空调系统中，各空调区负荷变化较大、低负荷运行时间较长，且需要分别调节室内温度，卫生标准要求较高的建筑，如高档写字楼和用途多变的其他建筑物，尤其是需全年送冷的空调区域等，可采用有变风量末端装置的全空气变风量空调系统。

（3）空调房间较多、房间内的人员密度不大，建筑层高较低，各房间温度需单独调节时，可采用风机盘管加新风系统。厨房等空气中含有较多油烟的房间，不宜采用风机盘管。

（4）全空气变风量系统或采用温湿度需要独立控制的直流式新风系统等送风温度恒定的空调系统，有低温冷媒可利用时，可采用低温送风空调系统。对要求保持较高空气湿度或需要较大换气量的房间，不应采用低温送风系统。

（5）各房间或区域负荷特性相差较大，并要求温度单独调节的办公、商业等建筑，如有较大需全年供冷的区域，在冬季或过渡季节需同时供冷与供热，且所需供冷量较大时，

可采用循环式水源热泵空调系统。

（6）空调房间或区域数量多、同时使用率较低，各区域要求温度独立控制，并具备设置室外机放置条件的中小型空调系统，可采用变制冷剂流量多联分体式空调系统。变制冷剂流量多联分体式空调系统不宜用于振动较大或产生大量油污、蒸汽的场所。

（7）下列情况应采用直流式（全新风）空调系统：

1）卫生或工艺要求采用直流式（全新风）空调系统；

2）夏季空调系统的回风焓值高于室外空气焓值；

3）空调区排风量大于按负荷计算出的送风量；

4）室内散发有害物质，及防火防爆等要求不允许空气循环使用。

（8）下列情况可采用分散设置、有独立冷源的单元式空调机组：

1）小型独立建筑物；

2）建筑物内面积较小、布置分散的空调房间；

3）设有集中冷源的建筑物中，少数因使用温度或使用时间要求不一致的房间；

4）住宅等。

14.4.5.3 空调机房

应合理布置和划分风系统的服务区域，风道作用半径不宜过大；高层民用建筑在其层高允许的情况下，宜分层设置空调系统；当需要在垂直方向设置空调系统（如新风系统）时，应符合防火要求；当层数不受限制时，每个系统所辖层数也不宜超过10层；风道设计风速不应过大，可根据空调区域的噪声要求确定；应合理选用空调通风系统的风机：

（1）风机压头和空气处理机组机外余压应计算确定，不应选择过大。

（2）应采用高效率的风机和电机。

（3）有条件时宜优先选用直联驱动的风机。

空调机房应符合下列要求：

（1）空调机房宜邻近所服务的空调区。

（2）空调机房的面积和净高应根据系统负荷、设备大小确定，应保证有适当的操作空间、检修通道和设备吊装空间。

（3）无窗的空调机房，宜有通风措施。

（4）空调机房不宜与空调房间共用一个出入口，机房应根据邻近房间的噪声和振动要求，采取相应的隔声、吸声措施；通风机等转动设备应设减振装置。

（5）空调机房的外门和窗应向外开启；大型空调机房应有单独的外门及搬运设备的出入口；设备构件过大不能由门出入时，应预留安装孔洞。

（6）空气处理设备（不包括风机盘管等小型设备）不宜安装在空调房间内。

（7）空调机房内应考虑排水设施。

空调管道或与其他管道共同敷设于管道层时，管道层应符合下列要求：

（1）净高不应低于1.8m；当管道层内有结构梁时，梁下净高不应低于1m；层高≤2.2m的管道层内不宜安装空气处理机组及其他需要经常维修的空调通风设备。

（2）应设置人工照明，宜有自然通风。

（3）隔墙上安装各种管道后，人行通道净宽不应小于0.7m，净高不应低于1.2m。

（4）应考虑排水设施。

14.4.5.4　空调冷热水系统的形式与分区

除设蓄冷蓄热水池等直接供冷供热的蓄能系统及用喷水室处理空气的开式系统外，空调水系统宜采用以膨胀水箱或其他设备定压的闭式循环系统。空调冷热水系统的制式，应符合下列原则：

（1）当建筑物所有区域只要求按季节同时进行供冷和供热转换时，应采用两管制水系统。

（2）当建筑物内一部分区域的空调系统需全年供应空调冷水、其他区域仅要求按季节进行供冷和供热转换时，可采用分区两管制水系统。

（3）当空调水系统的供冷和供热工况转换频繁或需同时使用时，宜采用四管制水系统。

空调机房所占用的建筑面积，随系统形式、设备类型等有很大差异。全空调建筑的通风、空调、制冷机房所占用的建筑面积，一般可占建筑总面积的空调机房的面积3% ~ 8%。其中风管与管道井约占1% ~ 3%；制冷机房约占0.5% ~ 1.2%。空调机房所占面积也可按下式计算：

$$A_K = 0.0086A \tag{14-3}$$

式中　A——建筑面积，m^2。

风管竖井的建筑平面尺寸还可以按下式计算：

$$x = 2a + \sum_{i=1}^{n} x_i + b(n - 1) \tag{14-4a}$$

$$y = a + \sum y_i + b(n - 1) + c \tag{14-4b}$$

管道井的平面尺寸可按下式计算：

$$x = 2a + \sum_{i=1}^{n} d_i + b(n - 1) \tag{14-5a}$$

$$y = a + \sum d_i + b(n - 1) + c \tag{14-5b}$$

式中　d_i——管道外径，mm；

　　a，b——间距（不包含绝热层厚度），mm；

　　c——操作空间，不宜小于600mm。

通常空调机房面积随着总建筑面积的增加而减小。空调机房的层高则随着总建筑面积的增加而增加，表14-19给出了各类空调机房的层高和面积的大致范围。

表14-9　各类空调机房的估算指标

总空调建筑面积/m^2	空调机房占总建筑面积的百分比/%			空调机房的层高/m
	分层机组	分机盘管加新风系统	集中式系统	
<10000	7.5 ~ 5.5	4.0 ~ 3.7	7.0 ~ 4.5	4 ~ 4.5
10000 ~ 25000	5.0 ~ 4.8	3.7 ~ 3.4	4.5 ~ 3.7	5 ~ 6
30000 ~ 50000	4.7 ~ 4.0	3.0 ~ 2.5	3.6 ~ 3.0	6.5

14.5 空调用冷源

14.5.1 制冷循环原理及类型

14.5.1.1 制冷循环与制冷原理

制冷的本质是把热量从某物体中取出来，使该物体的温度低于环境温度，实现变"冷"的过程。根据能量守恒定律，这些取出来的热量不可能消失，因此制冷过程必定是一个热量转移过程。根据热力学第二定律，不可能不花费代价把热量从低温物体转移到高温物体中，因此制冷的热量转移过程必然要消耗功。所消耗的能量在做功的过程中也转化成热量同时排放到高温物体或环境中去。

空调系统的冷源分为天然冷源和人工冷源。天然冷源一般是指深井水、山洞水、温度较低的河水等。这些温度较低的水可直接用泵抽取供空调系统的喷水室、表冷器等空气处理设备使用，然后排放掉。采用深井水做冷源时，为了防止地面下沉，需要采用深井回灌技术。但是，由于天然冷源受时间、地区条件的限制，不可能经常满足空调工程的需要，因此，目前世界上用于空调工程的主要冷源仍然是人工冷源，即人工制冷。人工冷源是指采用制冷设备制取的冷量。制冷机是空调系统中耗能量最大的设备。世界上的第一台制冷装置诞生于 19 世纪中叶，自此人类开始使用人工冷源。

14.5.1.2 制冷剂

制冷过程的实现需要借助一定的介质——制冷剂来实现。利用"液体气化要吸收热量"这一物理现象把热量从要排出热量的物体中吸收到制冷剂中来，又利用"气体液化要放出热量"的物理现象把制冷剂中的热量排放到环境或其他物体中去。由于需要排热的物体温度必然低于或等于环境或其他物体的温度，因此要实现制冷剂相变时吸热或放热过程，需要改变制冷剂相变时的热力工况，使液态制冷剂气化时处于低温、低压状态，而气态制冷剂液化时处于高温、高压状态。

制冷剂的使用经过了历史变化：从乙醚、CO_2、NH_3、SO_2 到 R12 等。由于早期的制冷剂有着易爆、压力高、毒性大以及 CFC（氯氟烃）对大气 O_3 层的破坏等问题，因此，环保、效率高的制冷剂有待于进一步开发。

环保型制冷剂主要针对两项环境特性指标 ODP 和 GWP 而言。ODP 是指臭氧消耗潜能值；GWP 是指温室效应潜能值。可以接受的制冷剂的指标为：ODP≤0.05，GWP≤0.5。

A 对制冷剂热工方面的要求

（1）压力适中。在使用温度下冷凝压力 P_k≤（12~15）×10^5Pa；蒸发压力 P_0≥B（大气压力）；P_k/P_0适中，如单级活塞式，P_k/P_0≤（8~10）×10^5Pa。

（2）单位容积制冷量适中。

（3）单位理论压缩功和单位容积压缩功小，循环性能高。

（4）等熵压缩的终了温度 t_2 不太高，以免润滑条件恶化（润滑油黏性降低，结焦）或制冷剂自身在高温下分解。

B 物理化学性质

（1）与润滑油的溶解性。溶解性与制冷剂状态、制冷剂和润滑油各自成分及种类有关。

1）难溶油或微溶油——与润滑油共存时，有明显分层，油易分离出来，如氨、CO_2、R 13、R 14、R115 等。

2）有限溶油——高温时无限溶油，低温时分层，分贫油层（富含制冷剂）和富油层（富含油）。如 R22、R114、R152 和 R502

3）完全溶油——与油溶解形成均匀溶液，无分层现象。如 R11、R12、R21、R113、R500 等。

溶油性与温度有关。温度变化时，完全溶油与有限溶油可以相互转化。

制冷剂与润滑油的溶解性对制冷装置有利也有弊。

（2）溶水性。溶水性差易产生"冰堵"（"冰塞"）；溶水性强易产生"水解腐蚀"；所以，制冷剂含水量应严格控制。

（3）导热系数。换热系数大可减少传热面积。

（4）黏度、密度小时耗功小，管道直径小。

（5）对金属及其他材料无腐蚀及侵蚀作用。

（6）有一定化学稳定性，不燃、不爆，不分解。

C 其他方面的要求

（1）对人体健康无害，无毒、无臭、无刺激气味。毒性级别是依据豚鼠在制冷剂蒸气中发生生理变化而定。NH_3：2 级，R22：5 级。

（2）容易获得，价廉。

（3）对大气危害小。

常用制冷剂及特性见表 14-10。

表 14-10 常用制冷剂及特性

制冷剂种类及表示方法	制冷剂名称及符号	特点及适用性	备　注
无机化合物 R7（圆整后的分子量）	氨（NH_3）R717	① $-15/40℃$ 范围，压力适中 $[(2\sim15)\times10^5\mathrm{Pa}]$。②较大 q_v。③黏性小，流动阻力小，传热性能好。④易燃，易爆，有毒。⑤难溶于油。贮液器，蒸发器下部定期排油。⑥易溶于水，对 Cu 及 Cu 合金有腐蚀性。用于大型蒸气压缩式系统，氨水吸收式系统	
氟利昂 R $(m-1)(n+1)(x)\mathrm{B}(z)$ 分子式：$C_mH_xF_yCl_y Br_z(n+x+y+z=2m+2)$ 饱和碳氢化合物的氟、氯、溴衍生物的总称	二氟二氯甲烷（CF_2Cl_2）R12	用于小型冷冻装置，家用冰箱、冷柜、小型商用冷冻陈列柜，组合冷库；与 R717 和 R22 比，同 t 下，p 低；排温低；q_v 小；分子质量大，流动性比 R22 差，传热性能与 R22 差不多	① t，p 范围宽广。② q_v 小。③密度大，传热性能差，流动性差。④绝热指数小，压缩机排温低。⑤安全，不燃、不爆。⑥对天然橡胶和塑料有侵蚀作用。⑦难溶于水。有"冰塞"和"镀铜"现象，含水量 $<0.0025\%$，系统装设干燥过滤器。用于中小型蒸气压缩式系统，封闭式压缩机
	二氟一氯甲烷（CHF_2Cl）R22	饱和压力特性与 R717 相似，q_v 差不多。排气温度低；无色、无味，不燃、不爆，毒性小，对金属无腐蚀。与水互溶性差；有限溶油	
	四氟乙烷（$C_2H_2F_4$）R134	R134a 对臭氧无害；排温低，传热性能好。溶水性强，对系统干燥要求高。与矿物油不相溶，与酯类油（POE）相溶。要求专门检漏仪	

续表 14-10

制冷剂种类及表示方法	制冷剂名称及符号	特点及适用性		备 注
烃类（碳氢化合物）	异丁烷（C_4H_{10}）R600a	R12 的自然替代工质。热力性质与 R12 有差异。压比高，q_v 小，排温低。在空气中可燃。与矿物油很好互溶。溶水性差		
混合工质	共沸混合物 R5xx 按使用先后顺序表示为 R500 ~ R506	R502（48.8% R22 和 51.2% R115）		两种或两种以上制冷剂按一定比例相互溶解而成
	非共沸混合工质 R4xx	R410A R32/125（50/50）	近共沸；与酯类油互溶；在空调工况，q_v 与 R22 差不多。在低温工况，q_v 高约 60%。专门压缩机	
		R407C R32/125/134a（23/25/52）	与 R22 沸点较接近；与酯类油互溶；在空调工况，q_v 略低于 R22。在低温工况，q_v 低得多	

14.5.1.3 载冷剂

将制冷装置制冷量传递给被冷却介质的媒介物称为载冷剂。多用于集中式空调，大冷量空调系统。

对载冷剂的要求：①在使用温度范围内呈液态，不气化，不凝固。凝固点低于制冷剂蒸发温度，沸点高于使用温度。②无毒，无刺激性气味，化学稳定性好。③比热容大，密度小，黏度小，传热性好。流动阻力损失小，循环流量及泵功减小，换热器尺寸减小。

常用载冷剂及性质见表 14-11。

表 14-11 常用载冷剂及性质

类 别	名 称	性质及适用场合	备 注
	水	0℃ 以上场合	空调中多用 7℃ 的水
无机盐水溶液	NaCl CaCl₂ MgCl₂	凝固温度较低，适用中低温制冷装置，但盐水有腐蚀性。可加入缓蚀剂：重铬酸钠 $Na_2Cr_2O_7$ 和氢氧化钠 NaOH	选择盐水工作温度 > 制冷剂蒸发温度 > 析冰温度。各个温差为 5 ~ 8℃
有机载冷剂	甲醇，乙醇水溶液	无腐蚀，载冷温度低。易挥发，可燃，停机时注意防火	
	乙二醇 丙二醇 丙三醇	丙三醇无毒，极稳定，不腐蚀。乙二醇和丙二醇的黏度大。多用于低温或蓄冰空调系统	乙二醇和丙三醇特性相似，使用最广泛

14.5.1.4 制冷机的类型

按照制冷设备所使用的能源类型的不同，制冷机可划分为压缩式制冷机、吸收式制冷机和蒸汽喷射式制冷机，目前采用最多的是压缩式制冷和吸收式制冷。它们的主要特性和用途如表 14-12 所示。

表 14-12　制冷机的主要特性和用途

种类	分类方法		特性及用途	代号	适宜的单机容量/kW
压缩式	按制冷压缩机类型	离心式	通过叶轮离心力作用吸入气体和对气体进行压缩。容量大、体积小、可实现多级压缩,以提高制冷效率和改善调节性能,适用于大容量的空调制冷系统		703~4503
		螺杆式	通过转动的两个螺旋形转子相互啮合吸入气体和压缩气体,利用滑阀来调节气缸的工作容积来调节负荷。转速高、允许的压缩比高、排气压力脉冲小、容积效率高。适用于大、中型空调制冷系统和空气热源热泵系统	双LG 单DG	112~2200
		活塞式	通过活塞的往复运动吸入和压缩气体,适用于冷冻系统和中小容量的空调制冷和热泵系统		10~930
		涡旋式		W	56~169
	按制冷压缩机形式	开启式	压缩机与电动机通过联轴器或皮带轮连接	省略	114~456
		半封闭式	压缩机与电动机密封在同一个壳体里,气缸盖制成可拆卸的	B	48~930
		全封闭式	压缩机与电动机密封在同一个壳体里,壳体接缝处焊死	Q	10~358
	按热源侧(制冷运行放热侧)热交换方式	水冷式	分为三类:(1)卧式壳管式冷凝器,适用任何制冷剂的制冷系统。结构紧凑、室内安装、传热系数大、冷却水耗量少。缺点:水质要求高,水流动阻力较大。(2)立式壳管式冷凝器,适用大中型氨制冷系统。和卧式相比具有垂直安装,无端盖,制冷剂与冷却水的流动方式不同,露天安装、水质要求不高、可在运行中清洗水管等优点。缺点是传热系数小、冷却水耗量多、体积大、灰尘易落入。(3)套管式冷凝器,适用小型氟利昂空调机组,且单机制冷量小于25kW。实现理想逆流换热,套放在压缩机上,节省占地。缺点是后部积存凝结液体,传热面未充分利用;单位传热面积的金属消耗量大		
		风冷式	制冷剂在管内冷却并凝结,多为蛇形管式。适用于小型氟利昂制冷装置,如各种小型空气调节机组、窗式空调器、冰箱及冷藏车辆等制冷设备,缺水地区或者不便于使用水冷式冷凝器的场合。根据管外空气流动方式分自然对流和强迫对流式两种	F	
		蒸发冷却式	制冷剂冷却和冷凝放出的热量同时被空气和水带走,制冷剂冷凝管组是光管或翅片管组成的蛇形管组。分为吸入式和鼓风式。在屋顶或室外安装,冷却水的用量少,利用水的气化潜热,理论上耗水量只是水冷式的1/70~1/100。适用于缺水地区,尤其气候干燥地区。但管外易结水垢,易腐蚀,维修困难	Z	
		地热源			
吸收式	按驱动热源	蒸汽热水式	利用蒸汽或热水作热源,以沸点不同但相互溶解的两种物质的溶液为工质,其中沸点高的作吸收剂,沸点低的作制冷剂。制冷剂在低压时吸收热量汽化制冷,吸收剂吸收低温气态的制冷剂蒸气,在升压加热后将蒸汽放出且将其冷却为高温高压的液体,形成制冷循环,在有废热和低位热源的场所应用较经济。适用于大、中型容量且冷水温度较高的空调制冷系统	蒸汽单效:XZ 蒸汽双效:SXZ 热水型:RXZ	170~3490
		直燃式	利用燃烧重油、煤气或天然气等作为热源。分为冷水和温水机组两种。制冷原理与蒸汽热水式相同。由于减少了中间环节的热能损失,效率提高,冷温水机组可一机两用,节省机房面积		349~93020

种类	分类方法	特性及用途	代号	适宜的单机容量/kW
	蒸汽喷射式	以热能作动力,水作工质。当蒸汽在喷嘴中高速喷出时,在蒸发器中形成真空,水在其中汽化而实现制冷。适用于需要 10～20℃ 水温的工艺冷却和空调冷水的制取。由于制冷效率低、蒸汽和冷却水的耗量大,以及运行中噪声大等原因,现在已很少使用	170～2090	

A 蒸汽压缩式制冷的工作原理及组成

压缩式制冷机是由制冷压缩机、蒸发器、冷凝器和膨胀阀四个主要部件组成的,并由管道连接,构成一个封闭的循环系统(见图 14-41)。制冷剂在制冷系统中经历蒸发、压缩、冷凝和节流四个主要热力过程。

低温低压的液态制冷剂在蒸发器中吸取了被冷却介质(如水)的热量,产生相变,蒸发成为低温低压的制冷剂蒸汽。在蒸发器中吸收热量 Q_0。单位时间内吸收的热量也就是制冷机的制冷量。

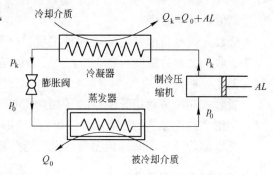

图 14-41 蒸汽压缩制冷工作原理图

低温低压的制冷剂蒸汽被压缩机吸入,经压缩成为高温高压的制冷剂蒸汽后被排入冷凝器。在压缩过程中,压缩机消耗了机械功 AL。

在冷凝器中,高温高压的制冷剂蒸气被水或环境空气冷却,放出热量 Q_k,相变成为高压液体。放出的热量相当于在蒸发器中吸收的热量与压缩机消耗机械功转换成为热量的总和,即 $Q_k = Q_0 + AL$。从冷凝器排出的高压液态制冷剂,经膨胀阀节流后变成低温低压的液体,再进入蒸发器进行蒸发制冷。

B 吸收式制冷原理及组成

吸收式制冷循环原理与压缩式制冷基本相似,不同之处是用发生器、吸收器和溶液代替了制冷压缩机,见图 14-42。吸收式制冷不是靠消耗机械功来实现热量从低温物体向物体的转移,而是靠消耗热能来完成这种非自发的过程。

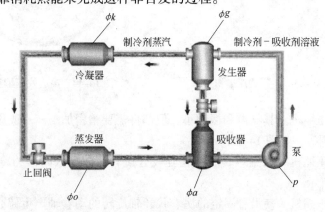

图 14-42 吸收式制冷原理图

在吸收式制冷机中，吸收器相当于压缩机的吸入侧，发生器相当于压缩机的压出侧。低温低压液态制冷剂在蒸发器中吸热蒸发成为低温低压制冷剂蒸汽后，被吸收器中的液态吸收剂吸收，形成制冷剂-吸收剂溶液，经溶液泵升压后进入发生器。在发生器中，该溶液被加热、沸腾，其中沸点低的制冷剂变成高压制冷剂蒸汽，与吸收剂分离，然后进入冷凝器液化、经膨胀阀节流的过程大体与压缩式制冷一致。

通常吸收剂并不是单一的物质，而是以二元溶液的形式参与循环的。吸收剂溶液与制冷剂-吸收剂溶液的差别仅仅在于前者所含沸点较低的制冷剂数量较后者少，或前者所含制冷剂浓度较后者低。

吸收式制冷目前常用的有两种工质，一种是溴化锂-水溶液，其中水是制冷剂，溴化锂为吸收剂，制冷温度为0℃以上；另一种是氨-水溶液，其中氨是制冷剂，水是吸收剂，制冷温度可以低于0℃。

吸收式制冷可利用低位热能（如0.05MPa蒸汽或80℃以上热水）用于空调制冷，因此有利用余热或废热的优势。由于吸收式制冷机的系统耗电量仅为离心式制冷机的1/5左右，可以称为节电产品（但不能称为节能产品），在供电紧张的地区可选择使用。

14.5.2　制冷机房及设备

14.5.2.1　制冷设备

（1）往复式压缩机。靠气缸内活塞的往复运动使冷介质气体压缩到冷凝压力，如图14-43所示。

（2）离心式压缩机。即涡轮式压缩机，靠叶轮高速旋转产生的离心力使制冷剂介质气体升压的压缩机，如图14-44所示。

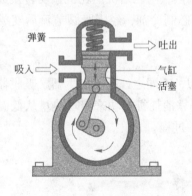

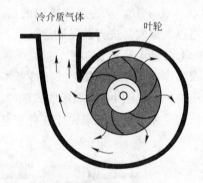

图14-43　往复式压缩机　　　　　　　图14-44　离心式压缩机

（3）回转式压缩机。其噪声和振动小，但部件需要精密加工。一般用于家用冰箱、家用空调、汽车空调等，如图14-45所示。

（4）螺杆式压缩机。靠雄雌转子的相互咬合旋转，使吸入内槽的冷介质气体压向出口，如图14-46所示。

（5）螺旋式压缩机。使沿着固定的涡卷状卷轴旋转的动卷轴产生偏心运动，压缩内部气体，其特点是体积小、重量轻、噪声低，适用于组合式空调及汽车空调，如图14-47所示。

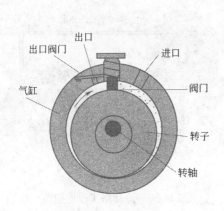

图 14-45 回转式压缩机

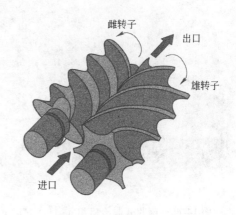

图 14-46 螺杆式压缩机

(6) 冷水机组。将压缩机、冷凝器、蒸发器等紧凑集中装在一起的单元化中、小型冷水机，如图 14-48 所示。

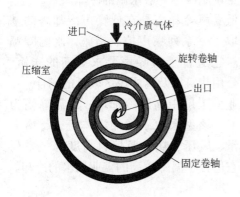

图 14-47 螺旋式压缩机

图 14-48 螺杆式冷水机组

(7) 吸收式冷冻机组，如图 14-49 所示。

(8) 冷却塔。其作用是使在冷冻机的冷凝器中被吸收热量后的冷却水呈水滴状下落，使其中一部分蒸发，靠气化热的作用降低温度的装置。采用此设备不能使温度冷却至湿球温度以下。

根据通风方法不同分为逆流式和错流式；根据风机的位置分为压入式和吸入式；根据循环水路分为开放式和密闭式。冷却塔工作原理如图 14-50 所示。

1) 横流式玻璃钢冷却塔。该设备采用两侧进风，靠顶部的风机使空气经由塔两侧的填料，与热水进行热质交换，湿热空气再排向塔外，填料采用两面带凸点的点波片。风机采用低转速、低动压的机翼型玻璃钢叶片，传送带噪声小，传动效率高，遇水不打滑。该设备适用于最冷月平均气温不低于 -10℃ 的地区。气温过低使用时，应考虑管路及水槽的结冰问题，必要时在水槽内加电热管。该设备热水温度不超过 65℃；如超过 65℃，应提出特殊要求，以便选材考虑。对有阻燃或难燃要求的，可控制玻璃钢的氧指数。对安装在屋顶上的横流塔，建议采用阻燃性玻璃钢，如图 14-51 所示。

图 14-49　吸收式制冷机组

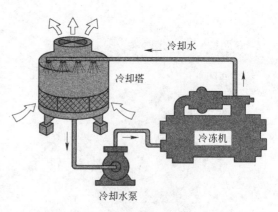

图 14-50　冷却塔工作原理图

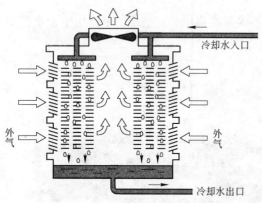

图 14-51　横流式冷却塔

2）逆流式玻璃冷却塔。逆流式玻璃冷却塔属低噪声型，冷却塔水温降幅为 3 ~ 8℃，适合于空调制冷等一般水温的冷却。

超低噪声冷却塔是在低噪声冷却塔的基础上采取了一系列噪声控制措施，水温降幅 3 ~ 8℃。它适合于对噪声要求更高的宾馆、医院、公用建筑以及离居民区较近的场合。

工业型工厂中高温冷却塔，水温降幅为 10 ~ 25℃。该型采取了增加塔体直径，增大风机风量、风压、功率及填料高度等一系列措施。它适合于温降较高的工业用水的冷却。

逆流式玻璃钢冷却塔的代码意义如下：

DBNL₃-100 型：D 表示低噪声型；B 表示玻璃钢；N 表示逆流式；L 表示冷却塔；3 表示第二次改型设计；100 表示标准工况下的名义流量 100m³/h。

GBNL₃-100 型：G 表示工业型；其他同上。CDBNL₃-100 型；CD 表示超低噪声型；其他同上。

逆流压入式冷却塔与吸入式不同，在冷却塔的侧面设风机，为强制送入空气的方式。逆流吸入式冷却塔冷却水从上部滴落，空气从侧面底部被吸入，由冷却塔上部的风扇强制排出，气流方向与散水方向相反。形如倒扣的茶碗。其安装面积小，高度大。逆流吸入式冷却塔如图 14-52 所示。

3）密闭式冷却塔用冷却盘管替代通常在开放式冷却塔中采用的填料，靠气流和散布水位冷冻机的冷却水冷却。由于不会因空气污染而使水质下降，因此空调机及配管不会发生腐蚀、淀渣及结垢等现象，如图 14-53 所示。

14.5.2.2　空调用制冷机房

A　空调系统与冷热源系统的连接

空调系统与制冷系统连接原理，如图 14-54 所示。空调系统与冷热源连接原理，如图 14-55 所示。空调冷、热源设备容量的估算值，如表 14-13 所示。

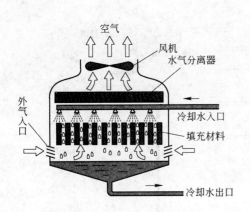

图 14-52　逆流吸入式冷却塔

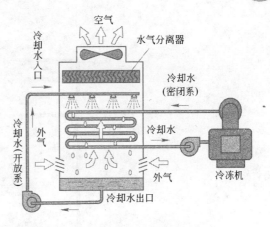

图 14-53　密闭式冷却塔

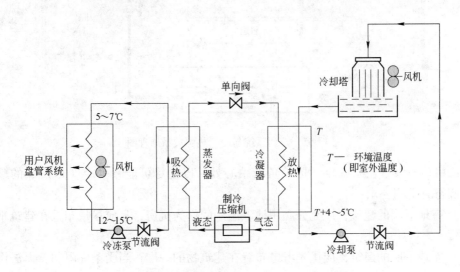

图 14-54　空调系统与制冷系统连接原理图

表 14-13　空调冷、热源设备容量的估算值

建筑类型		冷源设备	热源设备	备　注
办公	多　层	$R = 105.5A + 175850$	$B_C = 112.2A + 225860$	
	高　层	$R = 103.1A + 474795$	$B_C = 79.4A + 1453750$	
旅馆、酒店		$R = 83.4A + 140680$	$B_C = 204A + 360530$	含生活热水
医　院		$R = 111.1A + 105510$	$B_C = 313.4A$	含生活热水
商　店		$R = 165A + 175850$	$B_C = 91.6A + 697800$	

B　制冷机房

　　包括与制冷机配套的冷冻、冷却水泵的制冷机房面积，一般按每 1.163MW 冷负荷 100m² 估算。约占总建筑面积的 0.5% ~ 1.2%，其大小随着总建筑面积的增加而减小。机房的净高应能保证机组和连接管道的安装和吊装高度，采用冷水机组的制冷机房的最小净高不应小于 3.2m，并随建筑面积的增加而增加。

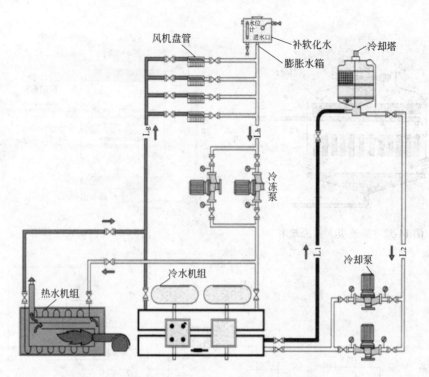

图 14-55 空调系统与冷、热源关系原理图

制冷机房应设置在靠近冷（热）负荷中心处，以便尽可能减少冷（热）媒的输送距离；且应符合下列要求：

（1）有地下层的建筑，应充分利用地下层房间作为机房，且应尽量布置在建筑平面的中心部位。

（2）无地下层的建筑，应优先考虑布置在建筑物的一层；当受条件限制，无法设置在主体建筑内时，也可设置在裙房内，或与主体建筑脱开的独立机房内。

（3）对于超高层建筑，除应充分利用建筑地下层以外，还应利用屋顶层或设置专用设备层作为机房。

（4）变配电站及水泵房宜靠近制冷机房。

（5）机房内设备的布置，应考虑各类管道的进、出与连接，减少不必要的交叉。

（6）机房布置时，应充分考虑并妥善安排好大型设备的运输和进出通道、安装与维修所需的起吊空间。

（7）大中型机房内，应设置观察控制室、维修间及洗手间。

（8）机房内应有给排水设施，满足水系统冲洗、排污等要求。

（9）机房内仪表集中处，应设置局部照明；在机房的主要出入口处，应设事故照明。

冷（热）源机房内部设备的布置，应符合下列要求：

（1）设备布置应符合管道布置方便、整齐、经济、便于安装维修等原则。

（2）机房主要通道的净宽度，不应小于 1.5m。

（3）机组与墙之间的净距不应小于 1.0m，与配电柜的距离不应小于 1.5m。

（4）机组与机组或其他设备之间的净距，不应小于 1.2m。

（5）机组与其上方管道、烟道、电缆桥架等的净距，不应小于1.0m。

（6）应留出不小于蒸发器、冷凝器等长度的清洗、维修距离。

燃气溴化锂吸收式冷（温）水机组的机房设计，除应遵守现行有关的国家标准、规范、规程的各项规定外，还应符合下列要求：

（1）机房的人员出入口不应少于2个；对于非独立设置的机房，出入口必须有1个直通室外。

（2）设独立的燃气表间。

（3）烟囱宜单独设置。

（4）当需要两台或两台以上机组合并烟囱时，应在每台机组的排烟支管上加装闸板阀。

（5）机房及燃气表间应分别独立设置燃气浓度报警器与防爆排风机，防爆风机应与各自的燃气浓度报警器连锁（当燃气浓度达到爆炸下限1/4时报警，并启动防爆排风机排风）。

（6）机组顶部距屋顶或楼板的距离不得小于1.2m。

不论冷水机组采用何种组分的制冷剂，制冷机房内必须设置事故通风装置；事故通风装置的通风量Q（m³/h），可统一按规范要求计算。

由于制冷剂的比重几乎都大于空气，一旦泄漏就能很快地取代室内空气占有的容积，从而导致室内人员窒息而死亡。所以，不论采用何种组分的制冷剂，都应根据不同的制冷剂，选择采用不同的检漏报警装置，并与机房内的事故通风系统连锁，测头应安装在制冷剂最易泄漏的部位。

各台制冷机组的安全阀出口或安全爆破膜出口，应用钢管并联起来，并接至室外，以便发生超压破裂时将制冷剂引至室外上空释放，确保冷冻机房运行管理人员的人身安全。

建筑容积率大、空调冷负荷密度高、冷负荷曲线相对平缓、同时使用率低的区域可采用区域供冷方式。采用区域供冷时，必须进行全年能耗计算以及技术、经济分析论证。

区域供冷宜利用天然能源、可再生能源，宜采用蓄能、分布式供能等高效节能的系统。

进行容量计算时，应根据各分区的功能与用冷特点，确定同时使用系数及不保证率。一般情况下，同时使用系数宜取0.5～0.8。

区域供冷管道传热面积较大，绝热设计时，宜采取必要的加强措施，如控制总体输送能耗、散冷量、温升损失等，以减少管道传热损失。

区域供冷系统中，宜结合采取多级泵、大温差小流量、变流量运行控制、直供等措施以降低水力输送能耗。

14.6　新型空调及制冷系统概述

14.6.1　热泵系统

14.6.1.1　热泵的分类

热泵按照冷凝器冷却介质不同可以分为：水源热泵和空气源热泵。其他的分类及特点如表14-14所示。

表 14-14　热泵的分类

分类		机 组 特 征	机 组 形 式
依据	类型		
供冷/热方式	空气-水热泵机组	利用室外空气做热源，依靠室外空气侧换热器吸取室外空气的热量，把它传输至水侧换热器，制备热水作为供暖热媒。夏季则利用空气侧换热器向外排热，水侧换热器制备冷水。制备的冷、热水传输至远端用冷、热设备。通过换向阀切换改变制冷剂流向，实现冬夏季工况的转换	整体式热泵冷热水机组组合式热泵冷热水机组模块式热泵冷热水机组
	空气-空气热泵机组	按制热工况运行时，都是按着室外空气→制冷剂→室内空气的途径，吸取室外空气的热量，以热风形式送出并散发于室内	窗式空调器，家用定、变频分体空调，商用分体式空调器，一拖多分体机变冷剂流量多联分体式机组
采用压缩机的类型	往复式制冷压缩机	由电动机或发动机驱动，通过活塞的往复式运动吸入和压缩制冷剂气体。适用于中、小容量的热泵系统	
	螺杆式制冷压缩机	通过阴阳转子的相互啮合旋转，实现对制冷剂气体的吸入和压缩。转速高，容积效率高，适用于大、中容量的热泵机组	
	涡旋式制冷压缩机	利用涡旋转子的啮合，形成多个压缩室，随着涡旋转子的平动回转，使各压缩室容积不断变化来压缩制冷剂气体。加工精度和安装技术要求高，适用于小容量的热泵机组	

　　空气源热泵具有节能、冷热兼供、无需冷却水和锅炉等优点，特别适合作为冷热源用于我国夏热冬冷地区的空调系统。空气-空气热泵的原理及系统形式已经在 14.2 节中论述过，这里主要讲水源热泵。

14.6.1.2　地下水式水源热泵

　　地下水式水源热泵空调系统，是一种以水体为低位热源，利用地下水式水源热泵机组为空调系统制备与提供冷、热水，再通过空调末端设备实现房间空气调节的系统形式。做为低位热源的水体，可以利用温度合适的地下水、地表水（含海水、湖水、江河水等可再生水、城市生活污水、工业废水、矿山废水、油田废水和热电厂冷却水等人工利用后排放且经过处理的水源）等。

　　地下水式水源热泵空调系统的组成，如图 14-56 所示。其优缺点如表 14-15 所示。

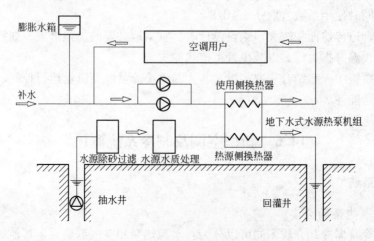

图 14-56　地下水式水源热泵空调系统

表 14-15　地下水式水源热泵空调系统的特点

优缺点	特点	说明
优点	节能	能效比高；可以充分利用地下水、地表水、海水、城市污水等低品位能源
	环保	不向空气排放热量，缓解城市热岛效应；无污染物排放
	多功能	制冷、制热、制取生活热水，可按需要设计
	系统运行稳定	系统运行时，主机运行工况变化较小
	运行费用低	耗电量少，运行费用可大大降低
	投资适中	在水源水容易获取、取水构筑物投资不突出的情况下，空调系统的初投资适中
缺点	水质需处理	当水源水质较差时，水质处理比较复杂
	取水构筑物繁琐	地下水打井、地表水取水构筑物受地质条件约束较大，施工比较繁琐
	地下水难确保100%回灌	地下水回灌须针对不同的地质情况，采用相应的保证回灌的措施

选择采用地下水式水源热泵空调系统时，应注意以下几点：

（1）必须确保当地的水文资料，如水源的水量、水温、水质等条件全部符合和满足热泵机组的使用要求。

（2）对取水构筑物和水源系统所增加的初投资和空调系统所带来的效益进行技术、经济比较，确定空调系统的合理性。

（3）应符合当地的水资源管理政策并经水源主管部门批准。

（4）使用地下水作为水源时，应严格根据水文地质勘察资料进行设计，同时，必须采取可靠的回灌措施，确保置换冷量或热量后的地下水能全部回灌到同一含水层；不得对地下水资源造成浪费及污染。

（5）系统投入运行后，应对抽水量、回灌量及其水质进行有效的监测。

地下水式水源热泵机组是一种使用从水井、湖泊或河流中抽取的水为冷（热）源，制取空调或生活用冷（热）水的设备；它包括压缩机、使用侧换热器、热源侧换热器、膨胀阀等部件，具有制冷或制冷/热功能。

制冷时，水源水进入热泵机组冷凝器，吸热升温后排出；空调回水进入机组蒸发器，放热降温后供到空调末端设备。制热时，水源水进入机组蒸发器，放热降温后排出；空调回水进入机组冷凝器，吸热升温后供到空调末端设备。

依据机组内部制冷系统转换的不同，地下水式水源热泵机组可分为下列两种方式：

外转换机组是通过安装在管道上的 A、B 两类阀门，实现冬/夏季使用侧和水源侧在蒸发器与冷凝器之间的切换的，如图 14-57、图 14-58 所示。

14.6.1.3　地源热泵

地源热泵系统是一种以岩土体、地下水或地表水为低温热源，由水源热泵机组、地热能交换系统、建筑物内系统组成的供热空调系统。

根据地热能交换系统形式的不同，地源热泵系统分为埋管地源热泵系统、地下水地源热泵系统和地表水地源热泵系统。

有关地下水地源热泵系统和地表水地源热泵系统，上面已作了详细介绍，所以，这里主要介绍地源热泵系统中的地埋管地源热泵系统。

地埋管地源热泵空调系统，一般由地埋管换热器，水源热泵机组（水-水热泵或水-空

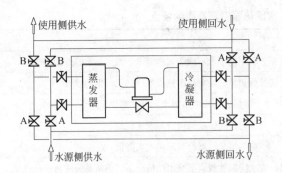
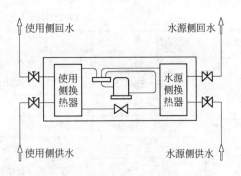

图 14-57　外转换地下水式水源热泵机组工作原理
A—夏关冬开；B—夏开冬关

图 14-58　内转换地下水式水源热泵机组工作原理

气热泵机组）和室内空调末端系统三部分组成。在夏季，地埋管内的传热介质（水或防冻液）通过水泵送入冷凝器，将热泵机组排放的热量带走并释放给地层（向大地排热，地层为蓄热）；蒸发器中产生的冷水，通过循环水泵送至空调末端设备对房间进行供冷。在冬季，热泵机组通过地下埋管吸收地层的热量（向大地吸热，地层为蓄冷层），冷凝器产生的热水，则通过循环水泵送至空调末端设备对房间进行供暖。

在特定的条件下，夏季也可利用地下换热器进行直接供冷。

地埋管地源热泵空调系统的特点见表 14-16。

表 14-16　地埋管地源热泵空调系统的特点

优缺点	特　点	说　明
优点	可再生性	地源热泵利用地球地层作冷热源，夏季蓄热、冬季蓄冷，属可再生能源。
	系统 DP 值高，节能性好	地层温度稳定，夏季地温比大气温度低，冬季地温比大气温度高，供冷供热成本低，在寒冷地区和严寒地区供热时优势更明显；末端如采用辐射供暖/冷系统，夏天较高的供水温度和冬季较低的供水温度，可提高系统的 COP 值
	环　保	与地层只有能量交换，没有质量交换，对环境没有污染；与燃油燃气锅炉相比，可减少污染物排放
	系统寿命长	地埋管寿命可达 50 年以上
缺点	占地面积大	无论采用何种形式，地源热泵系统均需要有可利用的埋设地下换热器的空间，如道路、绿化地带、基础下位置等
	初投资较高	土方开挖、钻孔以及地下埋设的塑料管管材和管件、专用回填料等费用较高

地源热泵机组的类型见表 14-17。

表 14-17　地源热泵机组的类型

形　式	特　点	适用范围
水-水式地源热泵机组	机组集中设置在机房，运行管理方便；按冬夏季系统转换方式不同，可分为外转换式和内转换式两种形式	大、中、小型空调系统均适用
水-空气式地源热泵机组	机组形式与水环热泵相同；机组分散布置在空调房间内；便于单独控制和计量	有独立控制和计量要求的中小型系统

地埋管换热器有水平和竖直两种埋管方式。水平地埋管换热器是在浅地层中水平埋设；竖直地埋管换热器是在地层中垂直钻孔埋设。通常，大多数采用竖直埋管方式；只有

当建筑物周围有很多可利用的地表面积，浅层岩土体的温度与热物性受气候、雨水、埋设深度影响较小时，或受地质构造限制时才采用水平埋管方式。地源热泵与空调、供暖及热水系统连接方式如图 14-59 所示。

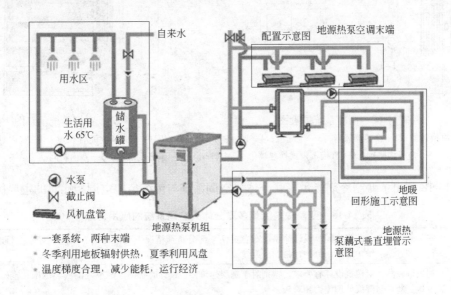

图 14-59　地源热泵与空调、供暖及热水系统示意图

14.6.2　变制冷剂流量多联分体式空调系统

变制冷剂流量多联分体式空调，是指一台室外空气源制冷或热泵机组配置多台室内机，通过改变制冷剂流量能适应各房间负荷变化的直接膨胀式空气调节系统。它也是一个以制冷剂为输送介质，由制冷压缩机、电子膨胀阀、其他阀件（附件）以及一系列管路构成的环状管网系统。系统室外机包括了室外侧换热器、压缩机、风机和其他制冷附件；室内机包括了风机、电子膨胀阀和直接蒸发式换热器等附件。一台室外机通过管路能够向若干台室内机输送制冷剂液体，通过控制压缩机的制冷剂循环量和进入室内各个换热器的制冷剂流量，可以适时地满足室内冷热负荷要求。

变制冷剂流量多联分体式空调的基本单元是一台室外机连接多台室内机，每台室内机可以自由地运转/停运，或群组或集中控制。后在单台室外机运行的基础上，又发展出多台室外机并联系统，可以连接更多的室内机。众多的室内机同样可以自由地运转/停运，或群组或集中控制。系统的制冷原理及系统管路配置示意图如图 14-60 和图 14-61 所示。

变制冷剂流量多联分体式空调系统主要适用于办公楼、饭店、学校、高档住宅等建筑，特别适合于房间数量多、区域划分细致的建筑。根据《公共建筑节能设计标准》（GB 50189—2005）的规定，适用于中、小型规模的建筑。特别对于同时使用率比较低（部分运转）的建筑物，其节能性更加好。

该系统不宜用于振动较大及产生大量油污蒸气的场所，对于变频机组还要尽量避免在有电磁波或高频波产生的场所使用。空调系统全年运行时，宜采用热泵式机组。在同一空调系统中，当同时需要供冷和供热时，宜选择热回收式机组。

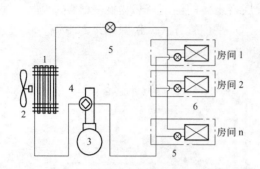

图 14-60　制冷系统原理图
1—风冷换热器；2—换热器风扇；3—压缩机；4—四通阀；
5—电子膨胀阀；6—直接蒸发式换热器

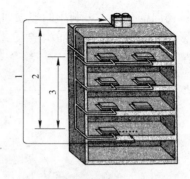

图 14-61　空调系统示意图
1—室内外机等效配管长度；2—室内外机
高度落差；3—室内机间高度落差

表 14-18 列出了变制冷剂流量多联分体式空调系统与传统集中空调相比时的主要优缺点。

表 14-18　变制冷剂流量多联分体式空调系统的应用特点

优点	安装管路简单、节省空间，设计简单、布置灵活，部分负荷情况下能效比高、节能性好、运行成本低，运行管理方便、维护简单，分户计量、分期建设
缺点	初投资较高，对建筑设计有要求，特别对于高层建筑，在设计时必须考虑系统的安装范围，室外机的安装位置。新风与湿度处理能力相对较差

14.6.3　冰蓄冷及低温送风系统

14.6.3.1　蓄冷系统及分类

将冷（热）量储存在某种介质中，在需要的时候释放出来的系统称为蓄冷（热）系统；通过制冰方式，以相变潜热储存冷量，并在需要时融冰释放出冷量的空调系统称为冰蓄冷空调系统，简称冰蓄冷系统；蓄冷介质通常有水、冰及共晶盐相变材料等。

蓄冷系统一般由制冷、蓄冷以及供冷系统组成。制冷、蓄冷系统由制冷设备、蓄冷装置、辅助设备、控制调节设备四部分通过管道和导线（包括控制导线和动力电缆等）连接组成。常以水或乙烯乙二醇水溶液（以下简称为乙二醇水溶液）为载冷剂，除了能用于常规制冷外，还能在蓄冷工况下运行，从蓄冷介质中移出热量（显热和潜热），在需要供冷时，由制冷设备单独制冷供冷，或蓄冷装置单独释冷供冷，或二者联合供冷。

供冷系统以空调为目的，是空气处理、输送、分配以及控制其参数的所有设备、管道及附件、仪器仪表的总称。其中包括空调末端设备、输送载冷剂的泵与管道、输送空气的风机、风管和附件以及控制和监控的仪器仪表等。

空调蓄冷系统的分类，如图 14-62 所示。

14.6.3.2　冰蓄冷系统

电力冰蓄冷空调系统适用条件如下：

（1）执行峰谷电价，且差价较大的地区。

（2）空调冷负荷高峰与电网高峰重合，且在电网低谷时段空调负荷较小的空调工程。

（3）在一昼夜或某一周期内，最大冷负荷高出平均负荷较多，并经常处于部分负荷运行的空调工程。

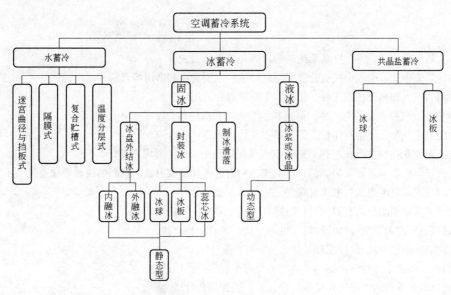

图 14-62　空调蓄冷系统的分类

（4）电力容量或电力供应受到限制的空调工程。

（5）要求部分时段备用制冷量的空调工程。

（6）要求供低温冷水，或要求低温送风的空调工程。

（7）区域性集中供冷的空调工程。

冰蓄冷空调系统流程如图 14-63 所示。

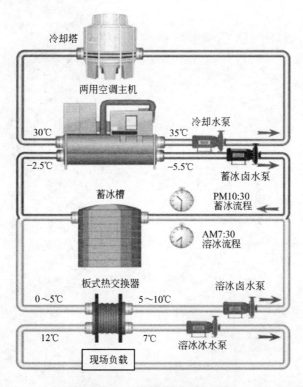

图 14-63　冰蓄冷空调流程图

复习思考题

14-1　什么是空气调节，一个空调系统通常由哪几部分所组成?

14-2　试说明集中式、半集中式和分散式空调系统的主要特点和适用场合。

14-3　常用的空气加热设备有几种，简述其主要特点和适用场合。

14-4　常用的空气冷却设备有几种，简述其主要特点和适用场合。

14-5　常用的空气加湿设备有几种，简述其主要特点和适用场合。

14-6　什么是空调房间的气流组织，影响空调房间气流组织的主要因素是什么?

14-7　什么是等温自由射流、非等温自由射流、贴附射流和受限射流，他们的流动规律有什么不同?

14-8　空调房间常见的送风口形式有哪些，适用于什么场合?

14-9　常见的气流组织形式有哪几种，简述各自的主要特点和适用场合。

14-10　风机盘管空调系统有哪几种新风供应方式，各有何特点?

14-11　蒸汽压缩式制冷的制冷原理是什么?

14-12　蒸汽压缩式制冷循环由哪些主要设备组成，它们的作用是什么?

14-13　吸收式制冷机由哪些主要设备组成，它们的作用是什么?

14-14　什么是制冷剂、载冷剂和冷却剂，试举例说明。

14-15　空调冷冻水系统的形式有几种，各有什么优缺点?

14-16　制冷机房、空调机房等设备用房在建筑中的布置应当注意什么问题?

14-17　什么是噪声，空调系统主要有哪些噪声源?

14-18　消声器的种类和主要特点是什么?

14-19　什么是振动传递率，是否装了减振器就可达到隔振的目的?

15　建筑供配电

建筑电气系统包括强电和弱电两部分，强电部分的设计内容主要包括供配电系统、电力和照明系统、防雷接地系统等。一般来说，建筑中变配电系统主要包括高低压系统、变压器、备用电源系统等；电力系统主要包括电力系统配电及控制；照明系统则包括室内外各类照明；防雷接地系统包括防雷电波侵入、防雷电感应、接地、等电位联结和局部等电位联结、辅助等电位联结等等。本书15章、16章、18章分别介绍上述内容

弱电部分在20世纪70年代末其主要是语音通信的电话系统和简单的广播扩声系统，进入80年代后，随着共用电视天线、火灾自动报警系统及建筑设备监控系统的应用，弱电系统的内容越来越多。尤其是进入到90年代中期，随着综合布线技术在建筑中的应用，弱电系统的设计内容从当初的几个子系统逐渐扩展到十几个子系统，此内容见17章。

本章介绍建筑供配电系统的基本知识。通过学习，要求掌握高低压供配电系统的主要设备、电力负荷计算、导线的选择等内容。

15.1　电力系统简介

电力是工农业生产、国防及民用建筑中的主要动力，对于从事建筑设备工程的技术人员，在学习建筑电气知识之初，首先应了解如何安全可靠地获得电力资源，合理、经济地利用电力资源。

15.1.1　电力系统概念

为了提高供电的安全性、可靠性、连续性，运行的经济性，并提高设备的利用率，减少整个地区的总备用容量，常将许多的发电厂、电力网和电力用户连成一个整体，称为电力系统。典型电力系统示意图如图15-1所示。

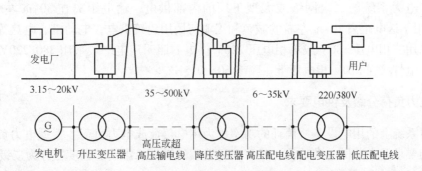

图15-1　电力系统示意图

15.1.1.1 发电厂

发电厂是将一次能源（如水力、火力、原子能等）转换成二次能源（电能）的场所。我国电力工作目前主要以火力发电和水力发电为主，近年来在原子能发电能力上也有很大提高，太阳能、风能等洁净能源的发电能力在世界处于领先地位。

15.1.1.2 电力网

电力网是电力系统的有机组成部分，它包括变电所、配电所及各种电压等级的电力线路。

变电所是接受电能、变换电压和分配电能的场所，可分为升压变电所和降压变电所两大类。单纯用来接受和分配电能而不改变电压的所称为配电所。建筑物的配电室一般兼具变电与配电两种功能。

电力线路是输送电能的通道。因为发电厂多建在一次能源丰富的地方，距离电能的用户都比较远，所以需要用各种不同电压等级的电力线路，作为发电厂、变电所和电能用户之间联系的纽带，使发电厂生产的电能源源不断地输送到电能用户。

通常，把发电厂生产的电能直接分配给用户或由降压变电所分配给用户的 10kV 及以下的电力线路称为配电线路；把电压在 35kV 及以上的高压电力线路称为送电线路。

15.1.1.3 电力用户

电力用户也称电力负荷。在电力系统中，一切消费电能的用电设备均称为电力用户。如建筑中的动力、电热和照明设备等，它们分别将电能转换为机械能、热能和光能等不同形式的能量，以适应工作和生活的需要。

15.1.2 我国电网电压等级和频率

电力网的电压等级比较多，从输电的角度来讲，电压越高则输送的距离就越远，传输的容量越大，但电压越高，要求绝缘水平也相应提高，因而造价也越高。目前，我国根据国民经济发展的需要，技术经济上的合理性及电机电器制造工业的水平等因素，由国家颁布制定了我国电力网的电压等级，主要有 0.22kV、0.38kV、3kV、6kV、10kV、35kV、110kV、220kV、330kV、550kV 等 10 级。其中电网电压在 1kV 及以上的称为高压，1kV 以下的电压称为低压。

在我国电力系统中，200kV 及以上的电压等级都用于大电力系统的主干线，输送距离大于几百公里；110kV 电压用于中、小电力系统的主干线，输送距离在 100km 左右；35kV 电压则用于电力系统的二次网络或大型工厂的内部供电，输电距离在 30km 左右；6～10kV 电压用于送电距离 10km 左右的城镇和工业与民用建筑供电；电动机、电热等用电设备，一般采用三相电压 380V 或单相电压 220V 供电。照明用电一般采用 380/220V 三相四线制供电，电灯接在 220V 相电压上。频率 50±0.5Hz。

15.1.3 电力负荷分级及供电要求

在电力系统上的用电设备所消耗的功率称为用电负荷或电力负荷。根据电力负荷对供电可靠性的要求及中断供电在政治、经济上所造成的损失或影响的程度，分为三级。

15.1.3.1 一级负荷

中断供电将造成人身伤亡者，造成重大政治影响和经济损失，或造成公共场所秩序严重混乱的电力负荷，属于一级负荷。如 19 层以上高层建筑、重要宾馆、医院手术室、大型体育场（馆）等建筑的电力负荷。一级负荷应由两个电源供电，一用一备，当一个电源发生故障时，另一个电源应不致同时受到损坏。一级负荷中的特别重要负荷，除上述两个电源外，还必须增设应急电源。

常用的应急电源可有以下几种：独立于正常电源的发电机组、供电网络中有效地独立于正常电源的专门馈电线路、蓄电池。

15.1.3.2 二级负荷

当中断供电将造成较大政治影响、较大经济损失或将造成公共场所秩序混乱的电力负荷，属于二级负荷。如 10～18 层高层普通住宅、高层宿舍、高等学校等建筑的主要通道照明。对于二级负荷，要求采用两个电源供电，一用一备，两个电源应做到当发生电力变压器故障或线路常见故障时不致中断供电（或中断供电后能迅速恢复）。在负荷较小或地区供电条件困难时，二级负荷可由一路 6kV 及以上的专用架空线供电。

15.1.3.3 三级负荷

不属于一级和二级负荷的一般电力负荷，均属于三级负荷。如 10～18 层高层普通住宅、高层宿舍、高等学校等建筑的一般动力和照明。三级负荷对供电电源无要求，一般为一路电源供电即可，但在可能的情况下，也应提高其供电的可靠性。

15.2 电力负荷的计算

负荷计算的目的是选择变压器容量、电气设备额定值、导线截面。而一个系统的负荷不能简单地把各用电设备的功率直接相加，应考虑整个系统的用电设备不可能同时运行，每台设备又不可能都工作在满负荷的事实，用需要系数法、二项式系数法、利用系数法进行负荷计算。

15.2.1 负荷计算的需要系数法

在建筑供配电系统的负荷计算中常用的是需要系数法。根据统计，将所有影响负荷计算的因素综合成一个小于 1 的系数，称为需要系数，用 K_d 表示。需要系数法就是将用电设备的设备容量乘上一个需要系数，所得结果即是计算负荷。用计算负荷作为设计依据。

$$P_c = K_d \sum P \tag{15-1}$$

$$Q_c = P_c \tan\varphi \tag{15-2}$$

$$S_c = \sqrt{P_c^2 + Q_c^2} \tag{15-3}$$

$$I_c = S_c / \sqrt{3} U_N \tag{15-4}$$

式中　P_c——用电设备组的有功计算负荷，kW；

　　　Q_c——用电设备组的无功计算负荷，kV·A；

　　　S_c——用电设备组的视在计算负荷，kV·A；

　　　I_c——用电设备组线路计算电流，A；

　　　K_d——用电设备组的需要系数，查表获得；

　　　$\sum P$——用电设备组的设备容量 P 之和，kW；

　　　U_N——用电设备组的额定电压，kV。

需要指出，设备容量按工作制短时换算为长期，单相换算为三相后计算。

表 15-1 为工厂用电设备组的需要系数、功率因数值。

表 15-1 工厂用电设备组的需要系数、功率因数值

序　号	用电设备名称	需要系数 K_d	$\cos\phi$	$\tan\phi$
1	小批量生产的金属冷加工机床电动机	0.16 ~ 0.2	0.5	1.73
2	大批量生产的金属冷加工机床电动机	0.18 ~ 0.25	0.5	1.73
3	小批量生产的金属热加工机床电动机	0.25 ~ 0.3	0.5	1.73
4	大批量生产的金属热加工机床电动机	0.3 ~ 0.35	0.65	1.17
5	通风机、水泵、空压机	0.7 ~ 0.8	0.8	0.75
6	锅炉房、机加工、机修、装配车间的桥式起重机（ε = 25%）	0.1 ~ 0.15	0.5	1.73
7	自动连续装料的电阻炉设备	0.75 ~ 0.8	0.95	0.33
8	实验室用小型电热设备（电阻炉、干燥箱）	0.7	1.0	0
9	工频感应电炉	0.8	0.35	2.67
10	高频感应电炉	0.8	0.6	1.33
11	电弧熔炉	0.9	0.87	0.57
12	点焊机、缝焊机	0.35	0.6	1.33
13	对焊机、铆钉加热机	0.35	0.7	1.02
14	自动弧焊变压器	0.5	0.4	2.29
15	铸造车间的桥式起重机（ε = 25%）	0.15 ~ 0.25	0.5	1.73
16	变配电所、仓库照明	0.5 ~ 0.7	1.0	0
17	生产厂房及办公室、阅览室、实验室照明	0.8 ~ 1	1.0	0
18	宿舍、生活区照明	0.6 ~ 0.8	1.0	0
19	室外照明、事故照明	1.0	1.0	0

需要系数值是按照车间范围内设备台数较多的情况下确定的，所以取用的需要系数值都比较低。它适用于比车间配电规模大的配电系统的计算负荷。如果用需要系数法计算干线或分支线上的用电设备组，系数可适当取大。当用电设备的容量不多时，可以认为 $K_d = 1$。

15.2.2 用电设备的容量确定

在进行电力负荷计算时，应首先确定用电设备的容量 P。用电设备铭牌上标示的容量为额定容量 P_N。在进行负荷计算前，应对各种负荷做如下处理：

（1）对不同工作制用电设备的额定功率 P_N 或额定容量 S_N 进行换算。

用电设备组的总容量并不一定是这些设备的额定容量直接相加，而是必须先把它们换算为同工作制下的额定容量，才进行相加。对不同工作制的用电设备，其设备容量可按如下方法确定。

1) 长期工作制的设备容量。设备容量 P 与设备额定容量 P_N 相等。如建筑内的水泵、通风机、照明等。

2) 反复短时工作制的设备容量。反复短时工作制的用电设备是指运转时为反复周期地工作，每周期内通电时间不超过 10min 的用电设备，主要是指电焊机和吊车电动机。在这种工作制下设备的工作时间较短，按规定应该把设备容量统一换算到某一暂载率下。电动机换算到 25% 的暂载率下，电焊机换算到 100% 暂载率下。

电动机换算公式如下：

$$P = \frac{\sqrt{\varepsilon}}{\sqrt{\varepsilon_{25}}}P_N = 2P_N\sqrt{\varepsilon} \tag{15-5}$$

式中　P——换算到 $\varepsilon_{25} = 25\%$ 时电动机的设备容量，kW；

　　　ε——铭牌暂载率；

　　　P_N——电动机铭牌额定功率，kW。

电焊机换算公式如下：

$$P = \frac{\sqrt{\varepsilon}}{\sqrt{\varepsilon_{100}}}P_N = \sqrt{\varepsilon}S_N\cos\varphi \tag{15-6}$$

式中　P——换算到 $\varepsilon_{100} = 100\%$ 后电焊机的设备容量；

　　　P_N——铭牌额定功率（直流电焊机），kW；

　　　S_N——铭牌额定视在功率（交流电焊机），kV·A；

　　$\cos\varphi$——铭牌额定功率因数；

　　　ε——同 S_N 或 P_N 相对应的铭牌暂载率。

（2）消防设备与火灾时必然切除的设备，取其大者计入总设备容量。

（3）夏季制冷设备与冬季取暖设备，取其大者计入总设备容量。

（4）单相负荷应均衡分配到三相上，当单相负荷小于三相对称负荷的 15% 时，可全部按三相负荷进行计算；若大于 15% 时，单相负荷应换算成等效三相负荷，才能与三相负荷相加。单相负荷换算为等效三相负荷方法如下：

1) 当单相负荷全部为相间负荷（接在相电压上）时：

$$P = 3P_{max} \tag{15-7}$$

式中　P——等效三相设备容量，kW；

　P_{max}——最大相单相设备容量，kW。

2) 当单相负荷全部为线间负荷（接在线电压上）时，

$$P = \sqrt{3}P_1 + (3 - \sqrt{3})P_2 \tag{15-8}$$

式中　P_1——最大相单相设备容量，kW；

　　　P_2——次最大相单相设备容量，kW；

　　　P——等效三相设备容量，kW。

（5）高层建筑的备用生活水泵和备用空调制冷设备，不计入设备容量中。

15.3　变配电所的主要电气设备

变配电所是联系发电厂与用户的中间环节，起着变换与分配电能的作用。本节仅介绍常见的 10kV 变电所的主要设备。10kV 变电所的主要设备有变压器和高低压配电装置。

15.3.1　变压器

变压器是变电所中的主要设备，其作用是把由高压电网接受到的电压变换为用电设备所需的电压等级。

常用的变压器类型有油浸变压器和干式变压器两种，油浸变压器用于独立式变电所；干式变压器不存在由于变压器油泄漏而发生火灾的可能，可以方便地设置在建筑物的内部。

变压器的台数根据负荷等级选取，一、二级负荷，选择两台，三级负荷，选择一台。

变压器原副边额定电压应根据电源提供的电压等级和用电设备所需的电压来确定。变压器高压侧的额定电压一般选 10kV，低压侧额定电压为 0.4kV。

变压器容量的大小应根据用户低压侧用电量总计算负荷 S_c 的大小、变压器台数来确定变压器的额定容量 S_N 应满足全部低压侧有电设备总计算负荷的需要，即：

$$S_N \geqslant S_c \tag{15-9}$$

15.3.2　高低压配电装置

供配电系统中承担输送和分配电能任务的电路，称为一次回路。一次回路中所有的电气设备称为一次设备。在 6~10kV 的民用建筑供电系统中，常用的高压一次电气设备有：高压熔断器、高压隔离开关、高压负荷开关、高压断路器、高压开关柜等。常用的低压一次电气设备有：低压闸刀开关、低压负荷开关、低压自动开关、低压熔断器等。

15.3.2.1　高压配电装置

A　高压断路器

高压断路器具有可靠的灭弧结构，正常工作时接通和切断高压负荷电流，并在严重过载和短路时自动跳闸，切断过载电流和短路电流。

高压断路器灭弧介质分类，有少油断路器、多油断路器、真空断路器、六氯化硫

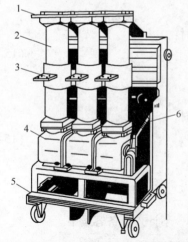

图 15-2　LN2-10 型高压六氟化硫断路器
1—上接线端；2—绝缘筒；3—下接线端；
4—操作机构箱；5—小车；6—断路弹簧

（SF6）断路器等。SF6 气体是目前最理想的绝缘和灭弧介质，它比现在使用的变压器油、压缩空气乃至真空都具有无可比拟的优良特性，因此应用广泛。图 15-2 为 LN2-10 型高压六氟化硫断路器。

B　高压负荷开关

高压负荷开关具有简单的灭弧装置，正常工作时接通和切断高压负荷电流，不能用它来开断短路电流。它必须和高压熔断器串联使用，短路电流靠熔断器来切断。

负荷开关断开时，有显著断开点。

图 15-3 为 FN3-10RT 型户内压气式高压负荷开关。

C　高压隔离开关

高压隔离开关没有专门的灭弧装置，不允许带负荷断开和接入电路，必须等高压断路器切断电路

后才能断开隔离开关；隔离开关闭合后高压断路器才能接通电路。主要是用来隔断高压电源，并造成明显的断开点，以保证其他电气设备能安全进行检修。图 15-4 是 GN8-10/600 型高压隔离开关的外形。

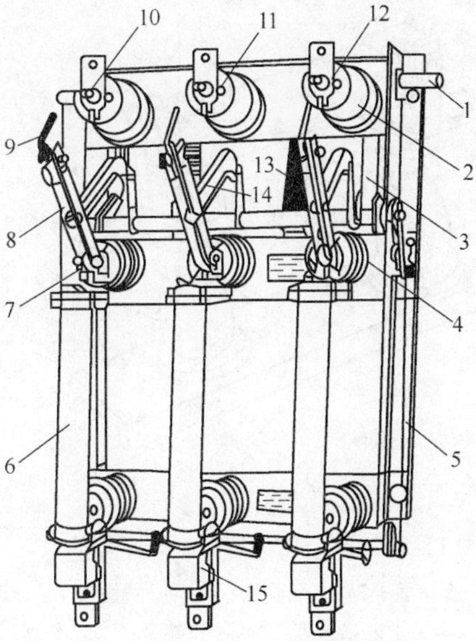

D　高压熔断器

高压熔断器是电网中广泛使用的电器，它是在电网中人为地设置的一个最薄弱的通流元件，当流过过电流时，元件本身发热而熔断，借灭弧介质的作用使电路断开，达到保护电网线路和电气设备的目的。高压熔断器一般可分为管式和跌落式两类。

在 6~10kV 高压熔断器中，户内广泛采用 RN_1、RN_2 型管式熔断器，户外则广泛采用 RW4-10 型跌落熔断器。RN_1、RN_2 型管式外形如图 15-5 所示。RW4-10 型户外高压跌落式熔断器外形如图 15-6 所示。

E　高压开关柜

建筑多采用室内配电装置，室内配电装置分成套式和装配式两种。高压开关柜是一种柜式的成套配电设备，其中安装有高压开关电器、保护设备、监测仪表和母线、绝缘子等。在变配电所中作为控制和保护变压器和高压线路之用。

图 15-3　FN3-10RT 型户内压气式高压负荷开关

1—主轴；2—上绝缘子兼气缸；3—连杆；4—下绝缘子；

5—框架；6—高压熔断器；7—下触座；8—闸刀；

9—弧动触头；10—灭弧喷嘴；11—主静触头；12—上触座；

13—断路弹簧；14—绝缘拉杆；15—热脱扣器

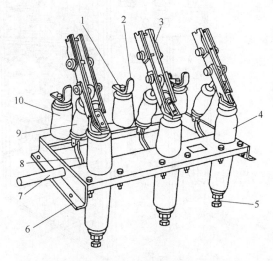

图 15-4　GN8-10/600 型高压隔离开关

1—上接线端子；2—静触头；3—闸刀；4—套管绝缘子；

5—下接线端子；6—框架；7—转轴；8—拐臂；

9—升降绝缘子；10—支柱绝缘子

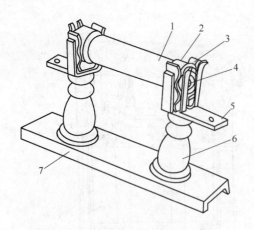 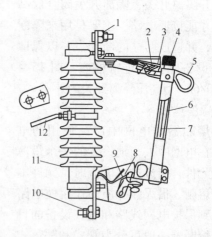

图 15-5   RN₁、RN₂型管式熔断器   图 15-6   RW4-10 型户外高压跌落式熔断器

1—瓷熔管；2—金属管帽；3—弹性触座；   1—上接线端子；2—上静触头；3—上动触头；4—管帽；

4—熔断指示器；5—接线端子；   5 操作环；6—熔管；7—铜熔丝；8—下动触头；9—下静触头；

6—瓷绝缘子；7—底座   10—下接线端子；11—绝缘瓷瓶；12—固定安装板

图 15-7 为 GG-10-07S 型高压开关柜的外形结构图。

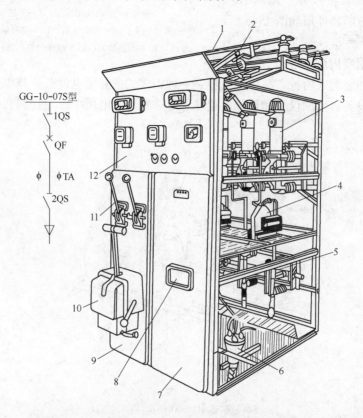

图 15-7   GG-10-07S 型高压开关柜（已抽出右面的防护板）

1—母线（汇流排）；2—高压隔离开关；3—高压断路器；4—电流互感器；5—高压隔离开关；6—电缆头；7—检修门；

8—观察用玻璃；9—操作板；10—高压断路器操作机构；11—高压隔离开关操作机构；12—仪表、继电器板（兼检修门）

15.3.2.2　低压配电装置

A　低压断路器

低压断路器用作交、直流线路的过载、短路或欠电压保护，被广泛应用于建筑照明、动力配电线路、用电设备作为控制开关和保护设备，也可用于不频繁启动电动机以及操作或转换电路。图 15-8 为低压断路器。

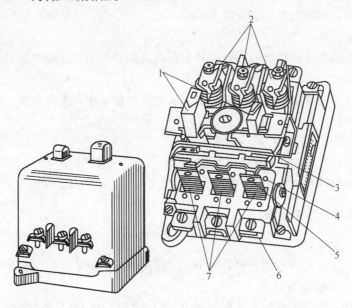

图 15-8　低压断路器

1—按钮；2—电磁脱扣器；3—自由脱扣器；4—动触点；5—静触点；6—接线柱；7—热脱扣器

塑料外壳式断路器适用于配电支路负载端开关或电动机保护用开关，大多数为手动操作，额定电流较大的（200A 以上）也可附带电动机构操作，多用于照明电路和民用建筑内电气设备的配电和保护。

B　刀开关

低压刀开关是一种简单的低压开关，只能手动接通或切断电路。通常用来作低压线路的隔离开关，因为它有明显可见的断路点。根据闸刀的构造，可分为开启式负荷开关（胶盖刀开关）和封闭式负荷开关（铁壳刀开关）两种。如果按极数分有单极、双极、三极等三种，每种又有单投和双投之分。图 15-9 为封闭式负荷开关。

低压刀开关常用于不频繁地接通、切断交流和直流电路，刀开关装有灭弧罩时可以切断负荷电流。

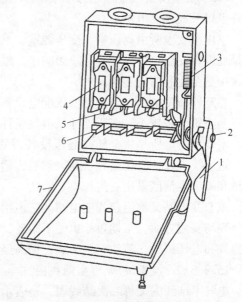

图 15-9　封闭式负荷开关

1—手柄；2—转轴；3—速断弹簧；4—熔断器；

5—夹座；6—闸刀；7—外壳前盖

铁壳开关一般用于电气照明、电热器、电力排灌等线路的配电设备中，供不频繁手动接通和分断负荷电路之用，包括用做感应电动机的不频繁启动和分断。

C　交流接触器

交流接触器是适用于控制频繁操作的电气设备，可用按钮操作，作远距离分、合电动机或电容器等负载的控制电器，还可作电动机的正、反转控制。自身具备灭弧罩，可以带负载分、合电路，动作迅速，安全可靠。

D　漏电保护器

漏电保护器根据保护功能的不同可分为漏电（保护）开关、漏电断路器、漏电继电器和漏电保护插座。

漏电保护开关主要由零序电流互感器、漏电脱扣器、主开关等组成，具有漏电保护以及手动分断电路的功能。

E　低压熔断器

低压熔断器是常用的一种简单的保护电器，与高压熔断器一样，主要用于短路保护，在一定条件下也可以起过负荷保护的作用。

15.3.3　变配电所及其主结线

15.3.3.1　变电所

变电所担负着从电力受电，经过变压，然后分配电能的任务。变电所是供电系统枢纽，占有特殊重要的地位。

工业与民用建筑设施的变电所大都采用 10kV 进线，将 10kV 高压降为 400/230V 的低压，供用户使用。在考虑 5% 左右内部损失后，就是我们常用的 380/220V 电压。

10kV 变电所按其变压器及高低压开关设备安装位置，可分为：室内型、半室外型、室外型以及成套变电站。

室内型变电所由高压室、变压器室、低压配电室、高压电容器室和值班室组成。其特点是变电所安全、可靠，受环境影响小，维护、监测、管理方便，但建筑费用高，一般用于大中型企业和高层建筑。

半室外型变电所，只是把低压配电设备放在室内。变压器和高压设备均放在室外。其特点是建筑面积较小，变压器通风散热条件好。

室外型变电所是将全部高低压设备设置在露天场合。其特点是占地面积少，结构简单、进出线方便，变压器易于通风散热，适用于 320kV·A 以下的变压器。多为建筑施工工地和城市生活区采用。

成套变电站又称组合式变电站。它包括 3 个单元：高压设备箱、变压器箱和低压配电箱。现场安装方便，工期短，也便于搬迁，占地面积小，便于深入负荷中心，从而减少电能损耗和电压损失，节约有色金属，提高经济效益。

15.3.3.2　变配电所的主结线图

电气主结线图又称一次结线图，是表示电能传送和分配路线的结线图。它是由各种主要电气设备——变压器、高压开关、高压熔断器、低压开关、互感器等，按一定顺序连接而成。

图 15-7 左上角为高压开关柜的主结线图。

电气主结线单线图应按国家标准的图形符号和文字符号绘制。为了阅读方便，常在图上标明主要电气设备的形式和技术参数。现将变电所主结线中常用图形符号列于表 15-2。

表 15-2　电气主结线的主要电气设备文字与图形符号表

电器设备名称	文字符号	图形符号	电器设备名称	文字符号	图形符号
电力变压器	T	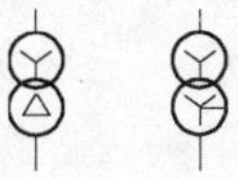	母线及母线引出线	B	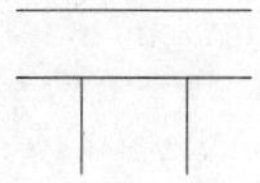
断路器	QF		电流互感器（单次级）	TA	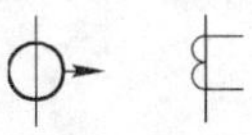
负荷开关	QL		电流互感器（双次级）	TA	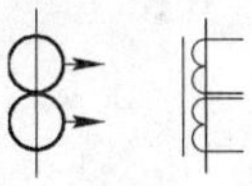
隔离开关	QS		电压互感器（单相式）	TV	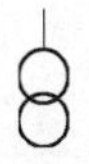
熔断器	FU		电压互感器（三线圈）	TV	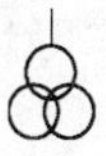
跌落式熔断器	FD	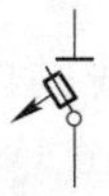	避雷器	F	
自动空气断路器（低压空气开关）	QA		电抗器	L	
刀开关	QK		电容器	C	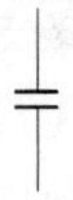
刀熔开关	QU		电缆及其终端头		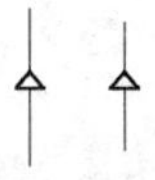

A　电气主结线图的设计原则

变配电所的电气主结线，直接影响变配电所的技术经济性能和运行质量。民用建筑设施的变配电所的电气主结线，应满足下列要求：

（1）工作的可靠性。满足对不同类型负载不中断供电的要求。

（2）运行的安全性。在各种正常操作和运行过程中能保障电气设备和人身的安全。

（3）使用的灵活性。利用最少的设备联结切换组成多种运行方案以适应负载变化对供电的要求。

（4）投资的经济性。以最小的投资获取最大的利益。

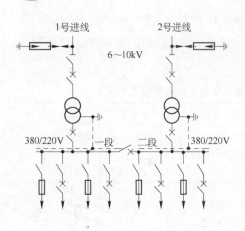

图 15-10　高压侧无母线采用两台
变压器的变电所主结线

B　变电所主结线图

单电源结线见图 15-10 的一段。对称三相电路用 1 根线表示。1 号进线经阀式避雷器进高压隔离开关，避雷器限制雷击或操作过电压，高压隔离开关通断空载变压器。高压断路器通断正常负荷以及短路保护。接线简单，运行便利，投资少，可靠性差，三级负荷用。

对于一、二级负荷，为了提高供电可靠性，可采用双回路和两台变压器的主结线图，如图 15-10 一、二段。这种结线方式，当其中一路进线电源中断时，可通过低压母线联络开关将断电部分的负荷换接到另一路进线上去，保证其中的重点设备继续工作。

15.4　低压配电线路

低压配电线路是供配电系统的重要组成部分，担负着将变电所 380/220V 的低压电能输送和分配给用电设备的任务。

15.4.1　低压配电线路的接线方式

（1）放射式接线。图 15-11（a）是放射式接线的电路图。由变压器低压母线上引出若干条回路，再分别配电给各配电箱或用电设备。其特点是各配电线路相互独立，故障或检修时停电范围小，供电可靠性高。这种接线方式多用于一、二级负荷。

（2）树干式接线。图 15-11（b）是树干式接线，它是从变电所低压母线上引出干线，从该干线上再引出若干条支线供电的方式。这种接线方式供电可靠性差，适用于设备用电量小、负荷分布均匀且无特殊要求的三级负荷。

（3）混合式接线。常用放射式和树干式混合接线。

15.4.2　低压配电线路导线、电缆选择

15.4.2.1　类型选择

A　导体材料

导体材料主要有铜、铝两种。铜电导率、机械强度高，使用寿命长，事故率低，为建筑工程广泛使用。

B　绝缘材料

表 15-3 列出低压常用导线的型号、名称及用途。从表可知建筑配电工程常用 BLV、BV 型。

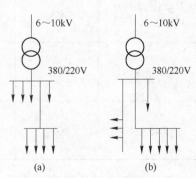

图 15-11　低压配电线路结线方式
（a）放射式；（b）树干式

表 15-3　常用导线的型号及其主要用途

导线型号		额定电压 /V	导线名称	最小截面 /mm²	主要用途
铝 芯	铜 芯				
LJ	TJ	—	裸铝绞线、裸铜绞线	25	室外架空线
BLV	BV	500	聚氯乙烯绝缘丝	2.5	室内架空线或穿管敷设
BLX	BX	500	橡皮绝缘线	2.5	室内架空线或穿管敷设
BLXF	BXF	500	氯丁橡皮绝缘线		室外敷设
BLVV	BVV	500	塑料护套线		室外固定敷设
	RV	250	聚氯乙烯绝缘软线	0.5	250V 以下各种移动电器接线
	RVS	250	聚氯乙烯绝缘绞型软线	0.5	
	RVV	500	聚氯乙烯绝缘护套软线		500V 以下各种移动电器接线

15.4.2.2　导线截面的选择

为了保证供配电系统安全、可靠、优质、经济地运行，选择导线截面时，必须满足发热条件、允许电压损失和机械强度 3 个方面的要求。此外，对于绝缘导线和电缆，还应满足工作电压的要求。

按实际工作经验，低压动力线，因其负荷电流较大，所以一般先按发热条件来选择截面，再按电压损失和机械强度校验。低压照明线，因其对电压水平要求较高，所以一般先按允许电压损失条件来选择截面，然后再按发热条件和机械强度校验。

A　按发热条件选择导线截面

电流通过导线时，要产生电能损耗，使导线发热。绝缘导线和电缆的温度过高时，可使绝缘损坏，甚至引起火灾。因此导线的截面大小应在通过正常最大负荷电流（即计算电流）时，不致引起温度超出其正常运行时的最大允许值（即允许载流量），为此规定了不同类型的导线和电缆允许通过最大电流，为此建立若干不同截面导线的允许载流量的表格。按发热条件选择导线截面就是要求计算电流不超过导线正常运行时的允许载流量，即：

$$I_c \leqslant I_{al}$$

式中　I_{al}——不同型号，不同截面的导线在不同温度下，不同敷设方式时长期允许通过的载流量，A；

I_c——线路计算总电流，A。

上述选择是指相线截面，低压供配电系统的中性线（零线）和保护线截面的选择如下：

一般三相四线或三相五线制中的中性线（N 线）的允许载流量，不应小于三相线路中的最大不平衡电流，中性线截面 S_0 一般应不小于相线截面 S_Φ 的 50%，即 $S_0 \geqslant 0.5 S_\Phi$。

保护线（PE 线），按规定，其电导一般不得小于相线电导的 50%，因此保护线的截面不得小于相线截面的 50%，但当 $S_\Phi \leqslant 16 \text{mm}^2$ 时，保护线（PE 线）应与相线截面相等，即 $S_{PE} = S_\Phi$。

B　按机械强度选择导线截面

为保证在安装和运行时导线不致折断，而中断正常供电和发生其他事故，因此有关部门规定了在各种不同的敷设条件下，导线按机械强度要求的最小截面，如表 15-4 所示。

表 15-4　按机械强度要求的导线最小允许截面

用　　途	线芯最小截面/mm²		
	铜芯软线	铜　线	铝　线
一、照明用灯头引下线			
户内：民用建筑	0.4	0.5	2.5
工业建筑	0.5	0.8	2.5
户外		1.0	2.5
二、移动式用电设备引线			
生活用	0.2		
生产用	0.1		
三、固定敷设在绝缘支持件上的导线支持点			
间距离：2m 以下　　　户内		1.0	2.5
户外		1.5	2.5
6m 及以下		2.5	4.0
12m 及以下		2.5	6.0
25m 及以下		4.0	10.0
四、穿管敷设的绝缘导线	1.0	1.0	2.5
五、塑料护套线沿墙明敷设		1.0	2.5
	铜芯铝线	铝及铝合金线	
六、架空线路	25	35	
1. 35kV	25	35	
2. 6～10kV	16	16	
3. 1kV 以下	绝缘铜线	绝缘铝线	
	10	16	

还可以按允许电压损失选择导线截面。

表 15-5 为低压配电系统常用图例。

15.4.3　住宅供电系统设计要求

（1）每户住宅配电电压 220V，设置住户配电箱，线路采用铜芯绝缘导线穿管暗敷，导线截面：电能表到住户配电箱不小于 10mm²，住户配电箱到各支线不小于 2.5mm²。

（2）住宅接地采用 TT、TN-C-S、TN-S 接地方式，PE 线随电源进入住户配电箱。洗手间局部等电位连接。

（3）要求每间房间单相组合插座（二极加三极）数量：起居室、双人卧室、厨房 3 只，单人卧室 2 只，洗手间 1 只。

（4）有线电视系统、电话通信、网络的线路预埋，在起居室、书房、卧室设置插座盒。

表 15-5　低压配电系统常用图例

名　称	图 形 符 号	名　称	图 形 符 号
变电所　配电所	⬭ V/V　V/V ⬭	屏、台、箱、柜一般符号	▭
杆上变电所		动力或动力—照明配电箱	▬
移动变电所		照明配电箱（屏）	▬
地下线路		挂在钢索上的线路	—·—·—
架空线路		事故照明线	——————
具有埋入地下接点的线路		50V 以下照明线路	— · — · —
中性线		滑触线	— •—
保护线		保护和中性共用线	
具有保护线和中性线的三相配线		电杆的一般符号 A：杆材；B：杆长；C：杆号	◯ A-B / C
单接腿杆（单接杆）	⚭	双接腿杆	⚭
带照明灯的电杆 a：编号；b：杆型；c：杆高； A：型号；d：容量	$\frac{b}{c}$ a　Ad	拉线一般符号 （示出单方拉线）	◯→
装设单担的电杆	◯	装设双担的电杆	▭

15.4.4　建筑电气工程图

15.4.4.1　建筑电气工程图的特点

建筑电气工程图具有不同于机械图、建筑图的特点，掌握建筑电气工程图的特点，对阅读建筑电气工程图将会提供很多方便。它们的主要特点是：

（1）建筑电气工程图大多是采用统一的图形符号并加注文字符号绘制出来的。绘制和阅读建筑电气工程图，首先就必须明确和熟悉这些图形符号所体现的内容和含义，以及它们之间的相互关系。

（2）建筑电气工程中的各个回路是由电源、用电设备、导线和开关控制设备组成。要真正理解图纸，还应该了解设备的基本结构、工作原理、工作程序、主要性能和用途等。

（3）电路中的电气设备、元件等，彼此之间都是通过导线将其连接起来构成一个整体的。在阅读过程中要将各有关的图纸联系起来，对照阅读。一般而言，应通过系统图，电路图找联系；通过布置图，接线图找位置；交错阅读，这样读图效率可以提高。

（4）建筑电气工程施工往往与主体工程及其他安装工程施工相互配合进行，如暗敷线路、电气设备基础及各种电气预埋件与土建工程密切相关。因此，阅读建筑电气工程图时应与有关的土建工程图、管道工程图等对应起来阅读。

（5）阅读电气工程图的主要目的是用来编制工程预算和编制施工方案，指导施工、指导设备的维修和管理。在电气工程图中安装、使用、维修等方面的技术要求一般反映，仅在说明栏内作一说明"参照××规范"，所以，我们在读图时，应熟悉有关规程、规范的要求，才能真正读懂图纸。

15.4.4.2　建筑电气工程图的主要分类

建筑电气工程图是应用非常广泛的电气图之一。建筑电气工程图可以表明建筑电气工程的构成规模和功能，详细描述电气装置的工作原理，提供安装技术数据和使用维护方法。随着建筑物的规模和要求不同，建筑电气工程图的种类和图纸数量也不同，常用的建筑电气工程图主要有以下几类。

A　系统图

系统图是表现电气工程的供电方式、电力输送、分配、控制和设备运行情况的图纸。从系统图中可以粗略地看出工程的概貌。系统图可以反映不同级别的电气信息，如变配电系统图、动力系统图、照明系统图、弱电系统图等。

B　平面图

电气平面图是表示电气设备、装置与线路平面布置的图纸，是进行电气安装的主要依据。电气平面图是以建筑平面图为依据，在图上绘出电气设备、装置及线路的安装位置、敷设方法等。常用的电气平面图有变配电所平面图、室外供电线路平面图、动力平面图、照明平面图、防雷平面图、接地平面图、弱电平面图等。

C　平面布置图

平面布置图是建筑电气工程图纸中的重要图纸之一，如变配电所电气设备安装平面图、电力平面图、照明平面图、防雷、接地平面图等，都是用来表示设备安装位置、线路敷设方法及所用导线型号、规格、数量、管径大小的。

复习思考题

15-1　电力系统由几部分组成？

15-2　高低压系统如何区分？

15-3　简述高压隔离开关、高压负荷开关、高压断路器的作用。

15-4　低压配电线路的结构及其特点是什么？

15-5　选择导线截面的方法有几种？

15-6　某大楼采用三相四线制供电，楼内的单相用电设备有：加热器 5 台各 2kW，干燥器 4 台各 3kW，照明用电 2kW。试将各类单相用电设备合理地分配在三相四制线路上，并确定大楼的计算负荷。

16 建筑电气照明技术

电气照明是室内照明极其重要的手段。电气照明设计的首要任务，是在缺乏自然光的工作场所或工作区域内，创造一个适宜于进行视觉工作的环境，提高劳动生产率和学习效率，保证产品质量，减少视觉疲劳。

照明设计是一项综合性的技术工作。它是根据建筑空间的使用功能和使用要求，来选择配备合适的照明装置，进行合理的布置。其具体内容如下：

确定照明种类和照明方式，选择照明光源及灯具，确定灯具布置方案，进行必要的照度计算和供电系统的负荷计算，照明电气设备与线路的选择计算，绘制出照明平面图和相应的供电系统图。

16.1 照明技术基本知识

16.1.1 光的基本概念

与所有物质一样，光也是一种物质，是物质的一种存在形式，它以电磁波的形式在空间传播。电磁波的波长范围极其宽广，可见光的波长在 380~780nm 范围内，仅为电磁辐射光谱极小的一部分。按照波长从短到长依次排列，光的颜色依次为紫、蓝、青、绿、黄、橙、红七种，称为光谱。不同波长的光给人的颜色感觉不同。人眼对可见光中波长为 555nm 的黄绿色光最灵敏，波长离 555nm 越远（如波长较长的红光和波长较短的紫光），灵敏度越低。因此黄色通常作为警示信号。

16.1.2 光学的几个物理量

16.1.2.1 光通量

光源在单位时间内，向周围空间辐射出的、使人眼产生光感觉的能量，称为光通量，用符号 Φ 表示，单位为流明（lm）。如 100W 白炽灯：光通量 1038lm；1000W 白炽灯：光通量 15870lm。可见同类型的电光源，功率越高，光通量越大。

人们通常以电光源消耗 1W 电功率所发出的流明数（lm/W）来表征电光源的特性，称为发光效率，简称光效。白炽灯：10~20lm/W，荧光灯：50~60lm/W。电光源的光效越高越好，因此它是研究光源和选择光源的重要标志之一。

16.1.2.2 发光强度

光源在给定方向上单位立体角（每球面度）辐射的光通量，称为光源在该方向的发光强度，简称光强。用符号 I 表示，单位为坎德拉（cd）。是表征光源发光能力大小的物理量。

16.1.2.3 照度

照度表示单位被照面上接收的光通量，用符号 E 表示，单位为勒克斯（lx），是表征表面照明条件特征的光度量。

夏季满月之夜的地面照度 0.2lx；夏季阳光强烈的中午地面照度 5000lx；工作场地必须的光照度 20~100lx。不同场合需要的照度是照明设计的重要依据。

16.1.2.4　亮度

被视物体在视线方向单位投影面上所发出的发光强度称为亮度，用符号 L 表示，单位坎德拉/平方米（cd/m^2）。亮度的定义对于光源和被照物体是同等适用的。如对同一位置的黑色物体表面和白色物体表面分别进行观察，我们就可以体会其亮度的差异，但它们接收的照度是相同的。

16.1.3　照明质量

良好的视觉不是单纯地依靠充足的光通量，还需要一定的照明质量的要求。照明质量的评价是一个十分复杂、涉及诸多因素的问题。在进行照明设计时，应从以下几个方面考虑照明质量。

16.1.3.1　合适的照度

照度是决定物体亮度的间接指标。照度与使用环境有关。照度过高，会刺激人的精神，使人产生疲倦，同时增加能耗。照度过低，又不能满足生产和生活的需要。因此合适的照度有利于保护视力，提高工作和学习的效率。

国家对各类工业与民用建筑照度标准已有规定，如民用建筑照明标准值应按以下系列分级：0.5、1、3、5、10、15、20、30、50、75、100、150、200、300、500、750、1000、1500、2000、3000 和 5000lx。选用照度值首先应符合活动环境的有关标准。确定合适的照度还要综合考虑视觉功能、舒适感、经济、节能等因素。表 16-1、表 16-2 为部分《建筑照明设计标准》GB 50034—2004 规定的民用建筑的照度标准。

表 16-1　办公楼建筑照明的照度标准值

类　别	参考平面及其高度	照度标准值/lx		
		低	中	高
办公室、报告厅、会议室、接待室、陈列室、营业厅	0.75m 水平面	100	150	200
有视觉显示屏的作业	工作台水平面	150	200	300
设计室、绘图室、打字室	实际工作面	200	300	500
装订、复印、晒图、档案室	0.75m 水平面	75	100	150
值班室	0.75m 水平面	50	75	100
门　厅	地　面	30	50	75

表 16-2　住宅建筑照明的照度标准值

类　别		参考平面及其高度	照度标准值/lx		
			低	中	高
起居室、卧室	一般活动区	0.75m 水平面	20	30	50
	书写、阅读	0.75m 水平面	150	200	300
	床头阅读	0.75m 水平面	75	100	150
	精细作业	0.75m 水平面	200	300	500
餐厅或方厅、厨房		0.75m 水平面	20	30	50
卫生间		0.75m 水平面	10	15	20
楼梯间		地　面	5	10	15

16.1.3.2　照明的均匀度

在工作环境中，同一工作面上的照度要保持均匀或比较均匀。如果有照度极不相同的表面，将会导致视觉疲劳。因此，应合理布置灯具，力求工作面上的照度均匀。

照度均匀度是指工作面上的最低照度与平均照度之比值。《建筑照明设计标准》GB 50034—2004 规定：室内一般照明照度均匀度不应小于0.7。

16.1.3.3　合适的亮度分布

在室内环境中，如果有物体彼此亮度差别过大的情况时，也易引起视觉疲劳。照明环境不但应使人能清楚地观看物体，而且要给人以舒适的感觉，所以在整个视场（如房间）内各个表面都应有合适的亮度分布。

16.1.3.4　光源的显色性

光源照到物体上所显现出来的颜色，称为光源的显色性。对同一物体，在被测光源的照射下呈现的颜色，与在标准光源的光照射下呈现的颜色的一致程度用显色指数 Ra 表示，在显色性比较中，以日光或接近日光光谱的人工光源作为标准光源，其显色性最好，显色指数为100，其他光源的显色指数都小于100。一般80~100为优，50~79为一般，小于50为较差。

在需要正确辨色的场所，如艺术馆、医院手术室，应采用显色指数高的光源。如白炽灯、日光色荧光灯等。

16.1.3.5　照度的稳定性

照度变化引起照明的忽明忽暗，不但会分散人们的注意力，给工作和学习带来不便，而且会导致视觉疲劳。

照度的不稳定主要是由于光通量的变化所致，而光源光通量的变化主要由于电源电压的波动所致。因此，必须采取措施保证照明供电电压的质量。

16.1.3.6　限制眩光

眩光是由于光源的高亮度，或有强烈的亮度对比，对人眼产生刺激作用。眩光分为直射眩光和反射眩光。由高亮度光源的光线直接进入人眼内所引起的眩光称为直接眩光。光源通过桌面、显示屏等光泽表面反射进入人眼引起的眩光称为反射眩光。

限制眩光的方法：限制光源的亮度，降低灯具表面的亮度，正确选择灯具，合理布置，并选择适当的悬挂高度。适当提高环境亮度，减小亮度对比，以及视觉作业和工作房间内采用无光泽的材料作为表面。

长期以来，照明设计一直是以照明的照度、均匀度、立体感、眩光、显色性指数和物体的颜色参数等物理量为标准进行设计和评价照明效果的。随着时代的发展和科技的进步，照明设计不仅在数量指标方面应达到标准的要求，更要综合考虑人的视觉特性、舒适感、建筑照明艺术和节能等因素。不同亮度和色彩对人具有不同的视觉感受，不同人、不同时间、不同场所，甚至人的不同情绪都会反映出对亮暗和色彩的不同感受，照明设计要体现人和环境相互关系，营造一个舒适、明亮并富有艺术魅力的照明环境。

16.1.4　照明方式及分类

16.1.4.1　照明方式

根据照明场合和用途具体选择照明类型，分一般照明和局部照明。

（1）一般照明。在整个场所或场所的某部分照度基本上均匀的照明。对于工作位置密集而对光照方向又无特殊要求，或工艺上不适宜装设局部照明装置的场所，宜使用一般照明。

（2）局部照明。局限于工作部位的固定的或移动的照明。对于局部地点需要高照度并对照射方向有要求时，宜采用局部照明。

（3）混合照明。一般照明与局部照明共同组成的照明。

16.1.4.2　照明分类

按照明的功能，照明可分成如下几类：

（1）工作照明。正常工作时使用的室内、外照明。

（2）事故照明。当工作照明由于电气事故而断电后，为了继续工作或从房间内疏散人员而设置的照明。

（3）值班照明。在非生产时间内为了保护建筑物及生产设备的安全，供值班人员使用的照明。

（4）障碍照明。装设在建筑物上作为障碍标志用的照明。障碍照明应用能透雾的红色灯具，有条件时宜用闪光照明灯。

16.2　常用电光源

16.2.1　电光源的种类

在照明工程中使用的各种各样电光源，按其工作原理可分为两大类：一类是热辐射发光光源，如白炽灯、卤钨灯等；另一类是气体放电光源，如荧光灯、高压汞灯、高压钠灯等。

热辐射发光光源是以热辐射作为光辐射原理的电光源，以钨丝为辐射体，通电后使之达到白炽程度，产生热辐射。

气体放电发光光源主要以原子辐射形式产生光辐射。根据这些光源中气体的压力，可分低压气体放电光源和高压气体放电光源。常用电光源有以下几种。

16.2.1.1　荧光灯

荧光灯俗称日光灯，是一种低压汞蒸气弧光放电灯。广泛用于办公、学习等各种场合。它是利用汞蒸气在外加电压的作用下产生弧光放电时发出大量的紫外线和少许的可见光，再靠紫外线激励涂覆在灯管内壁的荧光粉，从而发出可见光。由于荧光粉的配料不同，发出可见光的光色不同，常见荧光灯的构造如图 16-1 所示。

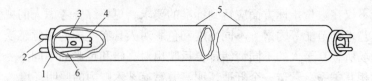

图 16-1　荧光灯的构造

1—灯头；2—灯脚；3—玻璃芯柱；4—灯丝（钨丝，电极）；
5—玻璃管（内壁涂覆荧光粉，管内充惰性气体）；6—汞（少量）

荧光灯按其形状分，有直管形、环形、U 形、H 形、Π 形等，直管形应用较多。荧光灯与白炽灯相比较，具有寿命长、发光效率高、光线柔和、光谱成分好、发热小等特点，因此应用比较广泛。

荧光灯也有造价高、功率因数低（一般在 0.5 左右）、不能频繁开关和受环境温度的影响大等缺点。图 16-2 为荧光灯的接线图。

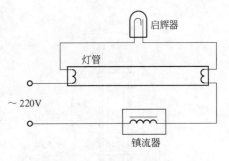

图 16-2 荧光灯的接线图

16.2.1.2 白炽灯

白炽灯是最早出现的光源，它是利用电流流过钨丝形成白炽体的高温热辐射发光。为了防止钨丝氧化，40W 以下的灯泡内抽成真空，为了抑制钨丝蒸发，40W 以上灯泡充以惰性气体。购买时注意生产日期。

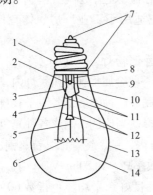

图 16-3 普通白炽灯泡

1—灯头；2—康铜丝外导线；3—芯柱管；
4—中心杆；5—支撑；6—灯丝；7—焊锡；
8—排气管；9—排气孔；10—铜外导线；
11—杜镁丝；12—内导线；13—玻璃壳；14—氩气

白炽灯具有构造简单、使用方便，能瞬间点燃、无频闪现象、显色性能好、价格便宜等特点，但因热辐射中只有百分之几至百分之十几为可见光，故发光效率低，一般为 7～19lm/W。普通照明白炽灯外形如图 16-3 所示。

白炽灯启动快，应急照明或开关频繁的场合一般采用白炽灯。调光也常用白炽灯。美术馆、印染车间、化学分析室宜采用白炽灯等显色指数 $Ra \geqslant 80$ 的电光源。

16.2.1.3 卤钨灯

由于白炽灯的钨丝在热辐射的过程中蒸发并附着在灯泡内壁，从而使发光效率减低，寿命缩短。为减缓这一进程，人们在灯泡内充以少量的卤化物（如溴、碘），利用卤钨循环原理来提高灯的发光效率和寿命。图 16-4 为卤钨灯的结构示意图。

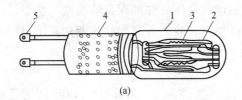
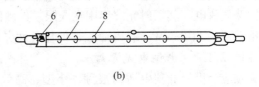

(a)   (b)

图 16-4 卤钨灯

（a）圆柱形；（b）管形

1—石英玻璃泡；2—金属支架；3—排丝状灯丝；4—散热罩；5—引出线；6—钼箔；7—钨丝；8—支架

卤钨灯具有体积小、功率大、能瞬间点燃、可调光、无频闪效应、显色性好、发光效率高等特点，故多用于较大空间和要求高照度的场所。如电视转播照明、摄影、绘图等场所。

因为卤钨灯的外壁温度很高，所以不适用于周围有易燃易爆以及灰尘较多的场所，也不宜在振动场所使用。空调房间则尽量不用发热量大的白炽灯、卤钨灯。

16.2.1.4 高压汞灯

高压汞灯又名高压水银灯，它是靠高压汞蒸气放电而发光。高压汞灯的结构如图 16-5

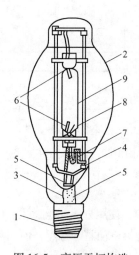

图 16-5　高压汞灯构造

1—灯头；2—玻璃壳；3—抽气管；4—支架；
5—导线；6—主电极 E_1、E_2；7—启动电阻；
8—辅助电极 E_3；9—石英放电管

所示。

高压汞灯启动时，辅助电极 E_3 和主电极 E_1 之间产生辉光放电，然后过渡到主电极 E_1、E_2 之间弧光放电，整个启动过程从通电到放电管完全稳定工作，大约需 $4 \sim 8\min$。用于 220V 交流电网时串联电感镇流器即可。高压汞灯熄灭后不能立即启动，一般需要 $5 \sim 10\min$ 才能再启动。因此，高压汞灯不宜用在频繁开关或比较重要的场所，也不宜接在电压波动较大的供电线路上。

高压汞灯的光色为蓝绿色，显色性差，故一般室内照明应用较少，它适用于工业厂房、体育设施、街道等处的照明。

16.2.1.5　金属卤化物灯

为了改善光色，将一些金属加在高压汞灯内，制成金属卤化物灯。由于金属原子种类多，各原子有自己的光谱，因此可以经过选择适当比例，制成各种光色的光源。卤化物是碘或溴与锡、钠、铊、铟、钪、镝、钬、钍、铥等金属的化合物。常用铊铟灯、镝灯等。这种灯的发光效率高，约 80lm/W。

与高压汞灯相比，其光效更高（$70 \sim 100\text{lm/W}$）、显色性良好，平均显色指数 $60 \sim 90$、紫外线辐射弱，但寿命较高压汞灯低。

金属卤化物灯是弧光放电灯，需要镇流器才能稳定地工作。

16.2.1.6　钠灯

钠灯分低压钠灯和高压钠灯两种，低压钠灯发出的是单色黄光，显色性差，所以不宜作为室内的一般照明。但单色黄光，能提高视觉的敏锐度，透雾能力强，可用于厂区照明、公路、隧道、煤场、港口、货物以及户外多雾的地区。

高压钠灯是在放电发光管内充入适量的氩或氙惰性气体，并加入足够的钠，主要以高压钠蒸气放电，其辐射光波集中在人眼较灵敏的区域内，故光效高，约为荧光高压汞灯的两倍，可达 110lm/W，且寿命长，但显色性欠佳，平均显色指数 21。

16.2.1.7　新型电光源灯

顺应全世界低碳生活的浪潮，小型、高效节能、色彩丰富、寿命长的 LED 照明已进入实用阶段，其缺点是显色性低（Ra 低于 80），价格高。另外，寿命长、高效节能、使用高频电源的无电极放电灯也应用于户外道路照明。

16.2.2　电光源的特性

各种电光源的性能不同。制造厂家给出一些参数作为选择光源和使用光源的依据。电光源主要参数如下：

（1）额定电压和额定电流。是指电光源按预定要求进行工作所需要的电压和电流，电压的单位是伏特（V），电流的单位是安培（A）。电光源在额定电压和额定电流下运行时可以发挥其最佳效能。

电光源的额定电压是指其正常工作时所需的电源电压，一般为220V，安全灯的额定电压为12V、24V、36V等。

碘钨灯的额定功率，在220V电压下有500W、1000W、2000W；在36V电压下有300W；在24V电压下有200W；在12V电压下有100W等多种规格。

（2）额定功率。是指电光源在额定工作条件下所消耗的有功功率，单位瓦（W）。

白炽灯额定功率在额定电压下有15W、25W、40W、60W、75W、100W、200W、300W、500W、1000W等。

荧光灯额定功率在220V电压下有6W、8W、15W、20W、30W、40W、100W等。

（3）额定光通量。是指电光源在额定工作条件下发出的光通量，单位流明（lm）。

（4）发光效率。是指电光源辐射的光通量与其消耗的功率之比，简称为光效（lm/W）。

（5）寿命。电光源的寿命通常指平均寿命，单位小时（h）。指一批电光源初次工作到50%丧失使用价值而停止工作的小时数。用显色指数表示。

（6）光谱能量分布曲线。按不同波长所对应的相对强度绘制的曲线称为电光源相对光谱能量分布曲线。

（7）光色。光源的光色包含色表和显色性两个方面。色表是人眼观看到光源所发出的光的颜色，用相关色温表示，单位K。3300K以下的电光源，颜色偏红，5300K以上的电光源，颜色偏蓝。显色性是指在光源的照明下，与具有相同或相近色温的黑体或日光的照明相比，各种颜色在视觉上的失真程度。

（8）启动和再启动时间。启动指电光源接通电源后到额定光通量输出所需的时间。热辐射光源不足1s，气体放电光源几秒至几分钟不等。

再启动时间指正常工作着的光源熄灭后，再将其点燃所需要的时间。气体放电光源的再启动时间比启动时间更长，故不能用于频繁开关的场合。

（9）频闪效应。是指因为电源交变电光源产生的闪烁现象。热辐射光源发光体热惰性大，所以闪烁不明显，气体放电灯较为明显。

常用电光源的主要特性如表16-3所示。

表16-3　常用电光源的主要特性

性能参数	白炽灯	卤钨灯	荧光灯	紧凑荧光灯	高压汞灯	金属卤化物灯
额定功率/W	10~1000	500~2000	6~125	5~55	50~1000	400~1000
发光效率/lm·W^{-1}	6.5~19	19.5~21	25~67	30~50	30~50	60~80
平均寿命/h	1000	1500	2000~3000	5000~10000	2500~5000	3000~10000
一般显色指数	95~99	95~99	70~80	>80	30~40	65~95
色温/K	2400~2900	2800~3300	2500~6500	2500~6500	4400~5500	3000~7000
启动稳定时间	瞬时	瞬时	1~3s	10s	4~8min	4~8min
再启动时间	瞬时	瞬时	瞬时	10s	5~10min	10~15min
功率因数	1	1	0.33~0.7	0.44~0.67	0.44~0.67	0.4~0.61
频闪效应	不明显	不明显	有	有	有	有
电压变化影响	大	大	较大	较大	较大	较大
环境温度影响	小	小	大	大	较小	较小
耐振性能	较差	差	较好	较好	好	好
所需附件	无	无	有	有	有	有

16.2.3　电光源的选择

电光源的选择应结合不同电光源的特点进行，首先要满足不同设施对照明的要求，其次应考虑使用环境和经济性，根据各种灯的特性，对功能不同的室内光环境，可按表 16-4 的建议选灯。

表 16-4　几种光源的适用场所

光源种类	适用场所
白炽灯	要求照度不很高的场所 局部照明，应急照明 要求频闪效应小或开关频繁的地方 需要防止电磁干扰的场所 需要调光的场所
荧光灯	照度要求高，显色性好，且悬挂高度较低的场所 需要正确识别颜色的场所
荧光高压汞灯	照度要求高，但对光色无特殊要求的场所
金属卤化物灯	厂房高，要求照度较高、光色较好的场所
高压钠灯	要求照度高，但对光色无要求的场所 多烟尘的场所

光源的安装功率由照度计算的结果来决定，经济方面应兼顾初期投资和运行费用（电费、维护费）。

16.2.4　电光源的命名方法

各类电光源的命名一般由三部分组成：第一部分以字母组成，由表明光源名称特征的汉语拼音首字母组成。第二、三部分一般由数字组成，由表明光源的光、电特性或结构形式的顺序号等组成。

型号的各部分应直接连写。但当相邻的两部分同为字母或数字时，中间需用连字符分开。如普通照明灯泡 220V、40W 的型号为 PZ220-40，PZ 是汉语拼音"普通照明"两词的第一个字母的组合，220 指的是灯泡额定工作电压，单位为 V，40 指的是灯泡额定电功率，单位为 W。

再如 20W 直管荧光灯的型号为 YZ20RR，第一部分 YZ 指的是直管荧光灯，第二部分 20 表示灯的额定功率，第三部分 RR 说明灯的发光光色为日光色。常用光源型号命名方法见表 16-5 和表 16-6。

表 16-5　常用热辐射光源型号命名方法

名　　称		型　号　的　组　成		
		1	2	3
普　通	一般照明灯泡	PZ	额定电压/V	额定功率/W
	反射型照明灯泡	PZF		
	重点照明灯泡	JZ		
	装饰照明灯泡	ZS		

表 16-6 常用气体放电光源型号命名方法

名 称			型 号 组 成		
			1	2	3
气体放电光源	荧光灯	直管形管	YZ		RR 日光色 RC 绿 RH 红
		U 形管	YU		RL 冷白色 RW 黄 RP 蓝
		环形管	YH		RN 暖白色 RS 橙红
	汞 灯	紫外线灯管	ZW	额定功率/W	
		管型氙灯	XG		
	氙 灯	高压汞灯泡	GG		
		管型水冷氙灯	XSG		
	钠 灯	低压钠灯泡	ND		
		高压钠灯泡	NG		

普通白炽灯参数，如表 16-7 所示。

表 16-7 普通照明灯泡型号及参数

灯泡型号	额定值			极限值		外形尺寸/mm			平均寿命/h
	电压/V	功率/W	光通量/lm	功率/W	光通量/lm	D	螺口式灯头 L 不大于	插口式灯头 L 不大于	
PZ220-15	220	15	110	16.1	95	61	110	108.5	1000
PZ220-25		25	220	26.5	183				
PZ220-40		40	350	42.1	301				
PZ220-60		60	630	62.9	523				
PZ220-100		100	1250	104.5	1075				
PZ220-150		150	2090	156.5	1797	81	175		
PZ220-200		200	2920	208.5	2570				
PZ220-300		300	4610	312.5	4057	111.5	240	—	
PZ220-500		500	8300	520.0	7304				
PZ220-1000		1000	18600	1040.5	16368	131.5	281		

注：外形尺寸：D 为灯泡外径；L 为灯泡长度。

普通直管荧光灯管参数如表 16-8 所示。

表 16-8 直管荧光灯管型号及参数

灯管型号	功率/W	光通量/lm	工作电压/V	外形尺寸/mm				灯头型号	平均寿命/h
				L 最大值	L_1		D 最大值		
					最大值	最小值			
YZ20RR	20	775	57	604	589.8	586.8	40.5		3000
YZ20RL		835							
YZ20RN		880							
YZ30RR	30	1295	81	908.8	894.6	891.6	40.5	G13	
YZ30RL		1415							
YZ30RN		1465							5000
YZ40RR	40	2000	103	1213.6	1199.4	1196.4	40.5		
YZ40RL		2200							
YZ40RN		2285							

注：型号中 RR 表示发光颜色为日光色（色温为 6500K）；RL 表示发光颜色为冷白色（色温为 4500K）；RN 表示发光颜色为暖白色（色温为 2900K）。D 为灯管外径；L 为灯管长度（含灯脚）；L_1 为灯管长度（不含灯脚）。

16.3 照 明 灯 具

照明灯具的主要功能是固定和保护电光源，并使之与电路安全可靠的连接。它承担对光源光通量作重新分配，使工作面得到符合要求的照度和光通量的分布，以及避免刺目的强光和美化建筑空间的作用。

16.3.1 照明灯具的特性

灯具的光学特性主要有：配光曲线、光效率、保护角。

16.3.1.1 灯具的配光曲线

电光源配上一定的灯具后，就在各个方向上，有了确定的发光强度值。若将这些发光

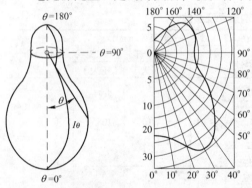

图 16-6 白炽灯配光特征

强度值用一定的比例尺绘制，并连成曲线，则这些曲线称配光曲线，配光曲线是衡量灯具光学特性的重要指标，是进行照度计算和决定灯具布置方案的重要依据。配光曲线可用极坐标法、直角坐标法、等光强曲线法来表示。白炽灯的极坐标式配光曲线，如图 16-6 所示。

16.3.1.2 灯具的光效率

灯具中光源所发出的光通量，总会由于材料的吸收透射而损失一些光通量，所以灯具的光效率总是小于 1 的，灯具的光效率是照明器发出的光通量与光源发出的光通量之比，用百分数表示。

16.3.1.3 灯具的保护角

灯具的保护角是光源的发光体与灯具出口下缘的连线和水平线之间的夹角，见图16-7，其作用是限制光源对人眼产生直接眩光，角度越大作用越大。

灯具的种类不同，保护角的计算方法也不同。一般灯具的保护角要求在 15°~30°之间为宜。格栅式灯具的保护角为一片格片上沿和相邻格片下沿的连线和水平线的夹角，一般 25°~30°为宜。保护角越大，灯具的光输出越小。

16.3.2 照明灯具的分类

16.3.2.1 按灯具的配光方式分类

（1）直射型灯具。由反光性能良好的不透明材料制成，如搪瓷、铝和镀银镜面等。其特点是亮度较大，因此常用于公共大厅或需要局部照明的场所。但很容易产生眩光。

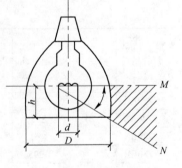

图 16-7 灯具的保护角

（2）半直射型灯具。常用半透明材料制成下面开口的式样，其特点是光线柔和，没有很强的阴影，因此可用于需要宁静平和气氛的客房或卧室。

（3）漫射型灯具。采用漫射透光材料制成封闭式的灯罩，选型美观，光线均匀柔和，但是光的损失较多，光效较低。常用于商店、办公室的顶廊，也用于客房或卧室。

（4）半间接型灯具。这类灯具上半部用透明材料、下半部用漫射透光材料制成。由于上半球光通量的增加，增强了室内反射光的照明效果，使光线更加均匀柔和。半间接照明方式主要用作装饰照明。

（5）间接型灯具。这种灯具全部光线都由上半球发射出去，经顶棚反射到室内。因此能最大限度地减弱阴影和眩光，光线均匀柔和，但光损失较大不经济。这种灯具适用于剧场、美术馆和医院的一般照明。

按照国际照明学会以灯具上半球和下半球反射的光通量百分比来区分配光方式，如表 16-9 所示。

表 16-9　灯具的配光方式

类　型		直 接 型	半直接型	漫 射 型	半间接型	间 接 型
分　类						
配　光						
光通亮分布特性	上半球	0～10%	10%～40%	40%～60%	60%～90%	90%～100%
	下半球	100%～90%	90%～60%	60%～40%	40%～10%	10%～0
特　点		光线集中，工作面上可获得充分照度	光线能集中在工作面上，空间也能得到适当照度。比直接型眩光小	空间各个方向光强基本一致，可达到无眩光	增加了反射光的作用，使光线比较均匀柔和	扩散性好，光线柔和均匀。避免了眩光，但光的利用率低

16.3.2.2　按灯具的结构分类

（1）开启型　灯具敞口或无灯罩，光源裸露在外。

（2）闭合型　透光罩将电源包围起来，罩内有空气流通散热，但无尘埃进入。

（3）封闭型　透光罩固定处有一定封闭，使尘埃不能进入。

（4）密闭型　透光罩固定处有可靠封闭，防潮、防水。

还有防爆安全型、隔爆型、防腐型等用于特殊场合的灯具。

16.3.2.3　按灯具的固定方式分类

灯具就固定方式而言，分为三种：

（1）顶棚灯具　安装在顶棚上的灯具，吸顶灯、筒灯、吊灯等。

（2）壁灯　安装于墙壁上的灯具，有托架式和嵌入式两种。

（3）放置型灯具　包括放置在地面上的立灯，放置在桌面上或其他平面上的台灯等。

16.3.2.4　按灯具安装的距高比分类

灯具均匀布置时，一般采用正方形、矩形、菱形等形式，布置是否合理，主要取决于同类灯具的间距 L 和计算高度 H（灯具至工作面的距离）的比值是否恰当。L/H 值小，照明的均匀度好，但投资大；L/H 值过大，则不能保证得到规定的均匀度。因此，灯间距离 L 实际上可以由最有利的 L/H 值来决定。根据研究，各种直接型灯具最有利的距高比 L/H 列于表 16-10。

表 16-10 距高比范围

灯具类型	配光曲线	距高比 L/H	用　途
特深照型		0.4	补充照明
深照型		0.7～1.2	高厂房
中照型		1.3～1.5	广　泛
广照型		2.0	面积较大的房间
特广照型		4.0	道路、大厂房

16.3.3 照明灯具的布置

灯具的布置就是确定灯在房间内的空间位置。灯具的布置对照明质量有重要的影响。

16.3.3.1 灯具的平面布置

主要有两种方式：一是均匀布置；二是选择布置。

均匀布置有正方形、矩形、菱形等方式，灯具有规律地对称排列，适用于整个工作面有均匀照明的场合。灯具的均匀布置，如图 16-8 所示。图中 L 计算距高比用。均匀布置得是否合理，主要取决于灯具间距 L 与计算高度 H 之比，即距高比。距高比小，灯具布置偏密，照度均匀度将会提高。距高比大，则灯具布置偏稀，照度将很不均匀，为满足最低照度值，必须增大每个灯泡的容量。

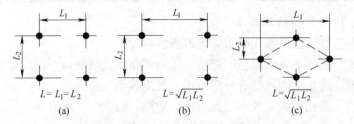

图 16-8 点光源均匀布置

（a）正方形；（b）矩形；（c）菱形

L_1—灯间距；L_2—行间距

在进行均匀布灯时，还要考虑天棚上安装的吊风扇、空调送风口、扬声器、火灾探测器等其他设备，原则上以照明布置为基础，协调其他安装工程，统一考虑，统一布置，达到既满足功能要求，同时天棚整齐，美观大方。

选择布置是为适应生产要求和设备而进行的布置。

在布置一般照明灯具时，还需要确定灯具距墙壁的距离 l。

当工作面靠近墙壁时：$l = (0.25～0.3) L$

若靠近墙壁处为通道或无工作面时：

$$l = (0.4～0.5)L$$

16.3.3.2 灯具的垂直布置

灯具在竖直方向上的布置，就是要确定灯具的悬挂高度，如图 16-9 所示。灯具的悬挂高度：

$$h_1 = h - h_3 \qquad\qquad (16-1)$$

式中 h——房间高度，m；

h_3——灯具的垂度，m；

h_1——悬挂高度，m。

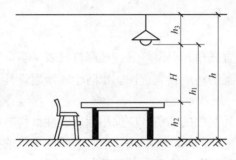

图 16-9 照明灯具悬挂高度

如图 16-9 所示，图中 H 为计算高度，m；h_2 为工作面高度，m。

对于一般层高的房间，如 2.8～3.5m，考虑灯具的检修和照明的效率，一般悬挂高度在 2.2～3.0m 之间。

通常，按某种条件先确定 H 或 L 的值，再由合适的距高比确定另一个的值。

16.3.4 照明灯具的选择

照明灯具类型的选择与光源、配光曲线、使用环境有关。正确地选择灯具，一般要考虑以下几个因素。

16.3.4.1 光源

选择照明灯具，首先要选择照明灯具所配用的光源。光源的种类应按照明的要求、使用环境条件和光源的特点来选取。表 6-11 所列是各类场所对电光源的选择，可供参考。

表 16-11 各种场所对电光源的选择

使用场所	白炽灯	卤钨灯	普通荧光灯	高显色型荧光灯	普通高压钠灯	高显色型高压钠灯
办公室、学校			①		②	
商场一般照明	②	②	②	①		①
商场陈列照明	①	①	①	①		①
饭店与旅馆	①	①	②	②		①
博物馆	②	①		①		
医院门诊部	①	②		①		
医院病房	②	②	②			
住 宅	①		②			
体育馆		②	②		②	

① 优先选用电光源；② 可以选用电光源。

由于光源种类在很大程度上决定了照明灯具的形式、布置及照明配电线路。因此，在选择光源种类时，应包括整个照明装置的比较。

16.3.4.2　配光曲线

（1）一般生活用房和公共建筑物内多采用半直接型、漫射型灯具和荧光灯，使顶棚和墙壁均有一定的光照，整个室内空间照度分布较均匀。

（2）在高大的建筑物内，灯具安装高度在 6m 及 6m 以下时，宜采用深照型或配照型灯具；安装高度在 6～15m 时，宜采用特深照型灯具；安装高度在 15～30m 时，宜采用高纯铝深照型或其他高光强灯具。

16.3.4.3　环境条件

（1）在正常环境中，宜选用开启型灯具，提高灯具效率。

（2）在潮湿或特别潮湿的场所，宜选用防水防尘密闭型灯具。或在隔壁干燥房间通过玻璃窗向潮湿房间照明。

（3）在有腐蚀性气体和蒸气的场所，应选用耐腐蚀性材料制成的密闭型灯具。

（4）在有爆炸和火灾危险的场所，应按其危险场所的等级选择相应的防爆型灯具；含有大量粉尘但非爆炸和火灾危险的场所，应采用防尘型灯具。

（5）较大振动的场所，宜选用有防振措施的灯具。

（6）安装在易受机械损伤位置的灯具，应加装保护网或采取其他的保护措施。

16.3.4.4　经济性

如同其他装置一样，灯具的经济性由初投资和年运行费用（包括电费、更换光源费、维护管理费和折旧费等）两个因素决定。一般情况下，以选用光效高、寿命长的灯具为宜。

16.4　照　度　计　算

照度计算是照明设计的主要内容之一，是正确进行照明设计的重要环节。照度计算的目的是根据照明需要及其他已知条件，来决定照明灯具的数量以及其中电光源的容量，并据此确定照明灯具的布置方案，或者在照明灯具形式、布置及光源的容量都已确定的情况下，通过进行照度计算来定量评价实际使用场合的照明质量。

照度计算的方法通常有逐点计算法、利用系数法、单位容量法等。逐点计算法可以计算各种光源的直射照度，适用于选择性布灯时计算某一点的照度或验算最低照度，尤其适用于房间高大，反射光很少的场所，但其计算过程比较烦琐。利用系数法适用于一般均匀照明，尤其适用于房间较矮，反射光较强的场所在照明计算中。如不要求计算很准确，还可以用单位容量法，适用于一般均匀照明，一般民用建筑和生活设施可用此法计算。

下面介绍单位容量法。

单位容量法是从利用系数法演变而来的。根据不同的照明器形式、不同的计算高度、不同的房间面积和不同的平均照度要求，应用利用系数法预先计算出不同条件和不同要求下单位面积安装功率 P_0，列成表格，供设计时查用。

单位容量就是每平方米照明面积的安装功率，其公式是：

$$P_0 = \frac{P_\Sigma}{A} = \frac{nP_L}{A} \tag{16-2}$$

式中，P_Σ 为受照房间全部光源的安装功率；n 为灯的盏数；P_L 为每盏灯的功率；A 为被照房间的面积。计算步骤如下：

（1）根据建筑物不同房间和场所对照明设计的要求，首先选择照明光源和灯具。

（2）根据所要达到的照度要求，计算高度 H，房间面积 A，查表确定相应灯具的单位面积安装容量 P_0。

（3）根据单位容量 P_0，房间面积 A，计算出房间内照明灯具的总功率 P_L。

（4）按式（16-2）计算灯具数量，据此布置照明灯具，确定布灯方案。

例 16-1　学校办公室的面积为 3.3m×4.2m，拟采用 YG1-1 型荧光灯照明。办公桌面高 0.8m，灯具安装高度 3.1m，试计算需要安装的灯具的数量。

解：采用单位容量法计算。

计算高度　　　　　　　$H = 3.1 - 0.8 = 2.3\text{m}$

房间面积　　　　　　　$A = 3.3 \times 4.2 = 13.86\text{m}^2$

查表 16-12，办公室平均照度标准为 150lx。根据照度标准 150lx，计算高度 H 为 2～3m，房间面积 A 为 10～15m²，查表 16-13 得单位面积安装功率为 12.5W/m²。

表 16-12　中小学校建筑照明标准

类　别	照度标准/lx	类　别	照度标准/lx
教　室	150	琴　房	150
实验室	150	美术教室、阅览室	200
微机室	200	办公室	150

注：表中照度只有一个指标，认为是中间值。

表 16-13　荧光灯（30W、40W 带罩）单位容量 P_0　　　　　　（W/m²）

计算高度 H/m	面积 A/m²	照度标准/lx					
		30	50	75	100	150	200
2～3	10～15	2.5	4.2	6.2	8.3	12.5	16.7
	15～25	2.1	3.6	5.4	7.2	10.9	14.5
	25～50	1.8	3.1	4.8	6.4	9.5	12.7
	50～150	1.7	2.8	4.3	5.7	8.6	11.5
	150～300	1.6	2.6	3.9	5.2	7.8	10.4
	>300	1.5	2.4	3.2	4.9	7.3	9.7
3～4	10～15	3.7	6.2	9.3	12.3	18.5	24.7
	15～20	3.0	5.0	7.5	10.0	15.0	20.0
	20～30	2.5	4.2	6.2	8.3	12.5	16.7
	30～50	2.1	3.6	5.4	7.2	10.9	14.5
	50～120	1.8	3.1	4.8	6.4	9.5	12.7
	120～300	1.7	2.8	4.3	5.7	8.6	11.5
	>300	1.6	2.7	3.9	5.3	7.8	10.5

总安装功率

$$P_{\Sigma} = 12.5 \times 13.68 = 171\text{W}$$

如每套灯具内安装 40W 荧光灯一支，即 $P_{L}=40\text{W}$，灯数

$$n = \frac{P_{\Sigma}}{P_{L}} = \frac{171}{40} = 4.3 \text{ 盏}$$

单位容量法计算结果一般偏高，故可安装 40W 荧光灯 4 盏。

16.5　照明供电线路

照明供电线路则应根据建筑规模大小、建筑物的特点、设备容量大小，选择供电方式。

16.5.1　照明供电系统

16.5.1.1　系统构成

建筑物内的照明供电系统，一般采用 380/220V 三相四线制供电形式，照明设备尽量平均接入三相电源中。照明系统如图 16-10 所示。多根导线单根画法应在导线上画对应数量的短斜线，如进户线上四根短斜线表示进户线由四根导线构成。总配电箱与分配电箱之间的三相四线制线路叫干线，由分配电盘引出向负载供电的线路叫支线。支线多为单相二线制，系统中未画短斜线，表示有两根线。

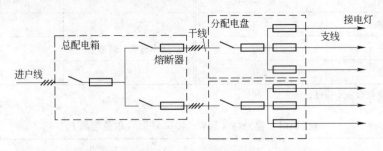

图 16-10　照明供电系统

16.5.1.2　照明电压等级

一般照明光源的电源电压应采用 220V。1500W 及以上的高强度气体放电灯的电源电压宜采用 380V。移动式和手提式灯具应用安全特低电压供电，其电压值应符合以下要求：在干燥场所不大于 50V；在潮湿场所不大于 25V。

16.5.1.3　供电方式的选择

在一般工作场合，照明与电力可由一个变压器供电，工作照明和事故照明应从母线或干线上分开，建筑物内不设变压器，两者在进入建筑物时分开。

在重要场所，当照明与电力由一个以上单一变压器供电时，工作照明和事故照明应分别接到不同的变压器上。

16.5.2　照明配电系统

配电系统由配电装置（配电箱）及配电线路（干线及支线）组成。配电箱图形符号

见表16-14。一组照明设备接入一条支线，若干条支线接入一条干线，若干条干线接入一条总进户线。汇集支线接入干线的配电装置称为分配电箱，汇集干线接入总进户线的配电装置称为总配电箱。总配电箱以下列三种基本的配电方式将电源引入分配电箱。

图16-14　配电箱图形符号

图形符号	说　明	图形符号	说　明
 ▢	屏、台、箱、柜一般符号	▬	照明配电箱（屏）
▬	电力或电力-照明配电箱	 ⊠	事故照明配电箱（屏）

（1）放射式。如图16-11（a）所示，总配电箱使用单独的线路向分配电箱供电。其优点是可靠性较高，但建设费用较高，灵活性差，一般用于重要的负荷。

（2）树干式。如图16-11（b）所示，总配电箱一路干线同时向几个分配电箱供电。其优点是建设费用低，但干线出现故障时影响范围大，可靠性差。

（3）混合式。实际上常用图16-11（c）所示的混合式配电系统。它是放射式和树干式的综合运用，具有两者的优点，所以在实际工程中应用最为广泛。

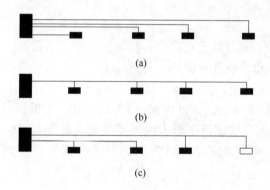

(a)

(b)

(c)

图16-11　照明配电系统
(a) 放射式；(b) 树干式；(c) 混合式

三种方式可根据负荷分散或集中情况、负荷的重要性等条件来选择。通常，放射式的可靠性优于树干式，而树干式的经济性优于放射式。

为了节约用电，照明配电箱应靠近供电的负荷中心，略偏向电源侧。一个单元或一幢建筑物的电度表装在总配电箱，用户的电度表装在室内或楼梯间。

16.5.3　照明负荷计算

计算负荷是按发热条件选择供电系统导线和电气设备的基本依据。计算方法常用需要系数法。

所谓需要系数，就是考虑每相接入的所有负载不在同一时间工作，同时工作又不可能全在满载状态下运行，因此在设备总容量上乘一个小于1的数 K_d。K_d 为需要系数，说明照明负荷同时工作的程度。

负荷计算应由负载端开始，经支线、干线至进户线或母干线。

（1）各个灯具的计算负荷：

$$P_{c1} = P(1 + \alpha) \tag{16-3}$$

式中，P_{c1} 为灯具的计算负荷（kW）；P 为灯具的额定功率（kW）；α 为考虑气体放电电源镇流器和附件的功率损失，需计入的电光源的功率损耗系数，见表 16-15。

表 16-15　电光源的功率损耗系数

光源种类	损耗系数 α	光源种类	损耗系数 α
白炽灯、卤化物灯	0	金属卤化物灯	0.14 ~ 0.22
荧光灯	0.2	涂荧光物质的金属卤化物灯	0.14
荧光高压汞灯	0.07 ~ 0.3	低压钠灯	0.2 ~ 0.8
自镇流荧光高压汞灯	—	高压钠灯	0.12 ~ 0.2

（2）支线的计算负荷

$$P_{c2} = K_d \sum P_{c1} \tag{16-4}$$

式中，P_{c2} 为支线的计算负荷（kW）；$\sum P_{c1}$ 为支线上各个灯具计算负荷之和（kW）；K_d 为支线需要系数。

（3）干线计算负荷：

$$P_{c3} = K_d \sum P_{c1} \tag{16-5}$$

式中，$\sum P_{c1}$ 为干线各个灯具计算负荷之和；K_d 为干线需要系数。

（4）进户线或低压母干线计算负荷：

$$P_{c4} = K_d \sum P_{c1} \tag{16-6}$$

式中，P_{c4} 为进户线或低压母干线计算负荷（kW）；$\sum P_{c1}$ 为低压母干线各个灯具计算负荷（kW）之和；K_d 为进户线或低压母干线需要系数，查表 16-16。在设计之初，为了制订供电方案，计算负荷还可根据表 16-17 所列的单位建筑面积照明用电计算负荷进行估算。

表 16-16　民用建筑照明负荷需要系数

建筑物名称		需要系数 K_d	备　注
一般住宅楼	20 户以下	0.6	单元式住宅，多数为每户两室，两室户内插座为 6 ~ 8 个，装户表
	20 ~ 50 户	0.5 ~ 0.6	
	50 ~ 100 户	0.4 ~ 0.5	
	100 户以上	0.4	
高级住宅楼		0.6 ~ 0.7	
集体宿舍楼		0.6 ~ 0.7	一开间内 1 ~ 2 盏灯，2 ~ 3 个插座
一般办公楼		0.7 ~ 0.8	一开间内 2 盏灯，2 ~ 3 个插座
高级办公楼		0.6 ~ 0.7	
科研楼		0.8 ~ 0.9	一开间内 2 盏灯，2 ~ 3 个插座
发展与交流中心		0.6 ~ 0.7	
教学楼		0.8 ~ 0.9	三开间内 6 ~ 11 盏灯，1 ~ 2 个插座
图书馆		0.6 ~ 0.7	

建筑物名称	需要系数 K_d	备　　注
托儿所、幼儿园	0.8 ~ 0.9	
小型商业、服务业用房	0.85 ~ 0.9	
综合商业、服务楼	0.75 ~ 0.85	
食堂、餐厅	0.8 ~ 0.9	
高级餐厅	0.7 ~ 0.8	
一般旅馆、招待所	0.7 ~ 0.8	一开间一盏灯，2~3 个插座
高级旅馆、招待所	0.6 ~ 0.7	
旅游宾馆	0.35 ~ 0.45	单间客房 4~5 盏灯，4~6 个插座
电影院、文化馆	0.7 ~ 0.8	
剧　场	0.6 ~ 0.7	
礼　堂	0.5 ~ 0.7	
体育练习馆	0.7 ~ 0.8	
体育馆	0.65 ~ 0.75	
展览馆	0.5 ~ 0.7	
门诊楼	0.6 ~ 0.7	
一般病房楼	0.65 ~ 0.75	
高级病房楼	0.5 ~ 0.6	
锅炉房	0.9 ~ 1	

表 16-17　单位建筑面积照明用的计算负荷

建筑物名称	计算负荷/$W \cdot m^{-2}$		建筑物名称	计算负荷/$W \cdot m^{-2}$	
	白炽灯	荧光灯		白炽灯	荧光灯
一般住宅楼	6 ~ 12		餐　厅	8 ~ 16	
高级住宅楼	10 ~ 20		高级餐厅	15 ~ 30	—
单身宿舍	—	5 ~ 7	内部食堂	5 ~ 9	
一般办公楼	—	8 ~ 10	旅馆、招待所	11 ~ 18	
高级办公楼	15 ~ 23		高级宾馆、招待所	20 ~ 35	—
科研楼	20 ~ 25	—	文化馆	15 ~ 18	
技术交流中心	15 ~ 20	20 ~ 25	电影院	12 ~ 20	
教学楼	10 ~ 23	—	剧　场	12 ~ 17	
图书馆	15 ~ 25	—	礼　堂	17 ~ 30	
托儿所、幼儿园	6 ~ 10		体育练习馆	12 ~ 24	
大、中型商场	13 ~ 20	—	展览馆	16 ~ 40	
综合服务楼	10 ~ 15		门诊楼	12 ~ 15	
照相馆	8 ~ 10		病房楼	8 ~ 10	
服装店	5 ~ 10	—	服装生产车间	20 ~ 25	

建筑物名称	计算负荷/W·m⁻²		建筑物名称	计算负荷/W·m⁻²	
	白炽灯	荧光灯		白炽灯	荧光灯
书　店	6~12	—	工艺品生产车间	15~20	
理发店	5~10	—	库　房	5~7	
浴　室	10~15	—	车　房	5~7	
粮店、副食店 邮政所、储蓄所 洗染店、综合修理店	—	8~12	锅炉房	5~8	

16.5.4　照明导线和电缆的选择

确定用电设备的计算负荷，目的在于选择供配电系统使用的导线、电缆的截面。

16.5.4.1　导线和电缆型号规格的选取

导线和电缆线芯的材料使用铝或铜，现代建筑多用铜线。有多芯和单芯之分，如三相四线制选四芯电缆，三相五线制选五芯电缆。其绝缘和护套有塑料、橡皮两种。塑料绝缘线常用聚氯乙烯绝缘线，铜芯型号 BV、铝芯型号 BLV，导线外形有圆形和扁形之分。

聚氯乙烯绝缘软线主要用作交流额定电压 250V 以下的室内日用电器及照明灯具的连接导线，其型号为 RVB（平型塑料绝缘软线）和 RVS（双绞塑料绝缘软线）。

除此以外，在民用建筑中还常用聚氯乙烯绝缘和护套电线，电线的型号为 BVV（铜芯）和 BLVV（铝芯）。这种电线可以直接安装在建筑物表面，它具有防潮性能和一定的机械强度，广泛用于交流 500V 及以下的电气设备和照明线路的明敷设或暗敷设。

16.5.4.2　导线和电缆截面的选取

根据式（16-3）~式（16-6）得出的计算负荷，可以求出各计算电流如下：

380/220V 三相平衡负荷的计算电流：

$$I_c = P_c / \sqrt{3} U_N \cos\varphi \tag{16-7}$$

220V 单相负荷的计算电流：

$$I_c = P_c / U_N \cos\varphi \tag{16-8}$$

式中，I_c 为支线、干线、低压母干线计算电流（A）；P_c 为支线、干线、低压母干线计算负荷（kW）；U_N 为照明线路额定电压（V）；$\cos\varphi$ 为照明线路功率因数，白炽灯、卤钨灯取 1；荧光灯取 0.5；高压汞灯及卤化物灯取 0.6~0.7。

依据式（16-7）、式（16-8）计算所得计算电流，可按下列关系式查表选择导线截面：

$$I_N \geqslant I_c \tag{16-9}$$

式中　I_c——照明配电线路计算电流，A；

　　　I_N——导线或电缆的允许载流量，A。

单相三线制线路，零线与相线截面相同。二相三线制线路，零线与两个相线截面相同。分相控制的三相四线制线路，零线与相线截面相同。

当负载为气体放电光源时，即使三相负载对称，零线中也要流有较大的三次谐波电流，故零线截面也应与相线截面相同。

导线截面在 $4mm^2$ 及以下的三相四线制线路，零线与相线截面相同。

当三相负载对称，且由三极开关设备操作的三相四线制线路，则零线可按相线计算电流 I_c 的 50% 选择截面，但铜线截面不大于 $50mm^2$，铝线截面不大于 $70mm^2$。

16.5.5 配电箱和保护电器的选择

16.5.5.1 配电箱

在照明供电系统中，配电箱是用来控制和分配电能的。照明配电箱的品种繁多，其中 XXMM – □ 系列照明配电箱适用于工业和民用建筑作照明配电之用，也可作小容量动力线路的漏电、过负荷和短路保护之用。

照明配电箱内装有低压断路器，漏电保护开关等，有的装有电度表。一般为挂墙式（明装）和嵌墙式（暗装）两种结构。电路进线一般为三相四线制或三相五线制（加保护地），出线是单相多回路的，也有三相四线或二相三线制出线的（气体放电光源的供电线路）。其容量和电压等级根据控制对象负荷大小和电压等级选取。

16.5.5.2 熔断器和低压断路器的选择

（1）白炽灯、荧光灯、卤钨灯熔断器熔体额定电流一般按下式确定：

$$I_N \geq I_c \tag{16-10}$$

式中　I_N——熔体的额定电流，A；

　　　I_c——线路的计算电流，A。

（2）白炽灯、荧光灯、卤钨灯低压断路器脱扣器额定电流的确定：

$$I_N \geq I_c \tag{16-11}$$

式中　I_N——低压断路器长延时过电流脱扣器的额定电流，A；

　　　I_c——线路的计算电流，A。

另外，电源侧和负载侧保护电器之间要有选择性的配合，以避免断电范围扩大。例如支线短路或过载只能使本支线的熔丝烧断，而不应扩大到干线误使干线熔丝烧断。因此干线熔丝的额定电流至少要比支线大一级。

16.5.6 照明线路的敷设及设备安装

16.5.6.1 照明线路的敷设

在室内敷设的线路有明敷和暗敷两种。明敷应用有护套绝缘的导线，沿墙壁和顶棚表面、桁架、屋柱等处敷设。暗敷一般用焊接钢管、电线管或塑料管埋入墙内、地板内或装设在顶棚内。这种敷设方式比较美观，也不易受到机械损伤，但施工的工程量较大，耗费也较大。

穿管敷设的绝缘导线，其电压等级不应低于 500V。不同回路、不同电压、不同用途和不同电流种类的导线不得穿入同一管内。工作照明和事故照明线路也不允许共管敷设。

图 16-12 为各种室内线缆敷设方式图例。摘自西门子《电气安装技术手册》。

470

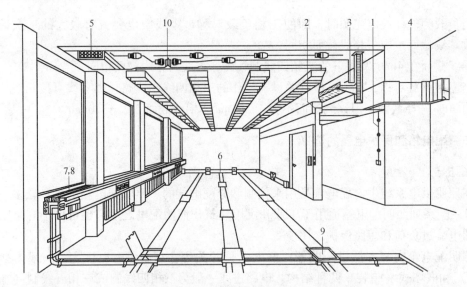

图 16-12　线路敷设方式

1—凸壁式安装；2—嵌壁式安装；3—电缆铺道；4—倚墙的电线敷设通道；5—天花板上的布线通道；

6—地板接线端子板式通道；7—窗台布线通道；8—端墙布线通道；

9—地板下面的布线系统；10—快速安装系统

16.5.6.2　配电箱的安装

配电箱的安装高度，无分路开关的照明配电箱，底边距地面应不小于 1.8m；带分路开关的配电箱，底边距地面一般为 1.2m。导线引出板面处均应套绝缘管。暗装配电箱的板面四周边缘，应贴紧墙面。配电箱上各回路立有标牌，用以标明回路的名称和用途。

16.5.6.3　开关及插座的安装

为了更加方便的使用照明设备，需要进行各种配线和施工。一般注意事项如下：

室内插座回路和照明回路宜分别供电。各种开关、插座安装牢固，位置准确。根据安装形式分明装和暗装两种，线路暗敷开关暗装。安装跷板开关时，其开关方向应一致，一般向上为"合"，向下为"断"。不论是拉线开关还是跷板开关，接线时，要让相线进入开关，开关线及零线进入灯头，使得开关断相线（火线），开关必须安装牢固，接线要正确，容量要合适。

单相两孔、单相三孔插座及三相四孔插座插孔位置如图 16-13 所示。

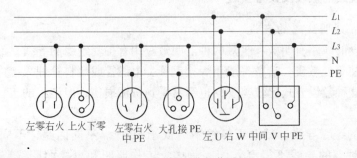

左零右火　上火下零　左零右火　大孔接 PE　左 U 右 W　中间 V 中 PE
　　　　　　　　　　　中 PE

图 16-13　插座孔的位置

图 16-14、图 16-15 为常用开关和常用插座外形。

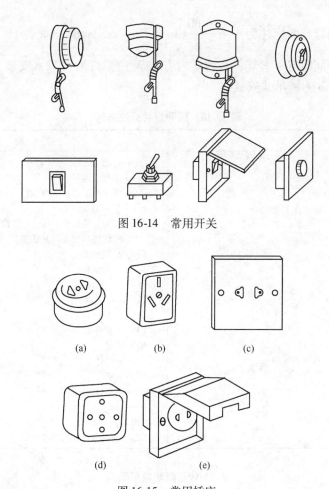

图 16-14　常用开关

图 16-15　常用插座

（a）圆扁通用双极插座；（b）扁式单相三极插座；（c）暗式圆扁通用双极插座；

（d）圆式三相四极插座；（e）防水暗式圆扁通用双极插座

16.5.6.4　照明灯具的安装

常用的照明灯具有多种安装方式：吸顶式、固定线吊式、移动线吊式、吊链式、杆吊式、壁式、防水吊灯式、防水三通吊式等，可根据施工图纸上的要求按规范安装。

吊灯安装要求牢固。因此吊灯灯具重量在 1kg 以下时，允许采用线吊。当灯具重量超过 1kg 不足 3kg 时，应采用金属链吊。当灯具重量超过 3kg 时，应在结构内预埋吊钩或螺栓。

灯具安装高度，在室内不低于 2.5m，室外不低于 3m。具体安装高度由施工图纸灯具标注决定。

灯具的金属部分一定要保护接零，特别是壁灯，落地灯及电扇等电器金属外壳一定要有保护接零措施，否则会引起触电事故。

16.5.6.5　照明电气施工图

A　图例及符号

照明电气施工图中采用大量统一图例和符号表示线路和各种电气设备，以及敷设方式及安装方式等。因此绘制和阅读电气工程图，首先就必须明确和熟悉这些图例和符号所表示的内容及含义。表 16-18 至表 16-21 为照明常用标注及图例方法。

例如，某房间灯具的标注为 $4 - \dfrac{2 \times 60}{2.8}$ Ch（Chain Pendand），查表 16-18 中一般标注方法和说明可知，房间内有 4 盏灯，每盏灯内有 60W 白炽灯泡两只，安装高度 2.8m。查表 16-20 中 6，代号 Ch 为链吊式安装。

表 16-18　照明灯具标注方法

标准方式	说明
一般标注方法 $a - b \dfrac{c \times d \times l}{e} f$	a——灯数 b——型号或编号 c——每盏照明灯具的灯泡数 d——灯泡容量，W e——灯泡安装高度，m（壁灯灯具中心与地距离/吊灯灯具底部与地距离） f——安装方式 l——光源种类 IN——白炽灯 FL——荧光灯 IR——红外灯 UV——紫外灯
灯具吸顶安装 $a - b \dfrac{c \times d \times l}{-}$	Ne——氖灯 Xe——氙灯 Na——钠灯 Hg——汞灯 I——碘灯 ARC——弧光灯 LED——发光二极管

表 16-19　照明常用图例

名称	图例	名称	图例
变压器		明装单相插座	
低压配电箱		暗装单相插座	
事故照明配电箱		防水单相插座	
照明配电箱		防爆单相插座	
动力配电箱		明装单相带接地保护插座	
电度表	WH	暗装单相带接地保护插座	
三管日光灯		防水单相带接地保护插座	
二管日光灯		防爆单相带接地保护插座	
单管日光灯		明装三相带接地保护插座	
吸顶灯		暗装三相带接地保护插座	
壁灯		防水三相带接地保护插座	
白炽灯		防爆三相带接地保护插座	
应急照明灯		明装单极开关	
出口指示灯		明装双极开关	
断路器		明装三极开关	
熔断器的一般符号		暗装单极开关	
熔断器式开关		暗装双极开关	
消防警铃		暗装三极开关	
喇叭		拉线开关	

表 16-20　灯具安装方式的文字标注含义

序　号	名　　称	旧代号	新代号	英　　文
1	线吊式	X	CP☆	Wire（cord）Pendant
2	自在器线吊式	X	CP	Wire（cord）Pendant
3	固定线吊式	X1	CP1	
4	防水线吊式	X2	CP2	
5	吊线器式	X3	CP3	
6	链吊式	L	Ch☆	Chain Pendand
7	管吊式	G	P	Pipe（conduit）Erected
8	壁装式	B	W☆	Wall Mounted
9	吸顶式或直附式	D	S☆	Ceiling Mounted（Absorbed）
10	嵌入式（嵌入不可进入的顶棚）	R	R☆	Recessed in
11	顶棚内安装（嵌入可进入的顶棚）	DR	CR☆	Coil Recessed
12	墙壁内安装	BR	WR	Wall Recessed
13	台上安装	T	T	Table
14	支架上安装	J	SP	
15	柱上安装	Z	CL	Column
16	座　装	ZH	HM	

注：表中☆表示常见安装方式。

B　照明施工图

照明施工图主要由电气照明线路平面布置图和照明配电系统图组成。

a　电气照明线路平面布置图

它是在土建施工用的平面图上绘出电气照明分布图，即在土建平面图上画出全部灯具，线路和电源的进线，配电盘（箱）等的位置、型号规格，穿线管径、数量、容量大小、敷设方式，干支线的编号、走向，开关、插座、照明器的种类、安装高度和方式等。

b　照明配电系统图

它是对整个建筑物内的配电系统和容量分配情况、所用的配电装置、配电线路、总的设备容量等进行绘制的电气施工图之一。图上标出了各级配电装置和照明线路，各配电装置内的开关、熔断器等电器的规格、导线型号、截面、敷设方式、所用管径、安装容量（kW）等。照明的敷设方式：SC：穿焊接钢管敷设，FC：在地面内暗敷，WC：在墙内暗敷。

在阅读电气施工图时，应通过系统图，电路图找联系；通过布置图，接线图找位置；交错阅读，这样读图效率可以提高。

表 16-21　电力和照明设备标注方法

一般标注方法 $a\dfrac{b}{c}$或 $a-b-c$	a——设备编号 b——设备型号 c——设备功率，kW d——导线型号 e——导线根数
当需要标注引入线的规格时 $a\dfrac{b-c}{d\,(e\times f)\,-g}$	f——导线截面，mm^2 g——导线敷设方式及部位

特别是电气工程施工往往与主体工程及其他安装工程施工相互配合进行，如暗敷线路、电气设备基础及各种电气预埋件与土建工程密切相关。因此，阅读建筑电气工程图时

应与有关的土建工程图、管道工程图等对应起来阅读。

照明设计的施工图纸，除平面布置图和系统图外，还有外线平面图、构件大样图和详图，此外还有图纸目录、材料表、图纸说明。

C　照明工程图阅读实例

电气照明工程图是设计单位提供给施工单位从事电气照明安装用的图纸，在看电气照明工程图时，先要了解建筑物的整个结构、楼板、墙面、棚顶材料结构、门窗位置、房间布置等，在分析照明工程时要掌握以下内容：

（1）照明配电箱的型号、数量、安装标高、配电箱的电气系统。

（2）照明线路的配线方式、敷设位置、线路走向、导线型号、规格及根数。

（3）灯具的类型、功率、安装位置、安装方式及安装高度。

（4）开关的类型、安装位置、离地高度、控制方式。

（5）插座及其他电器的类型、容量、安装位置、安装高度等。

下面以某别墅的照明工程为例，介绍照明工程的识图过程。

照明平面图如图16-16所示，照明系统图如图16-17所示。请参照表16-18~表16-21图例和标注阅读。

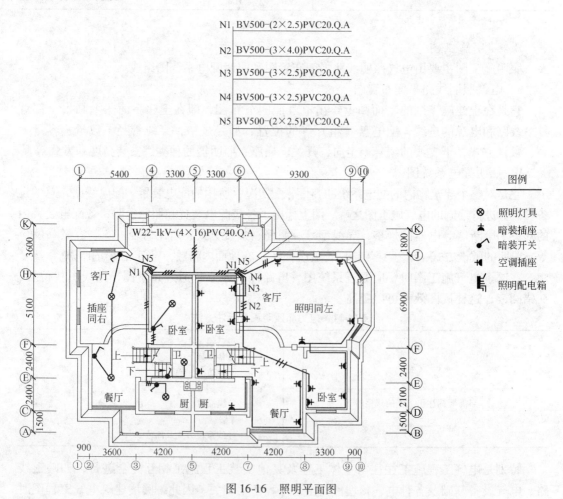

图16-16　照明平面图

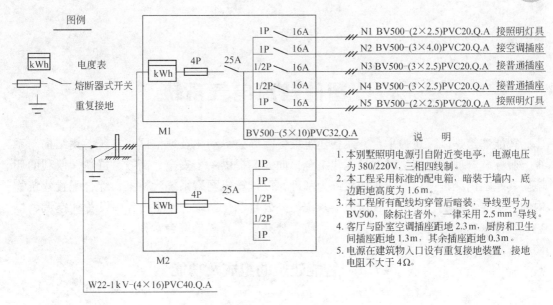

图 16-17　照明系统图

复习思考题

16-1　光的度量有哪几个常用物理量，它们的定义以及单位各是什么？

16-2　白炽灯和荧光灯比较，各有何特点，适用于什么场合？

16-3　什么是眩光，眩光分几种，如何限制眩光的影响？

16-4　灯具按配光分布，有哪几种常用类型，它们光通量的分布有何不同？

16-5　灯具的均匀布置有几种，灯距 L 如何计算？

16-6　照明配电系统的接线方式有几种，试画出其接线图。

16-7　指出标注 $4—YG2 - 2\dfrac{2 \times 40}{2.5}Ch$ 各部分的含义。

16-8　照明线路平面布置图和照明配电系统图各有何作用？

17　智能建筑电气系统

智能建筑是以建筑为平台，兼备建筑设备、办公自动化及通信网络系统，集结构、系统、服务、管理及它们之间的最优化组合，向人们提供一个安全、高效、舒适、便利的环境。其基本内涵是：以综合布线系统为基础，以计算机网络系统为桥梁，综合配置建筑物内的各功能子系统，全面实现对通信系统、办公自动化系统、楼宇内各种设备（空调、供热、给排水、变配电、照明、电梯、消防、公共安全）等的综合管理。

17.1　智能建筑的组成及功能

智能建筑系统的组成按其基本功能可分为三大块，即"3A"系统：

（1）楼宇自动化系统（BAS，Building Automation System）。它是以中央计算机为核心，对建筑物内的各种机电设备进行自动控制和管理，包括建筑设备自动监控系统、安全防范系统、停车场管理系统、火灾自动报警及消防联动系统等子系统。通信自动化系统主要包括：通信与计算机网络系统、广播系统、有线电视系统、数字会议及视频会议系统等子系统。

（2）办公自动化系统（OAS，Office Automation System）。尽可能利用先进的信息处理设备（多功能电话、高性能传真机、复印机、打印机、计算机、声像存储装置等各种办公及通信设备），不断使人的办公业务活动转移到各种现代化的设备中，提高人的工作质量、效率。

（3）通信自动化系统（CAS，Communication Automation System）。使建筑物具备通信能力，保证建筑物内、外各种通信联系畅通无阻，利用计算机网络、电话网络、有线电视网络等对话音、数据、文本、图像、电视及控制信号的收集、传输、控制、处理与利用。

智能建筑不是多种带有智能特征的系统产品的简单堆积或集合。智能建筑的核心是系统集成（SIC，System Integrated Center）。SIC借助综合布线系统实现对BAS、OAS和CAS的有机整合，以一体化集成的方式实现对信息、资源和管理服务的共享。

综合布线系统（PDS，Premises Distribution System或者GCS，Generic Cabling System）可形成标准化的强电和弱电接口，把BAS、OAS、CAS与SIC连接起来。

所以，SIC是"大脑"，PDS是"血管和神经"，BAS、OAS、CAS所属的各子系统是运行实体的功能模块。BAS组成见图17-1。

17.2　通信网络系统

智能建筑内的有线通信系统主要包括电话系统、计算机网络系统（不包括监控系统网络通信概念）。随着社会信息的急剧发展，通信业务范围将越来越广。从技术上的经济性

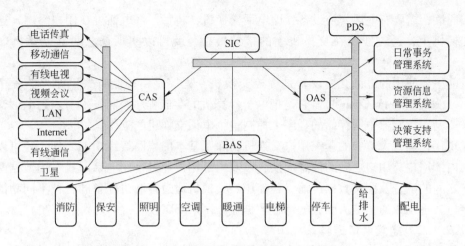

图 17-1 BAS 组成

考虑，要求将用户的话音与非话音信息按照统一的标准以数字形式将其综合于同一网络，构成综合业务数字网（ISDN，Integrated Services Digital Network）。

智能大厦中的信息网络应是一个以话音通信为基础，同时具有进行大量数据、文字和图像通信能力的综合业务数字网，并且是智能大厦外广域综合业务数字网的用户子网。

17.2.1 建筑电话通信系统

电话通信系统的基本目标是实现某一地区内任意两个终端用户之间进行通话，因此电话通信系统必须具备三个基本要素：发送和接收话音信号；传输话音信号；话音信号的交换。这三个要素分别由用户终端设备、传输设备和电话交换设备来实现。一个完整的电话通信系统是由终端设备、传输设备和交换设备三大部分组成，如图 17-2 所示。

图 17-2 电话通信示意图

17.2.1.1 电话通信系统

（1）用户终端设备。常见的用户终端设备有电话机、传真机等，随着通信技术与交换技术的发展，又出现了各种新的终端设备，如数字电话机、计算机终端等。

电话机一般由通话部分和控制系统两大部分组成。通话部分是话音通信的物理线路连接，以实现双方的话音通信，它由送话器、受话器、消侧音电路组成；控制系统实现话音通信建立所需要的控制功能，由叉簧、拨号盘、极化铃等组成。

（2）电话传输系统。在电话通信网中，传输线路主要是指用户线和中继线。常见的电话传输媒体有市话电线电缆、双绞线和光缆。为了提高传输线路的利用率，对传输线路常采用多路复用技术。

（3）电话交换设备。电话交换设备是电话通信系统的核心。成千上万部电话机之间需要互相通话，需要有电话交换设备，即电话交换机，将每一部电话机（用户终端）连接到电话交换机上，通过线路在交换机上的接续转换，就可以实现任意两部电话机之间的通话。

目前主要使用的电话交换设备是程控交换机。程控是指控制方式，即存储程序控制（SPC，Stored Program Control）。它是把电子计算机的存储程序控制技术引入到电话交换设备中来。利用存储器中所存储的程序来控制整个电话交换机的工作。

在现代化建筑大厦中的程控用户交换机，除了基本的线路接续功能之外，还可以完成建筑物内部用户与用户之间的信息交换，以及内部用户通过公用电话网或专用数据网与外部用户之间的话音及图文数据传输。程控用户交换机通过控制机配备的各种不同功能的模块化接口，可组成通信能力强大的综合数据业务网（ISDN）。

17.2.1.2　建筑电话通信系统工程图

建筑电话通信系统工程图同样由系统图和平面图组成，是指导具体安装的依据。建筑电话通信系统通常是通过总配线架和市话网连接。在建筑物内部一般按建筑层数、每层所需电话门数及这些电话的布局，决定每层设几个分接线箱。自总配线箱分别引出电缆，以放射式的布线形式引向每层的分接线箱，由总配线箱与分接线箱依次交接连接。也可以由总配线架引出一路大对数电缆，进入一层交接箱，再由一层交接箱除供本层电话用户外，引出几路具有一定芯线的电缆，分别供上面几层交接箱。

图17-3为某建筑电话系统图，该电话通信系统是采用HYA-50（2×0.5）SC50WCFC自电信局埋地引入建筑物，埋设深度为0.8m。再由一层电话分接线箱HX1引出三条电缆，其中一条供本楼层电话使用，一条引至二、三层电话分接线箱，还有一条供给四、五层电话分接线箱，分接线箱引出的支线采用RVB-2×0.5型绞线穿塑料PC管敷设。其系统图如图17-3所示。建筑弱电平面图见图17-11。

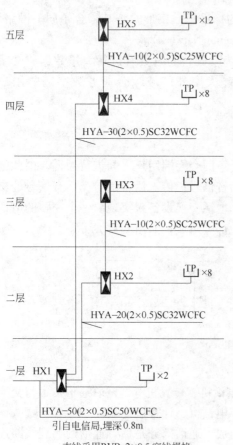

图17-3　某建筑电话通信系统图

17.2.2　网络通信系统

计算机网络系统是智能大厦的重要基础设施之一。3A或5A功能是通过大厦内变配电与照明、保安、电话、卫星通信与有线电视、局域网、广域网、给排水、空调、电梯、办公自动化与信息管理等众多的子系统集成的。所有这些独立的或相互交叉的子系统均置于楼宇控制中心，都需构筑在计算机网络及通信的平台上。

17.2.2.1 计算机网络组成

一般的讲，一座智能大厦的计算机网络有内网和外网之分，原则上，内网和外网不应该有任何物理上的连接，以确保其安全性。不管是内网还是外网，都主要由三部分组成：

（1）主干网。主干网负责计算中心主机或服务器与楼内各局域网及核心设备的联网。

（2）楼内的局域网。根据需求在楼层内设置几个局域网。通常，BAS 由独立的局域网构成。楼层局域网分布在一个或几个楼层内。局域网的类型选择和具体配置要根据实际应用、信息量大小、对服务器访问的频繁程度、工作站点数、网络覆盖范围等因素来进行考虑。一般局域网采用总线以太网 Ethernet 和环形令牌网 Token Ring 为主。以粗同轴电缆、细同轴电缆或无屏蔽双绞线，甚至光纤作为传输介质。当前，楼宇设备自动化系统已自成系统，采用总线方式的异步串行通信方式，传输介质大量应用双绞屏蔽线。

（3）智能大厦与外界的通信和联网。可以由高速主干网、中心主机或服务器借助 X.25 分组网、DDN 数字数据网、PABX 程控交换网、ATM、广域以太网、有线电视网来实现与外界的联网。

17.2.2.2 网络通信系统

智能建筑的 LAN 一般采用以太网技术，用星形拓扑结构。

（1）以太网技术。以太网是目前应用最为广泛的局域网络，它采用基带传输，通过双绞线和传输设备来实现 100Mbps、1000Mbps 的数据传输。

千兆、万兆以太网继承了传统以太网的特点，并极大地拓宽了带宽，与 100Mbps 以太网保持良好的兼容性，增加了对 QOS 的支持，以高带宽和流量控制的策略来满足应用的需要，是智能建筑局域骨干网的理想选择。

（2）LAN。智能建筑局域网一般涵盖若干楼群的小区域，通过 LAN 把区域内的管理控制中心、公共会所、物业管理公司以及区内各类集团用户连接起来。

LAN 一般采用星形拓扑结构，分为系统中心（管理控制中心、核心层）、楼（区域控制中心、汇聚层）、楼层（接入层）和用户四级。局域主干网采用千兆以太网，在系统中心设千兆以太网核心交换机，在各区域中心设置汇聚层交换机，各汇聚层交换机至少配置 1000Mbps FX 上连端口，通过光纤与核心交换机连接，构成智能化千兆以太骨干网。每个区域内，在各楼栋设备间设置 100Mbps 交换机作为接入层设备，接入交换机通过 100Mbps TX 上连端口经五类双绞线与汇聚层交换机连接，根据需要，也可通过 100/1000Mbps FX 端口经光纤连接。

在楼内，交换机通过 10/100Mbps TX 端口经楼内超五类综合布线连接用户计算机。这样便实现了主干千兆、百兆交换到桌面的目标。

系统管理控制中心是整个网络系统的中心，系统的主要通信设备集中于此，除网络核心交换机外，还包括与广域网连接的路由器、各类服务器以及管理工作站等。

具体布线方式和原则见本章 17.7。

17.3 有线电视系统

17.3.1 有线电视系统概述

有线电视是现代家庭生活的第三根线，又称图像线（第一根线是电灯线，第二根线是电话线，第四根线是互联网线），可以向用户提供各种需要的信息。

17.3.1.1　定义与分类

有线电视系统是采用缆线（电缆或光缆）等作为传输媒质来传送电视节目的一种闭路电视系统 CCTV。

闭路电视系统的信号在封闭的线缆中传输，而不向空间辐射电磁波，与电视台无线传播的开路电视系统不同。

共用天线系统 CATV（Community Antenna Television）是在有利位置架设高质量接收天线，经有源或无源分配网络，将收到的电视信号送到众多电视机用户。共用天线电视系统的分配系统一般较小，多是为公寓大楼、宾馆、饭店以及小型住宅区服务，它的前端也非常简单。

把开路电视、广播以及自录节目等通过同轴电缆分配给广大电视用户，这就是电缆电视系统 CATV（Cable TV）。

随着技术的发展，特别是光缆技术和双向传输技术，以及卫星和微波通信技术的发展，打破了传统闭路与开路的界限，节目从一般的电视广播到宽带综合业务数字网（B-ISDN），并且可以通过信息高速公路的主干线与世界各地相连，成为实现全球个人通信的一条重要途径。

17.3.1.2　闭路电视系统的组成

闭路电视系统一般由天线、前端装置、传输干线和用户分配网络组成。

（1）信号源。可以是通过天线接收的开路电视信号、卫星电视信号等，也可以是来自放像机等设备的信号。

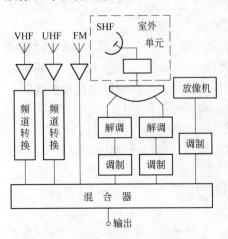

图 17-4　常见型前端系统

（2）前端设备。前端系统主要作用是进行信号处理：信号的分离、信号的放大、电平调整和控制、频谱变换（调制、解调、变频）、信号的混合以及干扰信号的抑制。前端设备主要是射频和中频信号处理设备，如天线放大器、频道滤波器、调制器等。常见型前端系统如图 17-4 所示。

（3）干线传输系统。传输系统是把前端的电视信号送至分配网络的中间传输部分。

传输系统通常由发送、传输和接收等三部分组成，信号传输方式有同轴电缆、光缆和微波等三种。

干线传输分配部分除电缆以外还安装有干线放大器、均衡器、分支器、分配器等设备。

（4）用户分配系统。分配系统的作用主要是把传输系统来的信号分配至各个用户点。

分配系统由放大器和分配网组成。分配网络的形式很多，但都是由分支器或分配器及电缆组成。由于系统为各个用户都提供合适的信号电平，因而每个用户都可以取得满意的收看效果。

（5）用户部分。用户部分是闭路电视系统的末端，包括电视机和机顶盒。

图 17-5 为一个闭路电视系统的线路图。

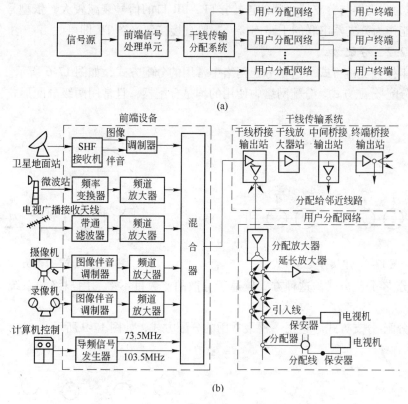

图 17-5 闭路电视系统的组成

（a）组成框图；（b）实例

17.3.2 电缆网分配方式

建筑电气中闭路电视的设计工作，主要在分配方式。

17.3.2.1 放大器、分配器和分支器

A 放大器

如果入户信号不强，分配给多个电视后，由于分配器会产生对信号衰减的副作用，电视画面会出现较大的雪花。这时可以在分配器前加一个线路延长放大器，以提高信号电平。

分配放大器处于干线传输系统的末端，以输出几路分配所需的电平。

B 分配器

分配器是将一路输入信号均等或不均等地分配为两路以上信号的部件。常用的有二分配器、三分配器、四分配器和六分配器等。

分配器是有衰减的，但是它的衰减也是平均的，以三分配器为例，它的三个分配端口的衰减量都是6dB。

C 分支器

分支器一般被串在分支线中，是直接与用户终端相连的分支设备，又称为串接单元。

分支器由一个主路输入端（IN）、一个主路输出端（OUT）和若干个分支输出端（BR BRanch）构成。

它的形式与分配器类似，但是它们的衰减不是平均的，OUT 口的衰减很小，只有 1 ~

2dB，可作为分支器与分支器之间的连接接口。BR 口的信号衰减较大，依型号不同在 6 ~ 24dB，不能作为分支器串联的干路连接，一般直接接到终端 TV 即可。

17.3.2.2 分配方式

（1）串接分支链方式。这是分配网络中常用的分配方式，如图 17-6 所示。

（2）分配-分配方式。分配网络中使用的均是分配器，且常用两级分配形式，如图 17-7 所示。

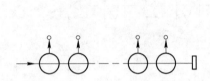

图 17-6 串接分支链方式

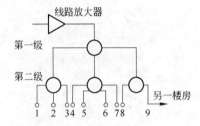

图 17-7 分配-分配方式

（3）分支-分支方式。这种方式较适于分散的、数目不多的用户终端系统，如图 17-8 所示。

（4）分配-分支方式。这是一种最常用的分配方式，如图 17-9 所示。

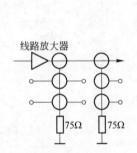

图 17-8 分支-分支方式

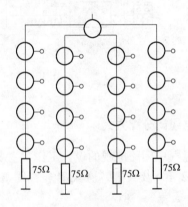

图 17-9 分配-分支方式

（5）分配-分支-分配方式。这种方式带的用户终端较多，如图 17-10 所示。

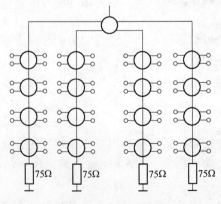

图 17-10 分配-分支-分配方式

图 17-11 是某建筑弱电平面图。

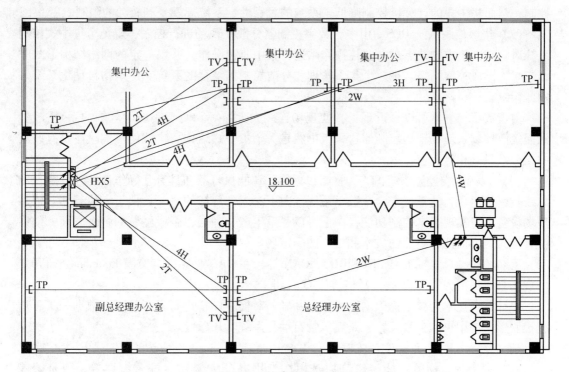

图 17-11　某建筑弱电平面图

17.4　建筑设备自动化系统

　　建筑设备自动化系统是一种将其暖通、空调、给排水、供配电、照明、电梯、消防及安全防范等设备集中监视、控制和管理的综合性系统。这种系统以计算机局域网络为通信基础，以计算机技术为核心，具有分散监控和集中管理功能。

　　设置建筑设备自动化目的是使建筑物成为具有最佳工作与生活环境、设备高效运行、整体节能效果最佳，而且安全的场所。

17.4.1　BAS 中的计算机控制系统

　　BAS 核心技术是计算机控制技术，它是计算机技术和自动控制技术的有机结合，因此我们应该对计算机控制技术有一定了解。

17.4.1.1　计算机控制系统分类

　　BAS 中的计算机控制系统分为：直接数字控制 DDC（Direct Digital Control）、集散控制系统 DCS（Distributed Control System）、现场总线控制系统 FCS（Fieldbus Control System）。

　　（1）直接数字控制。用一台计算机作为自动控制系统中的控制器，取代一组模拟控制器。采集信息的传感器/变送器输出信号经调理后，A/D（Analog to Digital）转换进入计算机存储，然后由计算机通过某种算法处理后，控制命令再经 D/A（Digital to Analog）转换，形成控制信号输出，推动执行器使被控制设备按人们希望的规律运行。

DDC 属于集中式的计算机控制，它比模拟仪表功能齐全、控制灵活、可用于复杂过程控制；然而集中式的计算机控制降低了系统的可靠性，系统规模受到较大的限制。

（2）集散控制系统 DCS。由多台数字控制器分散在现场进行控制，避免了集中式控制系统风险高度集中的缺点。在监控操作站进行集中监视操作，并以一定的网络结构形式联结起来，形成控制网络。是一个集中管理和分散控制相结合的系统。建筑物自动化系统常用此系统。

由于数字控制器可以靠近现场，使现场连线大大缩短。便于实现大范围的系统控制。然而集散控制系统在现场控制器这一级仍然是一个集中式结构。这就使得危险还是有些集中，分散只是相对而言。

（3）现场总线控制系统 FCS。智能传感器、智能执行器和具有互操作性的开放式现场总线技术的出现，使系统变为全数字系统，向下深入到现场的每一台仪表和执行器，依靠现场设备本身实现基本控制功能，向上可以联系生产管理层、企业经营的各个方面，使系统有更大的灵活性、更低的成本和更广阔的市场。

著名的现场总线标准有 PROFIBUS、CAN 等，在 BAS 业界，有美国 Echelon 公司开发的现场总线标准为 LonWorks，通信协议 LonTalk。

以计算机技术为核心，以网络通信为基础，对楼宇设备进行运行管理、数据采集、过程控制形成的中央监控系统，就是建筑物自动化系统（BAS）。

17.4.1.2　BAS 主要设计流程

（1）研究建筑物的功能，建筑物是用作专用办公大楼还是综合型建筑，或是智能住宅。

（2）了解给水排水、暖冷空调、安全防范、消防、供配电、照明、电梯等专业对控制系统的要求，确定 BAS 监控范围、控制功能、控制方案和网络结构。

（3）系统选型。

（4）和土建专业共同确定中央控制室的位置、面积，确定竖井数量、位置、面积、布线方式等，以使建筑设计满足 BAS 正常运行的要求，并留有可扩充余地。

（5）根据 BA 网络拓扑结构和现场建筑设备的具体布置，画出 BA 系统控制网络图。

（6）完成配线设备二次回路设计（配合强电专业）和各种仪表选择、调节阀计算，确定 BA 系统现场传感器、探测器、执行器的规格、尺寸和安装方式。

（7）画现各子系统的控制系统图及各层管线敷设平面图，在此基础上，可以作出各个 DDC 的监控表。

（8）开列 BA 系统设备、材料表、写出设计、施工要点、各专业图样会签。

17.4.1.3　系统选型

控制方案确定后，就可进一步确定系统的构成方式，即进行控制装置机型的选择。

（1）根据控制任务的复杂程度、控制精度以及实时性要求等选择主机板（包括总线类型、主机机型等）。

（2）根据 AI、AO 点数、分辨率和精度，以及采集速度等选 A/D、D/A 板（包括通道数量、信号类别、量程范围等）。

（3）根据 DI、DO 点数和其他要求，选择开关量输入输出板（包括通道数量、信号类别、交直流和功率大小等）。

（4）根据人机联系方式选择相应的接口板或显示操作面板（包括参数设定、状态显示、手动自动切换和异常报警等）。

（5）根据需要选择各种外设接口、通信板块等。

（6）根据工艺流程选择测量装置（包括被测参数种类、量程大小、信号类别、型号规格等）。

（7）根据工艺流程选择执行装置（包括能源类型、信号类别、型号规格等）。

17.4.1.4 常用控制设备

A 控制器

目前用于工业控制的计算机装置有多种可供选择，如单片机、PLC（可编程控制器）、IPC（工业控制计算机）、DCS、FCS 等。

当系统规模较大，自动化水平要求高，集控制与管理于一体的系统可选用 DCS、FCS 等。通信多用串行通信总线 RS-485。

IPC 或 PLC 具有系列化、模块化、标准化和开放式系统结构，有利于系统设计者在系统设计时根据要求任意选择，像搭积木般地组建系统。这种方式能够提高系统研制和开发速度，提高系统的技术水平和性能，增加可靠性。

用 IPC 或 PLC 来组建计算机控制系统不仅能减小系统硬件设计工作量，而且还能减小系统软件设计工作量。一般它们都配有实时操作系统或实时监控程序以及各种控制、运算软件和组态软件等，可使系统设计者在最短的周期内，开发出应用软件。

B 变送器

变送器是这样一种仪表，它能将被测变量（如温度、压力、物位、流量、电压、电流等）转换为可远传的统一标准信号（0~10mA、4~20mA 等），且输出信号与被测变量有一定的连续关系。在控制系统中其输出信号被送至工业控制机进行处理、实现数据采集。

常用的变送器有温度变送器、压力变送器、液位变送器、差压变送器、流量变送器、各种电量变送器等。

C 执行机构

执行机构是控制系统中必不可少的组成部分，它的作用是接受计算机发出的控制信号，并把它转换成调整机构的动作，使生产过程按预先规定的要求正常运行。

执行机构分为气动、电动、液压三种类型。气动执行机构的特点是结构简单、价格低、防火防爆；电动执行机构的特点是体积小、种类多、使用方便；液压执行机构的特点是推力大、精度高。常用的执行机构为气动和电动两种。

另外，还有各种有触点和无触点开关，也是执行机构，实现开关动作。

电磁阀作为一种开关阀在工业中也得到了广泛的应用。在系统中，选择气动调节阀、电动调节阀、电磁阀、有触点和无触点开关之中的哪种，要根据系统的要求来确定。但要实现连续的精确的控制目的，必须选用气动或电动调节阀，对要求不高的控制系统可选用电磁阀。

D 变频器

变频调速是通过改变电机定子绕组供电的频率来达到交流电机调速的目的的。用变频调速代替用电动调节阀可调整流量，适于风机、水泵、压缩机等。例如：锅炉上水泵、鼓风机、引风机实行了变频电源控制，不仅省去了伺服放大器、电动操作器、电动执行器和给水阀门（或挡风板），而且使得整个锅炉控制系统得到了快速的动态响应、高的控制精度和稳定性。

新型通用变频器可提供多种兼容的通信接口，支持多种不同的通信协议，内装 RS485 接口，可由计算机向通用变频器输入运行命令和设定功能码数据等，通过选件可与现场总线通信。

17.4.2 暖通空调监控系统

暖通空调系统根据季节变化，提供适宜的空气温度、湿度。暖通空调系统由以下三部分组成：空气调节系统、制冷系统、供热系统。

17.4.2.1 空调系统监控

空调系统主要就是调节室内空气的冷、热、干、湿，并起到净化空气的作用，使人们工作、生活在比较舒适的环境中。

新风机组监控系统如图 17-12 所示，该系统在宾馆、办公楼最为常见。新风系统向室内提供经过处理的新鲜空气。由 DDC 计算机监控。

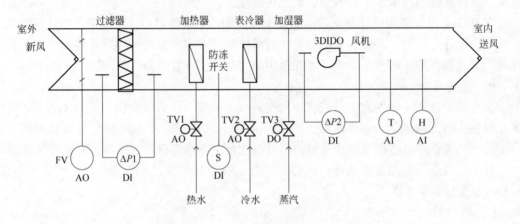

图 17-12 新风机组监控原理图

新风机组监控内容：

（1）监控送风温度。用温度变送器 T 测量风机出口处送风温度，输入计算机。由于温度是连续变化的，输入计算机前，变送器输出信号需要 1 路 A/D 转换（AI）。

DDC 计算机控制系统通过温度值与给定值比较，按控制算法（如 PID）给出控制信号，调整热水阀 TV1（冬季）、冷水阀 TV2（夏季）、风门 FV（过渡季）开度，改变水量、风量，使温度值维持在给定值。热水阀 TV1、冷水阀 TV1、风门 FV 用计算机输出控制，其开度需连续调节，故设 3 路 D/A 转换（AO）。

（2）监控送风湿度。测量风机出口处送风湿度 H，输入计算机。由于湿度是连续变化的，输入计算机前，变送器输出信号需要 1 路 A/D 转换（AI）。

DDC 计算机控制系统通过湿度值与给定值比较，启停加湿阀 TV3。启停是数字信号，由计算机发出，输出（DO）。

（3）监控过滤器状态。测量过滤器两侧压差 ΔP 超限，向 DDC 计算机控制系统及时报警，停止机组工作。开关是数字信号，输入（DI）。

（4）控制风机启停。风机启停信号由计算机发出，输出（DO）；风机的运行状态检测和过载报警信号为继电器开关信号，输入计算机（DI）。

（5）联锁保护。由 DDC 计算机控制系统软件编程实现。

启动顺序控制：启动新风机──→开启新风机阀门──→开启电动调节水阀──→开启加湿阀。

停机顺序控制：关闭新风机──→关闭加湿阀──→关闭电动调节水阀──→关闭新风机阀门。

风机运行后，检测到风机两侧出现压差 $\Delta P1$，才能开启温度控制系统。

防冻开关在风机不工作时报警，防止表冷器冻坏。报警信号输入计算机，故设 1 路数字输入（DI）。

计算一个系统需要的 DI、DO、AI、AO 点数，用来作为选择计算机板卡通道数的依据。

17.4.2.2　制冷系统监控

制冷系统为空调系统提供冷源，一级泵系统的压缩式制冷系统监控原理见图 17-13，系统采用 DDC 计算机控制，可根据温度、压差、流量等测量值，调整冷冻机组和冷却塔的运行台数，监测故障，并进行联锁控制。

该制冷系统监控内容：

（1）冷水机组的联锁控制；

（2）冷水供／回温度监测；

（3）冷冻水供水水流量监测；

（4）压差旁通控制；

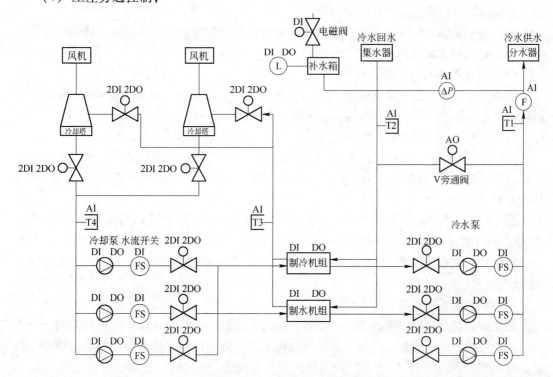

图 17-13　制冷系统监控原理图

（5）水流检测、水泵控制；

（6）冷却水温度控制；

（7）水箱补水控制；

（8）冷水机组开启台数控制；

（9）工作状态、报警显示与打印；

（10）机组运行时间自动累计，用电量自动累计。

制冷系统设备起停顺序由 DDC 按事先编制的程序实现。起停信号都是数字量，为 DDC 输出，设备运行状态监测和过载故障报警为 DDC 输入。为延长机组使用寿命，各设备尽量保持相同的运行时间。

测量值 T1、T2、F 进入 DDC，计算机用来计算实际冷负荷，结合压差旁通阀 V 的开度，调整冷冻机组投入台数，以节约能源。

17.4.2.3 供热系统监控

供热系统为建筑物内提供日常生活用热水，冬季为空调系统提供热源。供热系统包括热水锅炉房、换热站及供热网。

A 供热锅炉系统监控

供热锅炉系统由 DDC 计算机分别对锅炉燃烧系统和水系统进行控制。采用计算机监控可以提高系统的安全性，合理调节锅炉设备的运行工况，降低能源消耗。

燃煤锅炉燃烧系统监控的主要任务是：控制风煤比和监测烟气中的含氧量，以保证经济燃烧，产热与外界负荷匹配。系统监测温度、压力、含氧量，控制送煤机的速度，以此速度进行比例控制送风量，还要对风煤供应系统的启停自动联锁。

燃煤锅炉燃烧系统通常监控的内容为：

（1）自动监测锅炉水位，蒸汽压力、炉膛负压，蒸汽流量、给水流量，排烟浓度；

（2）自动控制电动机的启动、停止；

（3）自动保护与自动调节环节。

锅炉水系统监控的主要任务有系统的安全性、计量和统计、运行工况调整。图 17-14 监控一个两台锅炉、三台循环水泵构成的锅炉水系统。

压力传感器/变送器 P1、P2 测量供回水压力，使循环水不致中断。

温度传感器/变送器 T1、T2 测量出水口温度，通过送煤机速度的调节，使温度恒定。

温度传感器/变送器 T3、T4 测定供水温度和回水温度，与流量传感器/变送器 F1 构成热量计量系统。

位于锅炉入口的压力传感器/变送器 P3、P4 分别对位于锅炉入口的压力传感器/变送器 P2，间接测量两台锅炉的流量比例，通过调节 V1、V2 可调节流量。

补水泵、流量传感器/变送器 F2、压力传感器/变送器 P2 以及调节阀 V3 构成定压补水系统。

B 热交换系统监控

热交换系统是以热交换器为主要设备。采用直接数字控制器（DDC）进行控制。分为热量计量系统、压力监测、热交换器二次测热水出口温度控制、热水泵控制及联锁和工作状态显示与打印。图 17-15 为热交换系统的监控原理图。

压力传感器/变送器 P1、P2 测量外网压力。

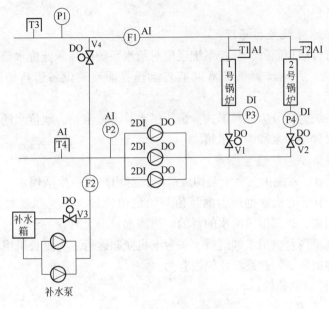

图 17-14 锅炉监控原理图

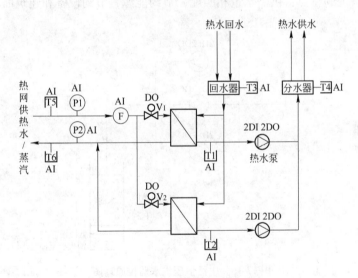

图 17-15 热交换监控原理图

温度传感器/变送器 T1、T2 监测二次热水出口温度，送入 DDC 与温度给定值比较，差值经 PI 算法产生控制信号，控制电动调节阀 V1、V2 的开度，以保持温度恒定。

温度传感器/变送器 T5、T6 与流量传感器/变送器 F 构成热量计量系统。

17.4.3 给排水系统监控

给排水系统包括给水系统和排水系统，分生活给排水系统、工业给排水系统、城市供水系统和污水处理厂。本节主要介绍生活给排水系统的监控原理。

在智能建筑中，给排水监控系统通过对流量、压力等信号的监测，通过计算机网络适时地调整水泵的运行台数，达到需水量与供水量、来水量和排水量之间的平衡，实现低能耗、高效率的运行目的。

17.4.3.1　给水系统监控原理

除上述的运行台数控制外，监控系统还应对给水系统的高、低位水箱的水位、运行设备的故障进行监测，并用计算机屏幕以工艺流程界面反映设备运行情况，并可作故障报警。

生活给排水系统通常分为三种形式：恒压供水；高位水箱、地位水池给水系统；对于超高层建筑还要设置接力泵和中区水箱。

A　生活恒压给水系统监控原理

如图 17-16 所示，系统由三台水泵构成机组，对用户提供生活用水。出水口设压力传感器/变送器 P1，水泵电机根据压力测量值与给定值比较，由变频器对一台水泵电机调速，进行出水量调整，达到恒压给水的目的。当需水量增大时，一台电机工频运行，一台电机变频运行，直至两台电机工频运行，一台电机变频运行。为延长机组寿命，三台水泵轮换投入运行，称倒泵。因此系统监控内容为：

（1）水泵启/停自动监控；

（2）压力自动监测及水位报警。

恒压给水系统的特点：供需水量相匹配，节约能源，节约设备和建筑面积。

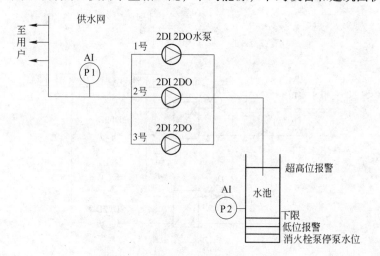

图 17-16　生活恒压供水监控原理图

B　高层建筑恒压给水系统监控原理

高层建筑由于楼层高，设置两种扬程的水泵。其监控原理与生活恒压给水系统监控原理相似。如图 17-17 所示。

17.4.3.2　排水系统监控原理

系统由两台水泵构成，一备一用，均设水泵运行状态监测 DI，当工作泵故障时，自动投入备用泵并报警。污水池设有 3 个水位监测，对工作水泵自动进行启停控制，当水位超高时，投入两台水泵运行。图 17-18 为排水监控原理图。

17.4.4　供配电系统监控

为了达到节约能耗、保证智能建筑供电系统安全可靠工作的目的，通过供配电系统监

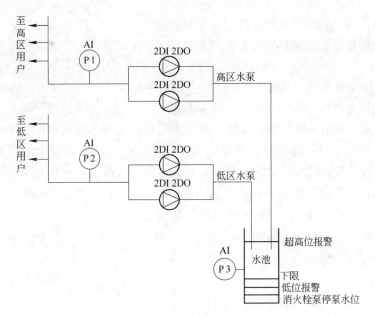

图 17-17　高层给水监控原理图

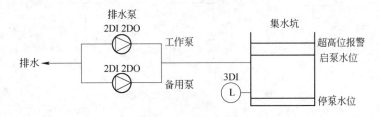

图 17-18　排水监控原理图

控系统对整个建筑供配电系统及设备的运行情况监视和控制。

供配电系统监控的设备有：变配电设备、变压器、应急电源、直流电源、不间断电源、动力设备、照明设备等。

17.4.4.1　供配电系统监测与保护

（1）线路状态监测与报警。

（2）高压电源监测。

（3）备用电源监测与报警。

（4）变压器监测与报警。

（5）负荷监测与报警。

（6）系统电量计算与报警。

（7）系统保护监测与报警。

17.4.4.2　供配电系统控制

（1）高低压配电系统。高低压断路器、开关设备按顺序自动接通，分断，高/低压母线联络断路器按需要自动接通、分断。

（2）备用电源。智能建筑两路高压电源供电，互为备用。工作电源故障，备用电源自动投入，备用电源也故障，应急电源自动投入。开关设备按顺序自动投入或自动脱离。

（3）动力设备。大型动力设备的启停和联锁控制。

（4）照明设备。智能建筑照明按其用途可分为：局域照明、艺术照明、公共照明、指示照明等。

按其控制功能分为以下几种：

（1）照明调光系统：为了达到一个质量高的照明环境，办公室照明将天然光和人工照明协调配合起来，使用了照明调光系统，此系统通常是由调光模块和控制模块组成。

（2）时间程序控制：以节约能源为原则，照明系统的 DDC 监控装置依据预先设定的时间自动的切断或打开照明配电盘中相应的开关。如节日照明、室外照明、障碍照明等。

（3）事故照明和疏散照明：在正常照明供电系统发生故障时，自动投入备用照明系统或事故照明系统。火灾时，自动投入疏散照明系统。

图 17-19 为照明系统监控原理图。

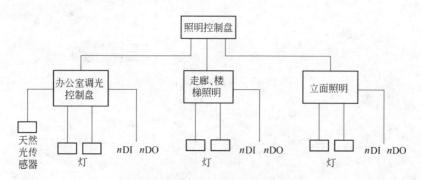

图 17-19　照明系统监控原理图

17.5　火灾自动报警与消防联动控制系统

智能建筑多以高层和超高层为主，并且多为高级宾馆和高级办公大楼，高层建筑物一旦起火，建筑物内部的管道、竖井、楼梯和电梯等如同一座座烟筒，使火势迅速扩散，给人员及物资的疏散带来很大困难。高层建筑发生火灾时，从外部扑救难度较大，主要靠建筑内部的消防设施来扑救。装有火灾自动报警系统的建筑物，火灾报警及时，并在火灾初期阶段就启动相应的消防设施进行灭火，从而大大减少了火灾造成的损失。

火灾自动报警系统通常由火灾探测器、区域火灾报警控制器和集中火灾报警控制器或通用火灾报警控制器，以及联动模块与控制模块、消防联动控制设备等组成。火灾探测器是对火灾现象进行有效探测的基础与核心，火灾报警控制器是火灾信息数据处理、火灾识别、报警判断和设备控制的核心，最终通过消防联动控制设备实施对消防设备及系统的联动控制和灭火操作。

17.5.1　火灾自动报警系统

火灾自动报警系统一般由触发器件、火灾报警控制器、火灾警报装置、电源四部分组成。火灾探测器将现场火灾信息（烟、温度、光）转换成电气信号传送至自动报警控制器，火灾报警控制器将接收到的火灾信号经过处理、运算和判断后认定火灾，输出指令信号。一方面启动火灾警报装置，如声、光报警等，另一方面启动消防联动装置。

火灾自动报警系统一般分三种形式设计：区域火灾自动报警系统，集中火灾自动报警系统和控制中心报警系统。就高层智能建筑的基本特点，控制中心报警系统是最适用的方式。

17.5.1.1　触发器件

触发器件主要包括：火灾探测器和手动报警按钮。

A　火灾探测器

火灾探测器好比是消防自动报警的眼睛，它能将火灾信号快速传到报警控制器，发出警报信号。火灾的探测是通过火灾发生时产生的各种物理和化学变化特征来探测火灾。火灾探测器包括以下几种：

（1）感烟式火灾探测器。感烟式火灾探测器是一种检测燃烧或热解产生的固体或液体微粒的火灾探测器。

（2）感温式火灾探测器。感温式火灾探测器是响应异常温度、温升速率和温差等火灾信号的火灾探测器。

（3）感光式火灾探测器。感光式火灾探测器又称火焰探测器或光辐射探测器，它对光能够产生敏感反应。

（4）可燃气体火灾探测器。可燃气体火灾探测器是一种能对空气中可燃气体浓度进行检测并发出报警信号的火灾探测器。

（5）复合式火灾探测器。复合式火灾探测器是可以响应两种或两种以上火灾参数的火灾探测器，主要有感温感烟型、感光感烟型、感光感温型等。

通过探测火灾产生的烟雾、引起的高温、火焰和气体等。这些特征参数在非火灾情况下也会发生变化，而且有时变化规律与火灾发生时是极其相似的。为了从火灾传感器信号中正确区分出真实火灾信号，就必须了解火灾特征。火灾初期，有阴燃阶段，产生大量的烟和少量的热，这时感烟探测器最为敏感；火灾中期，火势发展迅速，产生大量的热、烟和火焰辐射，这时感温探测器、感烟探测器、火焰探测器或复合探测器均可探测到火灾；火灾中后期，火势发展更加迅速，产生强烈的火焰辐射及少量的烟和热，这时火焰探测器最为敏感。

表 17-1 为感烟、感温探测器的保护面积和保护半径。

表 17-1　感烟、感温探测器的保护面积和保护半径

火灾探测器的种类	地面面积 S/m^2	房间高度 H/m	探测器的保护面积 A 和保护半径 R					
			屋顶坡度 θ					
			$\theta \leqslant 15°$		$15° < \theta \leqslant 30°$		$\theta > 30°$	
			A/m^2	R/m	A/m^2	R/m	A/m^2	R/m
感烟探测器	$S \leqslant 80$	$H \leqslant 12$	80	6.7	80	7.2	80	8.0
	$S > 80$	$6 < H \leqslant 12$	80	6.7	100	8.0	120	9.9
		$H \leqslant 6$	60	5.8	80	7.2	100	9.0
感温探测器	$S \leqslant 30$	$H \leqslant 8$	30	4.4	30	4.9	30	5.5
	$S > 30$	$H \leqslant 8$	20	3.6	30	4.9	40	6.3

一个房间至少一个探测器。一个探测区域内需要探测器的数量 N，可由下式确定：

$$N \geqslant \frac{S}{KA} \tag{17-1}$$

式中，S 为一个探测区域内的面积；A 为一个探测器的保护面积；安全修正系数 K，重点保护对象取 0.7~0.9，非重点保护对象取 1。

例 17-1 探测区域 30m×40m，高度 8m，屋顶坡度 $\theta = 15°$，求需要几只感烟传感器？

查表 17-1，根据 $\theta \leqslant 15°$，$6 < H \leqslant 12$，A 取 80，非重点保护对象，K 取 1，代入式 (17-1)：

$$N = \frac{30 \times 40}{1 \times 80} = 15$$

火灾探测新技术包括：图像火灾探测技术、双波段图像型火灾探测技术、光截面图像感烟火灾探测技术，可使大空间建筑火灾探测问题得到较好的解决。

火灾探测器输出信号采用多线制或总线制与火灾报警控制器相连。单线制是一个探测器（或若干探测器为一组）构成一个回路；总线制采用两条至四条导线构成总线回路，所有探测器与之并联，每只探测器有一个独立的地址，报警控制器采用串行通讯方式访问每只探测器。在大中型系统设计中推广使用总线制技术，简化设计，减少设计难度。消防联动控制也有多线制和总线制，采取何种方案选取相应的报警控制器、火灾探测器。

B 手动报警按钮

手动报警按钮是在有火灾发生的情况下，现场人员快速报警的工具，可靠性更高。

设计手动报警按钮时除按消防规范的要求外，还应考虑设置的位置是否合理。应设在出入方便和明显的地方，这样一旦出现火情，方便人们在逃离的过程中去按按钮报警。在手动报警按钮设置上，民用规范要求是距离 25m、高度 1.5m，其他规范均为距离 30m、高度 1.3~1.4m。

17.5.1.2 火灾报警控制器

火灾报警控制器是火灾自动报警控制系统的重要组成部分，是系统的核心。一旦发生火灾，火灾报警控制器立即发出火警信号并启动相应的消防设备。

火灾报警控制器具有以下功能：

(1) 能接收探测信号，转换成声、光报警信号，指示着火部位和记录报警信息。

(2) 可通过火警发送装置启动火灾报警信号，或通过自动灭火控制装置启动自动灭火设备和联动控制设备。

17.5.1.3 火灾警报装置

火灾警报装置以声、光、音响方式向报警区域发出火灾警报信号，以警示人们采取安全疏散、灭火救灾措施。报警装置包括故障指示灯、故障蜂鸣器、火灾事故光字牌和火灾警铃等。

民用建筑中火灾事故广播应与公共广播相结合。事故广播功放应设一主一备两台，并且功率要满足要求。

17.5.1.4 电源

火灾自动报警系统的主电源设计宜采用消防电源。整个火灾自动报警系统的线路种类较多，包括报警线路、联动控制线路、电源线、楼层指示器线路、广播线路、消防通讯线路、主机从机通讯线路。各类线路宜采用阻燃型铜芯线缆，沿桥架敷设或穿管暗设。设备有特殊要求时还应选用屏蔽线。

17.5.1.5　民用建筑的防火保护等级

各类民用建筑的防火保护等级是按建筑物的高度、火灾的危险性、疏散和扑救难度进行划分的，分为特级、一级、二级及三级保护对象。

（1）超高层建筑（建筑物高度超过100m）为特级保护对象，应采用全面保护方式。

（2）高层中的一类建筑为一级保护对象，应采用总体保护方式。

（3）高层中的二类和低层中的一类建筑为二级保护对象，应采用区域保护方式；重要的也可采用总体保护方式。

（4）低层中的二类建筑为三级保护对象，应采用场所保护方式；重要的也可采用区域保护方式。

（5）地下建筑按其规模及使用情况，分别属一级保护对象或二级保护对象。

17.5.1.6　火灾自动报警系统

根据国家标准《火灾自动报警系统设计规范》规定，火灾自动报警系统的基本形式有三种：区域报警系统、集中报警系统和控制中心报警系统。

区域报警系统由火灾探测器、手动火灾报警按钮、区域火灾报警控制器、火灾报警装置和电源组成。如图17-20所示。它的保护对象仅为建筑物中某一局部范围或某一措施。

集中报警系统主要由火灾探测器、区域火灾报警控制器、集中火灾报警控制器等组成，如图17-21所示。集中报警系统一般适用于保护对象规模较大的场合，如高层住宅、商住楼和办公楼等。

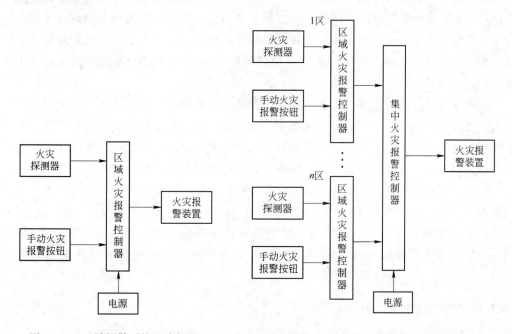

图17-20　区域报警系统组成框图　　　　图17-21　集中报警系统组成框图

图17-22为控制中心报警系统示意图。从图17-22中可知，控制中心报警系统由火灾

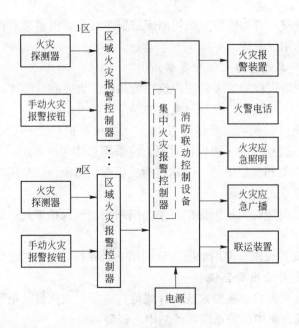

图 17-22　控制中心报警系统组成框图

探测器、手动火灾报警按钮、区域火灾报警控制器、集中火灾报警控制器、消防联动控制设备、电源及火灾报警装置、火警电话、火灾应急照明、火灾应急广播和联动装置等组成。控制中心报警系统一般适用于规模大的一级以上的保护对象，因该类型建筑物建筑规模大，建筑防火等级高，消防联动控制功能多。

　　系统形式的选择，原则上应根据保护对象的保护等级来确定。区域报警系统宜用于二级保护对象；集中报警系统宜用于一、二级保护对象；控制中心报警系统宜用于特级、一级保护对象。在实际工程建设中，火灾自动报警系统形式的选择要根据保护对象的具体情况，如工程建设的规模、使用性质、报警区域的划分以及消防管理的组织体制等因素而确定。

　　各专业生产厂开发研制的火灾监控系统产品形式多样。按火灾探测器与火灾报警控制器间连接方式不同可分为多线制和总线制系统结构；按火灾报警控制器实现火灾信息处理及判断智能的方式不同可分为集中智能和分布智能系统结构；按火灾监控系统对内对外数据通信方式不同可分为网络通信系统结构和非网络通信系统结构。

　　智能火灾报警控制系统如图 17-23 所示。智能火灾报警控制系统与传统火灾自动报警系统不同之处在于：它将发生火灾期间所产生的烟、温、光等，以模拟量形式连同外界相关的环境参量一起传送给报警器，报警器再根据获取的数据及内部存贮的大量数据，利用火灾判据来判断火灾是否存在。智能火灾报警控制系统适合大型建筑的火灾报警系统。

17.5.2　消防联动控制

　　联动控制器从火灾报警控制器读取火警数据，经预先编程设置好的控制逻辑处理后，向相应的控制点发出联动控制信号，自动或手动启动相关消防设备并显示其状态。主要包

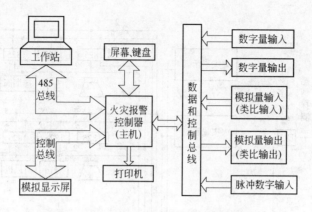

图 17-23　智能火灾自动报警系统组成框图

括：自动灭火系统的控制装置，室内消火栓系统的控制装置，防烟排烟系统及空调通风系统的控制装置，防火门、防火卷帘的控制装置，电梯回降控制装置，火灾应急照明与疏散指示标志等的控制装置中的部分或全部。

17.5.2.1　主要联动控制

联动控制的对象有防、排烟设备、机电设备、灭火系统，通过火灾报警信号传至消防控制器发出指令，使设在现场的联动控制模块动作。

以下介绍消防设计中所涉及的主要联动控制。

（1）消火栓联动控制。火灾报警后用总线及多线制线路，直接将信号传送到消火栓泵控制箱内，控制自动启泵、停泵。

（2）自动水喷淋联动控制。火灾发生时，自动开启供水泵后，向洒水喷头供水。

（3）气体自动灭火联动控制。火灾发生时，自动开启容器上的电磁阀，释放被压缩的二氧化碳气体，进行灭火。

（4）防、排烟控制系统联动控制。火灾报警后用控制模块开启相应防烟分区内的加压送风口或排烟口的电动防火阀，关闭有关部位的空调送风系统。

（5）防火卷帘、防火门联动控制。两个防火分区之间设置防火卷帘，在疏散通道上的防火卷帘应在卷帘两侧设感烟、感温探测器组，在其任意一侧感烟探测器动作后，通过报警总线上的控制模块控制防火卷帘降至距地面 1.8m，感温探测器动作后，防火卷帘下降到底。电动防火门的作用与防火卷帘相同，联动控制的原理也类同。

（6）电梯联动控制。若大楼内设有多部客梯和消防电梯，在发生火灾时，由火灾自动报警系统的联动模块发出指令，不管客梯处于任何状态，电梯上按钮将失去控制作用，客梯全部降到首层，客梯门自动打开，待梯内人员疏散后，自动切断客梯电源。

（7）非消防电源的联动控制。火灾报警后，通过联动模块不仅需切断本层，还需切断其上下层的非消防电源。

17.5.2.2　火灾报警及联动控制系统示意图

图 17-24 为火灾报警及联动控制系统示意图。

17.5.2.3　火灾报警及联动控制系统平面图

图 17-25 为某综合楼楼层火灾报警及联动控制平面布置图。右上角给出图中使用的设备图例。

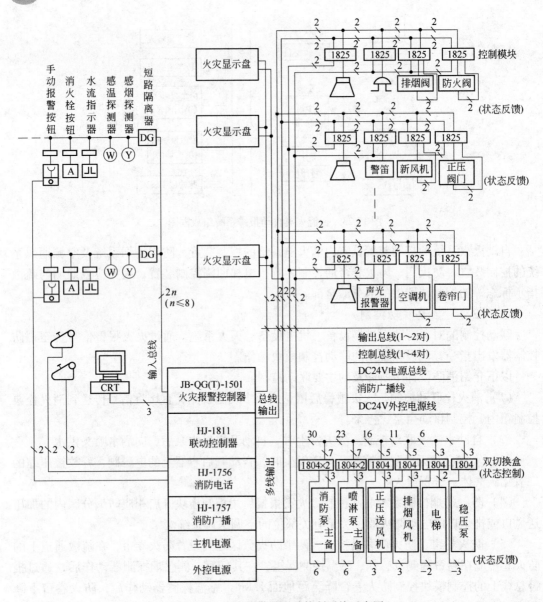

图 17-24　火灾报警及联动控制系统示意图

17.6　安全防范系统

17.6.1　安全防范系统概述

安全防范自动化系统（SAS，Security Automation System），亦称建筑安全防范系统。它是智能建筑系统的一个主要子系统。目的是防入侵、防被盗、防破坏、防火、防爆和安全检查等措施。

建筑安全防范系统一般包括：入侵报警系统（或称防盗报警系统）、电视监控系统、出入口控制系统（或称门禁系统）、巡更系统、汽车库（场）管理系统（或称汽车出入管理

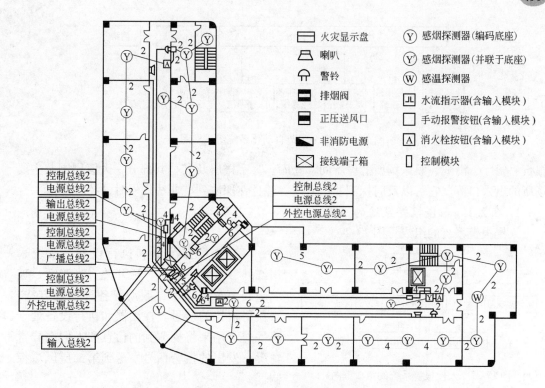

图 17-25 某综合楼楼层火灾报警及联动控制平面布置图

系统)、访客对讲系统等子系统。

(1)入侵报警系统是安全防范自动化系统的一个子系统。它对设防区域的非法侵入、盗窃、破坏和抢劫等,进行实时有效的探测和报警,并应有报警复核的功能。系统的前端设备为各种类型的入侵探测器;信号传输方式有无线传输和有线传输。

(2)电视监控系统是安全防范自动化系统的一个主要子系统。对必须进行监控的区域、周界、场所、部位、出入口、通道等进行实时、有效的视频探测、视频监视、视频传输、显示和记录,并具有报警和图像复核功能。

(3)出入口控制系统是安全防范自动化系统的主要子系统。系统对需要控制的各类出入口,按各种不同的通行对象及其准入级别,对其进出时间、通行位置等实施实时控制与管理,并具有报警功能。系统一般由出入口对象(人、物)识别装置,出入口信息处理、控制、通信装置和出入口控制执行机构三部分组成。

(4)访客对讲系统在住宅楼(高层商住楼)或居住小区,设立来访客人与居室中的人们双向可视/非可视通话,经住户确认可遥控入口大门的电磁门锁,允许来访客人进入。同时住户又能通过对讲系统向物业中心发出求助或报警信号。

(5)电子巡更系统是在规定的巡查路线上设置巡更开关或读卡器,要求保安人员在规定时间里在规定的路线进行巡逻,保障保安人员的安全以及大楼的安全。

图 17-26 为安全防范自动化系统组成。

17.6.2 入侵报警系统

入侵报警系统用探测器对建筑内外重要地点和区域进行布防。如停车场、大堂、商场、

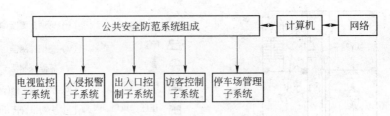

图 17-26 安全防范自动化系统组成框图

银行、餐厅、酒吧、娱乐场所、设备间、仓库、写字楼层及其公共部分，大厦周围及主要场所的出入口等。它可以及时探测非法入侵，并且在探测到有非法入侵时，及时报警。

17.6.2.1 入侵报警系统的组成

入侵报警系统的组成见图 17-27。

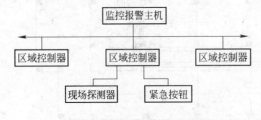

图 17-27 入侵报警系统的组成框图

（1）现场探测器和执行设备。系统采用红外、微波、超声、磁开关、光遮断、玻璃破碎声音与频率、振动等各种物理方法，来获得报警的信号。探测器和执行设备处于第一层，用来将探测到的信息和人们在异常情况下发出的报警信号发送到第二层区域控制器。

执行设备是指为了防止发生抢劫事件以及在发生紧急情况时报警，在需要的地方安装的紧急按钮和脚踏开关等设备。

（2）区域控制器。区域控制器位于系统的第二层，是带微处理器的控制器，当它接收到现场的报警信号时，一方面对现场报警点进行操作和控制，另一方面向监控中心传送有关的报警信息，在监控中心的显示屏上显示出来或在监控中心的打印机上把有关的报警信息打印记录下来。区域控制器的规格与数量完全取决于现场报警信号的数量和性质。

（3）监控报警主机。监控报警主机位于系统的第三层，在收到报警信号后，将以防区分割的形式确定和显示报警源的位置，调出相应防区报警部位的电子地图，提示对该防区应采取的措施，包括监视该防区的摄像机图像，通过监听该防区内的声音信息对报警信号的正确性进行复核，必要时还需将复核后的报警信号通过计算机网络、电话线等方式向上级警报监视网络上传输。监控报警主机的另外一个主要功能是控制现场报警点的布防和撤防，或每天按时间程序进行布防和撤防。

17.6.2.2 常用入侵报警探测器

（1）主动红外探测器。探测器由主动红外发射机和主动红外接收机组成，当发射机与接收机之间的红外光束被完全遮断或按给定百分比遮断时能产生报警状态的装置，称为主动红外入侵探测器。

（2）开关式探测器。开关式探测器是通过各种类型开关的闭合和断开来控制电路产生通、断，从而触发报警的。常用的开关有磁控开关、微动开关、压力垫，或用金属丝、金属条、金属箔等。

（3）玻璃破碎探测器。一般应用于玻璃门窗的防护。当入侵者打碎玻璃试图作案时，即可发出报警信号。

（4）振动报警器。探测入侵者的走动或破坏活动时所产生的振动信号来触发报警。

（5）声控报警器。利用由声电传感器做成的监听头对监控现场进行立体式空间警戒的报警器。

（6）被动红外探测器。被动红外探测器中有两个关键性的元件，一个是热释电红外传感器（PIR），另外一个器件就是菲涅尔透镜，一是聚焦作用，第二个作用是将警戒区内分为若干个明区和暗区，使进入警戒区的移动物体能以温度变化的形式在 PIR 上产生变化热释红外信号。

（7）微波探测器。利用微波入射波和反射波的频率漂移，就可以探测出入侵物体的移动。

（8）周界探测器。由若干种能感知周界被入侵的探测器组合而成，常称之为"电子篱笆"。探测器可以固定安装在墙或栅栏上及地层下，当入侵者接近或超过周界时产生报警信号。

（9）复合探测器。把两种不同探测原理的探头组合起来，构成互补探测的复合报警器。组合中的两个探测器应满足两个条件，其一是两个探测器有不同的原理，其二是两个探头对目标的探测灵敏度又必须相同。

17.6.2.3 入侵报警探测器的选择和布防

目前可供选择的防盗探测器类型很多，但无论选择什么样的探测器都必须能保证入侵报警系统工作的安全性和可靠性。其安全性是指在警戒状态下报警系统要保证正常的工作，不受或少受外界因素的干扰；其可靠性是指报警系统正常工作时，入侵者无论以何种方式，何种途径进入预定的防范区域，都应及时报警，而应减少误报和漏报。

A 探测器的选择

各种防盗探测器由于工作原理和技术性能的不同，往往仅适用于某种类型的防范场所和防范部位，按适用防范部位的不同对防盗报警器的分类见表 17-2。

表 17-2 防盗探测器按防护部位分类

防护部位	适用探测器类型
室 内	声控、微波、红外、复合
门、窗	电视、红外、玻璃破碎、开关
通 道	电视、微波、红外、开关
周 界	微波、红外、周界

B 室内现场勘察

现场勘察建筑物一切可能的入口（门、窗等）及门窗的材料，环境中有无热源、超声源、电磁场干扰源，是否靠近公路、铁路、强振动源等。

C 防盗系统布防模式

通过现场勘察的实际情况及防盗探测器工作特性的分析就可以确定布防模式。

根据防范场所、防范对象及防范要求的不同，现场布防可分为周界防护、空间防护和复合防护三种模式。

17.6.3　电视监控系统

电视监控系统是采用摄像机对被控现场进行实时监视的系统，是安全技术防范系统中的一个重要组成部分。电视监控子系统在重要场所安装摄像机，以向监视中心提供实时现场信息，同时还可以录下报警时的现场，供分析研究使用。

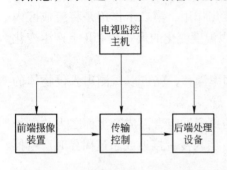

图 17-28　电视监控子系统组成框图

电视监控子系统由前端摄像设备、图像和控制信号传输设备、功能控制设备、图像显示和记录 4 个部分组成。见图 17-28。

17.6.3.1　前端摄像设备

CCD 摄像部分位于闭路电视监控系统的最前沿，它能够将摄入光线转变为电荷并将其储存、转移，把成像的光信号转变为电信号输出，CCD 摄像机就是以其构成的一种微型图像传感器。它是光电信号转换的主体设备，是整个系统的眼睛。

与普通摄像机一样，一体化摄像机在数字化及网络功能上也有新的进展，主要是数字化处理技术，在一体机内部嵌入 IP 处理模块，具备网络功能，也被称为网络摄像机（LAN Camera）。

摄像机的种类很多，不同的系统可以根据不同的使用目的选择不同的摄像机以及镜头、滤色片等。

17.6.3.2　电视监控主机

控制部分的作用是在中心机房通过有关设备对系统的现场设备（摄像机，云台，灯光，防护罩等）进行远距离遥控。

接收摄像前端装置经传输线路传输来的多路视频图像，并按需要切换到指定的各个监视器上供观看；对云台执行上下俯仰、左右旋转运动下达指令；对镜头光圈、聚焦和变倍进行调节控制；对云台运动和镜头设置进行按预置位快速定位；执行摄像机定日期或定时间巡回扫描等控制操作动作；将系统所有发生的操作动作记录和打印归档；启动时滞式或实时类录像机对视频图像进行录像记录；调阅被录像的图像；在接收到由视频移动探测或常规传感器产生的报警信号后，自动将显示图像切换为产生报警区域的影像，并予以记录存储。

视频监控技术从模拟视频监控、数字视频监控，正逐渐过渡到网络视频监控阶段。与之相对应，视频监控存储也经历了磁带存储、硬盘录像机存储，正走向集中存储。

随着网络和通信的发展及数字监控的应用，视频传图像可在 Internet 网（简称 IP 网）上传输。

17.6.3.3　传输控制线路

视频图像向控制主机的传输通过同轴电缆、光缆或电话线等构成的有线传输方式以及由发射机、接收机组成的无线传输信道。监控主机向前端解码器下达的命令一般通过屏蔽双绞线进行传输。

传输分配部分主要有：

（1）馈线。传输馈线有同轴电缆（以及多芯电缆）、平衡式电缆、光缆。

（2）视频电缆补偿器。在长距离传输中，对长距离传输造成的视频信号损耗进行补偿放大，以保证信号的长距离传输而不影响图像质量。

（3）视频放大器。用于系统的干线上，当传输距离较远时，对视频信号进行放大，以补偿传输过程中的信号衰减。

17.6.3.4 后端处理设备

后端处理设备为成像装置，包括视频监视器、多画面图像分割器、录像机和有关的控制动作执行装置。

17.6.3.5 安防监控系统构成

（1）简单对应模式（见图17-29）。

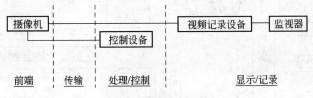

图17-29 简单对应模式

（2）时序切换模式（见图17-30）。

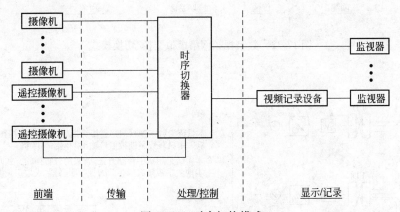

图17-30 时序切换模式

（3）矩阵切换模式（见图17-31）。

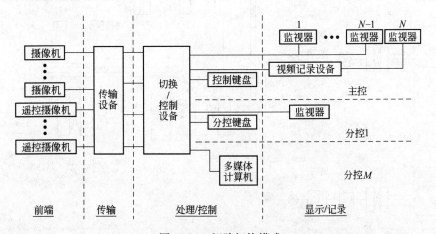

图17-31 矩阵切换模式

（4）数字视频网络虚拟交换/切换模式（见图17-32、图17-33）。

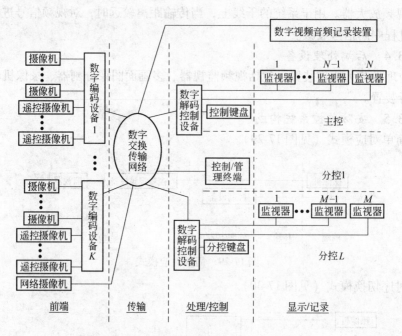

图17-32　数字视频网络虚拟交换/切换模式

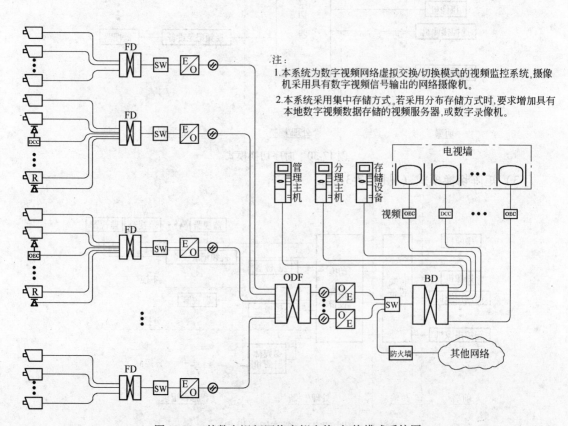

图17-33　某数字视频网络虚拟交换/切换模式系统图

17.6.4　出入控制系统

出入控制系统实现人员出入自动控制，又称门禁管制系统。门禁系统属于建筑弱电系统中的一个安防系统。它能对所有人员的进入事件精心详细的记录，并有丰富的扩展功能。扩展功能主要包括实时巡更、身份核实、考勤管理和人员定位等。其组成框图见图17-34。

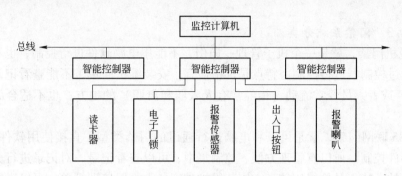

图 17-34　出入控制系统组成框图

17.6.4.1　门禁概念

门禁，又称出入管理控制系统，是一种管理人员进出的数字化管理系统。应用在智能大厦公司办公、智能化小区出入管理控制中，可以有效地阻止外来闲杂人员进入公司和小区，保证财产和技术的安全。

常见的门禁系统有：密码门禁系统，非接触IC卡（感应式IC卡）门禁系统，指纹虹膜掌形生物识别门禁系统等。

密码门禁系统由于其本身的安全性弱和便捷性差已经面临淘汰。

研究表明，人的指纹、掌纹、面孔、发音、虹膜、视网膜、骨架等都具有唯一性和稳定性的特征。生物识别方式的门禁系统是通过检验人员生物特征等方式来识别进出。生物识别门禁系统安全性高，但成本高，由于拒识率和存储容量等应用瓶颈问题而没有得到广泛的市场认同。

现在国际最流行最通用的还是非接触IC卡门禁系统。非接触IC卡由于其较高的安全性，最好的便捷性和性价比成为门禁系统的主流。

17.6.4.2　门禁系统的组成

门禁系统由门禁控制器、读卡器、出门按钮、锁具、通讯器、智能卡、电源、管理软件组成。

（1）智能卡。在智能门禁系统当中的作用是充当写入读取资料的介质。从应用的角度上讲，卡片分为只读卡和读写卡；从材质和外形上讲，又分为薄卡、厚卡、异形卡。

（2）读卡器。负责读取卡的数据信息，并将数据传送到控制器。一般来讲不同技术的卡要对应不同技术的读卡机。

（3）控制器。它是整个系统的核心，负责整个系统信息数据的输入、处理、存储、输出，控制器与读卡机之间的通讯方式一般均采用串行格式。

（4）锁具。它是整个系统中的执行部件。目前有三大类：电锁口、磁力锁、电插锁。根据用户的要求和门的材质进行选配，电锁口一般用于木门，磁力锁用于金属门、木门，电插锁相对来说应用较为广泛，各种材质的门均可使用。

（5）电源。电源设备是整个系统中非常重要的部分，如果电源选配不当，出现问题，整个系统就会瘫痪或出现各种各样的故障，故一般选用较稳定的线性电源。

（6）管理软件。负责整个系统监控、管理和查询等工作。管理人员可通过管理软件对整个系统的状态、控制器的工作情况进行监控管理，并可扩展完成巡更、考勤、停车场管理等功能。

17.6.4.3　门禁系统分类

（1）脱机门禁，就是一个机子管理一扇门，不能用电脑软件进行控制，也不能看到记录，直接通过控制器进行控制。特点是价格便宜，安装维护简单，不能查看记录，不适合人数多于50或者人员经常流动（指经常有人入职和离职）的地方，也不适合门数量多于5的工程。

（2）485联网门禁，就是可以和电脑进行通讯的门禁类型，直接使用软件进行管理，包括卡和事件控制。所以有管理方便、控制集中、可以查看记录、对记录进行分析处理以用于其他目的。特点是价格比较高、安装维护难度加大，但培训简单，可以进行考勤等增值服务。适合人多、流动性大、门多的工程。

（3）TCP/IP门禁，也叫以太网联网门禁，也是可以联网的门禁系统，但是通过网络线把电脑和控制器进行联网。除具有485门禁联网的全部优点以外，速度更快，安装更简单，联网数量更大，可以跨地域或者跨城联网。但存在设备价格高，需要有电脑网络知识。适合安装在大项目、人数量多、对速度有要求、跨地域的工程中。

（4）指纹门禁系统，就是通过指纹代替卡进行管理的门禁设备，具有和485门禁联网相同的特性，但具有更好的安全性，缺点是登记的人数量较少，通过速度慢。

17.6.5　访客对讲系统

访客对讲系统是智能建筑安全防范系统中重要的组成部分，通过电话或摄像机确认客人身份，决定是否打开电子门锁，从而达到安全、方便的管理目的。它适用于单元式公寓、高层住宅楼和居住小区等。它由对讲系统、控制系统和电控防盗安全门组成。

17.6.5.1　访客对讲系统

访客对讲系统是指来访客人与住户之间提供双向通话，并由住户遥控防盗门的开关的一种安全防范系统。如图17-35所示。

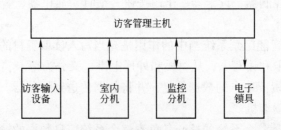

图17-35　访客对讲系统组成框图

17.6.5.2　可视对讲系统

可视对讲系统除了对讲功能外，还具有视频信号传输功能，使户主在通话时可同时观察到来访者的情况。因此，系统增加了一部微型摄像机，安装在大门入口处附近，用户终端设一部监视器。

随着科学技术的发展和制造成本的下降，访客对讲系统逐渐向多功能和高科技方向发展。访客对讲系统其实已将住户与物业管理部门建立起一条"通道"，并使单纯的访客对讲系统向家庭自动化系统过渡。

17.6.6 停车场出入口自动化管理系统

在建筑群中建立停车场出入口自动化管理系统（PAS，Parking Automation System），实现停车场自动化管理。也就是在停车场的入口和出口处分别设置相应的自动化设备，控制和管理车辆的进入和开出。其组成框图见图17-36。

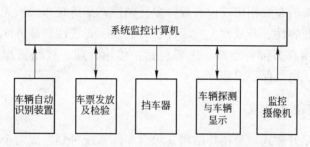

图17-36　停车场出入口自动化管理系统组成框图

一般来说停车场入口处的设备是全自动的，可完全实现无人值守的方式；出口则需要配备人工收费站，对临时停车客户进行收费，这种方式称为出口收费系统；停车场出入口自动管理系统一般由三部分组成：入口处设备；出口处设备；管理中心。

图17-37为停车场出入口自动化管理系统布局。

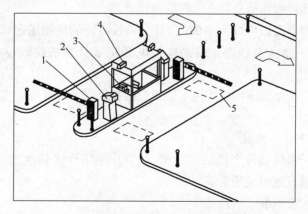

图17-37　停车场出入口自动化管理系统布局
1—自动道闸；2—读卡机；3—管理中心；4—摄像头；5—车辆检测

17.7　建筑物综合布线系统

综合布线系统是一套用于建筑物内或建筑群之间的信息传输通道。它将建筑物或建筑群内部的语音、数据通信设备、信息交换设备、建筑物自动化管理设备等设备彼此相连，同时能使上述设备与外部通信数据网络相连接。

传统布线如电话、计算机局域网都是各自独立的。各系统分别采用不同的线缆和不同的终端插座。而且，连接这些不同布线的插头、插座及配线架均无法互相兼容。

一来给设计工作带来了一定的难度，二来各个系统独立施工，在布线时，重复施工，施工周期长造成人员、材料及时间上的浪费。

为了克服传统布线系统的缺点，美国电话电报（AT&T）公司的贝尔（Bell）实验室的专家们经过多年的研究，在办公楼和工厂试验成功的基础上，于 20 世纪 80 年代末期率先推出建筑与建筑群综合布线系统。经中华人民共和国国家标准 GB/T 50311—2000 命名为综合布线（GCS，Generic Cabling System）。

综合布线同传统的布线相比较，有着许多优越性，是传统布线所无法相比的。其特点主要表现在它具有兼容性、开放性、灵活性、可靠性、先进性和经济性。

综合布线系统由许多部件组成。主要包括：传输介质、线路管理硬件、配线架、插座、插头、适配器、电气保护设施等。

17.7.1　综合布线系统的构成

综合布线系统是开放式星形拓扑结构。综合布线系统可划分成六个部分：工作区子系统、水平区子系统、管理间子系统、干线（垂直）子系统、设备间子系统、建筑群子系统。

17.7.1.1　工作区子系统

定义：它是工作区子系统由终端设备连接到信息插座的连线组成的系统。

组成：包括信息插座、组合跳线。

作用：在于实现终端和信息插座之间的连接。

一个工作区的服务面积可按 $5 \sim 10 m^2$ 估算，或按不同的应用场合调整面积的大小。每个工作区至少设置一个信息插座，用来连接电话机或计算机终端设备，或按用户要求设置。

工作区的每一个信息插座均应支持电话机、数据终端、计算机、电视机及监视器等终端的设置和安装。

17.7.1.2　水平区子系统

定义：水平区子系统是每个楼层配线架（FD）至工作区信息插座（TO）之间的线缆、信息插座及配套设施组成的系统。

组成：包括双绞线电缆、信息插座等。

作用：将垂直干线子系统线路延伸到工作区的通信插座。

17.7.1.3　管理间子系统

定义：管理间子系统是连接垂直干线子系统和水平区子系统之间的缆线及配套设施组成的系统。

组成：其主要设备是配线架、集线器（HUB）和机柜、电源。

作用：是把水平区子系统和垂直干线子系统连在一起。

17.7.1.4 干线（垂直）子系统

定义：它是建筑物布线系统中的主干线路，指每个建筑物内由设备间（BD）至楼层管理间（FD）之间的缆线及配套设施组成的系统。

组成：由设备间（BD）至楼层管理间（FD）之间的缆线及配套设施。

作用：负责连接管理间子系统到设备间子系统。

17.7.1.5 设备间子系统

定义：设备间子系统由设备室的电缆、连接器和相关支撑硬件组成。

组成：设备间子系统由交换机、计算机主机、接入网设备、监控设备以及除强电设备以外的设备组成。

作用：是在每一幢大楼的适当地点设置进线设备，进行网络管理以及管理人员值班的场所。

17.7.1.6 建筑群子系统

定义：由建筑群配线架（CD）与其他建筑物配线架（BD）之间的缆线及配套设施组成的系统。

组成：通常是电缆、光缆和进入建筑物的电气保护设备。

作用：它使得相邻近的几个建筑物内的综合布线系统形成一个统一的整体，在楼群内部交换和传输信息，并对电信公用网形成唯一的出入端口。

图 17-38 为综合布线系统的构成，工作区子系统墙壁上的小黑块表示信息插座。设备间子系统和管理间子系统墙壁上的小黑块表示交接间。

17.7.2 综合布线系统的设计要点

综合布线系统设计的一般步骤：

（1）用户信息需求的调查和预测，以便确定用户的性质和用户的要求信息种类。

（2）按在职工作人员的数量估计、按建筑面积大小估计、按组织机构的设置估计网络容量。

（3）网络拓扑结构设计。

（4）在进行综合布线系统设计时通常应遵循以下原则：

1）采用模块化设计，易于在配线上扩充和重新组合。

2）采用星状拓扑结构，使系统扩充和故障分析变得十分简单。

3）满足通信自动化与办公自动化需要，即满足语音与数据网络的广泛要求。

4）确保任何操作互联主网络，尽量提供多个冗余互联性信息点插座。

5）适应各种符合标准的品牌设备互联入网，满足当前和将来网络的要求。

6）电缆敷设与管理应符合综合布线系统的设计要求。注意相关硬件的选择和安装。

现按各系统体系给出其设计要点。

17.7.2.1 工作区子系统设计要点

（1）从 RJ-45 插座到设备间的连线用双绞线，长度一般不超过 5m。

（2）RJ-45 插座须安装在墙壁上或不易碰到的地方，插座距离地面 30cm 以上。

（3）插座和插头（与双绞线）按照标准线序接线。

17.7.2.2 水平区子系统设计要点

（1）根据建筑物的结构、布局和用途，确定水平布线方案（见图17-38、图17-39）；

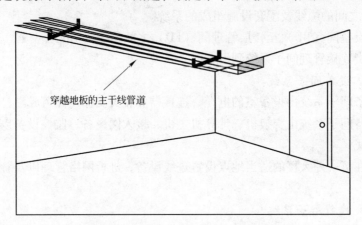

图 17- 38   水平干线布线——管道法

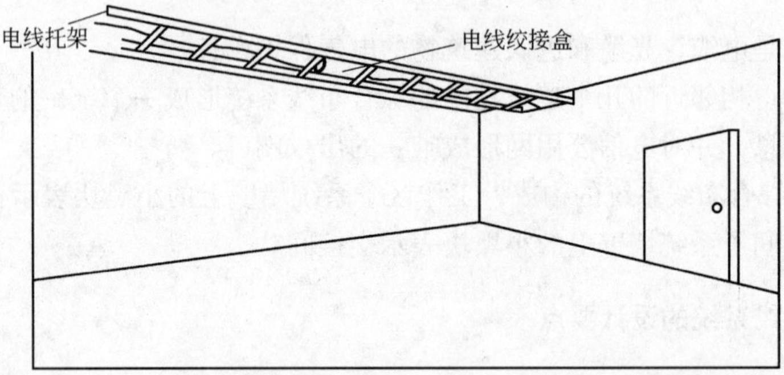

图 17-39   水平干线布线方法——托架方法

（2）确定电缆的类型和长度，水平子系统通常为星形结构，一般使用双绞线布线，长度不超过90m；

（3）用线必须走线槽或在天花板吊顶内布线，最好不走地面线槽；

（4）确定线路走向和路径，选择路径最短和施工最方便的方案；

（5）确定槽、管的数量和类型。

17.7.2.3 管理间子系统的设计要点

管理间子系统交连的几种形式：单点管理单连接（见图17-40）、单点管理双连接（见图17-41）、双点管理双连接（见图17-42）。

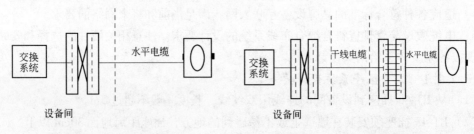

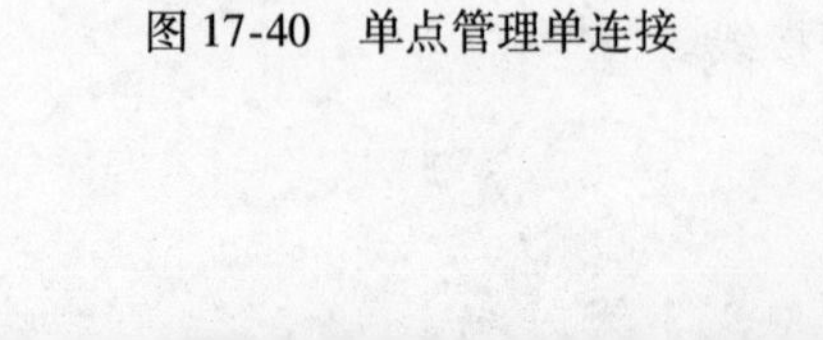

图 17-40 单点管理单连接 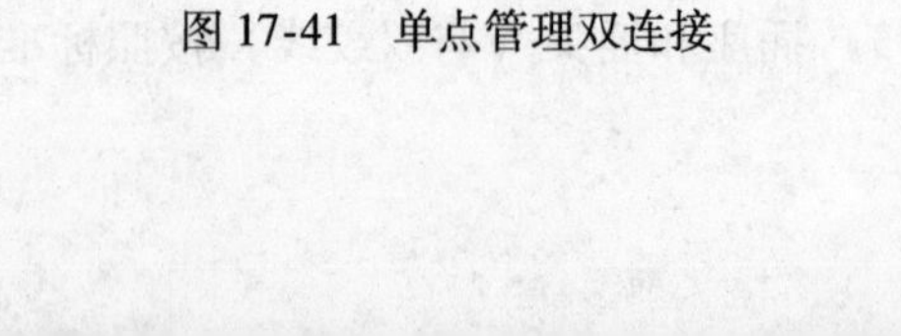   图 17-41 单点管理双连接

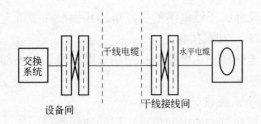

图 17-42　双点管理双连接

管理间子系统交连的几种形式：

（1）管理间子系统中干线配线管理宜采用双点管理双交接。

（2）管理间子系统中楼层配线管理应采用单点管理。

（3）配线架的结构取决于信息点的数量、综合布线系统网络性质和选用的硬件。

（4）端接线路模块化系数合理。

17.7.2.4　干线（垂直）子系统设计要点

（1）确定每层楼的干线电缆要求，根据不同的需要和经济因素选择干线电缆类别。

（2）确定干线电缆路由，原则是最短、最安全、最经济。

（3）绘制干线路由图，采用标准中规定的图形与符号绘制垂直子系统的线缆路由图，确定好布线的方法，如图 17-43、图 17-44 所示。

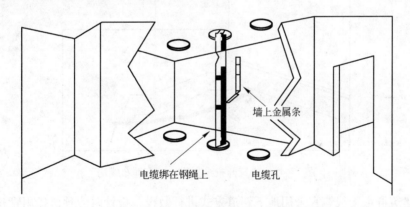

图 17-43　垂直干线布线方法——线缆孔法

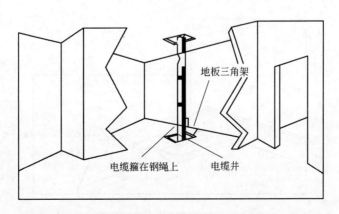

图 17-44　垂直干线布线方法——线缆井法

（4）确定干线电缆尺寸，干线电缆的长度可用比例尺在图纸上量得，每段干线电缆长度要有备用部分（约10%）和端接容差。

（5）布线要平直，走线槽，不要扭曲；两端点要标号；室外部要加套管，严禁搭接在树干上；双绞线不要拐硬弯。

17.7.2.5 设备间子系统设计要点

（1）设备间尽量选择建筑物的中间位置，以便使线路最短。

（2）设备间要有足够的空间，能保障设备存放。

（3）设备间建设标准要按机房标准建设。

（4）设备间要有良好的工作环境。

（5）设备间要配置足够的防火设备。

17.7.2.6 建筑群子系统设计要点

（1）建筑群数据网主干线缆一般应选用多模或单模室外光缆。

（2）建筑群数据网主干线缆需使用光缆与电信公用网连接时，应采用单模光缆，芯数应根据综合通信业务的需要确定。

（3）当采用直埋方式时，如图17-45所示，电缆通常离地面60cm以下的地方。

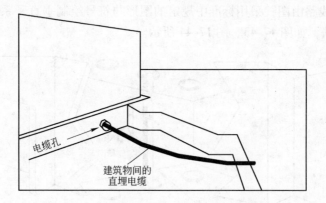

图17-45 建筑群布线方法——直埋布线法

（4）建筑群主干线缆宜采用地下管道方式进行敷设，设计时应预留备用管孔，以便为扩充使用，如图17-46所示。

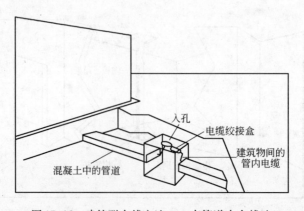

图17-46 建筑群布线方法——直管道内布线法

17.7.3 常用网络布线产品

17.7.3.1 传输介质

建立综合布线系统的目的是传递信息，因此传输介质的特性决定信息传输系统的特性。传输介质可以是有线的，也可以是无线的，其中的信号可以是数字的，也可以是模拟的。

综合布线系统常用的传输介质有非屏蔽双绞线（UTP）、光缆、屏蔽双绞线（STP）和同轴电缆。

非屏蔽双绞线有三类、五类之分，传输速率分别为 10Mbps（语音）和 100Mbps（局域网）。

综合布线系统常用的光缆有带状光缆、束管式光缆和建筑物光缆。

17.7.3.2 配线设备

综合布线系统的配线设备用来端接和连接缆线，使通信线路可以延续到建筑物中的任一点。

根据配线设备端接缆线的不同，配线设备分建筑群配线设备（CD）、建筑物配线设备（BD）和楼层配线设备（FD）。分别端接建筑群子系统、干线子系统和配线子系统。

根据传输介质的不同，配线设备分电缆配线设备和光缆配线设备。

A　电缆配线设备

（1）IDC 卡接式交连硬件。绝缘压穿连接方式。

（2）RJ45 或插接式交连硬件。插头和插座连接方式。

B　光缆配线设备

光纤连接方式有两种：一种光纤交连方式，另一种光纤互连方式。由光缆配线箱、光纤耦合器、光纤连接器嵌板组成。

17.7.3.3 传输介质连接设备

传输介质接合处所需器件，包括综合布线系统连接终端设备的信息插座和各种适配器。

（1）信息插座。连接水平区布线和工作区的 8 脚模块化 I/O。

（2）适配器。使插头、连接器和电缆兼容。

复习思考题

17-1　智能楼宇消防系统由哪几部分组成，它是如何工作的？

17-2　通常火灾探测器有哪几种，各有哪些主要参数？

17-3　火灾报警控制器有何作用，常用的有哪几种类型？

17-4　试述总线制火灾报警控制器的工作原理。

17-5　试述微机火灾报警控制器的工作原理。

17-6　试述消防联动控制的必要性和工作原理。

17-7　什么是综合布线系统？

17-8　综合布线系统有什么特点？

17-9　综合布线系统一般可分为哪些主要的子系统？

17-10　综合布线系统与传统布线系统比较，其主要优点是什么？

18　安全用电及建筑防雷

随着用电设备和负荷的增加，用电安全的问题愈来愈突出。这是因为电力的生产和使用有其特殊性，在生产和使用过程中，若不注意安全，则会造成人身伤亡事故和国家财产的巨大损失。因此，安全用电在生产领域和生活领域更具有特殊的意义。

另一种通过建筑物威胁人类生命财产安全的危害来自雷电，高耸的建筑物成为雷击的第一目标，因此防雷也是建筑设计和施工中十分重要的一环。

本章将上述两个问题就危害机理、防范措施作简要介绍。

18.1　电气安全

触电事故往往不给人以任何预兆，而且在极短时间内就能造成不可挽回的严重后果，因此对触电事故应以预防为主。为了防止触电，除思想上高度重视外，主要是靠健全的组织措施和完善的技术措施。

18.1.1　安全电流与安全电压

人体触电可分两种情况：一种是雷击和高压触电，较大的电流通过人体所产生的热效应、化学效应和机械效应，将使人的机体遭受严重的电灼伤、组织炭化坏死及其他难以恢复的永久性伤害；另一种是低压触电，在数十至数百毫安的电流作用下，使人的机体产生病理生理性反应。轻的触电有针刺痛感，或出现痉挛、血压升高、心律不齐以致昏迷等暂时性的功能失常；重则可引起呼吸停止、心搏骤停、心室纤维性颤动等危及生命的伤害。

18.1.1.1　安全电流

安全电流就是人体触电后最大的摆脱电流。我国规定安全电流值为 30mA（50Hz 交流），按触电时间不超过 1s，因此安全电流值为 30mA·s。通过人体电流不超过 30mA·s 时，对人机体不会有损伤。如果通过人体电流达到 50mA·s，对人就有致命危险，而达到 100mA·s 时，一般会致人死亡。100mA·s，即为"致命电流"。

18.1.1.2　安全电压

从电气安全的角度来说，安全电压与人体电阻有关。人体电阻由体内电阻和皮肤电阻两部分组成。体内电阻约为 500Ω，与接触电压无关。皮肤电阻随皮肤表面的干湿洁污状态及接触电压而变。从人身安全的角度考虑，人体电阻一般取下限值 1700Ω（平均值为 2000Ω）。另外，频率变化时，人体电阻将随频率的增加而降低，频率为 100kHz 时的人体电阻约为 50Hz 时的 50% 左右。

由于安全电流取 30mA，因此人体允许持续接触的安全电压为：

$$U_{saf} = 30mA \times 1700\Omega \approx 50V$$

50V（50Hz 交流有效值）称为一般正常环境条件允许持续接触的"安全特低电压"。

所谓安全电压是指人体不戴任何防护设备时，接触带电体而没有危险的电压。

根据用电环境不同，我国规定的安全电压分为三个等级：空气干燥、条件较好的生产场地为36V；危险的生产场地，如潮湿、有导电尘埃的场合用24V；特别危险的生产场地，如在非常潮湿、有腐蚀性气体、金属容器内的场合手持照明灯采用12V安全电压。

18.1.2 触电的类型及防护

18.1.2.1 触电的类型

触电的类型分直接接触和间接接触。

A　直接接触

它指电气设备在正常的运行条件下，人体的任何部位触及运行中的带电导体（包括中性导体）所造成的触电。因为直接接触时人体的接触电压为系统相地间的电压，所以其危险性最高，是触电形式中后果最严重的一种，分单相触电，两相触电，三相触电三种形式。

B　间接接触

它指电气设备在故障情况下，如绝缘损坏、失效，人体的任何部位接触设备的带电的外露可导电部分和外界可导电部分，所造成的触电。外露可导电部分是电气设备和装置中能够触及的部分，正常条件下不带电，故障条件下可能带电。外界可导电部分不是电气设备或装置的组成部分，故障情况下也可能带电。

在高压系统中，当人体过分接近高压电源，电源与人之间的介质被高压击穿也发生触电。

间接接触是由电气设备故障情况下的接触电压和跨步电压形成的，其后果严重程度决定于接触电压或跨步电压的大小。

a　跨步电压触电

当电气设备发生接地故障时，以接地点为中心的半径20m的圆形范围内，形成电位分布区，当人在接地点附近，两脚踩在不同电位点时，两脚之间出现电压。由于在工程上将人跨一步的距离取为0.8m，所以把上述电压称为跨步电压。在距接地点20m以外，跨步电压为零。室内的安全距离距故障点4m，室外的安全距离距故障点8m。过分接近故障点，会发生跨步电压触电。

b　接触电压触电

电气设备的金属外壳因故障意外带电，人以手触及故障设备时，手和脚两部分之间出现的电位差称接触电压。此时发生的触电称接触电压触电。

18.1.2.2 触电的防护

A　直接触电防护

它指对直接接触正常带电部分的防护。直接接触防护应选用以下一种或几种措施：

（1）绝缘。

（2）屏护，即对带电导体加隔离栅栏或加保护罩等。

（3）安全距离。

（4）限制放电能量。

（5）24V及以下安全特低电压。

（6）用漏电保护器作补充保护。

B　间接触电防护

它指对故障时带危险电压而正常时不带电的外露可导电部分（如金属外壳、框架等）的防护。间接接触防护应选用以下一种或几种措施：

（1）双重绝缘结构；

（2）安全特低电压；

（3）电气隔离；

（4）不接地的局部等电位连接；

（5）不导电场所；

（6）自动断开电源；

（7）电工用个体防护用品；

（8）保护接地（与其他防护措施配合使用）。

必要而合理的规章制度是人们长期在生产实践中总结出来的，是促进生产的有效手段，是保证安全的重要措施。例如，电气设备的设计和安装必须遵照国家规范进行。凡一切属于电气维修、安装的工作，必须由电工来操作，严禁非电工进行电工作业；一般不要带电作业。经常对电气设备进行安全检查，检查有无漏电，绝缘老化和裸露带电部分。

18.2　接　地

在建筑物供配电设计中，接地装置设计占有重要的地位，因为它关系到供电系统的可靠性和安全性。不管哪类建筑物，在供电设计中总包含有接地装置设计，而且随着建筑物的要求不同，各类设备的功能不同，接地装置也相应不同。

18.2.1　接地装置的概念

电气设备的任何部分与土壤间做良好的电气连接，称为接地。

直接与土壤接触的金属导体称为接地体或接地极。接地体可分为人工接地体和自然接地体。人工接地体是指专门为接地而装设的接地体；自然接地体是指兼作接地体用的直接与大地接触的各种金属构件、金属管道及建筑物的钢筋混凝土基础等。

连接于电气设备接地部分与接地体间的金属导线称为接地线。

接地体和接地线组成的总体称为接地装置。

18.2.2　低压配电系统的接地方式

18.2.2.1　低压配电系统的接地方式

低压配电系统接地方式以字母表示，其意义如下：

第一个字母表示电源端与地的关系：T——电源端有一点直接接地；I——电源端所有带电部分不接地或有一点通过高阻抗接地。

第二个字母表示电气装置的外露可电导部分与地的关系：T——电气装置的外露可电导部分直接接地，此接地点在电气上独立于电源端的接地点；N——电气装置的外露可电导部分与电源端接地点有直接电气连接。

如果有第三个字母，表示中性导体与保护导体的组合情况：S——中性导体和保护导体是分开的；C——中性导体和保护导体是合一的。

A TN 系统

电源端有一点直接接地，电气装置的外露可电导部分通过中性导体或保护导体连接到此接地点。

根据中性导体和保护导体的组合情况，TN 系统有以下三种形式：

（1）TN-S 系统。整个系统的中性导体和保护导体是分开的，如图 18-1 所示。

（2）TN-C 系统。整个系统的中性导体和保护导体是合一的，如图 18-2 所示。

（3）TN-C-S 系统。系统中一部分线路的中性导体和保护导体是合一的，如图 18-3 所示。

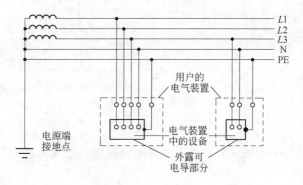

图 18-1　TN-S 系统

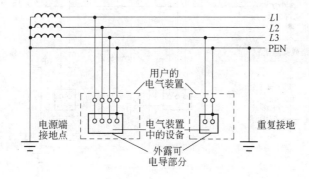

图 18-2　TN-C 系统

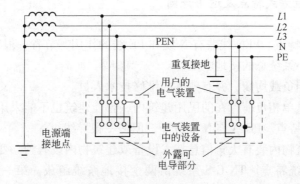

图 18-3　TN-C-S 系统

B TT 系统

电源端有一点直接接地，电气装置的外露可电导部分直接接地，此接地点在电气上独立于电源端的接地点，如图 18-4 所示。

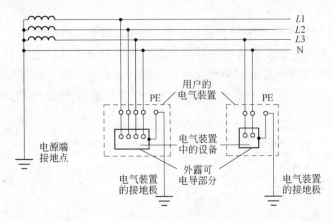

图 18-4 TT 系统

C IT 系统

电源端的带电部分不接地或有一点通过高阻抗接地，电气装置的外露可电导部分直接接地，如图 18-5 所示。

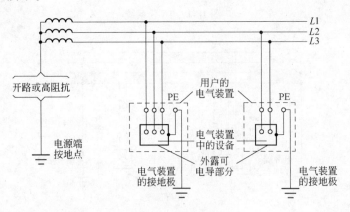

图 18-5 IT 系统

18.2.2.2 接地方式特点及适用范围

A TN

（1）TN-C 系统特点。PEN 线兼有 N 线和 PE 线的作用，节省一根导线。

重复接地，减小系统总的接地电阻；

使用场所：三相负载均衡，并有熟练的维修技术人员。

不适用于有大量单相负荷存在的民用建筑内，智能建筑也不能采用 TN-C 系统。

（2）TN-S 系统特点。PE 线与 N 线分开，但多一根导线。

使用场所：建筑物内装有大量信息技术设备或建筑物内设有独立变配电所时。

（3）TN-C-S 系统特点。TN-C-S 系统由两个接地系统组成。第一部分是 TN-C 系统，第二部分是 TN-S 系统，分界面在 N 线与 PE 线的连接点。

使用场所：一般用在建筑物的供电由区域变电所引来的场所。

B TT

TT 系统特点。外露可电导部分有独立的接地保护，不传导故障电压。

由于中性线 N 与保护接地线 PE 是分开的，发生接地故障时接地故障电流较小，不能采用过电流保护兼作接地故障保护，而采用剩余电流保护器。

使用场所：等电位联结有效范围外的户外用电场所，城市公共用电。

C IT

IT 系统特点：发生第一次接地故障时，接地故障电流仅为非故障相对地的电容电流，其值很小，外露导电部分对地电压不超过 50V，不需要立即切断故障回路，保证供电的连续性。

使用场所：供电连续性要求较高，如应急电源、医院手术室等。

18.2.3 接地装置设计

18.2.3.1 接地装置的要求

接地装置由接地体和接地线构成，接地装置的接地电阻越小越好。接地电阻越小，流经人体的电流越小，通常人体电阻要比接地电阻大数百倍，经过人体的电流也比流过接地体的电流小数百倍。当接地电阻极小时，流过人体的电流几乎等于零，人站在大地上去碰触设备的外壳时，人体所承受的电压很低，就不会有危险。

根据规范，独立的防雷保护接地电阻应不大于 10Ω；独立的安全保护接地电阻应不大于 4Ω；独立的交流工作接地电阻应不大于 4Ω；独立的直流工作接地电阻应不大于 4Ω；防静电接地电阻一般要求不大于 100Ω。接地系统与防雷接地系统共用接地装置，其接地电阻应按最小者取。

18.2.3.2 接地体

指埋入地中并直接与大地接触的金属导体，分人工接地体和自然接地体。

A 自然接地体

自然接地体指兼作接地体用的直接与大地接触的各种金属构件、金属井管、钢筋混凝土建筑物内的钢筋、金属管道和设备。在设计和装设接地装置时，首先应充分利用自然接地体，以节约投资。

对于变配电所来说，可利用其建筑物钢筋混凝土基础作为自然接地体。

利用自然接地体时，一定要保证良好的电气连接，在建筑物结构的结合处，除已焊接者外，凡用螺栓连接或其他连接的，都要采用跨接焊接，而且跨接线不得小于规定值。

B 人工接地体

指人为埋入地中的金属构件。人工接地体有垂直埋设和水平埋设两种基本结构形式，见图 18-6（a）、（b）。垂直接地体把钢管或角钢垂直打入土中，最常用的垂直接地

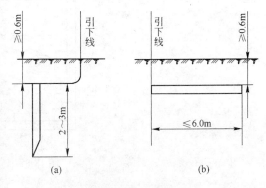

图 18-6　人工接地体

（a）垂直接地体；（b）水平接地体

体为直径 50mm、长 2.5m 的钢管。水平接地体把扁钢或圆钢平放埋入 0.6～0.8m 深地下。

可按一定布置和要求，将众多的水平和垂直接地体相互连接，并向设备引出接地抽头，构成接地网。

18.2.3.3　接地线

电气设备的接地部分与接地体连接用的金属导体。规定如果材料为铜，则连接导体的最小截面积为 $6mm^2$。

18.2.3.4　等电位联结

将建筑物电气装置内外露可导电部分、电气装置外可导电部分、人工或自然接地体用导体连接起来以达到减少电位差称为等电位联结。

等电位联结有总等电位联结（见图 18-7）、局部等电位联结（见图 18-8）和辅助等电位联结之分。

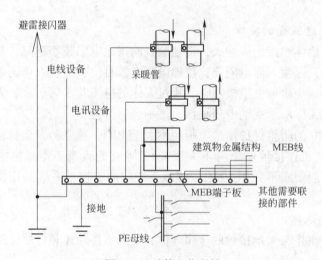

图 18-7　总等电位联结

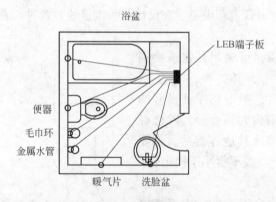

图 18-8　局部等电位联结

（1）所谓总等电位联结乃是将建筑物内的下列导电部分汇接到进线配电箱近旁的接地母排总等电位联结端子（MEB，Main Equipotential Bonding），使整座建筑物成为一个良好的等电位体：

进线配电箱的 PE（PEN）母排；

自接地极引来的接地干线（如需要）；

建筑物内的公用设施金属管道，如煤气管道、上下水管道，以及暖气、空调等的干管；

建筑物的金属结构；

钢筋混凝土内的钢筋网。

需要说明，煤气管和暖气管可进行总等电位联结，但不允许用作接地体。因为煤气管道在入户后应插入一段绝缘部分，并跨接一过电压保护器；户外地下暖气管因包有隔热材料，与地非良好接触。

（2）局部等电位联结是指分配电箱中的 PE 线做一个分接地端子箱（LEB，Local Equipotential Bonding），并由 LEB 将局部范围内的建筑物金属构件、金属管道、设备外露可导电部分及 PE 线做等电位联结。

（3）辅助等电位是在可能出现电位差的电气装置之间直接用导体连接，如在桥架之间的联结。

18.3 建筑防雷

18.3.1 雷电的基本概念

雷电是一种自然现象。雷云开始放电时雷电流急剧增大，再闪电到达地面的瞬间，雷电流最大可达 200~300kA。如此强大的雷电流，其所到之处会引起热的、机械的和电磁的强烈作用。

18.3.1.1 雷击的种类

（1）直击雷。指雷电对电气设备或建筑物直接放电，放电时雷电流可达几万甚至几十万安培。

（2）感应雷。指当雷云出现在建筑物的上方时，由于静电感应，在屋顶的金属上积聚大量异号电荷，在雷云对其他地方放电后，屋顶上原来被约束的电荷对地形成感应雷，其电压可达几十万伏。

18.3.1.2 雷击的破坏作用

雷击的破坏作用主要是雷电流引起的。它的危害基本上可分为三种类型：

（1）直击雷的作用。即雷电直接在建筑物或设备上发生的热效应作用和电动力作用。

（2）雷电的二次作用。即雷电流产生的静电感应作用和电磁感应作用，通常称为感应雷。

（3）雷电对架空线路或金属管道的作用。所产生的雷电波可能沿着这些金属导体、管路，特别是沿天线或架空电线引入室内，形成所谓高电位引入，而造成火灾或触电伤亡事故。

18.3.1.3 雷击的选择

（1）高耸突出的建筑物。

（2）排出导电尘埃的厂房和废气管道。

（3）建筑物突出的地方。

（4）建筑群中，特别潮湿的建筑物和地下水位比较高的地方。

（5）屋顶为金属结构，地下埋有金属管道，内部有大量金属设备的厂房。

18.3.2 民用建筑物的防雷分类及保护措施

18.3.2.1 民用建筑物的防雷分类

根据以上雷电对地物的活动情况，一般将民用建筑的防雷分为三类。

A 一类防雷建筑物

（1）具有特别重要用途的建筑物。如国家级的会堂、办公建筑、大型展览建筑；特等火车站；国际性的航空港、通讯枢纽、国宾馆、大型旅游建筑物等。

（2）国家级重点文物保护的建筑物和构筑物。

（3）超高层建筑物。

B 二类防雷建筑物

（1）重要的或人员密集的建筑物。如部、省级的办公楼；省级大型集会、博展、体育、交通、通讯、广播、商业、影剧院建筑等。

（2）省级重点文物保护的建筑物和构筑物。

（3）19 层及以上的住宅建筑和高度超过 50m 的其他民用和工业建筑。

C 三级防雷建筑物

指当年计算雷击次数大于 0.05（雷击天数/365 天）时，或通过调查确定需要防雷的建筑物；建筑群中最高或位于建筑物边缘高度超过 20m 的建筑物；高度为 15m 以上的烟囱、水塔等孤立的建筑物或构筑物。

18.3.2.2 民用建筑物的防雷措施

A 一类防雷建筑物的保护措施

（1）防直击雷的接闪器应采用装设在屋角、屋脊、女儿墙或屋檐上的避雷带，并在屋面上装设不大于 10m×10m 的网格。

（2）为了防止雷电波的侵入，进入建筑物的各种线路及金属管道宜采用全线埋地引入，并在入户端将电缆的金属外皮、钢管及金属管道与接地装置连接。

（3）对于高层建筑，应采取防侧击雷和等电位措施。

B 二类防雷建筑物的保护措施

（1）防直击雷宜采用装设在屋角、屋脊、女儿墙或屋檐上的环状避雷带，并在屋面上装设不大于 15m×15m 的网格。

（2）为了防止雷电波的侵入，对全长低压线路采用埋地电缆或在架空金属线槽内的电缆引入，在入户端将电缆金属外皮、金属线槽接地，并与防雷接地装置相连。

（3）其他防雷措施与一级防雷措施相同。

C 三类防雷建筑物的保护措施

（1）防直击雷宜在建筑物屋角、屋檐、女儿墙或屋脊上装设避雷带或避雷针，当采用避雷带保护时，应在屋面上装设不大于 20m×20m 的网格。对防直击雷装置引下线的要求，与一级防雷建筑物的保护措施对防直击雷装置引下线的要求相同。

（2）为了防止雷电波的侵入，应在进线端将电缆的金属外皮、钢管等与电气设备接地相连。若电缆转换为架空线，应在转换处装设避雷器。

18.3.3 民用建筑物的防雷装置

防雷接地装置建筑物防雷装置由直击雷、侧击雷和感应雷三大防护部分组成。直击雷是指雷电击中建筑物的天面部分；侧击雷是指雷电击中建筑物的天面以下、地面以上的部分。直击雷、侧击雷防护装置主要是保护建筑物本身不受损害，以及减弱雷击产生的巨大雷电流沿建筑物泻入大地时，对建筑物内部人员、设备等产生的各种影响；感应雷则是当雷云发生云内闪、云际闪、云地闪时，在进入建筑物的各类金属管、线上产生的雷电电磁脉冲，感应雷的防护装置是对这种雷电电磁脉冲起限制作用，从而保护建筑物内人员、各类电器设备的安全。

18.3.3.1 防直击雷装置

由接闪器、引下线、接地装置组成。

（1）避雷针、避雷带通称接闪器，安装在建筑物的顶端，以引导雷云与大地之间放电，使强大的雷电流通过引下线进入大地，从而保护建筑物免遭雷击。用良导体材料制成，避雷针一般用镀锌圆钢或焊接钢管制成，上部制成针尖形状，圆钢截面积不得小于 $100mm^2$，钢管厚度不得小于 3mm。避雷带和网一般用圆钢或扁钢制成，其尺寸不应小于圆钢直径为 8mm；扁钢截面积为 $48mm^2$，扁钢厚度为 4mm。接闪器通过引下线与接地装置相连。

高层建筑 30m 以下部分每隔三层设均压环一圈。高层建筑 30m 以上部分向上每隔三层在结构圈梁内敷设一圈避雷带，并与引下线焊接形成水平避雷带，以防止侧击雷。

（2）引下线作用是将雷电流引入大地，可利用建筑物的金属构件，如梁、板、柱以及基础等钢筋混凝土内的钢筋作为防雷引下线。专用引下线一般采用圆钢或扁钢制成，其截面积不应小于 $48mm^2$，在易受腐蚀的部位，其截面积应适当增大。其尺寸不应小于下列数值：圆钢直径为 8mm，扁钢截面积为 $48mm^2$，扁钢厚度为 4mm。

（3）接地装置是接地体和接地线的统称。接地体的作用是使雷电流迅速流散到大地中去，其长度、截面、埋设深度等都有一定的要求。接地体分人工接地体和自然接地体。接地电阻的大小根据建筑防雷等级不同而不同。一、二类建筑防直击雷的接地电阻不大于 10Ω；三类建筑及烟囱防直击雷的接地电阻不大于 30Ω；3kV 及以上架空线路接地电阻 $10\sim30\Omega$。防雷接地应尽量利用自然接地体作为防雷接地，即利用混凝土建筑物的基础钢筋及深水泵金属外套管等，在满足安全的前提下作为接地装置。

18.3.3.2 防雷电波侵入装置

（1）将进入建筑物的各种线路和金属管道全部埋地，并在入户处将其有关部分与接地装置相连接。

（2）当电源采用架空线入户时，应在入户处装设阀型避雷器，防止雷电波侵入。

避雷器的类型主要有保护间隙、管型避雷器、阀型避雷器（见图 18-9）和氧化锌避雷器等几种。保护间隙和管型避雷器主要用于限制大气过电压，一般用于配电系统、线路和发电厂的进线段保护。阀型避雷器用于变电所和发电厂的保护，在 220kV 及以下系统主要用于限制大气过电压，在超高压系统中还将用来限制内过电压或作内过电压的后备保护。

18.3.3.3 防止雷电反击装置

所谓雷电反击，是指当防雷装置接受到雷击时，在接闪器、引下线和接地体上会产生

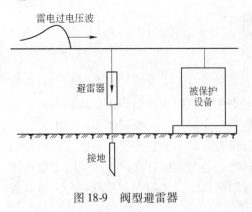

图 18-9　阀型避雷器

很高的电位，若防雷装置与建筑物内外的电气设备、电线或其他金属管线之间绝缘距离不够，它们之间发生放电的现象。

防止雷电反击的措施有两种：一种是将建筑物的金属物体与防雷装置的接闪器、引下线分隔开，并且保持有一定的距离；另一种是当防雷装置不易与建筑物内的钢筋、金属管道分隔开时，则将建筑物内的金属管道系统，在其主干管道处与靠近的防雷装置相连接，有条件时宜将建筑物每层的钢筋与所有的引下线相连接。

目前，高层建筑的防雷设计，是将整个建筑物的梁、板、柱、基础等主要结构的钢筋，通过焊接连成一体。在建筑物的顶部，设避雷网压顶；在建筑物的腰部，多处设置避雷带、均压环。这样，使整个建筑物及每层分别连成一个笼式整体避雷网，对雷电起到均压作用。当雷击时建筑物各处构成了等电位面，对人体和设备都安全。同时由于屏蔽效应，笼内空间电场强度为零，笼体各处电位基本相等，则导体间不会发生反击现象。

建筑内部的金属管道由于与房屋建筑的结构钢筋作电气连接，也能起到均衡电位的作用。此外，各结构钢筋连成一体并与基础钢筋相连。

18.3.3.4　建筑防雷平面图

对建筑物的要求，要用建筑防雷平面图来表示。建筑防雷平面图是在屋面平面图的基础上绘制的。如图 18-10 所示。

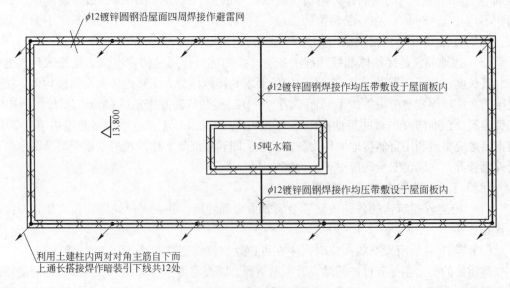

图 18-10　建筑防雷平面图

图中用图例符号表示出避雷针、避雷带、引下线和接地装置的安装位置，并说明接闪器、引下线及接地装置的选用材料及尺寸，以及对接地装置施工要求、接地电阻的要求等。

复习思考题

18-1 电流对人体有哪些危害，触电类型主要有哪几种？

18-2 低压配电系统中 TN-C、TN-S、TN-C-S、TT 和 IT 系统各有什么特点？

18-3 什么叫接闪器，避雷针（线、带）的功能是什么，分别用在哪些场合？

18-4 什么是接地装置，什么是人工接地体和自然接地体？

18-5 什么叫总等电位联结和局部等电位联结，起什么作用？

参 考 文 献

[1] 哈尔滨建筑大学等编. 供热工程（第2版）［M］. 北京：中国建筑工业出版社，1985.

[2] 贺平，孙刚. 供热工程（第3版）［M］. 北京：中国建筑工业出版社，1993.

[3] （GB 50019—2003）采暖通风与空气调节设计规范［S］.

[4] （CJJ 34—2000）城市热力管网设计规范［S］.

[5] （GBJ 15—1988）建筑给水排水设计规范［S］.

[6] （CJJ/T 81—1998）城镇直埋供热管道工程技术规程［S］.

[7] 住建部，中国建筑标准设计研究院编. 全国民用建筑工程技术措施暖通空调［M］. 北京：中国计划出版社，2009.

[8] （GB 50189—2005）公共建筑节能设计标准［S］.

[9] 单文昌，尚雷译. 供热学［M］. 北京：中国建筑工业出版社，1986.

[10] （GB 50041—1992）锅炉房设计规范［S］.

[11] 李德英. 供热工程［M］. 北京：中国建筑工业出版社，2004.

[12] 李向东，于晓明. 分户计量采暖系统设计与安装［M］. 北京：中国建筑工业出版社，2004.

[13] 陆耀庆等. 实用供热空调设计手册（第2版）［M］. 北京：中国建筑工业出版社，2009.

[14] 樊建军，梅胜，何芳. 建筑给水排水及消防工程（第2版）［M］. 北京：中国建筑工业出版社，2009.

[15] （GB 50015—2003）建筑给水排水设计规范［S］. 北京：中国计划出版社，2010.

[16] 中国建筑标准设计研究所. 全国民用建筑工程设计技术措施——给水排水［M］. 北京：中国计划出版社，2009.

[17] 郑庆红，高湘，王慧琴. 现代建筑设备工程［M］. 北京：冶金工业出版社，2004.

[18] 李柏龄. 电工学（土建类）［M］. 北京：机械工业出版社，2004.

[19] 齐维贵等. 智能建筑设备自动化系统［M］. 北京：机械工业出版社，2010.

[20] 芮静康. 建筑设备自动化［M］. 北京：中国建筑工业出版社，2006.

[21] （GB 50325—2001）民用建筑工程室内环境污染控制规范［S］.

[22] （JGJ 142—2004）地面辐射供暖技术规程［S］.

[23] 王子介. 低温辐射供暖与辐射制冷［M］. 北京：机械工业出版社，2004.

[24] 朱颖心. 建筑环境学（第2版）［M］. 北京：中国建筑工业出版社，2005.

[25] 设备与管理编辑部（日）编. 建筑设备基础百科［M］. 赵荣山，等译. 北京：科学出版社，2003.

[26] 全国暖通空调技术信息网. 集中供暖住宅分户热计量系统设计实例［M］. 北京：中国建材工业出版社，2001.

[27] 空气调和卫生工程学会编（日）. 图解现代住宅设施系列——供暖与制冷［M］. 谢大吉译. 北京：科学出版社，2002.

[28] 段长贵. 燃气输配［M］. 北京：中国建筑工业出版社，2001.

[29] 郑庆红，刘雄，赵启哲. 管道工程［M］. 西安：陕西科学技术出版社，2002.

[30] 四校合编. 供热工程［M］. 北京：中国建筑工业出版社，1985.

[31] 陆亚俊，马最良，邹平华. 暖通空调［M］. 北京：中国建筑工业出版社，2002.

[32] 马最良，姚杨. 民用建筑空调设计［M］. 北京：化学工业出版社，2003.

[33] 空气调和卫生工程学会编（日）. 图解现代住宅设施系列——供热水、给水［M］. 李军，张克峰，刘冬梅译. 北京：科学出版社，2002.

[34] 万建武. 建筑设备［M］. 北京：中国建筑工业出版社，2001.

[35] 空气调和卫生工程学会编（日）. 图解现代住宅设施系列——排水 [M]. 王炳麟译. 北京：科学出版社，2002.

[36] 王增长. 建筑给水排水工程 [M]. 北京：中国建筑工业出版社，2001.

[37] （GB 50016—2006）建筑设计防火规范 [S].

[38] （GB 50045—1995）高层灭火用建筑防火设计规范 [S].

[39] （GB 50084—2001）自动喷水系统灭火设计规范 [S].

[40] 姜文源. 建筑灭火设计手册 [M]. 北京：中国建筑工业出版社，1997.

[41] 李念慈，万月明. 建筑消防给水系统的设计施工监理 [M]. 北京：中国建材工业出版社，2003.

[42] 李亚峰，马学文，张恒. 建筑消防技术与设计 [M]. 北京：化学工业出版社，2005.

[43] 中国建筑设计研究院. 建筑给水排水设计手册（第 2 版）[M]. 北京：中国建筑工业出版社，2008.

[44] 黄晓家，姜文源. 自动喷水灭火系统设计手册 [M]. 北京：中国建筑工业出版社，2002.

[45] 李玉华，张爱民. 高层建筑给水排水设计 [M]. 哈尔滨：黑龙江科学技术出版社，2002.

[46] 陈方肃. 高层建筑给水排水设计手册 [M]. 长沙：湖南科学技术出版社，2002.

[47] 谷峡，边喜龙，韩洪军. 新编建筑给水排水工程师手册 [M]. 哈尔滨：黑龙江科学技术出版社，2005.

[48] 王学谦. 建筑防火设计手册（第 2 版）[M]. 北京：中国建筑工业出版社，2008.

冶金工业出版社部分图书推荐

书　名	作　者	定价(元)
冶金建设工程	李慧民　主编	35.00
建筑工程经济与项目管理	李慧民　主编	28.00
建筑施工技术(第2版)(国规教材)	王士川　主编	42.00
高层建筑结构设计(本科教材)	谭文辉　主编	估38.00
土力学地基基础(本科教材)	韩晓雷　主编	36.00
土木工程施工组织(本科教材)	蒋红妍　主编	26.00
安全系统工程(本科教材)	谢振华　主编	26.00
安全评价(本科教材)	刘双跃　主编	36.00
混凝土及砌体结构(本科教材)	王社良　主编	41.00
建筑施工实训指南(本科教材)	韩玉文　主编	28.00
施工企业会计(第2版)(国规教材)	朱宾梅　主编	46.00
水污染控制工程(第3版)(国规教材)	彭党聪　主编	49.00
土木工程概论(第2版)(本科教材)	胡长明　主编	32.00
理论力学(本科教材)	刘俊卿　主编	35.00
结构力学(高专教材)	赵　冬　等编	25.00
材料力学(高专教材)	王克林　等编	33.50
岩石力学(高职高专教材)	杨建中　主编	26.00
岩土材料的环境效应	陈四利　等编著	26.00
混凝土断裂与损伤	沈新普　等著	15.00
建设工程台阶爆破	郑炳旭　等编	29.00
建筑工程安全技术交底手册	罗　凯　编著	78.00
计算机辅助建筑设计	刘声远　编著	25.00
建筑施工企业安全评价操作实务	张　超　主编	56.00
冶金建筑工程施工质量验收规范 （YB 4147—2006 代替 YBJ 232—1991）		96.00
钢骨混凝土结构技术规程(YB 9082—2006)		38.00
现行冶金工程施工标准汇编(上册)		198.00
现行冶金工程施工标准汇编(下册)		198.00